JN421225

Mechanics of Materials

신판 재료역학

조 희 찬 지음

東明社

신판 재료역학

초판 발행 2008년 3월 1일
4쇄 발행 2017년 3월 3일

지은이 조희찬
펴낸이 최국주
펴낸곳 동명사
출판등록 1950년 11월 1일(제1-76호)
주소 (우 10881) 경기도 파주시 회동길 50(문발동)
전화 031-955-7200(대표)~2, 7203(편집부), 7204(물류)
팩스 031-955-7205
전자우편 webmaster@dmsbook.com
홈페이지 www.dmsbook.com

ISBN 978-89-411-0267-0 93550
값 25,000원

이 책의 내용 일부 또는 전부를 재사용하려면 저작권자와 도서출판 동명사의 동의가 반드시 필요합니다.
잘못 만들어진 책은 구입하신 서점에서 교환해 드립니다.

불법복사는 지적재산을 훔치는 범죄행위입니다.

저작권법 제136조 제1항에 따라 위반자는 5년 이하의 징역 또는 5천만원이하의 벌금에 처하거나 이를 병과할 수 있습니다.

머리말

인류는 탄생하면서부터 편하고 풍요로운 생활을 누리기 위하여 각종 도구와 기계 등을 발명하여 사용해 왔으며, 현재도 각종 기계분야에 종사하는 많은 과학자와 기술자들은 인류생활의 복지향상을 위하여 다방면으로 연구 개발하고 있다. 또한, 기계공업은 산업에서 기초적인 위치에 있으므로 모든 산업 분야에 걸쳐 광범위하게 이바지하며, 현 사회와 문명의 급속한 발전에 큰 영향을 끼치고 있다. 이와 같이 우리의 생활과 밀접한 관계를 갖고 있는 기계들은 여러 부품들로 구성되어 있으며 각 각 일정한 운동과 하중을 지탱하면서 우리가 요구하는 역할을 해내고 있다. 새롭고 좀더 개선된 기계들을 개발하려면 부품의 운동, 다양한 하중들과 여러 부품재료들에 대한 역학적 관계, 기계적 에너지로의 변환관계, 제어시스템 등을 파악하여야 한다. 이들 가운데 하중과 기계재료와의 역학적 관계를 해석하는 기초적인 방법은 기계공학의 재료역학분야에서 다루고 있다.

재료역학은 하중에 따른 재료의 강도와 강성관계를 다루어 기계 및 구조물을 설계 제작할 수 있도록 도와주는 학문으로서 기계공학에 있어서 중요한 기초학문이다. 여기서 다룬 주요 내용들을 살펴보면, 인장, 압축, 비틀림, 굽힘 등의 각종 하중에 따른 구조물 및 기계요소들의 응력, 변형과 변형률, 탄성변형에너지 등에 대하여 논하였다. 이들의 내용을 독자 여러분의 이해를 쉽게 하기 위하여 각 장마다 기초적인 개념 및 학습목표 등을 간단 명료하게 서술하였으며, 자세한 수식 전개와 다양한 예제를 통해 이해력과 응용력을 향상시킬 수 있도록 하였다. 5장의 도심과 면적 2차 모멘트에서 5-1절부터 5-4절까지는 선이수과목인 정역학에서도 나오는 내용이므로 강의계획에서 제외시켜도 가능하나, 5-5절의 최대 및 최소 면적 모멘트는 필요시 강의를 할 수 있다.

만전을 기하려고 노력은 하였으나 원래 淺學菲才이기 때문에 다소 미비한 점이나 잘못된 점이 있을 것으로 생각된다. 아무쪼록 선배님들의 기탄없는 지도와 동료 및 후배들의 조언을 기대합니다.

끝으로 이 책을 출판함에 있어서 관계자 여러분에게 진심으로 감사의 뜻을 표합니다.

2008년 봄
저자 씀

목 차

Chapter 4 조합응력

Chapter 5 도심과 면적 2차 모멘트

Chapter 6 비틀림

Chapter 7 보의 전단력과 굽힘모멘트

Chapter 8 보의 응력

Chapter 9 보의 처짐

Chapter 10 부정정보

Chapter 11 기둥

부 록

Chapter 1

서 론

각종 기계 및 구조물 등은 여러 형태의 내 · 외적 인자(factor), 예를 들면 정 · 동적인 하중(load), 온도의 변화, 압력 등에 견디어 낼 수 있는 기계요소(element) 또는 부재(member) 들의 결합으로 이루어져 있다. 만약에 기계 및 구조물의 요소들이 여러 형태의 내 · 외적 인자들을 견디어 내지 못한다면 요소들은 파손(failure)을 일으키게 될 것이고, 이로 인하여 기계 및 구조물은 제 역할을 못할 것이다. 따라서 여러 형태의 내 · 외적 인자와 요소와의 상관관계를 반드시 파악해야 하며, 이들의 상관관계를 구명하는 과정은 기계 및 구조물을 설계할 때에 매우 중요한 부분이다.

역학은 물체에 작용하는 힘의 영향을 다루는 물리학의 한 분야이며, 역학의 기본원리와 그 응용에 대해서는 정역학(statics)과 동역학(dynamics)에서 다룬다. 정역학과 동역학에서는 요소(element)를 강체(rigid body) 또는 질점(particle)으로 생각하여 해석을 하고 있다. 운동학(kinematics) 에서 물체가 시간이 경과함에 따라 그 물체의 위치가 바꾸었어도 물체의 어느 점을 취하여도 똑같은 운동을 하고 있으면, 물체의 크기와 형상을 무시하고 질량이 한 점에 모여 있다고 볼 수 있다. 즉, 물체 전체의 운동을 물체 내의 임의의 점 운동으로 대치시킬 수 있다. 이와 같은 경우 물체를 질점(particle)으로 취급한다. 또한 강체(rigid body)란 내 · 외적인 영향을 받았어도 물체 안에 있는 모든 질점(particle)의 상대적인 위치가 고정되어 있다고 보는 물체를 말한다. 실제적으로 완전한 강체는 있을 수 없으나, 힘계(force system)에 의한 가속도나 평형유지를 위해 작용하게 되는 반작용 등이 물체의 변형으로 인하여 받는 영향은 무시할 만하다. 그러므로 물체 내 질점간의 거리 변화(변형 ; deformation)를 무시할 수 있을 때 그 물체는 강체로 가정한다.

재료역학(mechanics of materials)도 정역학, 동역학과 마찬가지로 여러 형태의 내 · 외적 인자(factor)와 부재와의 관계를 여러 가지 측면에서 해석한다. 여기에서 재료역학이 정역학, 동역학과 달리 큰 차이가 나는 점은 요소나 부재를 강체(rigid body)로 보지 않는다는 것이다. 다시 말하면 재료역학에서는 여러 형태의 내 · 외적 인자(factor)로 인한 재료의 거동(behavior of materials) 즉, 물체에 미치는 영향으로서 응력과 변형률의 분포 등을 고려한다는 것이다. 내 · 외적 인자에 의한 재료의 변형에는 탄성변형(elastic deformation)과 소성변형(plastic deformation)이 있으며, 탄성변형은 변형을 일으키는 요인을 없애면 바로 본래의 형태로 되돌아오는 변형을 말하며, 소성변형(plastic deformation)은 변형을 일으키는 요인을 없애도 본래의 형태로 되돌아오지 않고 변화된 형상을 갖는다. 여기에서의 재료역학은 등방성 물체(isotropic materials)에 미소 탄성변형(small elastic deformation) 이 생기는 경우에 대해서만 해석을 하고 있다. 앞에서 언급했듯이 재료역학은 정 · 동역학과 밀접한 관계를 갖고 있으며, 부재의 거동, 강도(strength), 변형 및 강성도(stiffness) 등을 파악하여 역학적 설계를 할 수 있게끔 하는 기본적인 과목이다.

1-1 재료역학의 역사

재료역학의 기원은 오래 되었고, 역사적인 발전은 이론적인 해석과 실험적인 방법을 통하여 이룩되어 왔다. 사원, 교량, 성채 등의 건축물과 구조물을 많이 남긴 고대 그리스 · 로마인들은 역학이나 응력계산법을 알지 못하고 대부분 경험에 의하여 안전한 건축물을 만들기 위한 파괴되지 않는 치수를 결정하는 재료역학적인 지식을 가지고 있었던 것으로 짐작된다. 이 시대의 최고의 수학자이고 물리학자인 Archimedes (BC 287?~BC 212)는 지렛대의 원리를 이용한 투석기, 기중기 등을 만들어 냈다. 경험에 의해 치수를 결정하다가 르네상스(Renaissance ; 중세와 근세 사이인 14~16세기에서유럽 문명사에 나타난 역사 시기와 그 시대에 일어난 문화운동) 시기에서 고체를 역학적으로 해석하기 위하여 변형(deformation)에 대한 개념을 고려하기 시작했다. 천재적 미술가, 과학자, 기술자, 사상가인 Leonardo da vinci(1452 ~1519)는 기둥이나 보에 작용하는 힘을 구하기 위해 정역학을 적용하려고 했으며 재료의 강도를 조사하기 위한 실험을 최초로 한 사람이다. 물체에 힘을 가하면 탄성적 · 소성적 변형이 생긴다는 것은 재료의 기본적 성질임에도 불구하고 역사적으로는 재료의 파괴에 대한 강도에 먼저 주목하였다. Galileo Galilei(1564~1642)는 재료와 구조, 소리, 진자, 지레의 원리, 자유낙하와 포물선운동, 유클리드의 이론, 물체의 충돌 등의 내용이 적힌 "신과학대화" 라는 서적에서 구조물에 대한 재료의 기계적 성질과 강체에 대하여 이론적 해석 및 많은 실험을 통하여 막대나 보의 파괴 정도에 관한 이론을 유도하여 발표하였다. 1678년에 Robert Hooke(1635~ 1703)에 의하여 고체에 힘을 가하여 변형시키는 경우, 힘이 어떤 크기를 넘지 않는 한, 변형의 양은 힘의 크기에 비례한다는 Hooke의 법칙을 발표하여 재료변형에 관한 연구의 실마리를 열었다. Leibniz, Gottfried Wihelm Von(1646~1716)는 에너지의 개념을 도입하여 역학적 에너지 보존의 법칙에 대해 커다란 진척을 남겼다. 유체역학의 기본 법칙인 베르누이 정리(Bernoulli's theorem)을 발표한 Jakob Bernoulli(1654~1705)는 보의 곡률은 굽힘모멘트에 비례한다는 것을 밝혀냈다. Bernoulli, Johann(1667~1748)는 가상변위의 원리를 정식화 하였고, 그의 제자 Leonhard Euler(1707~1783)는 보의 처짐, 장주의 좌굴에 관한 미분방정식(Euler 정리)을 유도하였다. Coulomb, Charles Augustin de(1736~1806)은 보의 굽힘에 대하여 인장을 받는 쪽과 압축을 받는 쪽이 있음을 발표하고 응력분포를 해석하여 중립축의 존재를 확실히 했다. 또 환봉의 비틀림에 관한 이론을 전개하여 비틀림 모멘트와 비틀림 각과의 관계식을 구하였다. Thomas Young (1773~1829)은 1807년에 young율(세로탄성계수)를 발견하였고, M. Nevier(1785~1836)는 1826년 에 재료역학을 저술하였다. Siméon Denis Poisson(1781~1840)은 재료의 분자이론에 의해 Poisson비를 계산하였다. 이와 같이 18세기에 이르러 수학이나 역학의 발전과 함께 여러 학자에 의해 재료역학도 차츰 체계화되었고, 기술자의 교육제도도 확립되었으며 실제 설계에 이용되기에 이르렀다. 현재의 재료역학 체계는 러시아계의 미국 공학자 S. P. Timoshenko에게 힘입은 바가 크다. 1930년에 그가 저술한 재료역학 책은 재료역학의 원조가 되고 이를 중심으로 수많은 책들이 저술되고 있다.

기계문명이 오늘날의 융성을 이룬 것도 기계나 구조물설계의 합리화에 재료역학이 크게 활용되었기 때문이다. 또한, 근래에 컴퓨터의 보급이나 재료강도학의 진보, 탄성 이외의 변형동작의 중요성 증대 등으로 재료역학의 내용도 변하고 있으며 날로 높아지는 엄격한 설계 요건에 대응하며 진보하고 있다.

1-2 하중의 종류

하중을 받는 물체에 대하여 재료의 거동을 해석함에 있어서, 우선적으로 해석 대상인 물체에 작용하는 하중을 정확히 파악하여야 한다. 하중은 두 물체가 직접 접촉하면서 생기는 경우 즉, 표면력(surface forces)과 직접적으로 접촉을 하지 않더라도 두 물체사이에 힘이 발생하는 경우 즉, 자기력(magnetic force), 중력(gravitation) 등이 있다. 표면력에 있어서 접촉하는 물체에 비해서 접촉하는 면적이 작다면, 이 때 작용하는 하중을 집중하중(concentrated loads)이라고 하며 힘이 한점에 작용한다고 가정한다. 반대로 접촉하는 면적이 큰 상태에서 하중이 작용한다면 이때의 하중을 분포하중(distributed loads)이라고 한다.

또한, 물체에 작용하는 여러 종류의 하중(load)을 시간의 변화와 물체상의 하중방향에 따라 분류하면 다음과 같다.

(1) 시간의 변화에 따른 하중분류

<table>
<tr><td rowspan="2">정하중
(static load)</td><td>사하중(dead load)</td><td></td></tr>
<tr><td>점가하중
(gradually increased load)</td><td></td></tr>
<tr><td rowspan="4">동하중
(dynamic load)</td><td rowspan="2">활하중(active load)</td><td>반복하중
(repeated load)</td></tr>
<tr><td>교번하중
(alternated load)</td></tr>
<tr><td>충격하중(impulsive load)</td><td></td></tr>
<tr><td>이동하중(travelling load)</td><td></td></tr>
</table>

① 정하중 : 시간의 흐름에 따라 하중의 크기, 방향, 작용점이 변화하지 않는 하중이거나 또는, 크기만이 아주 서서히 변화하는 하중
② 사하중 : 예를 들면 물체의 자중과 같이 하중의 크기, 방향, 작용점이 일정한 하중
③ 점가하중 : 인장시험을 하는 경우와 같이 극히 서서히 하중의 크기만이 증가하는 하중
④ 동하중 : 시간의 흐름에 따라 하중의 크기, 방향, 작용점 등이 변하는 하중
⑤ 활하중 : 시간의 흐름에 따라 하중의 크기가 변하는 하중
⑥ 반복하중 : 시간의 흐름에 따라 일정한 주기로 반복하여 가해지는 하중
⑦ 교번하중 : 하중의 크기와 방향이 변화하면서 연속적으로 거듭 가해지는 하중
⑧ 충격하중 : 순간적으로 가해지는 하중
⑨ 이동하중 : 시간의 흐름에 따라 하중의 작용점이 변화하면서 가해지는 하중

(2) 물체상의 하중방향에 따른 분류

축하중(axial load)	인장하중(tensile load)
	압축하중(compressive load)
반지름방향하중(radial load)	
전단하중(shearing load)	
비틀림 하중(twisting load)	
굽힘 하중(bending load)	

① 축하중 : 하중의 작용 방향이 물체의 축방향(길이 방향)과 일치하는 하중
② 반지름방향하중 : 하중의 작용 방향이 반지름방향(물체의 축방향과 직각을 이루는 방향)으로 가해지는 하중
③ 전단하중 : 물체면과 평행(물체면의 방향에 직각)하게 작용을 하는 하중
④ 비틀림하중 : 축의 원주 위에 작용하는 힘 혹은 짝힘(couple)을 말하며, 비틀림 모멘트(twisting moment)를 일으킨다.
⑤ 굽힘하중 : 축에 반지름방향으로 작용하면서 굽힘(bending)을 일으키는 하중, 굽힘 모멘트(bending moment)을 일으킨다.

1-3 탄성과 소성

물체는 원자들로 구성되어 있고, 원자들 사이의 결합은 이온결합(ionic bonding), 공유결합(covalent bonding), 금속결합(material bonding)에 의하여 이루어진다. 기계재료의 대부분은 금속결합을 하는 금속이다. 금속결합은 주로 자유전자와 이온과의 인력에 의하여 일어나며, 이 결합에 의해서 원자들이 입체적으로 규칙적인 배열을 하는 결정(crystal)을 형성한다. 결정방향이 같은 단결정(single crystal)들이 모인 것을 결정립(grain)이라 하고, 결정립들의 집합은 다결정체(poly crystalline)를 만든다.

모든 물체는 외력을 받으면 원자 간의 거리가 변화되면서 이에 대한 내력이 발생한다. 내력은 변형시키려고 작용하는 외력에 대한 원자 간 결합력의 저항을 의미한다. 내력과 외력이 평형을 이룰 때까지 원자 간의 거리 즉, 변위는 계속 발생된다. 이때에 그 물체는 변형상태(state of strain)에 있다고 말한다. 변위가 진행되는 동안에 외력은 물체에 대하여 일(work)을 하고, 그 일은 전체적으로 또는 부분적으로 변형의 위치에너지(potential energy of strain)로 바뀌어져 물체 내에 축적된다. 만약에 물체를 변형시켰던 힘들이 줄어들거나 제거되면, 그 물체는 부분적으로 혹은 완전히 원형으로 돌아가고, 되돌아가는 변형이 진행되는 동안에 물체 내에 축적되어 있던 변형의 위치 에너지는 외부에 대하여 일을 하게 된다. 외력의 크기가 재료의 어느 한계(탄성한도) 이내로 작용했을 때에 생기는 변형은 외력이 제거되는 동시에 원형으로 돌아가며, 이러한 특성을 탄성(elasticity)이라고 한다. 그리고 이 한계를 초과하여 외력이 작용하면 외력을 제거한 후에도 변형의 일부분은 탄성에 의해 복귀되고 대부분은 남게 된다. 원형으로 복귀되지 않는 영구변형을 소성변형이라고 하고 이러한 특성을 소성(plasticity)이라고 한다.

금속의 변형(deformation)과 파괴(fracture)에 대한 강도(strength)는 여러 형태의 결함(defect)에 의해서 좌우된다. 금속의 결함은 점결함(point defect), 선결함(line defect), 면결함(plane defect), 체적결함(volume defect) 등으로 나눌 수 있다. 특히 선결함인 전위(dislocation)에 의한 영향이 매우 큰 것으로 나타난다. 변형의 원인을 제거하여도 본래의 모양으로 되돌아오지 않는 소성변형은 전위의 움직임에 의해 생성되는 것으로써, 슬립(slip)과 쌍정(twin)의 기본적인 두개의 형식이 있다.

구조물에 작용하는 모든 외적 영향에 대해서 각 부재가 완전탄성체의 상태를 유지할 수 있어야만, 그 구조물은 안전성 및 내구성이 좋다고 볼 수 있다.

예제 1-1 재료역학의 내용은 어떠한 전제조건하에서 이루어졌는가?

[답] 등방성재료이고 내 · 외적 영향에 의해서 미소탄성변형이 생기는 경우만을 해석함.

Chapter 2 응력과 변형률

재료역학의 기본적인 개념은 응력(stress)과 변형률(strain)이다. 응력 σ는 외력 P를 받는 물체의 임의의 단면에서 단위면적당 견디어 지탱하는 힘 즉, 내력의 세기(intensity of internal forces)를 나타내며, 변형률 ε은 외력 P에 의해서 생기는 단위 길이당의 변형량 δ를 의미한다. 따라서 응력의 차원(dimension)은 FL^{-2}이고, 변형률은 무차원이다.

2-1 응 력

응력의 형태는 외력(external forces)을 받는 물체의 임의의 단면에 수직한 내력의 세기 즉, 수직응력(normal stress)과 나란한 내력의 세기 즉, 전단응력(shear stress)으로 나눌 수 있다. 그림 **2-1** (a), (b)와 같이 외력 P에 수직한 봉의 횡단면에 대해서는 수직응력 σ만 존재하고, 그림 **2-1** (c)와 같이 외력 P에 나란한 단면 A에 대해서는 전단응력 τ만이 존재한다. 수직응력은 그림 **2-1** (a)와 같이 단면적 A에 인장력이 작용하는 경우의 인장응력(tensile stress)과 그림 **2-1** (b)와 같이 단면적 A에 압축력이 작용하는 경우의 압축응력(compressive stress)으로 나눌 수 있다. 수직응력에서는 힘과 면의 방향이 평행을 이룬다. 그러나 전단응력에서는 힘과 면의 방향이 수직한 관계를 갖는다. 이들을 식으로 나타내면 다음과 같다.

$$\text{인장응력}\ \sigma_t = \frac{P}{A} \quad \text{혹은} \quad \sigma = +\frac{P}{A}$$
$$\text{압축응력}\ \sigma_c = \frac{P}{A} \quad \text{혹은} \quad \sigma = -\frac{P}{A} \qquad (2\text{-}1)$$
$$\text{전단응력}\ \tau = \frac{P}{A}$$

인장인 경우는 tensile의 t를 첨자로 하거나 (+)의 부호를 붙이고, 압축인 경우는 compression의 c를 첨자로 하거나 (−)의 부호를 붙여서 표현하기도 한다. 여러 형태의 외적인 영향을 받아서 물체에 어떤 복잡한 응력상태일지라도 분해하면 모두 이들 세 가지 형태의 응력으로 나눌 수 있다. 그림 **2-1**과 같이 하중이 하나의 축방향으로 작용하고 있으므로 이들을 단축응력(uniaxial stress)이라고도 한다. 그림 **2-1**에서 실선은 하중 P를 받기전의 모양이고, 점선은 하중 P을 받아 변형된 상태를 나타낸다.

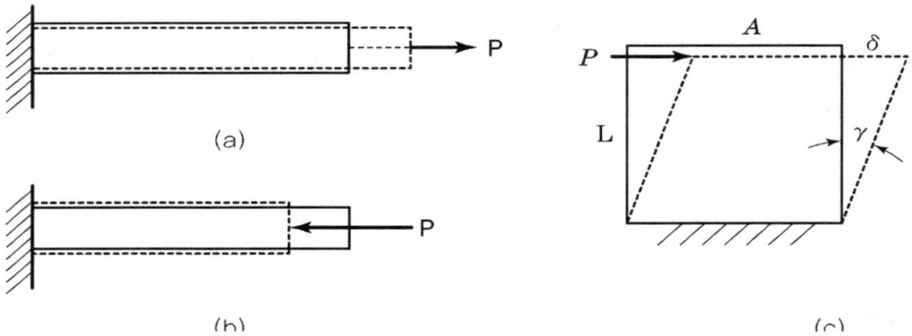

그림 2-1 단축응력

예제 2-1 그림 **2-a** 와 같은 겹치기리벳이음에서 하중 $P=1.2$ ton이 작용할 때, 리벳에 일어나는 전단응력은 얼마인가? 단, 리벳지름 d는 12 mm이다.

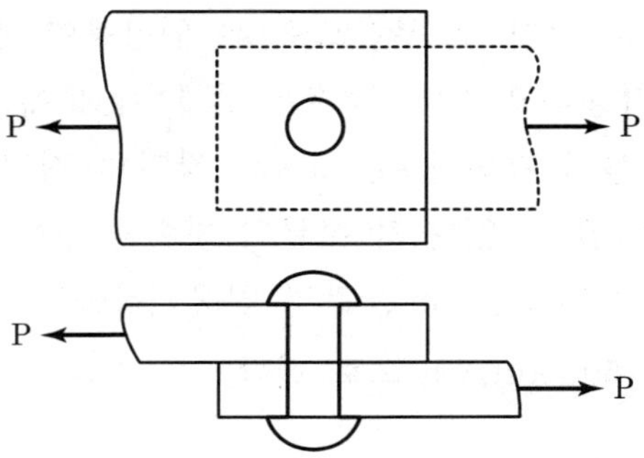

그림 2-a

| 해설 | $\tau = \dfrac{P}{\frac{\pi d^2}{4}} = \dfrac{4P}{\pi d^2} = \dfrac{4 \times 1200}{\pi \times 12^2}$ 에서 $\tau = 10.61 \text{kgf/mm}^2$로 된다.

[답] $\tau = 10.61 \text{kgf/mm}^2$

예제 2-2 다음 그림 **2-b** 와 같이 단면적이 같은 강선 AC와 BC가 수직하중 $P = 5$ ton을 지탱하려면 강선의 단면적을 얼마로 해야 하는가? 단, 강선의 허용응력은 $\sigma_a = 500 \text{ kgf/cm}^2$이다.

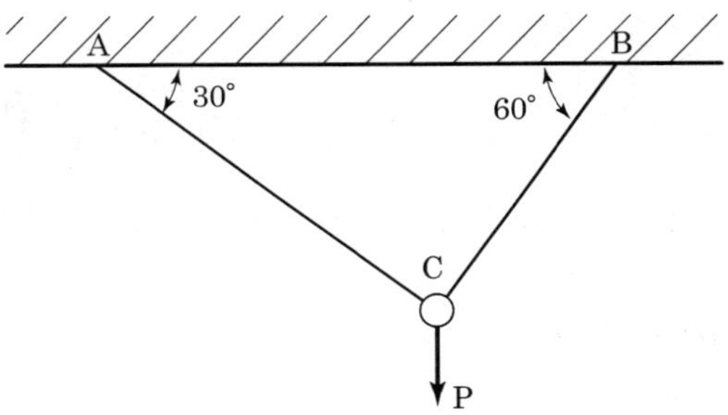

그림 2-b

| 해설 | 점C점에서의 힘계를 나타내면 아래 그림과 같고, 평형조건으로부터 F_{AC}와 F_{BC}를 구하면 다음과 같다.

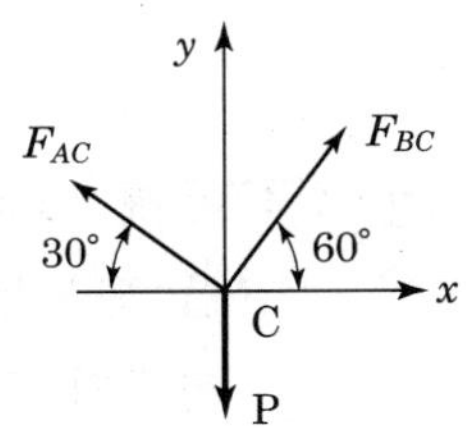

$$\Sigma F_x = 0, \quad -F_{AC}\cos 30 + F_{BC}\cos 60 = 0 \qquad (1)$$

$$\Sigma F_y = 0, \quad F_{AC}\sin 30 + F_{BC}\sin 60 - P = 0 \qquad (2)$$

식 (1)과 (2)로부터 $F_{AC} = 2.5$ ton, $F_{BC} = 2.5\sqrt{3}$ ton로 된다. 따라서 F_{BC}에 의해서 단면적을 구하면 된다.

[답] $A = \dfrac{F_{BC}}{\sigma_a} = \dfrac{2500\sqrt{3}}{500} \text{cm}^2$

예제 2-3 다음 그림 **2-c** 와 같이 두 부분으로 된 인장봉이 핀(pin)으로 연결되어 하중 $P=8.5$ ton이 작용하고 있다. 정사각 알루미늄봉에서 윗부분의 단면치수는 10 cm×10 cm, 강봉의 단면치수는 a×b, 강핀의 직경을 d라고 하였을 때 하중 8.5 ton을 견디어낼 수 있는 각 부분의 치수를 구하시오. 단, 알루미늄의 허용 인장응력 σ_{aa}을 500 kgf/cm^2, 강의 허용인장응력 σ_{sa}을 1200 kgf/cm^2, 강의 허용전단응력을 600 kgf/cm^{2}으로 한다.

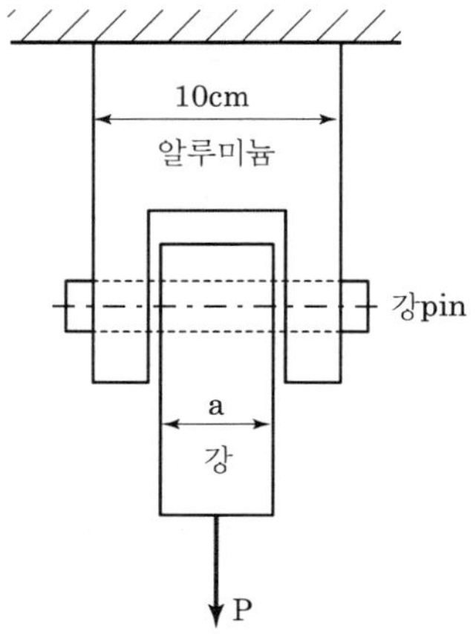

그림 2-c

| 해석 | 강핀의 직경 d는 $2\frac{\pi d^2}{4}\tau_a \geqq P$와 같은 관계로부터 $d \geqq \sqrt{\frac{4P}{2\pi\tau_a}}$ 이므로 $d \geqq 3.003$로 된다.

알루미늄봉과 강봉은 핀 구멍이 있는 부분의 단면적을 고려해야함으로 다음과 같이 식을 나타낼 수 있다.

$$(10-a)(10-3.003)\sigma_{aa} \geqq P \qquad (1)$$

$$a(b-3.003)\sigma_{sa} \geqq P \qquad (2)$$

식 (1)과 (2)로부터 $a \leqq 7.57$, $b \geqq 3.939$이다.

[답] $d \geqq 3.003$ cm, $a \leqq 7.57$ cm, $b \geqq 3.939$ cm

예제 2-4 두께 15 mm인 연강판을 직경 30 mm인 punch로 구멍을 만들려고 한다. 구멍을 만드는데 필요한 하중 P와 punch에 작용하는 압축응력을 구하시오. 단, 연강의 전단강도는 5000 kgf/cm^{2}이다.

| 해설 | $\pi dt\,\tau_u \leqq P$로부터 $70685.835 \leqq P$이고, $\sigma_c = \dfrac{P}{\frac{\pi d^2}{4}}$로부터 $\sigma_c \geqq 10000$ kgf/cm^{2}로 된다.

[답] $70685.835 \leqq P$, $\sigma_c \geqq 10000$ kgf/cm^2

예제 2-5 다음 그림 **2-d** 와 같이 지름 $d=6$ cm인 축에 묻힘 키이를 사용한 레버를 이용하여 축을 회전시키려고 한다. 묻힘키이의 허용전단응력 $\tau_a=600$ kgf/cm^{2}라고 했을 때, 레버에 최대한으로 가할 수 있는 하중 P는 얼마인가? 단, 묻힘 키이의 치수는 $b \times h \times l = 15 \times 10 \times 40$이다.

| 해설 | 묻힘 키이에 가해지는 전단력 F는 다음과 같은 모멘트 식에 의해서 구한다.

$PL = F\dfrac{d}{2}$, $F=\dfrac{2PL}{d}$

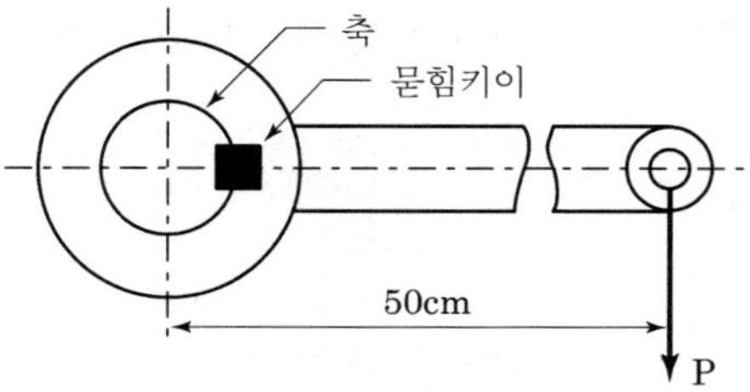

그림 2-d

묻힘 키이는 축과 레버사이에서 전단이 생긴다. 이곳의 응력식은 다음과 같이 주어진다.

$\tau=\dfrac{F}{bl}=\dfrac{2PL}{dbl}$

따라서 $P \leqq \dfrac{\tau dbl}{2L} = \dfrac{600 \times 6 \times 1.5 \times 4}{2 \times 50} = 216$ kgf로 된다.

[답] $P \leqq 216$ kgf

예제 2-6 다음 그림 **2-e** 와 같이 직경 $D=60$ cm인 압력용기가 압력 $p=12$ kgf/cm^{2}에 견디어 낼 수 있도록 압력용기 덮개를 24개의 볼트로 체결하려고 한다. 이때 볼트의 직경을 얼마로 해야 하는가? 단, 볼트의 허용응력 $\sigma_a=400$ kgf/cm^{2}이다.

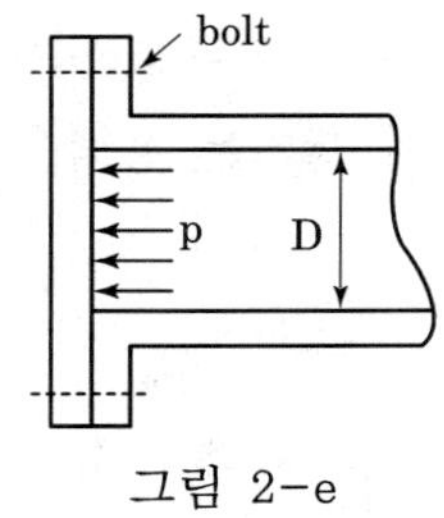

그림 2-e

| 해설 | 볼트 1개에 가해지는 힘 $F=\dfrac{\pi D^2}{4}p\dfrac{1}{24}$이고 볼트에 발 생하는 응력 $\sigma=\dfrac{F}{\dfrac{\pi d^2}{4}}$이다. 두

식으로부터 볼트의 직경 $d = \sqrt{\dfrac{D^2 p}{24\sigma_a}} = \sqrt{\dfrac{60^2 \times 12}{24 \times 400}} = 2.12$ cm이다.

[답] $d = 2.12$ cm

예제 2-7 다음 그림 **2-f** 와 같이 칼라 베어링(collar bearing)축에 하중 $P = 5000$ kgf이 작용할 때 A부분의 표면압축응력 $\sigma_c = 6\,\text{kgf/cm}^2$이내로 하기 위해서는 A부분의 지름 D를 얼마로 해야 하는가? 또한, A부분에 발생하는 전단응력은 얼마인가? 단, 축의지름 $d = 10$ cm이고, A부분의 두께 $t = 5$ cm이다.

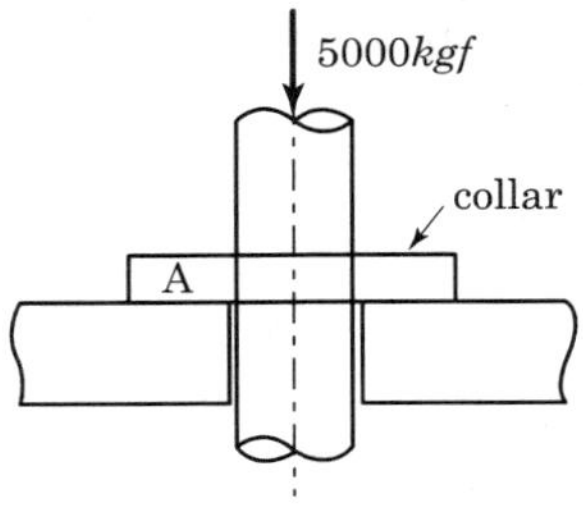

그림 2-f

▮ 해설 ▮ A부분의 표면압축응력 $\sigma_c \geq \dfrac{P}{\dfrac{\pi(D^2 - d^2)}{4}}$이어야 함으로

$D \geq \sqrt{\dfrac{4P}{\pi\sigma_c} + d^2} = \sqrt{\dfrac{4 \times 5000}{\pi \times 6} + 10^2} = 34.07$cm이다.

A부분의 전단응력은 $\tau = \dfrac{P}{\pi d t} = \dfrac{5000}{\pi \times 10 \times 5} = 31.83\,\text{kgf/cm}^2$이다.

[답] $D \geq 34.07$ cm, $\tau = 31.83\,\text{kgf/cm}^2$

예제 2-8 다음 그림 **2-g**와 같이 단면적 $A = 25\,\text{cm}^2$인 단주에 하중 $P = 900$ kgf이 작용하고 있을 때, 단면 $a - a$에 생기는 응력을 구하시오.

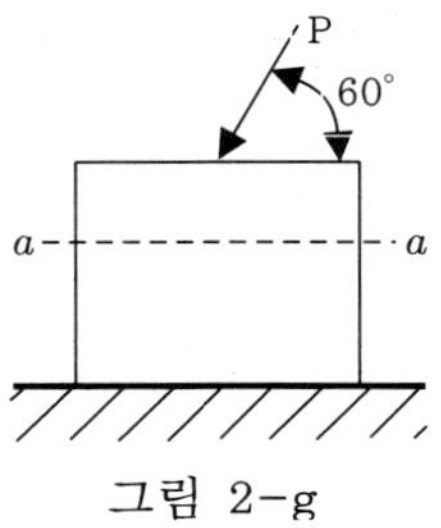

그림 2-g

| 해설 | 하중 P는 단면 $a-a$에 수직한 힘 $N=P\sin 60=779.42$ kgf와 나란한 힘 $T=P\cos 60=450$ kgf로 분해된다. 따라서 단면 $a-a$에서는 수직한 힘에 의한 압축응력 $\sigma_c=\frac{N}{A}=\frac{779.42}{25}=31.18$ kgf/cm^{2}와 나란한 힘에 의한 전단응력 $\tau=\frac{T}{A}=\frac{450}{25}=18$ kgf/cm^{2}이 생기게 된다.

[답] 압축응력 $\sigma_c=31.18$ kgf/cm^2, 전단응력 $\tau=18$ kgf/cm^2

예제 2-9 **다음 그림 2-h (a)와 같이 단면적 $A=20$ cm^{2}인 봉에 인장하중 $P=900$ kgf이 작용하고 있을 때, 단면 $a-a$에 생기는 응력을 구하시오.**

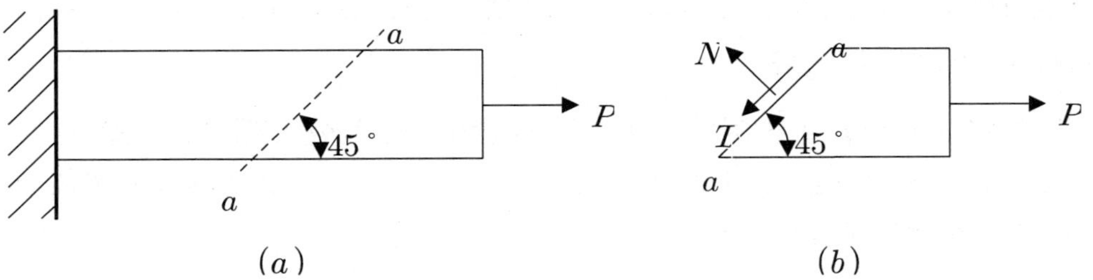

그림 2-h

| 해설 | 단면 $a-a$에 작용하는 수직한 내력 N과 나란한 내력 T를 구하기 위해 그림 2-h (b)와 같은 자유물체도를 그렸고, 평형조건식 $\Sigma F_x=0$, $P-\frac{N}{\sqrt{2}}-\frac{T}{\sqrt{2}}=0$, $\Sigma F_y=0$, $\frac{N}{\sqrt{2}}-\frac{T}{\sqrt{2}}=0$로부터 수직한 힘 N과 나란한 힘 T는 $N=T=\frac{P}{\sqrt{2}}$로 주어진다. 또한 단면 $a-a$의 크기 A_n은 $A_n=A\sqrt{2}$로 주어진다. 따라서 수직응력은 $\sigma_n=\frac{N}{A_n}=\frac{P}{2A}=22.5$ kgf/cm^{2}로 되고, 전단응력은 $\tau=\frac{T}{A_n}=\frac{P}{2A}=22.5$ kgf/cm^{2}로 된다.

[답] 수직응력 $\sigma_n=22.5$ kgf/cm^2, 전단응력 $\tau=22.5$kgf/cm^2

2-2 변형률과 푸아송비

완전 탄성변형을 보이는 탄성한계(elastic limit) 내에서 물체의 변형하기 전의 길이와 변형된 량의 비율 즉, 단위길이에 대한 변형량을 변형률(strain)이라 한다. 하중 방향에 따라 수직변형률(normal strain)인 인장변형률(tensile strain), 압축변형률(compressive strain)과 전단변형률(shear strain)로 나눌 수 있고, 물체의 모양에 따라 세로변형률(longitudinal strain), 가로변형률(lateral strain), 체적변형률(volume strain)로 구분할 수 있다.

그림 **2-1** (a)에서와 같이 길이가 L이고 직경이 d인 봉이 인장하중 P를 받아서, 점선으로 나타낸 모양으로 길이 L'로 신장되고 직경 d'로 수축되었다면 인장에 의한 세로변형률 ε과 가로변형률 ε'는 다음과 같다.

$$\varepsilon = \frac{L'-L}{L} = \frac{\delta}{L} \tag{2-2}$$

$$\varepsilon' = \frac{d'-d}{d} = -\frac{\lambda}{d}$$

여기서 δ는 인장에 의해 신장된 길이의 변형량이고, λ는 인장에 의해 수축된 직경의 변형량으로 (−)부호를 갖는다. 또한 그림 **2-1** (b)에서와 같이 길이가 L인 봉에 압축하중 P가 작용해서 점선으로 나타낸 모양으로 길이 L'로 수축되고 직경 d'로 팽창되었다면 압축에 의한 세로변형률 ε과 가로변형률 ε'는 다음과 같다.

$$\varepsilon = \frac{L'-L}{L} = -\frac{\delta}{L} \tag{2-3}$$

$$\varepsilon' = \frac{d'-d}{d} = \frac{\lambda}{d}$$

여기서 δ는 압축에 의해 수축된 길이의 변형량으로 (−)부호를 갖고, λ는 압축에 의해 팽창된 직경의 변형량이다.

그림 **2-1** (c)에서와 같이 변의 길이가 L인 정육면체에 전단하중 P를 받아서 윗면이 하중방향으로 δ만큼 이동한 점선으로 나타낸 모양 즉, 길이가 L인 수직한 변이 γ각

도만큼 기울어진 점선으로 나타낸 모양으로 변형되었다면 전단에 의한 전단변형률 γ 는 다음과 같이 쓸 수 있다.

$$\gamma = \frac{\delta}{L} = \tan\gamma \approx \gamma \tag{2-4}$$

변형량 δ와 전단각 γ는 매우 작은 값이다.

식 (2-2)와 (2-3)에서 세로변형률 ε 과 가로변형률 ε'와의 비를 푸아송비(Poisson's ratio) ν라 하고 다음과 같이 표현된다.

$$\nu = \frac{1}{m} = -\frac{\varepsilon'}{\varepsilon} \tag{2-5}$$

여기서 m은 푸와송수(Poisson's number)로 푸와송비의 역수이다.

등방성재료(isotropic material)인 육면체에 x축 방향으로 인장응력 σ가 작용하고 있을 때, 해석과정을 쉽게 하기 위해서 각각의 축방향으로 생기는 총변형량을 그림 **2-2**에서 보는바와 같이 각각의 축 한편에 표현하였다. 육면체의 변형되기 전의 치수는 $a\times b\times c$이고, 인장응력 σ에 의해서 육면체의 크기가 $a'\times b'\times c'$로 변하였다. x축 방향의 변형률을 ε로 하면, 식 (2-5)로부터 y, z축 방향의 변형량은 각각 $-\nu\varepsilon b$, $-\nu\varepsilon c$로 된다. 따라서 변형되기 전의 체적 V와 변형된 체적 V'는 다음과 같다.

$$V' = abc \tag{2-6}$$

$$V' = a'b'c' = a(1+\varepsilon)b(1-\nu\varepsilon)c(1-\nu\varepsilon) \approx abc(1+\varepsilon-2\nu\varepsilon)$$

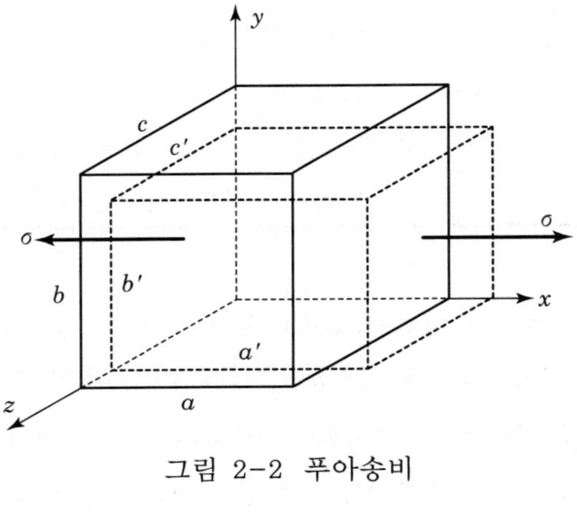

그림 2-2 푸아송비

식 (2-6)의 변형된 체적 V'에서 우측 항을 전개하면 변형률 ε의 제곱이나 세제곱을 포함하는 항이 생긴다. 변형률 ε은 작은 값이므로 제곱이나 세제곱 항을 무시하여 나타내었다. 따라서 체적의 변화량 ΔV을 푸아송비로 표현하면 다음과 같이 된다.

$$\Delta V = V' - V \approx V\varepsilon(1-2\nu) \tag{2-7}$$

이때의 체적변화량 ΔV와 변형 전의 체적 V와의 비인 체적변형율(volumetric strain, bulk strain) ε_V 또는 팽창도(dilatation)는 다음과 같이 주어진다.

$$\varepsilon_V = \frac{\Delta V}{V} = \varepsilon(1-2\nu) \tag{2-8}$$

어떤 재료가 인장을 받을 때 체적이 줄어들 수는 없으므로 $\Delta V \geq 0$이다. 그러므로 식 (2-7)로 부터 $\frac{1}{2} \geq \nu$로 됨을 알 수 있다. 고무 또는 파라핀과 같은 재료는 ν가 0.5에 가깝고 변형되어도 그 체적에는 거의 변화가 없다. 표 **2-1**은 각종 재료에 대한 푸아송비를 나타낸다.

표 2-1 푸아송비

Material	Poisson's ratio	Material	Poisson's ratio
Aluminum alloys	0.33	Nickel	0.31
Brass	0.34	Nylon	0.4
Bronze	0.34	Polyethylene	0.4
Cast iron	0.2~0.3	Rock(compression)	0.2~0.3
Concrete(compression)	0.1~0.2	Rubber	0.45~0.5
Copper and Copper alloys	0.33~0.36	steel	0.27~0.3
Glass	0.17~0.27	Titanium alloys	0.33
Magnesium alloys	0.35	Tungsten	0.2

또한, 등방성재료(isotropic material)인 육면체에 x, y, z축 방향으로 인장응력 σ_1, σ_2, σ_3가작용하고 있을 때, 해석과정을 쉽게 하기 위해서 각각의 축방향으로 생기는 총변형량을 그림 2-3에서 보는바와 같이 각각의 축 한편에 표현하였다. 육면체의 변형되기 전의 치수는 $a \times b \times c$이고, 인장응력 σ_1, σ_2, σ_3에 의해서 육면체의 크기

가 $a' \times b' \times c'$로 변하였다. x, y, z축 방향의 변형률을 ε_x, ε_y, ε_z로 하면, $a' \times b' \times c'$는 다음과 같이 된다.

$$V' = a' \times b' \times c' = a(1+\varepsilon_x) \times b(1+\varepsilon_y) \times c\,(1+\varepsilon_z) \tag{2-9}$$
$$\approx a\,b\,c\,(1+\varepsilon_x+\varepsilon_y+\varepsilon_z)$$

여기서 변형률은 작은 값이므로 변형률의 고차항은 무시하였다. 따라서 체적변형률 ε_V는 다음과 같이 주어진다.

$$\varepsilon_V = \frac{V'-V}{V} = \varepsilon_x + \varepsilon_y + \varepsilon_z \tag{2-10}$$

식 (2-10)에서 보는 바와 같이 체적변형률 ε_V는 세로변형률 ε_x, ε_y, ε_z의 합과 같으며, 만약에 x, y, z축에 균일한 인장응력 σ가 작용하는 경우 즉 $\sigma_1 = \sigma_2 = \sigma_3$인 경우에는 $\varepsilon = \varepsilon_x = \varepsilon_y = \varepsilon_z$이므로 체적변형률 ε_V는 다음과 같이 주어진다.

$$\varepsilon_V = 3\varepsilon \tag{2-11}$$

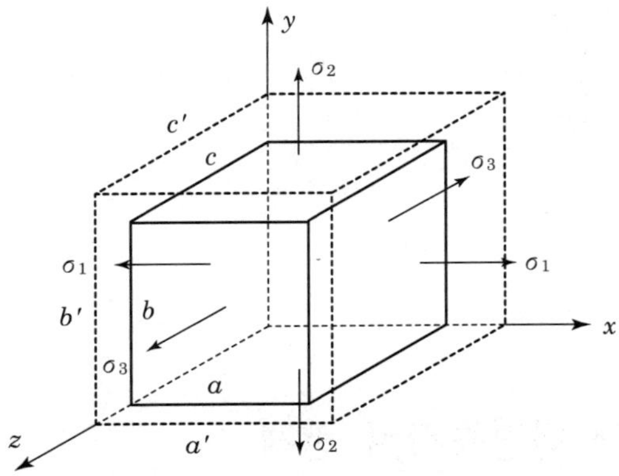

그림 2-3 체적변형률

예제 2-10 길이 $l = 5$ m, 지름 $d = 10$ mm인 강봉에 하중 $P = 800$ kgf을 작용시킬 때 이 봉에 발생하는 응력과 신장량을 구하시오. 단, $E = 2.1 \times 10^{-6}$ kgf/cm²이다.

| 해설 | $\sigma = \dfrac{P}{A} = \dfrac{4 \times 800}{\pi \times 1^2} = 1018.59\ \text{kgf/cm}^2$

$$\delta = \varepsilon l = \frac{\sigma}{E} l = \frac{1018.59 \times 500}{2.1 \times 10^6} = 0.2425\text{cm}$$

[답] $\sigma = 1018.59\,\text{kgf/cm}^2$, $\delta = 0.2425\,\text{cm}$

예제 2-11 지름 $d = 2$ cm, 길이 $l = 2$ m인 환봉이 인장하중을 받아 0.15 cm 늘어나고 동시에 지름이 0.00045 cm 수축하였다. 이 재료의 푸아송비를 구하시오.

| 해설 | $\nu = -\dfrac{\dfrac{d'-d}{d}}{\dfrac{\delta}{l}} = -\dfrac{\dfrac{\lambda}{d}}{\dfrac{\delta}{l}} = -\dfrac{\lambda l}{d\delta} = -\dfrac{-0.00045\times 200}{2\times 0.15} = 0.3$

[답] $\nu = 0.3$

예제 2-12 길이 $l = 10$ m, 단면적 $A = 10\ \text{cm}^2$의 강봉을 5000 kgf로 인장하여 0.25 cm 늘어났다. 이 재료의 탄성계수는 얼마인가?

| 해설 | $\dfrac{P}{A} = E\dfrac{\delta}{l}$에서 $E = \dfrac{Pl}{A\delta} = \dfrac{5000\times 1000}{10\times 0.25} = 2\times 10^6\,\text{kgf/cm}^2$

[답] $E = 2\times 10^6\,\text{kgf/cm}^2$

예제 2-13 지름이 $d = 3$ cm인 봉을 하중 6.5 ton으로 인장하였을 때에 변형된 봉의 직경 d'을 구하시오. 단, 푸아송비 ν와 종탄성계수 E는 0.3과 $2.1\times 10^6\ \text{kgf/cm}^2$이다.

| 해설 | $\nu = -\dfrac{\epsilon'}{\epsilon} = -\dfrac{\dfrac{d'-d}{d}}{\dfrac{P}{AE}}$로부터 $d' = 2.9996$ cm이다.

[답] $d' = 2.9996\,\text{cm}$

2-3 응력과 변형률과의 관계

1678년 영국의 수학자 Robert Hooke(1635~1703)은 탄성범위 내에서 변형량 δ는 하중 P와 물체의 길이 l에 비례하고 단면적 A에 반비례한다는 것을 실험으로 증명하였다. 이와 같은 관계를 식으로 표현하면 다음과 같다.

$$\delta \propto \frac{Pl}{A} \tag{2-12}$$

인장하중과 금속재료의 변형량 관계를 실험하는 방법에 대해서는 KS규격의 KS B 0802(금속재료 인장시험방법)에 규정되어 있다. 또한 재료의 형상에 따른 시편의 규격은 KS B 0801에 규정되어 있으며, 이 규정에 의하여 시편을 만들고 만능시험기(universal testing machine)에 설치하여 하중을 아주 서서히 가하면서 변형량을 측정하여 세로축은 하중(응력)의 크기를 표시하고 가로축은 변형량(변형률)을 나타내어 선도(graph)를 그린다. 이 선도를 응력-변형률 선도(stress-strain curve)라고 한다. 응력-변형률선도의 형태는 그림 **2-4**와 같이 크게 세 가지로 나눌 수 있다. 그림 **2-4** (a)와 같은 선도는 강(steel)과 같이 가공경화를 일으키는 가공경화재료(strain hardening materials)을 인장 시험한 결과이고, 그림 **2-4** (b)는 동(copper) 및 동합금(copper alloys), 알루미늄(aluminum) 및 알루미늄합금(aluminum alloys)등 연성(ductility)이 강한 비가공경화재료(non-strain hardening materials)에 대한 선도를 나타낸다. 그림 **2-4** (c)는 주철(cast iron)과 같이 취성(brittleness)이 강한 재료에 대한 선도를 나타낸다.

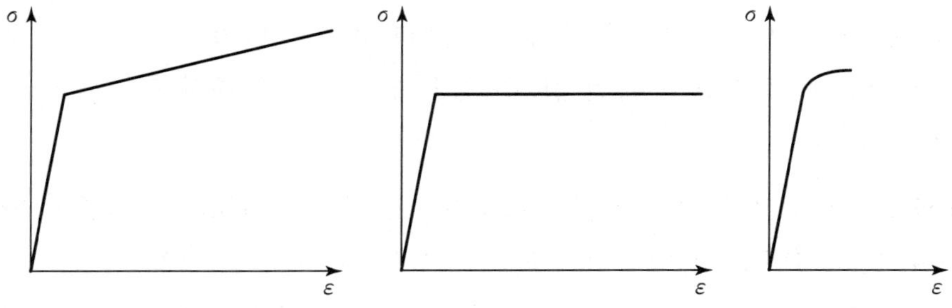

그림 2-4 응력-변형률선도의 형태

그림 **2-5**는 그림 **2-4** (a)와 같은 형태의 선도로써 연강(mile steel)의 응력-변형률 선도를 나타내고 있다. 원점 O에서 P점까지는 선형적(linearly)으로 응력과 변형률이 비례하여 Hooke의 법칙이 성립한다. 이 P점을 비례한도(proportional limit)라 하고, 완전 탄성변형을 보이고 있다. 이러한 형태의 거동은 공학에서는 매우 중요한 의미를 갖고 있으며, 구조물과 기계의 각 요소들은 이 영역 안에서 기능을 발휘하도록 설계하여야 안전성과 내구성을 높일 수 있다.

재료에 가해진 하중을 제거하여도 변형이 완전히 원상복구 되지 않은 경우의 변형률을 영구변형률(permanent strain) 또는 잔류변형률(residual strain)이라고 한다.

영구변형률의 허용한도가 0.003%의 아주 작은 값을 갖는 점을 탄성한도(elastic limit)라 하며, 그림 **2-5**에서 E점의 위치를 나타낸다. 실험에 의해서 얻어지는 응력-변형률 선도에서 비례한도와 탄성한도는 거의 일치하기 때문에 구분하기는 매우 어려워서 이들의 값을 구분하지 않고 같이 쓰는 경우도 있다.

그림 **2-5**의 σ_Y는 소성변형이 생기기 시작하는 항복응력(yielding stress)을 나타낸다. 이곳에서는 응력이 크게 증가하지 않았는데도 소성변형에 의해 변형률이 급증하는 불완전한 현상을 보이고 있다. 이와 같이 불완전한 현상을 항복(yield)이라 하고, 항복응력이 큰 곳을 상항복점(upper yield point), 작은 곳을 하항복점(lower yield point)이라고 한다. 재료의 특성에 따라 항복점이 두드러지게 나타나지 않은 경우가 있는데, 이때에는 변형률이 0.2%로 되는 점을 항복점으로 정하고 있다. 이런 현상은 주로 연성재료에서 많이 볼 수 있다.

항복점을 지나면 응력의 증가율에 대하여 변형의 증가율이 커지고, 재료의 특성에 의한 가공경화(strain hardening)가 생겨 최대응력인 극한강도(ultimate strength) σ_U에 도달하게 된다. 극한강도에 도달하기 전까지는 단면의 수축량이 작으므로 단면의 수축을 육안으로 볼 수 없으나, 극한강도 이후에서는 단면이 급속히 수축되는 현상(necking 현상)을 육안으로 확인 할 수 있으며 변형이 급속히 진전되어 파괴에 이르게 된다.

그림 **2-5**에서 실선으로 나타낸 선도는 y축의 응력값을 가해지는 하중에 따라 초기의 단면으로 나눈 값으로 하였을 경우의 선도이며, 이 실선의 선도를 공칭응력-변형률선도(nominal stress-strain curve)라 한다. 또한 일점쇄선으로 나타낸 선도는 가해지는 하중을 매 순간 수축하는 실제의 단면으로 나눈 값으로 하였을 경우의 선도로서 진응력-변형률선도(true stress-strain curve) 또는 실제응력-변형률 선도(actual stress-strain curve)라고 한다.

그림 **2-5**에서 항복점을 넘어 H점까지 하중을 증가하면 총 변형률은 $\overline{OH''}$로 된다. 하중을 제거하면 변형률은 직선 $\overline{OP}$와 평행한 $\overline{HH'}$에 따라 감소하여 H'점에 도달한다. 이 때 $\overline{H'H''}$는 탄성변형률(elastic strain)를 나타내고, $\overline{OH'}$는 잔류변형률(residual strain) 또는 영구변형률(permanent strain)을 나타낸다.

식 (2-12)와 그림 **2-5**의 비례한도에서 보는 바와 같이 응력과 변형률의 선형적 관계를 식으로 나타내면 다음과 같이 쓸 수 있다.

$$\sigma = E\varepsilon \tag{2-13}$$

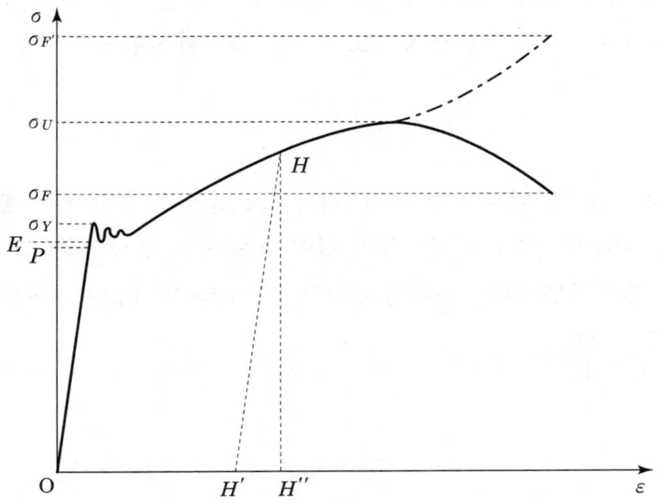

그림 2-5 연강의 응력-변형률 선도

식 (2-13)의 비례상수인 E를 종탄성계수(modulus of longitudinal elasticity) 또는 영계수(Young's modulus)라 한다. 또한 탄성한계 내에서는 전단응력 τ와 그에 따른 전단탄성변형률 γ와의 관계는 다음과 같다.

$$\tau = G\gamma \tag{2-14}$$

식 (2-14)의 비례상수인 G를 횡탄성계수(modulus of transverse elasticity) 또는 전단탄성계수(shear modulus of elasticity) 또는 강성계수(modulus of rigidity)라고 한다.

수직응력 σ와 체적변형률 ε_V와의 관계는 체적탄성계수(bulk modulus) K로 나타내면 다음과 같다.

$$\sigma = K\varepsilon_V \tag{2-15}$$

예제 2-14 인장시험에서 진응력-변형률선도(true stress-strain curve)를 설명하시오.

[답] 가해지는 하중을 매 순간 수축하는 실제의 단면으로 나눈 값으로 응력을 계산하

여 그린 선도

예제 2-15 인장시험에서 소성변형이 생기기 시작하는 점은 어느 것인가?

㉮ 비례한도　　㉯ 인장강도　　㉰ 탄성한도　　㉱ 항복응력

[답] ㉱

예제 2-16 총길이가 3 m인 알루미늄 봉에 하중 3 ton이 작용한다면 총변형량은 얼마인가? 단, 이봉의 1.5 m는 한 변의 길이가 2cm인 정사각형이고 나머지는 직경이 2 cm인 원형단면이다. 종탄성계수 $E=0.72\times10^6$ kgf/cm^{2}이다.

| 해설 | $\delta=\dfrac{PL_1}{A_1E}+\dfrac{PL_2}{A_2E}$이므로 $\delta=0.355$ cm이다.

[답] $\delta=0.355$cm

예제 2-17 단면적 $A=4$ cm^{2}인 환봉에 다음 그림 **2-i**와 같이 하중이 작용하고 있다. 이 환봉의 변형량을 구하시오. 단, Ⅰ부분의 길이 $l_1=3$ m, Ⅱ부분의 길이 $l_2=2$ m, Ⅲ부분의 길이 $l_3=1$ m, $E=2.1\times10^6$kg/cm^{2}이다.

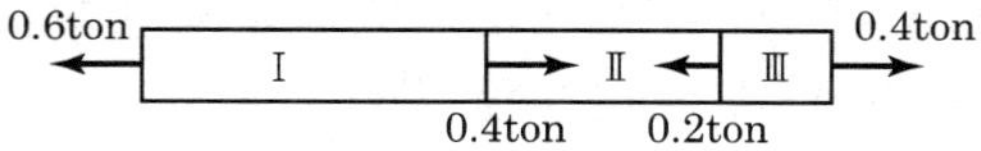

그림 2-i

| 해설 | Ⅰ부분의 변형량 : $\delta_1=\dfrac{P_1l_1}{AE}=\dfrac{600\times300}{4\times2.1\times10^6}=0.0214$cm

Ⅱ부분의 변형량 : $\delta_2=\dfrac{P_2l_2}{AE}=\dfrac{200\times200}{4\times2.1\times10^6}=0.0048$cm

Ⅲ부분의 변형량 : $\delta_3=\dfrac{P_3l_3}{AE}=\dfrac{400\times100}{4\times2.1\times10^6}=0.0048$cm

총변형량 : $\delta=\delta_1+\delta_2+\delta_3=0.031$cm

[답] $\delta=0.031$ cm

2-4 탄성계수 사이의 관계

그림 **2-3**과 같은 등방성재료의 육면체에 x, y, z축방향으로 인장응력 σ_x, σ_y, σ_z가 작용하는 경우, 각 축방향의 변형률 ε_x, ε_y, ε_z는 푸와송비를 나타내는 식 (2-5)와 응력과 변형률의 관계를 나타내는 식 (2-13)을 이용하여 나타내면 다음과 같다.

$$\varepsilon_x = \frac{\sigma_x}{E} - \frac{1}{mE}(\sigma_y + \sigma_z) \tag{2-16}$$

$$\varepsilon_y = \frac{\sigma_y}{E} - \frac{1}{mE}(\sigma_x + \sigma_z)$$

$$\varepsilon_z = \frac{\sigma_z}{E} - \frac{1}{mE}(\sigma_x + \sigma_y)$$

식 (2-16)의 각 식에서 우변의 2번째 항들은 구하고자하는 변형률의 축방향에 대해 수직방향으로 작용하는 응력들에 의해 수축되는 변형률의 크기를 나타낸다. 식 (2-10)과 식 (2-16)으로부터 체적변형률 ε_V는 다음과 같이 나타낼 수 있다.

$$\varepsilon_V = \varepsilon_x + \varepsilon_y + \varepsilon_z = \frac{m-2}{mE}(\sigma_x + \sigma_y + \sigma_z) \tag{2-17}$$

만약에 $\sigma_x = \sigma_y = \sigma_z = \sigma$라면 $\varepsilon = \varepsilon_x = \varepsilon_y = \varepsilon_z$이므로 식 (2-17)의 체적변형률 ε_V는 다음과 같이 된다.

$$\varepsilon_V = 3\varepsilon = \frac{3(m-2)}{mE}\sigma \tag{2-18}$$

따라서 식 (2-15)와 식 (2-18)로부터 체적탄성계수 K는 다음과 같이 주어지며, 종탄성계수 E와의 관계를 나타낸다.

$$K = \frac{mE}{3(m-2)} \tag{2-19}$$

그림 **2-6**은 $h \times h \times t$인 재료의 미소요소에 수직응력은 존재하지 않고 전단응력만이 존재하는 순수전단응력상태에서의 인장변형률 ε과 전단변형률 γ와의 관계를 나타내

고 있다. 그림 **2-6** (a)는 미소요소에 순수전단응력이 작용하기 전 즉, 변형되기 전의 모양을 나타내고 있고, 그림 **2-6** (b)는 순수전단응력 τ가 작용하여 그림 **2-6** (a)의 미소요소가 전단변형률 γ만큼 변형된 모양을 보이고 있다. 변형전의 모양인 그림 **2-6** (a)에서 $\overline{bd}$ 대각선의 길이 L_{bd}는 $\sqrt{2}h$이다. 변형된 모양에서 각 $\angle adc$는 $\frac{\pi}{2}-\gamma$이며, $\overline{bd}$ 대각선의 길이 L'_{bd}를 구하기 위하여 $\triangle abd$를 그림 **2-6** (c)에 나타내었다. $\triangle abd$에서 cosine의 법칙을 이용하여 L'_{bd}를 나타내면 다음과 같다.

$$L'^2_{bd} = h^2 + h^2 - 2h^2 \cos\left(\frac{\pi}{2}+\gamma\right) \tag{2-20}$$

$$= 2h^2(1+\sin\gamma)$$

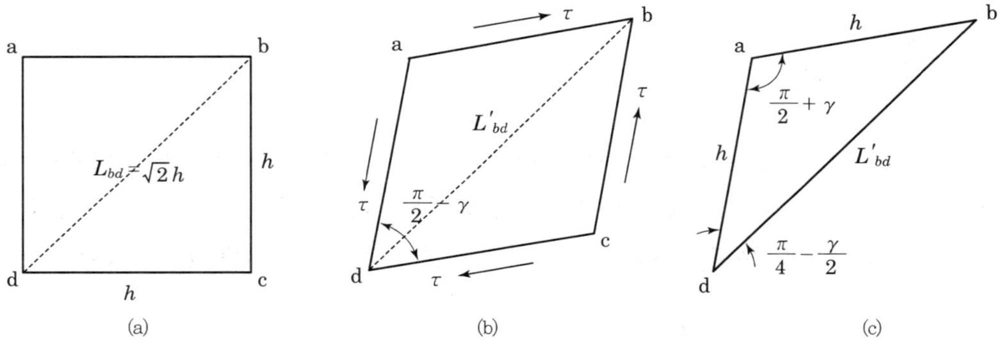

그림 2-6 순수전단응력에 의한 전단변형률과 수직변형률

또한 L'_{bd}를 L_{bd}와 인장변형률 ε로 나타내면 다음과 같다.

$$\varepsilon = \frac{L'_{bd}-L_{bd}}{L_{bd}} \tag{2-21}$$

$$L'_{bd} = L_{bd}(1+\varepsilon) = \sqrt{2}\,h(1+\varepsilon)$$

식 (2-20)과 식 (2-21)의 두 번째 식으로부터 다음과 같이 쓸 수 있다.

$$L'^2_{bd} = 2h^2(1+\sin\gamma) = 2h^2(1+\varepsilon)^2 \tag{2-22}$$

식 (2-22)의 변형률 ε와 γ는 작은 값이므로 $\sin\gamma \approx \gamma$로 되고, $(1+\varepsilon)^2$을 전개하면 고차항 ε^2은 무시할 수 있으므로 다음과 같이 나타낼 수 있다.

$$\varepsilon = \frac{\gamma}{2} \tag{2-23}$$

그림 **2-7** (a)와 같이 크기가 $h \times h \times t$인 육면체의 미소요소에 순수전단응력 τ가 작용하고 있다. ac면에 작용하는 응력을 구하기 위하여 육면체의 미소요소를 그림 **2-7** (b)와 같이 오면체의 요소로 분할하여 각 면에 작용하는 힘을 나타내었다. 전단력 τht의 ac면에 수직한 분력 F_N과 나란한 힘 F_T는 다음과 같이 주어진다.

$$F_N = F_T = \tau ht \frac{1}{\sqrt{2}} \tag{2-24}$$

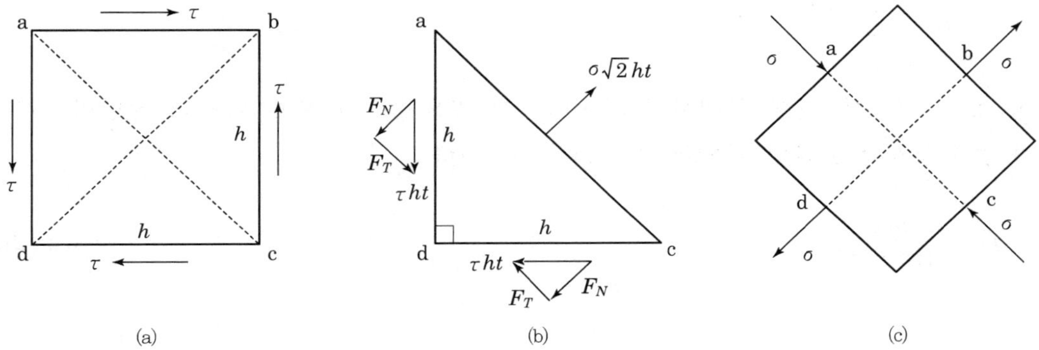

그림 2-7 순수전단응력에 대한 수직응력

힘의 평형으로부터 ac면에 나란하게 작용하는 힘 F_T는 서로 상쇄되어 없어지고, ac면에 수직하게 작용하는 힘들은 다음과 같이 쓸 수 있다.

$$2F_N = 2\tau ht \frac{1}{\sqrt{2}} = \sigma\sqrt{2}\,ht \tag{2-25}$$

여기서 σ는 ac면에 작용하는 인장응력이다. 식 (2-25)를 정리하면 다음과 같다.

$$\sigma = \tau \tag{2-26}$$

그림 **2-7** (a)와 같은 미소요소의 bd면에 작용하는 응력을 앞에서 행한 ac면에 작용하는 응력을 구하는 방법과 같이 하면, 식 (2-26)과 같이 bd면에는 전단응력의 크기와 같은 압축응력이 작용됨을 알 수 있다.

이상과 같은 사실로부터 그림 **2-7** (a)와 같은 전단응력상태는 45°방향으로는 그림 **2-7** (c)와 같이 전단응력의 크기와 같은 인장응력과 압축응력이 작용하는 수직응력상태로 됨을 알 수 있다.

그림 **2-7** (a)와 (c)에서 대각선 $\overline{bd}$방향의 변형률 ε를 인장·압축응력 σ로 나타내고자 푸와송비의 식 (2-5), Hooke의 법칙 식 (2-13)과 식 (2-14), 순수전단에서의 전단변형률과 인장변형률의 관계 식 (2-23), 순수전단응력과 수직응력의 관계 식 (2-26) 등을 이용하여 정리하면 다음과 같은 결과를 얻을 수 있다.

$$\varepsilon=\frac{\sigma}{E}+\nu\frac{\sigma}{E}=\frac{\gamma}{2}=\frac{1}{2}\frac{\tau}{G} \tag{2-27}$$

$$\frac{1+\nu}{E}=\frac{1}{2G}$$

식 (2-27)의 두 번째 식에서 푸와송비 ν를 푸와송수 m으로 바꾸어 전단탄성계수 G와 종탄성계수 E와의 관계는 다음과 같이 된다.

$$G=\frac{mE}{2(m+1)} \tag{2-28}$$

예제 2-18 **지름 $d=15$ mm, 길이 $l=3$ m인 환봉에 인장하중 $W=3$ ton이 작용하였을 때, $\delta=2$ mm의 신장이 생겼다. 이 재료의 종탄성계수 E를 구하시오.**

| 해설 | 변형량 $\delta=\dfrac{Wl}{AE}$로부터

$$E=\frac{Wl}{A\delta}=\frac{3000\times 300}{\dfrac{\pi\times 1.5^2}{4}\times 0.2}=2546479.089\ \text{kgf/cm}^2$$ 이다.

[답] $E=2546479.089\ \text{kgf/cm}^2$

예제 2-19 **지름 $d=20$ mm의 재료가 $P=3$ ton의 전단하중을 받아서 $\gamma=0.0007$의 전단변형률이 생겼다. 이 때 이 재료의 횡탄성계수 G를 구하시오.**

| 해설 | 전단변형률 $\gamma=\dfrac{\tau}{G}=\dfrac{P}{AG}$에서

$$G=\frac{P}{A\gamma}=\frac{3000}{\dfrac{\pi\times 2^2}{4}\times 0.0007}=1364185.23\ \text{kgf/cm}^2$$ 로 된다.

[답] $G=1364185.23\ \text{kgf/cm}^2$

예제 2-20 강봉에 축방향으로 인장응력 $\sigma=100\ \text{kgf/cm}^2$이 작용하고 있다. 이때 이 봉의 체적변형률이 $\epsilon_V=1.9\times10^{-5}$라면, 이 봉 재료의 전단탄성계수 G는 얼마인가? 단, 푸아송비 $\lambda=0.3$이다.

| 해설 | 단축하중이 작용하는 경우의 체적변형률은 $\varepsilon_V=\dfrac{\Delta V}{V}=\varepsilon(1-2\nu)=\dfrac{\sigma}{E}(1-2\nu)$로 주어지고, 전단탄성계수와 종탄성계수와의 관계는 $G=\dfrac{mE}{2(m+1)}$이므로 이 두식에 의해서

$$G=\frac{\sigma}{\varepsilon_V}\frac{1-2\nu}{2(1+\nu)}=\frac{100}{1.9\times10^{-5}}\frac{1-2\times0.3}{2(1+0.3)}=8.097\times10^5\text{kgf/cm}^2$$ 로 된다.

[답] $G=8.097\times10^5\ \text{kgf/cm}^2$

예제 2-21 지름 $d=5$ cm, 길이 $l=1.5$ m의 강봉에 $W=30$ ton의 인장하중이 가해졌을 경우 푸아송비 $\nu=0.3$이라면 지름의 수축량은 얼마인가? 또한, 이 때 종탄성계수 $E=2.1\times10^6\text{kgf/cm}^2$이라 하면 전단탄성계수 G는 얼마인가?

| 해설 | 인장변형량 $\delta=\dfrac{Wl}{AE}=\dfrac{30000\times150}{\dfrac{\pi\times5^2}{4}\times2.1\times10^6}=0.109$ cm이고, 푸아송비 $\nu=-\dfrac{\lambda l}{d\delta}$에서 지름의 수축량 $\lambda=-\dfrac{\nu d\delta}{l}=-\dfrac{0.3\times5\times0.109}{150}=-0.00109$ cm로 되고, 전단탄성계수 $G=\dfrac{E}{2(1+\nu)}$

$$=\frac{2.1\times10^6}{2\times(1+0.3)}=0.808\times10^6\text{kgf/cm}^2$$ 로 된다.

[답] $\lambda=-0.00109\text{cm},\ G=0.808\times10^6\text{kgf/cm}^2$

예제 2-22 [예제 2-21]에서 체적탄성계수 K를 구하시오.

| 해설 | 체적탄성계수는 $K=\dfrac{mE}{3(m-2)}=\dfrac{E}{3(1-2\nu)}=\dfrac{2.1\times10^6}{3\times(1-2\times0.3)}=1.75\times10^6\text{kgf/cm}^2$로 된다.

[답] $K=1.75\times10^6\text{kgf/cm}^2$

예제 2-23 푸아송비가 0.3이고 종탄성계수가 $2.1\times10^6\ \text{kgf/cm}^2$인 재료에 인장응력 100 kgf/cm^2이 작용할 때 체적변형율을 구하시오.

| 해설 | $\varepsilon_V=\dfrac{\Delta V}{V}=\varepsilon(1-2\nu)=\dfrac{\sigma}{E}(1-2\nu)$로부터 $\varepsilon_V=1.9\times10^{-5}$로 된다.

[답] $\varepsilon_V=1.9\times10^{-5}$

예제 2-24 지름 $d=2.2$ cm의 재료가 $P=2500$ kg의 전단하중을 받아서 0.00075 rad의 전단변형률이 발생하였다. 이 때 이 재료의 가로탄성계수를 구하시오.

해설 $\tau = \dfrac{P}{A} = \dfrac{4\times 2500}{\pi\times 2.2^2} = 658\ \text{kgf/cm}^2$

$G = \dfrac{\tau}{\gamma} = \dfrac{658}{0.00075} = 8.77\times 10^5\ \text{kgf/cm}^2$

[답] $G = 8.77\times 10^5\ \text{kgf/cm}^2$

예제 2-25 길이 $l=1$ m, 외경 $d_2=14$ cm, 내경 $d_1=10$ cm인 중공축에 축방향의 압축하중 $W=50$ ton이 작용하고 있다. 이 때 다음 사항을 구하시오. 단, 푸아송비는 $\nu=0.3$, 종탄성계수는 $E=2.1\times 106\ \text{kgf/cm}^2$이다.

(a) 수축량 δ (b) 가로변형률 ε'
(c) 외경과 내경의 증가량 Δd_2와 Δd_1 (d) 두께의 증가량 Δt
(e) 체적증가량 ΔV (f) 팽창도 ε_V

해설 수축량은 $\delta = \dfrac{Wl}{AE} = \dfrac{50000\times 100}{\dfrac{\pi\times(14^2-10^2)}{4}\times 2.1\times 10^6} = 0.0316$cm이고, 변형률은 $\varepsilon = \dfrac{\delta}{l} = \dfrac{0.0316}{100}$ $= 0.000316$이다.

가로변형률은 $\varepsilon' = -\nu\epsilon = -0.3\times(-0.000316) = 0.0000948$이고, 외경과 내경의 증가량은 각각 $\Delta d_2 = \varepsilon' d_2 = 0.0000948\times 14 = 0.00133$cm와 $\Delta d_1 = \varepsilon' d_1 = 0.0000948\times 10 = 0.000948$ cm로 된다. 같은 방법으로 두께의 증가량 은 $\Delta t = \varepsilon' t = 0.0000948\times 2 = 0.00019$cm로 된다.

체적증가량 ΔV와 팽창도 ε_V는 $\varepsilon_V = \dfrac{\Delta V}{V} = \varepsilon(1-2\nu)$로부터 각각 $\Delta V = V\varepsilon(1-2\nu)$ $= \dfrac{\pi\times(14^2-10^2)}{4}\times 100\times 0.000316\times(1-2\times 0.3) = 0.953\text{cm}^3$와 $\varepsilon_V = 0.000316\times(1-2\times 0.3)$ $= 0.000126$로 된다.

[답] $\delta = 0.0316$cm, $\varepsilon' = 0.0000948$, $\Delta d_2 = 0.00133$cm, $\Delta d_1 = 0.000948$cm, $\Delta t = 0.00019$cm, $\Delta V = 0.953\ \text{cm}^3$, $\varepsilon_V = 0.000126$

2-5 허용응력과 안전계수

기계요소와 구조물에 작용하는 최대응력이 사용된 재료의 비례한도이내에 있어야만 소성변형이 생기지 않으므로 기계와 구조물의 내구성과 안전성을 얻을 수 있다. 여기서 최대응력(maximum stress)이란 하중의 종류, 응력의 상태(단축응력, 이축응력, 삼축응력) 등을 고려한 조합응력(combined stress, 4장 참조)의 최대치를 말하고 사용응력(working stress)이라고도 한다. 또한, 비례한도이내의 응력 즉, 기계나 구조물이 내구성을 갖고 안전한 범위 내에서 기능을 발휘할 수 있도록 허용한 응력을 허용응력(allowable stress)이라고 한다. 따라서 사용응력은 항상 허용응력보다 같거나 작아야 한다.

허용응력 σ_a는 기계재료의 극한강도 σ_U 또는 항복응력 σ_Y를 안전계수(factor of safety)또는 안전율 S로 나눈 값을 말하며 식으로 나타내면 다음과 같다.

$$\sigma_a = \frac{\sigma_U}{S} \tag{2-29'}$$

$$\sigma_a = \frac{\sigma_Y}{S} \tag{2-29''}$$

허용응력을 구하는 데에 있어서 취성재(brittle materials)와 일반적인 경우에는 극한강도로 표현한 식 (2-29')를 이용하고, 정밀한 기계, 보다 안전을 고려한 경우 또는 연성재료(ductile materials)을 사용하는 경우에서는 식 (2-29'')와 같이 항복응력으로 나타낸 식을 이용한다.

안전율은 기계를 설계할 때에 다음과 같은 이유들이 있기 때문에 반드시 고려되어야 한다.

① 재료의 불균일성(결함)

② 하중의 종류, 온도, 부식, 마모 등의 다양한 설계인자로 인한 응력계산의 부정확성

③ 기계요소의 다양한 형상에 의한 응력집중현상

④ 기계가공에 의한 정밀도 저하와 가공면의 미세 균열 발생과 재질의 변화 등에

의한 강도 저하

⑤ 기계의 운전 상태와 설치 장소의 환경변화에 대한 예측

표 **2-2**는 기계재료와 하중의 종류에 따른 안전율 선정표를 나타내었다.

표 2-2 재료와 하중종류에 따른 안전율

재료	정 하 중	동 하 중		충 격 하 중
		반 복 하 중	교 번 하 중	
주철, 취약한 금속	4	6	10	15
연강, 단강	3	5	8	12
주강	3	5	8	15
구리, 연금속	5	6	9	15
목재	7	10	15	20
석재	20	30	–	–

2-6 응력집중

노치(notch), 구멍(hole), 필렛(fillet), 키 홈(key way), 균열(crack)등과 같이 단면적이 급변하는 기계요소에 하중이 작용하면 단면적이 급변하는 부분에 국부적으로 평균응력(average stress)보다 큰 응력이 발생하게 된다. 이를 응력집중(stress concentration)이라고 하고, 평균응력 σ_{av}와 국부적으로 발생한 최대응력 $\sigma_{\max}$과의 비를 응력집중계수(stress concentration factor) K라 한다. 평균응력은 급변한 단면적에서 응력집중을 고려하지 않은 응력을 말하며 공칭응력(nominal stress)이라고도 한다. 또한 국부적으로 커지는 최대응력의 크기는 단면이 급변하는 부분의 반경이 작으면 작을수록 커진다. 따라서 단면이 급변하는 부분의 곡률반지름을 가능한 크게 함으로써 응력집중을 감소시킬 수 있다.

이상과 같은 응력집중계수는 재료의 종류와는 관계가 없고 오로지 가해지는 하중의 종류와 급변하는 단면의 형상과 밀접한 관계가 있으므로 형상계수라고도 하며 다음과

같이 나타낼 수 있다.

$$K = \frac{\sigma_{max}}{\sigma_{av}} \quad \text{혹은} \quad K = \frac{\tau_{max}}{\tau_{av}} \tag{2-30}$$

그림 **2-8** (a)와 같이 폭이 W이고 두께가 t 인 유한 폭 판재의 중앙에 반지름 r인 원형 구멍이 있고 판재에 인장력 P가 작용하고 있는 경우를 예로 응력집중을 고찰한다.

원형구멍이 없는 부분에서의 판재에 작용하는 인장응력 σ_t는 다음과 같이 주어진다.

$$\sigma_t = \frac{P}{Wt} \tag{2-31'}$$

원형구멍이 있는 m-n 단면에서의 인장응력 즉, 공칭응력 σ_{av}는 다음과 같이 주어진다.

$$\sigma_{av} = \frac{P}{(W-2r)t} \tag{2-31''}$$

이 같은 판재에서의 응력분포(stress distribution)는 그림 2-8 (a)와 같이 예상할 수 있다. 따라서 응력집중계수 K는 식 (2-30)과 같이 쓸 수 있다.

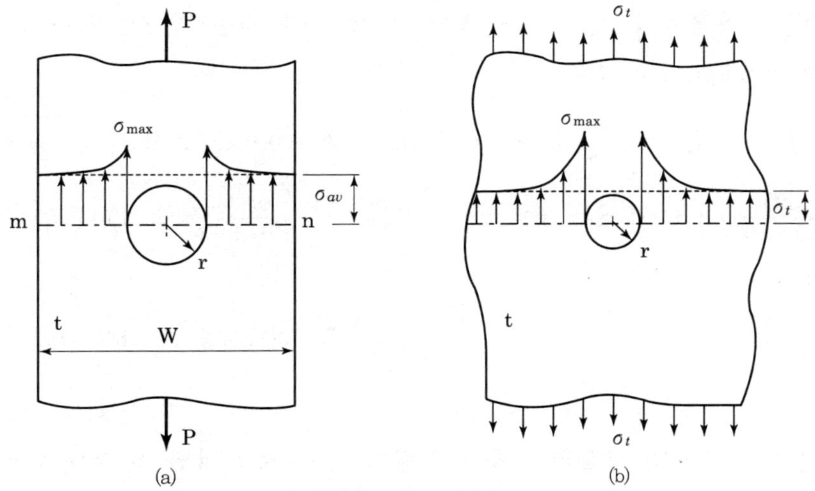

그림 2-8 원형구멍이 있는 판재의 응력집중

만약에 그림 **2-8** (b)와 같이 폭 W가 작은 유한 폭 판재가 아니고 폭이 무한인 판재 혹은 폭 W가 매우 큰 판재라면, 공칭응력 σ_{av}는 무한 폭 판재에 작용하는 인장응력 σ_t와 같을 것이다. 따라서 무한 폭 판재의 응력집중계수 K는 다음과 같이 쓸 수 있다.

$$K = \frac{\sigma_{max}}{\sigma_t} \tag{2-32}$$

예제 2-26 지름 $d=2$ cm의 와이어로프에 $W=5$ ton의 하중이 작용할 때, 안전성을 확인하시오. 단, 와이어로프의 인장파괴응력은 $\sigma_U = 55\ \mathrm{kgf/mm^2}$이고, 안전계수를 $S=3$으로 한다.

| 해설 | 허용응력 $\sigma_a = \dfrac{\sigma_U}{S}$로부터 허용하중 $P_a = \sigma_a A = \dfrac{\sigma_U A}{S} = \dfrac{55 \times \dfrac{\pi \times 2^2}{4}}{3} = 5759.6\ \mathrm{kgf}$로 된다. 따라서 $P_a > W$인 관계 즉, 허용하중이 사용하중보다 큼으로 안전하게 사용할 수 있다.

[답] $P_a > W$인 관계로 안전함.

예제 2-27 단면 $b \times h = 6\ \mathrm{cm} \times 10\ \mathrm{cm}$인 목재가 $W=5$ ton의 압축하중을 받고 있다. 안전율을 $S=5$로 하면 목재에 가할 수 있는 안전한 최대하중 P_a는 얼마인가? 또한, 사용응력 σ_W는 허용응력 σ_a의 몇 %가 되는가? 단, 목재의 압축강도는 $\sigma_U = 5\ \mathrm{kgf/mm^2}$이다.

| 해설 | 최대하중은 $P_a = \dfrac{\sigma_U}{S} A = \sigma_a A = \dfrac{5}{5} \times 60 \times 100 = 6000\ \mathrm{kgf}$로 되고, 사용응력은 $\sigma_W = \dfrac{W}{bh}$ $= \dfrac{5000}{60 \times 100} = 0.8333\mathrm{kgf/mm^2}$로 된다. 따라서 $\dfrac{\sigma_W}{\sigma_a} = \dfrac{0.8333}{1} = 83.33\%$와 같은 비율을 갖고 있다.

[답] 최대하중 $P_a = 6000\ \mathrm{kgf}$, $\dfrac{\sigma_W}{\sigma_a} = 83.33\%$

예제 2-28 길이 $l=2$ m인 강봉의 허용 변형량이 $\delta_a = 1$ mm 라면 이 때의 안전률 S는 얼마인가? 단, 강봉의 인장강도는 $\sigma_U = 42\ \mathrm{kgf/mm^2}$ 이고, 종탄성계수는 $E = 2.1 \times 10^6\ \mathrm{kgf/cm^2}$이다.

| 해설 | 강봉의 허용 변형량 $\delta_a = \sigma_a \dfrac{l}{E}$에서 허용응력은 $\sigma_a = \delta_a \dfrac{E}{l}$로 된다. 따라서 안전율은

$$S=\frac{\sigma_U}{\sigma_a}=\frac{\sigma_U l}{\delta_a E}=\frac{4200\times200}{0.1\times2.1\times10^6}=4$$

[답] $S=4$

예제 2-29 지름 D인 두 축을 다음 그림 (2-j)와 같이 직경 d인 볼트로 연결하여 하중 $P=5$ ton를 지지하려고 한다. 축에 있는 연결부분의 폭 b는 축지름의 $2D$로 하였을 경우, 다음 그림에서 각 부분의 치수를 구하시오. 단, 축 재료의 인장강도와 전단강도가 각각 $\sigma_s=45$ kgf/mm^2, $\tau_s=23$ kgf/mm^{2}이고, 볼트 재료의 전단강도는 $\tau_b=30$ kgf/mm^{2}있다. 안전계수를 $S=5$로 한다.

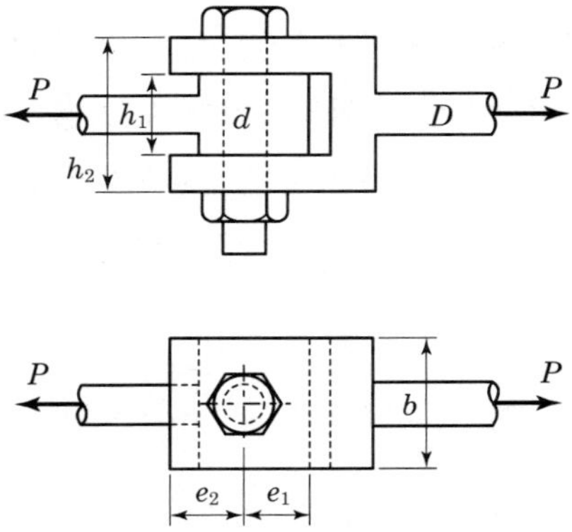

그림 2-j

| 해설 | 축의 지름은 $\sigma_{as}=\dfrac{\sigma_s}{S}=\dfrac{P}{\dfrac{\pi D^2}{4}}$로부터 $D=\sqrt{\dfrac{4PS}{\pi\sigma_s}}=\sqrt{\dfrac{4\times5000\times5}{\pi\times45}}=26.6$mm로 계산되고, 이 이상으로 주어져야한다. 또한, 볼트의 직경은 $\tau_{ab}=\dfrac{\tau_b}{S}=\dfrac{P}{\dfrac{\pi d^2}{4}\times2}$로부터 $d=\sqrt{\dfrac{4PS}{2\pi\tau_b}}=\sqrt{\dfrac{4\times5000\times5}{2\times\pi\times30}}=23.03$ mm이상으로 주어져야한다. 그리고 축에 있는 연결부분의 폭 b는 $b=2D$로부터 $b=2\times26.6=53.2$mm로 된다.

오른쪽 축에 있는 연결부분에서의 폭의 응력은 $\sigma_{as}=\dfrac{\sigma_s}{S}=\dfrac{P}{(b-d)(h_2-h_1)}$로 주어지고, 왼쪽 축에 있는 연결부분에서의 폭의 응력은 $\sigma_{as}=\dfrac{\sigma_s}{S}=\dfrac{P}{(b-d)\,h_1}$ 로 주어진다. 이 두 식으로부터 $h_2=2\,h_1$인 관계를 얻을 수 있다. 그리고 $\sigma_{as}=\dfrac{\sigma_s}{S}=\dfrac{P}{(b-d)\,h_1}$로부터 h_1은 $h_1=\dfrac{PS}{(b-d)\,\sigma_s}=\dfrac{5000\times5}{(53.2-23.03)\times45}=18.414$ mm이고, $h_2=36.83$mm이다.

오른쪽 축에 있는 연결부분에서의 끝부분의 전단응력은 $\tau_{as}=\frac{\tau_s}{S}=\frac{P}{2e_2(h_2-h_1)}$ 로 주어지고, 왼쪽 축에 있는 연결부분에서의 끝부분의 전단응력은 $\tau_{as}=\frac{\tau_s}{S}=\frac{P}{2\,e_1h_1}$ 로 주어진다. 이 두식으로부터 $e_1=e_2$인 관계를 얻을 수 있다. 그리고 $\tau_{as}=\frac{\tau_s}{S}=\frac{P}{2e_1h_1}$로부터 e_1은 $e_1=\frac{PS}{2\tau_s h_1}$ $=\frac{5000\times 5}{2\times 23\times 18.414}=29.514\text{mm}$로 된다.

[답] 축지름 $D\geq 26.6\text{mm}$, 볼트의 직경 $d\geq 23.03\text{mm}$, 연결부분의 폭 $b\geq 53.2\text{mm}$, 연결부분의 높이 $h_1\geq 18.414\text{mm}$, $h_2\geq 36.83\text{mm}$, 끝부분 $e_1=e_2\geq 29.514\text{mm}$

예제 2-30 **단면적의 크기 $b\times h=30\text{ mm}\times 30\text{ mm}$, 길이 $l=1\text{ m}$인 사각 강봉에 인장하중 $P=900\text{ kgf}$와 측면 둘레에 압축응력 $\sigma_c=200\text{ kgf/cm}^2$이 동시에 작용하고 있을 때, 신장량과 이 재료의 체적탄성계수 K를 구하시오. 단, 종탄성계수는 $E=2.1\times 10^6\text{kgf/cm}^2$ 이고, 푸아송비 $\nu=0.3$이다.**

| 해설 | 인장력 P에 의한 신장량 $\delta_1=\frac{Pl}{AE}=\frac{900\times 100}{9\times 2.1\times 10^6}=4.762\times 10^{-3}\text{cm}$이고, 한 측면에 작용하는 압축응력 σ_c에 의한 신장량 δ_2는 $\nu=-\frac{\varepsilon'}{\varepsilon_2}=-\frac{\frac{\sigma_c}{E}}{\varepsilon_2}=-\frac{\sigma_c}{E\varepsilon_2}$로부터 $\delta_2=\varepsilon_2 l=-\frac{\sigma_c l}{E\nu}$ $=-\frac{-200\times 100}{2.1\times 10^6\times 0.3}=0.0318\text{ cm}$로 된다. 따라서 총신장량 δ는 $\delta=\delta_1+2\delta_2=4.762\times 10^{-3}+2\times 0.0318$ $=0.068\text{cm}$이다.

체적탄성계수는 $K=\frac{mE}{3(m-2)}=\frac{E}{3(1-2\nu)}=\frac{2.1\times 10^6}{3(1-2\times 0.3)}=1.75\times 10^6\text{kgf/cm}^2$이다.

[답] $\delta=0.068\text{ cm}$, $K=1.75\times 10^6\text{kgf/cm}^2$

Chapter 3

부재 및 기계요소의 인장 · 압축 · 전단

구조물(structure)의 부재(member)와 기계요소(element)는 인장, 압축, 전단, 비틀림(torsion, 6장 참조), 굽힘(bending, 8장 참조), 압력, 열 등의 영향을 받아서 단축(1-dimensional axis) 혹은 복합적(2, 3-dimensional axes)인 응력과 변형이 생긴다. 여기서는 **2장**에서 논의한 응력과 변형률의 식, 평형조건식 등을 이용하여 다양한 구조물의 부재와 기계요소를 해석하고자 한다.

3-1 불균일 봉

우선 그림 **3-1** (a)와 같이 선형 탄성 재료로 된 단면이 균일한 봉에 중간지점에 하중이 여러 개 작용하는 경우의 총변형량 δ는 AB부분의 변형량 δ_{AB}, BC부분의 변형량 δ_{BC}, CD부분의 변형량 δ_{CD}을 모두 합한 값이다. 각 부분의 변형량은 다음과 같다.

$$F_{AB} = -P_B + P_C + P_D, \quad F_{BC} = P_C + P_D, \quad F_{CD} = P_D \tag{3-1}$$

$$\delta_{AB} = \frac{F_{AB}l_1}{AE}, \quad \delta_{BC} = \frac{F_{BC}l_2}{AE}, \quad \delta_{CD} = \frac{F_{CD}l_3}{AE}$$

$$\delta = \delta_{AB} + \delta_{BC} + \delta_{CD}$$

그림 **3-1** (b)와 같이 Ⅰ, Ⅱ부분이 재료, 단면적, 길이, 하중의 크기가 다른 물체로 되어 있는 경우의 총변형량은 Ⅰ, Ⅱ부분에 각각 작용하는 하중 F_1, F_2에 의해서 다음과 같이 주어진다.

$$\delta_1 = \frac{F_1 l_1}{A_1 E_1} = \frac{(P_1 + P_2)l_1}{A_1 E_1}, \quad \delta_2 = \frac{F_2 l_2}{A_2 E_2} = \frac{P_2 l_2}{A_2 E_2} \tag{3-2}$$

$$\delta = \delta_1 + \delta_2$$

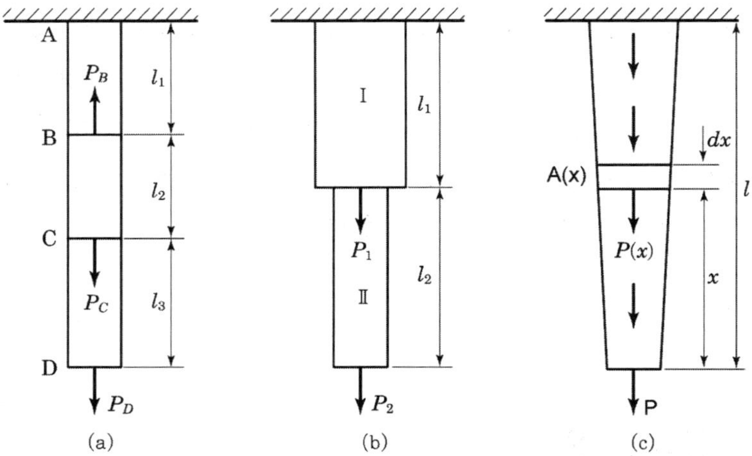

그림 3-1 여러 형태의 봉

만약에 그림 **3-1** (b)와 같은 형태의 단계가 n개로 되어 있다면 총변형량 δ는 식 (3-2)와 같이 다음과 같이 나타낼 수 있다.

$$\delta = \sum_{i=1}^{n} \frac{F_i l_i}{A_i E_i} \tag{3-3}$$

여기서 F_i는 i 단계에 가해지는 하중을 나타낸다. 또한 단계 n이 무한개라면 그림

3-1 (c)와 같은 테이퍼 봉이 될 것이다. 여기서는 동일한 재료이고, 하중은 축방향에 따라 지속적으로 작용하고 있다. 축방향에 따라 지속적으로 작용하는 하중으로는 원심력, 마찰력, 봉의 자중 등을 들 수 있다. 봉의 하단으로부터 x만큼 떨어진 미소요소 dx의 변형률 $d\delta$는 $d\delta = \frac{P(x)\,dx}{A(x)\,E}$로 주어짐으로 총변형량 δ는 이를 적분하여 구한다.

$$\delta = \int_0^l \frac{P(x)}{A(x)\,E}\,dx \tag{3-4}$$

식 (3-4)는 테이퍼 각이 작은 경우에만 쓸 수 있다. 왜냐하면, $\delta = \frac{Pl}{AE}$는 응력분포가 전체 단면적에 걸쳐 일정하다는 식 $\sigma = E\varepsilon = \frac{P}{A}$을 근거로 하여 유도된 식이기 때문이다.

예제 3-1 다음 그림 **3-a**와 같이 원형단면이고 완만한 테이퍼를 갖는 강봉에 하중 P가 작용하였을 때의 신장량 δ를 구하시오. 또한 d_0와 d_1의 평균 지름 $d = \frac{d_0 + d_1}{2}$인 균일 단면봉의 신장량 δ'를 구하여 비교하시오.

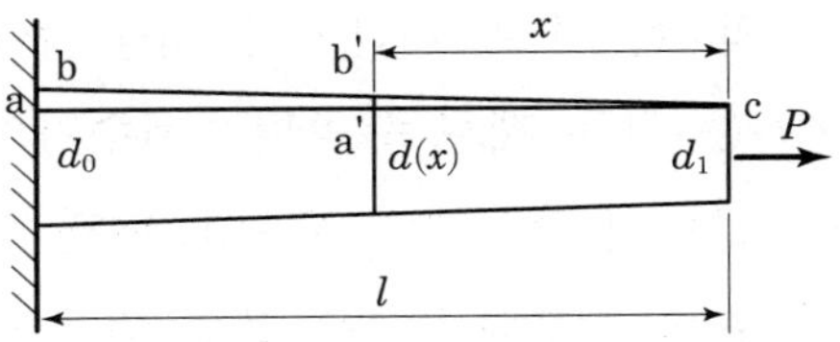

그림 3-a

▌해설▌ 그림 (a)에서 $\triangle abc$와 $\triangle a'b'c$는 닮은꼴 삼각형이므로 각 변의 비 $\overline{ac} : \overline{a'c} = \overline{ab} : \overline{a'b'}$가 성립한다. $\overline{ac} = l$, $\overline{a'c} = x$, $\overline{ab} = \frac{d_0 - d_1}{2}$이므로 $\overline{a'b'} = \frac{\overline{a'c}\,\overline{ab}}{\overline{ac}} = \frac{d_0 - d_1}{2l}x$ 이다. 따라서 임의의 거리 x의 직경 $d(x) = d_1 + 2\overline{a'b'} = d_1 + \frac{d_0 - d_1}{l}x$ 로 된다. 미소요소 dx구간에서의 변형률 $d\delta = \frac{Pdx}{\frac{\pi d(x)^2}{4}E}$이므로 총변형률 $\delta = \int d\delta = \frac{4P}{\pi E}\int_0^l \frac{1}{d(x)^2}dx$로 된다.

이를 적분하면 변형률 $\delta = \frac{4P}{\pi E}\frac{l}{d_1 d_0}$로 된다.

균일 단면봉인 경우의 신장량 $\delta = \dfrac{4Pl}{\pi d^2 E} = \dfrac{4P}{\pi E}\dfrac{4l}{(d_0+d_1)^2}$ 이다.

[답] $\delta = \dfrac{4Pl}{\pi E}\dfrac{1}{d_1 d_0}$, $\delta = \dfrac{4Pl}{\pi E}\dfrac{4}{(d_0+d_1)^2}$, $\dfrac{\delta}{\delta'} = \dfrac{(d_0+d_1)^2}{4d_0 d_1}$

3-2 부정정 구조물

구조물에 작용하는 모든 힘계(force system)들을 정역학의 평형방정식만으로 구할 수 있는 구조물을 정정구조물(statically determinate structure)이라 하고, 그 반면에 구조물의 과잉구속으로 인하여 정역학의 평형방정식만으로는 미지의 모든 힘들을 구할 수 없어 변형량 혹은 변위, 주어진 조건 등을 고려한 식 즉, 적합방정식(equation of compatibility)을 필요로 하는 구조물을 부정정구조물(statically indeterminate structure)이라 한다. 따라서 이러한 구조물을 해석하기 위해서는 과잉구속의 수만큼 적합방정식이 필요하다.

그림 **3-2**는 부정정구조물의 한 예로 O점에서 하중 P가 작용하는 평면 트러스(truss)이다. 부재 AO와 CO는 같은 재료로 종탄성계수가 E_s이며 동일한 단면적 A_s를 갖고 있다. 그리고 부재 BO는 종탄성계수 E_c이고 단면적 A_c를 갖고 있다. 각 부재에 작용하는 하중을 구하기 위해 평형방정식을 쓰면 다음과 같다.

$$\Sigma F_x = 0, \quad -F_{AO}\sin\alpha + F_{CO}\sin\alpha = 0 \tag{3-5}$$

$$\Sigma F_y = 0, \quad F_{AO}\cos\alpha + F_{CO}\cos\alpha + F_{BO} - P = 0$$

식 (3-5)에서는 3개 미지수 F_{AO}, F_{BO}, F_{CO}에 2개의 식이 있으므로 이것만으로는 해석할 수 없다. 다른 하나의 식이 필요한데, 그림 **3-2**에서 δ와 δ'는 매우 작은 값이므로 $\angle OO'D \approx \alpha$로 놓을 수 있다. 따라서 δ와 δ'와의 관계는 다음과 같이 쓸 수 있다.

$$\delta' = \delta \cos\alpha \tag{3-6}$$

$$\delta' = \frac{F_{AO}\overline{AO}}{A_s E_s}, \quad \delta = \frac{F_{BO}\overline{BO}}{A_c E_c}$$

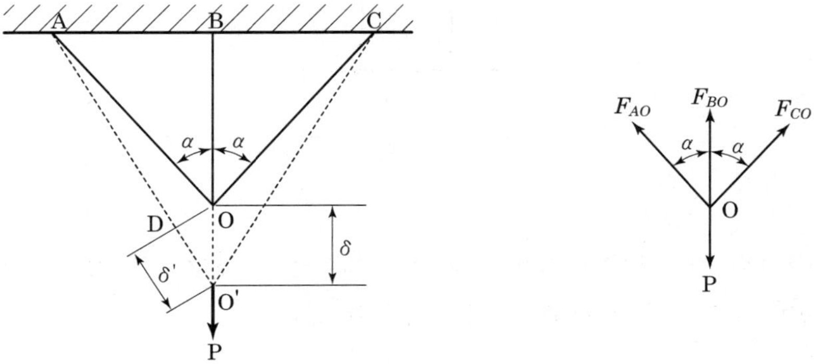

그림 3-2 평면 트러스

식 (3-5)와 식 (3-6)로부터 3개 미지수 F_{AO}, F_{BO}, F_{CO}를 구하면 다음과 같다.

$$F_{AO} = F_{CO} = \frac{P\cos^2\alpha}{2\cos^3\alpha + \dfrac{A_c E_c}{A_s E_s}} \tag{3-7}$$

$$F_{BO} = \frac{P}{2\dfrac{A_s E_s}{A_c E_c} cos^3\alpha + 1}$$

부정정구조물의 다른 한 예로서 그림 **3-3**과 같이 양 끝단이 고정된 균일 단면봉에 임의의 단면 $m-n$에 축하중 P가 작용하는 경우이다. 하중 P에 의해서 양 끝단에 생기는 반력을 R_1, R_2 라면 평형방정식은 다음과 같다.

$$\Sigma F_y = 0, \quad R_1 + R_2 - P = 0 \tag{3-8}$$

여기에서도 2개 미지수 R_1, R_2가 있고 식 (3-8)의 한 식이 있으므로 이것만으로는 해석할 수 없으며, 역시 다른 하나의 적합 조건식이 필요하다.

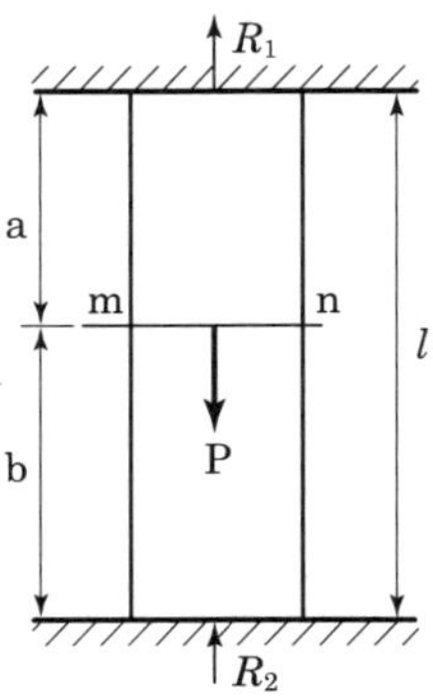

그림 3-3 양단 고정봉

이 구조물에서의 총변형량 δ는 하중 P가 작용하여도 항상 0이 된다는 조건으로부터 그 하나의 적합 조건식을 다음과 같이 구할 수 있다.

$$\delta_a + \delta_b = 0 \qquad (3\text{-}9)$$

하중 P가 작용함으로써 길이가 a인 부분에서는 반력 R_1크기만큼 늘어나고, 길이가 b인 부분에서는 반력 R_2크기만큼 수축이 생기며 식으로 나타내면 다음과 같다.

$$\delta_a = \frac{R_1 a}{AE}, \quad \delta_b = -\frac{R_2 b}{AE} \qquad (3\text{-}9')$$

식 (3-9)와 식 (3-9')로부터 반력 R_1, R_2의 관계를 다음과 같이 얻을 수 있다.

$$\frac{R_1}{R_2} = \frac{b}{a} \qquad (3\text{-}10)$$

식 (3-8)과 식 (3-10)으로부터 반력 R_1, R_2는 다음과 같다.

$$R_1 = \frac{Pb}{a+b}, \quad R_2 = \frac{Pa}{a+b} \qquad (3\text{-}11)$$

또 하나의 부정정구조물의 예로써 그림 **3-4**와 같이 서로 다른 재료를 병렬로 놓고 압축하중 P를 가하는 경우이다. 압축하중에 의해 두 부재는 수축이 생기는데, 이 때 견고한 압력판 C는 수평한 상태를 유지하면서 이동한다고 본다.

Ⅰ, Ⅱ부재에 생기는 반력을 각 각 R_1, R_2라고 하면 평형방정식은 다음과 같다.

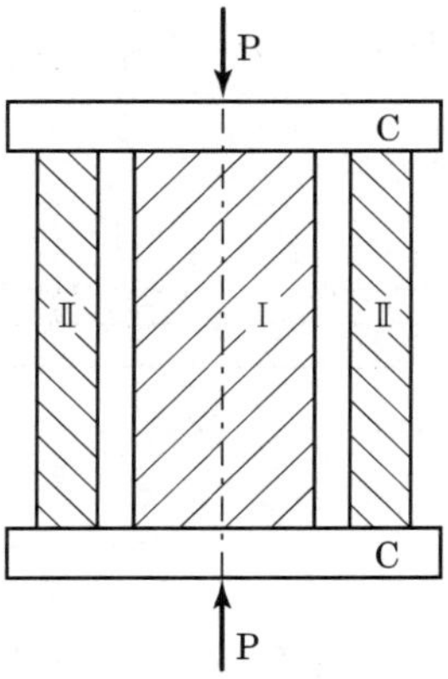

그림 3-4 이종재료를 병렬시킨 구조물

$$\Sigma F_y = 0, \quad R_1 + R_2 - P = 0 \qquad (3-12)$$

2개 미지수 R_1, R_2 가 있는데 해석할 수 있는 식은 식 (3-12)의 한 식이 있다. 이 식만으로는 해석할 수 없으므로 다른 하나의 적합 조건식이 필요하다. 이 부정정구조물의 주어진 조건은 앞에서 기술했듯이 견고한 압력판 C를 통해 압축하중을 가했을 때에 두 부재는 수축하는데 견고한 압력판 C는 수평한 상태를 유지하면서 이동한다고 보는 것이다. 즉, 두 부재의 수축량이 같다는 것이 이 구조물의 적합 조건이며 다음과 같은 식으로 나타낼 수 있다.

$$\delta_1 = \delta_2 = \frac{R_1 l}{A_1 E_1} = \frac{R_2 l}{A_2 E_2} \qquad (3-13)$$

식 (3-12)와 식 (3-13)으로부터 반력 R_1, R_2는 다음과 같이 된다.

$$R_1 = \frac{P}{1 + \dfrac{A_2 E_2}{A_1 E_1}}, \quad R_2 = \frac{P}{1 + \dfrac{A_1 E_1}{A_2 E_2}} \qquad (3-14)$$

길이 l인 강체 봉이 그림 **3-5** (a)와 같이 핀과 두 와이어에 의해서 지지되어 있고 한쪽 끝에 하중 P가 작용하고 있다. 길이 L_1인 와이어의 단면적과 종탄성계수는 A_1, E_1이고, 이 와이어는 장력 T_1을 받아서 δ_1만큼 늘어났다. 또한 길이 L_2인 와이어는 단면적과 종탄성계수가 A_2, E_2이고, 장력 T_2을 받아서 δ_2만큼 늘어났다. 이 때 두 와이어에 걸리는 장력 T_1과 T_2를 구하려면 우선 그림 **3-5** (b)와 같은 자유물체도(free body diagram)로부터 평형방정식을 나타내어야 하며 다음과 같다.

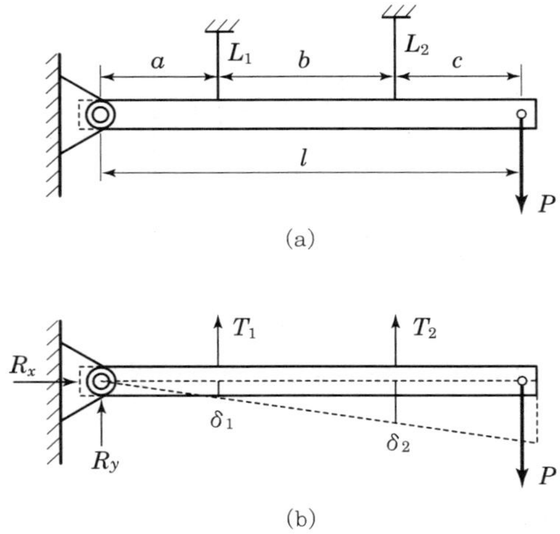

그림 3-5 핀과 두 와이어에 의해서 지지되어 있는 강체 봉

$$\Sigma F_x = 0, \quad R_x = 0 \tag{3-15}$$

$$\Sigma F_y = 0, \quad T_1 + T_2 + R_y - P = 0$$

$$\Sigma M_z = 0, \quad Pl - T_1 a - T_2 (a+b) = 0$$

식 (3-15)에서 보는 바와 같이 미지수는 4개이고 식은 3개 이므로 하나의 식이 더 필요함을 알 수 있다. 그림 **3-5** (b)에서 수평한 점선은 하중 P가 작용하기 전의 강체 봉 위치를 나타낸 것이고, 경사진 점선은 하중 P가 작용하였을 때에 강체 봉의 위치를 나타낸 것이다. 여기서 두 와이어의 변형량 δ_1, δ_2 그리고 그림 **3-5** (b)로부터 두 와이어의 비 $\frac{\delta_1}{\delta_2}$는 다음과 같이 나타낼 수 있다.

$$\delta_1 = \frac{T_1 L_1}{A_1 E_1}, \quad \delta_2 = \frac{T_2 L_2}{A_2 E_2} \tag{3-16'}$$

$$\frac{\delta_1}{\delta_2} = \frac{a}{(a+b)}$$

식 (3-16')에서 $\frac{L_1}{A_1 E_1} = f_1$, $\frac{L_2}{A_2 E_2} = f_2$로 놓고, 두 와이어의 장력비 $\frac{T_1}{T_2}$를 구하면 다음과 같이 나타낼 수 있다.

$$\frac{T_1}{T_2} = \frac{f_2 a}{f_1(a+b)} \tag{3-16}$$

식 (3-15)와 식 (3-16)으로부터 T_1, T_2, R_y는 다음과 같다.

$$T_1 = \frac{Plf_2 a}{f_1(a+b)^2 + f_2 a^2} \tag{3-17}$$

$$T_2 = \frac{Plf_1(a+b)}{f_1(a+b)^2 + f_2 a^2}$$

$$R_y = \frac{Pf_1(a+b)c + Pf_2 a(b+c)}{f_1(a+b)^2 + f_2 a^2}$$

단면적 A_s, 길이 l, 종탄성계수 E_s인 철근에 인장하중 P를 가하여 δ_0만큼 인장 변형시킨 후에 콘크리트를 부어 양생을 완전히 한 후에 철근에 가한 인장하중 P를 제거하여 그림 **3-6**과 같이 철근과 콘크리트에 초기응력 σ_s와 σ_c가 있는 길이 l인 PS 콘크리트 보(prestressed concrete beam)를 만들었다. 콘크리트의 단면적과 종탄성계수를 A_c, E_c로 한다. PS 콘크리트 보의 철근과 콘크리트에 서로 작용하는 힘 Q_s, Q_c는 인장력과 압축력으로써 크기가 서로 같다. 이를 평형방정식으로 나타내면 다음과 같다.

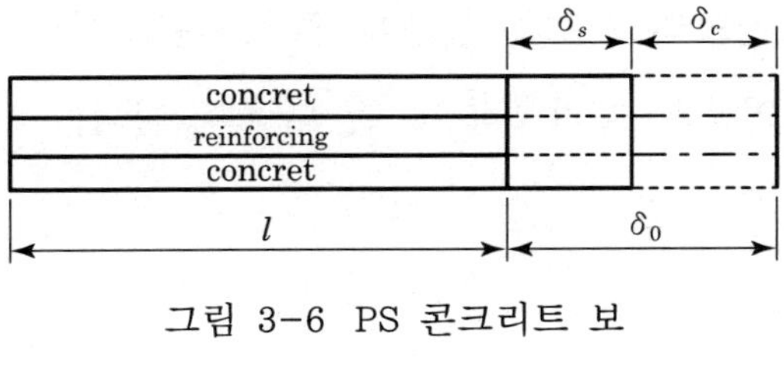

그림 3-6 PS 콘크리트 보

$$\Sigma F_x = 0, \quad Q_s - Q_c = 0 \tag{3-18}$$

철근에 가해지는 인장력은 $Q_s = \sigma_s A_s$와 같이 나타낼 수 있고 또한, 콘크리트에 가해지는 압축력도 $Q_c = \sigma_c A_c$로 나타낼 수 있다. 변형량 δ_s와 δ_c는 다음과 같이 쓸 수 있다.

$$\delta_s = \frac{Q_s l}{A_s E_s} \tag{3-19}$$

$$\delta_c = \frac{Q_c(l+\delta_0)}{A_c E_c} \approx \frac{Q_c l}{A_c E_c}$$

식 (3-19)의 두 번째 식은 $l \gg \delta_0$이므로 $l \approx (l+\delta_0)$로 놓을 수 있다. 식 (3-18)과 식 (3-19)로부터 두 변형량의 비는 다음과 같이 된다.

$$\frac{\delta_c}{\delta_s} = \frac{A_s E_s}{A_c E_c} \tag{3-20}$$

철근에 인장하중 P를 가했을 때 생긴 응력 σ_0와 변형률 δ_0 그리고 PS 콘크리트 보의 철근에 존재하는 초기응력 σ_s와 변형률 δ_s 는 같은 재료이므로 서로 비례관계가 다음과 같이 성립한다.

$$\sigma_0 : \sigma_s = \delta_0 : \delta_s, \quad \frac{\sigma_s}{\sigma_0} = \frac{\delta_s}{\delta_0} \tag{3-21}$$

식 (3-21)과 $\delta_0 = \delta_c + \delta_s$로부터 $\delta_c = \delta_0 - \delta_s = \delta_0\left(1 - \frac{\sigma_s}{\sigma_0}\right)$로 되고, 식 (3-20)을 다음과 같이 나타낼 수 있다.

$$\frac{\delta_c}{\delta_s} = \frac{A_s E_s}{A_c E_c} = \frac{\delta_0\left(1 - \frac{\sigma_s}{\sigma_0}\right)}{\delta_0 \frac{\sigma_s}{\sigma_0}} = \frac{\sigma_0}{\sigma_s} - 1 \tag{3-22}$$

식 (3-22)로부터 PS 콘크리트 보의 철근에 존재하는 초기응력 σ_s를 다음과 같이 구할 수 있고 또한, 콘크리트의 초기응력 σ_c는 다음과 같다.

$$\sigma_s = \frac{\sigma_0}{1 + \frac{A_s E_s}{A_c E_c}} \tag{3-23}$$

$$\sigma_c = \frac{A_s}{A_c}\sigma_s = \frac{A_s}{A_c}\frac{\sigma_0}{1 + \frac{A_s E_s}{A_c E_c}}$$

예제 3-2 단면적 A, 종탄성계수 E인 균일 단면봉이 그림 3-b와 같이 양 끝단이 고정되어 있고 축하중 P와 Q가 작용하고 있을 때 봉의 양 끝단에 생기는 반력 R_1, R_2를 구하시오.

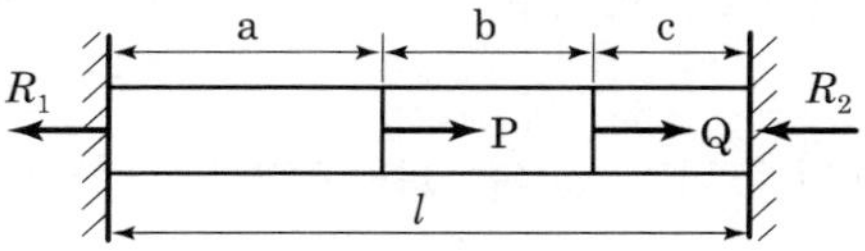

그림 3-b

| 해설 | 하중 P에 의해서 생기는 양단의 반력은 R_1'와 R_2'이고, a부분에 발생하는 인장변형량 δ_a와 $(b+c)$부분에 발생하는 압축변형량 $\delta_{(b+c)}$는 $\delta_a = \dfrac{R_1' a}{AE}$, $\delta_{(b+c)} = -\dfrac{R_2'(b+c)}{AE}$로 된다. 양단이 고정되어 있으므로 이들 변형량의 합은 $\delta = \delta_a + \delta_{(b+c)} = 0$로 되므로 $R_1 a = R_2(b+c)$인 관계를 얻을 수 있다. 그리고 평형방정식 $\Sigma F_x = 0$로부터 $P - R_1' - R_2' = 0$인 관계가 있다. 두 관계로부터 $R_1' = \dfrac{b+c}{l}P$, $R_2' = \dfrac{a}{l}P$를 얻는다.

또한, 마찬가지로 하중 Q에 의해서 생기는 양단의 반력은 R_1''와 R_2''이고, 이로 인해 $(a+b)$부분에 발생하는 인장변형량은 $\delta_{(a+b)} = \dfrac{R_1''(a+b)}{AE}\delta_a$이고 c부분에 발생하는 압축변형량은 $\delta_c = \dfrac{R_2'' c}{AE}$로 된다. 역시 이들 변형량의 합은 $\delta = \delta_{(a+b)} + \delta_c = 0$이므로 $R_1''(a+b) = R_2'' c$인 관계를 얻을 수 있다. 평형방정식으로부터 $Q - R_1'' - R_2'' = 0$인 관계가 있다. 두 관계로부터 $R_1'' = \dfrac{c}{l}Q$, $R_2'' = \dfrac{a+b}{l}Q$를 얻는다. 따라서 반력은 $R_1 = R_1' + R_1'' = \dfrac{b+c}{l}P + \dfrac{c}{l}Q$, $R_2 = R_2' + R_2'' = \dfrac{a}{l}P + \dfrac{a+b}{l}Q$이다.

[답] $R_1 = \dfrac{b+c}{l}P + \dfrac{c}{l}Q$, $R_2 = \dfrac{a}{l}P + \dfrac{a+b}{l}Q$

예제 3-3 지름 $d = 22$ mm인 철근9개로 보강한 단면적 $A = 1600\ \text{cm}^2$인 철근콘크리트의 짧은 기둥이 있다. 철근과 콘크리트의 허용응력을 각각 $\sigma_s = 1200\ \text{kgf/cm}^2$, $\sigma_c = 120\ \text{kgf/cm}^2$라 하면 이 철근 콘크리트는 얼마의 하중에 견딜 수 있는가? 단, 철근과 콘크리트의 종탄성계수는 각각 $E_s = 2.1 \times 10^6 \text{kgf/cm}^2$와 $E_c = 0.84 \times 10^6 \text{kgf/cm}^2$이다.

| 해설 | 철근과 콘크리트의 단면적은 각각 $A_s = \dfrac{\pi d^2}{4} \times 9 = \dfrac{\pi 2.2^2}{4} \times 9 = 34.212\ \text{cm}^2$과 $A_c = A - A_s$

$=1600-34.212=1565.788\text{cm}^2$이다. 철근과 콘크리트의 변형량은 서로 $\dfrac{R_s l}{A_s E_s}=\dfrac{R_c l}{A_c E_c}$이므로 $R_s A_c E_c = R_c A_s E_s$와 같은 결과를 얻을 수 있다.

허용응력에 의해서 철근과 콘크리트가 각 각 견디어낼 수 있는 최대한의 하중은 철근인 경우 $R_s=\sigma_s A_s = 1200\times 34.212 = 41054.4$ kgf이고 콘크리트인 경우에는 $R_c=\sigma_c A_c = 120\times 1565.788 = 187894.56$kgf이다.

첫 번째 철근에 철근이 견디어 낼 수 있는 최대한의 하중이 작용한다면 변형량이 같아야 한다는 조건으로부터 콘크리트에 가해지는 하중은 $P_c=\dfrac{A_c E_c}{A_s E_s}R_s=\dfrac{1565.788\times 0.84\times 10^6}{34.212\times 2.1\times 10^6}\times 41054.4 = 751578.24$ kgf로 된다. 따라서 $P_c > R_c$이므로 콘크리트는 견디어내지 못하고 파괴된다.

두 번째 콘크리트에 콘크리트가 견디어 낼 수 있는 최대하중이 작용하는 경우라면 변형량이 같아야 한다는 조건으로부터 철근에 가해지는 하중은 $P_s=\dfrac{A_s E_s}{A_c E_c}R_c=\dfrac{34.212\times 2.1\times 10^6}{1565.788\times 0.84\times 10^6}\times 187894.56 = 10263.6$ kgf로 되고, $P_s < R_s$인 관계를 갖게 됨으로 철근은 하중 P_s를 견디어 낸다. 따라서 철근콘크리트가 견디어 낼 수 있는 최대하중 P는 $P=P_s+P_c=10263.6+187894.56=198158.16$kgf이다.

[답] $P=198158.16$ kgf

예제 3-4 **안지름 $d_{s1}=100$ mm, 두께 $t=10$ mm, 길이 $L=200$ mm인 강관에 강관과 같은 길이, 같은 두께, 안지름 $d_{c1}=130$ mm인 황동관을 끼우고 양단에 강체의 판을 놓고 압축하중 $P=20$ ton을 가할 때, 각각의 원통관이 받는 하중과 변형량은 얼마나 되는가? 단, 강관과 황동관의 종탄성계수는 각각 $E_s=2.1\times 10^6$ kgf/cm^2, $E_c=0.7\times 10^6$ kgf/cm^{2}이다.**

| 해설 | 평형방정식 $\Sigma F_y=0$, $\sigma_s A_s+\sigma_c A_c-P=0$와 강관과 황동관의 길이와 변형량이 같다는 조건 $\delta_s=\delta_c$로부터 $\sigma_s E_c=\sigma_c E_s$의 관계를 얻을 수 있다. 두 식으로부터 강관의 응력 $\sigma_s=\dfrac{E_s P}{A_s E_s + A_c E_c}$, 황동관의 응력 $\sigma_c=\dfrac{E_c P}{A_s E_s + A_c E_c}$로 된다.

$$A_s=\frac{\pi(d_{s2}^2-d_{s1}^2)}{4}=\frac{\pi(12^2-10^2)}{4}=34.558\ \text{cm}^2$$

$$A_c=\frac{\pi(d_{c2}^2-d_{c1}^2)}{4}=\frac{\pi(15^2-13^2)}{4}=43.982\ \text{cm}^2$$

$$\sigma_s=\frac{E_s P}{A_s E_s + A_c E_c}=\frac{2.1\times 10^6\times 20000}{34.558\times 2.1\times 10^6+43.982\times 0.7\times 10^6}=406.35\text{kgf/cm}^2$$

$$\sigma_c=\frac{E_cP}{A_sE_s+A_cE_c}=\frac{0.7\times10^6\times20000}{34.558\times2.1\times10^6+43.982\times0.7\times10^6}=135.45\text{kgf/cm}^2$$

$$\delta_s=\delta_c=\sigma_s\frac{l}{E_s}=\sigma_c\frac{l}{E_c}=406.35\times\frac{20}{2.1\times10^6}=0.00387\text{ cm}$$

[답] $\sigma_s=406.35\text{kgf/cm}^2$, $\sigma_c=135.45\text{kgf/cm}^2$, $\delta_s=\delta_c=0.00387\text{cm}$

예제 3-5 길이 $l=5$ m, 단면적 $A=10$ mm^{2}이 같은 강, 동, 알루미늄 3개의 금속선이 그림 3-c와 같이 설치되어 하중 $P=120$ kgf/을 받고 있다. 각 금속선이 받는 하중을 구하시오. 단, 강체인 판 D는 항상 수평한 상태를 유지한다. 강, 동, 알루미늄의 종탄성계수는 각각 $E_s=2.1\times10^6$ kgf/cm^2, $E_c=1.0\times10^6$ kgf/cm^2, $E_a=0.75\times10^6$ kgf/cm^{2}이다.

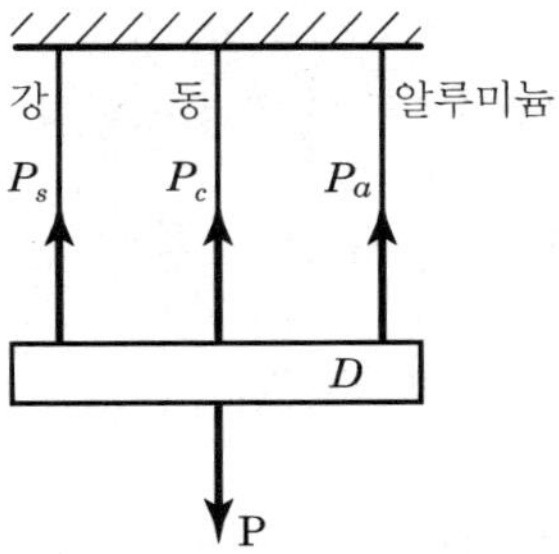

그림 3-c

▌해설▌ 평형방정식 $\Sigma F_y=0$, $P_s+P_c+P_a-P=0$와 강선, 동선, 알루미늄선의 길이, 단면적, 변형량이 같다는 조건 $\delta_s=\delta_c=\delta_a$로부터 $\frac{P_s}{E_s}=\frac{P_c}{E_c}=\frac{P_a}{E_a}$인 관계를 얻을 수 있다. 두 식으로부터

$$P_s=\frac{PE_s}{E_s+E_c+E_a}=\frac{120\times2.1\times10^6}{(2.1+1.0+0.75)\times10^6}=65.455\text{ kgf},$$

$$P_c=\frac{PE_c}{E_s+E_c+E_a}=\frac{120\times1.0\times10^6}{(2.1+1.0+0.75)\times10^6}=31.17\text{kgf},$$

$$P_a=\frac{PE_a}{E_s+E_c+E_a}=\frac{120\times0.75\times10^6}{(2.1+1.0+0.75)\times10^6}=23.377\text{ kgf}$$를 얻을 수 있다.

[답] $P_s=65.455$ kgf, $P_c=31.17$ kgf, $P_a=23.377$kgf

예제 3-6 길이 $l=75$ cm, 단면적 $A_c=15$ cm^{2}인 동관을 그림 3-d와 같이 단면적 $A_b=6$

cm^{2}인 1줄 나사로 체결한다. 너트를 돌려서 동관에 밀착시킨 후에 너트를 $\frac{1}{2}$회전 조였다. 이때 볼트와 동관에 발생하는 응력을 구하시오. 단, 볼트와 동관의 종탄성계수는 $E_b=2.1\times10^6$kgf/cm^2, $E_c=1.0\times10^6$kgf/cm^{2}이고, 볼트의 피치(pitch)는 $p=2$ mm이다.

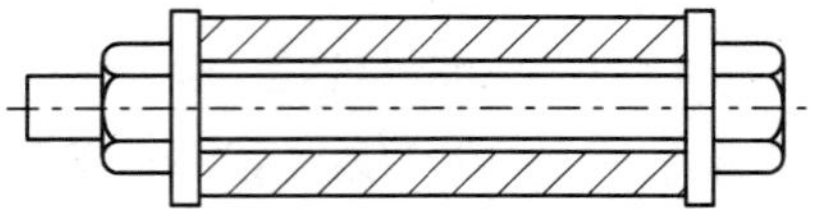

그림 3-d

| 해설 | 너트를 조였을 때의 평형방정식은 $\Sigma F_x=0$, $\sigma_b A_b-\sigma_c A_c=0$로 나타낸다. 1줄 나사에서 리이드(lead) L과 피치 p는 $L=p$와 같은 관계가 있으므로 너트의 $\frac{1}{2}$회전은 $\frac{p}{2}$만큼 축방향으로 이동한 것이 된다. 따라서 너트를 $\frac{1}{2}$회전 조였을 때에 인장을 받는 나사와 압축을 받는 황동관의 총변형량은 $\frac{p}{2}$가 된다. 즉, $\delta_b+\delta_c=\frac{p}{2}$와 같은 식을 쓸 수 있다. 이 식을 응력으로 표현하면 $\sigma_b\frac{l}{E_b}+\sigma_c\frac{l}{E_c}=\frac{p}{2}$로 나타낼 수 있다.

두 식으로부터 연립방정식을 풀면 나사의 응력 $\sigma_b=\frac{A_cE_cE_b}{(A_bE_b+A_cE_c)l}\frac{p}{2}$로 되고 동관의 응력 $\sigma_c=\frac{A_bE_bE_c}{(A_bE_b+A_cE_c)l}\frac{p}{2}$로 된다.

$$\sigma_b=\frac{A_cE_cE_b}{(A_bE_b+A_cE_c)l}\frac{p}{2}=\frac{15\times1.0\times2.1\times10^{12}}{(6\times2.1+15\times1.0)\times10^6\times75}\times\frac{0.2}{2}=1521.74\text{kgf/cm}^2,$$

$$\sigma_c=\frac{A_bE_bE_c}{(A_bE_b+A_cE_c)l}\frac{p}{2}=\frac{6\times2.1\times1.0\times10^{12}}{(6\times2.1+15\times1.0)\times10^6\times75}\times\frac{0.2}{2}=608.7\text{ kgf/cm}^2$$

[답] $\sigma_b=1521.74$kgf/cm^2, $\sigma_c=608.7$ kgf/cm^2

예제 3-7 그림 **3-e**와 같이 단면적 $A=20$ cm^{2}와 길이 $l=3$ m가 같은 인장강판 3개를 만들어 인장력 $P=30$ ton을 지지하고자 한다. 그러나 제작공정착오로 하나의 강판이 $e=0.5$ mm 짧게 제작되었다. 그 강판을 그대로 사용한다면 각 강판에 생기는 인장응력은 얼마인가? 단, 종탄성계수는 $E=2.1\times10^6$kgf/cm^{2}이다.

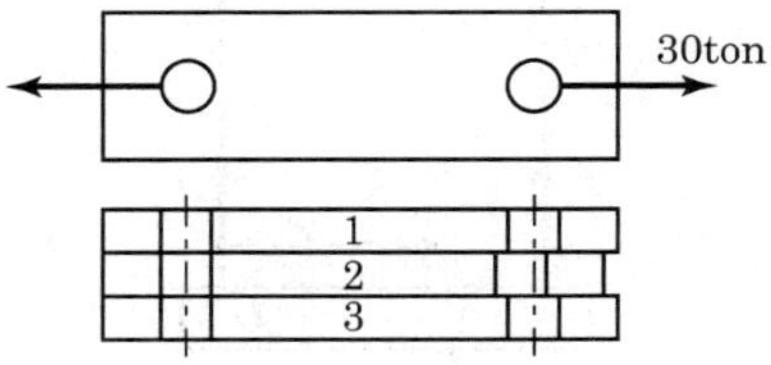

그림 3-e

▌해설▌ 각 인장강판에 작용하는 하중을 P_1, P_2, P_3라 하면 1번 강판과 3번 강판에 걸리는 하중의 크기가 같다. $P_1 = P_3$인 관계로부터 두 강판의 변형량도 $\delta_1 = \delta_3$로 되고, 평형방정식은 $\Sigma F_x = 0$, $2P_1 + P_2 - P = 0$로 된다.

2번 인장강판은 1, 3번 강판보다 0.5 cm더 늘어나므로 $\delta_1 = \delta_2 - 0.05$인 관계가 성립된다. 1번 강판의 변형량은 $\delta_1 = \dfrac{P_1 l}{AE}$이고, 2번 강판의 변형량은 $l \gg 0.05$이므로 $\delta_2 = \dfrac{P_2(l-0.05)}{AE} \approx \dfrac{P_2 l}{AE}$로 된다. 따라서 $P_1 = P_2 - 0.05\dfrac{AE}{l}$를 얻을 수 있다.

$2P_1 + P_2 - P = 0$와 $P_1 = P_2 - 0.05\dfrac{AE}{l}$로부터 $P_1 = \dfrac{20Pl - AE}{60l}$, $P_2 = \dfrac{10Pl + AE}{30l}$을 얻는다.

$$P_1 = \frac{20 \times 30000 \times 300 - 20 \times 2.1 \times 10^6}{60 \times 300} = 7666.67 \text{ kgf}$$

$$\sigma_1 = \frac{P_1}{A} = \frac{7666.67}{20} = 383.33 \text{ kgf}$$

$$P_2 = \frac{10 \times 30000 \times 300 + 20 \times 2.1 \times 10^6}{30 \times 300} = 14666.67 \text{ kgf}$$

$$\sigma_2 = \frac{P_2}{A} = \frac{14666.67}{20} = 733.33 \text{ kgf/cm}^2$$

[답] $\sigma_1 = 383.33 \text{ kgf/cm}^2$, $\sigma_2 = 733.33 \text{ kgf/cm}^2$

예제 3-8 길이 $l = 5$ m, 단면적 $A = 10 \text{ mm}^2$이 같은 강과 동선이 간격 $2a = 1$ m로 그림 3-f와 같이 설치되어 하중 $P = 120$ kgf을 지탱하고 있다. 강체인 판 D가 수평한 상태를 유지하기 위한 하중의 작용위치 e를 구하시오. 단, 강선과 동선의 종탄성계수는 각 각 $E_s = 2.1 \times 10^6 \text{kgf/cm}^2$, $E_c = 1.0 \times 10^6 \text{kgf/cm}^2$이다.

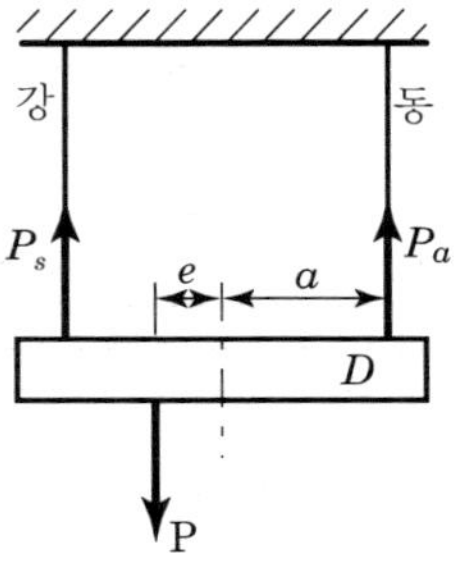

그림 3-f

해설 평형방정식 $\Sigma F_y=0,\ P_s+P_c-P=0$와 강선과 동선의 길이, 단면적, 변형량이 같다는 조건 $\delta_s=\delta_c$로부터 $\dfrac{P_s}{E_s}=\dfrac{P_c}{E_c}$인 관계를 얻을 수 있다.

두 식으로부터 $P_s=\dfrac{PE_s}{E_s+E_c}=\dfrac{120\times2.1\times10^6}{(2.1+1.0)\times10^6}=81.29\ \text{kgf},\ P_c=\dfrac{PE_c}{E_s+E_c}=\dfrac{120\times1.0\times10^6}{(2.1+1.0)\times10^6}$ $=38.71\text{kgf}$를 얻는다.

평형조건으로부터 하중 P의 작용점을 지나는 z축(지면에 수직한 방향) 에 대한 모멘트는 $\Sigma M_z=0,\ P_s(a-e)-P_c(a+e)=0$로 나타낼 수 있다.

이 식으로부터 $e=\dfrac{P_s-P_c}{P_s+P_c}a=\dfrac{81.29-38.71}{120}\times50=17.74\text{cm}$를 얻는다.

[답] $e=17.74\ \text{cm}$

예제 3-9 그림 3-g (a)와 같이 바닥에 4개의 볼트로 고정된 구조물이 최대하중 $W=2.5$ ton을 지지하려면 볼트의 직경 d를 얼마로 해야 하는가? 단, 구조물은 강체로 보고, 원판 $D=70\ \text{cm}$, $e=10\ \text{cm}$, $l=1.5\ \text{m}$, 볼트의 허용응력은 $\sigma_a=300\ \text{kgf/cm}^2$이다.

해설 만약에 구조물이 최대하중 W를 견디어 내지 못한다면 그림 (3-g) (b)와 같이 A점을 중심으로 모멘트 $M_A=Wl$에 의해서 넘어갈 것이다. 이 때 볼트 a, b, c에 부담되는 인장하중 F_a, F_b, F_c은 A점으로부터 각 볼트가 있는 지점까지의 거리 l_a, l_b, l_c에 비례하는 크기를 갖게 될 것이다. 즉, $\dfrac{F_a}{l_a}=\dfrac{F_b}{l_b}=\dfrac{F_c}{l_c}=k$와 같은 관계를 갖게 된다. 여기서 $l_a=D-e$, $l_b=\dfrac{D}{2}$, $l_c=e$이다.

A점을 지나는 축에 대한 모멘트의 평형조건은 $\Sigma M_A=0,\ Wl-F_al_a-2F_bl_b-F_cl_c=0$로 된다. 이들 두식에 의해서 비례상수 $k=\dfrac{Wl}{l_a^2+2l_b^2+l_c^2}$로 되므로 a, b, c 볼트에 생기는 인장력은 $F_a=kl_a=\dfrac{Wl\,l_a}{l_a^2+2l_b^2+l_c^2}$, $F_b=kl_b=\dfrac{Wl\,l_b}{l_a^2+2l_b^2+l_c^2}$, $F_c=kl_c=\dfrac{Wl\,l_c}{l_a^2+2l_b^2+l_c^2}$로 된다. a볼트에

최대하중 F_a가 작용하므로 이 구조물의 사용되는 볼트의 직경은 $d \geq \sqrt{\dfrac{4F_a}{\pi\sigma_a}}$ 이어야 한다.

$$F_a = \frac{2500 \times 150 \times (70-10)}{(70-10)^2 + 2 \times \left(\frac{70}{2}\right)^2 + 10^2} = 5968.17\text{kgf}, \quad d \geq \sqrt{\frac{4 \times 5968.17}{\pi \times 300}} = 5.033\text{cm}$$

[답] $d \geq 5.033$ cm

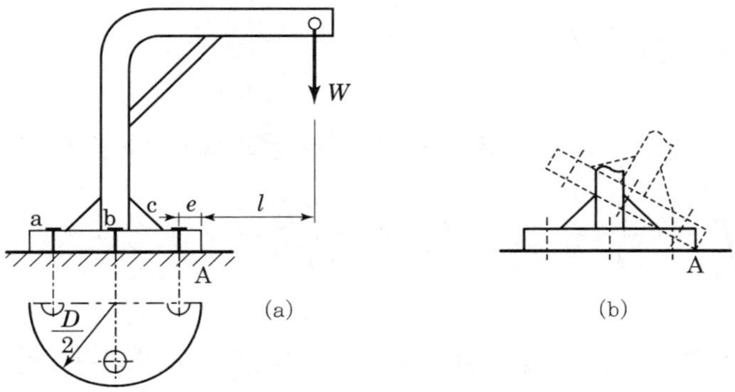

그림 3-g

3-3 물체력을 고려한 응력과 변형률

물체력(body force)은 물체의 전부분에 걸쳐 직접적으로 작용하는 힘 즉, 중력, 원심력, 관성력 등과 같이 물체의 질량과 밀접한 관계가 있는 힘을 말한다. 일반적으로 부재(member) 또는 기계요소(element)의 물체력은 외부에서 가해지는 외력의 크기에 비하여 작으므로 무시할 수 있다. 그러나 부재의 크기가 큰 경우, 빠른 속도로 움직이는 기계요소인 경우 등에는 물체력에 의한 영향을 고려하지 않을 수 없다.

봉의 비중량(단위체적당의 중량)이 γ이고, 길이가 l, 단면적이 A인 봉에 그림 **3-7** 과 같이 인장하중 P가 작용하고 있다. 봉의 하단으로부터 x만큼 떨어진 거리에 있는 단면 $m-n$에서의 응력은 인장하중 P와 자중 $A\gamma x$에 의해서 다음과 같이 주어진다.

$$\sigma = \frac{P + A\gamma x}{A} \tag{3-24}$$

$x=l$인 봉의 상단에 다음과 같은 최대응력이 발생한다.

$$\sigma_{\max} = \frac{P+A\gamma l}{A} \tag{3-25}$$

그림 **3-7**의 미소구간 dx에 생기는 신장량 $d\delta$는 다음과 같이 된다.

$$d\delta = \frac{\sigma}{E}dx = \frac{P+A\gamma x}{AE}dx \tag{3-26'}$$

따라서 봉의 전신장량 δ는 식 (3-26')를 적분함으로써 다음과 같이 구할 수 있다.

$$\delta = \int_0^l d\delta = \int_0^l \frac{P+A\gamma x}{AE}dx = \frac{Pl}{AE} + \frac{1}{2}\frac{A\gamma l^2}{AE} \tag{3-26}$$

식 (3-26)의 두 번째 항에 있는 $A\gamma l$은 봉의 자중을 나타낸다. 봉의 자중으로 인한 신장량은 자중의 $\frac{1}{2}$과 같은 하중이 봉에 작용할 때 발생하는 신장량과 같음을 알 수 있다.

식 (3-24)에서 보는 바와 같이 자중을 고려하면 x가 커질수록 응력이 점차로 증가함으로 안전을 위해서는 응력의 증가와 함께 단면적도 증가시킬 필요가 있다. 응력의 증가와 함께 단면적을 점차로 증가시켜 임의의 어떤 단면에서도 일정한 응력을 갖게 한 봉을 균일강도봉이라 한다.

그림 **3-8** (a)와 같은 균일강도봉에서 인장하중 P가 작용하고 있는 경우, 임의의 거리 x만큼 떨어진 곳의 미소구간 dx에서의 평형조건은 다음과 같이 나타낼 수 있다.

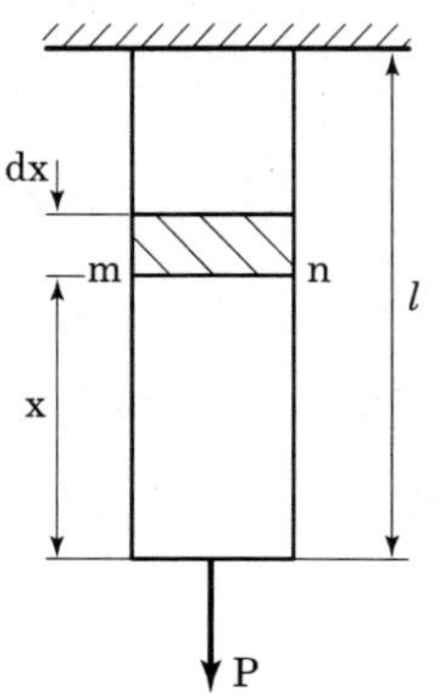

그림 3-7 자중을 고려하는 봉

$$\Sigma F_y = 0, \quad \sigma(A_x + dA_x) - \sigma A_x - A_x \gamma dx = 0 \tag{3-27}$$

$$\sigma dA_x = A_x \gamma dx$$

$$\frac{1}{A_x} dA_x = \frac{\gamma}{\sigma} dx$$

식 (3-27)를 적분하고 정리하여 임의의 거리에 있는 단면 A_x는 다음과 같다.

$$\int \frac{1}{A_x} dA_x = \int \frac{\gamma}{\sigma} dx \tag{3-28}$$

$$\ln A_x = \frac{\gamma}{\sigma} x + C$$

$$A_x = Ce^{\frac{\gamma}{\sigma}x}$$

$x=0$일 때 $A_x = A_0$인 경계조건으로부터 적분상수 C는 $C = A_0$로 된다. 따라서 단면 A_x는 다음과 같다.

$$A_x = A_0 e^{\frac{\gamma}{\sigma}x} \tag{3-29}$$

변형량 δ은 $d\delta = \frac{\sigma}{E} dx$로부터 $\sigma = constant$이므로 다음과 같이 주어진다.

$$\delta = \frac{\sigma}{E} l \tag{3-30}$$

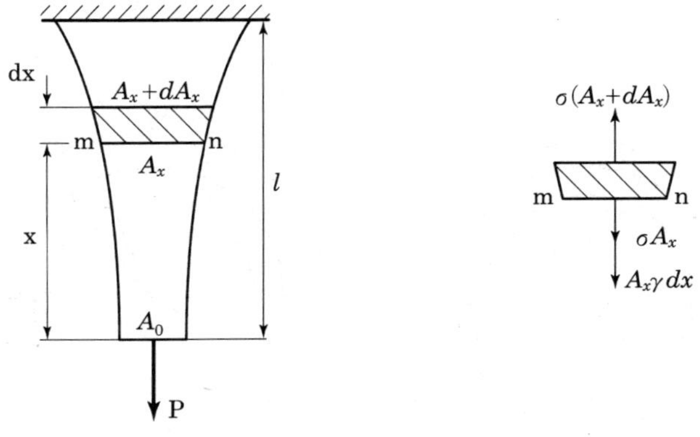

그림 3-8 균일강도봉

물체의 크기가 물체의 운동경로에 비하여 비교적 작으면 일반적으로 물체를 질점(particle)으로 생각한다. 질점이란 운동할 때 물체의 크기와 형상을 무시하고 질량이 한곳에 모여 있다고 보는 점으로서 운동에서 물체 방향이나 물체의 회전은 고려하지 않고 위치만을 고려한다. 한 예로, 병진운동(translational motion)은 물체 내의 임의의 선분을 가상하였을 때에 시간이 경과함에 따라 그 물체가 위치를 바꾸었어도 그 선분은 언제나 평행을 유지하면서 운동하는 경우를 말한다. 이 때 물체의 어느 점을 취하여도 똑같은 운동을 하고 있으므로 물체 전체의 운동을 물체 내의 임의의 점 운동으로 대치시킬 수 있다. 이와 같은 경우 물체를 질점으로 취급할 수 있다.

하나의 질점이 반지름 r, 각속도 ω와 각가속도 α인 원운동을 하고 있을 때 원주상의 경로증가 ds는 $rd\theta$로 나타낼 수 있고, 선속도 $\boldsymbol{v}$와 가속도 $\boldsymbol{a}$는 다음과 같이 나타낼 수 있다.[부록 VI]

$$\boldsymbol{v}=\frac{ds}{dt}=\dot{s}\,\boldsymbol{e}_t=r\frac{d\theta}{dt}\boldsymbol{e}_t=r\dot{\theta}\,\boldsymbol{e}_t=r\omega\,\boldsymbol{e}_t \tag{3-31}$$

$$\boldsymbol{a}=\dot{\boldsymbol{v}}=\ddot{s}\,\boldsymbol{e}_t+\frac{\dot{s}^2}{r}\boldsymbol{e}_n=r\alpha\,\boldsymbol{e}_t+r\omega^2\boldsymbol{e}_n \tag{3-32}$$

여기서 ω는 각속도, α는 각가속도, $\boldsymbol{e}_t$는 접선방향의 단위벡터, $\boldsymbol{e}_n$은 법선방향의 단위벡터를 나타낸다. 각속도 ω와 1분간 회전수(rpm ; revolution per minute) n과의 관계는 $\omega=\frac{2\pi n}{60}\frac{rad}{\sec}$로 주어진다.

평균반지름 r, 단면적 A, 비중량 γ인 원환이 그림 **3-9** (a)와 같이 O를 중심으로 등각속도 $\omega\frac{rad}{\sec}$로 회전할 때에 원환의 단위길이당 원심력 q는 다음과 같이 주어진다.

$$q=\frac{A\gamma}{g}r\omega^2 \tag{3-33}$$

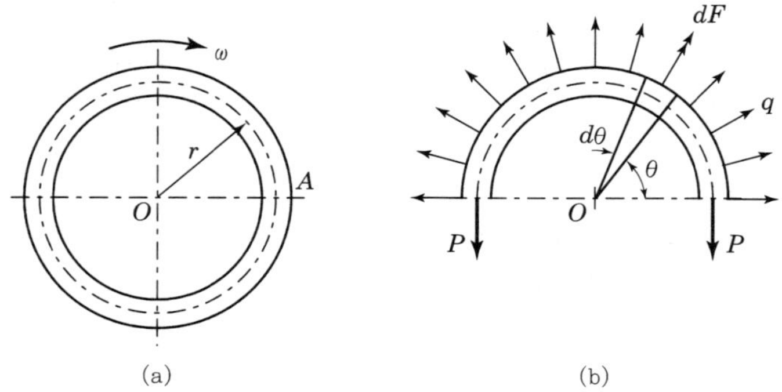

그림 3-9 회전하는 원환

여기서 g는 중력가속도이다. 그림 **3-9** (b)에서 원주상의 미소구간 $rd\theta$에 생기는 원심력 dF의 수직한 성분 dP는 $dP = q\,r\,d\theta\sin\theta$로 주어지므로 원환에 작용하는 인장력 P는 다음과 같이 구해진다.

$$P = \int_0^{\frac{\pi}{2}} dP = \int_0^{\frac{\pi}{2}} qr\sin\theta\,d\theta = \int_0^{\frac{\pi}{2}} \frac{A\gamma}{g}\,r^2\,\omega^2\sin\theta\,d\theta \tag{3-34}$$

$$= \frac{A\gamma}{g} r^2 \omega^2$$

따라서 원심력에 의한 원환의 인장응력 σ는 다음과 같이 된다.

$$\sigma = \frac{P}{A} = \frac{\gamma}{g} r^2 \omega^2 \tag{3-35}$$

예제 3-10 **길이 $l = 20$ m, 단면적 $A = 3$ cm^{2}인 와이어가 수직하게 놓여져 있는 상태에서 인장하중 $P = 960$ kgf을 지탱하고 있다. 자중을 고려한 경우와 고려하지 않는 경우의 응력과 변형량을 구하시오. 단, 종탄성계수는 $E_s = 2.1\times10^6$ kgf/cm^{2}이고, 와이어의 비중량은 $\gamma = 7.85\times10^{-3}$kgf/cm^{2}이다.**

▌해설▌ 자중을 고려하지 않는 경우의 응력 σ_n은 $\sigma_n = \frac{P}{A} = \frac{960}{3} = 320$ kgf/cm^{2}이고, 변형량 δ_n은 $\delta_n = \sigma_n \frac{l}{E} = 320 \times \frac{2000}{2.1\times10^6} = 0.3048$cm로 된다.

자중을 고려하는 경우의 최대인장응력 σ_w은 $\sigma_w = \frac{P + A\gamma l}{A} = \frac{960 + 3\times7.85\times10^{-3}\times2000}{3}$ $= 335.7$ kgf/cm^{2}이고, 총변형량 δ_w는 $\delta_w = \frac{l}{AE}\left(P + \frac{1}{2}A\gamma l\right) = \frac{2000}{3\times2.1\times10^6} \times \left(960 + \frac{1}{2}\times3\times7.85\times10^{-3}\times2000\right) = 0.3122$cm로 된다.

[답] $\sigma_n = 320$ kgf/cm^2, $\delta_n = 0.3048$ cm, $\sigma_w = 335.7$ kgf/cm^2, $\delta_w = 0.3122$ cm

예제 3-11 **그림 3-h와 같이 직경 d, 길이 l, 비중량 γ인 원추에서 자중을 고려한 응력과 신장량을 구하시오.**

▌해설▌ 임의의 거리 x에서의 직경 d_x는 삼각형변의 비로부터 $d_x = d\frac{x}{l}$로 된다. $m-n$단면의 면적 A_x는 $A_x = \frac{\pi d_x^2}{4}$이고, $m-n$단면 아랫 부분의 자중은 $\frac{1}{3}A_x\gamma x$이다. 따라서 $m-n$ 단면에서

의 응력은 $\sigma_x = \dfrac{\frac{1}{3}A_x \gamma x}{A_x} = \dfrac{1}{3}\gamma x$로 되고, $x = l$일 때 최대응력 $\sigma_{\max} = \dfrac{1}{3}\gamma$로 된다. 미소구간 dx의 신장량은 $d\delta = \dfrac{\sigma_x}{E}dx$이므로 총변형량은 $\delta = \int d\delta = \int_0^l \dfrac{\gamma}{3E}x\,dx = \dfrac{\gamma l^2}{6E}$로 된다.

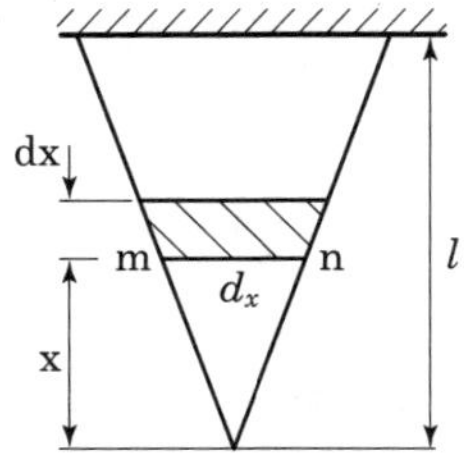

그림 3-h

[답] $\sigma_{\max} = \dfrac{1}{3}\gamma l$, $\delta = \dfrac{\gamma l^2}{6E}$

예제 3-12 **직경 d, 길이 l, 비중량 γ인 원추형 봉에 그림 3-i와 같이 인장하중 P가 작용하고 있다. 이 때 자중을 고려한 응력과 신장량을 구하시오.**

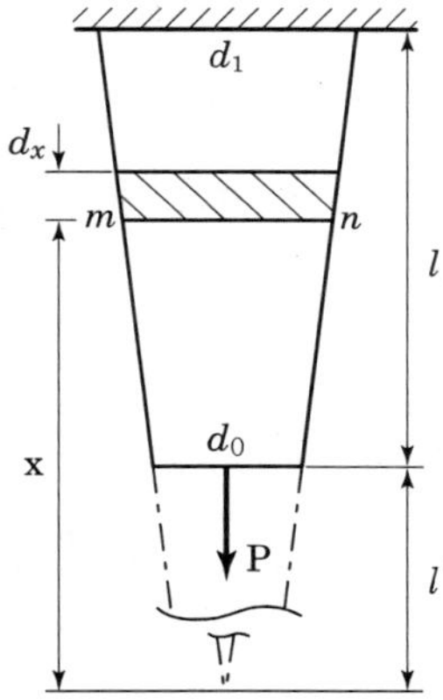

그림 3-i

▌해설▌ 그림 (**3-i**)에서 가상선으로 나타낸 원추를 생각한다. 삼각형변의 비 $\dfrac{l+l'}{l'} = \dfrac{d_1}{d_0}$로부터 $l' = \dfrac{d_0 l}{d_1 - d_0}$로 된다. 같은 방법으로 임의의 거리 x만큼 떨어진 $m-n$단면에서의 직경 d_x는 $\dfrac{l'+l}{x} = \dfrac{d_1}{d_x}$로부터 $d_x = \dfrac{x}{l'+l}d_1 = \dfrac{d_1 - d_0}{l}x$ 로 주어진다. $m-n$단면 아랫부분의 자중 W_x는

$W_x = \frac{1}{3}\frac{\pi d_x^2}{4}\gamma x - \frac{1}{3}\frac{\pi d_0^2}{4}\gamma l'$ 이므로 이곳에서의 응력은 $\sigma_x = \frac{P+W_x}{\frac{\pi d_x^2}{4}}$ 로 주어진다. $x = l + l'$ 인

경우의 자중 W는 $W = \frac{1}{3}\frac{\pi\gamma l}{4}\frac{d_1^3 - d_0^3}{d_1 - d_0}$ 이므로 이곳에 생기는 최대응력은 $\sigma_{\max} = \frac{P+W}{\frac{\pi d_1^2}{4}}$ 로 된다.

미소요소 dx구간에서의 변형률 $d\delta = \frac{(P+W_x)\,dx}{\frac{\pi d_x^2}{4}E} = \frac{\left(P + \frac{1}{3}\frac{\pi d_x^2}{4}\gamma x - \frac{1}{3}\frac{\pi d_0^2}{4}\gamma l'\right)dx}{\frac{\pi d_x^2}{4}E}$ 이므로

총변형률 $\delta = \int_{l'}^{l+l'} d\delta = \int_{l'}^{l+l'} = \frac{\left(P + \frac{1}{3}\frac{\pi d_x^2}{4}\gamma x - \frac{1}{3}\pi\frac{d_0^2}{4}\gamma l'\right)}{\frac{\pi d_x^2}{4}E}$ 로 된다. 이를 적분하면 변형률

$\delta = \frac{4P}{\pi E}\frac{l}{d_1 d_0} + \frac{\gamma l^2}{6E}\frac{d_1 + d_0}{d_1 - d_0} - \frac{\gamma d_0^2 l^3}{3E(d_1 - d_0)d_1}$ 로 된다.

[답] $\sigma_{\max} = \frac{P + \frac{1}{3}\frac{\pi\gamma l}{4}\frac{d_1^3 - d_0^3}{d_1 - d_0}}{\frac{\pi d_1^2}{4}}$, $\delta = \frac{4P}{\pi E}\frac{l}{d_1 d_0} + \frac{\gamma l^2}{6E}\frac{d_1 + d_0}{d_1 - d_0} - \frac{\gamma d_0^2 l^3}{3E(d_1 - d_0)d_1}$

예제 3-13 **높이 $h = 30$ m인 원형단면을 갖는 콘크리트 탑의 상단부분에 압축하중 $P = 50$ ton이 작용하고 있다. 각 단면의 압축응력을 같게 설계하려고 한다. 각 단면을 나타낼 수 있는 설계식을 구하시오. 단, 콘크리트의 비중량 $\gamma = 2.2 \times 10^{-3}$ kgf/cm^3, 파괴압축응력 $\sigma_F = 200$ kgf/cm^3, 안전율 $S = 20$이다.**

| 해설 | 허용압축응력은 $\sigma_w = \frac{\sigma_F}{S} = \frac{200}{20} = 10$kgf/cm^{2}로 됨으로 탑의 상단부분의 직경 d_0는 $\sigma_w = \frac{P}{\frac{\pi d_0^2}{4}}$ 로부터 $d_0 = \sqrt{\frac{4P}{\pi\sigma_w}} = \sqrt{\frac{4\times 50000}{\pi \times 10}} = 79.789$ cm이다. 그림 (3-j)와 같이 상단으로부터 x만큼 떨어진 $m-n$단면의 미소구간 dx에서의 평형조건 $\sigma(A_x + dA_x) - \sigma A_x - A_x\gamma dx = 0$로부터 $\frac{1}{A_x}dA_x = \frac{\gamma}{\sigma}dx$의 관계식을 얻는다. 이 식을 적분하면 $A_x = Ce^{\frac{\gamma}{\sigma}x}$ 로 되고 적분상수 C는 $x = 0$일 때 $d_0 = 79.789$ cm이므로 면적 $A_0 = \frac{\pi d_0^2}{4} = \frac{\pi \times 79.789^2}{4} = 5000.068$ cm^{2}인 경계조건(boundary condition)으로부터 구한다. 따라서 적분상수 $C = A_0 = 5000.068$ cm^{2}로 된다.

임의의 거리 x에서의 직경 $d_x = \sqrt{\frac{4A_x}{\pi}} = \sqrt{\frac{4A_0}{\pi} e^{\frac{\gamma}{\sigma}x}}$ 로 주어진다. 탑의 하단부분의 직경은 $x=l$이므로 $d_1 = \sqrt{\frac{4\times 5000.068}{\pi}\times e^{\frac{2.2\times 10^{-3}}{10}\times 3000}} = 110.98\text{ cm}$

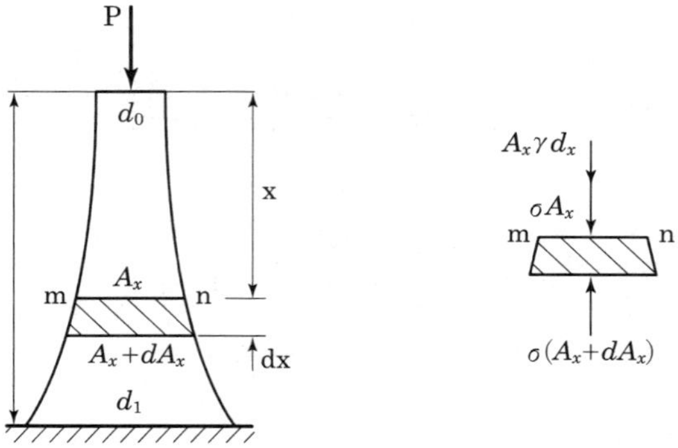

(a) (b)

그림 3-j

[답] $d_x = \sqrt{\frac{4A_0}{\pi} e^{\frac{\gamma}{\sigma}x}}$ 단, $A_0 = 5000.068\text{ cm}^2$, $d_1 \equiv 110.98\text{cm}$

예제 3-14 **벽돌의 비중량 $\gamma = 1.6\times 10^{-3}\text{ kgf/cm}^3$, 파괴압축응력 $\sigma_F = 100\text{ kgf/cm}^2$인 벽돌을 쌓아 올려 담을 만들려고 한다. 안전율을 $S=20$로 하면 최대 담의 높이를 얼마로 할 수 있는가?**

| 해설 | 벽돌의 압축허용응력 $\sigma_w = \frac{\sigma_F}{S} = \frac{100}{20} = 5\text{ kgf/cm}^2$이고 자중에 의한 응력은 γh이므로 담의 최대높이 $h_{max} = \frac{\sigma_w}{\gamma} = \frac{5}{1.6\times 10^{-3}} = 3125\text{ cm}$이다.

[답] $h_{max} = 3125\text{cm}$

예제 3-15 **길이 $l = 10\text{m}$인 수직한 원형 강봉 끝에 하중 $P = 5000\text{ kgf}$이 작용하고 있을 때 봉의 단면적 A, 변형량 δ을 구하시오. 단, 종탄성계수 $E_s = 2.1\times 10^6\text{ kgf/cm}^2$, 비중량 $\gamma = 7.85\times 10^{-3}\text{ kgf/cm}^3$, 인장강도 $\sigma_U = 4500\text{ kgf/cm}^2$, 안전율 $S=5$이다.**

| 해설 | 허용인장응력 $\sigma_w = \frac{\sigma_U}{S} = \frac{4500}{5} = 900\text{ kgf/cm}^2$이고, 식 (3-25)의 $\sigma_w = \sigma_{max} = \frac{P+A\gamma l}{A}$ 로부터 단면적 $A = \frac{P}{(\sigma_w - \gamma l)} = \frac{5000}{(900 - 7.85\times 10^{-3}\times 1000)} = 5.604\text{cm}^2$로 된다.

변형량은 식(3-26)으로부터

$$\delta = \frac{Pl}{AE} + \frac{1}{2}\frac{\gamma l^2}{E} = \frac{5000 \times 1000}{5.604 \times 2.1 \times 10^6} + \frac{1}{2} \times \frac{7.85 \times 10^{-3} \times 1000^2}{2.1 \times 10^6} = 0.42674\ \text{cm}$$로 된다.

[답] $A = 5.604\ \text{cm}^2$, $\delta = 0.42674\text{cm}$

예제 3-16 길이 l, 단면적 A, 비중량 γ인 봉이 그림 **3-k**와 같이 일정한 각속도 ω로 회전하고 있다. 이때 이봉에 발생하는 최대응력 σ_{max}와 전신장량 δ을 구하시오. 단, 종탄성계수를 E라 한다.

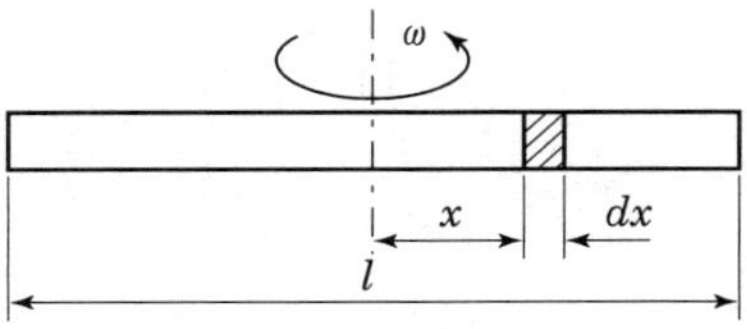

그림 3-k

▌해설▌ 빗금친 미소구간 dx의 원심력에 의해서 x부분에 생기는 미소인장응력 $d\sigma_x = \dfrac{\dfrac{A\gamma dx}{g}x\omega^2}{A}$

$= \dfrac{\gamma\omega^2}{g}x\,dx$이므로 x부분의 인장응력은 $\sigma_x = \displaystyle\int_x^{\frac{l}{2}} d\sigma_x = \frac{\gamma\omega^2}{g}\int_x^{\frac{l}{2}} x\,dx$ 즉, $\sigma_x = \dfrac{\gamma\omega^2}{g}\left(\dfrac{1}{2}x^2\right)_x^{\frac{l}{2}}$

$= \dfrac{\gamma\omega^2}{g}\left(\dfrac{l^2}{8} - \dfrac{x^2}{2}\right)$로 된다. 따라서 $x = 0$일때 최대인장응력이 생기며 $\sigma_{max} = \dfrac{\gamma\omega^2}{g}\dfrac{l^2}{8}$를 갖는다.

또한, 미소구간 dx에서의 변형량 $d\delta = \dfrac{\sigma_x}{E}dx$로 됨으로 전변형량은 $\delta = 2\displaystyle\int_0^{\frac{l}{2}} d\delta$

$= \dfrac{2\gamma\omega^2}{g}\displaystyle\int_0^{\frac{l}{2}}\left(\frac{l^2}{8} - \frac{x^2}{2}\right)dx = \frac{\gamma\omega^2}{g}\frac{l^3}{12}$로 된다.

[답] $\sigma_{max} = \dfrac{\gamma\omega^2}{g}\dfrac{l^2}{8}$, $\delta = \dfrac{\gamma\omega^2}{gE}\dfrac{l^3}{12}$

예제 3-17 그림 **3-l**과 같은 로터(rotor)가 일정한 각속도 ω회전하고 있다. 이때 이 블레이드 루트(blade root)에 발생하는 응력 σ와 전신장량 δ을 구하시오. 단, 블레이드의 단면적은 A이고, 종탄성계수를 E라 한다.

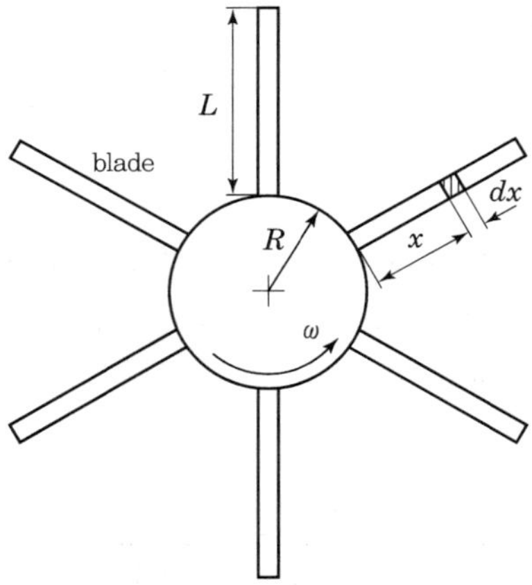

그림 (3-1)

| 해설 | 빗금친 미소구간 dx의 원심력에 의해서 x부분에 생기는 미소인장응력 $d\sigma_x = \dfrac{\dfrac{A\gamma dx}{g}(R+x)\omega^2}{A} = \dfrac{\gamma\omega^2}{g}(R+x)dx$이므로 x부분의 인장응력은 $\sigma_x = \int_x^L d\sigma_x$

$\sigma_x = \dfrac{\gamma\omega^2}{g}\left[\left(Rx+\dfrac{1}{2}x^2\right)\right]_x^L = \dfrac{\gamma\omega^2}{g}\left(RL+\dfrac{L^2}{2}-Rx-\dfrac{x^2}{2}\right)$로 된다. 따라서 $x=0$일때 즉, 블레이드 루트에 최대인장응력이 생기며 $\sigma_{\max} = \dfrac{\gamma\omega^2}{g}\left(RL+\dfrac{L^2}{2}\right)$를 갖는다.

또한, 미소구간 dx에서의 변형량 $d\delta = \dfrac{\sigma_x}{E}dx$로 됨으로 전변형량은 $\delta = \int_0^L d\delta = \dfrac{\gamma\omega^2}{gE}\int_0^L\left(RL+\dfrac{L^2}{2}-Rx-\dfrac{x^2}{2}\right)dx = \dfrac{\gamma\omega^2}{gE}\left(\dfrac{RL^2}{2}+\dfrac{L^3}{3}\right)$된다.

[답] $\sigma_{\max} = \dfrac{\gamma\omega^2}{g}\left(RL+\dfrac{L^2}{2}\right)$, $\delta = \dfrac{\gamma\omega^2}{gE}\left(\dfrac{RL^2}{2}+\dfrac{L^3}{3}\right)$

3-4 열응력

구조물의 부재 및 기계요소는 하중에 의해서만 변형과 응력이 발생되는 것은 아니다. 물체는 온도의 변화에 의해 팽창과 수축을 한다. 만약에 물체가 주어진 구속조건에 의해 온도 변화에 따른 팽창과 수축을 못한다면, 이 물체에는 팽창량과 수축량에

상당하는 변형량만큼 압축력 또는 인장력이 작용한 경우와 같은 응력이 생기게 된다. 이와 같이 물체에 열로 인한 수축과 팽창이 억제되어 생기는 응력을 열응력(thermal stress)이라고 한다. 열응력은 보일러(boiler)와 열기관에서 파손을 일으키는 하나의 원인이 될 수 있다. 한편, 물체의 온도 변화에 따른 수축과 팽창을 이용하여 끼워 맞춤을 하는 경우가 있다. 이것을 가열끼워 맞춤(shrinkage fitting)이라고 한다.

그림 **3-10** (a)와 같이 양쪽이 고정되고 길이가 l_1인 봉을 t_1℃에서 t_2℃로 가열하면 열팽창이 생긴다. 만약 이와 같은 경우에 그림 **3-10** (a)의 오른쪽에 구속이 없다면, 봉은 그림 **3-10** (b)와 같이 길이 l_2로 늘어날 것이다. 그러나 그림 **3-10** (a)는 양쪽이 구속되어 있으므로 그림 **3-10** (c)와 같이 생각할 수 있다. 즉, 길이 l_2인 봉에 압축력 P가 작용하여 길이가 l_1으로 된 경우와 같다고 볼 수 있다. 따라서 그림 **3-10** (a)와 같은 경우에는 봉에 압축응력이 생기게 된다.

그림 **3-10** (b)에서 열팽창에 의한 길이 l_2와 팽창량 δ는 다음과 같이 주어진다.

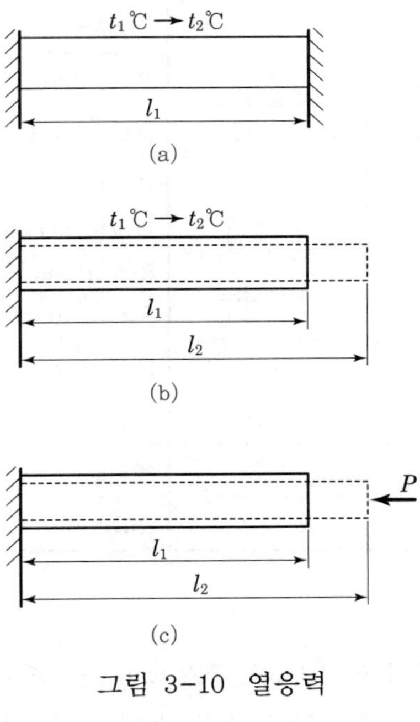

그림 3-10 열응력

$$l_2 = l_1 + \alpha(t_2 - t_1)l_1 \qquad 3\text{-}36)$$

여기서 α는 선팽창계수를 나타낸다. 그리고 열에 의한 변형률 ε과 열응력 σ는 다음과 같이 된다.

$$\varepsilon = \alpha \Delta t \tag{3-37}$$

$$\sigma = E\varepsilon = E\alpha \Delta t$$

만약에 반대로 그림 **3-10** (a)와 같이 양쪽이 고정된 봉이 온도 t_1℃에서 t_2℃로 냉각되었다면 구속에 의해 봉이 수축되지 않는다. 따라서 이와 같은 경우에는 봉에 인장응력이 생기게 되며 그 식은 식 (3-37)과 같이 된다.

팽창·수축에 의한 힘 P는 다음과 같이 나타낼 수 있다.

$$P = \sigma A = E\alpha \Delta t A \tag{3-38}$$

표 3-1 선팽창계수(coefficients of thermal expansion)

Material	10^{-6}/℃	Material	10^{-6}/℃
Zinc	29.7	Magnesium alloys	26.1~28.8
Lead	29.3	Brass	19.1~21.2
Tin	27	Bronze	18~21
Aluminum alloys	23	Pure iron	11.7
Copper and Copper alloys	16.6~17.6	Cast iron	9.9~12
Plastics Nylon Polyethylene	 70~140 140~290	Steel High-strength Stainless Structure	10~18 14 17 12
Nickel	13	Concrete	7~14
Platinum	8.9	Glass	5~11
Tungsten	4.3	Rock	5~9
Titanium alloys	8.1~11	Rubber	130~200

예제 3-18 온도 15 ℃일 때 길이 l=10 m인 레일(rail)을 틈새 e=15 mm씩 두고 설치하였다. 온도가 35℃로 상승하였을 경우 레일에 생기는 응력을 구하시오. 단, 종탄성계수는 $E=2.1\times10^6$ kgf/cm^{2}이고, 선팽창계수는 $\alpha=14\times10^{-6}$/℃이다.

해설 20℃의 온도상승으로 레일이 팽창되어야할 양 δ는 $\delta=\alpha \Delta t l=14\times10^{-6}\times20\times10000$ $=2.8$ mm이므로 레일간 팽창에 의해 억제되는 팽창량 δ_c는 $\delta_c=\delta-e=2.8-1.5=1.3$ mm이

다. 따라서 레일에는 압축응력이 발생하며 $\sigma_c = E\epsilon = E\frac{\delta_c}{l} = 2.1 \times 10^6 \times \frac{0.13}{1000} = 273\ \text{kgf/cm}^2$ 로 된다.

[답] $\sigma_c = 273\ \text{kgf/cm}^2$

예제 3-19 그림 3-m과 같이 동판이 두 강판사이에 접착되어 있다. 온도가 t_1℃에서 t_2℃까지 올라가면 동판과 강판에 생기는 응력을 구하시오. 단, 강판의 단면적, 종탄성계수, 선팽창계수를 각각 A_s, E_s, α_s, 로 하고 동판의 단면적, 종탄성계수, 선팽창계수를 각각 A_c, E_c, α_c로 한다. 그리고 $\alpha_c > \alpha_s$인 관계를 갖는다.

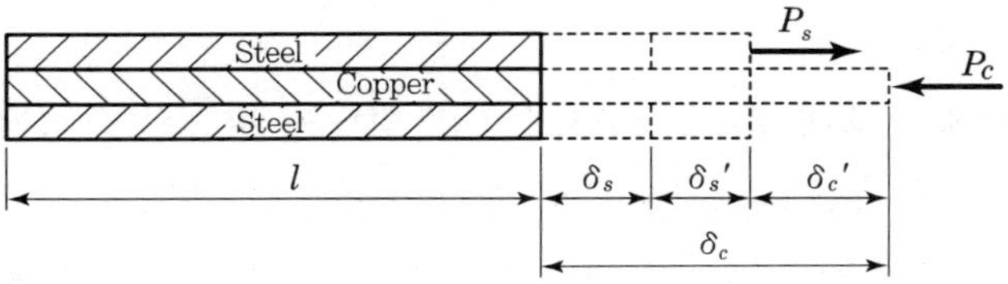

그림 3-m

┃해설┃ 온도가 $t_2 - t_1 = \Delta t$만큼 상승하면 접착이 되어 있지 않은 상태에서 동판은 $\delta_c = \alpha_c \Delta t l$로, 강판은 $\delta_s = \alpha_s \Delta t l$로 팽창된다. 그러나 동판과 강판이 서로 접착되어 있어서 동판과 강판은 $\delta_c - \delta_c' = \delta_s + \delta_s'$만큼 팽창된다. 동판과 강판이 서로 접착되어 있어서 동판이 팽창되지 못한 변형량 δ_c'는 길이 $l + \delta_c$인 동판에 압축하중 P_c가 작용하여 수축된 량으로 생각할 수 있으므로 $\delta_c' = \sigma_c \frac{(l+\delta_c)}{E_c}$로 된다. 또한, 강판은 동판과 접촉되어 있어서 δ_s'만큼 더 늘어난다. 이는 인장하중 P_s가 작용하여 팽창되는 량으로 생각할 수 있으므로 $\delta_s' = \sigma_s \frac{(l+\delta_s)}{E_s}$로 된다.

따라서 $\delta_c - \delta_c' = \delta_s + \delta_s'$에 대입하면 $\alpha_c \Delta t l - \sigma_c \frac{(l + \alpha_c \Delta t l)}{E_c} = \alpha_s \Delta t l + \sigma_s (l + \alpha_s \Delta t l)$로 된다. 여기서 양변에 공통으로 있는 길이 l을 소거하면, 각 변의 두 번째 항의 분모 $1+\alpha_c \Delta t$와 $1+\alpha_s \Delta t$는 $\alpha_c \Delta t$와 $\alpha_s \Delta t$가 아주 작은 값이므로 $1+\alpha_c \Delta t \approx 1+\alpha_s \Delta t \approx 1$로 놓을 수 있으므로 $\alpha_c \Delta t - \frac{\sigma_c}{E_c} = \alpha_s \Delta t + \frac{\sigma_s}{E_s}$로 된다.

평형조건으로부터 $2\sigma_s A_s - \sigma_c A_c = 0$인 관계를 갖는다. 이 두식으로부터 강판과 동판에 생기는 응력 σ_s와 σ_c는 다음과 같이 주어진다.

$$\sigma_s = \frac{(\alpha_c - \alpha_s)\Delta t\, E_s}{1 + \frac{2A_s E_s}{A_c E_c}}, \quad \sigma_c = \frac{(\alpha_c - \alpha_s)\Delta t\, E_c}{1 + \frac{A_c E_c}{2A_s E_s}}$$

[답] $\sigma_s = \dfrac{(\alpha_c - \alpha_s)\Delta t\, E_s}{1 + \dfrac{2A_sE_s}{A_cE_c}}$, $\sigma_c = \dfrac{(\alpha_c - \alpha_s)\Delta t\, E_c}{1 + \dfrac{A_cE_c}{2A_sE_s}}$

예제 3-20 직경 $d = 3$ cm인 강봉의 양단이 벽으로 고정되어 있을 때 온도가 40℃상승하였다. 벽에 가해지는 하중 P는 얼마인가? 단, 종탄성계수는 $E = 2.1 \times 10^6$ kgf/cm^{2}이고, 선팽창계수는 $\alpha = 14 \times 10^{-6}$/℃이다.

❙ 해설 ❙ $P = \sigma A = \alpha\, \Delta t\, E \dfrac{\pi d^2}{4} = 14 \times 10^{-6} \times 40 \times 2.1 \times 10^6 \times \dfrac{\pi \times 3^2}{4} = 8312.654$ kgf

[답] $P = 8312.654$ kgf

예제 3-21 온도 18℃에서 직경 $d = 3$ cm인 강봉의 양단이 벽으로 고정되어 있다. 이 강봉의 허용응력을 $\sigma_a = 2500$ kgf/cm^{2}로 한다면 온도가 변화할 수 있는 허용범위를 구하시오. 단, 종탄성계수는 $E = 2.1 \times 10^6$ kgf/cm^{2}이고, 선팽창계수는 $\alpha = 14 \times 10^{-6}$/℃이다.

❙ 해설 ❙ 열응력 $\sigma_a = \alpha\, \Delta t\, E$에서 $\Delta t = \dfrac{\sigma_a}{\alpha E} = \dfrac{2500}{14 \times 10^{-6} \times 2.1 \times 10^6} = 85.034$℃로 된다. 온도의 허용범위는 18±85.034℃이다.

[답] $-67.034 \leq t_a \leq 103.034$

예제 3-22 재료와 단면적이 서로 다른 두개의 봉이 그림 **3-n**과 같이 조립되었고 온도 Δt 만큼 가열하였을 때, 각 봉에 발생하는 열응력을 구하시오.

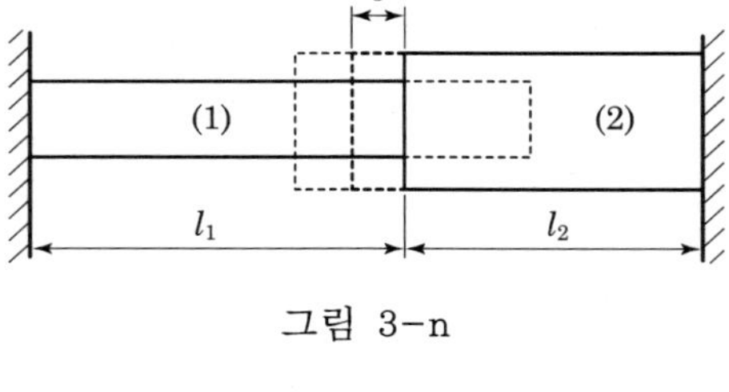

그림 3-n

❙ 해설 ❙ 그림 3-n에서 좌우의 가는 점선은 재료 (1)과 (2)의 열에 의한 자유 팽창량의 크기 $\alpha_1 \Delta t l_1$와 $\alpha_2 \Delta t l_2$를 가상으로 나타낸 것이고, 굵은 점선은 두개의 봉이 열을 받아서 변형된 상태를 가상적으로 나타낸 것이다. 따라서 재료 (1)은 $\alpha_1 \Delta t l_1 + \delta$만한 변형이 생기게 하는 응력 σ_1이 작용하고, 재료 (2)는 $\alpha_2 \Delta t l_2 - \delta$만한 변형이 생기게 하는 응력 σ_2가 작용한다.

봉에 있어서 응력 σ_1과 σ_2에 의한 변형량은 각각 $\sigma_1\dfrac{l_1}{E_1}$와 $\sigma_2\dfrac{l_2}{E_2}$로 나타낼 수 있다.

그러므로 재료 (1)과 (2)에서 열에 의한 총변형량의 절대치와 응력 σ_1과 σ_2에 의한 총변형량의 절대치가 같아야 함으로 $\left|\sigma_1\dfrac{l_1}{E_1}+\sigma_2\dfrac{l_2}{E_2}\right| = |(\alpha_1 \Delta t\, l_1 + \delta') + (\alpha_2 \Delta t\, l_2 - \delta')|$인 관계를 구할 수 있다. 또한, 평형조건에 의해 재료 (1)과 (2)에 작용하는 하중은 서로 같으므로 $\sigma_1 A_1 = \sigma_2 A_2$로 나타낼 수 있다. 두 식으로부터 재료 (1)과 (2)에 생기는 응력은 $\sigma_1 = \dfrac{(\alpha_1 l_1 + \alpha_2 l_2)\Delta t}{\dfrac{l_1}{E_1} + \dfrac{A_1 l_2}{A_2 E_2}}$와

$\sigma_2 = \dfrac{(\alpha_1 l_1 + \alpha_2 l_2)\Delta t}{\dfrac{l_2}{E_2} + \dfrac{A_2 l_1}{A_1 E_1}}$로 구할 수 있다.

[답] $\sigma_1 = \dfrac{(\alpha_1 l_1 + \alpha_2 l_2)\Delta t}{\dfrac{l_1}{E_1} + \dfrac{A_1 l_2}{A_2 E_2}}$, $\sigma_2 = \dfrac{(\alpha_1 l_1 + \alpha_2 l_2)\Delta t}{\dfrac{l_2}{E_2} + \dfrac{A_2 l_1}{A_1 E_1}}$

예제 3-23 **그림 3-o (a)와 같이 길이 l인 강관 안에 같은 길이의 동봉이 있는 구조물에 압축하중 W가 작용하고 있다. 동봉의 열에 의한 수축을 이용하여 동봉에 생긴 응력을 제거하기 위한 온도 Δt를 구하시오. 단, 강판의 단면적, 종탄성계수, 선팽창계수를 각각 A_s, E_s, α_s로 하고 동판의 단면적, 종탄성계수, 선팽창계수를 각각 A_c, E_c, α_c로 한다. 그리고 $\alpha_c > \alpha_s$인 관계를 갖는다.**

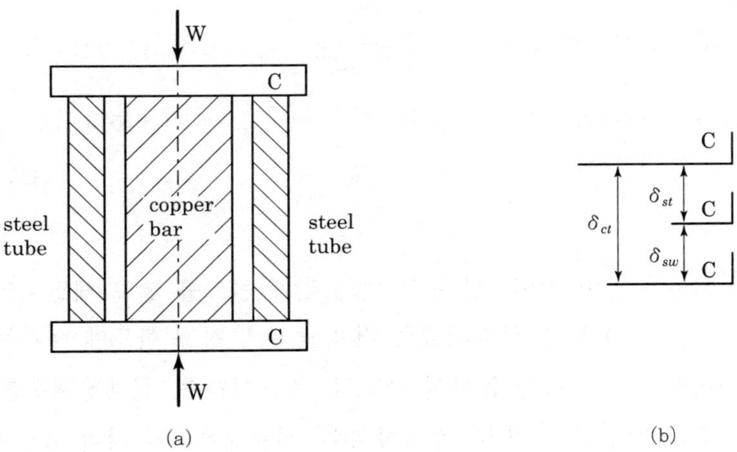

그림 3-o

| 해설 | 그림 **3-o** (b)는 윗부분의 강체 덮개 판 C의 변위 위치를 나타낸다. δ_{st}와 δ_{ct}는 온도

Δt에 의한 강관과 동봉의수축량, δ_{sw}는 강관만이 압축하중 W를 받을 때 생기는 변위량을 나타낸다.

온도 Δt 에 의한 강관과 동봉의 수축량은 $\delta_{st}=\alpha_s \Delta t l$, $\delta_{ct}=\alpha_c \Delta t l$로 된다.

열 수축에 의해 동봉에는 압축하중 W가 작용하지 않고 강관만이 압축하중 W를 지탱하고 있는 경우의 변형량은 $\delta_{sw}=\dfrac{Wl}{A_s E_s}$로 된다.

그림 **3-o** (b)에서의 $\delta_{ct}=\delta_{st}+\delta_{sw}$인 관계로부터 $\Delta t=\dfrac{W}{A_s E_s(\alpha_c-\alpha_s)}$를 구할 수 있다.

[답] $\Delta t=\dfrac{W}{A_s E_s(\alpha_c-\alpha_s)}$

예제 3-24 **직경이 d인 강체 봉에 두께가 t, 직경이 d'인 동관을 가열 끼워 맞춤할 때 동관에 생기는 원환응력을 구하시오.**

| 해설 | 이 경우의 죔새(interference)는 $\Delta d=d-d'$이고, 동관에 생기는 원주방향의 변형률은 $\epsilon=\dfrac{d-d'}{d}=\dfrac{\Delta d}{d}=\dfrac{\sigma}{E}$이므로 응력은 $\sigma=E\dfrac{\Delta d}{d}$로 된다.

[답] $\sigma=E\dfrac{\Delta d}{d}$

예제 3-25 **지름 $d=40$ mm, 길이 $l=90$ cm인 원형단면봉의 양단을 벽에 고정하여 온도를 70℃ 상승시키면 벽을 미는 힘 P를 구하시오. 단, 이 봉을 100℃ 상승시켰을 때의 신장은 1.1 mm이고 종탄성계수는 $E=2.1\times10^6$ kgf/cm^{2}이다.**

| 해설 | 이 재료의 선팽창계수는 $\alpha=\dfrac{\delta}{\Delta t l}=\dfrac{1.1}{100\times900}=12.2\times10^{-6}$/℃이고, 벽을 미는 힘은

$$P=\sigma A=E\alpha\,\Delta t A=2.1\times10^6\times12.2\times10^{-6}\times70\times\frac{\pi\times4^2}{4}=22536.53\text{ kgf}$$
로 된다.

[답] $P=22536.5$ kgf

예제 3-26 **그림 3-p와 같이 길이 l인 동관 안에 강제 볼트를 넣고 체결하였다. 이것을 가열하여 온도 Δt만큼 상승시켰을 때에 동관과 강제 볼트에 생기는 응력 σ_c와 σ_b을 구하시오. 단, 강제 볼트의 단면적, 종탄성계수, 선팽창계수를 각각 A_b, E_b, α_b로 하고 동관의 단면적, 종탄성계수, 선팽창계수를 각각 A_c, E_c, α_c로 한다. 그리고 $\alpha_c \geq \alpha_b$인 관계를 갖는다.**

| 해설 | 온도 Δt 상승에 의한 동관과 볼트의 자유 팽창량의 차는 $\delta(\alpha_c-\alpha_b)\Delta t l$이다. 이것에 의

해서 볼트는 인장응력 σ_b와 인장 변형량 $\delta_b=\dfrac{\sigma_b(l+\alpha_b\Delta tl)}{E_b}$가 생기고, 동관은 압축응력 σ_c와 압축 변형량 $\delta_c=\dfrac{\sigma_c(l+\alpha_c\Delta tl)}{E_c}$가 생긴다. 따라서 $\delta=\delta_b+\delta_c$의 관계 즉, $(\alpha_c-\alpha_b)\Delta t\, l=\dfrac{\sigma_b l(1+\alpha_b\Delta t)}{E_b}+\dfrac{\sigma_c l(1+\alpha_c\Delta t)}{E_c}$가 성립한다. 양변의 l을 소거하고, $\dfrac{\sigma_b\alpha_b\Delta t}{E_b}\approx 0$와 $\dfrac{\sigma_c\alpha_c\Delta t}{E_c}\approx 0$의 관계로부터 $(\alpha_c-\alpha_b)\Delta t=\dfrac{\sigma_b}{E_b}+\dfrac{\sigma_c}{E_c}$을 얻을 수 있다.

그리고 볼트와 동관에 작용하는 힘은 서로 같으므로 $\sigma_b A_b=\sigma_c A_c$로 쓸 수 있다. 위의 두식으로부터 $\sigma_b=\dfrac{E_bE_cA_c(\alpha_c-\alpha_b)\Delta t}{E_bA_b+E_cA_c}$와 $\sigma_c=\dfrac{E_bE_cA_b(\alpha_c-\alpha_b)\Delta t}{E_bA_b+E_cA_c}$를 구할 수 있다.

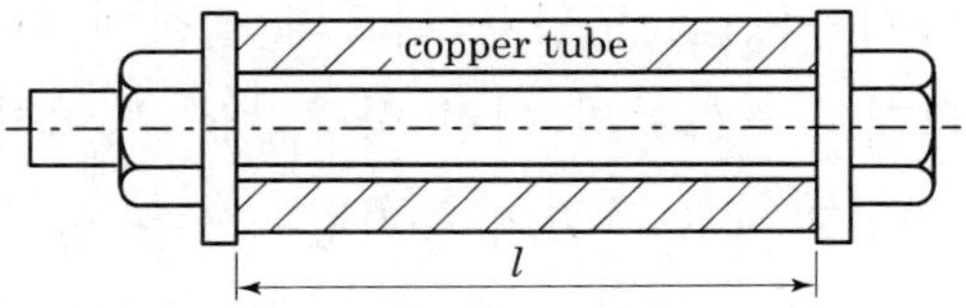

그림 3-p

[답] $\sigma_b=\dfrac{E_bE_cA_c(\alpha_c-\alpha_b)\Delta t}{E_bA_b+E_cA_c}$, $\sigma_c=\dfrac{E_bE_cA_b(\alpha_c-\alpha_b)\Delta t}{E_bA_b+E_cA_c}$

예제 3-27 **강봉을 온도 30℃에서 인장응력 $\sigma_0=240$ kgf/cm^{2}을 발생시켜 놓고 양쪽을 고정하여 온도를 7℃로 냉각하였을 때와 온도를 40℃로 가열하였을 때의 강봉에 생기는 응력을 구하시오. 단, 종탄성계수는 $E=2.1\times10^6$ kgf/cm^{2}이고, 선팽창계수는 $\alpha=14\times10^{-6}$/℃이다.**

▎해설▎ 온도를 7℃로 냉각하였을 때에는 수축으로 인하여 봉의 인장응력이 $\sigma_1=E\alpha\Delta t=2.1\times10^6\times14\times10^{-6}\times23=676.2$kgf/cm^{2}만큼 증가한다. 따라서 강봉에 생기는 응력은 $\sigma_t=\sigma_0+\sigma_1=240+676.2=916.2$ kgf/cm^{2}로 된다.

온도를 40℃로 가열하였을 때에는 팽창하여 봉의 인장응력이 감소할 것이다. 가열로 인한 응력은 $\sigma_2=E\alpha\Delta t=2.1\times10^6\times14\times10^{-6}\times10=294$kgf/cm^{2}만큼 감소한다. 따라서 강봉에 생기는 응력은 $\sigma_c=\sigma_0-\sigma_2=240-294=-54$kgf/cm^{2}로 압축응력이 발생된다.

[답] $\sigma_t=916.2$kgf/cm^2, $\sigma_c=-54$ kgf/cm^2 초기의 응력 σ_0, 온도하강 시에 발생한 인장응력을 σ_1이라 하면 $\sigma_1=E\alpha(t_2-t_1)=2.1\times10^6\times11.3\times10^{-6}(27-7)=475$ kg/cm^2, $\sigma=\sigma_0+\sigma_1=240+475=715$ kg/ cm^2

3-5 탄성변형에너지

균일한 단면의 봉에 인장 또는 압축하중이 작용하면, 이 하중에 의해서 봉은 신장 또는 수축 변형이 생긴다. 이 과정에서 하중이 변형량만큼 이동함으로 어떤 양만큼의 일(work)을 하게 된다. 그림 **3-11** (a)에서와 같이 균일한 단면의 봉에 인장하중 P가 작용하는 경우, 그림 **3-11** (b)에서 보는 바와 같이 인장하중의 크기가 0에서 P까지 변하면 변형량도 0에서 δ까지 변한다. 이 선도를 하중-변위 선도(load-displacement diagram)라 한다. 선도에서 곡선의 모양은 재료의 성질에 따른다. 그림 **3-11** (b)에서와 같이 인장하중 0와 최대치 P사이의 어떤 하중값을 P_1이라하면 이에 대응하는 봉의 신장량은 δ_1로 된다. 마찬가지로 하중의 증가량 dP_1은 신장량의 증가량 $d\delta_1$을 생기게 한다. 이때 신장량의 증가량이 생기는 동안에 하중이 한일은 하중과 하중이 이동한 거리를 곱한 것이다. 즉, 일은 $(P_1 + dP_1)d\delta_1 = P_1 d\delta_1 + dP_1 d\delta + 1 \approx P_1 d\delta_1$으로 나타낼 수 있다. 이 일의 크기는 그림 **3-11** (b)의 빗금친 부분의 면적을 나타낸다. 따라서 하중이 0에서 최대치 P까지 증가하는 동안에 하중이 한 총 일량 W는 다음과 같이 나타낼 수 있다.

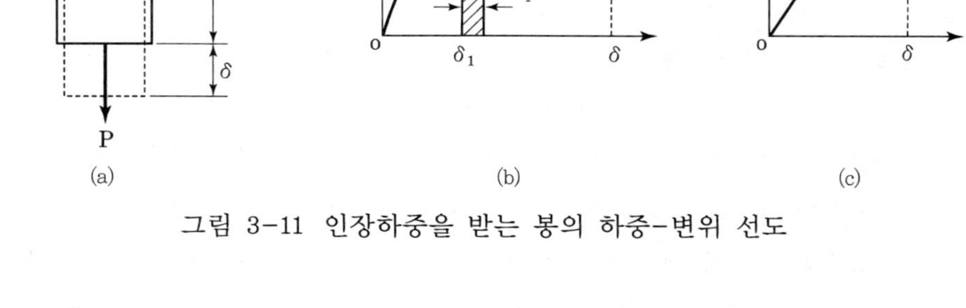

그림 3-11 인장하중을 받는 봉의 하중-변위 선도

$$W = \int_0^{\delta} P_1 \, d\delta_1 \tag{3-39}$$

식 (3-39)는 하중-변위 곡선 아랫부분의 면적을 나타낸다. 이 일은 정적 에너지로서 일부 또는 전부가 변형의 위치에너지(potential energy)로 바뀌어 봉의 내부에 저장하게 된다. 이 에너지를 변형에너지(strain energy) 또는 탄성변형에너지(elastic strain energy) U라고 한다. 변형이 재료의 탄성한계 내에서 일어나는 경우, 하중이 하는 일은 모두 위치에너지로 변환되며 하중을 제거하면 원형으로 되돌아가고 재료에 저장되었던 에너지는 외부로 방출된다. 그러나 탄성한계를 넘으면 일의 일부는 소성변형을 일으키기 위하여 열에너지로 바뀌어져서 사라져 버리고, 나머지 에너지는 위치에너지로 재료 속에 저장된다.

에너지보존의 법칙으로부터 에너지가 열의 형태로 가감되지 않는 한, 이 변형에너지는 하중이 한 일과 같으므로 다음과 같이 나타낼 수 있다.

$$U = W = \int_0^{\delta} P_1 \, d\delta_1 \tag{3-39'}$$

봉의 재료가 Hooke의 법칙을 따르며 그림 **3-11** (c)와 같이 하중-변위 곡선이 직선이면 봉에 저장되는 변형에너지 U는 다음과 같다.

$$U = \frac{P\delta}{2} \tag{3-40}$$

단위체적에 대한 변형에너지를 변형에너지 밀도(strain energy density) u라고 하며 다음과 같이 나타낸다.

$$u = \frac{P\delta}{2Al} = \frac{1}{2}\sigma\epsilon \tag{3-41}$$

그림 **3-12**와 같이 전단하중이 작용하는 경우의 변형에너지 U는 축방향의 하중을 받는 봉의 변형에너지와 같은 형태로 다음과 같이 나타낼 수 있다.

$$U = \frac{P\delta}{2} = \frac{1}{2}\tau A \gamma l = \frac{1}{2}\tau\gamma A l \tag{3-42}$$

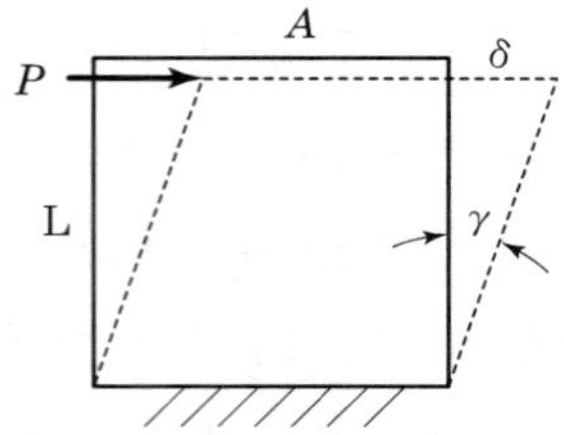

그림 3-12 전단변형에너지

그러므로 식 (3-42)로부터 전단하중에 의한 변형에너지 밀도(strain energy density) u는 다음과 같다.

$$u = \frac{1}{2}\tau\gamma \tag{3-42'}$$

그림 **3-13**과 같이 같은 재료, 같은 길이 l인 세 개의 봉에 각 각 같은 인장하중 P가 작용하였을 때, 그림 **3-13** (a)의 균일한 단면 봉과 그림 **3-13** (b), 그림 **3-13** (c)의 봉에 축적되는 탄성변형에너지 U_a, U_b, U_c는 다음과 같이 주어진다.

$$U_a = \frac{1}{2}P\delta = \frac{1}{2}P\frac{Pl}{\frac{\pi d^2}{4}E} \tag{3-43}$$

$$U_b = \frac{1}{2}P\delta = \frac{1}{2}P\left(\frac{P\frac{l}{2}}{\frac{\pi d^2}{4}E} + \frac{P\frac{l}{2}}{\frac{\pi(2d)^2}{4}E}\right) \tag{3-44}$$

$$U_c = \frac{1}{2}P\delta = \frac{1}{2}P\left(\frac{P\frac{3l}{8}}{\frac{\pi(2d)^2}{4}E} + \frac{P\frac{l}{4}}{\frac{\pi d^2}{4}E} + \frac{P\frac{3l}{8}}{\frac{\pi(2d)^2}{4}E}\right) \tag{3-45}$$

그리고 이 세 가지 봉에 대한 탄성변형에너지의 비율은 $U_a : U_b : U_c = 16 : 10 : 7$와 같이 된다. 이 결과로부터 비교해 보면, 봉의 큰 단면적 부분이 증가할수록 탄성변형 에너지가 감소함을 알 수 있다. 만약에 요소나 부재를 설계할 때에 동적하중이 작용하는 경우와 같이 봉의 에너지 흡수 능력이 중요한 조건이라면 그림 **3-13**의 세 가지 봉 중에서 (c)와 같은 경우는 피하는 것이 바람직하다.

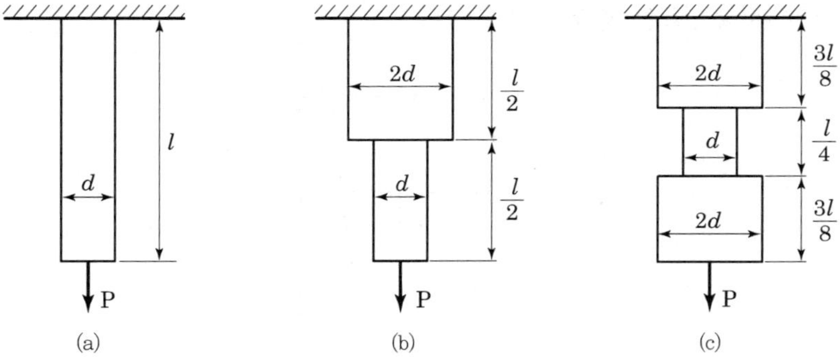

그림 3-13 탄성변형에너지

그러나 정하중이 작용하는 경우에는 봉에 발생되는 최대응력이 탄성변형에너지 흡수 능력보다 더 중요한 설계조건이 된다. 그러므로 그림 **3-13**과 같이 정적 인장하중이 작용하는 경우에는 세 개의 봉 모두가 똑같이 하중을 지탱할 수 있는 능력을 갖고 있다고 볼 수 있다. 여기에서도 만약에 그림 **3-13** (c)에서 단면적이 작은 부분이 더욱 더 감소되어 홈(groove)과 같이 됐다면 이곳에서 응력집중이 생기어 역시 좋지 않을 것이다.

비례한도까지 응력을 가할 때 재료의 변형에너지 밀도를 탄성에너지 계수(modulus of resilience)라고 한다. 이는 재료의 탄성범위 내에서 에너지를 흡수하거나 방출할 수 있는 재료의 능력을 나타낸다. 이와 유사한 인성(toughness)이라는 것은 파단 전까지 에너지를 흡수할 수 있는 재료의 능력을 말한다. 즉, 재료의 파괴점까지 응력을 가했을 경우의 변형에너지 밀도를 나타낸다.

예제 3-28 **길이 $l = 30$ cm, 단면적 $A = 30$ cm^{2}인 강봉에 압축하중 3 ton이 작용하고 있을 때 이 봉에 축적되는 탄성변형에너지 U와 탄성변형에너지 밀도 u를 구하시오. 단, 종탄성계수는 $E = 2.1 \times 10^6$ kgf/cm^{2}이다.**

| 해설 | 탄성변형에너지는 $U = \dfrac{1}{2}P\delta = \dfrac{1}{2}\dfrac{P^2 l}{AE} = \dfrac{3000^2 \times 30}{2 \times 30 \times 2.1 \times 10^6} = 2.143$ kgf · cm이고, 탄성변형에너지 밀도는 $u = \dfrac{1}{2}\sigma\epsilon = \dfrac{1}{2}\dfrac{\sigma^2}{E} = \dfrac{1}{2}\dfrac{3000^2}{30^2 \times 2.1 \times 10^6} = 0.00238$ kgf · cm/cm^{3}이다.

[답] $U = 2.143$ kgf · cm, $u = 0.00238$ kgf · cm/cm^3

예제 3-29 **그림 3-q와 같은 원추형 봉에 작용하는 인장하중 P에 의한 탄성변형에너지 U**

를 구하시오. E는 종탄성계수이다.

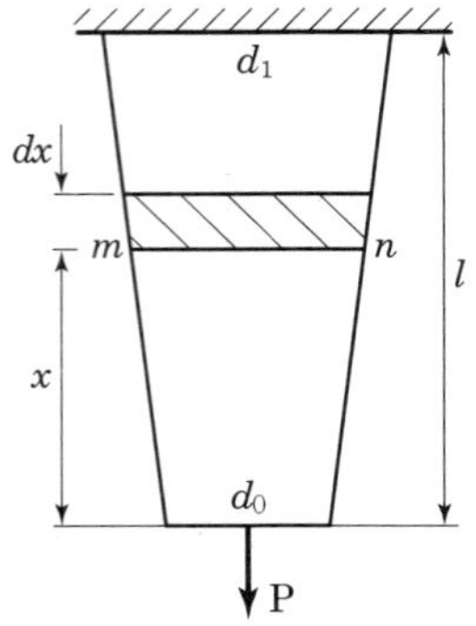

그림 3-q

▌해설▌ 그림 3-q에서 $m-n$단면의 직경 d는 $d=d_0+(d_1-d_0)\frac{x}{l}$로 주어진다. 빗금친부분의 탄성변형에너지 dU는 $dU=\frac{P^2}{2AE}dx=\frac{P^2}{2\frac{\pi\left[d_0+(d_1-d_0)\frac{x}{l}\right]^2}{4}E}dx$이므로 전체의 탄성변형에너지 U는 $U=\int_0^l\frac{P^2}{2\frac{\pi\left[d_0+(d_1-d_0)\frac{x}{l}\right]^2}{4}E}dx=\frac{2P^2}{\pi E}\int_0^l\frac{dx}{\left[d_0+(d_1-d_0)\frac{x}{l}\right]^2}$로 된다. 이것을 치환적분법을 이용하여 적분하면 탄성변형에너지 U는 $U=\frac{2P^2}{\pi E}\frac{l}{d_0d_1}$이다.

[답] $U=\frac{2P^2}{\pi E}\frac{l}{d_0d_1}$

예제 3-30 그림 **3-r**과 같은 균일한 단면적 A, 길이 l, 비중량 γ인 봉의 자중으로 인해 봉에 축적되는 탄성변형에너지 U를 구하시오. E는 종탄성계수이다.

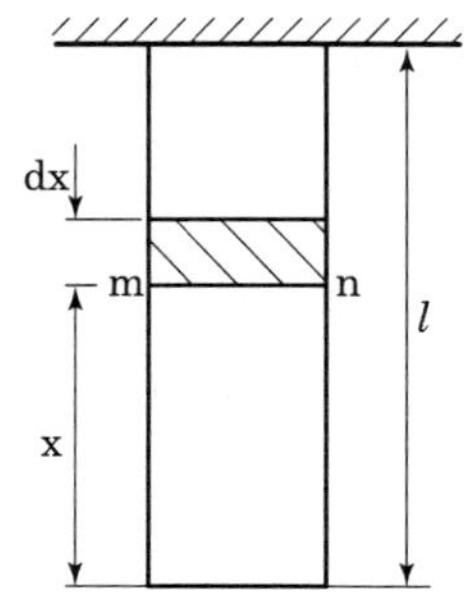

그림 3-r

해설 그림 3-r의 빗금친 미소부분의 자중에 의한 변형량 $d\delta$는 $d\delta=\dfrac{A\,x\,\gamma\,dx}{AE}=\dfrac{\gamma x\,dx}{E}$이고, 이부분의 탄성변형에너지 dU는 $dU=\dfrac{1}{2}Pd\delta=\dfrac{1}{2}Ax\gamma\dfrac{\gamma xdx}{E}=\dfrac{A\gamma^2}{2E}x^2dx$이다. 따라서 자중에 의한 탄성변형에너지 U는 $U=\int_0^l dU=\dfrac{A\gamma^2}{2E}\int_0^l x^2dx=\dfrac{A\gamma^2 l^3}{6E}$로 된다.

또 하나의 다른 방법은 탄성변형에너지 밀도 식을 이용하는 것이다. 그림 (3-r)의 $m-n$ 단면에 발생하는 응력 σ는 $\sigma=\dfrac{Ax\gamma}{A}=\gamma x$이므로 미소부분의 탄성변형에너지 dU는 $dU=\dfrac{\sigma^2}{2E}Adx=\dfrac{A\gamma^2}{2E}x^2dx$이다. 따라서 탄성변형에너지 U는 $U=\int_0^l dU=\dfrac{A\gamma^2}{2E}\int_0^l x^2dx=\dfrac{A\gamma^2l^3}{6E}$로 앞에서 구한 결과와 일치함을 알 수 있다.

[답] $U=\dfrac{A\gamma^2l^3}{6E}$

예제 3-31 **그림 3-s와 같은 균일한 단면적 A, 길이 l, 비중량 γ인 봉에 자중과 인장하중 P로 인해 봉에 축적되는 탄성변형에너지 U를 구하시오. E는 종탄성계수이다.**

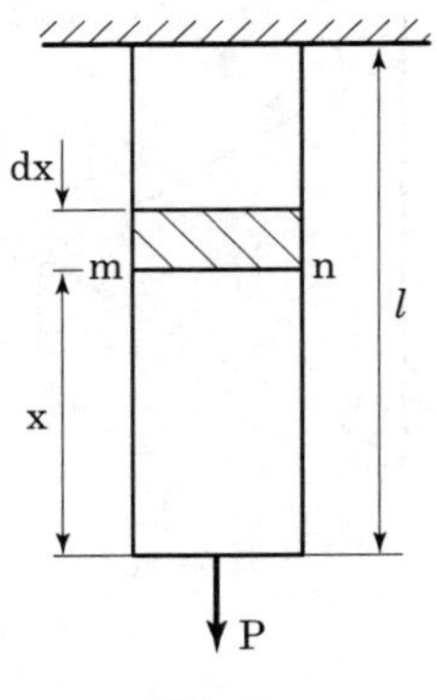

그림 3-s

해설 그림 3-s의 $m-n$단면에 작용하는 하중은 $P+Ax\gamma$이므로 빗금친 미소부분의 탄성변형에너지 dU는 $dU=\dfrac{1}{2}\dfrac{(P+Ax\gamma)^2}{AE}dx$로 된다. 따라서 탄성변형에너지 U는 $U=\int_0^l dU=\dfrac{1}{2AE}\int_0^l(P+Ax\gamma)^2dx=\dfrac{P^2\,l}{2AE}+\dfrac{A\gamma\,l^2}{2E}+\dfrac{A\gamma^2\,l^3}{6E}$로 된다.

또 하나의 다른 방법은 탄성변형에너지 밀도 식을 이용하는 것이다. 그림 3-s의 $m-n$ 단면에 발생하는 응력 σ는 $\sigma=\dfrac{P+Ax\gamma}{A}$이므로 미소부분의 탄성변형에너지 dU는 $dU=\dfrac{\sigma^2}{2E}Adx=\dfrac{(P+Ax\gamma)^2}{2EA}dx$ 이다. 이식은 앞에서 구한 식과 일치함으로 탄성변형에너지 U도

일치함을 알 수 있다.

[답] $U=\dfrac{P^2 l}{2AE}+\dfrac{A\gamma l^2}{2E}+\dfrac{A\gamma^2 l^3}{6E}$

예제 3-32 **그림 3-t와 같이 길이 l, 단면적 A가 같은 두개의 균일단면봉이 모두 핀으로 연결되어 이루어진 구조물에 수직하중 P가 작용하고 있다. 이 구조물에 저장되는 변형에너지 U를 구하시오.**

| 해설 | 봉 AC와 봉 BC에 작용하는 힘 F_{AC}와 F_{BC}는 그림 3-t의 C점에서의 평형조건 $\Sigma F_x=0$, $-F_{AC}+F_{BC}=0$, $\Sigma F_y=0$, $F_{AC}s30+F_{BC}s30-P=0$으로부터 $F_{AC}=F_{BC}=P$를 구할 수 있다.

각 봉에 축적되는 탄성변형에너지 U_{AC}, U_{BC}는 $U_{AC}=\dfrac{1}{2}F_{AC}\delta_{AC}=\dfrac{F_{AC}^2 l}{2AE}=\dfrac{P^2 l}{2AE}$와 $U_{BC}=\dfrac{1}{2}F_{BC}\delta_{BC}=\dfrac{F_{BC}^2 l}{2AE}=\dfrac{P^2 l}{2AE}$로 주어진다. 따라서 이 구조물에 축적되는 탄성변형에너지 U는 $U=U_{AC}+U_{BC}=\dfrac{P^2 l}{AE}$로 된다.

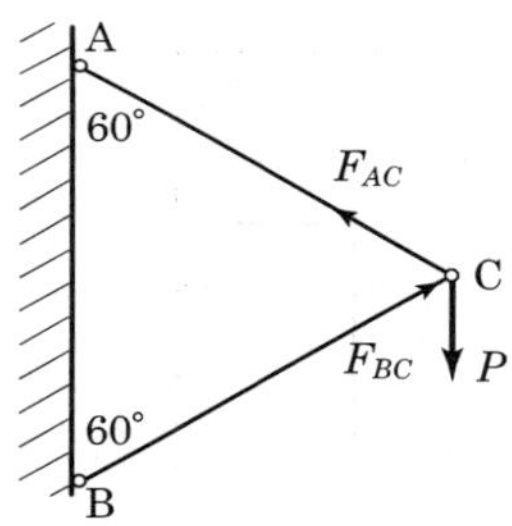

그림 3-t

[답] $U=\dfrac{P^2 l}{AE}$

예제 3-33 **비례한도 $\sigma_E=2000$ kgf/cm^2, 종탄성계수 $E=2.1\times10^6$ kgf/cm^{2}인 재료가 압축하중을 받아서 200 kgf·cm의 탄성변형에너지를 축적하려고 할 때 필요한 체적을 구하시오.**

| 해설 | 탄성에너지 계수 u_r은 $u_r=\dfrac{\sigma_E^2}{2E}=\dfrac{2000^2}{2\times2.1\times10^6}=0.9524$ kgf·cm/cm^{3}이고, $ur=\dfrac{U}{V}$인 관계로부터 체적 V는 $V=\dfrac{U}{u_r}=\dfrac{200}{0.9524}=210\text{cm}^3$로 된다.

[답] $V=210\text{cm}^3$

3-6 충격하중

충격하중은 두 물체가 이동 중에 부딪칠 때나 또는 자유낙하에 의해 충돌하는 경우에 생기는 하중을 말한다. 이와 같은 충격하중은 같은 크기의 정적인 하중보다 몇 배 큰 응력을 발생시킨다.

그림 **3-14**와 같이 길이 l, 단면적 A, 종탄성계수 E이고 칼라(collar)가 있는 봉에 중추 W가 높이 h에서 자유 낙하하는 경우를 고려한다. 자유 낙하하여 중추 W가 칼라에 부딪쳐서 봉이 순간적으로 최대 δ만큼 늘어났다. 이 상황에서 중추가 행한 일 즉, 위치에너지 $W(h+\delta)$와 봉에 생기는 변형에너지 $\frac{1}{2}W\delta = \frac{1}{2}\frac{AE\delta^2}{l}$는 같으므로 다음과 같이 나타낼 수 있다.

$$W(h+\delta) = \frac{AE\delta^2}{2l} \tag{3-46}$$

식 (3-46)은 δ에 관한 2차방정식으로 근의 공식으로부터 최대 값은 양(+)의 근이므로 최대 변형 δ는 다음과 같다.

$$\delta = \frac{Wl}{AE} + \sqrt{\left(\frac{Wl}{AE}\right)^2 + 2h\frac{Wl}{AE}} \tag{3-47}$$

여기서 $\frac{Wl}{AE}$는 하중 W가 정적으로 작용하는 경우의 변형량 δ_{st}를 나타내므로 식 (3-47)은 다음과 같이 나타낼 수 있다.

$$\delta = \delta_{st} + \sqrt{\delta_{st}^2 + 2h\,\delta_{st}} \tag{3-47'}$$

식 (3-47)과 식 (3-47')로부터 충격하중에 의한 봉의 변형량은 똑같은 하중이 정적으로 작용하였을 때보다 더 크다는 것을 알 수 있고 또한, 높이 h가 클수록 커진다는 것도 알 수 있다. 만약에 높이 h가 정적 변형량 δ_{st}에 비해서 값이 보다 크다면 식 (3-47')는 다음과 같이 나타낼 수 있다.

$$\delta = \sqrt{2h\delta_{st}} \tag{3-48}$$

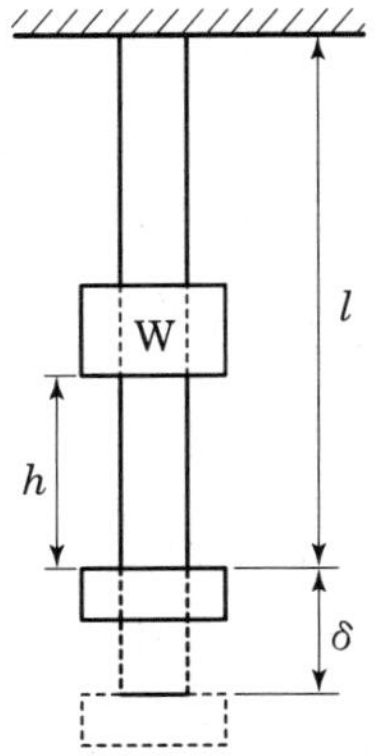

그림 3-14 중추의 자유낙하에 의해 충격하중을 받는 봉

높이 h대신에 중추가 자유 낙하할 때에 칼라에 부딪치는 순간의 속도 v로 나타내는 경우도 있다. 초기에 중추가 갖고 있는 위치에너지 Wh와 중추가 칼라에 부딪치는 순간의 운동에너지 $\frac{1}{2}\frac{W}{g}v^2$가 서로 같다는 에너지 불변의 법칙으로부터 속도 v는 $v = \sqrt{2gh}$로 주어진다. 따라서 식 (3-48)에서 높이 h대신에 $h = \frac{v^2}{2g}$를 대입하면 다음과 같이 된다.

$$\delta = \sqrt{\frac{\delta_{st} v^2}{g}} \tag{3-48'}$$

또한, 만약에 반대로 높이 h가 매우 작은 경우로 하중 W를 자유 낙하시키지 않고 갑자기 가해주는 경우로써 $h \approx 0$인 경우를 말한다. 이와 같은 경우에는 식 (3-47')로부터 다음과 같이 나타낼 수 있다.

$$\delta = \delta_{st} + \sqrt{\delta_{st}^2} = 2\delta_{st} \tag{3-49}$$

응력분포가 봉 길이 전체에 걸쳐 균일하다면 최대응력은 다음과 같다.

$$\sigma = E\frac{\delta}{l} = \frac{W}{A} + \sqrt{\left(\frac{W}{A}\right)^2 + \frac{2WhE}{Al}} \tag{3-50}$$

$$= \frac{W}{A}\left(1 + \sqrt{1 + \frac{2hAE}{Wl}}\right)$$

여기서 $\frac{W}{A}$는 하중 W가 정적으로 작용하는 경우의 응력 σ_{st}를 나타내고, $\frac{AE}{Wl}$은 앞에서 밝혔듯이 $\frac{1}{\delta_{st}}$를 나타내므로 식 (3-50)은 다음과 같이 나타낼 수 있다.

$$\sigma = \sigma_{st}\left(1 + \sqrt{1 + \frac{2h}{\delta_{st}}}\right) \tag{3-50'}$$

만약에 높이 h가 정적 변형량 δ_{st}에 비해서 값이 보다 크다면 응력은 식 (3-48)로부터 다음과 같이 나타낼 수 있다.

$$\sigma = E\frac{\delta}{l} = \sqrt{\frac{2hE\sigma_{st}}{l}} \tag{3-51}$$

$$= \sqrt{\frac{Wv^2E}{gAl}}$$

여기서 종탄성계수 E와 봉의 길이 l이 정적 하중이 작용하는 경우의 응력에는 아무런 영향을 주지 않았지만, 이러한 경우에는 식 (3-51)에서 보는 바와 같이 응력에 영향을 끼친다는 것을 알 수 있다.

또한, 만약에 반대로 높이 h가 $h \approx 0$인 경우에는 식 (3-49)로부터 응력을 다음과 같이 나타낼 수 있다.

$$\sigma = E\frac{\delta}{l} = \frac{2E\delta_{st}}{l} = 2\sigma_{st} \tag{3-52}$$

충격계수(impact factor) IF는 정적반응에 대한 동적반응의 비를 말하며, 변형량과 응력의 식으로 나타낼 수 있으며 다음과 같다.

$$IF_d = \frac{\delta}{\delta_{st}} \text{ 또는 } IF_s = \frac{\sigma}{\sigma_{st}} \tag{3-53}$$

이상과 같은 해석은 충격이 일어나는 동안에 에너지 손실은 없다는 가정 아래에서 이루어 졌다.

예제 3-34 단면적 $A=4\ \text{cm}^2$, 길이 $l=2$ m이고 한쪽 끝에 칼라(collar)가 붙어 있는 봉에 무게 $W=4$ kgf인 중추를 높이 $h=20$ cm에서 자유낙하를 시켜 봉의 칼라에 충격하중을 가한다. 이 때 발생되는 최대 변형량과 응력을 구하고, 정적으로 작용하는 경우와 비교하시오. 단, 종탄성계수는 $E=2.1\times10^6\ \text{kgf/cm}^2$이다.

| 해설 | 4kgf의 중추가 봉에 정적으로 작용하는 경우의 변형량과 응력은 각각 $\delta_{st}=\dfrac{Wl}{AE}=\dfrac{4\times200}{4\times2.1\times10^6}$ $=9.524\times10^{-5}$cm와 $\sigma_{st}=E\dfrac{\delta}{l}=2.1\times10^6\times\dfrac{9.524\times10^{-5}}{200}=1\text{kgf/cm}^2$로 된다. 충격하중에 의한 변형량은 $\delta=\delta_{st}+\sqrt{\delta_{st}^2+2h\,\delta_{st}}=9.524\times10^{-5}+\sqrt{(9.524\times10^{-5})^2+2\times20\times9.524\times10^{-5}}=0.06182$ 이고, 응력은 $\sigma=E\dfrac{\delta}{l}=2.1\times10^6\times\dfrac{0.06182}{200}=649.11\text{kgf/cm}^2$ 로 된다.

변형량에 대한 충격계수(impact factor)는 $IF_d=\dfrac{\delta}{\delta_{st}}=\dfrac{0.06182}{9.524\times10^{-5}}=649.1$이고, 응력에 대한 충격계수(impact factor)는 $IF_s=\dfrac{\sigma}{\sigma_{st}}=\dfrac{649.11}{1}=649.11$이다.

[답] $\delta=0.06182$ cm, $\sigma=649.11\ \text{kgf/cm}^2$, $IF_d=649.1$, $IF_s=649.11$

예제 3-35 그림 **3-u** (a)와 같이 무게 W인 물체를 도르래를 이용하여 속도 v로 하강시키고 있다. 케이블의 길이 l에서 급제동을 하여 정지시켰다면, 이 때 케이블에 생기는 응력을 구하시오.

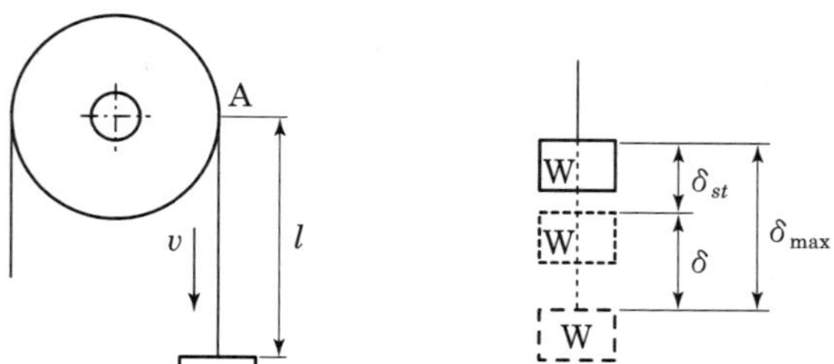

그림 3-u

| 해설 | 물체가 정지되는 순간의 에너지 E는 정지되기 바로 직전의 운동에너지 E_k, 급제동으로 인해 생기는 변형량 δ에 의해서 생기는 위치에너지 E_h, 물체가 정적으로 작용하는 경우의 변형량 δ_{st}에 의해서 케이블에 축적되는 변형에너지 E_{sd}의 합으로 나타낸다. 그림 (3-u) (b)

에서 보는바와 같이 정지되는 순간의 최대 변형량 δ_{max}은 물체가 정적으로 작용하는 경우의 변형량 δ_{st}와 급제동으로 인해 생기는 변형량 δ와의 합으로 나타낼 수 있다. 물체가 정지되기 바로 직전의 운동에너지는 $E_k = \frac{1}{2}\frac{W}{g}v^2$이고, 급제동으로 인해 생기는 위치에너지 E_h는 $E_h = W(\delta_{max} - \delta_{st})$이고, 변형량 σ_{st}에 의해 케이블에 축적되는 변형에너지 E_{sd}는 $E_{sd} = \frac{\delta_{st}^2 AE}{2l}$이다.

정지된 순간에는 물체의 속도가 0이기 때문에 운동에너지는 0이고 또, 물체가 최저점에 도달한 점을 기준으로 했기 때문에 위치에너지도 0으로 놓을 수 있다. 따라서 케이블에는 최대 변형에 의한 에너지 $E_{dd} = \frac{\delta_{max}^2 AE}{2l}$만 존재한다.

에너지 불변의 법칙에 의해서 $\frac{Wv^2}{2g} + W(\delta_{max} - \delta_{st}) + \frac{\delta_{st}^2 AE}{2l} = \frac{\delta_{max}^2 AE}{2l}$로 나타낼 수 있고, 이것을 정리하면 $\frac{Wv^2}{2g} = \frac{AE}{2l}(\delta_{max} - \delta_{st})^2$로 된다. 이 식으로부터 최대 변형량 δ_{max}은 $\delta_{max} = \delta_{st} + \sqrt{\frac{Wl v^2}{gAE}} = \delta_{st}\left(1 + \sqrt{\frac{AEv^2}{gWl}}\right)$로 되고, 최대인장응력 δ_{max}은 $\sigma_{max} = E\frac{\delta_{max}}{l}$ 로부터 $\sigma_{max} = \frac{W}{A}\left(1 + \sqrt{\frac{AEv^2}{gWl}}\right) = \sigma_{st}\left(1 + \sqrt{\frac{AEv^2}{gWl}}\right)$된다.

예제 3-36 단면적 $A = 3\ \mathrm{cm}^2$, 길이 $l = 2\ \mathrm{m}$인 칼라(collar)가 붙어 있는 봉에 무게 $W = 50$ kgf인 중추를 자유낙하 시켜 충격하중을 가하여 봉에 최대응력 $\sigma = 3000$ kgf/cm²을 발생시켰다. 이 때 중추의 자유낙하 높이 h를 구하시오. 단, 종탄성계수는 $E = 2.1 \times 10^6$ kgf/cm²이다.

| 해설 | 충격하중에 의한 최대 응력은 $\sigma = E\frac{\delta}{l} = \sqrt{\frac{2hE\sigma_{st}}{l}}$ 이고, 정적하중에 의한 응력 $\sigma_{st} = \frac{W}{A}$ 로부터 높이 h를 구한다.

높이는 $h = \frac{\sigma^2 l}{2E\sigma_{st}} = \frac{\sigma^2 Al}{2EW} = \frac{3000^2 \times 3 \times 200}{2 \times 2.1 \times 10^6 \times 50} = 25.714\mathrm{cm}$로 된다.

[답] $h = 25.714$ cm

예제 3-37 단면적 $A = 3\ \mathrm{cm}^2$, 길이 $l = 2\mathrm{m}$인 강봉에 인장하중 $P = 2500$ kgf를 급속히 가하였을 때에 이 강봉에 발생하는 최대 응력과 변형량을 구하시오. 단, 종탄성계수는 $E = 2.1 \times 10^6$ kgf/cm²이다.

| 해설 | 이와 같은 경우는 높이 $h \approx 0$인 경우이므로 변형량과 응력은 $\delta = 2\delta_{st} = \frac{2Pl}{AE} =$

$\frac{2\times3500\times200}{3\times2.1\times10^6}=0.222$ cm와 $\sigma=2\sigma_{st}=\frac{2P}{A}=\frac{2\times3500}{3}=2333.333$kgf/cm^{2}로 된다.

[답] $\sigma=2333.333$ kgf/cm^2, $\delta=0.222$ cm

예제 3-38 단면적 $A=4$ cm^2, 길이 $l=3$m인 강봉에 중량 $W=50$ kgf의 물체가 속도 $v=1.2$ m/sec로 충돌할 때에 이 강봉에 발생하는 최대 응력과 변형량을 구하시오. 단, 종탄성계수는 $E=2.1\times10^6$ kgf/cm^{2}이다.

❙ 해설 ❙ 물체의 운동에너지는 $E_k=\frac{1}{2}\frac{W}{g}v^2$이고 이 에너지가 봉의 변형을 유발시키고, 봉의 변형에너지는 $E_d=\frac{\delta^2AE}{2l}$로 된다. 두 에너지의 크기는 같으므로 변형량 δ와 응력 σ는 $\delta=\sqrt{\frac{Wlv^2}{gAE}}=\sqrt{\frac{50\times300\times120^2}{980\times4\times2.1\times10^6}}=0.162$ cm와 $\sigma=E\frac{\delta}{l}=\frac{2.1\times10^6\times0.162}{300}=1134$kgf/ cm^{2}로 된다.

예제 3-39 그림 3-v에서 보는 바와 같이 중추가 초기속도가 v_0로 높이 h에서 낙하하고 있다. 이때 봉에 생기는 변형량과 응력을 구하시오. E는 종탄성계수이다.

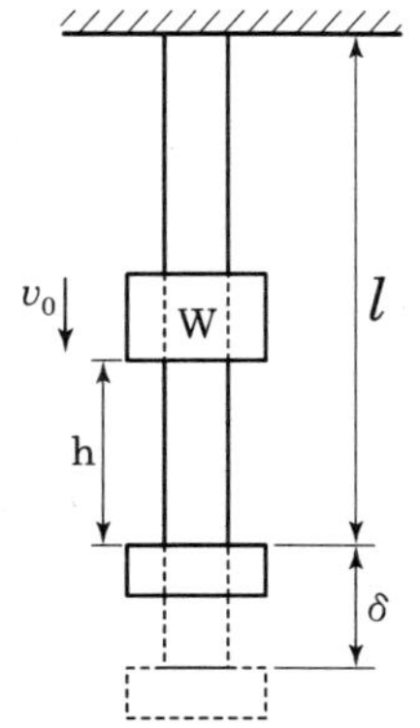

그림 3-v

❙ 해설 ❙ 중추가 봉의 칼라에 충돌하는 순간의 속도 v는 $v=\sqrt{v_0^2+2gh}$로 주어짐으로 운동에너지 E_k는 $E_k=\frac{1}{2}\frac{W}{g}v^2=\frac{1}{2}\frac{W}{g}(v_0^2+2gh)$이고, 위치에너지 E_h는 $E_h=W\delta$이다. 그리고 충돌한 순간에 봉에 축적되는 변형에너지 E_d는 $E_d=\frac{\delta^2AE}{2l}$로 된다. 따라서 $E_k+E_h=E_d$인 관계로부터 변형량 δ는 $\delta=\delta_{st}+\sqrt{\delta_{st}^2+\frac{\delta_{st}}{g}(v_0^2+2gh)}$로 된다. 응력은 $\sigma=E\frac{\delta}{l}$로부터 $\sigma=\sigma_{st}+$

$\sqrt{\sigma_{st}^2+\frac{\delta_{st}}{gl}(v_0^2+2gh)}$ 로 된다. 여기서 $\delta_{st}=\frac{Wl}{AE}$, $\sigma_{st}=\frac{W}{A}$을 의미한다.

[답] $\delta=\delta_{st}+\sqrt{\delta_{st}^2+\frac{\delta_{st}}{g}(v_0^2+2gh)}$, $\sigma=\sigma_{st}+\sqrt{\sigma_{st}^2+\frac{\delta_{st}}{gl}(v_0^2+2gh)}$

3-7 Castigliano의 이론

이 이론은 구조물의 변형에너지로부터 구조물의 변형량을 구하는 방법을 제시한다. 그림 **3-15**에서 보는 바와 같이 선형 탄성체 Ω에 하중 P_1, P_2, P_3, $\cdots P_i\cdots P_n$이 작용하여 각 하중의 방향으로 δ_1, δ_2, δ_3, $\cdots\delta_i\cdots\delta_n$의 탄성변형이 생긴다면 각 하중은 그에 대응하는 변위를 따라 이동하며 일을 한다. 따라서 하중들이 하는 총 일량 W는 하중에 관한 함수임을 알 수 있고, 이 하중들에 의한 총 일량 W는 각 변형에 의해 축적되는 탄성변형에너지 U와 같다.

여러 하중 가운데 하중 P_i만 dP_i만큼 증가하였다면 변형량은 하중 P_i가 작용하는 방향으로 미소탄성변형 $d\delta_i$만큼 증가할 것이고, 탄성변형에너지도 dU만큼 증가할 것이다. 증가되는 탄성변형에너지 dU는 하중들의 함수이므로 다음과 같이 나타낼 수 있다.

$$dU=\frac{\partial U}{\partial P_i}dP_i \tag{3-54}$$

증가된 하중 P_i+dP_i이 선형 탄성체에 작용한다는 것은 먼저 증가 하중 dP_i가 작용하고 난 다음에 하중 P_i가 작용한다고 생각해도 중첩(superposition)의 원리에 의해서 탄성변형에너지의 증가량에는 관계가 없을 것이다. 따라서 증가 하중 dP_i만 먼저 작용하는 경우에 이것에 의해서 생기는 탄성변형에너지는 $\frac{1}{2}dP_i d\delta_i$로 주어진다. 그 다음에 하중 P_i가 추가로 가해진다면 변형량 δ_i가 생기므로 증가하중 dP_i가 변위 δ_i만큼 이동하여 추가적으로 $dP_i\delta_i$만큼 일하게 된다. 이 추가적인 일은 추가적 변형에너지와 같다. 이상과 같은 사실을 식으로 나타내면 다음과 같다.

$$dU = \frac{\partial U}{\partial P_i} dP_i = \frac{1}{2} dP_i d\delta_i + dP_i \delta_i \qquad (3-55)$$

여기서 $\frac{1}{2} dP_i d\delta_i$는 작은 값이므로 생략할 수 있고, 식 (3-55)를 정리하면 다음과 같은 관계식을 얻을 수 있다.

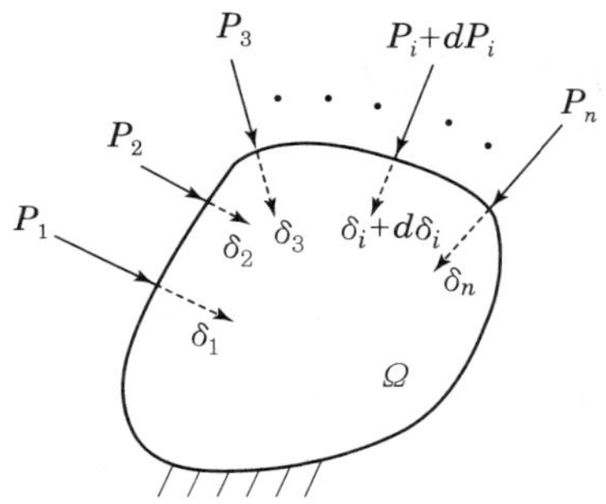

그림 3-15 하중을 받는 선형 탄성체

$$\frac{\partial U}{\partial P_i} = \delta_i \qquad (3-56)$$

이것을 Castigliano의 정리라고 한다. 즉, 이 식은 탄성변형에너지의 하중에 대한 편미분은 그 하중의 작용점에서 하중방향으로 일어나는 변위와 같다는 것을 의미한다.

예제 3-40 그림 **3-w**(a)와 같이 핀(pin)으로 연결된 구조물에 수직한 하중 $P = 80$ kgf이 작용할 때 C지점의 변위를 i) 각 부재에서 생기는 변형량을 이용하여 구하고 또, ii) Castigliano의 정리를 이용하여 구하시오. 단, 강선인 부재 AC는 직경 $d = 3$ mm, 길이 $l_s = 30$ cm, 종탄성계수 $E_s = 2.1 \times 10^6$ kgf/cm^{2}이고, 부재 BC는 단면적 $A = 4$ cm^2, 길이 $l_w = 50$ cm, 종탄성계수 $E_w = 0.9 \times 10$kgf/cm^{2}이다.

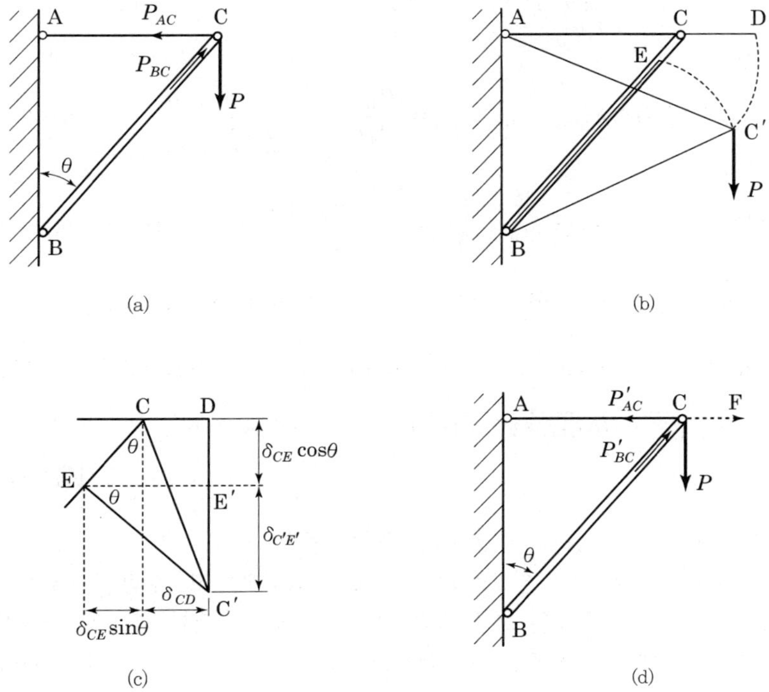

그림 3-w

▌해설▌ i) 각 부재에서 생기는 변형량을 이용하여 구하는 방법

C점에서의 평형조건식은 $\Sigma F_x=0$, $P_{BC}\sin\theta-P_{AC}=0$, $\Sigma F_y=0$, $P_{BC}\cos\theta-P=0$이므로 $P_{BC}=\dfrac{P}{\cos\theta}$, $P_{AC}=P_{BC}\sin\theta=P\tan\theta$로 된다. 부재 AC는 인장하중 P_{AC}를 받아서 인장변형량 $\delta_{AC}=\dfrac{P_{AC}l_s}{A_sE_s}$이 생기므로 그림 3-w (b)에서 보는 바와 같이 부재 AC의 길이가 $\overline{AD}$로 된다. 또한, 부재 BC는 압축하중 P_{BC}를 받아서 압축변형량 $\delta_{BC}=\dfrac{P_{BC}lw}{A_wE_w}$이 생기므로 그림 3-w (b)에서 보는 바와 같이 부재 BC의 길이는 $\overline{BE}$로 된다. C점은 각 부재에 생긴 변형에 의해서 그림 3-w (b)에서 보는 바와 같이 C' 점으로 이동한다. 이 때 C' 점은 길이 $\overline{AD}$가 핀 A를 중심으로 회전하고, 길이 $\overline{BE}$가 핀 B를 중심으로 회전하므로 이 두 원호의 교차점으로부터 구할 수 있다. 그러나 각 부재의 변형량들은 작은 값이므로 원호를 그림 (3-w) (c)에서와 같이 직선으로 생각하여 나타낼 수 있다.

C지점의 변위 $\delta_{CC'}$는 그림 (3-w) (c)로부터 수평방향의 변위 δ_h는 $\delta_h=\delta_{CD}+\delta_{CE}\sin\theta$이고, 수직방향의 변위 δ_v는 $\delta_v-\delta_{CE}+\delta_{CE}c\theta=\delta_h t\theta+\delta_{CE}c\theta$이다. 따라서 $\delta_{CC'}=\sqrt{\delta_h^2+\delta_h^2}$ 로 주어진다.

주어진 조건으로부터 C점의 변위를 다음과 같은 과정으로 구한다. 그림 (3-w) (a)로부터

$\sin\theta = \frac{3}{5}$, $\cos\theta\frac{4}{5}$, $\tan\theta = \frac{3}{4}$이므로 $P_{AC} = P\tan\theta = 80 \times \frac{3}{4} = 60\text{kgf}$, $P_{BC} = \frac{P}{\cos\theta} = 80 \times \frac{5}{4}$ kgf로 된다.

부재 AC의 변형량 δ_{AC}는 $\delta_{AC} = \delta_{CD} = \frac{P_{AC} l_s}{A_s E_s} = \frac{60 \times 30}{\frac{\pi \times 0.3^2}{4} \times 2.1 \times 10^6} = 0.01213\text{cm}$이고, 부재 BC의 변형량 δ_{BC}는 $\delta_{BC} = \delta_{CE} = \frac{P_{BC} l_w}{A_w E_w} = \frac{100 \times 50}{4 \times 0.9 \times 10^6} = 0.001389\text{cm}$이다. 수평방향의 변위 δ_h는 $\delta_h = \delta_{CD} + \delta_{CE}\sin\theta = 0.01213 + 0.001389 \times \frac{3}{5} = 0.0129634\text{cm}$이고, 수직방향의 변위 δ_v는 $\delta_v = \delta_h \tan\theta + \delta_{CE}\cos\theta = 0.0129634 \times \frac{3}{4} + 0.001389 \times \frac{4}{5} = 0.01083\text{cm}$이다. C지점의 변위 $\delta_{CC'}$는 $\delta_{CC'} = \sqrt{\delta_h^2 + \delta_v^2} = \sqrt{0.0129634^2 + 0.01083^2} = 0.01689\text{cm}$로 된다.

[답] $\delta_{CC'} = 0.01689\text{cm}$

ii) Castigliano의 정리를 이용하여 구하는 방법

C점의 변위는 수평, 수직한 방향의 변위로 구성되어 있고, 수평한 방향의 변위를 구하기 위하여 그림 (3-w) (d)에서 보는 바와 같이 C점에서 수평한 힘 F를 가정한다.

각 부재에 가해지는 하중은 C점에서의 평형조건식 $\Sigma F_x = 0$, $P'_{BC}s\theta + F - P'_{AC} = 0$, $\Sigma F_y = 0$, $P'_{BC}\cos\theta - P = 0$로부터 $P'_{BC} = \frac{P}{\cos\theta}$, $P'_{AC} = P'_{BC}\sin\theta + F = P\tan\theta + F$로 된다. 부재 AC에 축적되는 탄성변형에너지 U_{AC}는 $U_{AC} = \frac{P'^2_{AC} l_s}{2A_s E_s} = \frac{(P\tan\theta + F)^2 l_s}{2A_s E_s}$이고, 부재 BC에 축적되는 탄성변형에너지 U_{BC}는 $U_{BC} = \frac{P'^2_{BC} l_w}{2A_w E_w} = \frac{\left(\frac{P}{\cos\theta}\right)^2 l_w}{2A_w E_w}$이다. 따라서 구조물의 턴성변형에너지 U는 $U = U_{AC} + U_{BC} = \frac{(P\tan\theta + F)^2 l_s}{2A_s E_s} + \frac{\left(\frac{P}{\cos\theta}\right)^2 l_w}{2A_w E_w}$로 된다. Castigliano의 정리에 의한 수평방향의 변위 δ_h와 수직방향의 변위 δ_v는 $\delta_h = \frac{\partial U}{\partial F} = \frac{(P\tan\theta + F) l_s}{A_s E_s}$와

$\delta_v = \frac{\partial U}{\partial P} = \frac{(P\tan\theta + F) l_s \tan\theta}{A_s E_s} + \frac{\frac{P}{\cos^2\theta} l_w}{A_w E_w}$로 주어진다. 실제적인 변형량을 구할 때에는 가상적인 힘 F는 0으로 놓는다.

주어진 조건으로부터 가상 하중 F의 방향으로 생기는 변형량 δ_h는 $\delta_h = \frac{(P\tan\theta + F) l_s}{A_s E_s} = \frac{80 \times \frac{3}{4} \times 30}{\frac{\pi \times 0.3^2}{4} \times 2.1 \times 10^6} = 0.012126\text{cm}$이고, 하중 P의 방향으로 생기는 변형량 δ_v는 $\delta_v =$

$$\frac{(P\tan\theta+F)\,l_s\tan\theta}{A_sE_s}+\frac{\frac{P}{\cos^2\theta}l_w}{A_wE_w}=\frac{80\times\frac{3}{4}\times 30\times\frac{3}{4}}{\frac{\pi\times 0.3^2}{4}\times 2.1\times 10^6}+\frac{80\times\left(\frac{5}{4}\right)^2\times 50}{4\times 0.9\times 10^6}=0.0108307\text{cm}$$이다.

따라서 C지점의 변위 $\delta_{CC'}$는 $\delta_{CC'}=\sqrt{\delta_h^2+\delta_v^2}=\sqrt{0.012126^2+0.0108307^2}=0.016259\text{ cm}$로 된다.

[답] $\delta_{CC'}=0.016259\text{cm}$

예제 3-41 그림 3-x와 같이 핀(pin)으로 연결된 구조물에 수직한 하중 $P=80$ kgf이 작용할 때 C지점의 변위를 i) 각 부재에서 생기는 변형량을 이용하여 구하고 또, ii) Castigliano의 정리를 이용하여 구하시오. 단, 강선인 부재 AC와 부재 BC는 직경 $d=3$ mm, 길이 $l=50$ cm, 종탄성계수 $E=2.1\times10^6$ kgf/cm²이다.

| 해 설 | 평형조건 $\Sigma F_x=0,\ P_{BC}\sin 30-P_{AC}\sin 30=0$와 $\Sigma F_y=0,\ P_{AC}\cos 30+P_{BC}\cos 30-P=0$에 의해서 부재 AC와 부재 BC에 작용하는 힘은 $P_{AC}=P_{BC}=\dfrac{P}{\sqrt{3}}$로 주어진다.

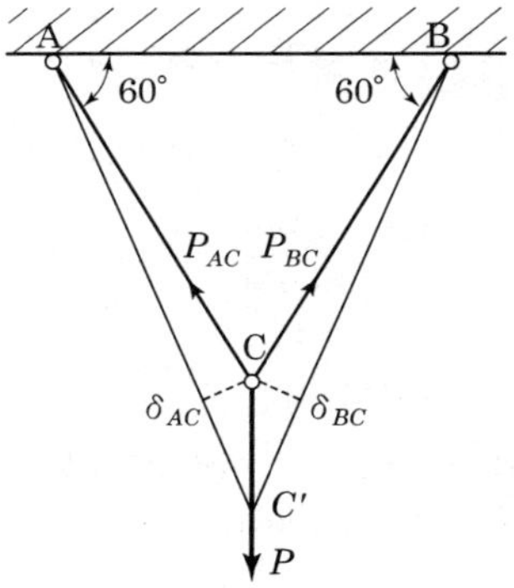

그림 3-x

i) 각 부재에서 생기는 변형량을 이용하는 방법

부재 AC와 부재 BC에 생기는 변형량은 같으며, $\delta_{AC}=\delta_{BC}=\dfrac{Pl}{\sqrt{3}\,AE}$로 된다.C점이 C'점으로 수직 이동한 거리 $\delta_{CC'}$는 $\delta_{CC'}=\dfrac{\delta_{AC}}{\cos 30}=\dfrac{2Pl}{3AE}$로 된다.

ii) Castigliano의 정리를 이용하는 방법

부재 AC와 부재 BC에 생기는 탄성변형에너지 U_{AC}와 U_{BC}는 같으므로 구조물에 축적되는 탄성변형에너지 U는 $U=2\times\dfrac{1}{2}\dfrac{P_{AC}^2 l}{AE}=\dfrac{P^2 l}{3AE}$로 된다. C점이 C'점으로 수직 이동한 거리 $\delta_{CC'}$는 $\delta_{CC}'=\dfrac{\partial U}{\partial P}=\dfrac{2Pl}{3AE}$로 된다. 이것은 변형량을 이용한 방법의 결과와 같음을 알 수 있다.

주어진 조건을 대입하면 $\delta_{CC'}=\dfrac{2Pl}{3AE}=\dfrac{2\times 80\times 50}{3\times\frac{\pi\times 0.3^2}{4}\times 2.1\times 10^6}=0.017965\text{cm}$로 된다.

[답] $\delta_{CC'} = 0.017965\,\text{cm}$

예제 3-42 그림 3-y와 같이 핀(pin)으로 연결된 구조물에 수직한 하중 F가 작용할 때 C 지점의 변위를 Castigliano의 정리를 이용하여 구하시오. 단, 부재 AC와 부재 BC는 단면적 A, 길이 l, 종탄성계수 E를 갖는다.

❙해설❙ 그림 3-y에서 하중 P는 수평방향의 변형량을 구하기 위하여 주어진 가상적인 힘으로써 실제적인 계산에서는 0을 대입한다.

봉 AC와 봉 BC에 작용하는 힘 F_{AC}와 F_{BC}는 그림 3-y의 C점에서의 평형조건 $\Sigma F_x = 0$, $-F_{AC}\cos 30 + F_{BC}\cos 30 + P = 0$와 $\Sigma F_y = 0$, $F_{AC}\sin 30 + F_{BC}\sin 30 - F = 0$로부터 $F_{AC} = \dfrac{F\cos 30 + P\sin 30}{2\cos 30\sin 30}$, $F_{BC} = \dfrac{F\cos 30 - P\sin 30}{2\cos 30\sin 30}$를 구할 수 있다.

각 봉에 축적되는 탄성변형에너지 U_{AC}, U_{BC}는 $U_{AC} = \dfrac{F_{AC}^2 l}{2AE} = \dfrac{\left(\dfrac{F\cos 30 + P\sin 30}{2\cos 30\sin 30}\right)^2 l}{2AE}$와

$U_{BC} = \dfrac{F_{BC}^2 l}{2AE} = \dfrac{\left(\dfrac{F\cos 30 - P\sin 30}{2\cos 30\sin 30}\right)^2 l}{2AE}$로 주어진다.

따라서 이 구조물에 축적되는 탄성변형에너지 U는 $U = U_{AC} + U_{BC}$로부터 $U = \dfrac{\left(\dfrac{F\cos 30 + P\sin 30}{2\cos 30 s\sin 30}\right)^2 l}{2AE} + \dfrac{\left(\dfrac{F\cos 30 - P\sin 30}{2cos 30\sin 30}\right)^2 l}{2AE}$로 된다.

하중 P가 작용하는 방향의 변형량 δ_h는

$\delta_h = \dfrac{\partial U}{\partial P} = \dfrac{(F\cos 30 + P\sin 30)\sin 30 l - (F\cos 30 - P\sin 30)\sin 30 l}{AE(2\cos 30\sin 30)^2}$로 되고, 하중 F가 작용하는 방향의 변형량 δ_v는

$\delta_v = \dfrac{\partial U}{\partial F} = \dfrac{(F\cos 30 + P\sin 30)\cos 30 l + (F\cos 30 - P\sin 30)\cos 30 l}{AE(2\cos 30\sin 30)^2}$로 된다. 주어진 조건을 대입하면 $\delta_h = 0$, $\delta_v = \dfrac{Fl}{2AE\sin^2 30}$

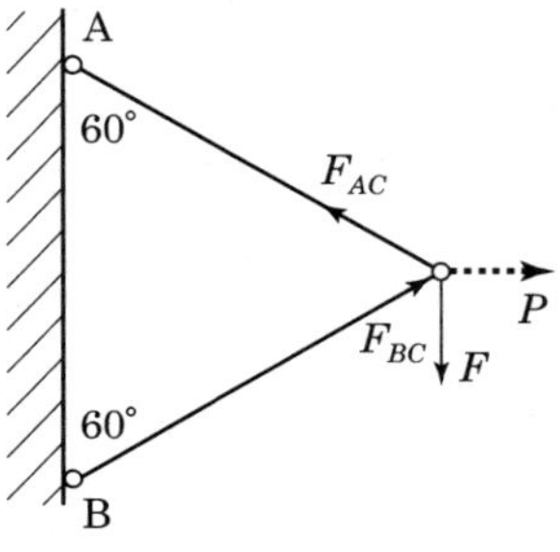

그림 3-y

[답] $\delta_v = \dfrac{Fl}{2AE\sin^2 30}$

예제 3-43 그림 **3-z** (a)와 (b)와 같은 길이가 l인 강봉에 수직 인장하중 P가 작용할 때에 i) 변형량을 구하고 또, ii) Castigliano의 정리를 이용하여 구하시오. 단 E는 종탄성계수이다.

▮ 해설 ▮ 그림 **3-z** (a)의 변형량은 $\delta_a = \dfrac{Pl}{\dfrac{\pi d^2}{4}E}$이고, 그림 **3-z** (b)의 변형량은 $\delta_b = \dfrac{P\dfrac{l}{2}}{\dfrac{\pi d^2}{4}E} + \dfrac{P\dfrac{l}{2}}{\dfrac{\pi(2d)^2}{4}E}$ $= \dfrac{5}{8}\dfrac{Pl}{\dfrac{\pi d^2}{4}E}$이다.

그림 3-z (a)에 축적되는 탄성변형에너지는 $U_a = \dfrac{1}{2}\dfrac{P^2 l}{\dfrac{\pi d^2}{4}E}$이고, 그림 3-z (b)의 탄성변형에너지는 $U_b = \dfrac{1}{2}\dfrac{P^2\dfrac{l}{2}}{\dfrac{\pi d^2}{4}E} + \dfrac{1}{2}\dfrac{P^2\dfrac{l}{2}}{\dfrac{\pi(2d)^2}{4}E} = \dfrac{5}{16}\dfrac{P^2 l}{\dfrac{\pi d^2}{4}E}$이다. 따라서 그림 3-z (a)의 변형량은 $\delta_a = \dfrac{\partial U}{\partial P} = \dfrac{Pl}{\dfrac{\pi d^2}{4}E}$로 되고, 그림 3-z (b)의 변형량은 $\delta_b = \dfrac{\partial U}{\partial P} = \dfrac{5}{8}\dfrac{Pl}{\dfrac{\pi d^2}{4}E}$로 된다.

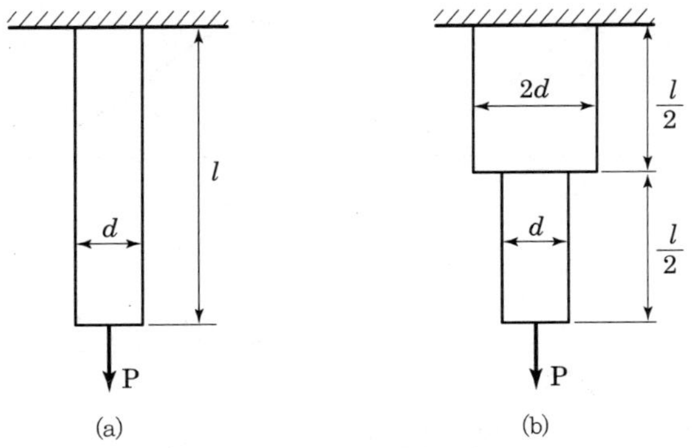

그림 3-z

[답] $\delta_a = \dfrac{Pl}{\dfrac{\pi d^2}{4}E}$, $\delta_b = \dfrac{5}{8}\dfrac{Pl}{\dfrac{\pi d^2}{4}E}$

3-8 반복하중

기계나 구조물을 설계할 때에 생각해야 할 사항은 안전성, 경제성, 형상 등을 둘 수 있다. 특히, 안전성은 설계자가 가장 우선적으로 고려해야 할 사항이다. 아무리 강인한 재료라 할지라도 지속적인 반복하중(repeated load)을 받으면, 비록 그 하중에 의한 응력의 크기가 그 재료의 항복응력보다 작을지라도 피로(fatigue)현상으로 인하여 파손(failure)을 일으킨다. 피로에 의한 파손은 오랜 시간에 걸쳐 점차적으로 진행함으로 큰 사고를 유발시킬 수 있다. 이러한 측면에서 볼 때, 기계나 구조물을 설계할 때에 강도에 못지않게 피로현상을 고려해야 한다.

반복하중은 시간의 흐름에 따라 일정한 주기로 반복하여 가해지는 하중으로써 그림 **3-16**에서보는 바와 같이 주기와 크기에 따라서 여러 형태의 반복하중을 볼 수 있다. 예를 들면 그림 **3-16** (a)는 인장하중 σ_1과 σ_2가 작용하는 경우이고, 그림 **3-16** (b)는 $\sigma_2 = 0$이므로 인장하중 σ_1만 작용하는 경우이고, 그림 **3-16** (c)는 인장하중 σ_1과 압축하중 σ_2가 작용하는 경우이다.

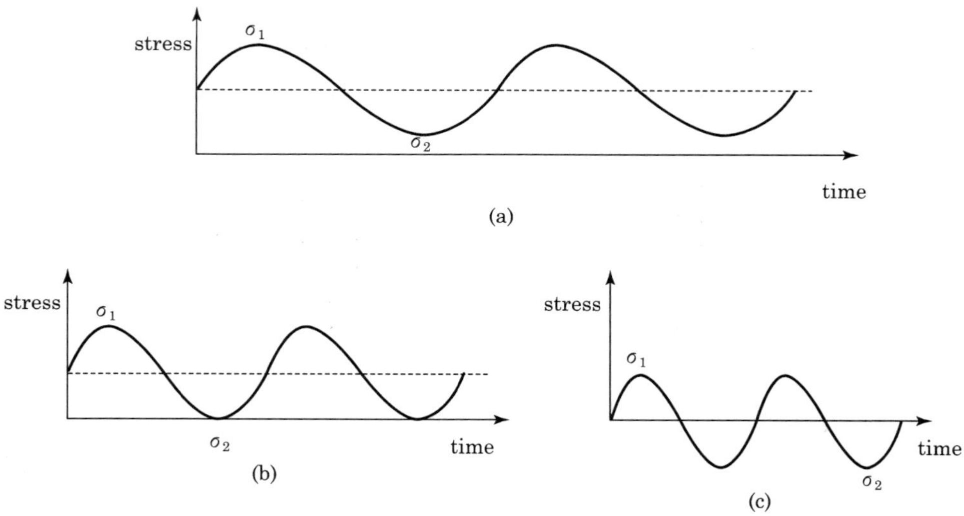

그림 3-16 반복하중

그림 **3-16**에서 x축의 시간을 그림 **3-17**과 같이 반복수(cycle) N으로 나타낼 수 있으

며, y축은 응력의 크기를 나타낸다. 응력의 크기가 극한인장응력에 가까운 값일수록 반복횟수는 적어질 것이다. 이와 같은 경우에는 피로현상과 피로파괴의 특성인 줄무늬(striation)를 볼 수 없다. 반대로 응력의 크기가 작아질수록 반복횟수는 증가하며, 피로현상과 피로파괴의 특성을 볼 수 있다. 이 때의 반복수는 일반적으로 10^3~10^6 cycle인 경우이다. 반복수가 10^7cycle인 경우에 가해진 응력 즉, 그림 **3-17**의 σ_N을 피로한도(fatigue limit) 또는 내구한도(endurance limit)라 한다. 이 값은 보통 인장강도의 20~30% 값을 갖는다.

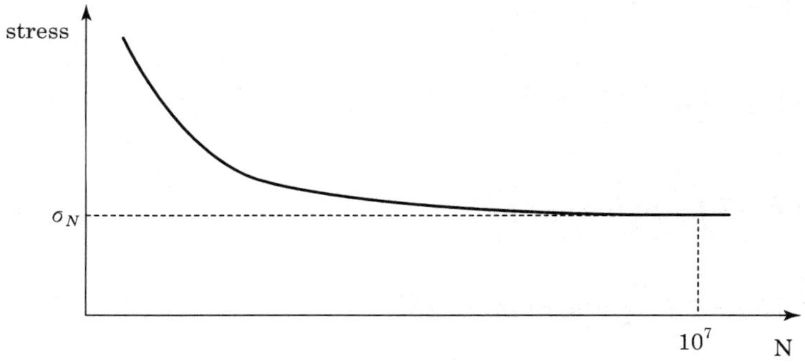

그림 3-17 S-N 곡선

피로파괴를 가져오는 크랙(crack)의 생성은 기계요소의 표면 상태나 재료내부의 결함에 의해서 초기에 생긴다. 크랙이 생기면, 크랙에 의한 응력집중으로 크랙선단(crack tip)에 국부적인 소성이 생기면서 크랙이 진전한다. 크랙이 하중 cycle 마다 전파함으로 파단표면에 물결과 같은 줄무늬가 생긴다. 이것은 피로파괴의 특징이다.

3-9 내부압력

압력을 받고 있는 액체나 기체를 담고 있는 폐 구조물로 탱크(tank), 파이프(pipe) 등을 압력용기(pressure vessel)로 볼 수 있다. 압력용기의 두께 t 가 직경 d나 길이 l에 비해서 작은 경우 예를 들면 두께와 직경의 비 $\frac{r}{t}$가 10이상인 두께가 얇은 경우에는 셸 구조물(shell structure)로 분류된다.

그림 **3-18**과 같이 반지름 r, 길이 l, 두께 t가 얇은 원통형 셸 구조물에 내부압력 p가 작용하는 경우에 두께에 발생하는 응력은 다음과 같이 구해진다. z축에서 임의의 각 Θ되는 곳에 미소면적(빗금친 부분) $rd\Theta l$에 수직하게 작용하는 힘 dF와 이에 대한 y, z축에 대한 분력 dF_y, dF_z는 다음과 같이 주어진다.

$$\begin{aligned} dF &= r\,d\theta l\,p \\ dF_y &= dF s\theta = prl\ s\theta\,d\theta \\ dF_z &= dF c\theta = prl\,c\theta d\theta \end{aligned} \tag{3-57'}$$

이것을 적분하면 다음과 같이 된다.

$$\begin{aligned} F &= 2\int_0^{\frac{\pi}{2}} dF = 2\int_0^{\frac{\pi}{2}} prl\,d\theta = \pi prl \\ F_y &= 2\int_0^{\frac{\pi}{2}} dF_y = 2\int_0^{\frac{\pi}{2}} prl\sin\theta d\theta = 2prl \\ F_z &= \int_0^{\frac{\pi}{2}} dF_z = \int_0^{\frac{\pi}{2}} prl\cos\theta d\theta = prl \end{aligned} \tag{3-57}$$

여기서 z 방향의 힘 F_z는 y축을 대칭으로 하여 $+prl$와 $-prl$ 이 존재함으로 서로 상쇄되어 0으로 된다.

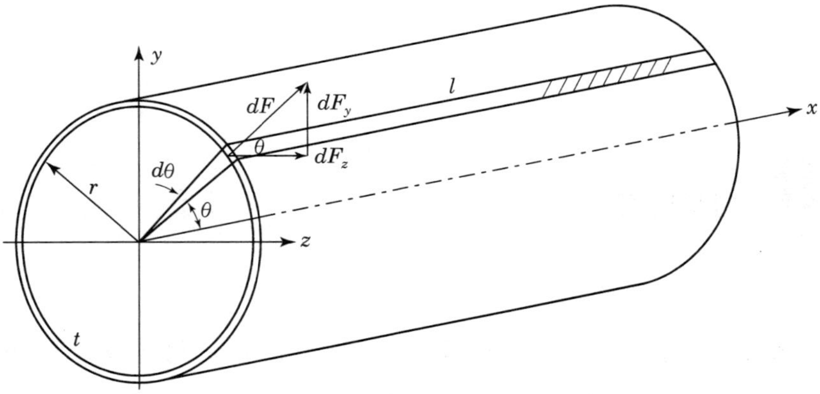

그림 3-18 원통형 셸

참고로 힘 F_y는 $p \times 2rl$로 주어지는데, $2rl$는 y 방향에서 빛을 투사하였을 때에 생기는 그림자의 면적을 나타내므로 이를 원통형 셸의 투사면적이라 한다. 따라서 힘 F_y는 투사면적에 압력을 곱한 값과 같다는 것을 알 수 있다.

힘 F_y에 의해서 생기는 원주응력(circumferential stress) σ_y는 다음과 같이 주어진다.

$$\sigma_y = \frac{F_y}{A} = \frac{2prl}{2tl} = \frac{pr}{t} = \frac{pD}{2t} \qquad (3-58)$$

여기서 D는 원통형 셸의 직경을 의미한다.

x축 방향으로 작용하는 힘 F_x는 y-z 면인 원형단면 πr^2에 압력 p가 작용하므로 F_x는 다음과 같이 주어진다.

$$F_x = p\pi r^2 \qquad (3-59)$$

따라서 길이 방향의 응력(longitudinal stress) 또는 축방향 응력(axial stress) σ_x는 다음과 같이 주어진다.

$$\sigma_x = \frac{p\pi r^2}{2\pi rt} = \frac{pr}{2t} = \frac{pD}{4t} \qquad (3-60)$$

이 응력을 후프 응력(hoop stress)라고도 한다.

식 (3-58)과 식 (3-60)에서 보는 바와 같이 원주응력(circumferential stress) σ_y가 축방향 응력(axial stress) σ_x보다 2배 크다는 것을 알 수 있다. 그러므로 만약에 원통형 셸이 압력을 견디어 내지 못하고 파괴된다면 크랙은 x축 방향으로 진전될 것이다.

다음에는 그림 **3-19**와 같은 구형 셸(spherical shell)에서는 어떠한 면에 대해서도 모두 대칭을 이루고 있으므로 그림 **3-19** (a)와 같이 좌표를 정하였을 경우에도 응력 σ_x와 σ_y는 같은 크기의 값을 갖는다. 그림 **3-19** (b)는 y-z 면에 대한 단면을 나타내고, 두께 t에 생기는 응력 σ의 분포를 나타내고 있다.

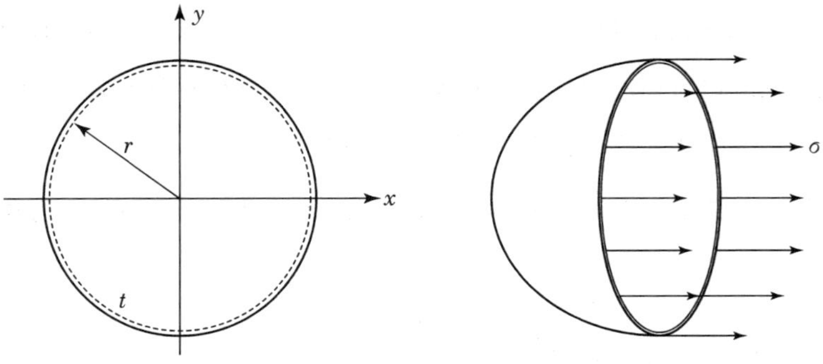

(a) (b)

그림 3-19 구형 셸

이 단면에 작용하는 힘 F_x는 식 (3-57)과 같이 적분을 하여 계산할 수도 있으나, 여기서는 앞에서 밝혔듯이 간단하게 투사면적에 압력을 곱한 값으로 다음과 같이 나타낼 수 있다.

$$F_x = \pi r^2 p \tag{3-61}$$

따라서 구형 셸에 생기는 응력 σ는 다음과 같이 된다.

$$\sigma = \frac{\pi r^2 p}{2\pi r t} = \frac{pr}{2t} = \frac{pD}{4t} \tag{3-62}$$

원통형 셸과 구형 셸의 응력 크기를 비교해보면, 원통형 셸에서는 최대응력이 원주응력 $\sigma_y = \dfrac{pD}{2t}$이고 구형 셸에서는 $\sigma = \dfrac{pD}{4t}$이므로 직경이 같은 크기의 용기라면 구형 셸이 2배 더 높은 압력을 지탱할 수 있음을 알 수 있다. 그래서 고압용 용기는 구형으로 만들어 사용한다.

예제 3-44 **안지름 $D = 100\text{cm}$인 원통형 보일러의 최대 내압이 $p = 15\text{kgf/cm}^2$일 때 보일러 강판의 두께를 구하시오. 단, 강판의 인장강도는 $\sigma_U = 5000\text{kgf/cm}^2$이고 안정률은 $S = 7$로 한다. 또한 강판의 용접이음효율은 $\eta = 95\%$이다.**

해설 원통형 보일러이므로 발생되는 최대응력은 원주방향의 응력이다. 이 응력은 강판의 용접이음효율과 허용응력을 고려한 값과 같아야 함으로 $\dfrac{\sigma_U}{S} = \dfrac{pD}{2t\eta}$와 같은 식으로 나타낼 수 있다. 따라서 두께는 $t=\frac{pDS}{2\sigma_U \eta}=\frac{15\times100\times7}{2\times5000\times0.95}=1.11\text{cm}$로 된다.

[답] $t=1.11\text{cm}$

예제 3-45 안지름 $D=100\text{cm}$인 구형 용기의 최대 내압이 $p=15\text{kgf/cm}^2$일 때 용기 강판의 두께를 구하시오. 단, 강판의 인장강도는 $\sigma_U=5000\text{kgf/cm}^2$이고 안전률은 $S=7$로 한다. 또한 강판의 용접이음효율은 $\eta=95\%$이다.

해설 구형 용기에 발생되는 최대응력은 강판의 용접이음효율과 허용응력을 고려한 값과 같아야 함으로 $\frac{\sigma_U}{S}=\frac{pD}{4t\eta}$와 같은 식으로 나타낼 수 있다.

따라서 두께는 $t=\frac{pDS}{4\sigma_U \eta}=\frac{15\times100\times7}{4\times5000\times0.95}=0.555$로 된다.

[답] $t=0.555\text{cm}$

예제 3-46 안지름 $D=25\text{cm}$, 두께 $t=5\text{mm}$인 얇은 원통형 용기에 내압 $p=10\ \text{kgf/cm}^2$이 작용할 때 원주방향과 축방향으로 생기는 응력을 구하시오.

해설 원주응력은 $\sigma_y=\frac{pD}{2t}$에서 $\sigma_y=\frac{10\times25}{2\times0.5}=250\text{kgf/cm}^2$로 되고, 축방향 응력은 $\sigma_x=\frac{pD}{4t}$로부터 $\sigma_x=\frac{10\times25}{4\times0.5}=125$로 된다.

[답] $\sigma_y=250\text{kgf/cm}^2$, $\sigma_x=125\text{kgf/cm}^2$

예제 3-47 안지름 $D=25\text{cm}$, 두께 $t=5\text{mm}$인 얇은 구형 용기에 내압 $p=10\text{kgf/cm}^2$이 작용할 때 생기는 응력을 구하시오.

해설 응력은 $\sigma=\frac{pD}{4t}$로부터 $\sigma=\frac{10\times25}{4\times0.5}=125\text{kgf/cm}^2$로 된다.

[답] $\sigma=125\text{kgf/cm}^2$

예제 3-48 안지름 $D=360\text{cm}$, 두께 $t=20\text{mm}$인 원통형 용기에 내압 $p=30\text{kgf/cm}^2$이 작용할 때 원주방향과 축방향의 응력과 변형률을 구하시오. 단, 푸아송 비는 $\lambda=0.3$이고, 종탄성계수는 $E=2.1\times10^6\text{kgf/cm}^2$이다.

해설 원주응력은 $\sigma_y=\frac{pD}{2t}$에서 $\sigma_y=\frac{30\times360}{2\times2}=2700\text{kgf/cm}^2$로 되고, 축방향 응력은 $\sigma_x=\frac{pD}{4t}$로부터 $\sigma_x=\frac{30\times360}{4\times2}=1350\text{kgf/cm}^2$로 된다. y방향의 변형률은 $\varepsilon_y=\frac{1}{E}(\sigma_y-\nu\sigma_x)=\frac{1}{2.1\times10^6}$

$(2700-0.3\times1350)=1.093\times10^{-3}$cm이고, x방향의 변형률은 $\varepsilon_x=\frac{1}{E}(\sigma_x-\nu\sigma_y)=\frac{1}{2.1\times10^6}$ $(1350-0.3\times2700)=2.5714\times10^{-4}$cm로 된다.

[답] $\sigma_y=2700\text{kgf/cm}^2$, $\sigma_x=1350\text{kgf/cm}^2$, $\varepsilon_y=1.093\times10^{-3}\text{cm}$, $\varepsilon_x=2.5714\times10^{-4}\text{cm}$

예제 3-49 **안지름 $D=360\text{cm}$, 두께 $t=20\text{mm}$인 구형 용기가 2개의 강 반구를 용접함으로써 만들어졌다. 이 용기가 견디어 낼 수 있는 내압 p를 구하시오. 단, 용접부의 파단응력은 $\sigma_F=3500\text{kgf/cm}^2$이고 안전률은 $S=5$로 한다. 또한 강판의 용접이음효율은 $\eta=95\%$이다.**

| 해설 | 구형 용기에 발생되는 최대응력은 강판의 용접이음효율과 용접부의 허용응력을 고려한 값과 같아야 함으로 $\frac{\sigma_F}{S}=\frac{pD}{4t\eta}$와 같은 식으로 나타낼 수 있다. 따라서 견디어 낼 수 있는 최대압력은 $p=\frac{4t\sigma_F\eta}{SD}=\frac{4\times2\times3500\times0.95}{5\times360}=14.778\text{kgf/cm}^2$로 된다.

[답] $p=14.778\text{kgf/cm}^2$

Chapter 4 조합응력

대부분의 구조물과 기계요소는 적어도 한개 이상의 조합하중(combined load)을 받고 있다. 조합하중을 받는 부재와 기소는 각 각의 하중에 의해 개별적으로 발생하는 응력과 변형률을 중첩(superposition)함으로써 해석할 수 있다. 이와 같이 여러 단순 응력과 변형률을 합성한 응력과 변형률을 조합응력(combined stress)과 조합변형률(combined strain)이라 한다. 조합하중을 받는 부재 내의 임의의 한 점에서는 그 점에서만 발생하는 하나의 고유한 응력상태를 갖는다. 이는 그 점에서의 좌표축이 회전하여 방향이 변할지라도 그 응력상태는 변하지 않는다는 것을 의미하고 있다. 그러나 좌표축 변화에 따라 각 축에 대한 응력의 크기는 달라진다. 따라서 부재나 기소에서 임의의 경사단면에 작용하는 법선 및 전단응력을 찾는 방법을 논의함으로써 응력과 변형률에 대한 해석을 하고자 한다.

응력 σ_{ij}는 텐서(tensor)로써 "i" 는 면의 방향, "j" 는 힘의 방향을 나타낸다.

4-1 경사단면에 작용하는 응력

부재의 임의의 한 점에서 좌표축 변화에 따라 각 축에 대한 응력의 크기는 달라짐을 나타내고자 한다. 그림 **4-1** (a)에서와 같이 균일한 단면 A을 갖는 봉에 하중 P가 x축인 축방향으로 작용하고 있다. m−n단면의 응력은 σ_{xx}로써 다음과 같이 주어진다.

$$\sigma_{xx} = \frac{P}{A} \tag{4-1}$$

그림 **4-1** (b)에서와 같이 m−n단면에서 반시계방향으로 각 θ만큼 회전시킨 m'−n'경사단면 A'에서의 응력은 경사단면에 수직한 하중 N과 나란한 하중 T에 의해서 법선응력 $\sigma_{x'x'}$와 전단응력 $\tau_{x'y'}$이 발생한다. 경사단면에 수직한 하중 N과 나란한 하중 T 그리고 경사단면 A'는 다음과 같이 주어진다.

$$N = P\cos\theta, \quad T = P\sin\theta \tag{4-2}$$

$$A' = \frac{A}{\cos\theta}$$

따라서 법선응력 $\sigma_{x'x'}$와 전단응력 $\tau_{x'y'}$은 다음과 같이 된다.

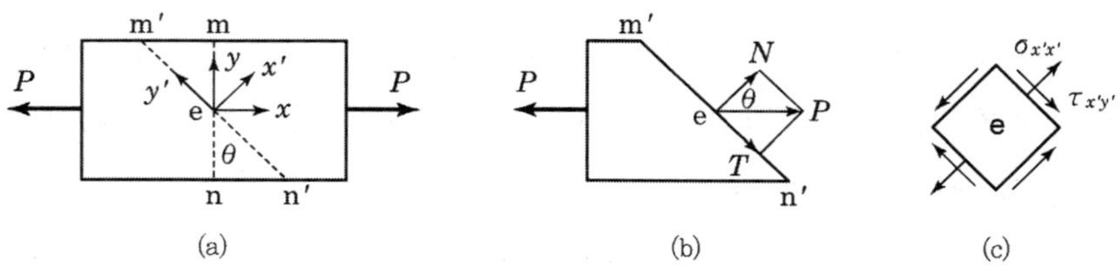

그림 4-1 반시계방향으로 각 Θ만큼 회전시킨 경사단면에서의 응력

$$\sigma_{x'x'} = \frac{N}{A'} = \frac{P\cos\theta}{\frac{A}{\cos\theta}} = \frac{P}{A}cos^2\theta \tag{4-3}$$

$$\tau_{x'y'} = \frac{T}{A'} = \frac{P\sin\theta}{\frac{A}{\cos\theta}} = \frac{P}{A}\sin\theta\cos\theta = \frac{P}{2A}\sin 2\theta$$

그림 **4-1**과 식 (4-1), 식 (4-3)에서 보는 바와 같이 같은 점 e에서 $x-y$ 축을 갖는 m-n 단면에서는 (+) 법선응력만 존재하고, m-n단면을 반시계방향으로 각 θ만큼 회전시켜 $x'-y'$축을 갖는 m'-n'경사면에서는 (+) 법선응력과 (+) 전단응력이 존재함을 알 수 있다. 여기서 (+) 법선응력은 인장응력을 나타내고, (+) 전단응력은 그림 **4-1** (c)에서와 같이 전단응력이 시계방향으로 회전하고자 하는 경우를 나타낸다. 반대로 (-) 법선응력은 압축응력을 나타내고, (-) 전단응력은 그림 **4-2** (c)의 m''-n'' 경사면에서와 같이 전단응력이 반시계방향으로 회전하고자 하는 경우를 나타낸다.

식 (4-3)에서 법선응력 $\sigma_{x'x'}$의 최댓값은 $\theta=0$일 때 이며, 그 크기는 식 (4-1)과 같음을 알 수 있다. 그러나 이 때 전단응력 $\tau_{x'y'}$은 0이 된다. 전단응력 $\tau_{x'y'}$는 $\theta=\frac{\pi}{4}$일 때 최댓값 $\tau_{x'y'max}=\frac{P}{2A}$을 갖는다. 이 때 법선응력 $\sigma_{x'x'}$도 최대전단응력과 같은 $\sigma_{x'x'}=\frac{P}{2A}$을 갖는다.

다음에 그림 **4-2** (a)와 (b)에서와 같이 m'-n' 단면에서 반시계방향으로 각 $\frac{\pi}{2}$만큼 더 회전시킨 m''-n''경사단면 A''에서의 응력은 경사단면에 수직한 하중 N과 나란한 하중 T에 의해서 법선응력 $\sigma_{x''x''}$와 전단응력 $\tau_{x''y''}$이 발생한다. 경사단면에 수직한 하중 N과 나란한 하중 T 그리고 경사단면 A''는 다음과 같이 주어진다.

$$N=P\sin\theta, \quad T=P\cos\theta \tag{4-4}$$

$$A''=\frac{A}{\sin\theta}$$

따라서 법선응력 $\sigma_{x''x''}$와 전단응력 $\tau_{x''y''}$은 다음과 같이 된다.

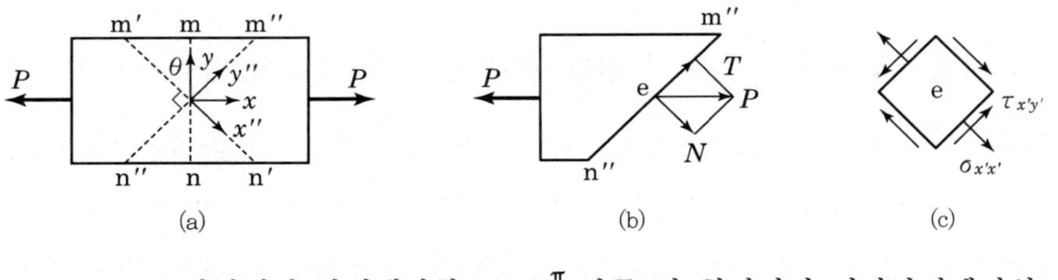

그림 4-2 m'-n' 단면에서 반시계방향으로 $\frac{\pi}{2}$만큼 더 회전시킨 경사단면에서의 응력

$$\sigma_{x''x''} = \frac{N}{A''} = \frac{P\sin\theta}{\dfrac{A}{\sin\theta}} = \frac{P}{A}\sin^2\theta \tag{4-5}$$

$$\tau_{x''y''} = -\frac{T}{A''} = -\frac{P\cos\theta}{\dfrac{A}{\sin\theta}} = -\frac{P}{A}sin\theta\cos\theta = -\frac{P}{2A}\sin 2\theta$$

식 (4-5)에서 법선응력 $\sigma_{x''x''}$은 인장응력으로 (+)이고, 전단응력 $\tau_{x''y''}$은 그림 **4-2** (c)의 m''-n'' 경사면에서 보는 바와 같이 반시계방향으로 회전하고자 하는 경우를 나타냄으로 (-)부호를 갖는다. 식 (4-3)에서와 같이 $x''-y''$축을 갖는 m''-n'' 경사단면에서도 법선응력과 전단응력이 존재한다는 것을 알 수 있다.

또한, 식 (4-5)는 m'-n' 단면에서 반시계방향으로 각 $\frac{\pi}{2}$만큼 더 회전시킨 경우의 식이므로 식 (4-3)에서 각 θ 대신에 $\theta+\frac{\pi}{2}$을 대입함으로써도 다음과 같이 구할 수 있다.

$$\sigma_{x''x''} = \frac{P}{A}\cos^2\left(\theta+\frac{\pi}{2}\right) = \frac{P}{A}\sin^2\theta \tag{4-5'}$$

$$\tau_{x''y''} = \frac{P}{2A}\sin(2\theta+\pi) = -\frac{P}{2A}\sin 2\theta$$

식 (4-5')에서 법선응력 $\sigma_{x''x''}$의 최댓값은 $\theta=\frac{\pi}{2}$일 때 이며, 그 크기는 식 (4-1)과 같음을 알 수 있다. 그러나 이 때 전단응력 $\tau_{x''y''}$은 0이 된다. 전단응력 $\tau_{x''x''}$는 $\Theta=\frac{\pi}{4}$일 때 큰 값 $\tau_{x'y'max}=-\frac{P}{2A}$을 갖는다. 이 때 법선응력 $\sigma_{x''x''}$도 최대전단응력과 같은 크기의 $\sigma_{x''x''}=\frac{P}{2A}$을 갖는다. 이와 같이 단순인장인 경우에 부재에 발생하는 최대전단응력은 최대법선응력의 $\frac{1}{2}$이지만 전단에 대해 약한 재료에 있어서는 이 최대전단응력이 작용하는 45°방향의 경사면에서 파손을 일으킨다. 그림 **4-3**은 연강재료의 인장시험편으로 인장시험을 하여 파단된 형상을 나타낸다. 초기에 전단에 의해서 necking 현상을 보이다가 경사면에 따라 크랙이 진전되어 결국에는 인장에 의해 파단이 된다. 그러므로 파단된 형상을 보면 cup & cone의 모양을 나타내고 있다. 또한 압축재인 주철, 목재, 벽돌 등을 압축시험하면 45°방향의 경사면에 따라서 주로 파괴가 일어남을 알 수 있다.

식 (4-3)과 식 (4-5)에서 법선응력의 합과 전단응력의 합을 구하면 다음과 같은 관계를 갖게 된다.

$$\sigma_{x'x'} + \sigma_{x''x''} = \frac{P}{A}(\cos^2\theta + \sin^2\theta) = \frac{P}{A} = \sigma_{xx} \tag{4-6}$$

$$\tau_{x'y'} = \tau_{x''y''}$$

식 (4-6)에서는 축하중을 받는 봉의 두 직교단면 위에 작용하는 $\sigma_{x'x'}$와 $\sigma_{x''x''}$의 합은 항상 일정하며, 축에 직각인 단면에 작용하는 σ_{xx}와 같음을 알 수 있다. 직교하는 평면위에 있는 $\sigma_{x'x'}$와 $\sigma_{x''x''}$를 공액응력(complementary stress)이라 한다.

그림 **4-4**는 한 변의 길이가 s, 두께가 t인 육면체에 전단응력 τ_{xy}와 τ_{yx}만이 작용하는 순수전단응력상태를 나타낸다. 이 육면체는 평형을 이루고 있으므로 x, y 방향의 힘의 합과 z축에 대한 모멘트의 합은 0이 되어야 한다. 따라서 이 평형조건으로부터 다음과 같은 관계가 있음을 알 수 있다.

$$\tau_{xy} = \tau_{yx} \tag{4-7}$$

재료 내의 임의의 방향에 전단응력이 작용하면 반드시 이것과 직각인 방향에 크기가 같고 방향이 반대인 전단응력이 존재한다. 이것을 공액전단응력(complementary shearing stress)이라 한다.

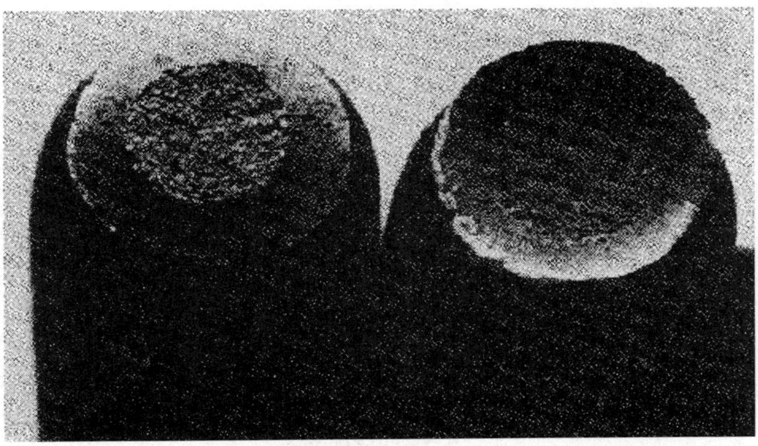

그림 4-3 인장시험편의 파단

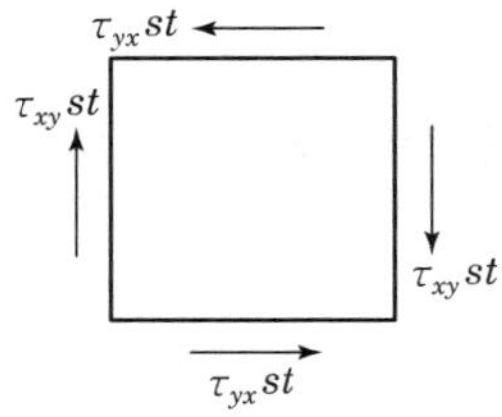

그림 4-4 순수전단응력

예제 4-1 단면이 $A = 30\ \text{cm}^2$인 봉에 축방향으로 인장력 $P = 20$ ton이 작용하고 있을 때, 축에 직각인 단면과 이 단면과 60°을 이루는 면에서의 응력들을 구하시오.

▌해설▐ 축에 직각인 단면에서의 응력은 인장응력 $\sigma_{xx} = \dfrac{P}{A} = \dfrac{20000}{30} = 666.667\ \text{kgf/cm}^2$만 존재한다. 60°을 이루는 경사면에서의 응력은 인장응력 $\sigma_{x'x'} = \dfrac{P}{A}\cos^2\theta = \dfrac{20000}{30} = \cos^2 60 = 166.667$ kgf/cm²과 전단응력 $\tau_{x'y'} = \dfrac{P}{2A}\sin 2\theta = \dfrac{20000}{2\times 30} sin\,120 = 288.675\text{kgf/cm}^2$이 존재한다.

[답] $\sigma_{xx} = 666.667\ \text{kgf/cm}^2$, $\sigma_{x'x'} = 166.667\ \text{kgf/cm}^2$, $\tau_{x'y'} = 288.675\ \text{kgf/cm}^2$

예제 4-2 단면이 $A = 30\ \text{cm}^2$인 봉에 축방향으로 인장력 $P = 20$ ton이 작용하고 있을 때, 축에 직각인 단면과 30°을 이루는 면의 미소사각요소에 작용하는 응력들을 구하시오.

▌해설▐ 축에 직각인 단면과 30°을 이루는 경사단면에서의 응력은 인장응력 $\sigma_{x'x'} = \dfrac{P}{A}\cos^2\theta$ $= \dfrac{20000}{30}\cos^2 30 = 500\ \text{kgf/cm}^2$과 전단응력 $\tau_{x'y'} = \dfrac{P}{2A}\sin 2\theta = \dfrac{20000}{2\times 30}\sin 60 = 288.675\text{kgf/cm}^2$이 존재한다. 30°을 이루는 경사단면에서 $\dfrac{\pi}{2}$만큼 더 회전시킨 단면에서의 인장응력은 $\sigma_{x''x''}$ $= \dfrac{P}{A}\sin^2\theta = \dfrac{20000}{30}\sin^2 30 = 166.667\ \text{kgf/cm}^2$이고, 전단응력은 $\tau_{x''y''} = -\dfrac{P}{2A}\sin 2\theta = -\dfrac{20000}{2\times 30}$ $\sin 60 = -288.675\ \text{kgf/cm}^2$로 된다.

축에 직각인 단면에서의 인장응력은 $\sigma_{xx} = \dfrac{P}{A} = \dfrac{20000}{30} = 666.667\ \text{kgf/cm}^2$이며, $\sigma_{xx} = \sigma_{x'x'} + \sigma_{x''x''} = 500 + 166.667 = 666.667\text{kgf/cm}^2$와 같음을 알 수 있다.

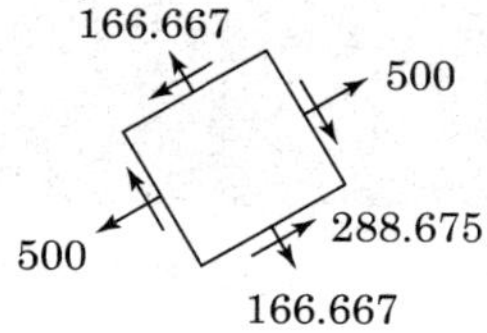

[답] $\sigma_{x'x'} = 500\ \mathrm{kgf/cm^2}$, $\sigma_{x''x''} = 166.667\ \mathrm{kgf/cm^2}$, $\tau_{x'y'} = 288.675\ \mathrm{kgf/cm^2}$, $\tau_{x''y''} = -288.675\ \mathrm{kgf/cm^2}$

예제 4-3 축방향의 인장응력 σ_{xx}가 작용하고 있는 봉에서 축에 직각인 단면과 θ와 $\theta + \frac{\pi}{2}$를 이루는 두 경사면에서 발생하는 수직응력 $\sigma_{x'x'}$와 $\sigma_{x''x''}$의 크기가 $\sigma_{x'x'} = 2\sigma_{x''x''}$인 관계를 갖고 있을 때, 이 단면에 발생하는 전단응력 $\tau_{x'x'}$와 경사각 θ를 구하시오.

해설 $\sigma_{x'x'} = 2\sigma_{x'x''}$인 관계로부터 $\sigma_{xx}\cos^2\theta = 2\sigma_{xx}\sin^2\theta$이고, 이를 정리하면 $\theta = \tan^{-1}\frac{1}{\sqrt{2}} = 35.264°$로 된다. 따라서 전단응력 $\tau_{x'x'}$는 $\tau_{x'x'} = \frac{1}{2}\sigma_{xx}\sin 2\theta = \frac{\sin(2\times 35.264)}{2}\sigma_{xx} = 0.4714\sigma_{xx}$이다.

[답] $\theta = 35.264°$, $\tau_{x'x'} = 0.4714\sigma_{xx}$

예제 4-4 단면적 $A = 30\ \mathrm{cm^2}$인 두개의 막대를 축에 직각인 단면과 θ을 이루는 경사면에 접착제로 붙인 후 축방향의 인장력 P를 작용시켰다. 접착제의 허용응력을 각각 $\sigma_a = 600\ \mathrm{kgf/cm^2}$, $\tau_a = 400\ \mathrm{kgf/cm^2}$라면 축방향의 인장력 P와 경사각 θ을 구하시오.

해설 경사면에 수직하게 작용하는 응력 $\sigma_{x'x'} = \frac{P}{A}cos^2\theta$와 $\tau_{x'y'} = \frac{P}{2A}sin\,2\theta$에서 $\sigma_{x'x'}$와 $\tau_{x'x'}$를 허용응력으로 놓고 정리하면 $\frac{P}{A} = \frac{\sigma_a}{\cos^2\theta} = 2\frac{\tau_a}{\sin 2\theta} = \frac{\tau_a}{\sin\theta\cos\theta}$로 되고, 이를 다시 정리하면 $\tan\theta = \frac{\tau_a}{\sigma_a}$을 얻는다. 따라서 경사각은 $\theta = \tan^{-1}\frac{\tau_a}{\sigma_a} = \tan^{-1}\frac{400}{600} = 33.69°$로 된다. 인장력은 $P = \frac{\sigma_a A}{\cos^2\theta} = \frac{600\times 30}{\cos^2 33.69} = 26000\ \mathrm{kgf}$이다.

[답] $\theta = 33.69$, $P = 26000\ \mathrm{kgf}$

예제 4-5 단면이 $A = 30\ \mathrm{cm^2}$인 봉에 축방향의 압축력 $P = 20\ \mathrm{ton}$이 작용하고 있을 때, 축에 직각인 단면과 60°을 이루는 경사면에서의 응력들을 구하시오.

해설 축에 직각인 단면과 60°을 이루는 경사면에서의 압축응력은 $\sigma_{x'x'} = \frac{P}{A}\cos^2\theta = \frac{-20000}{30}\cos^2 60 = -166.667\ \mathrm{kgf/cm^2}$과 전단응력 $\tau_{x'y'} = \frac{P}{2A}\sin 2\theta = \frac{-20000}{2\times 30}\sin 120 = -288.675\mathrm{kgf/cm^2}$

이 존재한다.

[답] $\sigma_{x'x'} = -166.667\ \mathrm{kgf/cm^2}$, $\tau_{x'y'} = -288.675\ \mathrm{kgf/cm^2}$

4-2 2축 응력

앞에서는 단축응력이 작용하고 있는 경우에 축방향에 직각인 단면과 각 θ를 이루는 경사면에 발생하는 법선응력과 전단응력을 논하였다. 여기서는 그림 **4-5** (a)와 같이 부재의 미소요소에 전단응력이 없이 x, y축에 수직응력만이 작용하고 있는 2축 응력(biaxial stress)인 경우에 각 θ를 이루는 경사면에 발생하는 법선응력과 전단응력을 논하고자 한다.

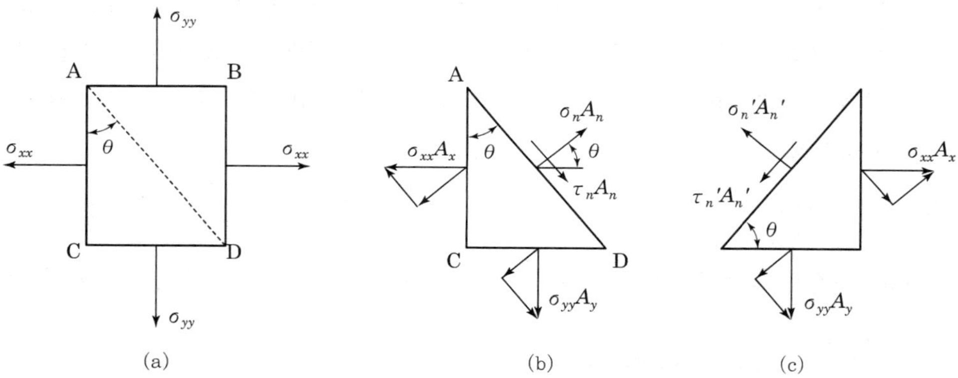

그림 4-5 2축 응력

그림 **4-5** (a)에서 면의 방향이 x 방향인 즉 AC와 BD 면의 면적을 A_x로 하고 이 면에 작용하는 응력을 σ_{xx}로 한다. 또한, 면의 방향이 y 방향인 즉 AB와 CD 면의 면적을 A_y로 하고 이 면에 작용하는 응력을 σ_{yy}로 한다. 이때 $\sigma_{xx} > \sigma_{yy}$인 관계가 있다고 가정한다. AC면과 θ를 이루는 경사면 AD에 생기는 법선응력 σ_n과 전단응력 τ_n은 그림 **4-5** (b)에서 경사면에 수직한 방향과 나란한 방향에 따라 평형조건을 적용시키면 다음과 같이 된다.

$$\sigma_n A_n = \sigma_{xx} A_x \cos\theta + \sigma_{yy} A_y \sin\theta = \sigma_{xx} A_n \cos^2\theta + \sigma_{yy} A_n \sin^2\theta \qquad (4-8)$$

$$\sigma_n = \sigma_{xx} \cos^2\theta + \sigma_{yy} \sin^2\theta = \sigma_{xx} \frac{1+\cos 2\theta}{2} + \sigma_{yy} \frac{1-\cos 2\theta}{2}$$

$$= \frac{1}{2}(\sigma_{xx} + \sigma_{yy}) + \frac{1}{2}(\sigma_{xx} - \sigma_{yy}) \cos 2\theta$$

$$\tau_n A_n = \sigma_{xx} A_x \sin\theta - \sigma_{yy} A_y \cos\theta = \sigma_{xx} A_n \cos\theta \sin\theta - \sigma_{yy} A_n \sin\theta \cos\theta$$

$$\tau_n = \frac{1}{2}(\sigma_{xx} - \sigma_{yy}) \sin 2\theta$$

한편, 경사면 AD와 직교하는 경사면 상에 작용하는 법선응력 σ_n'와 전단응력 τ_n'는 그림 **4-5** (c)에서 경사면에 수직한 방향과 나란한 방향에 따라 평형조건을 적용시키면 다음과 같이 된다.

$$\sigma_n' A_n' = \sigma_{xx} A_x' \sin\theta + \sigma_{yy} A_y' \cos\theta = \sigma_{xx} A_n' \sin^2\theta + \sigma_{yy} A_n' \cos^2\theta \qquad (4-9)$$

$$\sigma_n' = \sigma_{xx} \sin^2\theta + \sigma_{yy} \cos^2\theta = \sigma_{xx} \frac{1-\cos 2\theta}{2} + \sigma_{yy} \frac{1+\cos 2\theta}{2}$$

$$= \frac{1}{2}(\sigma_{xx} + \sigma_{yy}) - \frac{1}{2}(\sigma_{xx} - \sigma_{yy}) \cos 2\theta$$

$$\tau_n' A_n' = \sigma_{xx} A_x' \cos\theta - \sigma_{yy} A_y' \sin\theta = \sigma_{xx} A_n' \sin\theta \cos\theta - \sigma_{yy} A_n' \cos\theta \sin\theta$$

$$\tau_n' = -\frac{1}{2}(\sigma_{xx} - \sigma_{yy}) \sin 2\theta$$

여기서 전단응력 τ_n'는 경사면에서 반시계방향으로 회전함으로 (−)부호를 붙인다. 법선응력 σ_n'와 전단응력 τ_n'을 구하는 다른 하나의 방법은 식 (4−8)에서 θ대신에 $\frac{\pi}{2}+\theta$를 대입해서 다음과 같이 구하는 것이다.

$$\sigma_n{}' = \frac{1}{2}(\sigma_{xx)} + \sigma_{yy}) + \frac{1}{2}(\sigma_{xx} - \sigma_{yy})\cos(2\theta + \pi) \qquad (4\text{-}9')$$

$$= \frac{1}{2}(\sigma_{xx} + \sigma_{yy}) - \frac{1}{2}(\sigma_{xx} - \sigma_{yy})\cos 2\theta$$

$$\tau_n{}' = \frac{1}{2}(\sigma_{xx} - \sigma_{yy})\sin(2\theta + \pi)$$

$$= -\frac{1}{2}(\sigma_{xx} - \sigma_{yy})\sin 2\theta$$

식 (4-8)과 식 (4-9)에서 법선응력의 합과 전단응력의 합을 구하면 다음과 같은 관계를 갖게 된다.

$$\sigma_n + \sigma_n{}' = \sigma_{xx} + \sigma_{yy} \qquad (4\text{-}10)$$

$$\tau_n = \tau_n{}'$$

식 (4-10)에서는 두 직교단면 위에 작용하는 법선응력 σ_n과 $\sigma_n{}'$의 합은 경사각 θ에 관계없이 항상 일정하며, $\sigma_{xx} + \sigma_{yy}$와 같고 공액응력(complementary stress)임을 알 수 있다. 또한 두 직교단면 위에 작용하는 전단응력 τ_n과 $\tau_n{}'$도 크기가 서로 같고, 방향이 반대인 공액전단응력(complementary shearing stress)임을 알 수 있다.

식 (4-8)에서 법선응력의 최댓값 $\sigma_{n\max}$과 최솟값 $\sigma_{n\min}$은 각각 $\theta = 0$와 $\theta = \frac{\pi}{2}$일 때 생기며 다음과 같다.

$$\sigma_{n\max} = \sigma_{xx}, \quad \sigma_{n\min} = \sigma_{yy} \qquad (4\text{-}11)$$

한편, 전단응력 τ_n과 $\tau_n{}'$는 경사각이 각 각 $\theta = 0$와 $\theta = \frac{\pi}{2}$인 경우에 모두 0인 값을 갖는다. 이와 같이 직교하는 두 평면 위에 전단응력은 없고, 수직응력만이 존재하는 직교평면을 주면(principal plane)이라 하고 이때의 수직응력을 주응력(principal stress)이라 한다. 좀더 구체적으로 표현하면, 임의의 미소 직교평면요소에 작용하는 응력은 일반적으로 수직응력과 전단응력으로 이루어져 있으며 그 미소요소를 지나는 무수한 경사면에 대한 응력의 상태와 크기는 각 각 다른 값을 가지고 있다. 그 중에서도 수직응력만이 작용하고 전단응력이 전혀 작용하지 않는 면이 있다. 이와 같은 면을 주면(principal plane)이라 하고, 주면에 작용하는 수직응력을 주응력(principal stress)

이라고 한다.

식 (4-8)에서 전단응력의 최댓값과 최솟값은 경사각이 각각 $\theta=\frac{\pi}{4}$와 $\theta=\frac{3\pi}{4}=\frac{\pi}{4}+\frac{\pi}{2}$인 면에서 발생하고, 그 크기는 다음과 같다.

$$\tau_{n\max}=\frac{1}{2}(\sigma_{xx}-\sigma_{yy}),\quad \tau_{n\min}=-\frac{1}{2}(\sigma_{xx}-\sigma_{yy}) \tag{4-12}$$

이들은 두 주응력 차의 $\frac{1}{2}$과 같다는 것을 보여 주고 있다.

한 예로써 직교하는 두 미소평면에 수직으로 작용하는 응력의 관계가 $\sigma_{xx}=-\sigma_{yy}$일 때, x축방향에 직각인 단면과 각 $\theta=\frac{\pi}{4}$와 $\theta=\frac{\pi}{4}+\frac{\pi}{2}$를 이루는 두 미소평면에서는 식 (4-8)과 식 (4-9)로부터 $\sigma_n=\sigma_n{}'=0$이고 $\tau_n=\tau_n{}'=\sigma_{xx}$이므로 그림 4-6 (a)와 같이 순수전단응력상태로 된다. 반대로 그림 4-6 (b)와 같이 순수전단응력인 상태에서 x축방향에 직각인 단면과 각 $\theta=\frac{\pi}{4}$와 $\theta=\frac{\pi}{4}+\frac{\pi}{2}$를 이루는 두 미소평면에서는 전단응력이 존재하지 않고 인장과 압축인 법선응력만이 존재하는 주응력 상태를 나타낸다.

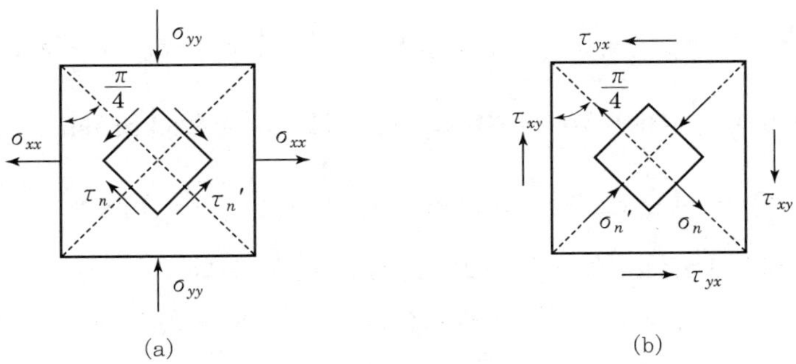

그림 4-6 주응력과 순수전단

그림 **4-5** (a)와 같은 요소에서의 변형률 ε_{xx}, ε_{yy}, ε_{zz}는 제2장의 식 (2-16)으로부터 다음과 같이 나타낼 수 있다.

$$\varepsilon_{xx}=\frac{\sigma_{xx}}{E}-\frac{\sigma_{yy}}{mE},\quad \varepsilon_{yy}=\frac{\sigma_{yy}}{E}-\frac{\sigma_{xx}}{mE}\quad \varepsilon_{zz}=-\frac{1}{mE}(\sigma_{xx}+\sigma_{yy}) \tag{4-13}$$

만약에 $\sigma_{xx}=\sigma_{yy}=\sigma$ 라면 변형률 ε_{xx}, ε_{yy}, ε_{zz}는 다음과 같이 된다.

$$\varepsilon_{xx}=\varepsilon_{yy}=\frac{\sigma}{E}\left(1-\frac{1}{m}\right) \quad \varepsilon_{zz}=-\frac{2\sigma}{mE} \tag{4-13'}$$

또한, 식 (4-13)으로부터 σ_{xx}와 σ_{yy}를 ε_{xx}와 ε_{yy}로 나타내면 다음과 같이 된다.

$$\sigma_{xx}=\frac{mE(m\varepsilon_{xx}+\varepsilon_{yy})}{m^2-1} \tag{4-14}$$

$$\sigma_{yy}=\frac{mE(\varepsilon_{xx}+m\varepsilon_{yy})}{m^2-1}$$

참고로 변형률 게이지(strain gauge)로 측정한 주변형률(principal strain) ε_{xx}와 ε_{yy}를 식 (4-14)에 대입하면 그 면에 작용하는 응력을 산출할 수 있다.

예제 4-6 구조물 부재 내에 있는 임의의 사각미소요소에 $\sigma_{xx}=1000\,\text{kgf/cm}^2$, $\sigma_{yy}=500\,\text{kgf/cm}^2$이 작용하고 있을 때, 축방향에 직각인 단면과 $\theta=30°$ 그리고 $\theta=120°$를 이루는 경사면에 생기는 법선응력 σ_n, σ_n' 그리고 전단응력 τ_n, τ_n'를 구하시오.

해설 $\sigma_n=\frac{1}{2}(\sigma_{xx}+\sigma_{yy})+\frac{1}{2}(\sigma_{xx}-\sigma_{yy})\cos2\theta$, $\sigma_n'=\frac{1}{2}(\sigma_{xx}+\sigma_{yy})+\frac{1}{2}(\sigma_{xx}-\sigma_{yy})\cos2\theta$ 에서

$\sigma_n=\frac{1}{2}(1500)+\frac{1}{2}(500)\cos60=875\,\text{kgf/cm}^2$이고 $\sigma_n'=625\,\text{kgf/cm}^2$로 된다.

전단응력은 $\tau_n=\frac{1}{2}(\sigma_{xx}-\sigma_{yy})\sin2\theta$와 $\tau_n'=-\frac{1}{2}(\sigma_{xx}-\sigma_{yy})\sin2\theta$ 로부터 $\tau_n=\frac{1}{2}(500)\sin60=216.51\,\text{kgf/cm}^2$와 $\tau_n'=-216.51\,\text{kgf/cm}^2$로 된다.

[답] $\sigma_n=875\,\text{kgf/cm}^2$, $\sigma_n'=625\,\text{kgf/cm}^2$, $\tau_n=216.51\,\text{kgf/cm}^2$, $\tau_n'=-216.51\,\text{kgf/cm}^2$

예제 4-7 구조물 부재 내에 있는 임의의 미소요소에 변형률 $\varepsilon_{xx}=5\times10^{-6}$와 $\varepsilon_{yy}=-3\times10^{-4}$이 측정되었다. 이 미소요소에 생기는 σ_{xx}를 구하시오. 단 종탄성계수는 $E=2.1\times10^6\,\text{kgf/cm}^2$이고, 푸아송수는 $m=3$이다.

해설 $\sigma_{xx}=\frac{mE(m\varepsilon_{xx}+\varepsilon_{yy})}{m^2-1}$ 로부터 $\sigma_{xx}=\frac{3\times2.1\times10^6\times(3\times5-3)\times10^{-4}}{3^2-1}=945\,\text{kgf/cm}^2$이 된다.

[답] $\sigma_{xx}=945\,\text{kgf/cm}^2$

예제 4-8 사각요소의 직교하는 두 평면에 작용하는 수직응력이 $\sigma_{xx} = \sigma_{yy} = 500$ kgf/cm^{2}인 응력상태에서 축방향에 직각인 단면과 $\theta = 30°$를 이루는 경사면에 생기는 법선응력 σ_n과 전단응력 τ_n을 구하시오.

| 해설 | 경사면에서의 법선응력과 전단응력 식 $\sigma_n = \frac{1}{2}(\sigma_{xx} + \sigma_{yy}) + \frac{1}{2}(\sigma_{xx} - \sigma_{yy})\,c2\theta$와 $\tau_n = \frac{1}{2}(\sigma_{xx} - \sigma_{yy})\sin 2\theta$에서 경사각 θ와 관계있는 항은 $\frac{1}{2}(\sigma_{xx} - \sigma_{yy}) = 0$이므로 법선응력 σ_n과 전단응력 τ_n은 경사각 θ의 영향을 받지 않음을 알 수 있다. 그러므로 법선응력은 $\sigma_n = \frac{1}{2}(\sigma_{xx} + \sigma_{yy}) + \frac{1}{2}(\sigma_{xx} - \sigma_{yy})\cos 2\theta = \frac{1}{2}(500 + 500) = 500$kgf/cm^{2}로 되고 전단응력은 $\tau_n = \frac{1}{2(\sigma_{xx}} - \sigma_{yy})\sin 2\theta = 0$로 된다.

[답] $\sigma_n = 500$ kgf /cm^2, $\tau_n = 0$

예제 4-9 직교하는 두 평면에 작용하는 수직응력이 $\sigma_{xx} = 500$ kgf/cm^2, $\sigma_{yy} = 300$kgf/cm^{2}인 응력상태에서 축방향에 직각인 단면과 $\theta = 30°$를 이루는 경사면에 생기는 법선응력 σ_n과 전단응력 τ_n을 구하시오.

| 해설 | 법선응력 $\sigma_n = \frac{1}{2}(\sigma_{xx} + \sigma_{yy}) + \frac{1}{2}(\sigma_{xx} - \sigma_{yy})\cos 2\theta$에서 $\sigma_n = 400 + 100\cos 60$로 됨으로 $\sigma_n = 450$ kgf/cm^{2}이고, 전단응력은 $\tau_n = \frac{1}{2}(\sigma_{xx} - \sigma_{yy})\sin 2\theta$에서 $\tau_n = 100\sin 60 = 86.6$kgf/cm^{2}로 된다.

[답] $\sigma_n = 450$ kgf/cm^2, $\tau_n = 86.6$kgf/cm^2

예제 4-10 직경 d, 두께 t인 원통형 압력용기에 내압 p를 받고 있다. 축방향에서 30°되는 미소사각요소에 작용하는 법선응력 σ_n과 전단응력 τ_n을 구하시오.

| 해설 | 압력용기의 축방향 인장응력 σ_{xx}와 원주방향 인장응력 σ_{yy}는 $\sigma_{xx} = \frac{pd}{4t}$와 $\sigma_{yy} = \frac{pd}{2t}$이다. 법선응력은 $\sigma_n = \frac{3pd}{8t} - \frac{pd}{8t}cos\,60 = \frac{5pd}{6t}$로 되고, 전단응력은 $\tau_n = \frac{pd}{8t}sin60 = 0.866\frac{pd}{8t}$로 된다.

[답] $\sigma_n = \frac{5pd}{16t}$, $\tau_n = -0.1083\frac{pd}{t}$

4-3 평면응력

외력에 의해 부재나 기소에 생기는 응력은 tensor로써 σ_{ij}와 같이 표현되므로 직교좌표계(Cartesian coordinate system)에서는 σ_{xx}, σ_{yy}, σ_{zz}, τ_{xy}, τ_{yx}, τ_{yz}, τ_{zy}, τ_{zx}, τ_{xz}와 같이 9개의 요소로 나타낼 수 있다. 여기서 τ_{xy}와 τ_{yx}, τ_{yx}와 τ_{zy}, τ_{zx}와 τ_{xz}는 공액전단응력(complementary shearing stress)으로 같은 크기를 갖는다. 평면응력(plane stress)은 이들 9개 응력요소 중에 z 축에 관계되는 요소 σ_{zz}, τ_{yz}, τ_{zy}, τ_{zx}, τ_{xz}들의 값이 없는 경우를 말한다. 즉 σ_{xx}, σ_{yy}, $\tau_{xy}=\tau_{yz}$와 같은 응력만이 존재하는 응력상태를 말한다. 평면응력의 대표적인 한 실례는 박판에서의 응력상태이다. 그리고 보(beam)에 직각방향으로 작용하는 하중으로 인해 생기는 굽힘 모멘트(bending moment)에 의한 보의 응력상태, 축(shaft)에서 축방향의 하중과 비틀림 모멘트(twisting moment)를 받는 경우에도 이와 같은 응력상태에 놓이게 된다.

그림 **4-7**은 부재나 기소내의 평면응력상태를 나타내는 임의의 미소사각요소이다. 이 평면응력의 사각요소에 대해서 앞에서 논의한 단축이나 2축 응력에서와 마찬가지로 x축 방향과 직각을 이루는 단면과 각 θ를 이루는 경사단면에 작용하는 법선응력 σ_n과 전단응력 τ_n를 구하고, 이들의 최대응력 크기와 방향을 구한다. 이것은 직교좌표 x-y축에 대한 응력상태를 회전각 θ만큼 좌표 변환시킨 x'-y'축에 대한 응력을 해석하는 것과 같은 의미를 갖는다. 그림 **4-7** (b)는 미소사각요소의 일부분인 요소 ACD에 작용하는 힘들을 나타낸 것이고 평형을 이루고 있으므로 평형조건을 적용시키면 다음과 같이 된다. 여기서 *는 각 θ를 의미한다.

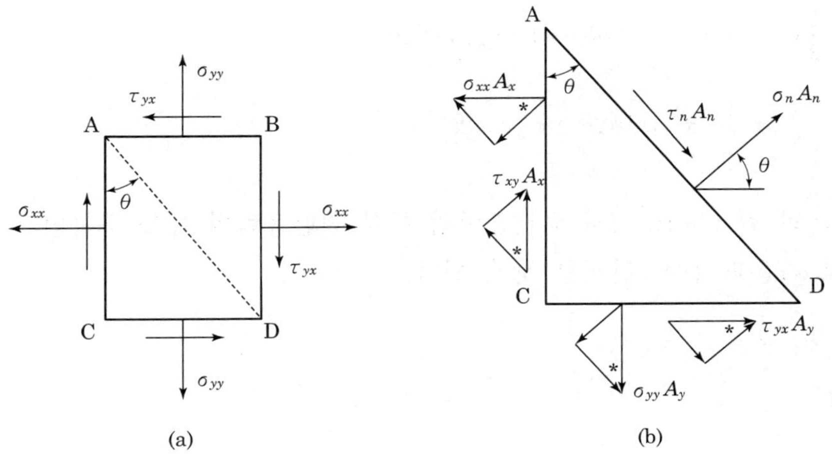

그림 4-7 평면응력

$$\sigma_n A_n = \sigma_{xx} A_x \cos\theta + \sigma_{yy} A_y \sin\theta - \tau_{xy} A_x \sin\theta - \tau_{yx} A_y \cos\theta$$

$$= \sigma_{xx} A_n \cos^2\theta + \sigma_{yy} A_n \sin^2\theta - 2\tau_{xy} A_n \sin\theta\cos\theta$$

$$\sigma_n = \sigma_{xx}\cos^2\theta + \sigma_{yy}\sin^2\theta - \tau_{xy}\sin 2\theta$$

$$= \sigma_{xx}\frac{1+\cos 2\theta}{2} + \sigma_{yy}\frac{1-\cos 2\theta}{2} - \tau_{xy}\sin 2\theta$$

$$= \frac{1}{2}(\sigma_{xx}+\sigma_{yy}) + \frac{1}{2}(\sigma_{xx}-\sigma_{yy})\cos 2\theta - \tau_{xy}\sin 2\theta \qquad (4-15)$$

$$\tau_n A_n = \sigma_{xx} A_x \sin\theta - \sigma_{yy} A_y \cos\theta + \tau_{xy} A_x \cos\theta - \tau_{yx} A_y \sin\theta$$

$$= \sigma_{xx} A_n \cos\theta\sin\theta - \sigma_{yy} A_n \sin\theta\cos\theta + \tau_{xy} A_n \cos^2\theta - \tau_{yx} A_n \sin^2\theta$$

$$\tau_n = \frac{1}{2}(\sigma_{xx}-\sigma_{yy})\sin 2\theta + \tau_{xy}\cos 2\theta$$

x'-y'축을 반시계방향으로 $\frac{\pi}{2}$ 더 회전시킨 경사단면에서의 법선응력 $\sigma_n{}'$와 전단응력 $\tau_n{}'$는 식 (4-15)에서 θ대신에 $\frac{\pi}{2}+\theta$를 대입해서 다음과 같이 구한다.

$$\sigma_n{}' = \frac{1}{2}(\sigma_{xx}+\sigma_{yy}) + \frac{1}{2}(\sigma_{xx}-\sigma_{yy})\cos(2\theta+\pi) - \tau_{xy}\sin(2\theta+\pi)$$

$$= \frac{1}{2}(\sigma_{xx}+\sigma_{yy}) - \frac{1}{2}(\sigma_{xx}-\sigma_{yy})\cos 2\theta + \tau_{xy}\sin 2\theta$$

$$\tau_n{}' = \frac{1}{2}(\sigma_{xx} - \sigma_{yy})\sin(2\theta + \pi) + \tau_{xy}\cos(2\theta + \pi)$$

$$= -\frac{1}{2}(\sigma_{xx} - \sigma_{yy})\sin 2\theta - \tau_{xy}\cos 2\theta \quad (4-16)$$

식 (4-15)와 식 (4-16)에서 법선응력의 합과 전단응력의 합을 구하면 식 (4-10)과 마찬가지로 다음과 같은 관계를 갖게 된다.

$$\sigma_n + \sigma_n{}' = \sigma_{xx} + \sigma_{yy} \quad (4-17)$$

$$\tau_n = \tau_n{}'$$

식 (4-17)에서도 두 직교단면 위에 작용하는 법선응력 σ_n과 $\sigma_n{}'$의 합은 경사각 θ에 관계없이 항상 일정하고 $\sigma_{xx} + \sigma_{yy}$와 같으므로 공액응력(complementary stress)임을 알 수 있다. 또한 두 직교단면 위에 작용하는 전단응력 τ_n과 $\tau_n{}'$도 크기가 서로 같고 방향이 반대인 공액전단응력(complementary shearing stress)임을 알 수 있다.

법선응력 σ_n과 $\sigma_n{}'$는 식 (4-15)와 식 (4-16)에서 보는 바와 같이 경사각 θ의 함수이므로 이들의 최댓값과 최솟값은 각각 $\frac{d\sigma_n}{d\theta} = 0$와 $\frac{d\sigma_n{}'}{d\theta} = 0$으로부터 경사각을 구한 다음에 법선응력식 σ_n과 $\sigma_n{}'$에 대입함으로써 구할 수 있다. $\frac{d\sigma_n}{d\theta} = 0$와 $\frac{d\sigma_n{}'}{d\theta} = 0$는 다음과 같다.

$$\frac{d\sigma_n}{d\theta} = \frac{\sigma_{xx} - \sigma_{yy}}{2}(-2\sin 2\theta) - \tau_{xy}(2\cos 2\theta) = 0$$

$$\frac{d\sigma_n{}'}{d\theta} = -\frac{\sigma_{xx} - \sigma_{yy}}{2}(-2\sin 2\theta) + \tau_{xy}(2\cos 2\theta) = 0 \quad (4-18)$$

식 (4-18)에서 보는 바와 같이 $\frac{d\sigma_n}{d\theta} = 0$와 $\frac{d\sigma_n{}'}{d\theta} = 0$를 구하여 정리하면 다음과 같이 똑같은 식이 얻어짐을 알 수 있다.

$$\tan 2\theta = \frac{-2\tau_{xy}}{\sigma_{xx} - \sigma_{yy}} \quad (4-19)$$

이는 식 (4-16)이 식 (4-15)로부터 이미 각 θ를 $\frac{\pi}{2}$만큼 더 변환시킨 식이므로 식 (4-19)에서 2θ는 서로 차가 π인 두개의 값을 갖게 됨을 알 수 있다. 그 하나는 0에서부터 π사이의 값이고, 다른 하나는 π에서 2π사이의 값을 갖는다. 따라서 $\frac{\pi}{2}$의 차를 갖는 두개의 θ값은 식 (4-15)에 대한 각 각의 값으로 다음과 같이 주어진다.

$$\theta = -\frac{1}{2}tan^{-1}\frac{2\tau_{xy}}{\sigma_{xx}-\sigma_{yy}} \tag{4-20}$$

$$\theta = -\frac{1}{2}tan^{-1}\frac{2\tau_{xy}}{\sigma_{xx}-\sigma_{yy}} + \frac{\pi}{2}$$

식 (4-20)을 식 (4-15)에 대입함으로써 법선응력의 최댓값과 최솟값을 구할 수 있다. 만약에 식 (4-16)을 이용하여 최소 법선응력을 구한다면 식 (4-20)의 첫 번째 θ 값인 $\theta = -\frac{1}{2}tan^{-1}\frac{2\tau_{xy}}{\sigma_{xx}-\sigma_{yy}}$을 대입해야한다. 왜냐하면 식 (4-16)은 이미 경사각에 $\frac{\pi}{2}$를 고려했기 때문이다.

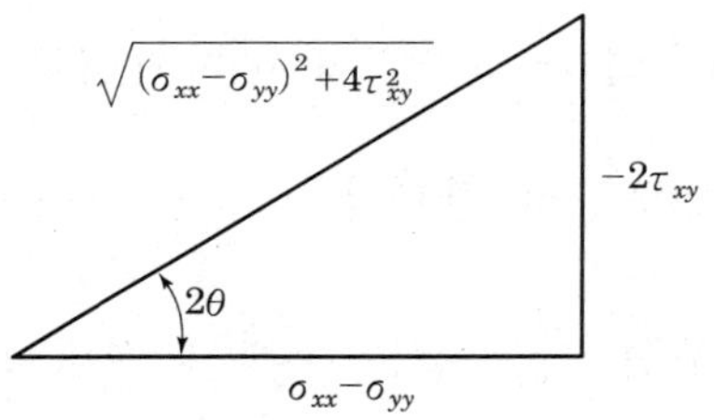

그림 4-8 식 (4-19)의 기하학적 표현

또한, 법선응력의 최댓값과 최솟값을 갖는 경사단면의 $\cos 2\theta$와 $\sin 2\theta$값을 보다 간단히 구하기 위하여 식 (4-19)를 그림 **4-8**과 같이 기하학적으로 생각한다. 그림 **4-8**에서 식 (4-15)와 식 (4-16)의 $\cos 2\theta$와 $\sin 2\theta$는 다음과 같이 구해진다.

$$\cos 2\theta = \frac{\sigma_{xx}-\sigma_{yy}}{\sqrt{(\sigma_{xx}-\sigma_{yy})^2+4\tau_{xy}^2}} \quad \sin 2\theta = \frac{-2\tau_{xy}^2}{\sqrt{(\sigma_{xx}-\sigma_{yy})^2+4\tau_{xy}^2}} \tag{4-21}$$

식 (4-21)을 식 (4-15)와 식 (4-16)의 법선응력식에 대입하여 정리하면 다음과 같이 최댓값과 최솟값이 구해진다.

$$\sigma_{n\max} = \frac{1}{2}(\sigma_{xx} + \sigma_{yy}) + \frac{(\sigma_{xx} - \sigma_{yy})^2}{2\sqrt{(\sigma_{xx} - \sigma_{yy})^2 + 4\tau_{xy}^2}} + \frac{2\tau_{xy}^2}{\sqrt{(\sigma_{xx} - \sigma_{yy})^2 + 4\tau_{xy}^2}} \qquad (4-22)$$

$$= \frac{1}{2}(\sigma_{xx} + \sigma_{yy}) + \frac{1}{2}\sqrt{(\sigma_{xx} - \sigma_{yy})^2 + 4\tau_{xy}^2}$$

$$\sigma_{n\max}' = \frac{1}{2}(\sigma_{xx} + \sigma_{yy}) - \frac{(\sigma_{xx} - \sigma_{yy})^2}{2\sqrt{(\sigma_{xx} - \sigma_{yy})^2 + 4\tau_{xy}^2}} - \frac{2\tau_{xy}^2}{\sqrt{(\sigma_{xx} - \sigma_{yy})^2 + 4\tau_{xy}^2}} \qquad (4-23)$$

$$= \frac{1}{2}(\sigma_{xx} + \sigma_{yy}) - \frac{1}{2}\sqrt{(\sigma_{xx} - \sigma_{yy})^2 + 4\tau_{xy}^2}$$

한편, 최대 법선응력과 최소 법선응력을 갖는 경사면의 식 (4-21)을 식 (4-15)와 식 (4-16)의 전단응력식 τ_n과 τ_n'에 대입하면 모두 0인 값을 갖는다. 따라서 이 때의 최대 법선응력과 최소 법선응력은 주응력(principal stress)이 되고, 이 경사면이 주면(principal plane)이 된다.

전단응력 τ_n과 τ_n'도 법선응력 σ_n과 σ_n'과 마찬가지로 경사각 θ함수이므로 이들의 최댓값과 최솟값은 $\frac{d\tau_n}{d\theta} = 0$으로부터 경사각을 구한 다음에 전단응력식 τ_n과 τ_n'에 대입함으로써 구할 수 있다. 우선 $\frac{d\tau_n}{d\theta} = 0$를 구하고 정리하면 다음과 같다.

$$\frac{d\tau_n}{d\theta} = \frac{\sigma_{xx} - \sigma_{yy}}{2}(2\cos 2\theta) - \tau_{xy}(2\sin 2\theta) = 0 \qquad (4-24)$$

$$\tan 2\theta = \frac{(\sigma_{xx} - \sigma_{yy})}{2\tau_{xy}}$$

여기에서도 2θ는 서로 차가 π인 두개의 값을 갖게 되는데, 그 하나는 0에서부터 π 사이의 값이고, 다른 하나는 π에서 2π사이의 값을 갖는다. 따라서 $\frac{\pi}{2}$의 차를 갖는 두개의 θ값은 다음과 같이 주어진다.

$$\theta = \frac{1}{2}\tan^{-1}\frac{\sigma_{xx}-\sigma_{yy}}{2\tau_{xy}} \tag{4-25}$$

$$\theta = \frac{1}{2}\tan^{-1}\frac{\sigma_{xx}-\sigma_{yy}}{2\tau_{xy}} + \frac{\pi}{2}$$

식 (4-25)을 식 (4-15)에 대입함으로써 전단응력의 최댓값과 최솟값을 구할 수 있다. 또한, 전단응력의 최댓값과 최솟값을 보다 간단히 구하기 위하여 식 (4-25)를 그림 **4-9**와 같이 기하학적으로 생각하여 cos2θ와 sin2θ를 구한다. 그림 **4-9**에서 식 (4-15)와 식 (4-16)의 cos2θ와 sin2θ는 다음과 같이 구해진다.

$$\cos 2\theta = \frac{2\tau_{xy}}{\sqrt{(\sigma_{xx}-\sigma_{yy})^2+4\tau_{xy}^2}} \quad \sin 2\theta = \frac{\sigma_{xx}-\sigma_{yy}}{\sqrt{(\sigma_{xx}-\sigma_{yy})^2+4\tau_{xy}^2}} \tag{4-26}$$

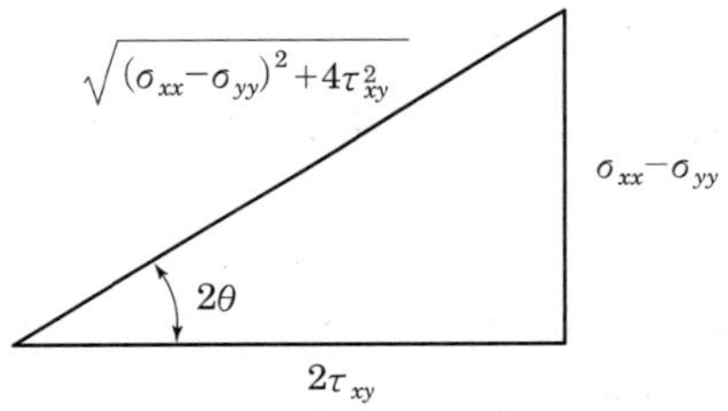

그림 4-9 식 (4-24)의 기하학적 표현

식 (4-26)을 식 (4-15)와 식 (4-16)의 전단응력식에 대입하여 정리하면 다음과 같다.

$$\tau_{n\max} = \frac{(\sigma_{xx}-\sigma_{yy})^2}{2\sqrt{(\sigma_{xx}-\sigma_{yy})^2+4\tau_{xy}^2}} + \frac{2\tau_{xy}^2}{\sqrt{(\sigma_{xx}-\sigma_{yy})^2+4\tau_{xy}^2}} \tag{4-27}$$

$$= \frac{1}{2}\sqrt{(\sigma_{xx}-\sigma_{yy})^2+4\tau_{xy}^2}$$

$$\tau'_{n\min} = -\frac{(\sigma_{xx}-\sigma_{yy})^2}{2\sqrt{(\sigma_{xx}-\sigma_{yy})^2+4\tau_{xy}^2}} - \frac{2\tau_{xy}^2}{\sqrt{(\sigma_{xx}-\sigma_{yy})^2+4\tau_{xy}^2}} \tag{4-28}$$

$$= -\frac{1}{2}\sqrt{(\sigma_{xx}-\sigma_{yy})^2+4\tau_{xy}^2}$$

최대 전단응력에 대한 다른 표현은 식 (4-22)와 식 (4-23)에서 주어진 주응력으로부터 다음과 같이 나타낼 수 있다.

$$\tau_{n\max} = \frac{\sigma_{n\max} - \sigma'_{n\min}}{2} \tag{4-29}$$

여기서도 식 (4-12)에서와 마찬가지로 최대전단응력은 주응력 차의 $\frac{1}{2}$과 같음을 알 수 있다. 이 때의 법선응력 σ_n과 $\sigma_n{}'$는 다음과 같이 된다.

$$\sigma_n = \sigma_n{}' = \frac{1}{2}(\sigma_{xx} - \sigma_{yy}) \tag{4-29'}$$

평면응력, 2축 응력, 단축응력에서 각 각의 법선응력과 전단응력과의 관계를 보면, 평면응력에서 법선응력과 전단응력의 식 (4-15)에서 $\tau_{xy} = 0$로 놓으면 2축 응력에서의 법선응력과 전단응력의 식 (4-8)이 되고, 식 (4-8)에서 $\sigma_{yy} = 0$로 놓으면 단축응력에서의 법선응력과 전단응력의 식 (4-3)이 됨을 알 수 있다.

예제 4-11 **평면응력의 사각요소에서 $\sigma_{xx} = 500\ \text{kgf/cm}^2$, $\sigma_{yy} = 300\ \text{kgf/cm}^2$, $\tau_{xy} = 100\ \text{kgf/cm}^2$일 때 주응력과 방향을 구하시오.**

| 해설 | 주응력은 $\sigma_{n\max,\min} = \frac{1}{2}(\sigma_{xx} + \sigma_{yy}) \pm \frac{1}{2}\sqrt{(\sigma_{xx} - \sigma_{yy})^2 + 4\tau_{xy}^2}$로부터 $\sigma_{n\max} = 400 + \frac{1}{2}\sqrt{(200)^2 + 4 \times 100^2} = 541\text{kgf/cm}^2$와 $\sigma_{n\min} = 400 - \frac{1}{2}\sqrt{(200)^2 + 4 \times 100^2} = 259\text{kgf/cm}^2$로 된다.

주응력의 방향은 $\tan 2\theta = \frac{-2\tau_{xy}}{\sigma_{xx} - \sigma_{yy}}$로부터 $\tan 2\theta = \frac{-200}{200} = -1$로 되므로 주응력의 방향은 $\theta = -\frac{\pi}{8}$와 $\theta = -\frac{\pi}{8} + \frac{\pi}{2} = \frac{3\pi}{8}$이다.

[답] $\sigma_{n\max} = 541\text{kgf/cm}^2$, $\sigma_{n\min} = 259\text{kgf/cm}^2$, $\theta = -\frac{\pi}{8}$, $\theta = \frac{3\pi}{8}$

예제 4-12 **평면응력의 사각요소에서 $\sigma_{xx} = 500\ \text{kgf/cm}^2$, $\sigma_{yy} = 300\text{kgf/cm}^2$, $\tau_{xy} = 100\ \text{kgf/cm}^2$일 때 최대전단응력과 방향을 구하시오.**

| 해설 | 최대전단응력은 $\tau_{\max} = \frac{1}{2}\sqrt{(\sigma_{xx} - \sigma_{yy})^2 + 4\tau_{xy}^2}$로부터 $\tau_{\max} = \frac{1}{2}\sqrt{(200)^2 + 4 \times 100^2} = 141\ \text{kgf/cm}^2$로 된다. 전단응력의 방향은 $\tan 2\theta = \frac{(\sigma_{xx} - \sigma_{yy})}{2\tau_{xy}}$로부터 $\tan 2\theta = \frac{200}{200} = 1$로 되므로 주

응력의 방향은 $\theta=\frac{\pi}{8}$이다.

[답] $\tau_{\max}=141\ \text{kgf/cm}^2$, $\theta=\frac{\pi}{8}$

예제 4-13 **평면응력의 사각요소에서 $\sigma_{xx}=-500\ \text{kgf/cm}^2$, $\sigma_{yy}=1500\ \text{kgf/cm}^2$, $\tau_{xy}=1000\ \text{kgf/cm}^2$일 때 주응력과 최대전단응력의 크기 그리고 각 각의 방향을 구하시오.**

▌해설▌ 주응력은 $\sigma_{n\max,\min}=\frac{1}{2}(\sigma_{xx}+\sigma_{yy})\pm\frac{1}{2}\sqrt{(\sigma_{xx}-\sigma_{yy})^2+4\tau_{xy}^2}$로부터 $\sigma_{n\max}=500+\frac{1}{2}\sqrt{(2000)^2+4\times1000^2}=1914\ \text{kgf/cm}^2$와 $\sigma_{n\min}=500-\frac{1}{2}\sqrt{(2000)^2+4\times1000^2}=-910\text{kgf /cm}^2$로 된다. 주응력의 방향은 $\tan 2\theta=\frac{-2\tau_{xy}}{\sigma_{xx}-\sigma_{yy}}$로부터 $t\,2\theta=\frac{-2000}{-2000}=1$로 되므로 주응력의 방향은 $\theta=\frac{\pi}{8}$와 $\theta=\frac{\pi}{8}+\frac{\pi}{2}=\frac{5\pi}{8}$이다. 최대전단응력은 $\tau_{\max}=\frac{1}{2}\sqrt{(\sigma_{xx}-\sigma_{yy})^2+4\tau_{xy}^2}$로부터 $\tau_{\max}=\frac{1}{2}\sqrt{(2000)^2+4\times1000^2}=1410\text{kgf/cm}^2$로 된다. 전단응력의 방향은 $\tan 2\theta=\frac{(\sigma_{xx}-\sigma_{yy})}{2\tau_{xy}}$로부터 $\tan 2\theta=\frac{-2000}{2000}=-1$로 되므로 주응력의 방향은 $\theta=-\frac{\pi}{8}$이다.

[답] $\sigma_{n\max}=1910\text{kgf/cm}^2$, $\sigma_{n\min}=-910\text{kgf/cm}^2$, $\theta=\frac{\pi}{8}$, $\theta=\frac{5\pi}{8}$ $\tau_{\max}=1414\ \text{kgf/cm}^2$ $\theta=-\frac{\pi}{8}$

예제 4-14 **평면응력의 사각요소에서 $\sigma_{xx}=\sigma_{yy}=0$, $\tau_{xy}=1000\ \text{kgf/cm}^2$일 때 주응력과 방향을 구하시오.**

▌해설▌ 주응력은 $\sigma_{n\max,\min}=\frac{1}{2}(\sigma_{xx}+\sigma_{yy})\pm\frac{1}{2}\sqrt{(\sigma_{xx}-\sigma_{yy})^2+4\tau_{xy}^2}$로부터 $\sigma_{n\max}=\frac{1}{2}\sqrt{4\times1000^2}=1000\ \text{kgf/cm}^2$와 $\sigma_{n\min}=-\frac{1}{2}\sqrt{4\times1000^2}=-1000\text{kgf/cm}^2$로 된다. 주응력의 방향은 $\tan 2\theta=\frac{-2\tau_{xy}}{\sigma_{xx}-\sigma_{yy}}$로부터 $\tan 2\theta=\frac{-2000}{0}=-\infty$로 되므로 주응력의 방향은 $\theta=-\frac{\pi}{4}$이다.

예제 4-15 **평면응력의 사각요소에서 $\sigma_{xx}=500\ \text{kgf/cm}^2$, $\sigma_{yy}=300\ \text{kgf/cm}^2$, $\tau_{xy}=100\ \text{kgf/cm}^2$일 때 경사각 $\theta=\frac{\pi}{4}$ 평면위에 작용하는 법선응력과 전단응력을 구하시오.**

▌해설▌ 법선응력은 $\sigma_n=\frac{1}{2}(\sigma_{xx}+\sigma_{yy})+\frac{1}{2}(\sigma_{xx}-\sigma_{yy})\cos 2\theta-\tau_{xy}\sin 2\theta$와 $\sigma_n{}'=\frac{1}{2}(\sigma_{xx}+\sigma_{yy})-\frac{1}{2}(\sigma_{xx}-\sigma_{yy})\cos 2\theta+\tau_{xy}\sin 2\theta$로부터 $\sigma_n=400-100=300\ \text{kgf/cm}^2$와 $\sigma_n{}'=400+100=500\ \text{kgf}$

$/cm^2$로 된다. 전단응력은 $\tau_n = \frac{1}{2}(\sigma_{xx} - \sigma_{yy})\sin 2\theta + \tau_{xy}\cos 2\theta$와 $\tau_n' = -\frac{1}{2}\sin 2\theta - \tau_{xy}\cos 2\theta$로부터 $\tau_n = \frac{1}{2}(500-300) = 100\text{kgf/cm}^2$와 $\tau_n' = -\frac{1}{2}(500-300) = -100\text{kgf/cm}^2$로 된다.

[답] $\sigma_n = 300\text{kgf/cm}^2$, $\sigma_n' = 500\text{kgf/cm}^2$, $\tau_n = 100\text{kgf/cm}^2$, $\tau_n' = -100\text{kgf/cm}^2$

4-4 평면 변형률

외력에 의해 부재나 기소에 생기는 변형률은 응력과 마찬가지로 ε_{ij}와 같이 표현되며, 직교좌표계(Cartesian coordinate system)에서는 ε_{xx}, ε_{yy}, ε_{zz}, $\gamma_{xy} = \gamma_{yx}$, $\gamma_{yz} = \gamma_{zy}$, $\gamma_{zx} = \gamma_{xz}$와 같이 나타낼 수 있다. 평면변형률(plane strain)은 이들 변형률요소 중에 z축에 관계되는 요소 ε_{zz}, $\gamma_{yz} = \gamma_{zy}$, $\gamma_{zx} = \gamma_{xz}$들의 값이 없는 경우를 말한다. 즉 변형률 ε_{xx}, ε_{yy}, $\gamma_{xy} = \gamma_{yx}$만이 존재하는 변형률상태를 말한다. 평면변형률의 대표적인 한 실례는 z축 방향으로 길이가 매우 큰 구조물에서의 변형률상태이다.

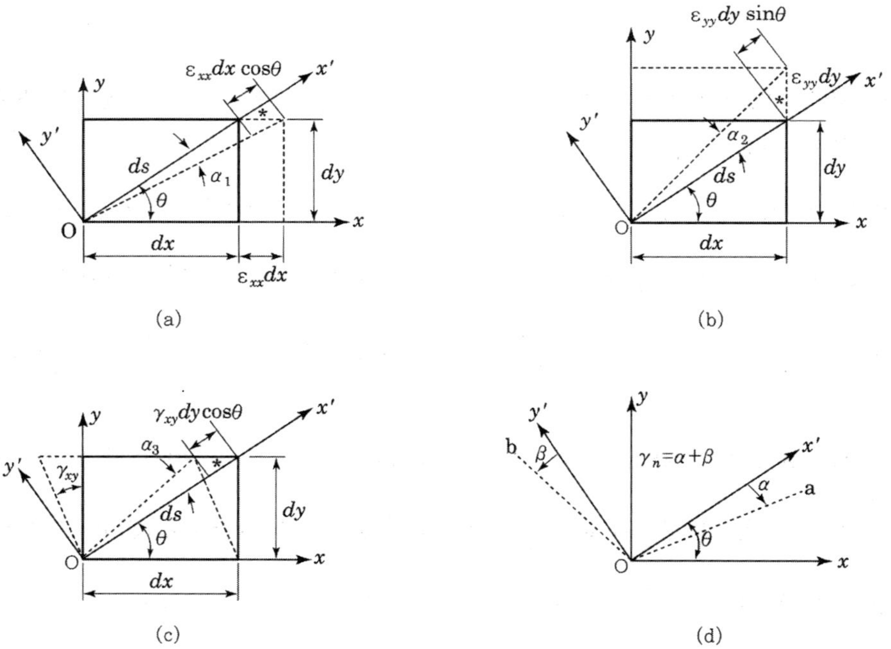

그림 4-10 평면변형률

그림 **4-10**은 그림 4-7과 같은 임의의 미소사각 요소의 응력상태에서 생기는 평면변형상태를 나타낸다. 외력을 받고 있는 부재 내의 임의의 미소사각요소에서의 변형률은 응력과 마찬가지로 축의 변환에 따라 다른 크기를 갖는다. 이 평면변형률의 미소사각요소에 대해서 직교좌표 x-y축에 대한 변형률상태를 회전각 θ만큼 좌표 변환시킨 x'-y'축에 대한 변형률을 해석하고자 한다.

그림 **4-10** (a)에서 보는 바와 같이 x방향의 변형률 ε_{xx}에 의해 생기는 x'방향의 변형량은 $\varepsilon_{xx}dx\cos\theta$이고, y방향의 변형률 ε_{yy}에 의해 생기는 x'방향의 변형량은 그림 **4-10** (b)에서 보는 바와 같이 $\varepsilon_{yy}dy\sin\theta$로 주어지고, 전단변형률 γ_{xy}에 의해 생기는 x'방향의 변형량은 그림 **4-10** (c)에서와 같이 감소함으로 $-\gamma_{xy}dy\cos\theta$로 주어진다. 따라서 x'축방향의 변형량 $d\delta$는 이들의 합으로 다음과 같이 주어진다.

$$d\delta = \varepsilon_{xx}\,dx\cos\theta + \varepsilon_{yy}\,dy\sin\theta - \gamma_{xy}\,dy\cos\theta \tag{4-30}$$

x'축방향의 수직변형률 ε_n은 x'축방향의 변형량 $d\delta$를 미소사각요소의 대각선의 최초길이 ds로 나눈 값으로 다음과 같이 주어진다.

$$\varepsilon_n = \frac{d\delta}{ds} = \varepsilon_{xx}\frac{dx}{ds}cos\,\theta + \varepsilon_{yy}\frac{dy}{ds}sin\,\theta - \gamma_{xy}\frac{dy}{ds}\cos\theta \tag{4-31}$$

식 (4-31)의 $\dfrac{dx}{ds}$와 $\dfrac{dy}{ds}$는 그림 **4-10**에서 보는 바와 같이 각각 $\cos\theta$와 $\sin\theta$로 나타낼 수 있다. 그러므로 식 (4-31)은 다음과 같이 나타낼 수 있다.

$$\begin{aligned}\varepsilon_n &= \varepsilon_{xx}\cos^2\theta + \varepsilon_{yy}\sin^2\theta - \gamma_{xy}\sin\theta\cos\theta \\ &= \varepsilon_{xx}\frac{1+\cos 2\theta}{2} + \varepsilon_{yy}\frac{1-\cos 2\theta}{2} - \frac{1}{2}\gamma_{xy}\sin 2\theta \\ &= \frac{1}{2}(\varepsilon_{xx}+\varepsilon_{yy}) + \frac{1}{2}(\varepsilon_{xx}-\varepsilon_{yy})\cos 2\theta - \frac{1}{2}\gamma_{xy}\sin 2\theta\end{aligned} \tag{4-32}$$

y'축방향의 수직변형률 ε_n'는 앞에서 설명한 ε_n를 구하는 방법과 같은 방법으로 구할 수도 있으나, 여기에서는 ε_n'와 ε_n이 $\frac{\pi}{2}$만큼 차이가 있음으로 식 (4-32)에서 θ대신에 $\theta+\frac{\pi}{2}$를 대입함으로써 다음과 같이 구할 수 있다.

$$\varepsilon_n{}' = \frac{1}{2}(\varepsilon_{xx} + \varepsilon_{yy}) + \frac{1}{2}(\varepsilon_{xx} - \varepsilon_{yy})\cos(2\theta + \pi) - \frac{1}{2}\gamma_{xy}\sin(2\theta + \pi) \qquad (4-33)$$

$$= \frac{1}{2}(\varepsilon_{xx} + \varepsilon_{yy}) - \frac{1}{2}(\epsilon_{xx} - \varepsilon_{yy})\cos 2\theta + \frac{1}{2}\gamma_{xy}\sin 2\theta$$

x'−y' 축상에 놓여진 미소사각요소가 전단응력을 받아 변형된 모양이 그림 **4-10** (d)의 점선 $\overline{oa}$와 $\overline{ob}$로 나타내었다. 이 때의 전단변형률 γ_n은 그림 **4-10** (d)에서 보는 바와 같이 $\gamma_n = \alpha + \beta$로 주어진다. α는 그림 **4-10** (a), (b), (c)에서의 α_1, α_2, α_3의 합이며 다음과 같이 구해진다.

$$ds\alpha_1 = \varepsilon_{xx}\,dx\sin\theta \qquad \alpha_1 = \varepsilon_{xx}\frac{dx}{ds}sin\theta = \varepsilon_{xx}\cos\theta\sin\theta \qquad (4-34)$$

$$ds\alpha_2 = \varepsilon_{yy}\,dy\cos\theta \qquad \alpha_2 = \varepsilon_{yy}\frac{dy}{ds}cos\theta = \varepsilon_{yy}\sin\theta\cos\theta$$

$$ds\alpha_3 = \gamma_{xy}\,dy\sin\theta \qquad \alpha_3 = \gamma_{xy}\frac{dy}{ds}sin\theta = \gamma_{xy}\sin^2\theta$$

$$\alpha = \alpha_1 - \alpha_2 - \alpha_3$$

$$= (\varepsilon_{xx} - \varepsilon_{yy})\sin\theta\cos\theta - \gamma_{xy}\sin^2\theta$$

여기서 α_1, α_2, α_3의 부호는 미소요소가 응력을 받아 원점 O에서 $\frac{\pi}{2}$보다 큰 각도로 벌어지는 변형이 되므로 x' 축에 대해서 각도가 반시계방향이면 (−), 시계방향이면 (+)로 한다. 각도 β의 방향도 각도 α와 마찬가지로 변형이 벌어지는 방향을 (+)로 한다. 따라서 그림 **4-10** (d)에서와 같이 y' 축에 대해서 각도가 시계방향이면 (−), 반시계방향이면 (+)로 된다. 또한, 점선 $\overline{ob}$의 회전각 크기 β는 초기에 점선 $\overline{ob}$가 x'축상에 있는 점선 $\overline{oa}$와 수직한 관계를 갖고 있으므로 α의 표현식에 θ대신에 $\theta + \frac{\pi}{2}$ 대입하고, α와 (+)의 방향이 반대이므로 (−)부호를 붙임으로써 구할 수 있다. 이상과 같은 조건으로부터 β는 다음과 같이 나타낼 수 있다.

$$\beta = -(\varepsilon_{xx} - \varepsilon_{yy})\sin\left(\theta + \frac{\pi}{2}\right)\cos\left(\theta + \frac{\pi}{2}\right) + \gamma_{xy}\sin^2\left(\theta + \frac{\pi}{2}\right) \qquad (4-35)$$

$$= (\varepsilon_{xx} - \varepsilon_{yy})\sin\theta\cos\theta + \gamma_{xy}\cos^2\theta$$

따라서 x'-y' 축에 대한 전단변형률 γ_n은 다음과 같이 된다.

$$\gamma_n = \alpha + \beta = 2(\varepsilon_{xx} - \varepsilon_{yy})\sin\theta\cos\theta + \gamma_{xy}(\cos^2\theta - \sin^2\theta) \qquad (4\text{-}36')$$

식 (4-36')를 정리하면 다음과 같다.

$$\frac{\gamma_n}{2} = \frac{1}{2}(\varepsilon_{xx} - \varepsilon_{yy})\sin 2\theta + \frac{1}{2}\gamma_{xy}\cos 2\theta \qquad (4\text{-}36)$$

평면변형률과 평면응력에 관한 관련 식들을 유도할 때에 고려된 미소사각요소의 응력상태는 그림 **4-7** (a)와 같으므로 평면응력에 관한 식 (4-15)와 평면변형률에 관한 식 (4-32)와 식 (4-36)으로부터 다음과 같이 대응되는 표 **4-1**을 얻을 수 있다. 평면응력에 관한 식 (4-15)와 평면변형률에 관한 식 (4-32)와 식 (4-36)으로부터 다음과 같이 대응되는 표 **4-1**을 얻을 수 있다.

표 4-1 평면응력에 관한 식과 평면변형률에 관한 식에서 서로 대응되는 변수

응력	변형률
σ_{xx}	ε_{xx}
σ_{yy}	ε_{yy}
τ_{xy}	$\frac{1}{2}\gamma_{xy}$
σ_n	ε_n
τ_n	$\frac{1}{2}\gamma_n$

이는 평면응력에서 다루었던 모든 식에서 응력변수에 대응되는 변형률변수를 대입하면, **4-3**절에서 논의한 평면응력의 조건에 맞는 평면변형률에 관련된 식으로 변환된다는 것을 의미한다. 이와 같은 관계를 이용하여 식 (4-15)로부터 평면변형률식을 유도하면 다음과 같다.

$$\varepsilon_n = \frac{1}{2}(\varepsilon_{xx} + \varepsilon_{yy}) + \frac{1}{2}(\varepsilon_{xx} - \varepsilon_{yy})\cos 2\theta - \frac{1}{2}\gamma_{xy}\sin 2\theta \qquad (4\text{-}37)$$

$$\frac{\gamma_n}{2} = \frac{1}{2}(\varepsilon_{xx} - \varepsilon_{yy})\sin 2\theta + \frac{1}{2}\gamma_{xy}\cos 2\theta \tag{4-38}$$

이어서 식 (4-19)와 식 (4-22)로부터 주변형률의 방향과 크기를 구할 수 있고, 식 (4-24)와 식 (4-27)로부터 최대전단변형률의 방향과 크기를 구하면 다음과 같다.

$$\tan 2\theta = \frac{-\gamma_{xy}}{\varepsilon_{xx} - \varepsilon_{yy}} \tag{4-39}$$

$$\varepsilon_{n\max} = \frac{1}{2}(\varepsilon_{xx} + \varepsilon_{yy}) + \frac{1}{2}\sqrt{(\varepsilon_{xx} - \varepsilon_{yy})^2 + \gamma_{xy}^2}$$

$$\tan 2\theta = \frac{\varepsilon_{xx} - \varepsilon_{yy}}{\gamma_{xy}} \tag{4-40}$$

$$\gamma_{n\max} = \sqrt{(\varepsilon_{xx} - \varepsilon_{yy})^2 + \gamma_{xy}^2}$$

하중을 받고 있는 부재의 변형량 측정은 주로 전기저항을 이용하고 있는 스트레인 게이지(strain gauge)를 사용한다. 하나의 게이지는 오직 한 방향의 수직변형량만을 측정함으로 일반적으로 3개의 게이지를 조합하여 변형량을 측정한다. 이와 같이 조합되어 있는 게이지를 스트레인 로제트(strain rosette)라 한다. 스트레인 로제트를 이용하여 변형률을 해석하는 하나의 예로써, 그림 4-11과 같이 45°의 각도를 이루고 있는 3개의 스트레인 게이지로 구성된 스트레인 로제트를 설명하고자 한다. 스트레인 게이지 a로부터는 x 방향의 변형률 ε_{xx}을, 스트레인 게이지 c로부터 y 방향의 변형률 ε_{yy}를, 스트레인 게이지 b로부터는 45°방향의 변형률 ε_n을 구할 수 있다. 따라서 식 (4-37)로부터 $\theta = 45°$인 경우의 식으로부터 전단 변형률 γ_{xy}를 다음과 같이 구할 수 있다.

$$\varepsilon_n = \varepsilon_b = \frac{1}{2}(\varepsilon_{xx} + \varepsilon_{yy}) - \frac{1}{2}\gamma_{xy} \tag{4-41}$$

$$\gamma_{xy} = \varepsilon_{xx} + \varepsilon_{yy} - 2\varepsilon_n = \varepsilon_a + \varepsilon_c - 2\varepsilon_b$$

식 (4-41)이 구해지면 식 (4-39)와 식 (4-40)으로부터 주변형률의 크기와 방향, 최대전단변형률의 크기와 방향 등을 구할 수 있다.

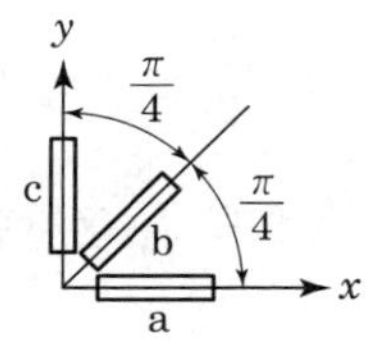

그림 4-11 스트레인 로제트

예제 4-16 평면변형률의 사각요소에서 $\varepsilon_{xx}=500\times10^{-6}$, $\varepsilon_{yy}=300\times10^{-6}$, $\gamma_{xy}=100\times10^{-6}$일 때 주변형률과 방향 그리고 최대전단변형률과 그 방향을 구하시오.

해설 주변형률은 $\tan 2\theta=\frac{\gamma_{xy}}{\varepsilon_{xx}-\varepsilon_{yy}}$와 $\varepsilon_{n\max}=\frac{1}{2}(\varepsilon_{xx}+\varepsilon_{yy})+\frac{1}{2}\sqrt{(\varepsilon_{xx}-\varepsilon_{yy})^2+\gamma_{xy}^2}$ 로부터 방향은 $\theta=\frac{1}{2}tan^{-1}\frac{\gamma_{xy}}{\varepsilon_{xx}-\varepsilon_{yy}}=\frac{1}{2}tan^{-1}\frac{100}{200}=13.283°$이고, 크기는 $\varepsilon_{n\max}=\frac{1}{2}(800\times10^{-6})+\frac{1}{2}\times10^{-6}\sqrt{200^2+100^2}=511.803\times10^{-6}$이다.

최대전단변형률은 $\tan 2\theta=-\frac{\varepsilon_{xx}-\varepsilon_{yy}}{\gamma_{xy}}$와 $\gamma_{n\max}=\sqrt{(\varepsilon_{xx}-\varepsilon_{yy})^2+\gamma_{xy}^2}$ 로부터 방향은$\theta=\frac{1}{2}tan^{-1}\left(-\frac{\varepsilon_{xx}-\varepsilon_{yy}}{\gamma_{xy}}\right)=\frac{1}{2}tan^{-1}\left(-\frac{2}{1}\right)=-31.717°$이고, 크기는 $\gamma_{n\max}=\sqrt{200^2+100^2}\times10^{-6}=223.607\times10^{-6}$이다.

[답] $\theta=13.283°$, $\varepsilon_{n\max}=511.803\times10^{-6}$, $\theta=-31.717°$, $\gamma_{n\max}=223.607\times10^{-6}$

예제 4-17 평면변형률의 사각요소에서 $\varepsilon_{xx}=-140\times10^{-6}$, $\varepsilon_{yy}=-500\times10^{-6}$, $\gamma_{xy}=360\times10^{-6}$일 때 주변형률의 크기와 방향을 구하시오.

해설 $\epsilon_{n\max,\min}=\frac{1}{2}(\varepsilon_{xx}+\varepsilon_{yy})\pm\frac{1}{2}\sqrt{(\varepsilon_{xx}-\varepsilon_{yy})^2+\gamma_{xy}^2}$ 로부터 $\varepsilon_{n\max}=-\frac{1}{2}(640\times10^{-6})+\frac{1}{2}\sqrt{(360\times10^{-6})^2+(360\times10^{-6})^2}=65.442\times10^{-6}$와 $\varepsilon_{n\min}=-\frac{1}{2}(640\times10^{-6})-\frac{1}{2}\sqrt{(360\times10^{-6})^2+(360\times10^{-6})^2}=-574.558\times10^{-6}$로 된다. 방향은 $\tan 2\theta=\frac{\gamma_{xy}}{\varepsilon_{xx}-\varepsilon_{yy}}$로부터 $\theta=\frac{1}{2}tan^{-1}\frac{360}{360}=22.5°$로 된다.

[답] $\varepsilon_{n\max}=65.442\times10^{-6}$, $\varepsilon_{n\min}=-574.558\times10^{-6}$, $\theta=22.5°$

예제 4-18 평면변형률의 사각요소에서 $\varepsilon_{xx}=500\times10^{-6}$, $\varepsilon_{yy}=300\times10^{-6}$, $\gamma_{xy}=100\times10^{-6}$일 때 45° 방향의 변형률 ε_n과 전단변형률 γ_n을 구하시오.

▌해설▌ 변형률 ε_n은 $\varepsilon_n = \frac{1}{2}(\varepsilon_{xx}+\varepsilon_{yy}) + \frac{1}{2}(\varepsilon_{xx}-\varepsilon_{yy})\cos 2\theta + \frac{1}{2}\gamma_{xy}\sin 2\theta$로부터 $\varepsilon_n = \frac{1}{2}(800\times 10^{-6}) + \frac{1}{2}\times 100\times 10^{-6} = 450\times 10^{-6}$로 되고, 전단변형률 γ_n는 $\frac{\gamma_n}{2} = -\frac{1}{2}(\varepsilon_{xx}-\varepsilon_{yy})\sin 2\theta + \frac{1}{2}\gamma_{xy}\cos 2\theta$로부터 $\frac{\gamma_n}{2} = -\frac{1}{2}(200\times 10^{-6})$로 된다.

[답] $\varepsilon_n = 350\times 10^{-6}$, $\gamma_n = -200\times 10^{-6}$

예제 4-19 45° 스트레인 로제트를 사용하여 $\varepsilon_a = \varepsilon_{xx} = 670\times 10^{-6}$, $\varepsilon_b = 330\times 10^{-6}$, $\varepsilon_c = \varepsilon_{yy} = 150\times 10^{-6}$를 얻었을 때, 전단변형률 γ_{xy}를 구하시오.

▌해설▌ ε_b를 $\theta = 45°$방향의 전단변형률 ε_n으로 놓으면 $\varepsilon_n = \frac{1}{2}(\varepsilon_{xx}+\varepsilon_{yy}) + \frac{1}{2}(\varepsilon_{xx}-\varepsilon_{yy})\cos 2\theta + \frac{1}{2}\gamma_{xy}\sin 2\theta$으로부터 $\epsilon_n = \epsilon_b = \frac{1}{2}(\epsilon_{xx}+\epsilon_{yy}) + \frac{1}{2}\gamma_{xy}$로 되고, 여기서 전단변형률은 $\gamma_{xy} = -(\varepsilon_{xx}-\varepsilon_{yy}) + 2\varepsilon_n = (-520+2\times 330)\times 10^{-6} = 140\times 10^{-6}$ 로 된다.

[답] $\gamma_{xy} = 140\times 10^{-6}$

예제 4-20 45° 스트레인 로제트를 사용하여 $\varepsilon_a = \varepsilon_{xx} = 670\times 10^{-6}$, $\varepsilon_b = 330\times 10^{-6}$, $\varepsilon_c = \varepsilon_{yy} = 150\times 10^{-6}$를 얻었을 때, 주변형률과 방향을 구하시오.

▌해설▌ 우선 전단변형률 γ_{xy}는 $\varepsilon_n = \frac{1}{2}(\varepsilon_{xx}+\varepsilon_{yy}) + \frac{1}{2}(\varepsilon_{xx}-\varepsilon_{yy})\cos 2\theta + \frac{1}{2}\gamma_{xy}\sin 2\theta$와 $\theta = 45°$로부터 $\varepsilon_n = \varepsilon_b = \frac{1}{2}(\varepsilon_{xx}+\varepsilon_{yy}) + \frac{1}{2}\gamma_{xy}$로 되므로 $\gamma_{xy} = -(\varepsilon_{xx}-\varepsilon_{yy}) + 2\varepsilon_n = (-520+2\times 330)\times 10^{-6} = 140\times 10^{-6}$로 된다.

주변형률은 $\varepsilon_{n\max,\min} = \frac{1}{2}(\varepsilon_{xx}+\varepsilon_{yy}) \pm \frac{1}{2}\sqrt{(\varepsilon_{xx}-\varepsilon_{yy})^2 + \gamma_{xy}^2}$로부터 $\varepsilon_{n\max} = \frac{1}{2}(820\times 10^{-6}) + \frac{1}{2}\sqrt{(520\times 10^{-6})^2 + (140\times 10^{-6})^2} = 679.258\times 10^{-6}$와 $\varepsilon_{n\min} = \frac{1}{2}(820\times 10^{-6}) - \frac{1}{2}\sqrt{(520\times 10^{-6})^2 + (140\times 10^{-6})^2} = 140.742\times 10^{-6}$로 된다. 방향은 $\tan 2\theta = \frac{\gamma_{xy}}{\varepsilon_{xx}-\varepsilon_{yy}}$로부터 $\theta = \frac{1}{2}tan^{-1}\frac{140}{520} = 7.534°$로 된다.

[답] $\varepsilon_{n\max} = 769.258\times 10^{-6}$, $\varepsilon_{n\min} = 140.742\times 10^{-6}$, $\theta = 7.534°$

4-5 단축 및 평면응력에 대한 Mohr 원

앞에서는 단축응력, 2축 응력, 평면응력 등을 받는 부재의 경사단면에서의 법선응력과 전단응력, 주응력과 최대전단응력 등을 계산식으로 구하였으나 여기서는 Mohr 원(Mohr's circle)을 이용한 도식적인 방법으로 모두 해석하고자 한다. 응력에 대한 Mohr 원의 x축 좌표는 수직응력, y축 좌표는 전단응력을 나타낸다.

단축인장응력 σ_{xx}을 받는 부재인 경우에 y축과 각 θ를 이루는 경사단면에서의 법선응력과 전단응력은 다음과 같이 주어졌다.

$$\sigma_n = \sigma_{xx}\cos^2\theta = \sigma_{xx}\frac{1+\cos 2\theta}{2} \tag{4-42}$$

$$\tau_n = \frac{1}{2}\sigma_{xx}\sin 2\theta$$

식 (4-42)에서 법선응력과 전단응력을 각 각 제곱하고 더한 하나의 조합된 식을 원(circle)의 식 $(x-a)^2+(y-b)^2=r^2$과 같은 모양의 식으로 다음과 같이 변환시킬 수 있다.

$$\left(\sigma_n - \frac{1}{2}\sigma_{xx}\right)^2 = \left(\frac{1}{2}\sigma_{xx}\right)^2\cos^2 2\theta \tag{4-43}$$

$$\tau_n^2 = \left(\frac{1}{2}\sigma_{xx}\right)^2\sin^2 2\theta$$

$$\left(\sigma_n - \frac{1}{2}\sigma_{xx}\right)^2 + \tau_n^2 = \left(\frac{1}{2}\sigma_{xx}\right)^2$$

식 (4-43)은 중심점이 $\left(\frac{1}{2}\sigma_{xx},\ 0\right)$이고 반지름이 $\frac{1}{2}\sigma_{xx}$인 원의 식으로 그림 **4-12** (a)와 같이 그릴 수 있으며, 이를 Mohr 원이라고 한다.

식 (4-42)에 나타낸 법선응력과 전단응력을 그림 **4-12** (a)와 비교하면서 나타내고자 한다. 그림 **4-12** (a)에서 보면 중심점인 O를 중심으로 반지름 $\overline{OA}=\frac{1}{2}\sigma_{xx}$가 σ_n축 상의 A점에서 반시계방향으로 2θ 회전할 때 원주 상의 B점 좌표값은 식 (4-42)와 같음을 알 수 있으며, 식 (4−42)와 같이 그림 **4−12** (a)에서도 $2\theta=0$이면 $\sigma_n=\sigma_{xx}$, $\tau_n=0$, $2\theta=\frac{\pi}{2}$이면 $\sigma_n=\tau_n=\frac{1}{2}\sigma_{xx}$ 그리고 $2\theta=\pi$ 이면 $\sigma_n=\tau_n=0$인 조건이 충족됨을 알 수 있다. 또한, y축과 각 θ를 이루는 경사단면을 $\frac{\pi}{2}$만큼 더 회전시킨 경사단면에서의 법선응력과 전단응력은 그림 **4−12** (a)에서 반지름을 π만큼 더 회전시킨 경우와 같으므로 원주 상의 C점 좌표값으로써 나타낸다. 따라서 **그림 4−12** (a)의 Mohr 원을 이용해서도 법선응력과 전단응력 그리고 각 각의 최대·최솟값을 구할 수 있다. Mohr 원에서 σ_n의 최댓값은 $2\Theta=0$인 A점의 σ_{xx}이고, 최솟값은 $2\theta=\pi$인 원점에서 0의 값을 갖는다. 최대, 최소전단응력은 각각 $2\theta=\frac{\pi}{2}$와 $2\theta=\frac{3\pi}{2}$일 때 $\pm\frac{1}{2}\sigma_{xx}$의 값을 갖는다.

만약에 단축응력에서 압축응력 $-\sigma_{xx}$가 작용하는 경우의 Mohr 원은 그림 **4−12** (b)와 같이 중심점이 $\left(-\frac{1}{2}\sigma_{xx},\ 0\right)$이고 반지름이 $\frac{1}{2}\sigma_{xx}$인 원으로 주어진다. y축과 각 θ를 이루는 경사단면에서의 법선응력과 전단응력은 원주상의 B점 좌표값으로 주어지고 다음과 같이 된다.

$$\sigma_n=\overline{0O}+\overline{OE}=\overline{0O}+\overline{OB}\cos 2\theta=-\frac{1}{2}\sigma_{xx}-\frac{1}{2}\sigma_{xx}\cos 2\theta \qquad (4-44)$$

$$\tau_n=\overline{EB}=\overline{OB}\sin 2\theta=-\frac{1}{2}\sigma_{xx}\sin 2\theta$$

법선응력의 최댓값은 $2\theta=\pi$인 원점에서 0의 값을 갖고, 최솟값은 $2\theta=0$인 A점에서 $-\sigma_{xx}$의 값을 갖는다. 전단응력은 $2\theta=\frac{\pi}{2}$와 $2\theta=\frac{3\pi}{2}$일 때 최소와 최대인 $\mp\frac{1}{2}\sigma_{xx}$의 값을 갖는다.

외력에 의해서 부재나 기소 내의 2축 인장응력상태를 나타내는 임의의 미소사각요소에서 y 축과 각 θ를 이루는 경사단면에 작용하는 법선응력 σ_n과 전단응력 τ_n은 다음과 같다.

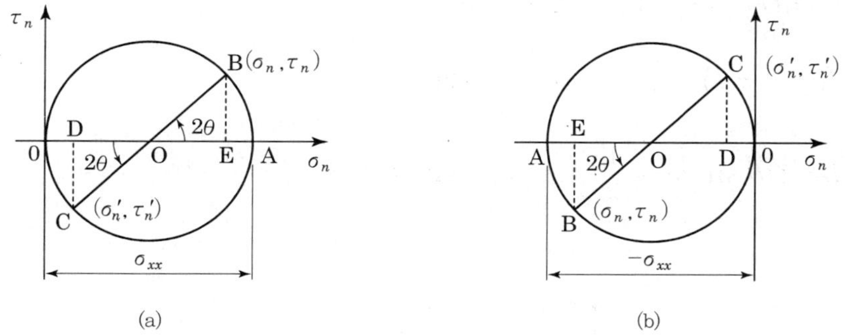

그림 4-12 단축응력에 대한 Mohr 원

$$\sigma_n = \frac{1}{2}(\sigma_{xx} + \sigma_{yy}) + \frac{1}{2}(\sigma_{xx} - \sigma_{yy})\cos 2\theta \qquad (4-45)$$

$$\tau_n = \frac{1}{2}(\sigma_{xx} - \sigma_{yy})\sin 2\theta$$

식 (4−45)에서 법선응력과 전단응력을 각 각 제곱하고 더한 하나의 조합된 식을 원(circle)의 식 $(x-a)^2 + (y-b)^2 = r^2$과 같은 모양의 식으로 다음과 같이 변환시킬 수 있다.

$$\left[\sigma_n - \frac{1}{2}(\sigma_{xx} + \sigma_{yy})\right]^2 = \left[\frac{1}{2}(\sigma_{xx} - \sigma_{yy})\right]^2 \cos^2 2\theta \qquad (4-46)$$

$$\tau_n^2 = \left[\frac{1}{2}(\sigma_{xx} - \sigma_{yy})\right]^2 \sin^2 2\theta$$

$$\left[\sigma_n - \frac{1}{2}(\sigma_{xx} + \sigma_{yy})\right]^2 + \tau_n^2 = \left[\frac{1}{2}(\sigma_{xx} - \sigma_{yy})\right]^2$$

식 (4−46)은 중심점이 $\left(\frac{\sigma_{xx} + \sigma_{yy}}{2},\ 0\right)$이고 반지름이 $\frac{1}{2}(\sigma_{xx} - \sigma_{yy})$인 원의 식으로 Mohr 원을 그림 **4−13**과 같이 그릴 수 있다. 그림 **4−13**으로부터 y 축과 각 θ를 이루는 경사단면에 작용하는 법선응력 σ_n과 전단응력 τ_n은 원주상의 B점 좌표값으로 주어지고 다음과 같이 구해진다.

$$\sigma_n = \overline{0F} = \overline{0O} + \overline{OF} = \overline{0O} + \overline{OB}\cos 2\theta \tag{4-47}$$

$$= \frac{1}{2}(\sigma_{xx} + \sigma_{yy}) + \frac{1}{2}(\sigma_{xx} - \sigma_{yy})\cos 2\theta$$

$$\tau_n = \overline{FB} = \overline{OB}\sin 2\theta = \frac{1}{2}(\sigma_{xx} - \sigma_{yy})\sin 2\theta$$

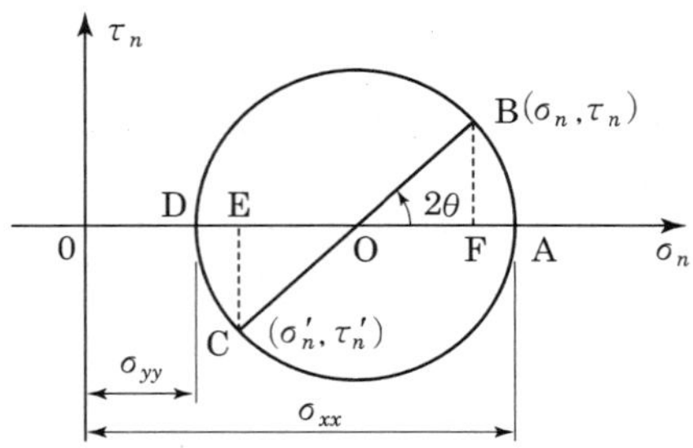

그림 4-13 2축 응력에 대한 Mohr 원

또한, y축과 각 θ를 이루는 경사단면을 $\frac{\pi}{2}$만큼 더 회전시킨 경사단면에서의 법선응력 $\sigma_n{}'$와 전단응력 $\tau_n{}'$는 그림 **4-13**에서 반지름을 π만큼 더 회전시킨 경우와 같으므로 Mohr 원주 상의 C점 좌표값으로써 나타낸다.

$$\sigma_n{}' = \overline{0E} = \overline{0O} - \overline{OE} = \overline{0O} - \overline{OC}\cos 2\theta \tag{4-48}$$

$$= \frac{1}{2}(\sigma_{xx} + \sigma_{yy}) - \frac{1}{2}(\sigma_{xx} - \sigma_{yy})\cos 2\theta$$

$$\tau_n{}' = -\overline{EC} = -\overline{OC}\sin 2\theta = -\frac{1}{2}(\sigma_{xx} - \sigma_{yy})\sin 2\theta$$

법선응력의 최댓값과 최솟값은 그림 **4-13**의 $\overline{0A}$와 $\overline{0D}$로써 각 각 $\sigma_{n\max} = \sigma_{xx}$, $\sigma_{n\min} = \sigma_{yy}$로 주어진다. 전단응력의 최대、최솟값은 $2\theta = \frac{\pi}{2}$와 $2\theta = \frac{3\pi}{2}$일 때 반지름의 크기인 $\pm\frac{1}{2}(\sigma_{xx} - \sigma_{yy})$로 주어진다.

외력에 의해서 부재나 기소 내의 평면응력상태를 나타내는 임의의 미소사각요소에서 y 축과 각 θ를 이루는 경사단면에 작용하는 법선응력 σ_n과 전단응력 τ_n은 다음과 같이 주어진다.

$$\sigma_n = \frac{1}{2}(\sigma_{xx} + \sigma_{yy}) + \frac{1}{2}(\sigma_{xx} - \sigma_{yy})\cos 2\theta - \tau_{xy}\sin 2\theta \qquad (4-49)$$

$$\tau_n = \frac{1}{2}(\sigma_{xx} - \sigma_{yy})\sin 2\theta + \tau_{xy}\cos 2\theta$$

식 (4-49)에서 법선응력과 전단응력을 각 각 제곱하고 더한 하나의 조합된 식을 원(circle)의 식 $(x-a)^2 + (y-b)^2 = r^2$과 같은 모양의 식으로 다음과 같이 변환시킬 수 있다.

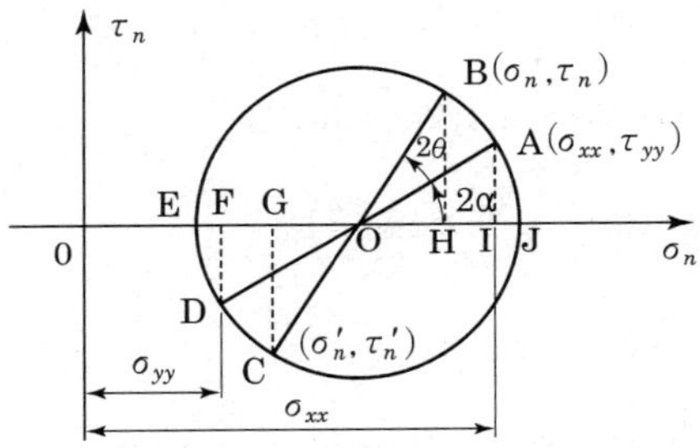

그림 4-14 평면응력에 대한 Mohr 원

$$\left[\sigma_n - \frac{1}{2}(\sigma_{xx} + \sigma_{yy})\right]^2 = \left[\frac{1}{2}(\sigma_{xx} - \sigma_{yy})\cos 2\theta - \tau_{xy}\sin 2\theta\right]^2 \qquad (4-50)$$

$$\tau_n^2 = \left[\frac{1}{2}(\sigma_{xx} - \sigma_{yy})\sin 2\theta + \tau_{xy}\cos 2\theta\right]^2$$

$$\left[\sigma_n - \frac{1}{2}(\sigma_{xx} + \sigma_{yy})\right]^2 + \tau_n^2 = \left[\frac{1}{2}(\sigma_{xx} - \sigma_{yy})\right]^2 + \tau_{xy}^2$$

$$= \left(\frac{1}{2}\sqrt{(\sigma_{xx} - \sigma_{yy})^2 + 4\tau_{xy}^2}\right)^2$$

식 (4-50)은 중심점이 $\left(\frac{\sigma_{xx} + \sigma_{yy}}{2},\ 0\right)$이고 반지름이 $\frac{1}{2}\sqrt{(\sigma_{xx} - \sigma_{yy})^2 + 4\tau_{xy}^2}$ 인 원의 식으로 Mohr 원을 그림 **4-14**와 같이 그릴 수 있다.

그림 **4-14**의 $\triangle AOI$에서 $\sin 2\alpha$와 $\cos 2\alpha$는 다음과 같이 된다.

$$\sin 2\alpha = \frac{\overline{AI}}{\overline{OA}} = \frac{\overline{AI}}{\overline{OB}} = \frac{\tau_{xy}}{\frac{1}{2}\sqrt{(\sigma_{xx}-\sigma_{yy})^2+4\tau_{xy}^2}} \tag{4-51}$$

$$\cos 2\alpha = \frac{\overline{OI}}{\overline{OA}} = \frac{\overline{OI}}{\overline{OB}} = \frac{\frac{1}{2}(\sigma_{xx}-\sigma_{yy})}{\frac{1}{2}\sqrt{(\sigma_{xx}-\sigma_{yy})^2+4\tau_{xy}^2}}$$

그림 **4-14**로부터 y 축과 각 θ를 이루는 경사단면에 작용하는 법선응력 σ_n과 전단응력 τ_n은 원주상의 B점 좌표값으로 주어지고 다음과 같이 구해진다.

$$\begin{aligned}
\sigma_n &= \overline{0H} = \overline{0O} + \overline{OH} = \overline{0O} + \overline{OB}\cos(2\alpha+2\theta) \\
&= \overline{0O} + \overline{OB}(\cos 2\alpha\cos 2\theta - \sin 2\alpha\sin 2\theta) \\
&= \overline{0O} + \overline{OB}\left(\frac{\overline{OI}}{\overline{OB}}\cos 2\theta - \frac{\overline{AI}}{\overline{OB}}\sin 2\theta\right) \\
&= \overline{0O} + \overline{OI}\cos 2\theta - \overline{AI}\sin 2\theta \\
&= \frac{1}{2}(\sigma_{xx}+\sigma_{yy}) + \frac{1}{2}(\sigma_{xx}-\sigma_{yy})\cos 2\theta - \tau_{xy}\sin 2\theta \\
\tau_n &= \overline{HB} = \overline{OB}\sin(2\alpha+2\theta) \\
&= \overline{OB}(\sin 2\alpha\cos 2\theta + \cos 2\alpha\sin 2\theta) \\
&= \overline{OB}\left(\frac{\overline{AI}}{\overline{OB}}\cos 2\theta + \frac{\overline{OI}}{\overline{OB}}\sin 2\theta\right) \\
&= \overline{OI}\sin 2\theta + \overline{AI}\cos 2\theta \\
&= \frac{1}{2}(\sigma_{xx}-\sigma_{yy})\sin 2\theta + \tau_{xy}\cos 2\theta
\end{aligned} \tag{4-52}$$

또한, y축과 각 θ를 이루는 경사단면을 $\frac{\pi}{2}$만큼 더 회전시킨 경사단면에서의 법선응력 σ_n'와 전단응력 τ_n'는 그림 4-14에서 반지름을 π만큼 더 회전시킨 경우와 같으므로 Mohr 원주 상의 C점 좌표값으로써 나타낸다.

$$
\begin{aligned}
\sigma_n{}' &= \overline{0G} = \overline{0O} - \overline{OG} = \overline{0O} - \overline{OC}\cos(2\alpha+2\theta) \\
&= \overline{0O} - \overline{OC}(\cos 2\alpha \cos 2\theta - \sin 2\alpha \sin 2\theta) \\
&= \overline{0O} - \overline{OC}\left(\frac{\overline{OF}}{\overline{OD}}\cos 2\theta - \frac{\overline{DF}}{\overline{OD}}\sin 2\theta\right) \\
&= \overline{0O} - \overline{OF}\cos 2\theta + \overline{DF}\sin 2\theta \\
&= \frac{1}{2}(\sigma_{xx}+\sigma_{yy}) - \frac{1}{2}(\sigma_{xx}-\sigma_{yy})\cos 2\theta + \tau_{xy}\sin 2\theta \\
\tau_n{}' &= -\overline{CG} = -\overline{OC}\sin(2\alpha+2\theta) \\
&= -\overline{OC}(\sin 2\alpha \cos 2\theta + \cos 2\alpha \sin 2\theta) \\
&= -\overline{OC}\left(\frac{\overline{DF}}{\overline{OD}}\cos 2\theta + \frac{\overline{OF}}{\overline{OD}}\sin 2\theta\right) \\
&= -(\overline{OF}\sin 2\theta + \overline{DF}\cos 2\theta) \\
&= -\frac{1}{2}(\sigma_{xx}-\sigma_{yy})\sin 2\theta - \tau_{xy}\cos 2\theta
\end{aligned}
\tag{4-53}
$$

단, 식 (4-52)와 식 (4-53)에서는 그림 **4-14**의 Mohr 원 반지름과 전단응력을 나타내는 선분들의 크기가 다음과 같이 주어짐으로 이들을 이용하여 식들을 전개하였다.

$$
\begin{aligned}
&\overline{OA} = \overline{OB} = \overline{OC} = \overline{OD} = \overline{OE} = \overline{OJ} \\
&\overline{AI} = \overline{DF} \quad \overline{BH} = \overline{CG}
\end{aligned}
\tag{4-54}
$$

그림 **4-14**에서 법선응력의 최댓값은 $-2\theta = 2\alpha$일 때 $\overline{0J}$를 갖고, 최솟값은 $2\theta = \pi - 2\alpha$일 때 $\overline{0E}$를 갖으며 다음과 같이 나타낼 수 있다.

$$
\begin{aligned}
\theta &= -\frac{1}{2}\tan^{-1}\frac{\overline{AI}}{\overline{OI}} = -\frac{1}{2}\tan^{-1}\frac{\tau_{xy}}{\frac{1}{2}(\sigma_{xx}-\sigma_{yy})} \\
\sigma_{n\max} &= \overline{0J} = \overline{0O} + \overline{OJ} \\
&= \frac{1}{2}(\sigma_{xx}+\sigma_{yy}) + \frac{1}{2}\sqrt{(\sigma_{xx}-\sigma_{yy})^2 + 4\tau_{xy}^2}
\end{aligned}
\tag{4-55}
$$

$$\theta = \frac{\pi}{2} - \alpha = \frac{\pi}{2} - \frac{1}{2}\tan^{-1}\frac{\overline{AI}}{\overline{OI}} = \frac{\pi}{2} - \frac{1}{2}\tan^{-1}\frac{\tau_{xy}}{\frac{1}{2}(\sigma_{xx}-\sigma_{yy})}$$

$$\sigma_{n\min} = \overline{0E} = \overline{0O} - \overline{OE} \tag{4-56}$$

$$= \frac{1}{2}(\sigma_{xx}+\sigma_{yy}) - \frac{1}{2}\sqrt{(\sigma_{xx}-\sigma_{yy})^2+4\tau_{xy}^2}$$

전단응력의 최대·최솟값은 $2\theta = \frac{\pi}{2} - 2\alpha$와 $2\theta = \frac{3\pi}{2} - 2\alpha$일 때 반지름의 크기인 $\pm\frac{1}{2}\sqrt{(\sigma_{xx}-\sigma_{yy})^2+4\tau_{xy}^2}$로 주어진다.

예제 4-21 단면이 $A = 30\text{cm}^2$인 봉에 축방향으로 인장력 $P = 20$ ton이 작용하고 있을 때, 축에 직각인 단면과 이 단면과 30°을 이루는 면에서의 응력들을 Mohr 원을 이용하여 구하시오.

▌해설▐ 축에 직각인 단면의 인장응력은 $\sigma_{xx} = \frac{P}{A} = \frac{20000}{30} = 666.667\ \text{kgf/cm}^2$이다. 그림 **(4-a)**의 Mohr 원 반지름은 $\overline{0O} = \overline{OA} = \overline{OB} = \overline{OC} = \frac{\sigma_{xx}}{2}$이므로 법선응력과 전단응력은 $\sigma_n = \overline{0E} = \overline{0O} + \overline{OE} = \overline{0O} + \overline{OB}\cos 60 = \frac{\sigma_{xx}}{2} + \frac{\sigma_{xx}}{2}cos\,60 = 500\text{kgf/cm}^2$과 $\tau_n = \overline{OB}\sin 60 = \frac{\sigma_{xx}}{2}sin\,60 = 288.675\ \text{kgf/cm}^2$로 된다.

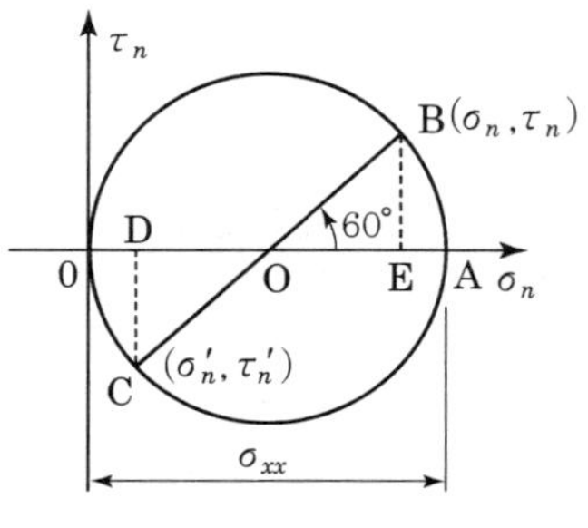

그림 (4-a)

[답] $\sigma_n = 500\text{kgf/cm}^2$, $\tau_n = 288.675\text{kgf/cm}^2$

예제 4-22 단면이 $A = 30\text{cm}^2$인 봉에 축방향의 압축력 $P = 20$ ton이 작용하고 있을 때, 축에 직각인 단면과 30°을 이루는 경사면에서의 응력들을 Mohr 원을 이용하여 구하시오.

▎해설▎ 축에 직각인 단면의 압축응력은 $\sigma_{xx} = \frac{P}{A} = \frac{20000}{30} = 666.667$ kgf/cm²다. 그림 **(4-b)**의 Mohr 원 반지름은 $\overline{0O} = \overline{OA} = \overline{OB} = \overline{OC} = \frac{\sigma_{xx}}{2}$이므로 법선응력과 전단응력은 $\sigma_n = \overline{0E} = \overline{0O} + \overline{OE} = \overline{0O} + \overline{OB}\cos 60 = \frac{\sigma_{xx}}{2} + \frac{\sigma_{xx}}{2}\cos 60 = 500\text{kgf/cm}^2$과 $\tau_n = -\overline{OB}\sin 60 = -\frac{\sigma_{xx}}{2}\sin 60 = -288.675$ kgf/cm²로 된다.

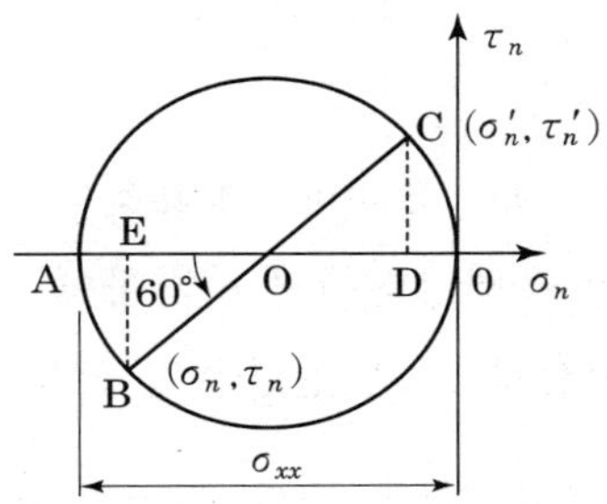

그림 (4-b)

[답] $\sigma_n = -500\text{kgf/cm}^2$, $\tau_n = -288\text{kgf/cm}^2$

예제 4-23 구조물 부재 내에 있는 임의의 사각미소요소에 $\sigma_{xx} = 1000\text{kgf/cm}^2$, $\sigma_{yy} = 500$ kgf/cm²이 작용하고 있을 때, 축방향에 직각인 단면과 $\theta = 30°$를 이루는 경사면에 생기는 법선응력 σ_n과 전단응력 τ_n을 Mohr 원을 이용하여 구하시오.

▎해설▎ 그림 **(4-c)**의 Mohr 원 반지름은 $\overline{OA} = \overline{OB} = \overline{OC} = \overline{OD} = \frac{\sigma_{xx} - \sigma_{yy}}{2}$이므로 법선응력은 $\sigma_n = \overline{0F} = \overline{0O} + \overline{OF} = \overline{0O} + \overline{OB}\cos 60 = \frac{\sigma_{xx} + \sigma_{yy}}{2} + \frac{\sigma_{xx} - \sigma_{yy}}{2}\cos 60$로 부터 $\sigma_n = 750 + 250\cos 60 = 875\text{kgf/cm}^2$로 되고 전단응력은 $\tau_n = \overline{OB}\sin 60 = \frac{\sigma_{xx} - \sigma_{yy}}{2}\sin 60$ 로부터 $\tau_n = \frac{500}{2}\sin 60 = 216.51\text{kgf/cm}^2$된다.

[답] $\sigma_n = 875\text{kgf/cm}^2$, $\tau_n = 216.51\text{kgf/cm}^2$

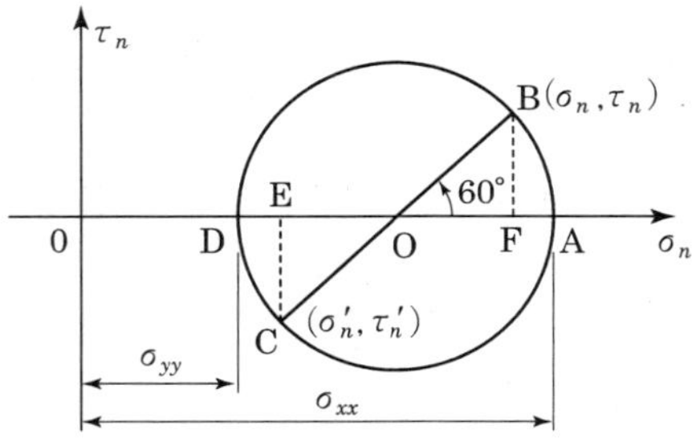

그림 (4-c)

예제 4-24 사각요소의 직교하는 두 평면에 작용하는 수직응력이 $\sigma = 500\text{kgf/cm}^2$와 $\sigma_{yy} = -500\text{kgf/cm}^2$인 응력상태에서 축방향에 직각인 단면과 $\theta = 30°$를 이루는 경사면에 생기는 법선응력 σ_n과 전단응력 τ_n을 Mohr 원을 이용하여 구하시오.

| 해설 | 그림 **(4-d)**의 Mohr 원 반지름은 $\overline{OA} = \overline{OB} = \overline{OC} = \overline{OD} = \dfrac{\sigma_{xx} - \sigma_{yy}}{2} = 500$이므로 법선응력은 $\sigma_n = \overline{0F} = \overline{OB}\cos 60 = \dfrac{\sigma_{xx} - \sigma_{yy}}{2} cos\, 60 = 500\text{kgf/cm}^2$로 된다.

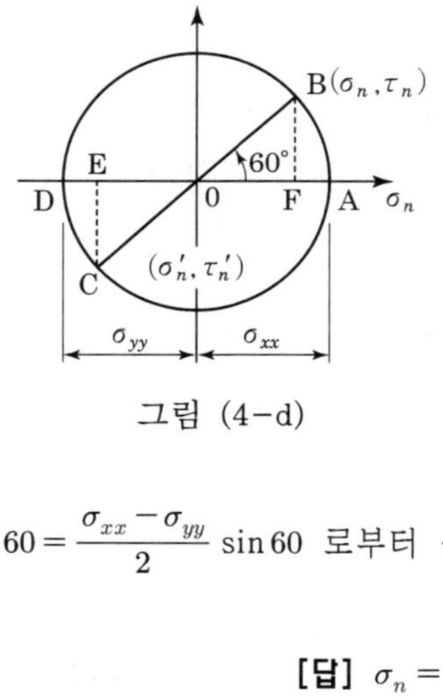

그림 (4-d)

전단응력은 $\tau_n = \overline{OB}\sin 60 = \dfrac{\sigma_{xx} - \sigma_{yy}}{2}\sin 60$ 로부터 $\tau_n = 500\sin 60 = 433.013\text{kgf/cm}^2$로 된다.

[답] $\sigma_n = 250\text{kgf/cm}^2$, $\tau_n = 433.013\text{kgf/cm}^2$

예제 4-25 평면응력의 사각요소에서 $\sigma = 500\text{kgf/cm}^2$, $\sigma_{yy} = 300\text{kgf/cm}^2$, $\tau_{xy} = 100$일 때 주응력과 최대전단응력 그리고 각 각의 방향을 구하시오.

| 해설 | 그림 **(4-e)**의 Mohr 원에서 원점에서 중심점까지는 $\overline{0O} = \dfrac{\sigma_{xx} + \sigma_{yy}}{2} = 400\text{kgf/cm}^2$이고,

반지름은 $\overline{OA}=\overline{OB}=\overline{OF}=\overline{OC}=\overline{OG}=\sqrt{\left(\frac{\sigma_{xx}-\sigma_{yy}}{2}\right)^2+\tau_{xy}^2}$ 이다. 주응력의 방향은 시계방향이므로 $\tan 2\alpha=-\frac{2\tau_{xy}}{\sigma_{xx}-\sigma_{yy}}=-\frac{200}{200}=-1$로 된다. 따라서 $\alpha=-\frac{\pi}{8}$서 최대주응력은 $\overline{0F}=\overline{0O}+\overline{OF}=\frac{\sigma_{xx}+\sigma_{yy}}{2}+\sqrt{(\frac{\sigma_{xx}-\sigma_{yy}}{2})^2+\tau_{xy}^2}=400+\sqrt{100^2+100^2}$ 로부터 $\overline{0F}=541$ kgf/cm^{2}로 되고, $\alpha=-\frac{\pi}{8}+\frac{\pi}{2}=\frac{3\pi}{8}$에서 최소 주응력은 $\overline{0C}=\overline{0O}-\overline{OC}=\frac{\sigma_{xx}+\sigma_{yy}}{2}-\sqrt{\left(\frac{\sigma_{xx}-\sigma_{yy}}{2}\right)^2+\tau_{xy}^2}=400-\sqrt{100^2+100^2}=259$kgf/cm^{2}로 된다.

최대 전단응력은 $\theta=\frac{\pi}{4}-\frac{\pi}{8}=\frac{\pi}{8}$일때 $\overline{OG}=\sqrt{\left(\frac{\sigma_{xx}-\sigma_{yy}}{2}\right)^2+\tau_{xy}^2}$ 로부터 141kgf/cm^{2}로 된다.

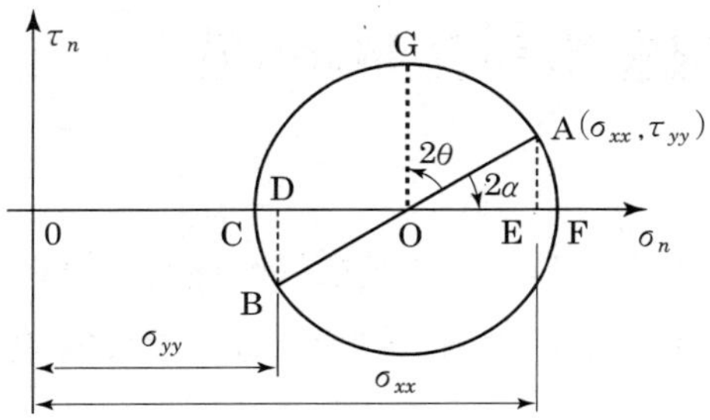

그림 (4-e)

[답] 최대 주응력 541kgf/cm^2, 최소 주응력 259kgf/cm^2, $\alpha=-\frac{\pi}{8}$, $\alpha=\frac{3\pi}{8}$, 최대 전단응력 141kgf/cm^2, $\theta=\frac{\pi}{8}$

예제 4-26 평면응력의 사각요소에서 $\sigma_{xx}=1500$kgf/cm^2, $\sigma_{yy}=-500$kgf/cm^2, $\tau_{xy}=-1000$ kgf/cm^{2}일 때 Mohr 원을 그리시오.

| 해설 | 그림 4-f의 Mohr 원에서 원점에서 중심점까지는 $\overline{0O}=\frac{\sigma_{xx}+\sigma_{yy}}{2}=500$kgf/cm^{2}이고, 반지름은 $\overline{OA}=\overline{OB}=\overline{OF}=\overline{OC}=\sqrt{\left(\sigma_{xx}-\frac{\sigma_{yy}}{2}\right)^2+\tau_{xy}^2}=1000\sqrt{2}=1410$kgf/cm^{2}이다. 주응력의 방향은 반시계방향이므로 $\tan 2\alpha=-\frac{2\tau_{xy}}{\sigma_{xx}-\sigma_{yy}}=\frac{2000}{2000}=1$로 된다. 따라서 $\alpha=\frac{\pi}{8}$이다. 최대주응력은 $\overline{0F}=\overline{0O}+\overline{OF}=500+1000\sqrt{2}=1910$로 되고, 에서 최소 주응력은 $\overline{0C}=\overline{O0}-\overline{OC}=500-1000\sqrt{2}=-910$kgf/cm^{2}로 된다.

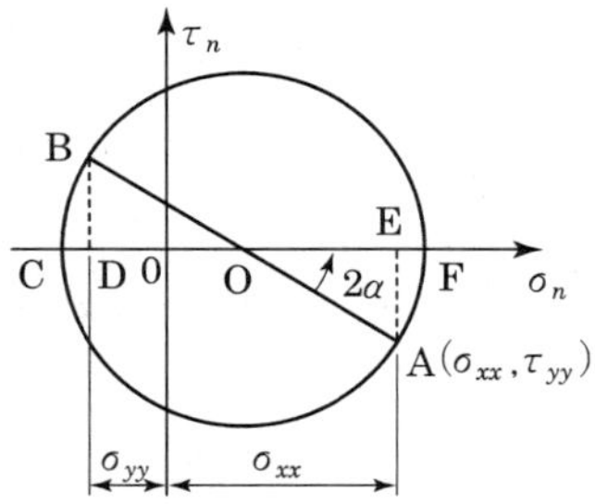

그림 (4-f)

4-6 평면변형률에 대한 Mohr 원

외력에 의해서 부재나 기소 내의 평면변형률상태를 나타내는 임의의 미소사각요소에서 y 축과 각 θ를 이루는 경사단면에 생기는 법선방향의 변형률 ε_n과 전단변형률 γ_n은 다음과 같이 주어진다.

$$\epsilon_n = \frac{1}{2}(\epsilon_{xx} + \epsilon_{yy}) + \frac{1}{2}(\epsilon_{xx} - \epsilon_{yy})c2\theta - \frac{1}{2}\gamma_{xy}s2\theta \tag{4-57}$$

$$\frac{\gamma_n}{2} = \frac{1}{2}(\epsilon_{xx} - \epsilon_{yy})\sin 2\theta + \frac{1}{2}\gamma_{xy}\cos 2\theta \tag{4-58}$$

식 (4-57)과 식 (4-58)은 평면응력상태에서 법선응력과 전단응력을 나타내는 식 (4-15)와 같은 형식을 갖고 있음으로 평면변형률에 대한 Mohr 원은 평면응력에 대한 Mohr 원과 마찬가지로 해석하면 된다.

식 (4-57)과 식 (4-58)에서 법선방향의 변형률과 전단변형률을 각 각 제곱하고 더한 하나의 조합된 식을 원(circle)의 식 $(x-a)^2 + (y-b)^2 = r^2$과 같은 모양의 식으로 다음과 같이 변환시킬 수 있다.

$$
\begin{aligned}
&[\epsilon_n - \frac{1}{2}(\epsilon_{xx}+\epsilon_{yy})]^2 = [\frac{1}{2}(\epsilon_{xx}-\epsilon_{yy})\cos 2\theta - \frac{1}{2}\gamma_{xy}\sin 2\theta]^2 \\
&(\frac{1}{2}\gamma_n)^2 = [\frac{1}{2}(\epsilon_{xx}-\epsilon_{yy})\sin 2\theta + \frac{1}{2}\gamma_{xy}\cos 2\theta]^2 \\
&[\epsilon_n - \frac{1}{2}(\epsilon_{xx}+\epsilon_{yy})]^2 + (\frac{1}{2}\gamma_n)^2 = [\frac{1}{2}(\epsilon_{xx}-\epsilon_{yy})]^2 + (\frac{1}{2}\gamma_{xy})^2 \\
&\qquad = (\frac{1}{2}\sqrt{(\epsilon_{xx}-\epsilon_{yy})^2+\gamma_{xy}^2})^2
\end{aligned}
\tag{4-59}
$$

식 (4-59)는 중심점이 $\left(\frac{\varepsilon_{xx}+\varepsilon_{yy}}{2},\ 0\right)$이고 반지름이 $\frac{1}{2}\sqrt{(\varepsilon_{xx}-\varepsilon_{yy})^2+\gamma_{xy}^2}$ 인 원의 식으로 Mohr 원을 그림 **4-15**와 같이 그릴 수 있다.

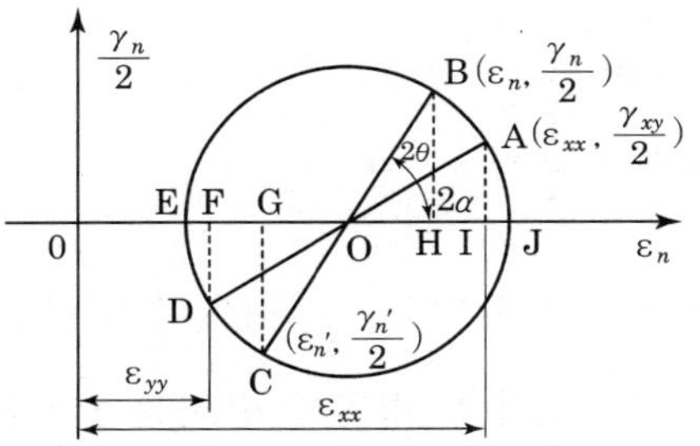

그림 4-15 평면변형률에 대한 Mohr 원

그림 **4-15**에서 Mohr 원 반지름과 전단응력을 나타내는 선분들의 크기와 $\triangle AOI$에서의 $\sin 2\alpha$와 $\cos 2\alpha$는 다음과 같이 주어진다.

$$
\begin{aligned}
&\overline{OA} = \overline{OB} = \overline{OC} = \overline{OD} = \overline{OE} = \overline{OJ} \\
&\overline{AI} = \overline{DF} \quad \overline{BH} = \overline{CG}
\end{aligned}
\tag{4-60}
$$

$$
\begin{aligned}
&\sin 2\alpha = \frac{\overline{AI}}{\overline{OA}} = \frac{\overline{AI}}{\overline{OB}} = \frac{\gamma_{xy}}{\sqrt{(\epsilon_{xx}-\epsilon_{yy})^2+\gamma_{xy}^2}} \\
&\cos 2\alpha = \frac{\overline{OI}}{\overline{OA}} = \frac{\overline{OI}}{\overline{OB}} = \frac{(\epsilon_{xx}-\epsilon_{yy})}{\sqrt{(\epsilon_{xx}-\epsilon_{yy})^2+\gamma_{xy}^2}}
\end{aligned}
\tag{4-61}
$$

그림 **4-15**로부터 y 축과 각 θ를 이루는 경사단면에 작용하는 법선변형률 ε_n과 전단변형률 γ_n은 원주상의 B점 좌표값으로 주어지고 다음과 같이 구해진다.

$$\begin{aligned}
\epsilon_n &= \overline{0H} = \overline{0O} + \overline{OH} = \overline{0O} + \overline{OB}\cos(2\alpha + 2\theta) \\
&= \overline{0O} + \overline{OB}(\cos 2\alpha \cos 2\theta - \sin 2\alpha \sin 2\theta) \\
&= \overline{0O} + \overline{OB}\left(\frac{\overline{OI}}{\overline{OB}}\cos 2\theta - \frac{\overline{AI}}{\overline{OB}}\sin 2\theta\right) \\
&= \overline{0O} + \overline{OI}\cos 2\theta - \overline{AI}\sin 2\theta \\
&= \frac{1}{2}(\epsilon_{xx} + \epsilon_{yy}) + \frac{1}{2}(\epsilon_{xx} - \epsilon_{yy})\cos 2\theta - \frac{1}{2}\gamma_{xy}\sin 2\theta
\end{aligned}$$

$$\begin{aligned}
\frac{1}{2}\gamma_n &= \overline{HB} = \overline{OB}\sin(2\alpha + 2\theta) \\
&= \overline{OB}(\sin 2\alpha \cos 2\theta + \cos 2\alpha \sin 2\theta) \\
&= \overline{OB}\left(\frac{\overline{AI}}{\overline{OB}}\cos 2\theta + \frac{\overline{OI}}{\overline{OB}}\sin 2\theta\right) \\
&= \overline{OI}\sin 2\theta + \overline{AI}\cos 2\theta \\
&= \frac{1}{2}(\epsilon_{xx} - \epsilon_{yy})\sin 2\theta + \frac{1}{2}\gamma_{xy}\cos 2\theta
\end{aligned} \qquad (4-62)$$

또한, y축과 각 θ를 이루는 경사단면을 $\frac{\pi}{2}$만큼 더 회전시킨 경사단면에서의 법선변형률 $\varepsilon_n{}'$와 전단변형률 $\frac{1}{2}\gamma_n{}'$는 그림 **4-15**에서 반지름을 π만큼 더 회전시킨 경우와 같으므로 Mohr 원주 상의 C점 좌표값으로써 다음과 같이 나타낸다.

$$\begin{aligned}
\epsilon_n{}' &= \overline{0G} = \overline{0O} - \overline{OG} = \overline{0O} - \overline{OC}\cos(2\alpha + 2\theta) \\
&= \overline{0O} - \overline{OC}(\cos 2\alpha \cos 2\theta - \sin 2\alpha \sin 2\theta) \\
&= \overline{0O} - \overline{OC}\left(\frac{\overline{OF}}{\overline{OD}}\cos 2\theta - \frac{\overline{DF}}{\overline{OD}}\sin 2\theta\right) \\
&= \overline{0O} - \overline{OF}\cos 2\theta + \overline{DF}\sin 2\theta \\
&= \frac{1}{2}(\epsilon_{xx} + \epsilon_{yy}) - \frac{1}{2}(\epsilon_{xx} - \epsilon_{yy})\cos 2\theta + \frac{1}{2}\gamma_{xy}\sin 2\theta
\end{aligned}$$

$$\begin{aligned}
\frac{1}{2}\gamma_n{}' &= -\overline{CG} = -\overline{OC}\sin(2\alpha + 2\theta) \\
&= -\overline{OC}(\sin 2\alpha \cos 2\theta + \cos 2\alpha \sin 2\theta) \\
&= -\overline{OC}\left(\frac{\overline{DF}}{\overline{OD}}\cos 2\theta + \frac{\overline{OF}}{\overline{OD}}\sin 2\theta\right) \\
&= -(\overline{OF}\sin 2\theta + \overline{DF}\cos 2\theta) \\
&= -\frac{1}{2}(\epsilon_{xx} - \epsilon_{yy})\sin 2\theta - \frac{1}{2}\gamma_{xy}\cos 2\theta
\end{aligned} \qquad (4-63)$$

그림 4-15에서 법선변형률의 최댓값은 $-2\theta = 2\alpha$일 때 $\overline{0J}$를 갖고, 최솟값은 $2\theta = \pi - 2\alpha$일 때 $\overline{0E}$를 갖으며 다음과 같이 나타낼 수 있다.

$$\theta = -\frac{1}{2}\tan^{-1}\frac{\overline{AI}}{\overline{OI}} = -\frac{1}{2}\tan^{-1}\frac{\frac{1}{2}\gamma_{xy}}{\frac{1}{2}(\epsilon_{xx}-\epsilon_{yy})}$$

$$= -\frac{1}{2}\tan^{-1}\frac{\gamma_{xy}}{(\epsilon_{xx}-\epsilon_{yy})} \qquad (4-64)$$

$$\epsilon_{n\max} = \overline{0J} = \overline{0O} + \overline{OJ}$$

$$= \frac{1}{2}(\epsilon_{xx}+\epsilon_{yy}) + \frac{1}{2}\sqrt{(\epsilon_{xx}-\epsilon_{yy})^2+\gamma_{xy}^2}$$

$$\theta = \frac{\pi}{2} - \alpha = \frac{\pi}{2} - \frac{1}{2}\tan^{-1}\frac{\overline{AI}}{\overline{OI}} = \frac{\pi}{2} - \frac{1}{2}\tan^{-1}\frac{\gamma_{xy}}{(\epsilon_{xx}-\epsilon_{yy})}$$

$$\epsilon_{n\min} = \overline{0E} = \overline{0O} - \overline{OE} \qquad (4-65)$$

$$= \frac{1}{2}(\epsilon_{xx}+\epsilon_{yy}) - \frac{1}{2}\sqrt{(\epsilon_{xx}-\epsilon_{yy})^2+\gamma_{xy}^2}$$

전단변형률의 최대、최솟값은 $2\theta = \frac{\pi}{2} - 2\alpha$와 $2\theta = \frac{3\pi}{2} - 2\alpha$일 때 반지름의 크기인 $\pm\sqrt{(\epsilon_{xx}-\epsilon_{yy})^2+\gamma_{xy}^2}$로 주어진다.

예제 4-27 **평면변형률의 사각요소에서 $\varepsilon_{xx} = 500\times10^{-6}$, $\varepsilon_{yy} = 300\times10^{-6}$, $\gamma_{xy} = 100\times10^{-6}$ 일 때 최대변형률과 방향 그리고 최대전단변형률과 그 방향을 Mohr 원을 이용하여 구하시오.**

| 해설 | 그림 (4-g)의 Mohr 원에서 원점에서 중심점까지는 $\overline{0O} = \frac{\epsilon_{xx}+\epsilon_{yy}}{2} = 400\times10^{-6}$이고,반지름은 $\overline{OA} = \overline{OB} = \overline{OF} = \overline{OC} = \overline{OG} = \sqrt{\left(\frac{\epsilon_{xx}-\epsilon_{yy}}{2}\right)^2+\left(\frac{\gamma_{xy}}{2}\right)^2}$이다. 최대변형률의 방향은 시계방향이므로 $\tan 2\alpha = -\frac{\gamma_{xy}}{\epsilon_{xx}-\epsilon_{yy}} = -\frac{100}{200} = -0.5$로 된다. 따라서 $\alpha = -13.283°$에서 최대변형률은 $\overline{0F} = \overline{0O} + \overline{OF} = \frac{\epsilon_{xx}+\epsilon_{yy}}{2} + \frac{1}{2}\sqrt{(\epsilon_{xx}-\epsilon_{yy})^2+\gamma_{xy}^2} = \left(400 + \frac{1}{2}\sqrt{200^2+100^2}\right)\times10^{-6}$로부터 $\overline{0F} = 511.803\times10^{-6}$로 된다. 최대 전단응력은 $\theta = 45 - 13.283 = 31.717°$일 때 $\overline{OG} = \frac{1}{2}\sqrt{(\epsilon_{xx}-\epsilon_{yy})^2+\gamma_{xy}^2}$로부터 $\gamma_n = \sqrt{(200^2+100^2} = 223.607\times10^{-6}$로 된다.

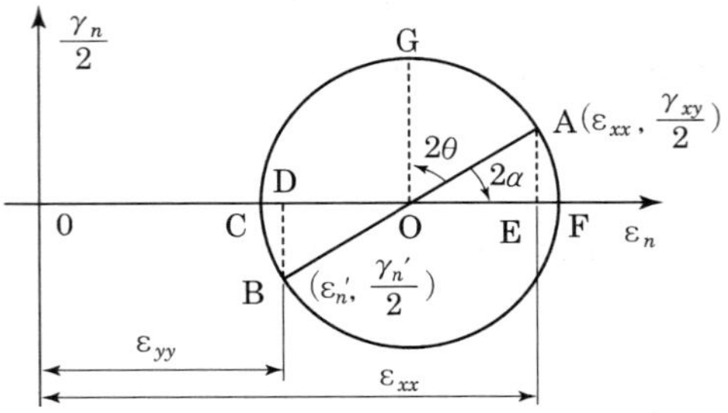

그림 (4-g)

[답] $\alpha = -13.283°$, $\varepsilon_n = 511.803 \times 10^{-6}$, $\Theta = 31.717°$, $\gamma_n = 223.607 \times 10^{-6}$

예제 4-28 **평면변형률의 사각요소에서 $\varepsilon_{xx} = -500 \times 10^{-6}$, $\varepsilon_{yy} = 140 \times 10^{-6}$, $\gamma_{xy} = 360 \times 10^{-6}$일 때 최소변형률의 크기와 방향을 Mohr 원을 이용하여 구하시오.**

| 해설 | 그림 (4-h)의 Mohr 원에서 원점에서 중심점까지는 $\overline{0O} = \frac{\epsilon_{xx} + \epsilon_{yy}}{2} = -360 \times 10^{-6}$이고, 반지름은 $\overline{OA} = \overline{OB} = \overline{OF} = \overline{OC} = \overline{OG} = \sqrt{\left(\frac{\epsilon_{xx} - \epsilon_{yy}}{2}\right)^2 + \left(\frac{\gamma_{xy}}{2}\right)^2}$ 이다. 최소변형률의 방향은 반시계방향이므로 $\tan 2\alpha = -\frac{\gamma_{xy}}{\epsilon_{xx} - \epsilon_{yy}} = \frac{360}{360} = 1$로 된다. 따라서 $\alpha = 22.5°$에서 최소변형률이 생기며, 그 크기는 $\overline{0F} = \overline{0O} + \overline{OF} = \left(-320 - \frac{1}{2}\sqrt{360^2 + 360^2}\right) \times 10^{-6} = 574.558 \times 10^{-6}$로 된다.

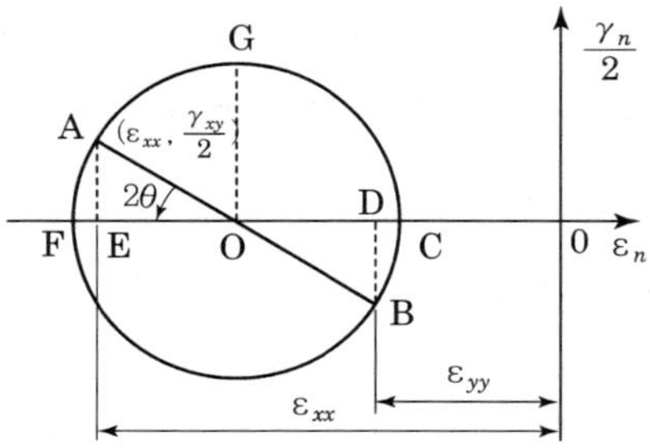

그림 (4-h)

[답] $\alpha = 22.5°$, 최소변형률 574.558×10^{-6}

4-7 3축 응력

외력을 받는 부재 및 기소 안에 있는 임의의 미소요소에 생긴 응력상태는 이를 기술하기위한 좌표계에 따라 응력성분이 다르게 나타난다. 그림 **4-16**과 같은 미소 사면체에서 법선방향의 응력은 다음과 같은 과정에 의해서 구해진다.

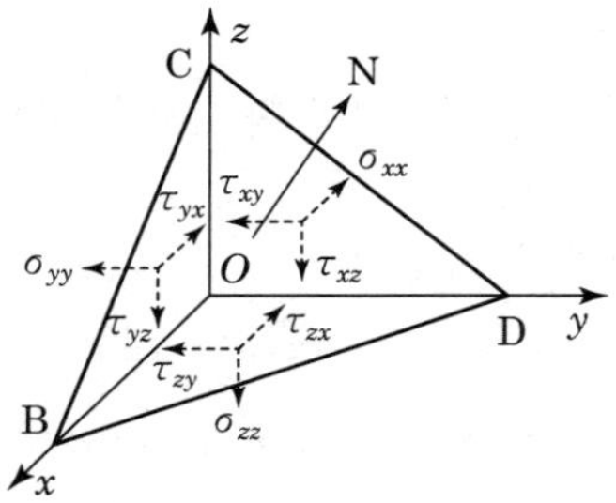

그림 4-16 사면체 요소

그림 **4-16**에서 N은 면 BCD의 방향을 나타내고, 그 면적을 A라고하면, 면의 방향이 x축 방향인 면 COD의 면적 A_x, 면의 방향이 y축 방향인 면 COB의 면적 A_y, 면의 방향이 z축 방향인 면 BOD의 면적 A_z는 다음과 같이 주어진다.

$$A_x = A\cos\alpha_x \quad A_y = A\cos\alpha_y \quad A_z = A\cos\alpha_z \tag{4-66}$$

여기서 α_x는 N과 x 축사이의 각도, α_y는 N과 y축사이의 각도, α_z는 N과 z축사이의 각도를 나타낸다.

경사면 BCD에 있는 x, y, z 성분의 응력을 σ_{Nx}, σ_{Ny}, σ_{Nz}로 한다. 참고로 그림 **4-16**의 COD면에 있는 x, y, z성분의 응력은 σ_{xx}, $\sigma_{xy} = \tau_{xy}$, $\sigma_{xz} = \tau_{xz}$, COB면에 있는 x, y, z성분의 응력은 $\sigma_{yx} = \tau_{yx}$, σ_{yy}, $\sigma_{yz} = \tau_{yz}$, BOD면에 있는 x, y, z 성분의 응력은 $\sigma_{zx} = \tau_{zx}$, $\sigma_{zy} = \tau_{zy}$, σ_{zz}이다. 또한, 사면체는 평형을 이루고 있으므로 평형조건으로부터 다음과 같이 나타낼 수 있다.

$$\Sigma F_x = 0,\ \sigma_{Nx} A - \sigma_{xx} A_x - \tau_{yx} A_y - \tau_{zx} A_z = 0$$
$$\Sigma F_y = 0,\ \sigma_{Ny} A - \tau_{xy} A_x - \sigma_{yy} A_y - \tau_{zy} A_z = 0 \quad (4-67)$$
$$\Sigma F_z = 0,\ \sigma_{Nz} A - \tau_{xz} A_x - \tau_{yz} A_y - \sigma_{zz} A_z = 0$$

식 (4-67)은 식 (4-66)으로부터 다음과 같이 유도된다.

$$\sigma_{Nx} = \sigma_{xx} \cos\alpha_x + \tau_{yx} \cos\alpha_y + \tau_{zx} \cos\alpha_z$$
$$\sigma_{Ny} = \tau_{xy} \cos\alpha_x + \sigma_{yy} \cos\alpha_y + \tau_{zy} \cos\alpha_z \quad (4-68)$$
$$\sigma_{Nz} = \tau_{xz} \cos\alpha_x + \tau_{yz} \cos\alpha_y + \sigma_{zz} \cos\alpha_z$$

경사면 BCD에서의 법선응력 σ_{NN}은 다음과 같이 구해진다.

$$\begin{aligned}\sigma_{NN} &= \sigma_{Nx} \cos\alpha_x + \sigma_{Ny} \cos\alpha_y + \sigma_{Nz} \cos\alpha_z \\ &= \sigma_{xx} \cos^2\alpha_x + \tau_{yx} \cos\alpha_y \cos\alpha_x + \tau_{zx} \cos\alpha_z \cos\alpha_x \\ &\quad + \tau_{xy} \cos\alpha_x \cos\alpha_y + \sigma_{yy} \cos^2\alpha_y + \tau_{zy} \cos\alpha_z \cos\alpha_y \\ &\quad + \tau_{xz} \cos\alpha_x \cos\alpha_z + \tau_{yz} \cos\alpha_y \cos\alpha_z + \sigma_{zz} \cos^2\alpha_z \\ &= \sigma_{xx} \cos^2\alpha_x + \sigma_{yy} \cos^2\alpha_y + \sigma_{zz} \cos^2\alpha_z + 2\tau_{xy} \cos\alpha_x \cos\alpha_y \\ &\quad + 2\tau_{yz} \cos\alpha_y \cos\alpha_z + 2\tau_{zx} \cos\alpha_z \cos\alpha_x\end{aligned} \quad (4-69)$$

다음에 그림 **4-16**과 같은 응력상태에서의 주응력의 크기를 σ라 하고, x, y, z축과 주면의 방향 K와의 각도를 β_x, β_y, β_z라 한다. 주응력의 x, y, z축 방향의 성분 σ_{Kx}, σ_{Ky}, σ_{Kz} 는 다음과 같이 주어진다.

$$\sigma_{Kx} = \sigma \cos\beta_x \quad \sigma_{Ky} = \sigma \cos\beta_y \quad \sigma_{Kz} = \sigma \cos\beta_z \quad (4-70)$$

주면에 있는 x, y, z성분의 응력을 σ_{Kx}, σ_{Ky}, σ_{Kz}로 하면, 식 (4-68)과 같이 다음과 같은 식을 얻을 수 있다.

$$\sigma_{Kx} = \sigma_{xx} \cos\beta_x + \tau_{yx} \cos\beta_y + \tau_{zx} \cos\beta_z$$
$$\sigma_{Ky} = \tau_{xy} \cos\beta_x + \sigma_{yy} \cos\beta_y + \tau_{zy} \cos\beta_z \quad (4-71)$$
$$\sigma_{Kz} = \tau_{xz} \cos\beta_x + \tau_{yz} \cos\beta_y + \sigma_{zz} \cos\beta_z$$

식 (4-70)과 식 (4-71)은 같으므로 등식으로 놓고 정리하면 다음과 같이 된다.

$$\begin{aligned}&(\sigma_{xx}-\sigma)\cos\beta_x+\tau_{yx}\cos\beta_y+\tau_{zx}\cos\beta_z=0\\&\tau_{xy}\cos\beta_x+(\sigma_{yy}-\sigma)\cos\beta_y+\tau_{zy}\cos\beta_z=0\\&\tau_{xz}\cos\beta_x+\tau_{yz}\cos\beta_y+(\sigma_{zz}-\sigma)\cos\beta_z=0\end{aligned} \tag{4-72}$$

식 (4-72)에서 β_x, β_y, β_z가 모두 0으로 되지 않는 한 이식을 만족시키기 위해서는 다음과 같은 행렬식이 0으로 되어야 한다.

$$\begin{vmatrix}\sigma_{xx}-\sigma & \tau_{yx} & \tau_{zx}\\ \tau_{xy} & \sigma_{yy}-\sigma & \tau_{zy}\\ \tau_{xz} & \tau_{yz} & \sigma_{zz}-\sigma\end{vmatrix}=0 \tag{4-73}$$

식 (4-73)을 전개하면 다음과 같은 특성방정식을 얻게 된다.

$$\sigma^3-I_1\sigma^2+I_2\sigma-I_3=0 \tag{4-74}$$

$$I_1=\sigma_{xx}+\sigma_{yy}+\sigma_{zz}$$

$$I_2=\sigma_{xx}\sigma_{yy}+\sigma_{yy}\sigma_{zz}+\sigma_{zz}\sigma_{xx}-\tau_{xy}^2-\tau_{yz}^2-\tau_{zx}^2$$

$$I_3=\sigma_{xx}\sigma_{yy}\sigma_{zz}-\sigma_{xx}\tau_{yz}^2-\sigma_{yy}\tau_{zx}^2-\sigma_{zz}\tau_{xy}^2+2\tau_{xy}\tau_{yz}\tau_{zx}$$

식 (4-74)으로부터 3개의 주응력 σ_1, σ_2, σ_3을 얻는다. 여기서 주면의 방향은 식 (4-72)와 $\cos^2\beta_x+\cos^2\beta_y+\cos^2\beta_z=1$의 관계를 이용하여 구한다.

주응력 σ_1, σ_2, σ_3는 특성방정식인 식 (4-74)의 근이므로 다음과 같은 관계식을 쓸 수 있다.

$$(\sigma-\sigma_1)(\sigma-\sigma_2)(\sigma-\sigma_3)\equiv\sigma^3-I_1\sigma^2+I_2\sigma-I_3 \tag{4-75}$$

$$I_1=\sigma_1+\sigma_2+\sigma_3$$

$$I_2=\sigma_1\sigma_2+\sigma_2\sigma_3+\sigma_3\sigma_1$$

$$I_3=\sigma_1\sigma_2\sigma_3$$

여기서 I_1, I_2, I_3를 응력불변량(stress invariant)이라 하고, 좌표의 변환에 무관한 량임을 알 수 있다.

최대전단응력을 구하기 위해서 주응력만이 작용하는 경사면 즉, 그림 4-17에서 주면 P에서의 응력상태를 고찰한다. 주면에 작용하는 총 응력의 크기 σ는 식 (4-70)과 주면에서 전단응력이 0라는 조건으로부터 다음과 같이 주어진다.

$$\begin{aligned}\sigma^2 &= \sigma_{Kx}^2+\sigma_{Ky}^2+\sigma_{Kz}^2 \\ &= \sigma_1^2\cos^2\beta_x+\sigma_2^2\cos^2\beta_y+\sigma_3^2 cos^2\beta_z\end{aligned} \tag{4-76}$$

또한, 주면에 수직한 응력성분은 식 (4-69)로부터 다음과 같이 된다.

$$\sigma_{NN}^2=(\sigma_1\cos^2\beta_x+\sigma_2\cos^2\beta_y+\sigma_3\cos^2\beta_z)^2 \tag{4-77}$$

주면에 작용하는 총 응력의 크기 σ를 주면에 수직한 응력성분 σ_{NN}과 나란한 응력성분 τ의 크기로 나눌 수 있으며, 다음과 같은 관계가 있음을 알 수 있다.

$$\begin{aligned}\tau^2 &= \sigma^2-\sigma_{NN}^2 \\ &= \sigma_1^2\cos^2\beta_x+\sigma_2^2\cos^2\beta_y+\sigma_3^2\cos^2\beta_z-(\sigma_1\cos^2\beta_x+\sigma_2\cos^2\beta_y+\sigma_3\cos^2\beta_z)^2\end{aligned} \tag{4-78}$$

주면의 방향과 각 축사이의 여현은 $\cos^2\beta_x+\cos^2\beta_y+\cos^2\beta_z=1$와 같은 관계가 있으므로 식 (4-78)에서 $\cos^2\beta_z$ 대신에 $\cos^2\beta-z=1-\cos^2\beta_x-\cos^2\beta_y$을 대입하여 정리한다. 정리된 식에서 τ의 최대 · 최솟값을 구하기 위하여 $\cos\beta_x$와 $\cos\beta_y$에 관해서 각각 미분하여 0으로 놓으면 다음과 같이 된다.

$$\begin{aligned}\frac{d\tau}{d\cos\beta_x} &= \cos\beta_x[(\sigma_1-\sigma_3)\cos^2\beta_x+(\sigma_2-\sigma_3)\cos^2\beta_y-\frac{1}{2}(\sigma_1-\sigma_3)]=0 \\ \frac{d\tau}{dcos\beta_y} &= cos\beta_x[(\sigma_1-\sigma_3)\cos^2\beta_x+(\sigma_2-\sigma_3)\cos^2\beta_y-\frac{1}{2}(\sigma_2-\sigma_3)]=0\end{aligned} \tag{4-79}$$

식 (4-79)를 만족시키는 해들은 표 **4-2**에서 보는 바와 같이 6개로 구해진다. 이들 6개의 여현값을 식 (4-78)에 대입하여 전단응력의 최대 · 최솟값을 구하면, 표 **4-2**에서 1~3번째의 여현값을 대입하면 $\tau=0$로 되어 최소전단응력을 나타내고, 나머지 4~6번째의 여현값을 대입하면 다음과 같은 최대전단응력이 구해진다.

$$\tau=\pm\frac{1}{2}(\sigma_2-\sigma_3) \quad \tau=\pm\frac{1}{2}(\sigma_1-\sigma_3) \quad \tau=\pm\frac{1}{2}(\sigma_1-\sigma_2) \tag{4-80}$$

이는 각 방향의 주응력 차의 반을 의미하고 있다.

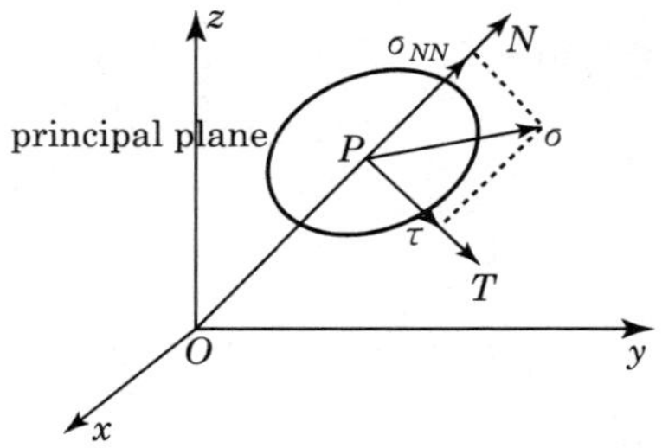

그림 4-17 주면의 응력상태

표 4-2 최대 · 최소전단응력에 대한 방향여현

	$\cos\beta_x$	$\cos\beta_y$	$\cos\beta_z$
1	0	0	± 1
2	0	± 1	0
3	± 1	0	0
4	0	$\pm\frac{1}{\sqrt{2}}$	$\pm\frac{1}{\sqrt{2}}$
5	$\pm\frac{1}{\sqrt{2}}$	0	$\pm\frac{1}{\sqrt{2}}$
6	$\pm\frac{1}{\sqrt{2}}$	$\pm\frac{1}{\sqrt{2}}$	0

만약에 주응력 σ_x, σ_y, σ_z가 인장으로 작용하고, $\sigma_x > \sigma_y > \sigma_z$인 관계가 있는 미소육면체에 대한 Mohr 원은 그림 **4-18**과 같이 주어진다.

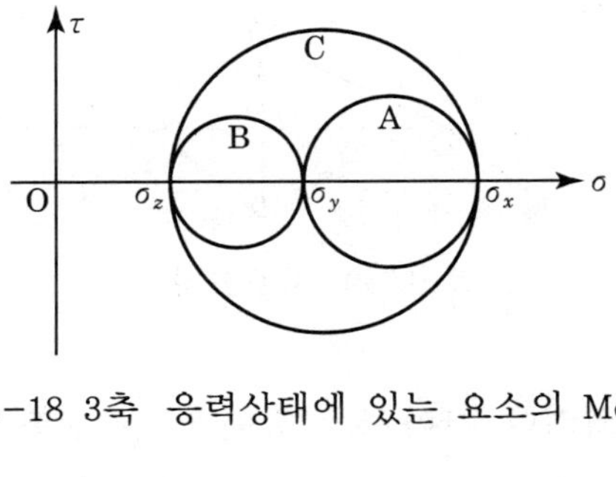

그림 4-18 3축 응력상태에 있는 요소의 Mohr 원

각 원의 반지름들은 식 (4-80)과 같은 최대전단응력들을 나타낸다.

예제 4-29 물체 내의 임의의 한점에 대한 응력상태가 다음과 같이 주어졌을 때, 법선응력을 구하시오. 단, 방향여현은 $\cos\alpha_x = \frac{2}{3}$, $\cos\alpha_y = -\frac{2}{3}$, $\cos\alpha_z = \frac{1}{3}$ 이다.

$$\sigma_{ij} = \begin{bmatrix} 6 & 0 & -2 \\ 0 & 5 & 3 \\ -2 & 3 & 4 \end{bmatrix} \quad i, j = x,\ y,\ z$$

| 해설 | 법선응력은 $\sigma_{NN} = \sigma_{xx}\cos^2\alpha_x + \sigma_{yy}\cos^2\alpha_y + \sigma_{zz}\cos^2\alpha_z + 2\tau_{xy}\cos\alpha_x\cos\alpha_y + 2\tau_{yz}\cos\alpha_y \cos\alpha_z + 2\tau_{zx}\cos\alpha_z\cos\alpha_x$로부터 $\sigma_{NN} = 6\times\left(\frac{2}{3}\right)^2 + 5\times\left(-\frac{2}{3}\right)^2 + 4\times\left(\frac{1}{3}\right)^2 + 2\times3\times\left(-\frac{2}{3}\right)\times\frac{1}{3} + 2\times(-2)\times\frac{1}{3}\times\frac{2}{3} = \frac{28}{9}$로 된다.

[답] $\sigma_{NN} = \frac{28}{9}$

4-8 3축 변형률

크기가 r인 임의의 미소선형요소가 그림 4-19과 같이 x, y, z축과 각 각 α_x, α_y, α_z의 각도를 이루고 있다. O와 O_1의 좌표값은 (0, 0, 0)와 (δx, δy, δy)로 주어지고, $\delta x = r\cos\alpha_x$, $\delta y = r\cos\alpha_y$, $\delta z = r\cos\alpha_z$의 값을 갖는다.

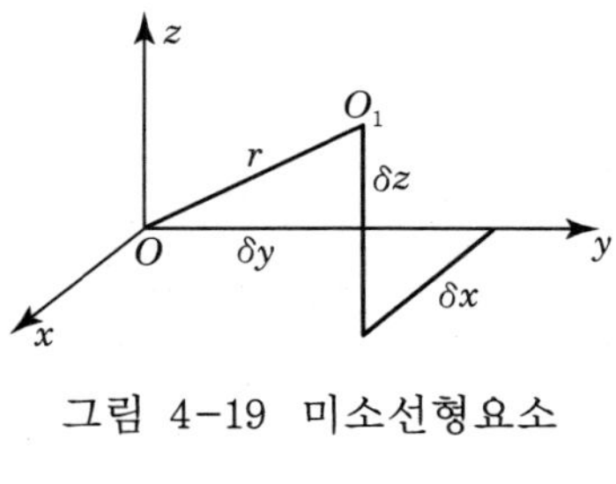

그림 4-19 미소선형요소

만약에 미소선형요소가 외력을 받아서 O점이 x, y, z축 방향으로 u, v, w변위되었다면, 이에 따른 O_1점의 변위는 다음과 같이 주어진다.

$$u_1 = u + \frac{\partial u}{\partial x}\delta x + \frac{\partial u}{\partial y}\delta y + \frac{\partial u}{\partial z}\delta z$$

$$v_1 = v + \frac{\partial v}{\partial x}\delta x + \frac{\partial v}{\partial y}\delta y + \frac{\partial v}{\partial z}\delta z \qquad (4-81)$$

$$w_1 = w + \frac{\partial w}{\partial x}\delta x + \frac{\partial w}{\partial y}\delta y + \frac{\partial w}{\partial z}\delta z$$

따라서 변형된 후의 O_1점의 좌표값은 식 (4-81)에 δx, δy, δy를 합한 값으로 $(\delta x + u_1,\ \delta y + v_1,\ \delta z + w_1)$로 되므로 변형된 미소선형요소의 x, y, z축방향의 길이성분은 다음과 같이 주어진다.

$$\delta x + u_1 - u = \delta x + \frac{\partial u}{\partial x}\delta x + \frac{\partial u}{\partial y}\delta y + \frac{\partial u}{\partial z}\delta z$$

$$\delta y + v_1 - v = \delta y + \frac{\partial v}{\partial x}\delta x + \frac{\partial v}{\partial y}\delta y + \frac{\partial v}{\partial z}\delta z \qquad (4-82)$$

$$\delta z + w_1 - w = \delta z + \frac{\partial w}{\partial x}\delta x + \frac{\partial w}{\partial y}\delta y + \frac{\partial w}{\partial z}\delta z$$

식 (4-82)로부터 변형된 미소선형요소길이의 제곱 $(r+\varepsilon r)^2$은 다음과 같다.

$$(r+\epsilon r)^2 = (\delta x + \frac{\partial u}{\partial x}\delta x + \frac{\partial u}{\partial y}\delta y + \frac{\partial u}{\partial z}\delta z)^2$$

$$+ (\delta y + \frac{\partial v}{\partial x}\delta x + \frac{\partial v}{\partial y}\delta y + \frac{\partial v}{\partial z}\delta z)^2 \qquad (4-83)$$

$$+ (\delta z + \frac{\partial w}{\partial x}\delta x + \frac{\partial w}{\partial y}\delta y + \frac{\partial w}{\partial z}\delta z)^2$$

식 (4-83)을 $r^2 = \delta x^2 + \delta y^2 + \delta z^2$로 나누고, ε과 $\frac{\partial u}{\partial x}$, $\frac{\partial v}{\partial y}$, …등의 제곱과 곱하기는 미소량이므로 무시하고, $\cos^2\alpha_x + \cos^2\alpha_y + \cos^2\alpha_z = 1$인 관계를 이용하면 다음과 같이 된다.

$$\epsilon = \frac{\partial u}{\partial x}\cos^2\alpha_x + \frac{\partial v}{\partial y}\cos^2\alpha_y + \frac{\partial w}{\partial y}\cos^2\alpha_z$$

$$+ (\frac{\partial u}{\partial y} + \frac{\partial v}{\partial x})\cos\alpha_x\cos\alpha_y + (\frac{\partial u}{\partial z} + \frac{\partial w}{\partial x})\cos\alpha_x\cos\alpha_z$$

$$+ (\frac{\partial v}{\partial z} + \frac{\partial w}{\partial y})\cos\alpha_y\cos\alpha_z \qquad (4-84)$$

$$= \epsilon_x\cos^2\alpha_x + \epsilon_y\cos^2\alpha_y + \epsilon_z\cos^2\alpha_z + \gamma_{xy}\cos\alpha_x\cos\alpha_y$$

$$+ \gamma_{xz}\cos\alpha_x\cos\alpha_z + \gamma_{yz}\cos\alpha_y\cos\alpha_z$$

Chapter 5

도심과 면적 2차 모멘트

수많은 질점으로 이루어진 물체의 총 무게(weight)의 크기는 수많은 질점들의 무게 합으로 주어지며, 총 무게의 작용점은 수많은 질점들의 무게가 모두 지구중심을 향하여 평행하게 작용하고 있으므로 평행한 힘에 대한 모멘트 원리에 의해서 결정할 수 있다. 총 무게의 작용점은 물체 내 또는 물체외부의 한 지점을 통과하는데, 이 점을 물체의 중심(center of gravity) 또는 질량중심이라고 한다. 여기서 만약에 물체의 질량이 균일하다면, 중심(center of gravity)은 그 물체의 기하학적 형태인 면적, 체적의 모양에 따라서도 구할 수 있다.

물체의 질량은 고려하지 않고 오로지 물체의 기하학적 형태만을 고려하여 중심(center of gravity)을 구하는 방법과 같은 방법으로 구한 점을 물체의 중심(centroid)이라 한다. 따라서 질량이 균일한 물체에서는 무게의 중심(center of gravity)과 기하학적 중심(centroid)이 일치한다.

강체(rigid body)의 각운동을 분석하기 위해서 Euler는 질량관성모멘트(moment of inertia of mass)라는 표현을 사용하였다. 보(beam)나 축(shaft)의 응력과 변형을 해석할 때에 질량 대신에 단면적으로 표현한 같은 식이 있으므로 이를 통상 면적관성모멘트라는 표현을 하였으나, 면적은 관성(inertia)이 없으므로 면적 2차 모멘트(second moment of an area)라고 하는 것이 적합하다.

5-1 도심

면적의 기하학적 형태에 따른 중심(centroid) 즉, 도심(centroid of an area)은 임의의 기준점에 대한 면적 1차 모멘트가 그 기준점으로부터 중심까지의 거리와 면적의 곱과 같게 되는 점을 말하며 기하학적 형태의 내부 또는 외부에 위치한다. 따라서 그림 5-1과 같은 도형에 대해서 도심 (x_C, y_C)은 다음과 같이 나타낼 수 있다.

$$x_C = \frac{\int x dA}{\int dA} \quad y_C = \frac{\int y dA}{\int dA} \tag{5-1}$$

여기서 $\int x dA$와 $\int y dA$는 면적 1차 모멘트(first moment of an area), $\int dA$는 총 면적의 크기를 나타낸다. 일반적으로 도심의 좌표 (x_C, y_C)는 기준축에 관한 도심의 위치에 따라 양 또는 음의 값을 갖을 수 있다. 면적이 축대칭이면 대칭축에 관한 면적 1차 모멘트는 0이 되므로 도심은 그 축상에 놓이게 된다.

대부분의 도형은 도심의 위치를 알고 있는 기본적인 도형 예를 들면 사각형, 원, 삼각형 등과 같은 도형의 조합으로 이루어져 있고, 적분은 합의 의미를 갖고 있으므로 식 (5-1)을 합의 기호를 써서 다음과 같이 나타낼 수 있다.

$$x_C = \frac{\sum_{i=0}^{n} x_i A_i}{\sum_{i=0}^{n} Ai} \quad y_C = \frac{\sum_{i=0}^{n} y_i A_i}{\sum_{i=0}^{n} Ai} \tag{5-2}$$

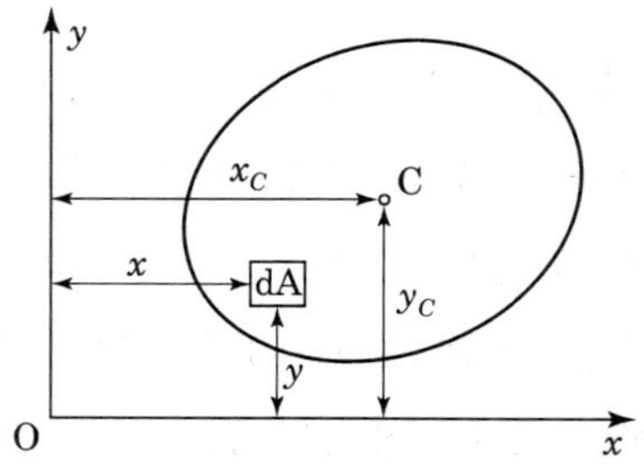

그림 5-1 도심 C를 갖는 면적

예제 5-1 그림 (5-a)와 같은 사각형에서의 도심을 구하시오.

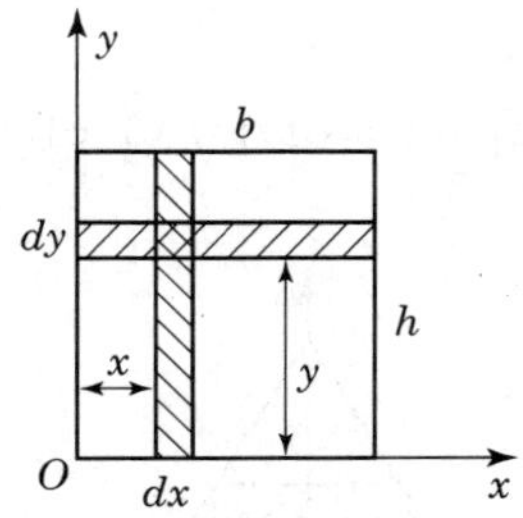

그림 (5-a)

| 해설 | $x_C = \dfrac{\int x dA}{\int dA} = \dfrac{\int_0^b xh dx}{bh} = \dfrac{b}{2}$, $y_C = \dfrac{\int y dA}{\int dA} = \dfrac{\int_0^b yb dy}{bh} = \dfrac{h}{2}$

[답] $x_C = \dfrac{b}{2}$, $y_C = \dfrac{h}{2}$

예제 5-2 그림 (5-b)와 같이 밑변의 길이가 b, 높이가 h인 직각삼각형에서의 도심을 구하시오.

| 해설 | y축으로부터 x만큼 떨어진 곳에서의 높이 h_x는 닮은 꼴 삼각형에서의 변의 비 $(b-x) : b = h_x : h$로부터 $h_x = \dfrac{h(b-x)}{b}$로 되고, x축으로부터 y만큼 떨어진 곳에서의 밑변의 길이 b_x는 변의 비 $(h-y) : h = b_x : b$로부터 $b_x = \dfrac{b(h-y)}{h}$로 된다. 따라서

$$x_C = \frac{\int x dA}{\int dA} = \frac{\int_0^b x h_x dx}{\frac{1}{2}bh} = \frac{\int_0^b \frac{h(b-x)x}{b} dx}{\frac{1}{2}bh} = \frac{b}{3}$$ 와

$$y_C = \frac{\int y dA}{\int dA} = \frac{\int_0^h y b_x dy}{\frac{1}{2}bh} = \frac{\int_0^h \frac{b(h-y)y}{h} dy}{\frac{1}{2}bh} = \frac{h}{3}$$ 로 된다.

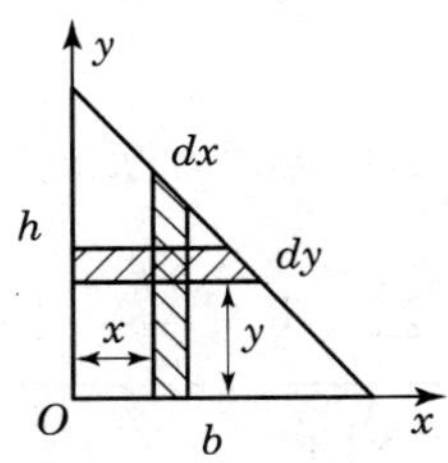

그림 (5-b)

[답] $x_C=\dfrac{b}{3}$, $y_C=\dfrac{h}{3}$

예제 5-3 그림 (5-c)와 같이 밑변이 b, 높이가 h인 이등변삼각형에서의 도심을 구하시오.

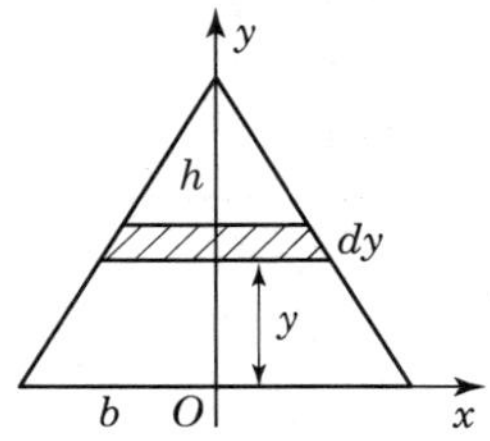

그림 (5-c)

| 해설 | y축에 대칭이므로 도심은 y축 상에 존재하므로 $x_C=0$이고, y_C만을 구하면 된다. x축으로부터 y만큼 떨어진 곳에서의 밑변의 길이 b_x는 변의 비 $(h-y):h=b_x:b$로부터

$b_x=\dfrac{b(h-y)}{h}$로 되고, $y_C=\dfrac{\int ydA}{\int dA}=\dfrac{\int_0^h yb_x dy}{\frac{1}{2}bh}=\dfrac{\int_0^h \frac{b(h-y)y}{h}dy}{\frac{1}{2}bh}=\dfrac{h}{3}$로 된다.

[답] $x_C=0$, $y_C=\dfrac{h}{3}$

예제 5-4 그림 (5-d)와 같이 밑변이 $a+b$, 높이가 h인 부등변삼각형에서의 도심을 구하시오.

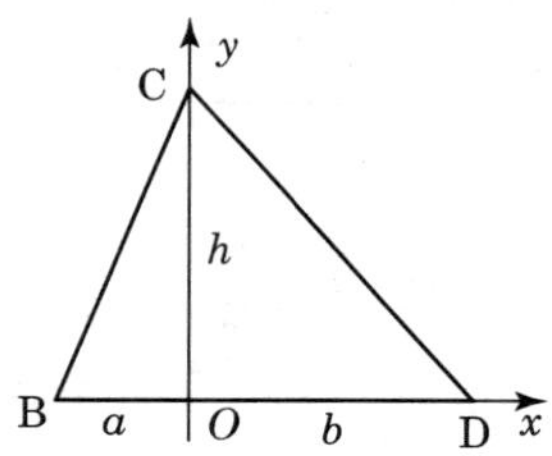

그림 (5-d)

| 해설 | 삼각형의 도심은 변에서 $\dfrac{1}{3}$되는 위치에 있고, 문제의 삼각형 BCD는 직각삼각형 BCO와 COD의 조합이므로 $x_C=\dfrac{\sum_{i=0}^{n} x_i A_i}{\sum_{i=0}^{n} A_i}=\dfrac{\frac{1}{2}ah\times\left(-\frac{a}{3}\right)+\frac{1}{2}bh\times\frac{b}{3}}{\frac{1}{2}ah+\frac{1}{2}bh}=\dfrac{b-a}{3}$로 된다. 또한,

$$y_C = \frac{\sum_{i=0}^{n} y_i A_i}{\sum_{i=0}^{n} A_i} = \frac{\frac{1}{2}ah \times \frac{h}{3} + \frac{1}{2}bh \times \frac{h}{3}}{\frac{1}{2}ah + \frac{1}{2}bh} = \frac{h}{3}$$ 로 된다.

[답] $x_C = \frac{b-a}{3}$, $y_C = \frac{h}{3}$

예제 5-5 그림 (5-e)와 같은 반원의 도심을 구하시오.

▌해설▌ 반원은 y축에 대칭이므로 도심은 $x_C = 0$이고 y축 상에 존재한다. x축으로부터 $y = r\sin\theta$ 만큼 떨어진 곳에서의 밑변의 $\frac{1}{2}$인 b_x는 $b_x = r\cos\theta$이다. 빗금친부분의 면적 $dA = 2b_x dy = 2rc\theta\, rc\theta\, d\theta = 2r^2c^2 d\theta$이고, 반원의 면적은 $\frac{1}{2}\pi r^2$이다. 따라서 y_C는

$$y_C = \frac{\int y dA}{\int dA} = \frac{\int_0^{\frac{\pi}{2}} r\sin\theta\, 2r^2\cos^2\theta\, d\theta}{\frac{1}{2}\pi r^2} = \frac{4r}{3\pi}$$ 로 된다.

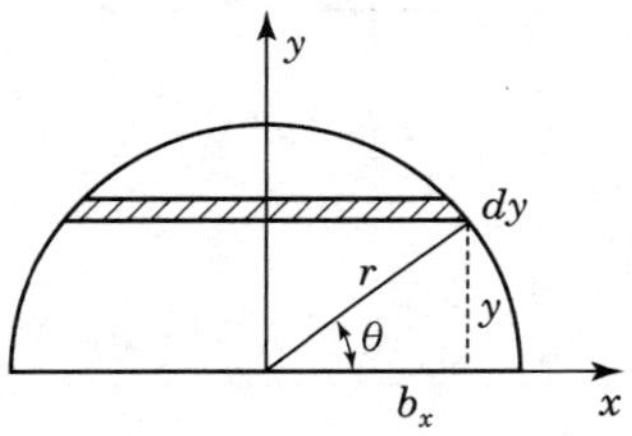

그림 (5-e)

[답] $x_C = 0$, $y_C = \frac{4r}{3\pi}$

예제 5-6 그림 (5-f)와 같은 원의 일부분인 부채꼴 도형의 도심을 구하시오.

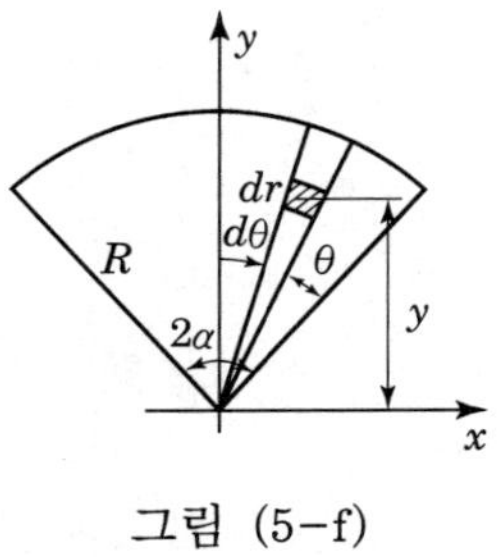

그림 (5-f)

▌해설▌ 부채꼴 도형은 y축에 대칭이므로 도심은 $x_C = 0$이고 y축 상에 존재한다. x축으로부터

$y = r\sin\left(\frac{\pi}{2} - \alpha + \theta\right)$만큼 떨어진 곳에서의 빗금친부분의 미소 면적 dA는 $dA = rd\theta dr$ 이다.

따라서 y_C는 $y_C = \dfrac{\int ydA}{\int dA} = \dfrac{\int_0^{2\alpha}\int_0^R r\sin\left(\frac{\pi}{2} - \alpha + \theta\right) rd\theta dr}{\int_0^{2\alpha}\int_0^R rdrd\theta} = \dfrac{2R}{3\alpha} sin\alpha$로 된다.

[답] $x_C = 0,\ y_C = \dfrac{2r}{3\alpha} sin\alpha$

예제 5-7 그림 (5-g)와 같은 도형의 도심을 구하시오. 단, 원은 빈 공간이다.

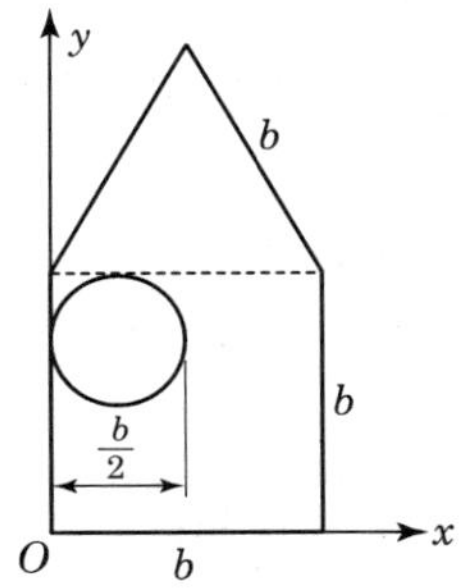

그림 (5-g)

| 해설 | $x_C = \dfrac{\sum_{i=0}^{n} x_i A_i}{\sum_{i=0}^{n} A_i} = \dfrac{\frac{1}{2}bb\cos\frac{\pi}{6} \times \frac{b}{2} + b^2 \times \frac{b}{2} - \pi\left(\frac{b}{4}\right)^2 \times \frac{b}{4}}{\frac{1}{2}bb\cos\frac{\pi}{6} + b^2 - \pi\left(\frac{b}{4}\right)^2} = \dfrac{\frac{42.715b^3}{64}}{\frac{19.787b^2}{16}} = 0.54b$

$$y_C = \frac{\sum_{i=0}^{n} y_i A_i}{\sum_{i=0}^{n} A_i} = \frac{\frac{1}{2}bb\cos\frac{\pi}{6} \times \left(b + \frac{b}{3}\right) + b^2 \times \frac{b}{2} - \pi\left(\frac{b}{4}\right)^2 \times \frac{3b}{4}}{\frac{1}{2}bb\cos\frac{\pi}{6} + b^2 - \pi\left(\frac{b}{4}\right)^2} = \frac{\frac{0.93b^3}{1}}{\frac{19.787b^2}{16}} = 0.752b$$

[답] $x_C = 0.54b,\ y_C = 0.752b$

5-2 면적 2차 모멘트

임의의 축에 대한 미소요소면적의 면적 2차 모멘트(second moment of an area)는 미소요소면적의 넓이와 임의의 축으로부터 미소요소면적까지의 거리제곱의 곱으로 정의되며, 물체의 전 면적에 대한 면적 2차 모멘트는 물체를 구성하고 있는 모든 미소요소에 대한 면적 2차 모멘트를 합하면 된다. 이를 그림 5-2와 같은 경우에 대해서 식으로 나타내면 다음과 같다.

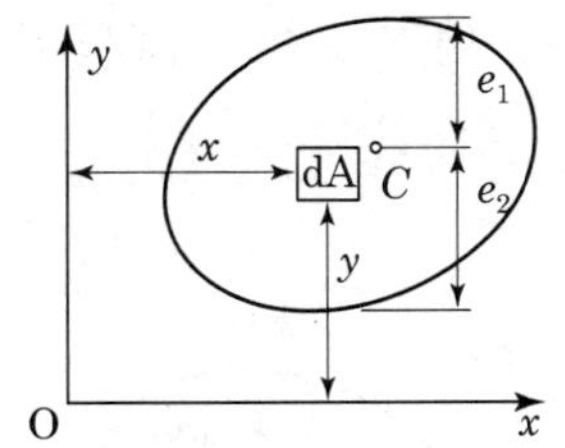

그림 5-2 단면 2차 모멘트

$$I_{xx} = \int x^2 dA \qquad I_{yy} = \int x^2 dA \tag{5-3}$$

그리고 면적 2차 모멘트는 면적 1차 모멘트와는 달리 항상 양의 값을 갖는다.

기둥해석 및 역학해석에 종종 나타나는 회전반지름(radius of gyration)은 면적 2차 모멘트를 면적으로 나눈 값의 제곱근으로 정의되며 다음과 같이 나타낸다.

$$k_x = \sqrt{\frac{I_{xx}}{A}} \qquad k_y = \sqrt{\frac{I_{yy}}{A}} \tag{5-4}$$

여기서 k_x와 k_y는 각각 x축과 y축에 대한 회전반지름을 나타낸다. 면적에 대한 회전반지름은 명백한 물리적 의미를 가지지 않지만, 어떤 면적 2차 모멘트를 가지는 면적이 기준축으로부터 면적이 집중되어 있다고 보는 지점까지의 거리라고 볼 수 있다.

또한 보(beam), 축(shaft), 기둥(column) 등의 해석에 나타나는 단면계수(section modulus)라는 량이 있는데, 이는 물체의 도심 C를 지나는 축에 대한 면적 2차 모멘트를 도심 C에서부터 물체의 끝단까지의 거리 e_1, e_2로 나눈 값을 그 축에 대한 단면계수라 하고 다음과 같이 나타낸다.

$$Z_1 = \frac{I_{xx}}{e_1} \qquad Z_2 = \frac{I_{yy}}{e^2} \tag{5-5}$$

만약 도형이 대칭이면 대칭축에 대한 단면계수는 $Z_1 = Z_2 = Z$ 하나만 존재하고, 대칭이 아닐 때는 2개의 단면계수가 존재한다. 회전반지름과 단면계수는 보, 축, 기둥 등의 설계에 있어서 중요한 역할을 한다.

면적 2차 모멘트를 해석하는데 유용한 평행축 정리(parallel axis theorem)가 있는데, 이는 도심축에 대한 면적 2차 모멘트와 도심축에 평행한 임의의 축에 대한 면적 2차 모멘트와의 관계를 나타낸다. 면적 2차 모멘트의 정의로부터 x축에 대한 면적 2차 모멘트 I_{xx}는 다음과 같이 쓸 수 있다.

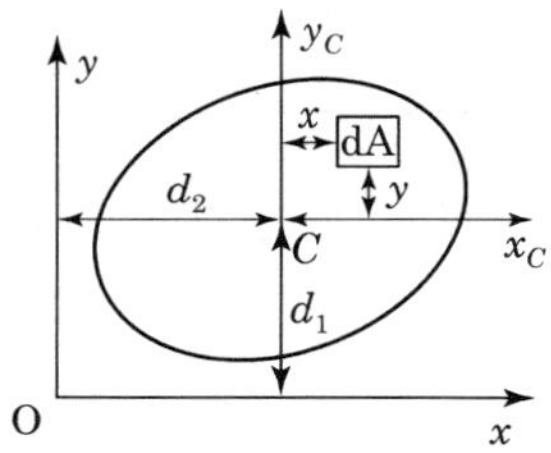

그림 5-3 평행축 정리

$$\begin{aligned} I_{xx} &= \int (y+d_1)^2 dA = \int y^2 dA + 2d_1 \int y dA + d_1^2 \int dA \\ &= I_{xxC} + Ad_1^2 \end{aligned} \tag{5-6}$$

식 (5-6)의 면적 1차 모멘트 $\int y dA$는 축 x_C가 도심을 지나고 있으므로 이 값은 0으로 된다. y축에 대한 면적 2차 모멘트도 같은 방법으로 구하면 다음과 같이 주어진다.

$$I_{yy} = I_{yyC} + Ad_2^2 \tag{5-7}$$

대부분의 도형들은 원, 사각형, 삼각형 등의 기본 도형들로 조합되어 있다. 이 조합도형들의 면적 2차 모멘트는 조합도형의 도심을 계산하는 방법과 마찬가지로 조합을 이루고 있는 기본도형의 면적 2차 모멘트들의 합으로 구할 수 있다.

예제 5-8 그림 (5-h)와 같은 사각형에서 도심을 지나는 x_C축과 x축에 대한 면적 2차 모멘트, 단면계수와 회전반지름을 구하시오.

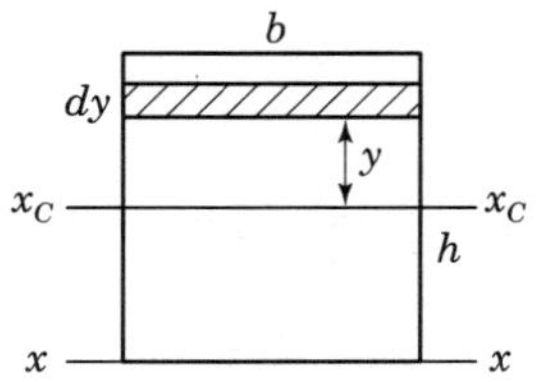

그림 (5-h)

| 해설 | 도심을 지나는 x_C축에 대한 면적 2차 모멘트는 $I_{xxC}=\int y^2 dA=\int_{-\frac{h}{2}}^{\frac{h}{2}} y^2 b dy=\frac{bh^3}{12}$이다. x축에 대한 면적 2차 모멘트 I_{xx}는 평행축의 정리를 이용하여 구하면 $I_{xx}=I_{xxC}+Ad^2=\frac{bh^3}{12}+bh\times\left(\frac{h}{2}\right)^2=\frac{bh^3}{3}$로 된다. 단면계수는 x_C축에 대해서 대칭이므로 $Z=Z_1=Z_2=\frac{I_{xxC}}{e}=\frac{\frac{bh^3}{12}}{\frac{h}{2}}=\frac{bh^2}{6}$이고, 회전 반지름은 $k_x=\sqrt{\frac{I_{xxC}}{A}}=\sqrt{\frac{\frac{bh^3}{12}}{bh}}=\frac{h}{2\sqrt{3}}$로 된다.

[답] $I_{xxC}=\frac{bh^3}{12}$, $I_{xx}=\frac{bh^3}{3}$, $Z=\frac{bh^2}{6}$, $k_x=\frac{h}{2\sqrt{3}}$

예제 5-9 그림 (5-i)와 같이 밑변의 길이가 b, 높이가 h인 직각삼각형에서의 도심을 지나는 x_C축과 x축에 대한 면적 2차 모멘트, 단면계수와 회전반지름을 구하시오.

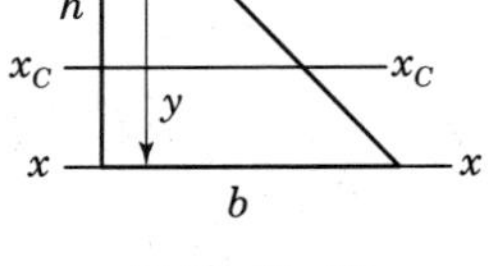

그림 (5-i)

| 해설 | x축으로부터 y만큼 떨어진 곳에서의 밑변의 길이 b_x는 변의 비 $(h-y):h=b_x:b$로부터 $b_x=\frac{b(h-y)}{h}$로 된다. x축에 대한 면적 2차 모멘트 I_{xx}는 $I_{xx}=\int y^2 dA=\int_0^h y^2 b_x dy$

$=\int_0^h y^2 \frac{b(h-y)}{h} dy = \frac{bh^3}{12}$로 되고, 도심을 지나는 x_C축에 대한 면적 2차 모멘트는 평행축의 정리를 이용하여 구하면, $I_{xxC} = I_{xx} - Ad^2 = \frac{bh^3}{12} - \frac{1}{2}bh \times \left(\frac{h}{3}\right)^2 = \frac{bh^3}{36}$로 된다. 단면계수는 x_C축으로부터 끝단까지의 거리가 $e_1 = \frac{h}{3}$와 $e_2 = \frac{2h}{3}$이므로 $Z_1 = \frac{I_{xxC}}{e_1} = \frac{\frac{bh^3}{36}}{\frac{h}{3}} = \frac{bh^2}{12}$와 로 된다. $Z_2 = \frac{I_{xxC}}{e_2} = \frac{\frac{bh^3}{36}}{\frac{2h}{3}} = \frac{bh^2}{24}$이고, 회전 반지름은 $k_x = \sqrt{\frac{I_{xxC}}{A}} = \sqrt{\frac{\frac{bh^3}{36}}{\frac{bh}{2}}} = \frac{h}{3\sqrt{2}}$로 된다.

[답] $I_{xxC} = \frac{bh^3}{36}$, $I_{xx} = \frac{bh^3}{12}$, $Z_1 = \frac{bh^2}{12}$, $Z_2 = \frac{bh^2}{24}$, $k_x = \frac{h}{3\sqrt{2}}$

예제 5-10 그림 (5-j)와 같은 원에서의 도심을 지나는 x_C축과 x축에 대한 면적 2차 모멘트, 단면계수와 회전반지름을 구하시오.

▌해설▌ x_C축으로부터 빗금친 미소요소까지의 거리 y는 $y = r\sin\theta$이고, 이 미소요소의 면적 dA는 $dA = rd\theta dr$이다. 도심을 지나는 x_C축에 대한 면적 2차 모멘트는 $I_{xxC} = \int y^2 dA = \int_0^R \int_0^{2\pi} r^2 \sin^2\theta r d\theta dr = \frac{\pi R^2}{4} = \frac{\pi D^4}{64}$이다. x축에 대한 면적 2차 모멘트 I_{xx}는 평행축의 정리를 이용하여 구하면 $I_{xx} = I_{xxC} + Ad^2 = \frac{\pi R^4}{4} + \pi R^2 \times R^2 = \frac{5\pi R^4}{4}$로 된다. 단면계수는 x_C축에 대해서 대칭이므로 $Z = Z_1 = Z_2 = \frac{I_{xxC}}{e} = \frac{\frac{\pi R^4}{4}}{R} = \frac{\pi R^3}{4} = \frac{\pi D^3}{32}$이고, 회전 반지름은 $k_x = \sqrt{\frac{I_{xxC}}{A}}$ $= \sqrt{\frac{\frac{\pi R^4}{4}}{\pi R^2}} = \frac{R}{2}$로 된다.

[답] $I_{xxC} = \frac{\pi R^4}{4} = \frac{\pi D^4}{64}$, $I_{xx} = \frac{5\pi R^4}{4}$, $Z = Z_1 = Z_2 = \frac{\pi R^3}{4} = \frac{\pi D^3}{32}$, $k_x = \frac{R}{2}$

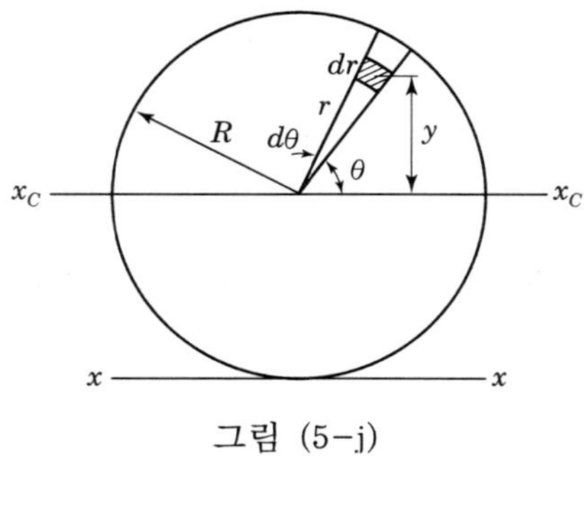

그림 (5-j)

예제 5-11 그림 (5-k)와 같은 도형의 x축에 대한 면적 2차 모멘트를 구하시오. 단, 원은 빈 공간이다.

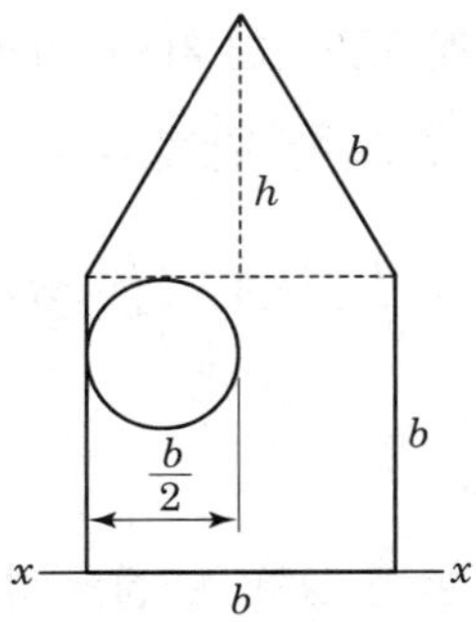

그림 (5-k)

해설 각 도형의 도심을 지나고 x축과 나란한 축에 대한 정삼각형, 정사각형, 원의 면적 2차 모멘트는 각각 $I_{\triangle C}=\frac{bh^3}{36}=\frac{\sqrt{3}\,b^4}{96}$, $I_{\circ C}=\frac{b^4}{12}$, $I_{\circ C}=\frac{\pi\left(\frac{b}{2}\right)^4}{64}=\frac{\pi b^4}{1024}$이다. 평행축의 정리를 이용하여 각 도형의 x축에 대한 면적 2차 모멘트는 각각 $I_{\triangle x}=I\triangle C+Ad^2=\frac{\sqrt{3}\,b^4}{96}+\frac{\sqrt{3}\,b^2}{4}\times\left(b+\frac{b}{2\sqrt{3}}\right)^2=\frac{25\sqrt{3}+12}{96}b^4$, $I_{\circ x}=I_{\circ C}+Ad^2=\frac{b^4}{12}+b^2\times\left(\frac{b}{2}\right)^2=\frac{b^4}{3}$, $I_{\circ x}=I_{\circ C}+Ad^2=\frac{\pi b^4}{244}+\frac{\pi b^2}{16}\times\left(\frac{3b}{4}\right)^2=\frac{613\pi b^4}{15616}$이다. 따라서 x축에 대한 면적 2차 모멘트는 $I_{xx}=I_{\triangle x}+I_{\circ x}-I_{\circ x}=0.7861b^4$로 된다.

[답] $I_{xx}=0.7861b^4$

5-3 극관성 모멘트

앞에서 논의된 면적 2차 모멘트는 그림 5-4의 x, y축에 대한 관성 모멘트이고, 극관성 모멘트(polar moment of inertia)는 면적의 방향과 나란한 축 즉, 그림 **5-4**에서는 원점 O를 지나는 z축에 대한 면적 2차 모멘트를 나타낸다. 극관성 모멘트 I_P는 다음과 같이 정의 된다.

$$I_P = \int \rho^2 dA \tag{5-8}$$

여기서 ρ는 원점 O에서 미소면적요소 dA지의 거리이다. 그림 **5-4**에서 $\rho^2 = x^2 + y^2$인 관계가 있으므로 다음과 같은 중요한 관계식을 얻을 수 있다.

$$\begin{aligned} I_P &= \int \rho^2 dA = \int (x^2 + y^2) dA = \int x^2 dA + \int y^2 dA \\ &= I_{xx} + I_{yy} \end{aligned} \tag{5-9}$$

식 (5-9)는 x축과 y축에 대한 면적 2차 모멘트의 합과 같음을 보여주고 있다.

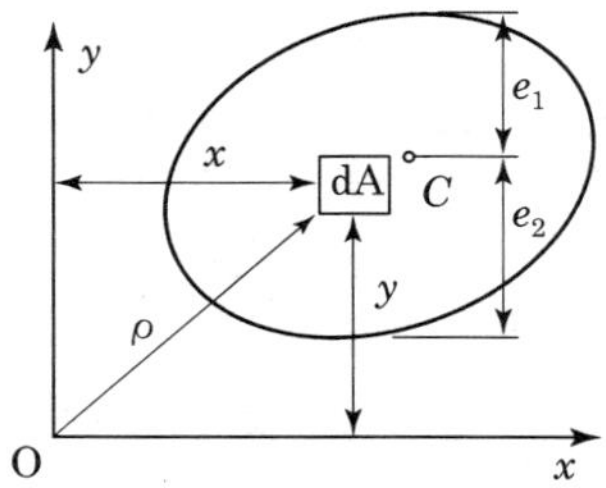

그림 5-4 극관성 모멘트

또한, 극단면계수(polar section modulus)는 물체의 도심 C를 지나는 축에 대한 면적 2차 모멘트를 도심 C에서부터 물체의 끝단까지의 거리 e_1, e_2로 나눈 값으로 다음과 같이 나타낸다.

$$Z_{P1} = \frac{I_{PC}}{e_1} \qquad Z_{P2} = \frac{I_{PC}}{e^2} \tag{5-10}$$

그림 **5-5**에서 원점 O와 도심 C에 대한 극관성 모멘트는 식 (5-9)로부터 $I_{PO} = I_{xx} + I_{yy}$와 $I_{PC} = I_{xxC} + I_{yyC}$으로 나타낼 수 있고, I_{xx}와 I_{xxC}, I_{yy}와 I_{yyC}의 관계는 $I_{xx} = I_{xxC} + Ad_1^2$와 $I_{yy} = I_{yyC} + Ad_2^2$로 되므로 다음과 같은 관계식을 만들 수 있다.

$$\begin{aligned} I_{PO} &= I_{xx} + I_{yy} = I_{xxC} + Ad_1^2 + I_{yyC} + Ad_2^2 = I_{PC} + A(d_1^2 + d_2^2) \\ &= I_{PC} + Ad^2 \end{aligned} \tag{5-11}$$

식 (5-11)은 극관성모멘트에 대한 평행축 정리(parallel axis theorem)를 나타낸다. 이는 임의의 한점에 대한 면적의 극관성모멘트는 도심 C에 대한 극관성 모멘트에 그

면적과 임의의 한점과 도심 C사이의 거리의 제곱의 곱을 더한 것과 같음을 의미한다.

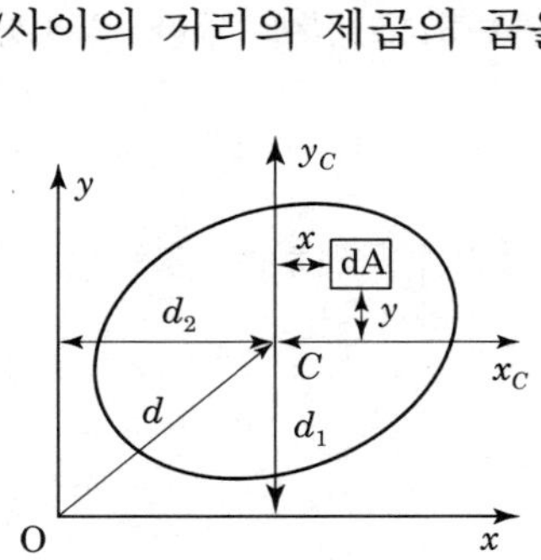

그림 5-5 극관성 모멘트의 평행축 정리

조합도형들에 대한 극관성 모멘트도 조합도형의 면적 2차 모멘트를 계산하는 방법과 마찬가지로 조합을 이루고 있는 기본도형의 극관성 모멘트들의 합으로 구할 수 있다.

예제 5-12 **그림 (5-1)과 같은 원에서의 도심을 지나는 축에 대한 면적의 극관성 모멘트와 극단면계수를 구하시오.**

| 해설 | 빗금친 미소요소의 면적 dA는 $dA = r\,d\theta dr$이고, 도심을 지나는 축에 대한 면적의 극관성 모멘트는 $I_{PC} = \int r^2 dA = \int_0^R \int_0^{2\pi} r^2 r d\theta dr = \frac{\pi R^4}{2} = \frac{\pi D^4}{32}$이다. 또 다른 방법은 $I_{PC} = I_{xxC} + I_{yyC}$ 로부터 구하면, 원은 상하좌우대칭이므로 $I_{xxC} = I_{yyC}$인 관계가 있다. 그러므로 $I_{PC} = 2I_{xxC} = 2 \times \frac{\pi D^4}{64} = \frac{\pi D^4}{32}$이다. 극단면계수는 x_C축과 y_C축에 대해서 대칭이므로

$$Z = Z_1 = Z_2 = \frac{I_{PC}}{e} = \frac{\frac{\pi R^4}{2}}{R} = \frac{\pi R^3}{2} = \frac{\pi D^3}{16}$$ 로 된다.

[답] $I_{PC} = \frac{\pi R^4}{2} = \frac{\pi D^4}{32}$, $Z = Z_1 = Z_2 = \frac{\pi R^3}{2} = \frac{\pi D^3}{16}$

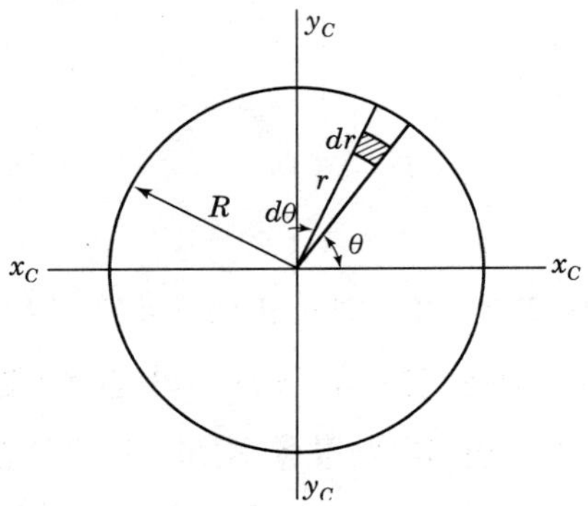

그림 (5-1)

예제 5-13 치수가 $b \times h$인 사각단면의 도심에 대한 극관성 모멘트를 구하시오.

해설 x_C축에 대한 면적 2차 모멘트는 $I_{xxC} = \frac{bh^3}{12}$이고, y_C축에 대한 면적 2차 모멘트는 $I_{yyC} = \frac{b^3h}{12}$이다. 그러므로 극관성 모멘트는 $I_{PC} = I_{xxC} + I_{yyC} = \frac{bh(h^2+b^2)}{12}$이다.

[답] $I_{PC} = \frac{bh(h^2+b^2)}{12}$

예제 5-14 외경이 D이고, 내경이 d인 중공축 단면의 도심에 대한 극관성 모멘트를 구하시오.

해설 직경이 D인 원형 단면의 도심에 대한 극관성 모멘트는 $I_{PO} = \frac{\pi D^4}{32}$이고, 직경이 d인 원형 단면의 도심에 대한 극관성 모멘트는 $I_{II} = \frac{\pi d^4}{32}$이다. 따라서 중공축 단면의 도심에 대한 극관성 모멘트 I_P는 $I_P = I_{PO} - I_{Pi} = \frac{\pi(D^4 - d^4)}{32}$로 된다.

[답] $I_P = \frac{\pi(D^4 - d^4)}{32}$

5-4 관성모멘트 적

면적에 대한 관성 모멘트 적(product of inertia)은 한 쌍의 수직 축에 대한 면적 모멘트를 의미하며, 그림 5-4와 같은 면적에 대한 관성모멘트적은 다음과 같이 정의한다.

$$I_{xy} = \int xy dA \qquad (5-12)$$

식 (5-12)에서 보는 바와 같이 미소면적요소 dA에 dA의 좌표값들이 곱해져 있으므로 면적에 대한 관성모멘트적은 양, 음 또는 0의 값을 갖을 수 있다. 예를 들면, 면적이 좌표계의 2, 4상한에 있으면 음의 값을 갖고, 1, 3상한에 있으면 양의 값을 갖고 만약에 대칭이면 0의 값을 갖는다. 그리고 면적이 한개 이상의 상한에 위치하고 있다면, 관성모멘트적의 부호는 상한에서의 면적분포에 의존한다.

면적 2차 모멘트와 극관성 모멘트의 평행축 정리와 마찬가지로 다음과 같은 과정에 의해서 정의 된다. 그림 **5-5**에서 x-y축과 도심을 지나는 $x_C - y_C$축에 대한 관성모멘트적은 각각 $I_{xy} = \int (x+d_2)(y+d_1)dA$와 $I_{xCyC} = \int xydA$이다. 이들로부터 x-y축에 대한 관성모멘트적은 다음과 같이 된다.

$$\begin{aligned} I_{xy} &= \int (x+d_2)(y+d_1)dA \\ &= \int xydA + d_1\int xdA + d_2\int ydA + d_1d_2\int dA \\ &= I_{xCyC} + d_1d_2A\,() \end{aligned} \tag{5-13}$$

여기서 $\int xdA$와 $\int ydA$는 도심을 지나는 축에 대한 면적 1차 모멘트이므로 0의 값을 갖는다.

조합도형들에 대한 관성 모멘트적도 조합도형의 면적 2차 모멘트를 계산하는 방법과 마찬가지로 조합을 이루고 있는 기본도형의 관성 모멘트적들의 합으로 구할 수 있다.

예제 5-15 그림 **(5-m)**과 같은 사각형에서 x-y축에 대한 관성모멘트적을 구하시오.

해설 도심을 지나는 $x_C - y_C$축에 대한 관성모멘트적은 사각형 도형이 대칭이므로 $I_{xCyC} = 0$으로 된다. 따라서 I_{xy}는 $I_{xy} = I_{xCyC} + 4d_1d_2$로부터 $I_{xy} = bh \times \frac{h}{2} \times \frac{b}{2} = \frac{b^2h^2}{4}$로 된다.

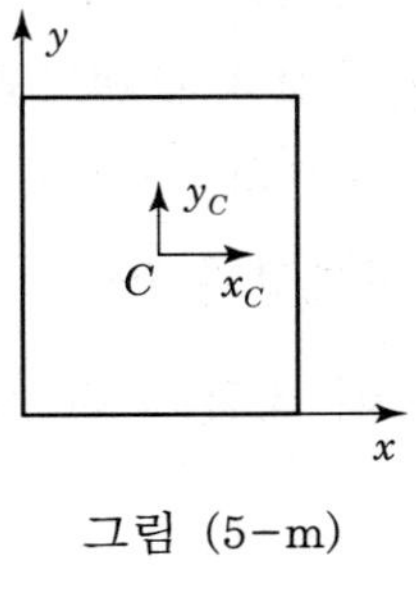

그림 (5-m)

[답] $I_{xy} = \frac{b^2h^2}{4}$

예제 5-16 그림 **(5-n)**과 같은 도형에서 x-y축에 대한 관성모멘트적을 구하시오.

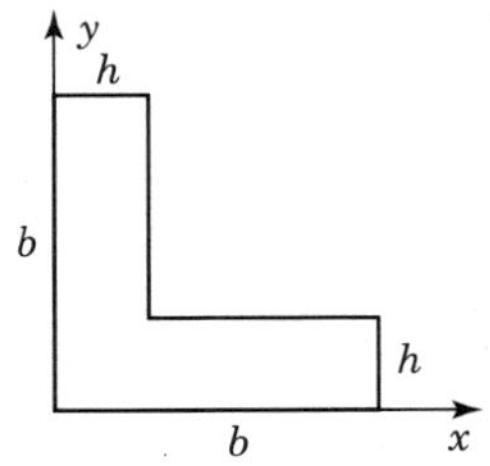

그림 (5-n)

▌해설▌ 한 변의 길이가 b인 정사각형에 대한 관성 모멘트적은 $I_{xxb}=\frac{b^4}{4}$이고, 한 변의 길이가 $(b-h)$인 정사각형에서 x-y축에 대한 관성 모멘트적은 $I_{xx(b-4)}=\frac{(b+h)^2}{4}(b-h)^2$이다. 그러므로 그림 (5-n)과 같은 도형의 x-y축에 대한 관성 모멘트적은 $I_{xx}=I_{xxb}-I_{xx(b-h)}=\frac{b^4}{4}-\frac{b^4-2b^2h^2+h^4}{4}=\frac{2b^2h^2-h^4}{4}$로 된다.

[답] $I_{xx}=\frac{2b^2h^2-h^4}{4}$

5-5 최대 및 최소 면적 2차 모멘트

면적 2차 모멘트와 관성 모멘트적은 좌표축의 회전, 이동 등의 변화에 따라 값들이 변화한다. 좌표축의 이동에 따른 면적 2차 모멘트와 관성 모멘트적의 변화는 이미 앞에서 평행축의 정리로 설명되었다. 좌표축의 회전에 따른 면적 2차 모멘트와 관성 모멘트적의 변화는 그림 **5-6**으로 설명하고자 한다.

그림 **5-6**과 같은 도형에서 x-y축에 대한 면적 2차 모멘트와 관성 모멘트적은 다음과 같이 주어진다.

$$I_{xx}=\int y^2dA \quad I_{yy}=\int x^2dA \quad I_{xy}=\int xydA \tag{5-14}$$

x-y축과 x-y축을 반시계방향으로 θ만큼 회전시킨 x'-y'축과의 관계로부터 미소면적요소의 좌표 값의 변화 즉, x와 x'그리고 y와 y'와의 관계는 다음과 같다.

$$x' = x\cos\theta + y\sin\theta \qquad y' = y\cos\theta - x\sin\theta \tag{5-15}$$

따라서 x'-y'축에 대한 면적 2차 모멘트와 관성 모멘트적은 다음과 같이 주어진다.

$$\begin{aligned} I_{x'x'} &= \int y'^2 dA = \int (y\cos\theta - x\sin\theta)^2 dA \\ &= \cos^2\theta \int y^2 dA + \sin^2\theta \int x^2 dA - 2\sin\theta\cos\theta \int xy dA \\ &= I_{xx}\cos^2\theta + I_{yy}\sin^2\theta - I_{xy}\sin 2\theta \\ &= \frac{1}{2}(I_{xx} + I_{yy}) + \frac{1}{2}(I_{xx} - I_{yy})\cos 2\theta - I_{xy}\sin 2\theta \end{aligned} \tag{5-16}$$

$$\begin{aligned} I_{y'y'} &= \int x'^2 dA = \int (x\cos\theta + y\sin\theta)^2 dA \\ &= \cos^2\theta \int x^2 dA + \sin^2\theta \int y^2 dA + 2\sin\theta\cos\theta \int xy dA \\ &= I_{yy}\cos^2\theta + I_{xx}\sin^2\theta + I_{xy}\sin 2\theta \\ &= \frac{1}{2}(I_{xx} + I_{yy}) - \frac{1}{2}(I_{xx} - I_{yy})\cos 2\theta + I_{xy}\sin 2\theta \end{aligned} \tag{5-17}$$

y'축에 대한 면적 2차 모멘트의 식 (5-17)은 x'축에 대한 면적 2차 모멘트의 식 (5-16)에서 x'축과 y'축이 직각관계로 있으므로 θ대신에 $\theta + \frac{\pi}{2}$를 대입함으로써도 얻을 수 있다. 또한 유사한 방법으로 x'-y'축에 대한 관성모멘트적을 다음과 같이 구할 수 있다.

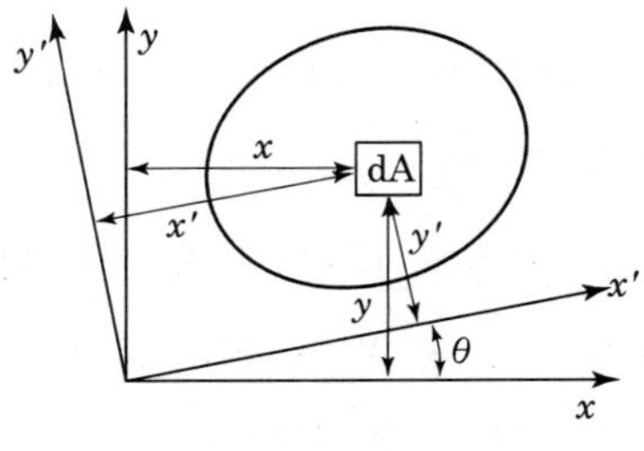

그림 5-6 좌표축의 회전

$$I_{x'y'} = \int x'y'dA = \int (x\cos\theta + y\sin\theta)(y\cos\theta - x\sin\theta)dA$$
$$= \cos^2\theta \int xydA + \sin\theta\cos\theta\left(\int y^2dA - \int x^2dA\right) - \sin^2\theta \int xydA$$
$$= I_{xy}\cos^2\theta + \frac{1}{2}(I_{xx} - I_{yy})\sin 2\theta - I_{xy}\sin^2\theta$$
$$= \frac{1}{2}(I_{xx} - I_{yy})\sin 2\theta + I_{xy}\cos 2\theta \qquad (5-18)$$

식 (5-16)와 식 (5-17)에서 두식을 합하면 다음과 같은 결과를 얻는다.

$$I_{x'x'} + I_{y'y'} = I_{xx} + I_{yy} \qquad (5-19)$$

식 (5-19)은 한 쌍의 축에 대한 관성 모멘트의 합은 축이 원점에 대하여 회전하여도 일정한 값을 갖고 있음을 보여준다.

식 (5-16)에서 $I_{x'x'}$의 최댓값과 최솟값을 구하기 위하여 θ에 관해 미분하고 이것을 0으로 놓고 정리하면 다음과 같은 식을 얻는다.

$$\tan 2\theta = -\frac{2I_{xy}}{I_{xx} - I_{yy}} \qquad (5-20)$$

식 (5-20)으로부터 얻어지는 θ값을 식 (5-16)에 대입하면 다음과 같은 최댓값 I_1과 최솟값 I_2를 얻을 수 있고 또한, θ값을 식 (5-18)에 대입하면 $I_{x'y'} = 0$로 된다.

$$I_1 = \frac{1}{2}(I_{xx} + I_{yy}) + \frac{1}{2}\sqrt{(I_{xx} - I_{yy})^2 + 4I_{xy}^2}$$
$$I_2 = \frac{1}{2}(I_{xx} + I_{yy}) - \frac{1}{2}\sqrt{(I_{xx} - I_{yy})^2 + 4I_{xy}^2} \qquad (5-21)$$

이것을 주관성 모멘트(principal moment of inertia)라고 하고, 이에 대응하는 축들을 주축(principal axes)이라 한다.

식 (5-16)와 식 (5-18)의 x'-y'축에 대한 면적 2차 모멘트와 관성 모멘트적을 각각 제곱하고 더한 하나의 조합된 식을 원(circle)의 식 $(x-a)^2 + (y-b)^2 = r^2$과 같은 모양의 식으로 다음과 같이 변환시킬 수 있다.

$$[I_{x'x'} - \frac{1}{2}(I_{xx} + I_{yy})]^2 = [\frac{1}{2}(I_{xx} - I_{yy})\cos 2\theta - I_{xy}\sin 2\theta]^2$$

$$I_{x'y'}^2 = [\frac{1}{2}(I_{xx} - I_{yy})\sin 2\theta + I_{xy}\cos 2\theta]^2 \tag{5-22}$$

$$[I_{x'x'} - \frac{1}{2}(I_{xx} + I_{yy})]^2 + I_{x'y'}^2 = [\frac{1}{2}\sqrt{(I_{xx} - I_{yy})^2 + 4I_{xy}^2}]^2$$

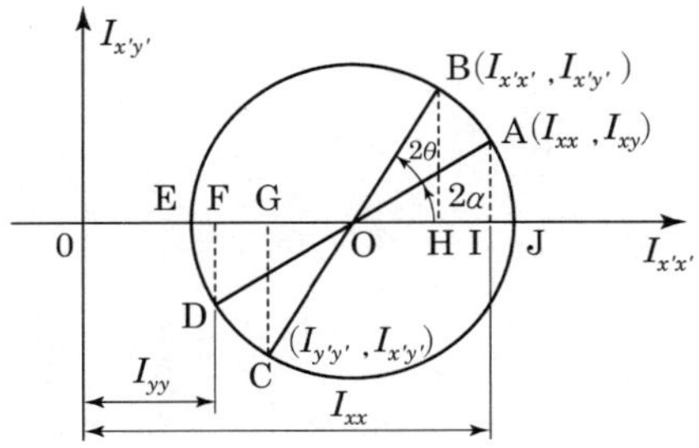

그림 5-7 면적 2차 모멘트에 대한 Mohr 원

식 (5-22)은 중심점이 $\left(\frac{I_{xx} + I_{yy}}{2},\ 0\right)$이고 반지름이 $\frac{1}{2}\sqrt{(I_{xx} - I_{yy})^2 + 4I_{xy}^2}$ 인 원의 식으로 Mohr 원을 그림 **5-7**과 같이 그릴 수 있다.

그림 **5-7**의 $\triangle AOI$에서 $\sin 2\alpha$와 $\cos 2\alpha$는 다음과 같이 된다.

$$\sin 2\alpha = \frac{\overline{AI}}{\overline{OA}} = \frac{\overline{AI}}{\overline{OB}} = \frac{I_{xy}}{\frac{1}{2}\sqrt{(I_{xx} - I_{yy})^2 + 4I_{xy}^2}}$$

$$\cos 2\alpha = \frac{\overline{OI}}{\overline{OA}} = \frac{\overline{OI}}{\overline{OB}} = \frac{\frac{1}{2}(I_{xx} - I_{yy})}{\frac{1}{2}\sqrt{(I_{xx} - I_{yy})^2 + 4I_{xy}^2}} \tag{5-23}$$

x-y축의 원점을 중심으로 각 θ만큼 회전시킨 축 x'-y'축에 대한 면적 2차 모멘트와 관성 모멘트적은 그림 **5-7**에서 원주상의 B점 좌표값으로 주어지고 식 (5-16)과 식 (5-18)과 같이 주어진다.

최대 · 최소 면적 2차 모멘트는 $\overline{0J}$와 $\overline{0E}$로 식 (5-21)과 같이 주어지고, 최대 · 최소 관성모멘트적은 반지름 $\overline{0J}$로 주어진다.

Chapter 6

비틀림

비틀림(torsion)이란 봉의 길이 방향에 대하여 회전을 일으키려고 하는 비틀림 모멘트(twisting moment) 또는 토크(torque)를 받아서 봉이 비틀리는 현상을 말한다. 이와 같은 경우는 대표적으로 동력을 전달하는 기계요소 중 회전을 통해 동력을 전달하는 축(shaft)에서 볼 수 있다. 축의 단면은 회전하기 때문에 원형을 갖는다. 그러나 항공기와 같이 경량이 요구되고 비틀림이 생기는 구조물에서는 비원형 단면이고 두께가 얇은 관 부재가 요구된다.

6-1 원형봉의 비틀림

반지름이 R인 원형 봉이 그림 **6-1** (a)와 같이 왼쪽 부분은 고정되어 있고 오른쪽은 비틀림 모멘트 T가 작용하고 있다. 비틀림 모멘트 T에 의해서 비틀어진 나선각을 γ라 하고 오른쪽 끝단에서의 비틀림 각을 θ라 한다. 이 때 단면의 지름, 단면들 사이의 거리, 축의 길이가 변하지 않는다고 가정한다. 봉 전체 길이에 대한 나선각 γ와 고정단에서 x만큼 떨어진 미소요소구간 dx에서의 나선각 γ는 서로 같고 작은 값이므로 다음과 같이 나타낼 수 있으며, 이는 봉의 외주에 발생하는 전단 변형률을 나타낸다.

$$\tan\gamma \simeq \gamma = \frac{R\theta}{l} = \frac{Rd\theta}{dx} \qquad (6-1)$$

그림 **6-1**(a)와 식 (6-1)에서 보는 바와 같이 전단변형률은 반지름에 비례함을 알 수 있다.

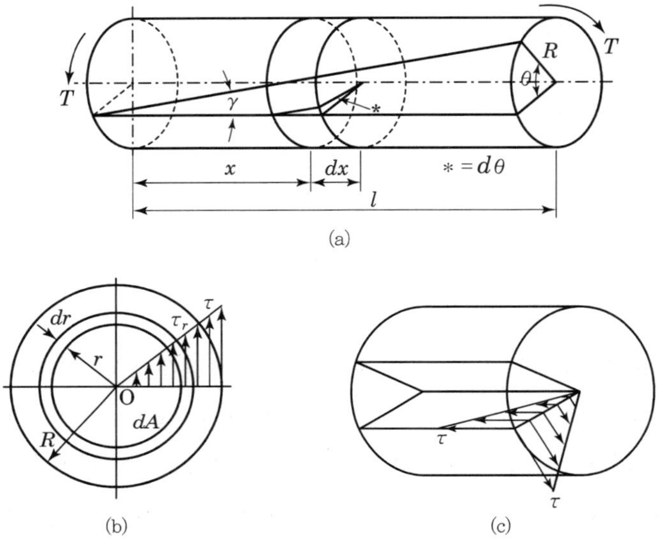

그림 6-1 비틀림을 받는 원형 봉의 변형률과 단면에서의 전단응력 분포

그리고 원형 봉의 외주에 생기는 전단응력은 Hooke의 법칙에 의해서 다음과 같이 나타낼 수 있다.

$$\tau = G\gamma = G\frac{Rd\theta}{dx} \qquad (6-2)$$

식 (6-2)에서 보는 바와 같이 전단응력도 전단변형률과 마찬가지로 반지름에 비례함을 알 수 있으며, 전단응력의 분포를 그림 6-1(b)에 나타내었다. 그림 6-1(b)에서 반지름 r인 곳의 전단응력 τ_r은 다음과 같이 나타낼 수 있다.

$$\tau_r = \frac{r}{R}\tau = \frac{Grd\theta}{dx} \qquad (6-3)$$

비틀림 모멘트 T와 전단응력 τ와의 관계는 그림 **6-1** (b)의 미소구간 dA에서의 비틀림 모멘트 dT를 적분함으로서 다음과 같이 구할 수 있다.

$$T=\int dT=\int \tau_r dAr=\int \frac{r}{R}\tau dAr=\frac{\tau}{R}\int r^2 dA$$
$$=\frac{\tau}{R}I_P \qquad (6-4)$$

여기서 I_P는 극관성 모멘트를 나타낸다. 식 (6-4)로부터 원형 봉의 외주에 생기는 전단응력 τ는 다음과 같다.

$$\tau=\frac{TR}{I_P}=\frac{T}{Z_P} \qquad (6-5)$$

비틀림 모멘트를 받는 원형 봉에는 그림 **6-1** (c)에서 보는 바와 같이 순수전단응력 상태로 된다. 만약에 봉의 재료가 단면에서보다 축방향의 평면에서 전단력에 더 약하다면 비틀림으로 인한 최초의 균열은 축방향의 표면 위에 나타날 것이다. 또한, 순수 전단응력 상태에서는 45°만큼 회전시킨 요소 위에 작용하는 인장응력과 압축응력이 전단응력과 같은 크기로 작용하고 있다. 만약에 재료가 전단보다 인장이나 압축에 약한 재료라면 축방향에 대해 45°경사진 나선에 따라 파괴가 일어난다.

그림 **6-1** (a)와 같은 경우의 비틀림 각 θ는 식 (6-2)와 식 (6-4)로부터 다음과 같이 된다.

$$\theta=\int d\theta=\int_0^l \frac{\tau dx}{GR}=\int_0^l \frac{1}{GR}\frac{TR}{I_P}dx=\frac{T}{GI_P}\int_0^l dx$$
$$=\frac{Tl}{GI_P} \qquad (6-6)$$

동력전달 기계요소 중에 하나인 축은 외부에서 주어지는 토크(torque)에 의해서 회전하여 동력을 전달한다. 직경 d cm인 동력축에서 각속도 ω rad/sec, 1분간의 회전수 (revolutions per minute) n rpm, 회전력 P kgf, 원주속도 v m/sec, 토크 T, 일률인 마력 Hp과 Kw,와의 관계를 다음과 같이 나타낼 수 있다.

$$\omega = \frac{2\pi n}{60} \frac{rad}{\sec}$$
$$v = \frac{d}{2}\omega = \frac{\pi dn}{60 \times 100} \frac{m}{\sec} \quad (6-7)$$

$$T = P\frac{d}{2} kg_f \cdot cm$$
$$Hp = \frac{Pv}{75} = \frac{P\pi dn}{75 \times 60 \times 100} = \frac{2\pi nT}{75 \times 60 \times 100} \quad (6-8)$$

식 (6-8)을 정리하여 토크 T kgf · cm와 마력 Hp와의 관계를 다음과 같이 구할 수 있다.

$$T = 71620\frac{Hp}{n} \text{ kgf} \cdot \text{cm} \quad (6-9)$$

또한, 11Kw = 102 kgf · m/sec이므로 식 (6-8)에서와 같이 $Kw = \frac{Pv}{102}$인 관계를 이용하여 정리하면 다음과 같은 식을 얻을 수 있다.

$$T = 97400\frac{Kw}{n} \text{kgf} \cdot \text{cm} \quad (6-10)$$

예제 6-1 지름 $d = 4$cm, 길이 $l = 1$m인 연강봉의 한 끝을 고정하고 다른 끝에 $T = 6000$ kgf · cm의 비틀림 모멘트가 작용할 때 이 봉에 생기는 최대전단응력과 비틀림 각을 구하시오. 단, 횡탄성계수 G는 0.84×10^6kgf/cm^{2}이다.

❙ 해설 ❙ 최대전단응력은 $\tau = \frac{T}{Z_p} = \frac{T}{\frac{\pi d^3}{16}} = \frac{16T}{\pi d^3} = \frac{16 \times 6000}{\pi \times 4^3} = 477.47$kgf/cm^{2}로 되며, 비틀림 각은 $\theta = \frac{Tl}{GI_p} = \frac{6000 \times 100}{0.84 \times 10^6 \times \frac{\pi \times 4^4}{32}} = 0.0284$rad로 된다.

[답] $\tau = 477.47$kgf/cm^2, $\theta = 0.0284$rad

예제 6-2 풀리의 지름이 $d = 300$mm이고 긴장측 장력이 $T_2 = 500$kgf, 이완측 장력이 $T_1 = 300$kgf로 동력을 전달하고 있다. 축지름을 $d = 4$cm라 하면 비틀림 모멘트와 전단응력은 얼마인가?

| 해설 | 풀리의 회전력은 $P = T_2 - T_1 = 500 - 300 = 200\text{kgf}$이고, 비틀림 모멘트는 $T = P\dfrac{d}{2} = 200 \times \dfrac{30}{2} = 3000\text{kgf}\cdot\text{cm}$이다. 전단응력은 $\tau = \dfrac{T}{Z_P} = \dfrac{16 \times 3000}{\pi \times 4^3} = 238.73\text{kgf/cm}^2$로 된다.

[답] $T = 3000\text{kgf}\cdot\text{cm}$, $\tau = 238.73\text{kgf/cm}^2$

예제 6-3 길이가 같은 실축(solid shaft)과 중공축(hollow shaft)에서 같은 크기의 비틀림 모멘트가 작용하고 있다. 이때 두 축에 생기는 전단응력의 크기가 같다면 두 축의 직경과 체적을 비교하시오. 단, 중공축에서 안지름은 바깥지름의 1/2이다.

| 해설 | 실축에서의 전단응력은 $\tau = \dfrac{T}{Z_P} = \dfrac{16T}{\pi d^3}$이고, 중공축에서의 전단응력은 $\tau = \dfrac{T}{Z_P} = \dfrac{16Td_2}{\pi(d_2^4 - d_1^4)} = \dfrac{16Td_2}{\pi\left[d_2^4 - \left(\dfrac{d_2}{2}\right)^4\right]} = \dfrac{256T}{15\pi d_2^4}$로 된다. 두 전단응력은 같으므로 $\dfrac{16T}{\pi d^3} = \dfrac{256T}{15\pi {d_2}^3}$이 성립되고, 이 관계로부터 $\dfrac{d_2}{d} = \sqrt[3]{\dfrac{16}{15}} = 1.02175$로 된다. 따라서 체적의 비는 $\dfrac{V_2}{V} = \dfrac{\dfrac{\pi}{4}(d_2^2 - d_1^2)}{\dfrac{\pi}{4}d^2} = \dfrac{\dfrac{3}{4}d_2^2}{d^2} = \dfrac{3}{4} \times 1.02175^2 = 0.783$로 된다. 이들로부터 중공축은 실축보다 직경이 약 2.18% 증가하고, 체적은 21.7% 감소한다. 체적의 감소로 인해 중량도 21.7% 감소함을 알 수 있다.

[답] $\dfrac{d_2}{d} = 1.02175$, $\dfrac{V_2}{V} = 0.783$

예제 6-4 지름이 d인 실축과 바깥지름이 d, 안지름이 $\dfrac{d}{2}$인 중공축의 비틀림 모멘트 비를 구하시오.

| 해설 | 실축의 비틀림 모멘트는 $T_s = \dfrac{\pi d^3}{16}\tau_a$이고, 중공축의 비틀림 모멘트는 $T_h = \dfrac{\pi}{16d}\left[d^4 - \left(\dfrac{d}{2}\right)^4\right]\tau_a$이다. 두 축의 비틀림 모멘트 비는 $\dfrac{T_h}{T_s} = \dfrac{\left[d^4 - \left(\dfrac{d}{2}\right)^4\right]}{d^4} = \dfrac{15}{16} = 0.9375$ 로 된다. 중공축이 실축보다 6.25% 감소함을 보여주고 있다.

[답] $\dfrac{T_h}{T_s} = 0.9375$

예제 6-5 길이 $l=5$m인 축에 비틀림 모멘트 $T=8000$kgf·cm가 작용하고 있을 때 축의 직경과 비틀림 각을 구하시오. 단, 허용전단응력은 $\tau_a=600\text{kgf/cm}^2$이고, 횡탄성계수는 $G=0.84\times10^6\text{kgf/cm}^2$이다.

해설 $\tau_a=\dfrac{16T}{\pi d^3}$로부터 축의 직경은 $d=\sqrt[3]{\dfrac{16T}{\pi\tau_a}}=\sqrt[3]{\dfrac{16\times8000}{\pi\times600}}=4.08\text{cm}$이고, 비틀림 각은

$$\theta=\frac{Tl}{GI_P}=\frac{8000\times500}{0.84\times10^6\times\dfrac{\pi\times4.08^4}{32}}=0.175\text{rad}$$이다.

[답] $d=4.08\text{cm}$, $\theta=0.175\text{rad}$

예제 6-6 축 지름의 20배인 축 길이에 대하여 원형축의 비틀림 각을 1°로 제한할 때, 최대전단응력을 구하시오. 단, 횡탄성계수는 $G=0.84\times10^6\text{kgf/cm}^2$이다.

해설 축 길이를 $l=20d$로 하였을 경우 비틀림 각은 $\theta\leq1°$로 되어야 한다는 조건과 전단응력 $\tau=\dfrac{T\frac{d}{2}}{I_P}$으로부터 비틀림 각 $1°\geq\dfrac{Tl}{GI_P}\times\dfrac{180}{\pi}=\dfrac{T20d}{GI_P}\times\dfrac{180}{\pi}=\dfrac{40\tau}{G}\times\dfrac{180}{\pi}$에서 전단응력은 $\tau\leq\dfrac{\pi G}{40\times180}=366.52\ \text{kgf/cm}^2$로 되므로 최대전단응력은 $\tau_{\max}=366.52\text{kgf/cm}^2$이다.

[답] $\tau_{\max}=366.52\text{kgf/cm}^2$

예제 6-7 180rpm으로 60Hp을 전달하는 동력축의 지름을 구하시오. 단, 재료의 인장강도는 $\sigma_U=4500\text{kgf/cm}^2$으로 하고 비틀림 강도는 인장강도의 70%로 한다. 그리고 안전율은 S=10이다.

해설 허용응력은 $\tau_a=\sigma_U\times0.7\times\dfrac{1}{10}=315\text{kgf/cm}^2$이고, 비틀림 모멘트는 $T=71620\dfrac{Hp}{n}=71620\times\dfrac{60}{180}=23873.33\text{kgf}\cdot\text{cm}$이다. 축의 직경은 $d=\sqrt[3]{\dfrac{16T}{\pi\tau}}=\sqrt[3]{\dfrac{16\times23873.33}{\pi\times315}}=7.28$ cm로 된다.

[답] $d=7.28\text{cm}$

예제 6-8 그림 (6-α)와 같이 길이 $l=3$m인 동력축에서 축 중앙에 있는 풀리 a는 500 rpm, 100Hp를 전달받고 풀리 b와 c에 각각 40Hp및 60Hp를 전달한다고 할 때 축의 지름과 비틀림 각도를 구하시오. 단, 허용전단응력은 $\tau=120\text{kgf/cm}^2$이고, 횡탄성계수는 $G=0.84\times10^6\text{kgf/cm}^2$이다.

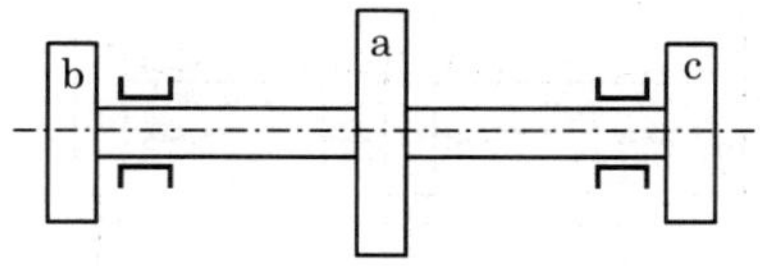

그림 (6-a)

| 해설 | 풀리 a와 b 사이의 토크는 $T_{ab}=71620\dfrac{Hp}{n}=71620\times\dfrac{40}{500}=5729.6\text{kgf}\cdot\text{cm}$이고, 풀리 a와 c 사이의 토크는 $T_{ac}=71620\dfrac{Hp}{n}=71620\times\dfrac{60}{500}=8594.4\text{kgf}\cdot\text{cm}$이다. 이들로부터 풀리 a와 b 사이의 축의지름은 $d_{ab}=\sqrt[3]{\dfrac{16T_{ab}}{\pi\tau}}=\sqrt[3]{\dfrac{16\times5729.6}{\pi\times120}}=6.24\text{cm}$로 되고, 풀리 a와 c 사이의 축의지름은 $d_{ac}=\sqrt[3]{\dfrac{16T_{ac}}{\pi\tau}}=\sqrt[3]{\dfrac{16\times8594.4}{\pi\times120}}=7.15\text{cm}$로 된다. 따라서 축의 지름을 $d=7.15\text{cm}$로 정한다. 풀리 a와 b 사이의 비틀림 각은 $\theta_{ab}=\dfrac{T_{ab}l}{GI_P}=\dfrac{5729.6\times150}{0.84\times10^6\times\dfrac{\pi\times7.15^4}{32}}$ $=0.00399\text{rad}$ 로 되고, 풀리 a와 c 사이의 비틀림 각은 $\theta_{ac}=\dfrac{T_{ac}l}{GI_P}=\dfrac{8594.4\times150}{0.84\times10^6\times\dfrac{\pi\times7.15^4}{32}}$ $=0.00598\text{rad}$로 된다.

[답] $d=7.15\text{cm}$, $\theta_{ab}=0.0399\text{rad}$, $\theta_{ac}=0.00598\text{rad}$

예제 6-9 **지름 d_1인 전동축의 동력을 지름 d_2인 축에 $\dfrac{1}{8}$로 감속시켜 전달하려 할때, d_2를 구하시오. 단, 양축의 허용전단응력은 같다.**

| 해설 | 지름 d_1의 토크는 $T_1=71620\dfrac{Hp}{n}$로 주어지고, 지름 d_2의 토크는 $T_2=71620\dfrac{Hp}{\dfrac{n}{8}}=8T_1$ 로 주어진다.

따라서 지름 d_1은 $d_1=\sqrt[3]{\dfrac{16T_1}{\pi\tau}}$로 되고, 지름 d_2는 $d_2=\sqrt[3]{\dfrac{16T_2}{\pi\tau}}=\sqrt[3]{\dfrac{16\times8T_1}{\pi\tau}}=\sqrt[3]{8}\,d_1$ $=2d_1$로 된다.

[답] $d_2=2d_1$

예제 6-10 **그림 (6-b)와 같이 직경 $D=30\text{cm}$인 회전체 a, b에 걸린 $W=10\text{ton}$을 감아올리려고 할 때 축의 지름 d_1, d_2를 구하시오. 단, 허용전단응력은 $\tau=800$ kgf/cm^2이다.**

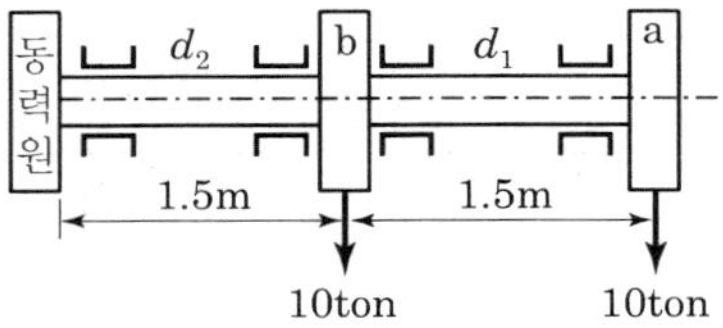

그림 (6-b)

▌해설▐ a, b 회전체의 토크는 $T_a = T_b = W\frac{D}{2} = 10000 \times \frac{30}{2} = 150000\text{kg} \cdot \text{cm}$이다. 직경 d_1은

$d_1 = \sqrt[3]{\frac{16T_a}{\pi\tau}} = \sqrt[3]{\frac{16 \times 150000}{\pi \times 800}} = 9.85\text{cm}$로 되고, 직경 d_2에는 $T_a + T_b$의 토크가 작용함으로 $d_2 = \sqrt[3]{\frac{16T_a}{\pi\tau}} = \sqrt[3]{\frac{16 \times 150000 \times 2}{\pi \times 800}} = 12.41cm\ \text{cm}$로 된다.

[답] $d_1 = 9.85\text{cm}$, $d_2 = 12.41\text{cm}$

예제 6-11 **직경 $D = 30\text{cm}$인 회전체가 선속도 $v = 25\text{m/sec}$와 동력 $40Kw$로 회전할 때 축의 지름 d를 구하시오. 단, 허용전단응력은 $\tau = 300\text{kgf/cm}^2$이다.**

▌해설▐ rpm은 $v = \frac{\pi Dn}{60 \times 100}$로부터 $n = \frac{6000v}{\pi D} = \frac{6000 \times 25}{\pi \times 30} = 1591.55\text{rpm}$로 된다. 따라서 직경은 $d = \sqrt[3]{\frac{16T}{\pi\tau}} = \sqrt[3]{\frac{16 \times 97400\frac{Kw}{n}}{\pi\tau}} = \sqrt[3]{\frac{16 \times 97400 \times 40}{\pi \times 300 \times 1591.55}} = 3.46\text{cm}$이다.

[답] $d = 3.46\text{cm}$

6-2 불균일봉의 비틀림

공작기계의 스핀들(spindle), 자동차의 차축 등에서는 그림 **6-2**와 그림 **6-3**에서 보는 바와 같이 원추형이나 단달림으로 만들어 사용하고 있다. 그림 **6-2** (a)와 같이 축 직경의 변화가 있고 점 A, B, C에 토크 T_1, T_2, T_3가 작용하는 경우에 각 구간 내의 토크 크기와 방향을 구해야 한다. 토크의 방향은 모멘트 벡터에 대한 오른손 법칙으로 표시한다. AB구간에서의 내부 토크 T_{AB}와 BC구간에서의 내부 토크 T_{BC}는 평형 조건으로부터 다음과 같이 주어진다.

$$T_{AB} - T_1 = 0 \qquad T_{AB} = T_1$$
$$T_{BC} - T_1 + T_2 = 0 \quad T_{BC} = T_1 - T_2 = T_3 \tag{6-11}$$

그림 **6-2** (b)와 같은 경우, AB구간에서의 내부 토크 T_{AB}와 BC구간에서의 내부 토크 T_{BC}는 평형조건으로부터 다음과 같이 주어진다.

$$T_{AB} + T_2 = 0 \qquad T_{AB} = -T_2$$
$$T_{BC} + T_2 - T_1 = 0 \quad T_{BC} = T_1 - T_2 = T_3 \tag{6-12}$$

각 구간의 전단응력을 구할 때에는 내부 토크의 방향은 의미가 없고 크기만 필요하다. 그러나 비틀림 각을 구할 때에는 내부 토크의 크기와 방향이 필요하다. 전체 비틀림 각은 각 구간의 비틀림 각을 합하여 얻는다.

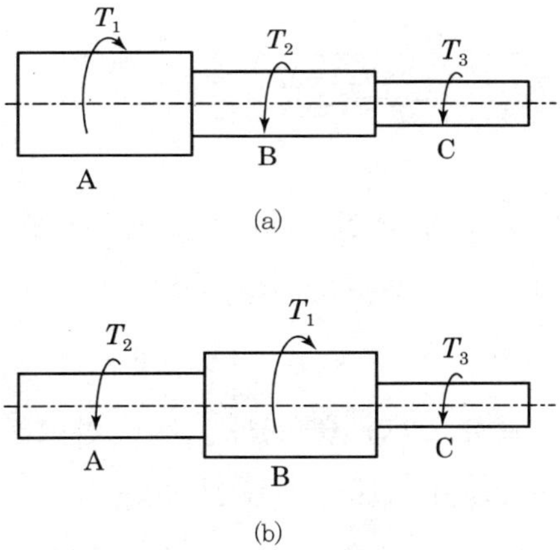

그림 6-2 단달림 축

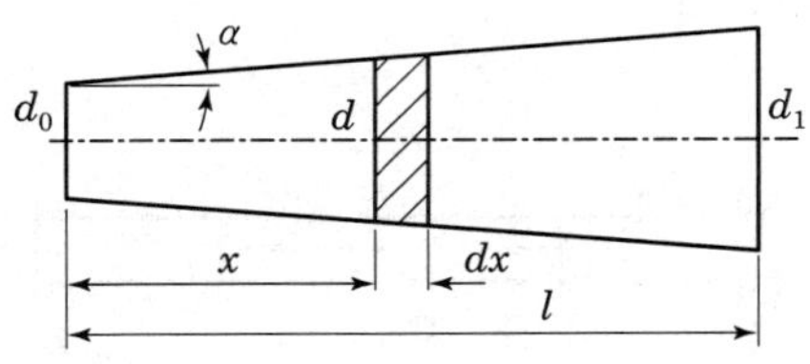

그림 6-3 원추형 축

그림 **6-3**과 같은 원추형 축에 토크 T가 작용할 때에 x만큼 떨어진 곳의 미소구간 dx에서의 비틀림 각 $d\theta$는 다음과 같다.

$$d\theta = \frac{Tdx}{GI_P} = \frac{32Tdx}{\pi G d^4} \tag{6-13}$$

여기서 d는 x만큼 떨어진 곳의 직경으로 $d = d_0 + 2x\tan\alpha = d_0 + \frac{d_1 - d_0}{l}x$이다. 따라서 비틀림 각 θ는 다음과 같이 주어진다.

$$\begin{aligned}\theta &= \int d\theta = \int_0^l \frac{32T}{\pi G(d_0 + \frac{d_1 - d_0}{l}x)^4}dx \\ &= \frac{32Tl}{3\pi G}\frac{d_0^2 + d_0 d_1 + d_1^2}{d_0^3 d_1^3}\end{aligned} \tag{6-14}$$

그리고 이와 같은 경우의 원추형 축에 생기는 전단응력은 다음과 같이 주어진다.

$$\tau = \frac{T}{Z_P} = \frac{16T}{\pi d^3} = \frac{16T}{\pi(d_0 + \frac{d_1 - d_0}{l}x)^3} \tag{6-15}$$

단면의 크기가 갑자기 변하는 단달림 축에서는 국부적으로 응력집중이 생긴다. 응력집중은 비틀림 각에 대해 큰 영향을 끼치지 않는다고 본다.

예제 6-12 지름 $d = 3\text{cm}$인 축에 그림 (6-c)와 같이 점 B, C, D에 토크 $T_1 = 3000$ kgf · cm, $T_2 = 4500$ kgf · cm, $T_3 = 1500$ kgf · cm가 작용하고 있다. 각 구간에서의 전단응력과 BD사이의 비틀림 각을 구하시오. 단, BC구간의 길이는 $l_{BC} = 40\text{cm}$이고, CD구간의 길이는 $l_{CD} = 50\text{cm}$이다. 횡탄성계수는 $G = 0.84 \times 10^6 \text{kgf/cm}^2$이다.

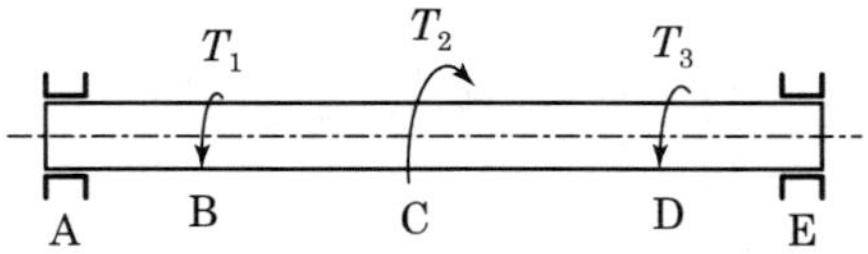

그림 (6-c)

| 해설 | 구간 AB와 구간 DE에서는 비틀림 모멘트가 없으므로 비틀림 각, 토크에 의한 전단응력도 없다. BC구간에서의 토크는 $T_{BC} = -T_1$이고, CD구간에서의 토크는 $T_{CD} = T_2 - T_1 = T_3$이다.

따라서 BC구간과 CD구간에서의 전단응력은 $\tau_{BC}=\dfrac{16T_{BC}}{\pi d^3}=\dfrac{16\times3000}{\pi\times3^3}=565.88\text{kgf/cm}^2$와 $\tau_{CD}=\dfrac{16T_{CD}}{\pi d^3}=\dfrac{16\times1500}{\pi\times3^3}=282.94\text{kgf/cm}^2$로 된다. BC구간에서의 비틀림 각은 $\theta_{BC}=\dfrac{T_{BC}l_{BC}}{GI_P}=\dfrac{32\times(-3000)\times40}{0.84\times10^6\times\pi\times3^4}=-0.01797\text{rad}$이고, CD구간에서의 비틀림 각은 $\theta_{CD}=\dfrac{T_{CD}l_{CD}}{GI_P}=\dfrac{32\times1500\times50}{0.84\times10^6\times\pi\times3^4}=0.01123\text{rad}$이다. 따라서 이축의 비틀림 각은 $\theta=\theta_{BC}+\theta_{CD}=-0.01797+0.01123=-0.00674\text{rad}$로 된다.

[답] $\tau_{BC}=565.88\text{kgf}\cdot\text{cm}^2$, $\tau_{CD}=282.94\text{kgf}\cdot\text{cm}^2$, $\theta=-0.00674\text{rad}$

예제 6-13 **그림 (6-d)와 같이 길이 a와 b, 직경 d_1과 d_2인 단달림 축의 양단이 고정되어 있고 비틀림 모멘트 T_0가 작용하고 있다. 이때 A, B 고정단의 반작용 비틀림 모멘트를 구하시오.**

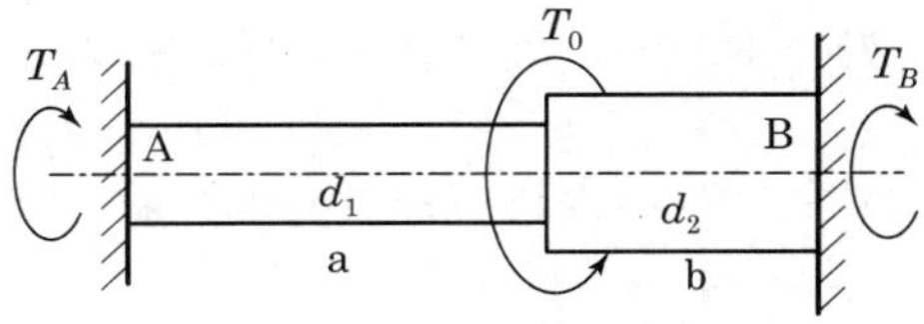

그림 (6-d)

해설 반작용 비틀림 모멘트 T_A와 T_B의 합은 T_0와 같다. 직경 d_1인 축의 비틀림 각은 $\theta_A=\dfrac{32T_Aa}{\pi Gd_1^4}$이고, 직경 d_2인 축의 비틀림 각은 $\theta_B=\dfrac{32T_Bb}{\pi Gd_2^4}$이다. 이 두 비틀림 각은 서로 같으므로 $\dfrac{T_Aa}{d_1^4}=\dfrac{T_Bb}{d_2^4}$인 관계가 성립한다. 따라서 A 고정단의 비틀림 모멘트는 $T_A=\dfrac{T_0}{1+\dfrac{a}{b}\left(\dfrac{d_2}{d_1}\right)^4}$로 되고, B 고정단의 비틀림 모멘트는 $T_B=\dfrac{T_0}{1+\dfrac{b}{a}\left(\dfrac{d_1}{d_2}\right)^4}$로 된다.

[답] $T_A=\dfrac{T_0}{1+\dfrac{a}{b}\left(\dfrac{d_2}{d_1}\right)^4}$, $T_B=\dfrac{T_0}{1+\dfrac{b}{a}\left(\dfrac{d_1}{d_2}\right)^4}$

예제 6-14 **그림 (6-e)와 같이 직경 d이고 길이 l인 균일단면 축의 양단이 고정되어 있고 길이를 3등분한 점 B, C에 비틀림 모멘트 T_1, T_2가 작용하고 있다. 이때 구간**

AB, BC, CD의 비틀림 모멘트를 구하시오.

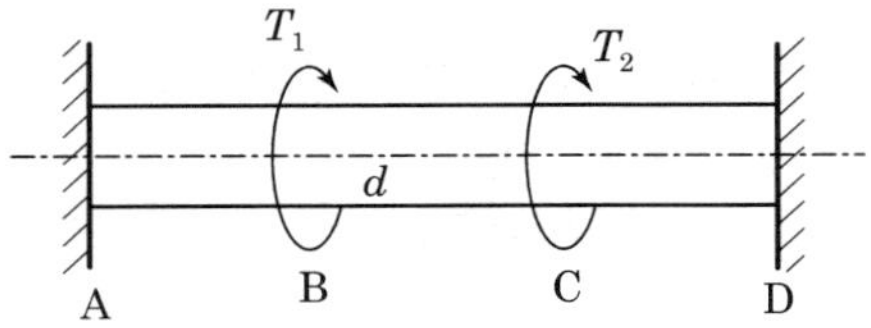

그림 (6-e)

| 해설 | 비틀림 모멘트 T_1에 의해서 AB구간과 BD구간에 생기는 비틀림 모멘트는

$T_1 = T_{1AB} + T_{1BD}$와 $\theta_{1AB} = \dfrac{T_{1AB}\dfrac{l}{3}}{GI_P} = \theta_{1BD} = \dfrac{T_{1BD}\dfrac{2l}{3}}{GI_P}$로부터 $T_{1AB} = \dfrac{2T_1}{3}$, $T_{1BD} = \dfrac{T_1}{3}$로 된다. 같은 방법으로 비틀림 모멘트 T_2에 의해서 AC구간과 CD구간에 생기는 비틀림 모멘트는 $T_2 = T_{2AC} + T_{2CD}$와 $\theta_{2AC} = \dfrac{T_{2AC}\dfrac{2l}{3}}{GI_P} = \theta_{2CD} = \dfrac{T_{2CD}\dfrac{l}{3}}{GI_P}$로부터 $T_{2AC} = \dfrac{T_2}{3}$, $T_{2CD} = \dfrac{2T_2}{3}$로 된다. 따라서 AB구간의 비틀림 모멘트는 $T_{AB} = T_{1AB} + T_{2AC} = \dfrac{2T_1}{3} + \dfrac{T_2}{3}$로 되고, BC구간에서는 평형조건으로부터 $T_{BC} = T_1 - T_{AB} = \dfrac{T_1 - T_2}{3}$로 되고, CD구간에서는 $T_{CD} = T_{1BD} + T_{2CD} = \dfrac{T_1}{3} + \dfrac{2T_2}{3}$ 로 된다.

[답] $T_{AB} = \dfrac{2T_1}{3} + \dfrac{T_2}{3}$, $T_{BC} = \dfrac{T_1 - T_2}{3}$, $T_{CD} = \dfrac{T_1}{3} + \dfrac{2T_2}{3}$

6-3 비틀림에서의 변형에너지

하중이 구조물의 부재 및 기소에 작용하면 변형이 생기므로 하중은 변형량만큼 외적인 일을 하게 됨과 동시에 이 일량과 같은 크기의 변형에너지가 부재 및 기소에 축적된다. 비틀림 모멘트가 작용하는 경우에도 똑같은 개념의 변형에너지가 축적된다.

지름이 d, 길이가 l인 원형단면 축에 비틀림 모멘트 T가 작용하여 비틀림 각 θ가 생겼다면 축에 축적되는 탄성변형에너지 U는 다음과 같이 주어진다.

$$U = \frac{1}{2}T\theta = \frac{1}{2}\frac{T^2 l}{GI_P} \tag{6-16}$$

식 (6-16)에 $T = \tau I_P \frac{2}{d}$, $I_P = A\frac{d^2}{8}$를 대입하여 정리하면 $U = \frac{1}{2}\frac{\tau^2 I_P^2 \frac{4}{d^2} l}{GI_P} = \frac{\tau^2}{4G}Al$ 로 된다. 이 식에서 $u_t = \frac{\tau^2}{4G}$는 비틀림에 있어서 단위체적당의 탄성변형에너지를 나타낸다.

그림 **6-4** (a)와 같이 직경이 $D=2R$, 두께가 t, 밀도가 ρ, 질량이 m인 플라이 휠(fly wheel)의 질량관성모멘트(moment of inertia of mass) I_{mP}는 다음과 같다.

$$I_{mP} = \int r^2 dm = \int_0^R r^2 2\pi r t \rho dr = \frac{1}{2}mR^2 = \frac{1}{8}mD^2 \tag{6-17}$$

이같은 플라이 휠이 각속도 ω rad/sec로 회전하고 있을 때 운동에너지 U_k 다음과 같다.

$$U_k = \frac{1}{2}I_{mP}\omega^2 = \frac{1}{4}mR^2\omega^2 = \frac{1}{4}mv^2 \tag{6-18}$$

그림 **6-4** (b)와 같이 플라이 휠과 축이 연결되어 작동하는 경우에 축에는 플라이 휠의 동적효과로 인해 전단응력이 발생된다. 이 때의 전단응력은 플라이 휠의 운동에너지 U_k와 비틀림 모멘트에 의해 축에 축적되는 탄성변형에너지 U를 같게 놓음으로써 다음과 같이 구할 수 있다.

$$U_k = U \quad \frac{1}{4}mv^2 = \frac{\tau^2 Al}{4G}$$
$$\tau = \sqrt{\frac{Gm}{Al}}\,v \tag{6-19}$$

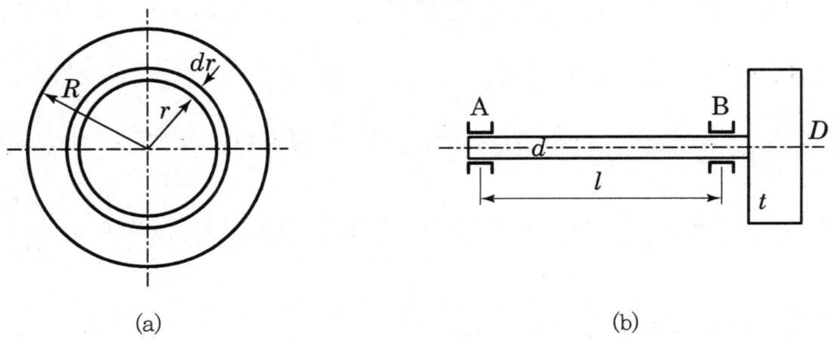

그림 6-4 플라이 휠

예제 6-15 **직경 d, 길이 l인 원형단면 봉이 한쪽은 고정되고 다른 한쪽은 자유단으로 되어 있고, 단위길이 당 일정한 세기의 토크 t를 받고 있다. 이 때 봉의 탄성변형에너지를 구하시오.**

해설 자유단에서 임의의 거리 x만큼 떨어진 곳에서의 미소요소 dx에 생기는 미소탄성변형에너지는 $dU=\frac{1}{2}\frac{(tx)^2dx}{GI_P}$이므로 탄성변형에너지는 $U=\int dU=\int_0^l \frac{1}{2}\frac{t^2}{GI_P}x^2dx=\frac{t^2l^3}{6GI_P}$로 된다.

[답] $U=\frac{t^2l^3}{6GI_P}$

예제 6-16 **직경 d, 길이 l인 원형단면 봉이 한쪽은 고정되고 다른 한쪽은 자유단으로 되어 있다. 자유단에는 비틀림 모멘트 T_a, 자유단으로부터 $\frac{l}{2}$되는 곳에는 비틀림 모멘트 T_b가 작용하고 있다. 이 때 봉의 탄성변형에너지를 구하시오.**

해설 비틀림 모멘트 T_a에 의한 탄성변형에너지는 $U_a=\frac{T_a^2l}{2GI_p}$이고, 비틀림 모멘트 T_b에 의한 탄성변형에너지는 $U_b=\frac{(T_a+T_b)^2\frac{l}{2}}{2GI_p}$이다. 따라서 봉에 축적되는 총 탄성변형에너지는 $U=U_a+U_b=\frac{T_a^2l}{2GI_P}+\frac{(T_a+T_b)^2\frac{l}{2}}{2GI_P}$로 된다.

[답] $U=\frac{T_a^2l}{2GI_P}+\frac{(T_a+T_b)^2\frac{l}{2}}{2GI_P}$

예제 6-17 **길이가 $l=1.5$m인 축의 중앙에 무게 $W=5$kg, 직경 $D=30$cm인 회전체가 100rpm으로 회전한다. 회전체가 급정지하는 경우를 예상한 축의 지름을 구하시오. 단, 축재료의 허용전단응력은 $\tau_a=35\text{kgf}\cdot\text{mm}^2$이고, 횡탄성계수는 $G=0.84\times10^6\text{kgf}\cdot\text{cm}^2$이다.**

해설 회전체의 운동에너지 U_k는 $U_k=\frac{1}{4}mv^2$로서 급정지하는 경우 이 운동에너지는 축에 전달되어 비틀림 변형을 일으킨다, 따라서 축의 탄성변형에너지 $U=\frac{\tau_a Al}{4G}$는 운동에너지와 같은 크기를 갖는다. 즉, $\frac{1}{4}mv^2=\frac{\tau_a Al}{4G}$와 $A=\frac{\pi d^2}{4}$인 관계로부터 직경 $d=\sqrt{\frac{4Gmv^2}{\pi\tau_a l}}$를

얻을 수 있다. 직경 $d=\dfrac{\sqrt{4\times 0.84\times 10^{6}\times \dfrac{5}{980}\times\left(\dfrac{\pi\times 30\times 100}{60}\right)^{2}}}{\pi\times 3500\times 150}=16\text{cm}$

[답] $d=16\text{cm}$

6-4 두께가 얇은 관의 비틀림

비틀림에 대한 가장 효율적인 단면의 모양은 원형으로 기계류 분야에서는 비틀림을 받는 기소의 모양을 원형으로 많이 하고 있다. 그러나 항공기나 우주선과 같은 구조물에서는 비원형 단면이면서 경량이고 비틀림에 대한 저항이 큰 구조를 요구하고 있다. 이와 같은 종류의 구조물 부재를 임의의 형상으로 하여 그림 6-5에 나타내었다. 이 구조물 부재는 길이방향으로 직선이고, 단면은 전 길이에 대해서 같은 형상을 갖고 있다고 가정한다. 또한, 관의 두께 t 는 단면의 둘레에 따라 변할 수도 있으나, 이 두께는 단면의 크기에 비해 매우 작은 값으로 얇다고 본다. 이 부재가 그림 **6-5** (a)와 같이 왼쪽 끝단은 고정되어 있고 오른쪽 끝단에는 비틀림 모멘트 T가 작용하고 있다. 고정단으로부터 x만큼 떨어진 미소구간 dx에서의 미소요소 dA에는 전단응력 τ 만이 존재하는 순수전단응력상태를 나타낼 것이다. 그러나 두께가 일정하지 않으므로 전단응력 τ는 단면 둘레에 따라 크기가 변할 것이다. 미소요소 dA에서는 평형을 이루고 있으므로 $\tau t=constant$와 같은 관계를 얻을 수 있고, 이 관계는 단면의 모든 점에서 같음을 알 수 있다. 이것을 전단흐름(shear flow)이라 한다.

그림 **6-5** (b)는 고정단으로부터 x만큼 떨어진 단면으로 점선은 관두께 t의 중선(centerline)을 나타낸다. 이 중선의 미소길이 ds와 관의 두께 t인 미소면적에 생기는 힘은 τtds로 된다. 따라서 관내의 임의의 점 O에 대한 이 힘의 비틀림 모멘트 dT는 다음과 같이 주어진다.

$$dT=\tau tds\,r \tag{6-20}$$

여기서 r은 점 O에서 힘 τtds의 작용선까지의 수직한 거리이다. 전체 비틀림 모멘트 T는 식 (6-20)을 적분함으로써 다음과 같이 주어진다.

$$T = \int dT = \tau t \int_0^l r\,ds \tag{6-21}$$

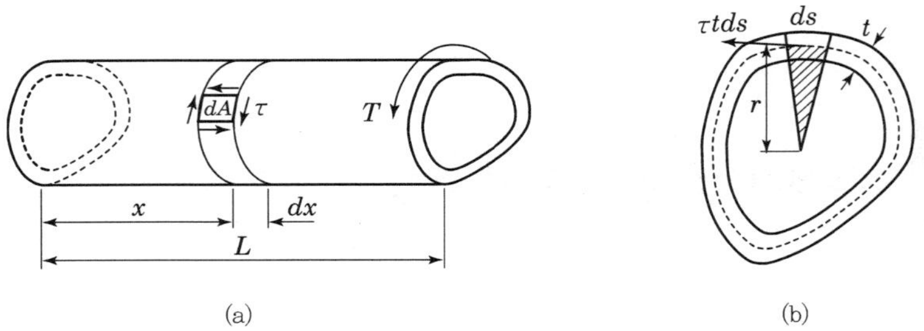

그림 6-5 얇은 관의 비틀림

여기서 l은 얇은 관 단면에 있는 중선의 길이를 나타낸다.

rds는 그림 **6-5** (b)에서 빗금친 삼각형 면적의 2배를 나타내므로 식 (6-21)의 $\int_0^l r\,ds$는 단면의 중선으로 둘러싸인 면적 A_m의 2배를 나타낸다. 그러므로 식 (6-21)은 다음과 같이 된다.

$$T = 2\tau t A_m \tag{6-22}$$

얇은 관의 탄성변형에너지를 구하기 위하여 단면적 tds와 길이 dx를 갖는 그림 **6-5** (a)의 미소요소 dA를 고려한다. 이 미소요소는 순수전단상태로 탄성변형에너지밀도는 식 (3-42')에서 $u = \dfrac{\tau^2}{2G}$로 주어졌으므로 탄성변형에너지는 탄성변형에너지밀도에 미소체적 $tds\,dx$를 곱한 $dU = \dfrac{\tau^2}{2G}tds\,dx$로 된다. 따라서 얇은 관의 탄성변형에너지는 식 (6-22)를 이용하여 다음과 같이 주어진다.

$$\begin{aligned} U &= \int dU = \int \frac{\tau^2}{2G} t\,ds\,dx = \int \frac{\tau^2 t^2}{2G}\frac{ds}{t}dx = \frac{\tau^2 t^2}{2G}\int_0^l \frac{ds}{t}\int_0^L dx \\ &= \frac{T^2 L}{8GA_m^2}\int_0^l \frac{ds}{t} = \frac{T^2 Ll}{8GA_m^2 t} = \frac{T^2 L}{2GJ} \end{aligned} \tag{6-23}$$

식 (6-23)에서 J는 비틀림 상수(torsion constant)로 다음과 같이 정의 된다.

$$J = \frac{4A_m^2}{\int_0^l \frac{ds}{t}} = \frac{4tA_m^2}{l} \tag{6-24}$$

비틀림 각 θ는 얇은 관에 작용하는 비틀림 모멘트 T에 의한 일과 탄성변형에너지를 갖게 놓음으로써 다음과 같이 구할 수 있다.

$$\frac{1}{2}T\theta = \frac{T^2L}{2GJ}$$
$$\theta = \frac{TL}{GJ} \tag{6-25}$$

예제 6-18 한 변의 바깥치수 $a = 1\text{cm}$, 두께 $t = 0.15\text{cm}$인 정사각형 얇은 관이 견딜 수 있는 비틀림 모멘트를 구하시오. 단, 허용전단응력은 $\tau_a = 400\text{kgf} \cdot \text{cm}^2$이다.

해설 단면의 중선으로 둘러싸인 면적 A_m은 $A_m = (a-t)^2 = (1-0.15)^2 = 0.7225\text{cm}^2$이고, 식 $T = 2\tau t A_m$로부터 $T = 2 \times 400 \times 0.15 \times 0.7225 = 86.7\text{kgf} \cdot \text{cm}$로 된다.

[답] $T = 86.7\text{kgf} \cdot \text{cm}$

예제 6-19 한 변의 바깥치수 $a = 1cm\text{cm}$, 두께 $t = 0.15\text{cm}$, 길이 $L = 1\text{m}$인 정사각형 얇은 관에 비틀림 모멘트 $T = 86.7\text{kgf} \cdot \text{cm}$가 작용하고 있을 때, 비틀림 각을 구하시오. 단, 횡탄성계수는 $G = 2.7 \times 10^6\text{kgf} \cdot \text{cm}^2$이다.

해설 단면의 중선으로 둘러싸인 면적 A_m은 $A_m = (a-t)^2 = (1-0.15)^2 = 0.7225\text{cm}^2$이고, 중선의 길이 l은 $l = 4(a-t) = 4 \times (1-0.15) = 3.4\text{cm}$이므로 비틀림 상수 J는 $J = \frac{4tA_m^2}{l} = \frac{4 \times 0.15 \times 0.7225^2}{3.4} = 0.09212\text{cm}^4$로 된다. 따라서 비틀림 각 θ는 $\theta = \frac{TL}{GJ} = \frac{86.7 \times 100}{2.7 \times 10^6 \times 0.09212} = 0.03486\text{rad}$이다.

[답] $\theta = 0.03486\ \text{rad}$

예제 6-20 두께가 얇은 원형 관과 정사각형 관에서 재료, 길이 L, 두께 t, 단면적 A, 토크 T가 모두 같은 경우에 전단응력의 비, 비틀림 각의 비를 구하시오.

해설 반지름이 r인 원형 관과 한 변이 b인 정사각형 관의 단면적 A는 $A = 2\pi rt = 4bt$이므로

$\pi r = 2b$인 관계를 갖는다. 원형 관에서 중선으로 둘러싸인 면적 A_{mc}와 비틀림 상수 J_c는 $A_{mc} = \pi r^2$와 $J_c = \dfrac{4tA_{mc}^2}{l} = \dfrac{4t(\pi r^2)^2}{2\pi r} = 2t\pi r^3$이고, 정사각형 관에서 중선으로 둘러싸인 면적 A_{ms}와 비틀림 상수 J_s는 $A_{ms} = b^2$와 $J_s = \dfrac{4tA_{ms}^2}{l} = \dfrac{4t(b^2)^2}{4b} = tb^3$이다. 전단응력의 비는

$$R_{ss} = \frac{\tau_s}{\tau_c} = \frac{\dfrac{T}{2tA_{ms}}}{\dfrac{T}{2tA_{mc}}} = \frac{A_{mc}}{A_{ms}} = \frac{\pi r^2}{b^2} = \frac{\pi r^2}{\dfrac{\pi^2 r^2}{4}} = 1.273$$

이고, 비틀림 각의 비는 $R_{ta} = \dfrac{\theta_s}{\theta_c}$

$$= \frac{\dfrac{TL}{GJ_s}}{\dfrac{TL}{GJ_c}} = \frac{J_c}{J_s} = \frac{2t\pi r^3}{tb^3} = \frac{16}{\pi^2} = 1.6211$$

로 된다.

[답] 전단응력의 비 $R_{ss} = 1.273$, 비틀림 각의 비 $R_{ta} = \dfrac{\theta_s}{\theta_c} = 1.6211$

6-5 코일 스프링

스프링(spring)은 외적인 일량을 탄성변형에너지로 흡수하여 충격을 완화시키거나 서서히 방출하여 일을 하기도 하는 기계요소이다. 스프링의 종류는 재질, 모양, 특성 등에 따라 분류하며, 수많은 종류의 스프링이 존재한다. 그 중 강선을 나선형으로 감아서 만든 코일 스프링(coil spring)을 많이 사용하고 있다. 그림 **6-6**은 인장력을 받는 코일 스프링의 임의의 단면에 대한 자유물체도(free body diagram)를 나타낸다. 스프링 선재에는 전단력 P와 비틀림 모멘트 $T = P\dfrac{D}{2}$가 동시에 작용한다. 인장력 P와 전단력 P는 짝힘(couple)으로써 스프링을 시계방향으로 회전시킨다. 따라서 평형 조건에 의해서 비틀림 모멘트 T의 방향은 반시계방향으로 작용해야 한다.

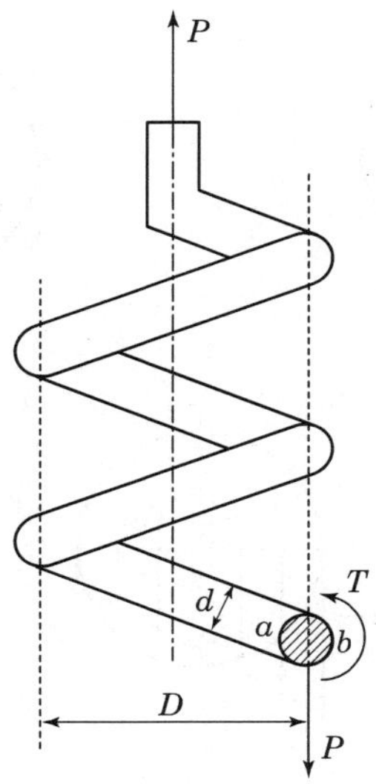

그림 6-6 인장력을 받는 코일 스프링의 자유물체도

전단력 P와 비틀림 모멘트 $T = P\frac{D}{2}$에 의해서 생기는 응력은 전단응력 τ_1과 τ_2로써 다음과 같이 주어지고, 그 분포는 그림 **6-7**(a)와 (b)와 같이 나타난다.

$$\tau_1 = \frac{P}{\frac{\pi d^2}{4}}$$
$$\tau_2 = \frac{Tr}{I_P} = \frac{Tr}{\frac{\pi d^4}{32}} \tag{6-26}$$

여기서 r은 스프링 선재에 있어서 임의의 반지름을 나타낸다. 전단응력 τ_2는 선재의 바깥외층에서 최댓값 $\tau_{2\max} = \frac{T}{\frac{\pi d^3}{16}}$을 갖는다. 이와 같이 스프링 선재의 단면에는 전단응력 τ_1과 τ_2가 생기므로 이들을 중첩(superposition)시키면 그림 **6-7**(c), (d), (e)와 같은 응력분포들을 생각할 수 있다.

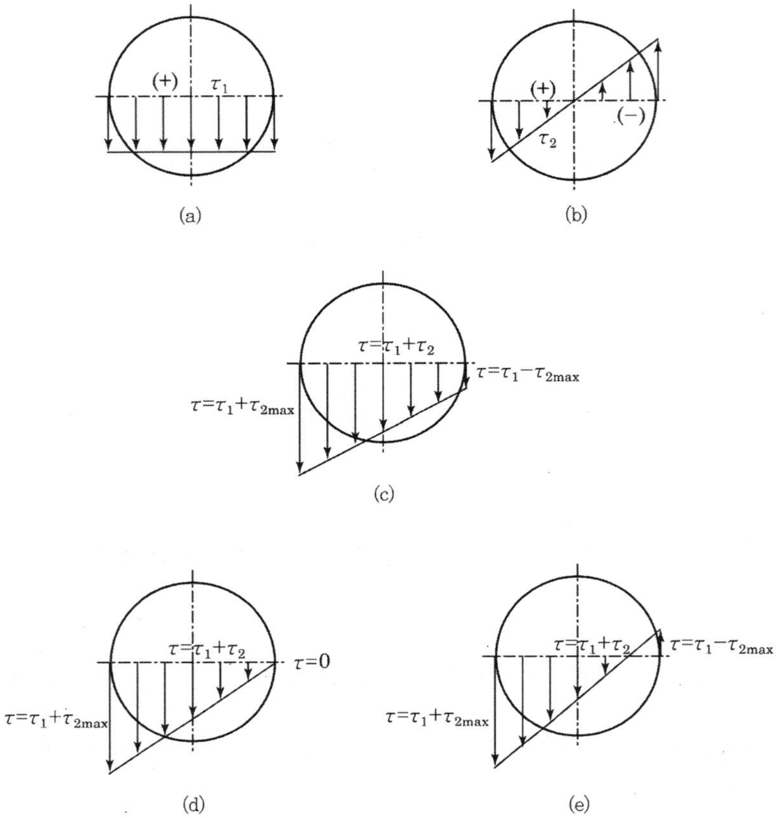

그림 6-7 스프링 선재에서의 전단응력분포

그림 **6-7** (a)와 (b)에서 부호 (+), (−)는 전단응력의 방향을 나타내며, 여기서는 단순히 이해하기 쉽게 아랫방향은 (+), 윗방향은 (−)로 가정한다. 그림 **6-7** (c)와 같은 전단응력분포는 $\tau_1 > \tau_{2\max}$ 인 경우로서 스프링 코일의 안쪽 a에서 최대전단응력 $\tau_{\max} = \dfrac{P}{\dfrac{\pi d^2}{4}} + \dfrac{T}{\dfrac{\pi d^3}{16}}$ 이 발생하고, 바깥쪽 b에는 $\tau = \dfrac{P}{\dfrac{\pi d^2}{4}} - \dfrac{T}{\dfrac{\pi d^3}{16}}$ 로 된다. 또한, 그림 6-7 (d)와 같은 전단응력분포는 $\tau_1 = \tau_{2\max}$ 인 경우로서 코일의 안쪽인 a에서 최대전단응력 $\tau_{\max} = \dfrac{P}{\dfrac{\pi d^2}{4}} + \dfrac{T}{\dfrac{\pi d^3}{16}}$ 이 생기고, 스프링의 바깥쪽 b에는 서로 상쇄되어 $\tau = 0$ 로 된다. 끝으로 그림 **6-7** (e)와 같은 전단응력분포는 $\tau_1 < \tau_{2\max}$ 인 경우로서 스프링 코일의 안쪽인 a에서 역시 최대전단응력 $\tau_{\max} = \dfrac{P}{\dfrac{\pi d^2}{4}} + \dfrac{T}{\dfrac{\pi d^3}{16}}$ 이 발생하고, 스프링의

바깥쪽 b에는 $\tau = \tau_1 - \tau_{2max}$ 로 된다. 이와 같은 사실로부터 코일 스프링에 생기는 최대전단응력은 스프링 코일의 안쪽부분에서 발생함을 알 수 있고, 그 크기는 다음과 같이 주어진다.

$$\tau_{\max} = \frac{P}{\frac{\pi d^2}{4}} + \frac{T}{\frac{\pi d^3}{16}} \tag{6-27}$$

스프링 코일의 안쪽부분에서 최대전단응력이 생기는 또 다른 하나의 원인은 비틀림을 받는 스프링 선재가 원형으로 구부러져 있기 때문이다. 원형으로 구부러진 스프링 선재에서 축방향의 길이가 바깥쪽 보다 안쪽의 길이가 짧으므로 같은 전단변형이 생겨도 전단변형률은 안쪽에서 커진다. 따라서전단응력도 코일 안쪽에서 커진다.

이와 같은 영향과 함께 식 (6-27)의 비틀림 모멘트 T에 의해서 생기는 전단응력 식은 직선의 원형단면 축에 대해서 유도된 식이므로 원형으로 구부러진 상태로 있는 스프링의 선재에 대해서는 수정이 필요하다. 따라서 다음과 같이 수정된 식을 사용한다.

$$\tau_{\max} = \frac{16T}{\pi d^3}\left(\frac{4m-1}{4m-4} + \frac{0.615}{m}\right) \tag{6-28}$$

여기서 m은 스프링의 직경 D와 선재의 직경 d와의 관계를 나타내는 변수로서 $m = \frac{D}{d}$인 관계를 갖는다. 식 (6-28)의 괄호 속의 값을 수정계수(correction factor)라 한다.

선형 스프링이 하중 P를 받아서 δ만큼 변형이 생겼다면 이 스프링에 축적된 탄성변형에너지 U_P는 다음과 같이 주어진다.

$$U_P = \frac{1}{2}P\delta \tag{6-29}$$

비틀림 모멘트 $T = P\frac{D}{2}$에 의해 선재에 축적되는 탄성변형에너지 U_T는 다음과 같이 주어진다.

$$U_T = \frac{1}{2}\frac{T^2 L}{GI_P} = \frac{P^2\frac{D^2}{4}\pi Dn}{2G\frac{\pi d^4}{32}} = \frac{4P^2D^3n}{Gd^4} \tag{6-30}$$

식 (6-30)에서 n은 코일의 감김수를 의미한다. 코일의 감김수 n은 스프링 변형에 의한 에너지와 선재에 축적되는 변형에너지가 같다는 조건으로부터 다음과 같이 구해진다.

$$U_P = U_T \qquad n = \frac{\delta G d^4}{8PD^3} \tag{6-31}$$

또한, 변형량 δ와 스프링 상수 K도 식 (6-29)와 식(6-30)으로부터 다음과 같이 구해진다.

$$U_P = U_T \qquad \frac{1}{2}P\delta = \frac{4P^2D^3n}{Gd^4} \qquad \delta = \frac{8PD^3n}{Gd^4} \tag{6-32}$$

$$K = \frac{P}{\delta} = \frac{Gd^4}{8D^3n} \tag{6-33}$$

예제 6-21 원추형 스프링이 압축하중 P를 받고 있다. 직경이 작은 스프링 윗부분의 반지름을 R_1, 직경이 큰 스프링 아랫부분의 반지름을 R_2라고 하면, 윗부분으로부터 각도 α되는 곳의 반지름 R이 $R = R_1 + \dfrac{(R_2 - R_1)\alpha}{2\pi n}$로 주어졌다. 이 스프링의 스프링상수 K를 구하시오.

| 해설 | 스프링의 변형에너지는 $U_P = \frac{1}{2}P\delta$이고, 스프링 선재에 축적되는 탄성변형에너지는 $U_T = \dfrac{1}{2}\dfrac{T^2L}{GI_P}$이다. 이 두 에너지의 크기는 같고, 각도 α에 따라 반지름이 다르고 길이가 변화함으로 선재의 미소길이 $Rd\alpha$에 대한 미소 변형량은 $d\delta = \dfrac{PR^3d\alpha}{GI_P}$로 주어진다. 따라서 총변형량은 $\delta = \int d\delta = \dfrac{P}{GI_P}\int_0^{2\pi n} R^3 d\alpha = \dfrac{P}{GI_P}\int_0^{2\pi n}\left[R_1 + \dfrac{(R_2 - R)1)\alpha}{2\pi n}\right]^3 d\alpha$로 주어진다. 이를 적분하면 $\delta = \dfrac{16Pn}{Gd^4}(R_2^2 + R_1^2)(R_2 + R_1)$ 로 된다. 스프링 상수 K는 $P = K\delta$로부터 $K = \dfrac{P}{\delta} = \dfrac{Gd^4}{16n(R_2^2 + R_1^2)(R_2 + R_1)}$를 얻을 수 있다.

[답] $K = \dfrac{Gd^4}{16n(R_2^2 + R_1^2)(R_2 + R_1)}$

예제 6-22 반지름 $R = 5\text{cm}$, 선재의 직경 $d = 1\text{cm}$, 코일의 감김수 $n = 20$ 인 코일 스프

링에서 하중 $P=25\text{kgf}$이 작용하고 있는 경우에 최대전단응력과 변형량을 구하시오. 단, 횡탄성계수는 $G=0.84\times10^6\text{kgf/cm}^2$이다.

해설 최대전단응력은 $\tau_{max}=\dfrac{P}{\dfrac{\pi d^2}{4}}+\dfrac{T}{\dfrac{\pi d^3}{16}}=\dfrac{4\times25}{\pi\times1^2}+\dfrac{16\times25\times5}{\pi\times1^3}=668.451\text{kgf/cm}^2$이고, 변형량은 $\delta=\dfrac{64nPR^3}{Gd^4}=\dfrac{64\times20\times25\times5^3}{0.84\times10^6\times1^4}=4.762\text{cm}$로 된다.

[답] $\tau_{max}=668.451\text{kgf/cm}^2$, $\delta=4.762\text{cm}$

예제 6-23 코일 스프링에서 선재의 지름이 5mm, 코일 스프링의 지름이 5cm, 허용전단응력이 70kgf/mm^2 일때 스프링의 안전하중 및 스프링상수가 10kg/cm이 되기 위한 감김수를 구하시오. 단, 횡탄성계수는 $G=8.5\times10^5\text{kgf/cm}^2$이다.

해설 $\tau_{max}=\dfrac{P}{\dfrac{\pi d^2}{4}}+\dfrac{PR}{\dfrac{\pi d^3}{16}}$ 로부터 하중은 $P=\dfrac{\tau_{max}\pi d^3}{4d+16R}=\dfrac{70\times\pi\times5^3}{4\times5+16\times25}=65.45\text{kgf}$로 된다.

감긴수는 $n=\dfrac{\delta Gd^4}{8PD^3}=\dfrac{Gd^4}{8KD^3}=\dfrac{8.5\times10^5\times0.5^4}{8\times10\times5^3}=5.3125$로 된다.

[답] $P=65.45\text{kgf}$, $n=5.3125$

예제 6-24 안지름이 8cm인 안전밸브에서 증기압이 15kgf/cm^2으로 되면 열리게 스프링을 만들려고 한다. 스프링 코일의 지름은 16cm로서 압축으로 인한 처짐량이 3cm 되면 안전밸브가 작동하는 것으로 한다. 이와 같은 경우 선재의 지름 및 감김수 n을 구하시오. 단, $\tau_a=1500\text{kgf/cm}^2$, $G=8\times10^5\text{kgf/cm}^2$이다.

해설 스프링에 가해지는 힘은 $P=\dfrac{\pi}{4}\times8^2\times15=753.98\text{kgf}$로 된다. 선재는 주로 비틀림 모멘트에 의한 영향을 많이 받으므로 $\tau=\dfrac{16T}{\pi d^3}$로부터 선재의 지름이 구해진다. 따라서 선재의 지름은 $d=\sqrt[3]{\dfrac{16PR}{\pi\tau}}=\sqrt[3]{\dfrac{16\times753.98\times8}{\pi\times1500}}=2.74\text{cm}$로 되고, 감김수는 $n=\dfrac{Gd^4\delta}{64PR^3}=\dfrac{8\times10^5\times2.74^4\times3}{64\times753.98\times8^3}=5.48$로 된다.

[답] $d=2.74\text{cm}$, $n=5.48$

Chapter 7

보의 전단력과 굽힘모멘트

단면의 크기에 비하여 길이가 긴 구조용 부재 즉 봉 혹은 막대가 가로 놓아져 적당한 방법으로 지지되어 있어 주로 횡하중(봉의 축선에 대해 수직한 방향으로 작용하는 하중)을 지탱하는 요소를 보(beam)라고 한다. 이때에 보의 축선상의 위치에 따른 각 단면에서는 전단력(shearing force)과 굽힘 모멘트(bending moment)가 생기며, 이들에 대하여 고찰한다.

7-1 보의 종류

보의 명칭은 통상 보를 지지하는 방법에 의해서 불려진다. 보를 지지하는 지점은 그림 **7-1**과 같이 크게 핀 지지점(pin support), 롤러 지지점(roller support), 고정 지지점(fixed support or clamped support) 등 3가지 형태로 나눌 수 있다. 또한 보에 대한 자유물체도(free body diagram)를 그릴 때에 그림 **7-1**과 같이 각각의 지지점에 따라 반력(reaction force)의 형태와 수를 달리하여 그린다. 그림 **7-2**는 보의 지지 방법에 따른 종류와 하중의 종류를 나타내었다. 그리고 보의 단면 도심을 지나는 중심선이 직선인 경우와 곡선인 경우에 따라 직선보, 곡선보로 나눈다. 또한, 정역학적인 평형조건으로 미지의 반력을 구할 수 있는 보를 정정보(statically determinate beam)라 하고, 평형조건만으로 해결할 수 없는 보를 부정정보(statically indeterminate beam)라 한다.

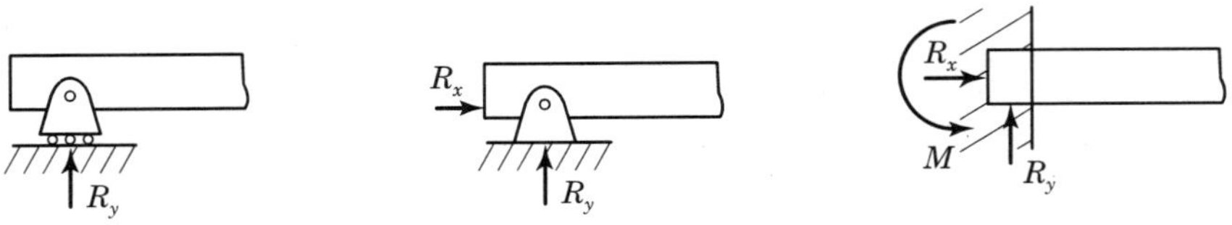

(a) 롤러 지지점　(b) 핀 지지점　(c) 고정지지점

그림 7-1 지지점의 종류

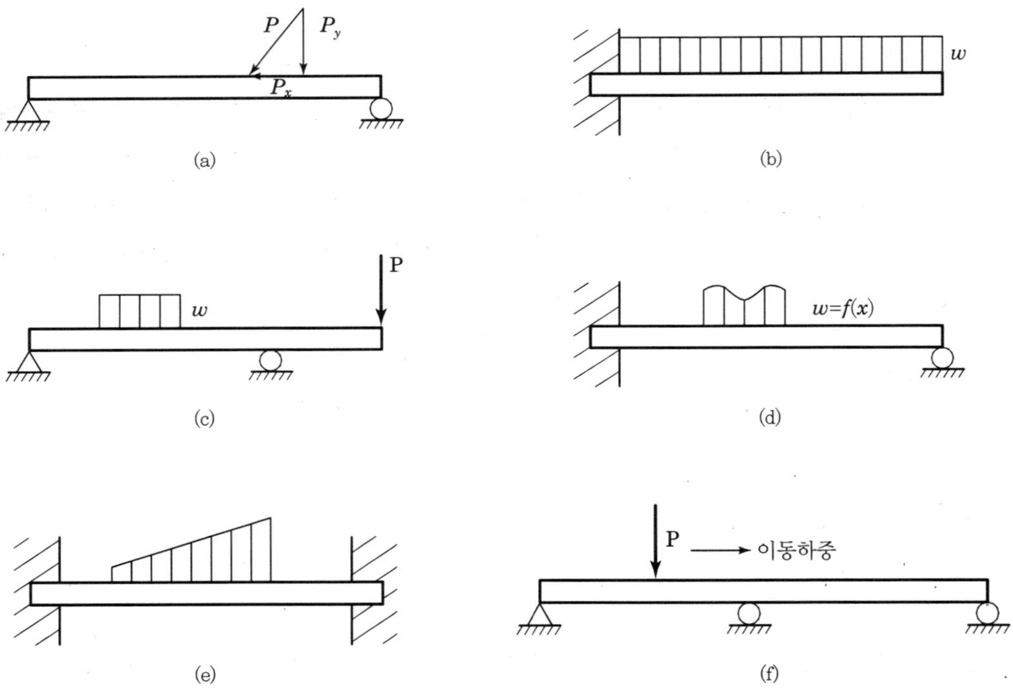

그림 7-2 보의 종류

그림 **7-2** (a)는 단순보(simple beam)로 한쪽은 핀 지지점, 다른 한쪽은 롤러 지지점으로 되어 있는 보이다. 핀 지지점은 그림 **7-2** (a)와 같이 집중하중(concentrated load) P가 작용할 경우, 보는 수직한 하중성분 P_y와 수평한 하중 성분 P_x을 지탱할

수 있어야 함으로 보의 한쪽 지지점은 반드시 핀 지지점이 있어야 한다. 롤러 지지점은 열에 의한 팽창과 수축 등에 대비한 지지점으로 볼 수 있다. 그림 **7-2** (b)는 한쪽은 고정되어 있고 다른 한쪽은 자유로 되어 있는 외팔보(cantilever beam)이며, 단위 길이 당의 등분포하중(uniformly distributed load) w가 작용하고 있다. 그림 **7-2** (c)는 돌출보(over hanging beam)로 보의 일부분이 지지점 밖으로 돌출되어 있는 보로 내다지보라고도 한다. 그림 **7-2** (d)는 고정지지보(one end fixed other end supported beam)로 한쪽은 고정되어 있고 다른 한쪽은 핀 지지점으로 되어 있다. 여기서는 하중의 변화가 일정하지 않는 분포를 갖는 부등분포하중(varying load)이 작용하고 있다. 그림 **7-2** (e)는 양단고정보(both ends fixed beam)로 선형변화하중(linearly varying load)이 작용하고 있다. 그림 **7-2** (f)는 지지점이 2개 이상 있는 보로 연속보(continuous beam)라고 한다. 하중의 작용점이 이동하는 이동하중(moving load)이 작용하고 있다.

7-2 전단력과 굽힘모멘트

보에 작용하는 하중에 의해서 보에는 응력과 변형률이 생긴다. 이러한 응력과 변형률을 구하기 위해서는 보의 임의의 단면에 작용하는 전단력 V와 굽힘 모멘트 M를 구해야 한다. 한 예로써 그림 **7-3**과 같이 집중하중 P가 작용하는 단순보를 고려한다. 이 보에서의 정력학적인 평형조건을 쓰면 다음과 같다.

$$\begin{aligned} &\Sigma F_x = 0, \quad R_{Ax} = 0 \\ &\Sigma F_y = 0, \quad R_{Ay} + R_{By} - P = 0 \\ &\Sigma M_A = 0, \quad Pa - R_{By} l = 0 \end{aligned} \tag{7-1}$$

$\Sigma M_A = 0$는 지점 A를 지나는 z축에 대한 모멘트의 합을 나타낸다. 식 (7-1)로부터 지점 A, B에 생기는 반력 R_{Ax}, R_{Ay}, R_{By}는 다음과 같이 된다.

$$R_{Ax} = 0$$
$$R_{Ay} = \frac{Pb}{l} \quad (7-2)$$
$$R_{By} = \frac{Pa}{l}$$

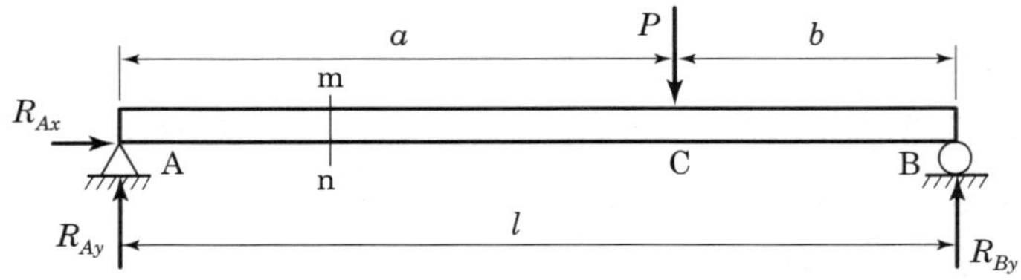

그림 7-3 집중하중이 작용하는 단순보

그림 **7-3**의 m-n 단면에 대한 자유물체도(free body diagram)를 그림 **7-4**와 같은 그릴 수 있다. 그림 **7-4** (a), (b)의 전단력 V와 굽힘 모멘트 M의 크기는 서로 같고, 방향은 서로 반대로 되어 있으므로 서로 평형을 이루고 있다. 전단력 V와 굽힘 모멘트 M의 크기는 다음과 같다.

$$V = R_{Ay}$$
$$M = R_{Ay}\, x \quad (7-3)$$

보에 있어서 전단력과 굽힘 모멘트의 부호는 그림 **7-5**와 같이 정의한다. 전단력이 시계방향이면 (+), 반시계방향은 (−)이다. 굽힘 모멘트는 보를 아래로 볼록하게 하는 모멘트는 (+)이고, 위로 볼록하게 하는 모멘트는 (−)이다.

등분포하중 w가 작용하는 보의 미소 요소 dx에 그림 **7-6**과 같이 각 단면에 전단력과 굽힘 모멘트가 발생하였다. 이 요소는 평형상태에 있으므로 y방향 힘의 합과 a점을 지나는 z축에 관한 모멘트의 합은 영이며, 이로부터 다음과 같은 관계를 유도할 수 있다.

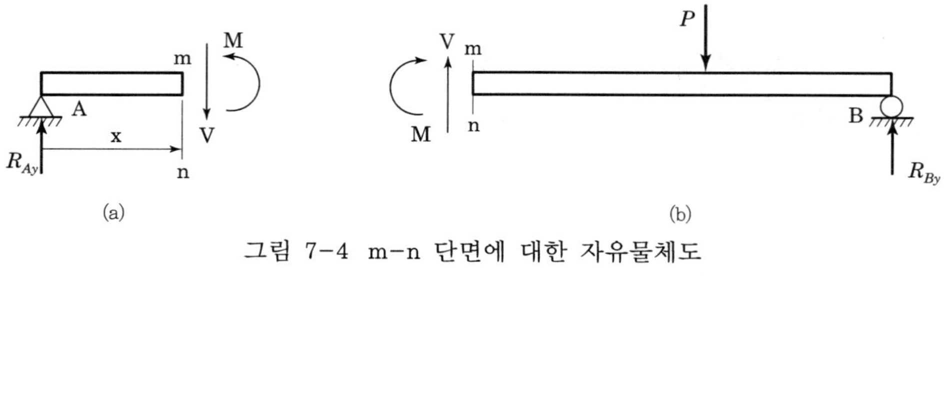

그림 7-4 m-n 단면에 대한 자유물체도

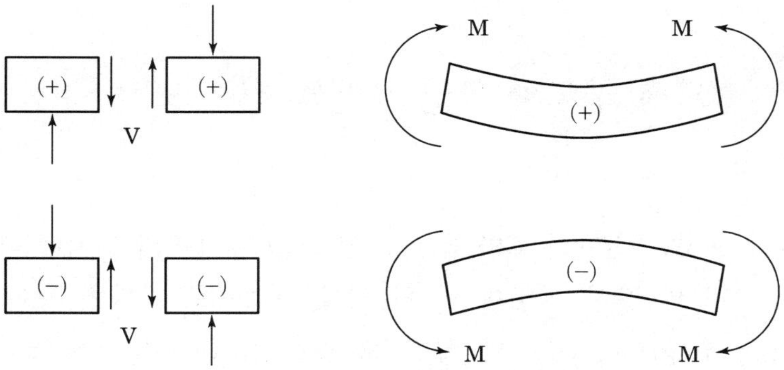

그림 7-5 전단력과 굽힘 모멘트의 부호

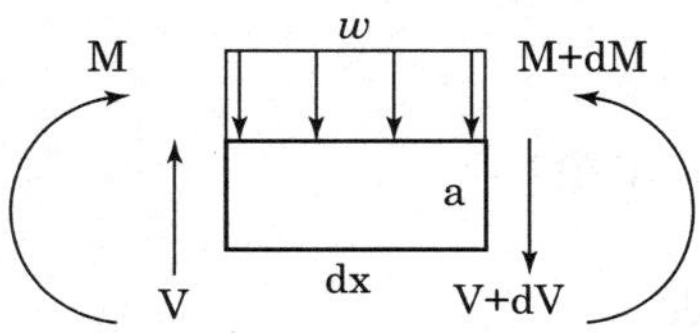

그림 7-6 전단력과 굽힘 모멘트의 관계

$$\Sigma F_y = 0,\ V - w\,dx - (V + dV) = 0$$
$$\frac{dV}{dx} = -w \tag{7-4}$$

$$\Sigma M_a = 0,\ V dx - \frac{w\,dx^2}{2} + M - (M + dM) = 0$$
$$\frac{dM}{dx} = V \tag{7-5}$$

식 (7-5)에서 미소량의 고차항은 무시하였다. 굽힘 모멘트의 최댓값과 최솟값은 식 (7-5)에서 전단력 V가 0인 점에서 생긴다는 것을 알 수 있다.

7-3 전단력 선도와 굽힘 모멘트 선도

보의 단면에 작용하는 전단력 V와 굽힘 모멘트 M은 단면의 위치에 따라 변화한다. 거리 x에 따라 그들의 값이 어떻게 변하는지를 그래프로 나타낸 것이 전단력 선도(shearing force diagram, SFD)와 굽힘 모멘트 선도(bending moment diagram, BMD)이다. 이 그래프는 단면의 위치를 나타내는 거리 x를 가로좌표로 잡고, 이에 대응하는 전단력 V와 굽힘 모멘트 M의 값을 세로좌표로 잡아 그린다.

7-3-1 단순보(simple beam)

(1) 집중하중을 받는 단순보

그림 **7-7** (a)와 같이 집중하중을 받는 단순보에서 지점 A와 B의 반력들은 평형조건에 의해서 다음과 같이 주어진다.

$$R_{Ax} = 0$$
$$R_{Ay} = \frac{Pb}{l} \qquad (7-6)$$
$$R_{By} = \frac{Pa}{l}$$

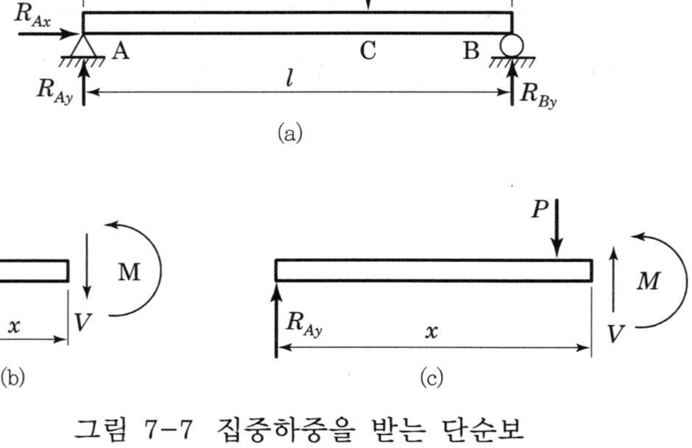

그림 7-7 집중하중을 받는 단순보

AC구간($0 \leq x \leq a$)에서의 전단력 V와 굽힘 모멘트 M은 그림 **7-7** (b)와 같은 자유물체도(free body diagram)의 평형조건으로부터 다음과 같이 구할 수 있다.

$$\begin{aligned} &\Sigma F_y = 0,\ R_{Ay} - V = 0 \quad V = R_{Ay} = \frac{Pb}{l} \\ &\Sigma M = 0,\ R_{Ay}x - M = 0 \quad M = R_{Ay}x = \frac{Pb}{l}x \end{aligned} \tag{7-7}$$

AC구간의 전단력은 시계방향이므로 (+)이고, 굽힘 모멘트는 보를 아래로 볼록하게 만들므로 (+)이다.

CB구간 ($a \leqq x \leqq l$)에서는 $R_{Ay} < P$이므로 그림 **7-7** (c)와 같은 자유물체도를 그릴 수 있고 이 구간에서의 전단력 V와 굽힘 모멘트 M은 다음과 같이 구한다.

$$\begin{aligned} &\Sigma F_y = 0,\ R_{Ay} - P + V = 0 \quad V = P - R_{Ay} = R_{By} = \frac{Pa}{l} \\ &\Sigma M = 0,\ R_{Ay}x - P(x-a) - M = 0 \quad M = \frac{Pb}{l}x - P(x-a) \end{aligned} \tag{7-8}$$

이 구간에서의 전단력은 반시계방향이므로 (−)이고, 굽힘 모멘트는 보를 아래로 볼록하게 만들므로 (+)로 된다.

식 (7−7)과 식 (7−8)에 의해서 전단력과 굽힘 모멘트를 그래프로 그리면 그림 **7-8**과 같이 된다. 하중 P가 작용하는 C점에서는 전단력이 0이 되고, 식 (7−5)로부터 전단력이 0이 되는 곳에서는 최대 혹은 최소의 굽힘 모멘트가 존재한다. 따라서 C점에서는 굽힘 모멘트가 $\dfrac{Pab}{l}$로 최댓값을 갖는다.

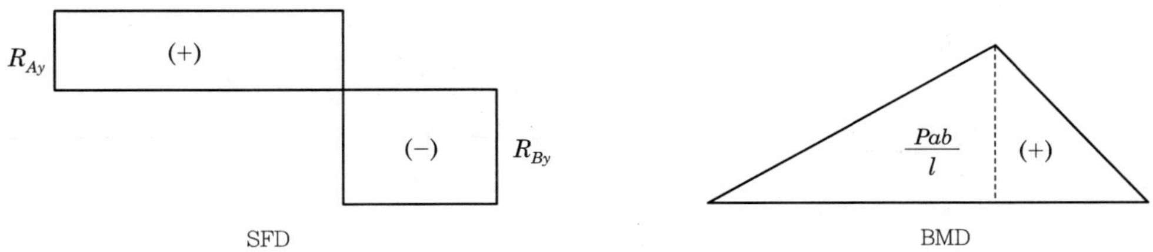

그림 7−8 집중하중을 받는 단순보의 SFD와 BMD

(2) 두개의 집중하중을 받는 단순보

그림 **7-9** (a)와 같이 집중하중 P_1, P_2가 작용하는 단순보의 SFD와 BMD는 다음과 같은 과정에 의해서 그려진다. 우선 지점 A, B에서의 반력 R_{Ax}, R_{Ay}, R_{By}는 평형조건으로부터 다음과 같이 구해진다.

$$R_{Ax} = 0$$
$$R_{Ay} = \frac{P_1 b_1 + P_2 b_2}{l} \tag{7-9}$$
$$R_{By} = \frac{P_1 a_1 + P_2 a_2}{l}$$

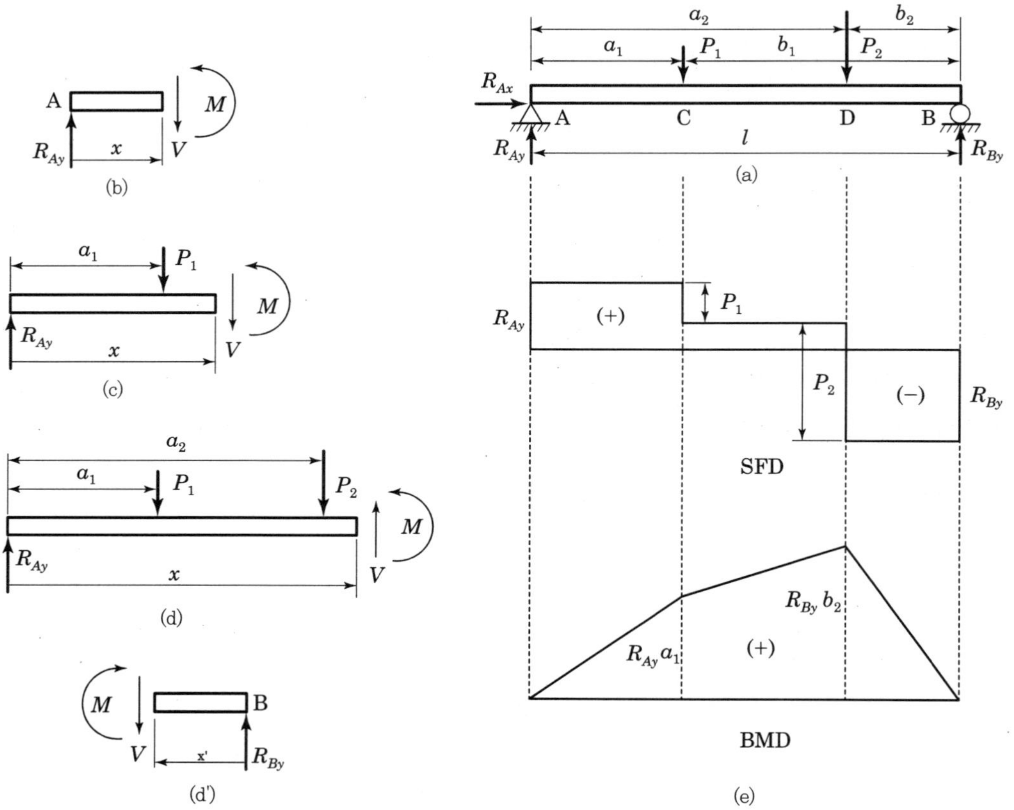

그림 7-9 집중하중 P_1과 P_2을 받는 단순보의 SFD와 BMD

AC구간($0 \le x \le a_1$)에서의 전단력 V와 굽힘 모멘트 M은 그림 **7-9** (b)와 같은 자유

물체도(free body diagram)의 평형조건으로부터 다음과 같이 구할 수 있다.

$$\Sigma F_y = 0,\ R_{Ay} - V = 0 \quad V = R_{Ay} = \frac{P_1 b_1 + P_2 b_2}{l}$$
$$\Sigma M = 0,\ R_{Ay}x - M = 0 \quad M = R_{Ay}x = \frac{P_1 b_1 + P_2 b_2}{l}x \tag{7-10}$$

AC구간의 전단력은 시계방향이므로 (+)이고, 굽힘 모멘트는 보를 아래로 볼록하게 만들므로 (+)이다.

CD구간($a_1 \le x \le a_2$)에서 $R_{Ay} > P_1$이라면 전단력 V는 그림 **7-9** (c)와 같이 P_1과 같은 방향으로 작용하고, 전단력 V와 굽힘 모멘트 M은 다음과 같이 구한다.

$$\Sigma F_y = 0,\ R_{Ay} - P_1 - V = 0 \quad V = R_{Ay} - P_1 = \frac{-P_1 a_1 + P_2 b_2}{l}$$
$$\Sigma M = 0,\ R_{Ay}x - P_1(x - a_1) - M = 0 \quad M = \frac{P_1 b_1 + P_2 b_2}{l}x - P_1(x - a_1) \tag{7-11}$$

CD구간의 전단력은 시계방향이므로 (+)이고, 굽힘 모멘트는 보를 아래로 볼록하게 만들므로 (+)이다.

DB구간($a_2 \le x \le l$)에서는 $R_{Ay} < P_1 + P_2$이므로 전단력 V는 그림 **7-9** (d)에서와 같이 윗 방향으로 작용한다. 전단력 V와 굽힘 모멘트 M은 그림 **7-9** (d)의 평형조건으로부터 다음과 같이 구한다.

$$\Sigma F_y = 0,\ R_{Ay} - P_1 - P_2 + V = 0 \quad V = \frac{P_1 a_1 + P_2 a_2}{l} = R_{By}$$
$$\Sigma M = 0,\ R_{Ay}x - P_1(x - a_1) - P_2(x - a_2) - M = 0$$
$$M = \frac{P_1 b_1 + P_2 b_2}{l}x - P_1(x - a_1) - P_2(x - a_2) \tag{7-12}$$
$$= \frac{P_1 a_1 + P_2 a_2}{l}(l - x) = R_{By}(l - x)$$

그림 **7-9** (d)에서 보는 바와 같이 DB구간의 전단력은 반시계방향이므로 (−)이고, 굽힘 모멘트는 보를 아래로 볼록하게 만들므로 (+)이다.

식(7-12)의 유도과정과 계산은 번거롭기 때문에 그림 **7-9** (d')와 같이 BD구간 ($0 \le x' \le b_2$)에 대한 자유물체도를 이용하여 계산하면 전단력과 굽힘 모멘트를 다음과 같이 쉽게 구할 수 있다.

$$\Sigma F_y = 0, \; R_{By} - V = 0 \quad V = R_{By} = \frac{P_1 a_1 + P_2 a_2}{l}$$
$$\Sigma M = 0, \; M - R_{By} x' = 0 \quad M = R_{By} x' = \frac{P_1 a_1 + P_2 a_2}{l} x' \qquad (7-12')$$

식 (7−12)의 $(l-x)$와 식 (7−12')의 x'는 같은 값을 나타내므로 식 (7−12)와 식 (7−12')는 같은 식임을 알 수 있다.

그림 **7−9** (d')와 같은 자유물체도에서 전단력은 반시계방향이므로 (−)이고, 굽힘 모멘트는 보를 아래로 볼록하게 만들므로 (+)이다.

식 (7−10), 식 (7−11), 식 (7−12) 혹은 식 (7−12')에 의해서 전단력과 굽힘 모멘트를 선도로 그리면 그림 **7−9** (e)와 같이 된다. 하중 P_1이 작용하는 C점에서는 하중 P_1 만큼 전단력이 감소하고, 하중 P_2가 작용하는 D점에서는 전단력이 0로 된다. 식 (7−5)로부터 전단력이 0이 되는 곳에서는 최대 혹은 최소의 굽힘 모멘트가 존재한다. 따라서 D점에서의 굽힘 모멘트가 최대로 되고 $\frac{P_1 a_1 + P_2 a_2}{l} b_2$의 값을 갖는다.

(3) 균일분포하중 w를 받는 단순보

그림 **7−10** (a)와 같이 단위길이당 하중 w가 균일하게 작용하는 단순보의 SFD와 BMD는 다음과 같은 과정에 의해서 그려진다. 우선 균일분포하중은 크기가 wl이고 보의 $\frac{l}{2}$되는 지점에 작용하는 집중하중으로 생각할 수 있으므로 평형조건으로부터 지점 A, B의 반력 R_{Ax}, R_{Ay}, R_{By}는 다음과 같이 구해진다.

$$R_{Ax} = 0$$
$$R_{Ay} = R_{By} = \frac{wl}{2} \qquad (7-13)$$

지점 A에서부터 임의의 거리 x만큼 떨어진 곳의 전단력과 굽힘 모멘트는 그림 **7−10** (b)로부터 다음과 같이 구할 수 있다.

$$\Sigma F_y = 0\,,\ R_{Ay} - wx - V = 0 \quad V = R_{Ay} - wx = \frac{wl}{2} - wx$$
$$\Sigma M = 0\,,\ R_{Ay}\,x - \frac{wx^2}{2} - M = 0 \quad M = R_{Ay}x - \frac{wx^2}{2} = \frac{wl}{2}x - \frac{wx^2}{2} \tag{7-14}$$

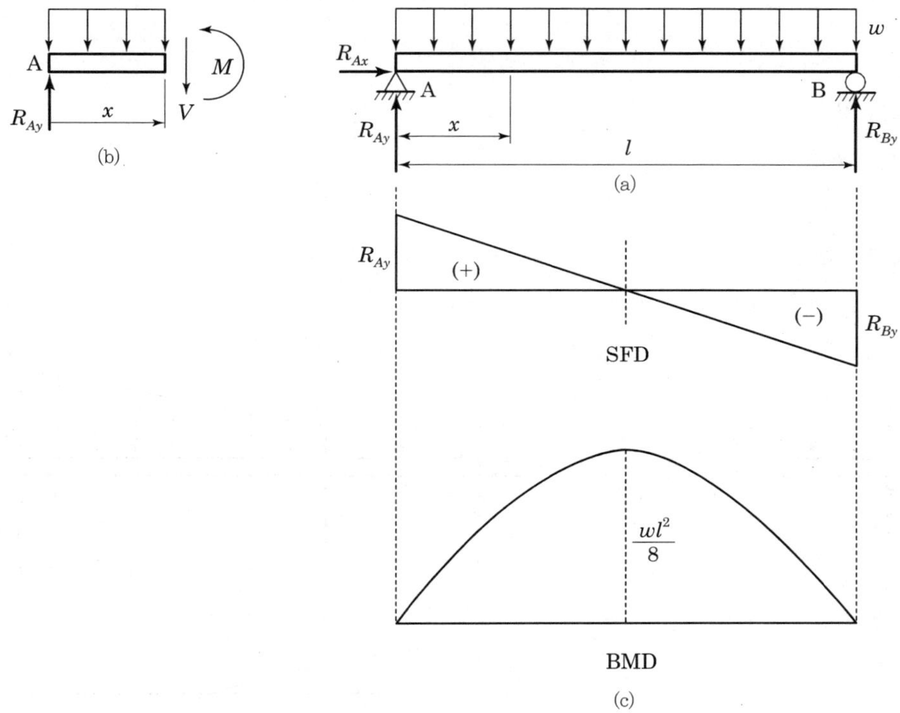

그림 7-10 균일분포하중를 받는 단순보의 SFD와 BMD

식(7-14)에 의해서 그림 **7-10** (c)와 같은 SFD와 BMD가 그려진다. 전단력 V는 지점 A에서 (+)$\frac{wl}{2}$의 크기를 갖고, 점차적으로 wx만큼씩 선형적으로 감소하여 $x = \frac{l}{2}$일 때 0이 된다. $\frac{l}{2} < x \leqq l$구간에서는 (−) 전단력이 되고, 지점 B에서는 $-\frac{wl}{2}$로 된다. 굽힘 모멘트는 양 지점에서 0이 되고 크기는 이차함수로 변하며, 전단력이 0인 $x = \frac{l}{2}$에서 최대굽힘 모멘트 $M_{\max} = \frac{wl^2}{8}$의 크기를 갖는다.

(4) 선형적으로 증가하는 분포하중을 받는 단순보

그림 **7-11** (a)와 같이 선형적으로 증가하는 분포하중이 작용하는 단순보의 SFD와 BMD를 그리기 위해서는 우선적으로 크기가 $\frac{w_0 l}{2}$ 이고 지점 A로 부터 $\frac{2l}{3}$ 되는 곳에 작용하는 집중하중으로 생각하여 반력 R_{Ax}, R_{Ay}, R_{By}을 평형조건으로부터 구하면 다음과 같다.

$$R_{Ax} = 0$$
$$R_{Ay} = \frac{w_0 l}{6} \qquad (7-15)$$
$$R_{By} = \frac{w_0 l}{3}$$

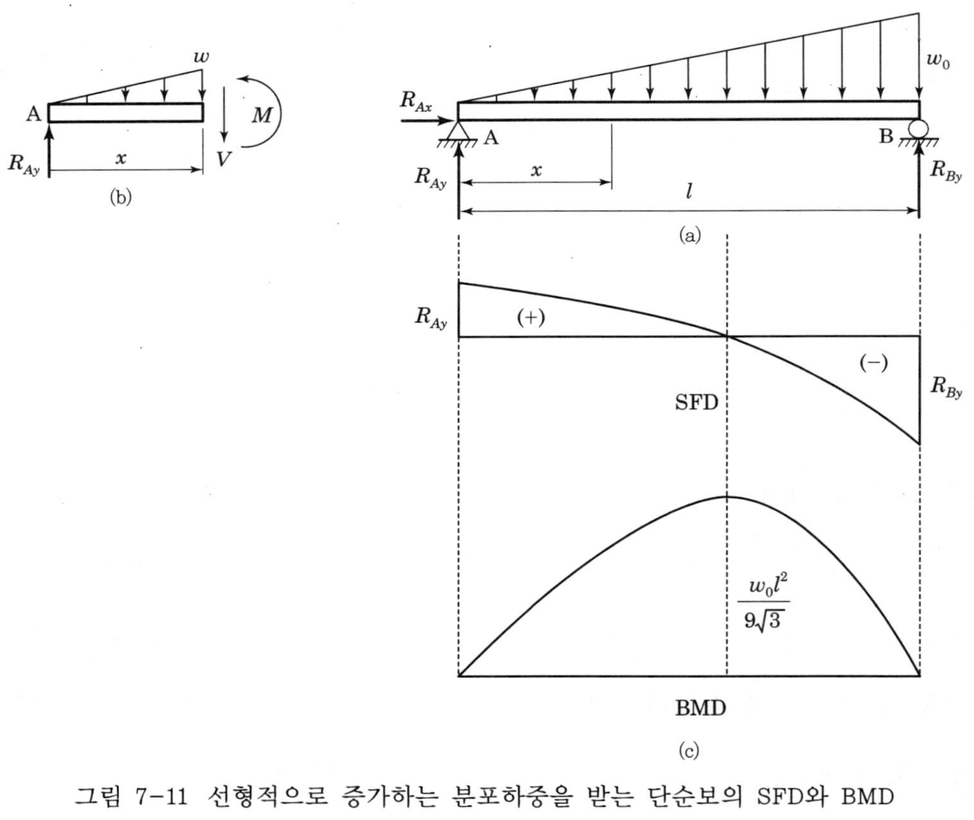

그림 7-11 선형적으로 증가하는 분포하중을 받는 단순보의 SFD와 BMD

참고로 하중의 크기 $\frac{w_0 l}{2}$는 분포하중의 면적을 나타내고, 하중의 작용점은 면적의 도심을 나타낸다. 그림 **7-11**(b)에서 지점 A에서부터 임의의 거리 x만큼 떨어진 곳의 분포하중 w는 닮은꼴 삼각형 변의 비를 이용하여 구하고, 평형조건에 의해서 전단력과 굽힘 모멘트를 다음과 같이 구한다.

$$w_0 : w = l : x \quad w = \frac{w_0 x}{l}$$

$$\Sigma F_y = 0, \ R_{Ay} - \frac{w_0 x^2}{2l} - V = 0 \quad V = R_{Ay} - \frac{w_0 x^2}{2l} = \frac{w_0 l}{6} - \frac{w_0 x^2}{2l} \tag{7-16}$$

$$\Sigma M = 0, \ R_{Ay} x - \frac{w_0 x^2}{2l}\frac{x}{3} - M = 0 \quad M = R_{Ay} x - \frac{w_0 x^3}{6l} = \frac{w_0 l}{6} x - \frac{w_0 x^3}{6l}$$

식 (7-16)에 의해서 그림 **7-11**(c)와 같은 SFD와 BMD가 그려진다. 전단력 V는 지점 A에서 (+)$\frac{w_0 l}{6}$의 크기를 갖고, 점차적으로 $\frac{w_0 x^2}{2l}$만큼씩 2차원적으로 감소하여 $x = \frac{l}{\sqrt{3}}$일 때 0이 된다. $\frac{l}{\sqrt{3}} < x \leqq l$구간에서는 (−) 전단력이 되고, 지점 B에서는 $-\frac{w_0 l}{3}$로 된다. 굽힘 모멘트는 양 지점에서 0이 되고 크기는 삼차함수로 변하며, 전단력이 0인 $x = \frac{l}{\sqrt{3}}$에서 최대굽힘 모멘트 $M_{\max} = \frac{w_0 l^2}{9\sqrt{3}}$의 크기를 갖는다.

(5) 분포하중함수 $w(x) = w_0\left(\frac{x}{l}\right)^n$인 분포하중을 받는 단순보

그림 **7-12**(a)와 같이 단순보에 작용하는 분포하중의 크기가 함수로 주어진 경우에 SFD와 BMD를 그리기 위해서는 우선적으로 분포하중을 집중하중으로 생각하여 반력 R_{Ax}, R_{Ay}, R_{By}을 평형조건으로부터 구해야 한다. 분포하중에 의한 하중의 크기는 분포하중함수의 면적과 같고 작용점은 그 면적의 도심이 되므로 하중의 크기 P와 지점 A로부터 하중의 작용점까지의 거리 $\bar{x}$는 다음과 같다.

$$P = \int_0^l w(x)dx = [\frac{1}{n+1}\frac{w_0}{l^n}x^{n+1}]_0^l = \frac{w_0 l}{n+1}$$

$$\bar{x} = \frac{\int_0^l x\,w(x)dx}{\int_0^l w(x)dx} = \frac{n+1}{n+2}l \quad (7-17)$$

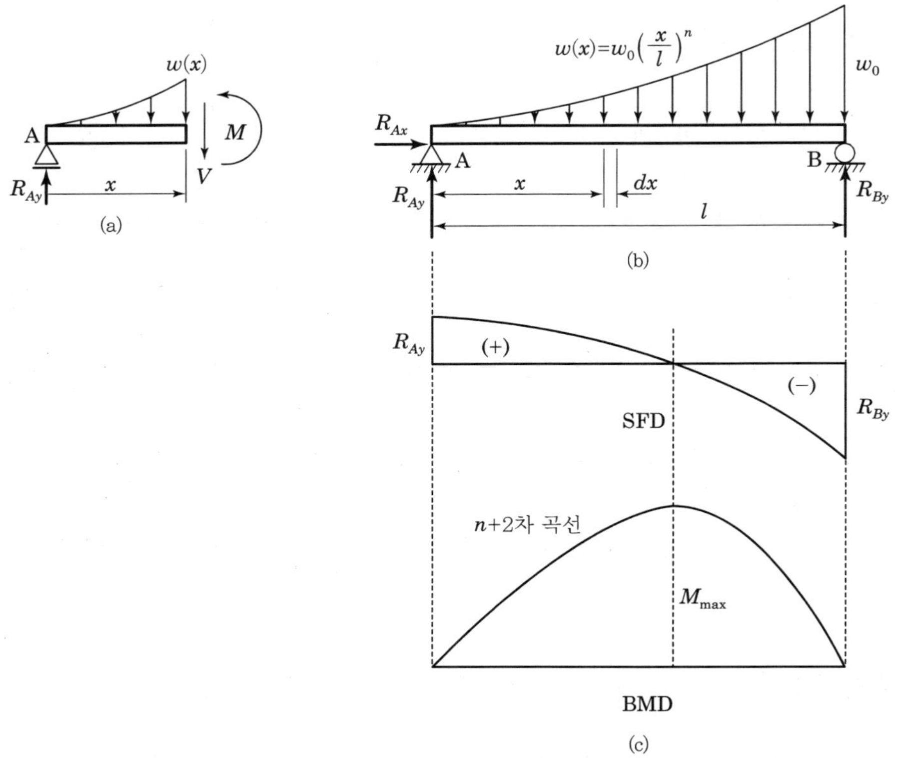

그림 7-12 분포하중함수 $w(x) = w_0\left(\frac{x}{l}\right)^n$ 인 분포하중을 받는 단순보의 SFD와 BMD

따라서 지점 A, B에 생기는 반력은 다음과 같이 주어진다.

$$R_{Ax} = 0$$

$$R_{Ay} = \frac{w_0 l}{(n+1)(n+2)} \quad (7-18)$$

$$R_{By} = \frac{w_0 l}{n+2}$$

보의 지점 A로부터 임의의 거리 x만큼 떨어진 곳에서의 전단력과 굽힘 모멘트는 그림 **7-12** (b)에서 평형조건으로 다음과 같이 구할 수 있다.

$$V = R_{Ay} - \int w(x)dx = R_{Ay} - \frac{1}{n+1}\frac{w_0}{l^n}x^{n+1}$$

$$M = R_{Ay}x - \int w(x)dx \frac{\int w(x)xdx}{\int w(x)dx} = R_{Ay}x - \frac{1}{n+2}\frac{w_0}{l^n}x^{n+2} \tag{7-19}$$

식 (7-19)에서 전단력은 $x = \sqrt[n+1]{\dfrac{1}{n+1}}$ 일 때 0이 되고, 이때 $n+2$차 함수로 주어진 굽힘 모멘트는 최댓값을 갖는다.

예제 7-1 길이 $3a$인 단순보에 그림 **(7-a)**와 같이 부분적으로 등분포하중 w가 작용하고 있을 때 전단력과 굽힘 모멘트 선도를 그리시오.

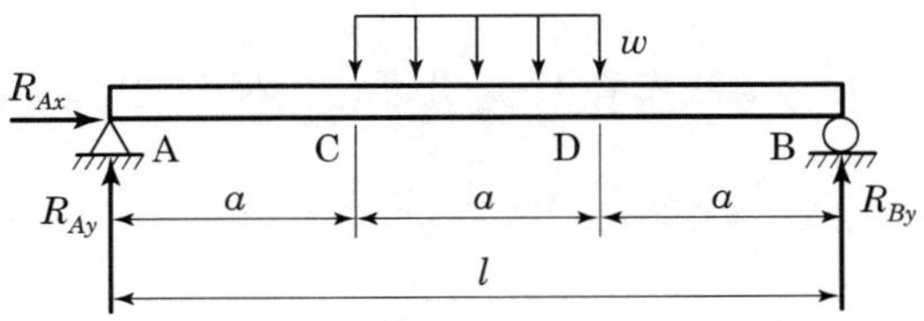

그림 (7-a)

| 해설 | 지점 A, B에 생기는 반력은 $R_{Ax}=0$, $R_{Ay}=R_{By}=\dfrac{wa}{2}$로 된다. 그림 **(7-a-)**의 (a), (b), (c)는 AC구간, CD구간, DB구간의 자유물체도를 나타낸다. AC구간($0 \le x \le a$)의 일부분인 그림 **7-a-1**의 (a)에서 전단력 V와 굽힘 모멘트 M은 모두 (+)이며 $V=R_{Ay}=\dfrac{wa}{2}$, $M=R_{Ay}x=\dfrac{wa}{2}x$로 주어진다. CD구간($0 \le x \le 2a$)인 그림 **(7-a-1)**의 (b)에서 전단력은 $V=R_{Ay}-w(x-a)$로 주어지고, 굽힘 모멘트는 $M=R_{Ay}x-\dfrac{w(x-a)^2}{2}$로 주어진다.

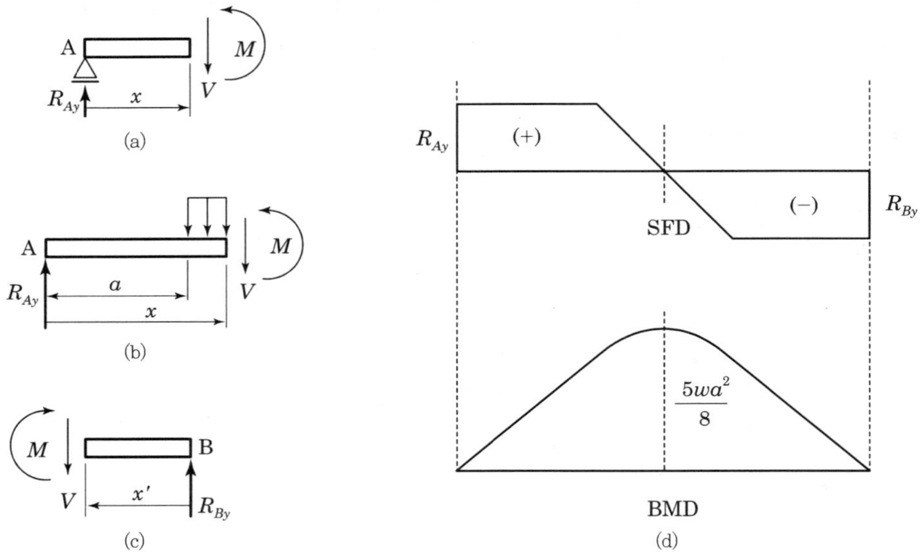

그림 (7-a-1)

전단력은 $x=\frac{3a}{2}$일 때 0이 되고, 굽힘모멘트는 $x=\frac{3a}{2}$일 때 최댓값 $M_{\max}=\frac{5wa^2}{8}$을 갖는다. BD구간($0 \le x' \le a$)인 그림 **(7-a-1)**의 (c)에서 전단력은 $V=R_{By}=\frac{wa}{2}$로 주어지고 (−)부호를 갖는다. 굽힘 모멘트는 $V=R_{By}x'=\frac{wa}{2}x'$로 주어진다.

예제 7-2 길이 l인 단순보에 그림 **(7-b)**와 같이 모멘트 M_B이 작용하고 있을 때 전단력과 굽힘 모멘트 선도를 그리시오.

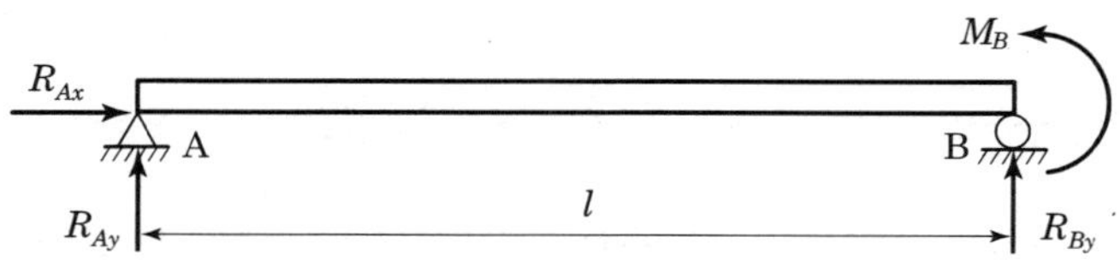

그림 (7-b)

| 해설 | 평형조건에 의해서 지점에 생기는 반력은 $R_{Ax}=0$, $R_{Ay}=-R_{By}=\frac{M_B}{l}$로 된다. AB구간($0 \le x \le l$)에서의 전단력과 굽힘 모멘트는 그림 **(7-b-1)**의 (a)에서 $V=R_{Ay}=\frac{M_B}{l}$와 $V=R_{Ay}x=\frac{M_B}{l}x$로 주어지며, 모두 (+)의 부호를 갖는다.

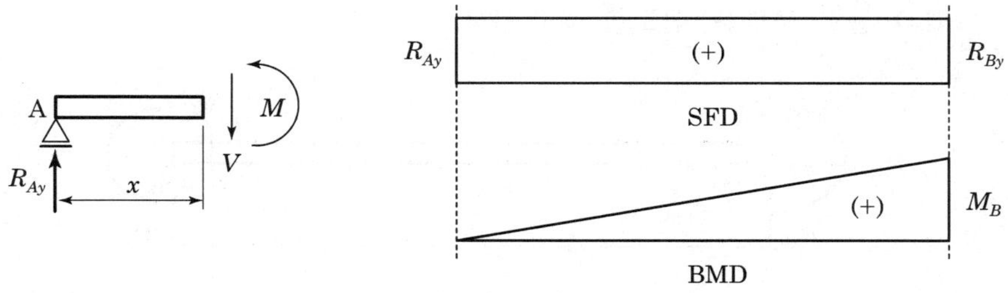

(a) (b)

그림 (7-b-1)

예제 7-3 길이 l인 단순보에 그림 **(7-c)**와 같이 모멘트 M_A, M_B가 작용하고 있을 때 전단력과 굽힘 모멘트 선도를 그리시오.

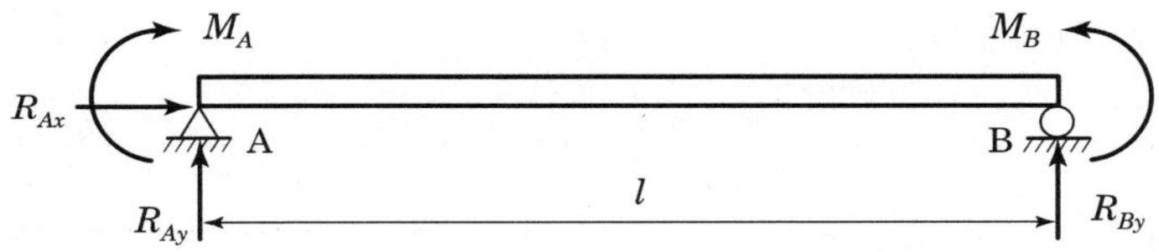

그림 (7-c)

▌해설▐ 평형조건에 의해서 지점에 생기는 반력은 $R_{Ax}=0$, $R_{Ay}=-R_{By}=\dfrac{M_A-M_B}{l}$로 된다. AB구간($0 \le x \le l$)에서의 전단력과 굽힘 모멘트는 그림 **(7-c-1)**의 (a)에서 $V=R_{Ay}=\dfrac{M_B-M_A}{l}$와 $M=R_{Ay}x+M_A=\dfrac{M_B-M_A}{l}x+M_A$로 주어지며, 모두 (+)의 부호를 갖는다.

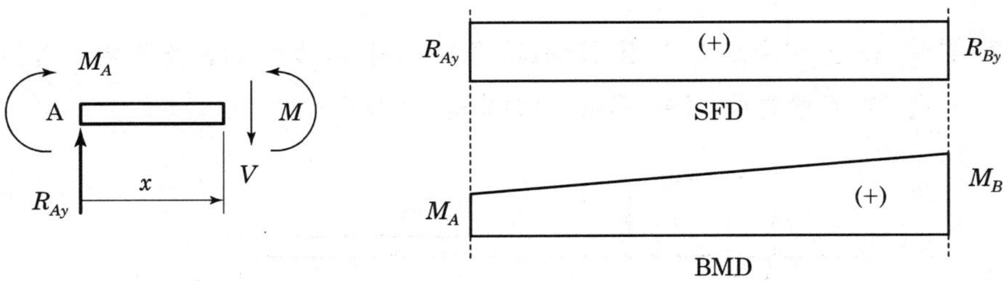

(a) (b)

그림 (7-c-1)

예제 7-4 길이 l 인 단순보에 그림 **(7-d)**와 같이 모멘트 M_A, M_B가 작용하고 있을 때 전단력과 굽힘 모멘트 선도를 그리시오.

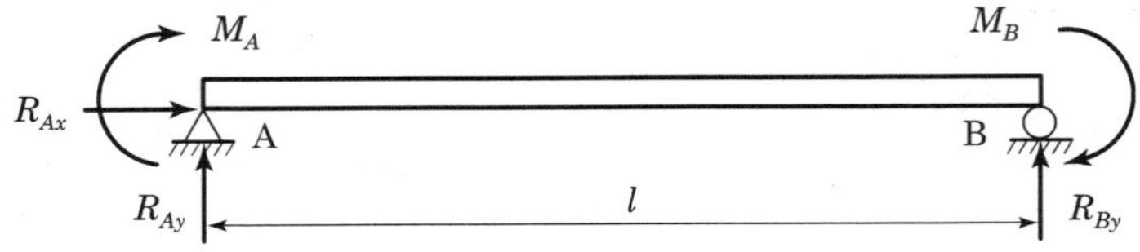

그림 (7-d)

▌해설▐ 평형조건에 의해서 지점에 생기는 반력은 $R_{Ax}=0$, $-R_{Ay}=R_{By}=\dfrac{M_A+M_B}{l}$로 된다. AB 구간($0\le x\le l$)에서의 전단력과 굽힘 모멘트는 그림 **(7-d-1)**의 (a)에서 $V=R_{Ay}=\dfrac{M_B+M_A}{l}$로 (−)부호를 갖고, $M=M_A-R_{Ay}x=M_A-\dfrac{M_B+M_A}{l}x$로 주어지며, $x=\dfrac{M_Al}{M_A+M_B}$일때 굽힘 모멘트는 0이 된다.

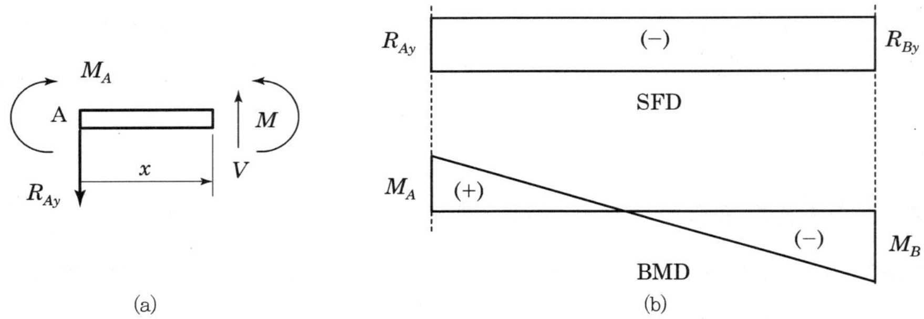

그림 (7-d-1)

예제 7-5 길이 $3a$인 단순보에 그림 **(7-e)**와 같이 부분적으로 등분포하중 w가 작용하고 있을 때 전단력과 굽힘 모멘트 선도를 그리시오.

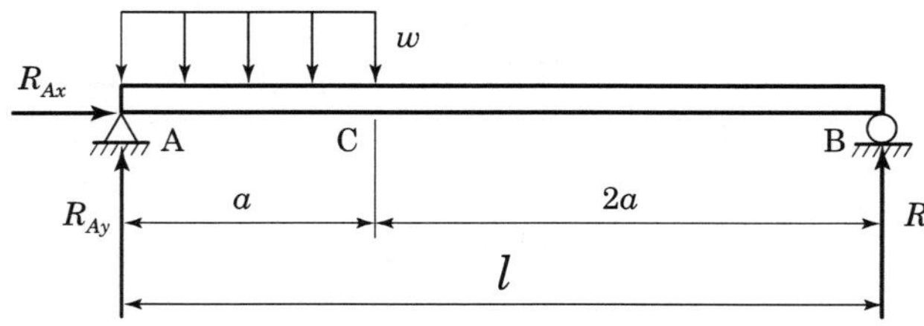

그림 (7-e)

▌해설▐ 지점 A, B에 생기는 반력은 $R_{Ax}=0$, $R_{Ay}=\frac{5wa}{6}$, $R_{By}=\frac{wa}{6}$로 된다. 그림 (7-e-1)의 (a), (b)는 AC구간, CB구간의 자유물체도를 나타낸다. AC구간($0 \le x \le a$)의 일부분인 그림 (7-e-1)의 (a)에서 전단력 V는 $V=R_{Ay}-wx=\frac{5wa}{6}-wx$로 얻어지고 $x=\frac{5a}{6}$일 때 전단력은 0로 된다. 굽힘 모멘트 M은 $M=R_{Ay}x-\frac{wx^2}{2}=\frac{5wa}{6}x-\frac{wx^2}{2}$로 얻어지고 $x=\frac{5a}{6}$일 때 굽힘 모멘트는 최대로 되고 $M_{\max}=\frac{25w^2}{72}$을 갖는다. BC구간($0 \le x' \le 2a$)인 그림 7-e-1의 (b)에서 전단력은 $V=R_{By}=\frac{wa}{6}$로 (-)부호를 갖고, 굽힘 모멘트는 $M=R_{By}x'=\frac{wax'}{6}$로 주어진다.

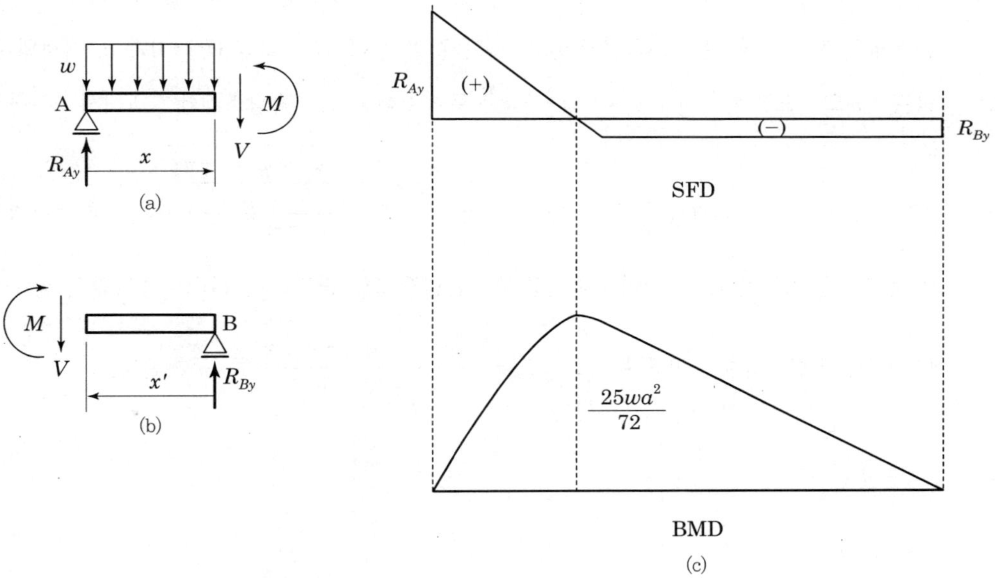

그림 (7-e-1)

예제 7-6 길이 l인 단순보에 그림 **(7-f)**와 같이 분포하중아 작용하고 있을 때 전단력과 굽힘 모멘트 선도를 그리시오.

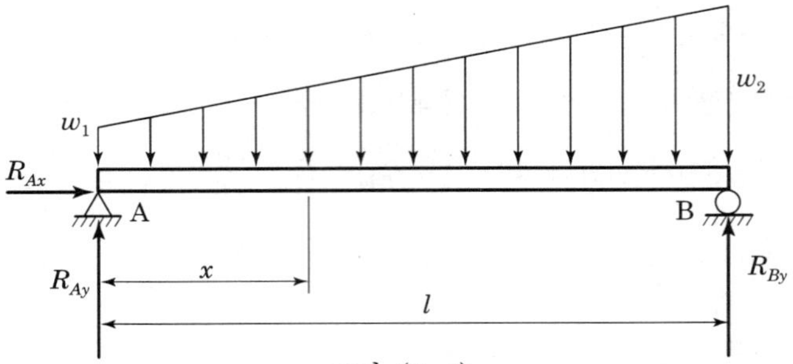

그림 (7-f)

| 해설 | 지점 A, B에 생기는 반력은 등분포하중 w_1이 작용하는 경우와 선형적으로 증가하는 분포하중 (w_2-w_1)이 작용하는 경우의 반력들을 각각 구하여 합하면, $R_{Ax}=0$, $R_{Ay}=\dfrac{(2w_1+w_2)l}{6}$, $R_{By}=\dfrac{(w_1+2w_2)l}{6}$로 된다. 지점 A에서부터 x만큼 떨어진 임의의 구간에서의 자유물체도는 그림 **(7-f-1)**의 (a)와 같이 주어진다. 그림 **(7-f-1)**의 (a)에서의 분포하중 w의 크기는 $w=w_1+(w_2-w_1)\dfrac{x}{l}$로 주어진다. 평형조건에 의해서 전단력은 $V=R_{Ay}-w_1x-(w_2-w_1)\dfrac{x^2}{2l}$로 구해지고, $x=\dfrac{-w_1+\sqrt{\dfrac{w_1^2+w_1w_2+w_2^2}{3}}}{w_2-w_1}l$일 때 전단력은 0이 된다. 참고로 만약에 w_1이 0이라면 즉, 선형적으로 증가하는 분포하중이라면 $x=\dfrac{l}{\sqrt{3}}$로 된다. 또한, 굽힘 모멘트는 $M=R_{Ay}x-\dfrac{w_1x^2}{2}-\dfrac{(w_2-w_1)x^3}{6l}$로 구해진다.

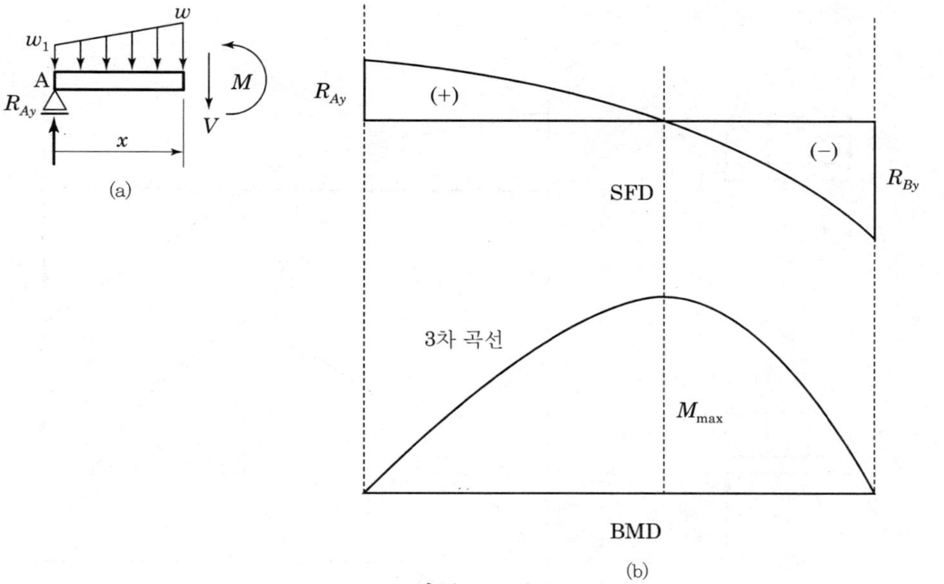

그림 (7-f-1)

예제 7-7 길이 l인 단순보에 그림 **(7-g)**와 같이 분포하중 w_1과 w_2가 작용하고 있을 때 전단력과 굽힘 모멘트 선도를 그리시오.

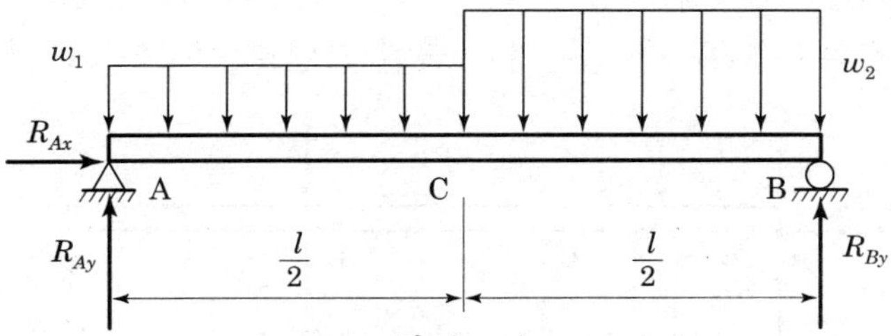

그림 (7-g)

| 해설 | 분포하중 w_1과 w_2에 의한 하중의 크기는 각각 $\dfrac{w_1 l}{2}$, $\dfrac{w_2 l}{2}$이고, 작용점은 지점 A로부터 각각 $\dfrac{l}{4}$과 $\dfrac{3l}{4}$로 되므로 반력은 $R_{Ax}=0$, $R_{Ay}=\dfrac{(3w_1+w_2)l}{8}$, $R_{By}=\dfrac{(w_1+3w_2)l}{8}$로 된다. AC구간$(0 \le x \le \dfrac{l}{2})$에서의 전단력과 굽힘 모멘트는 그림 **(7-g-1)**의 (a)로부터 $V=R_{Ay}-w_1 x$와 $M=R_{Ay}x-\dfrac{w_1 x^2}{2}$를 얻을 수 있다. CB구간$(0 \le x' \le \dfrac{l}{2})$에서의 전단력과 굽힘 모멘트는 그림 **(7-g-1)**의 (b)로부터 $V=R_{By}-w_2 x'$와 $M=R_{By}x'-\dfrac{w_2 x'^2}{2}$를 얻을 수 있다. 이 구간에서 $x'=\dfrac{(w_1+3w_2)l}{8w_2}$일 때, 전단력이 0이 되고, 최대 굽힘 모멘트는

$M_{\max} = \dfrac{(w_1 + 3w_2)^2 \, l^2}{128\, w_2}$ 로 된다.

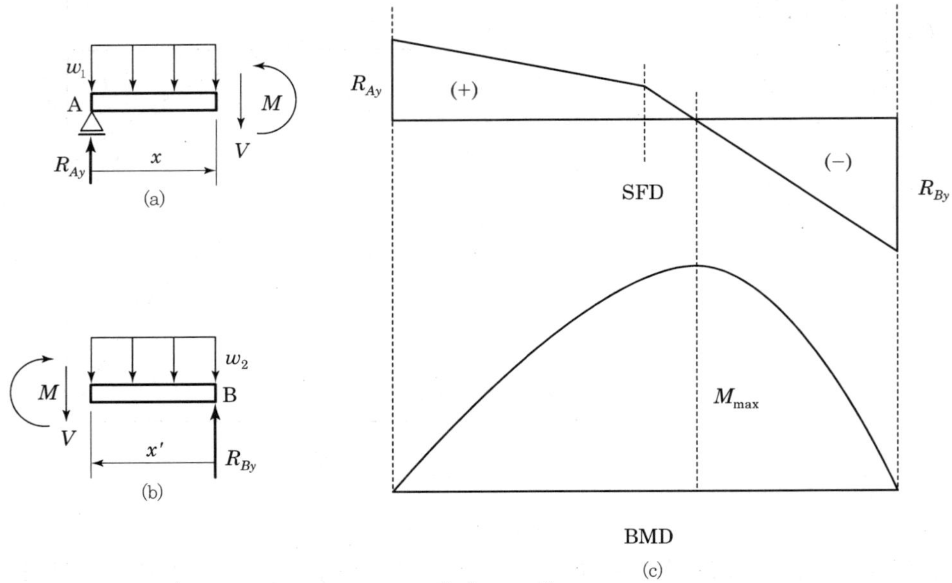

그림 (7−g−1)

예제 7-8 길이 $3a$인 단순보에 그림 **(7−h)**와 같이 부분적으로 등분포하중 w와 집중하중 P가 작용하고 있을 때 전단력과 굽힘 모멘트 선도를 그리시오.

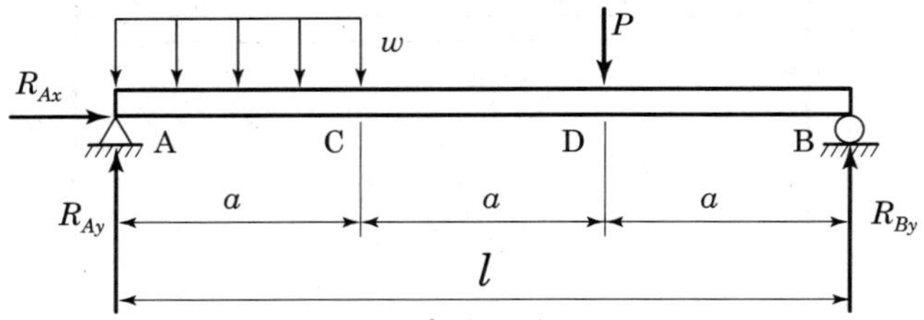

그림 (7−h)

❙해설❙ 지점 A, B에 생기는 반력은 $R_{Ax} = 0$, $R_{Ay} = \dfrac{5wa}{6} + \dfrac{P}{3}$, $R_{By} = \dfrac{wa}{6} + \dfrac{2P}{3}$로 된다. AC구간($0 \le x \le a$)의 일부분인 그림 **(7−h−1)**의 (a)에서 전단력 V는 $V = R_{Ay} - wx = \dfrac{5wa}{6} + \dfrac{P}{3} - wx$로 얻어지고, 굽힘 모멘트 M은 $M = R_{Ay}x - \dfrac{wx^2}{2} = \left(\dfrac{5wa}{6} + \dfrac{P}{3}\right)x - \dfrac{wx^2}{2}$로 얻어진다. CD구간($0 \le x \le 2a$)에서의 전단력과 굽힘 모멘트는 그림 **(7−h−1)**의 (b)로부터 $V = R_{Ay} - wa = \dfrac{P}{3} - \dfrac{wa}{6}$와 $M = R_{Ay}x - wa\left(x - \dfrac{a}{2}\right)$로 된다. DB구간($0 \le x' \le a$)인 그림 **(7−h−1)**의 (c)에서 전단력은 $V = R_{By} = \dfrac{wa}{6} + \dfrac{2P}{3}$로 (−)부호를 갖고, 굽힘 모멘트는

$M = R_{By}x' = \left(\frac{wa}{6} + \frac{2P}{3}\right)x$로 주어진다. CD구간에서는 $x = 2a$일 때, DB구간에서는 $x' = a$일 때 최대 굽힘 모멘트 $M_{\max} = \frac{wa^2}{6} + \frac{2Pa}{3}$가 생긴다.

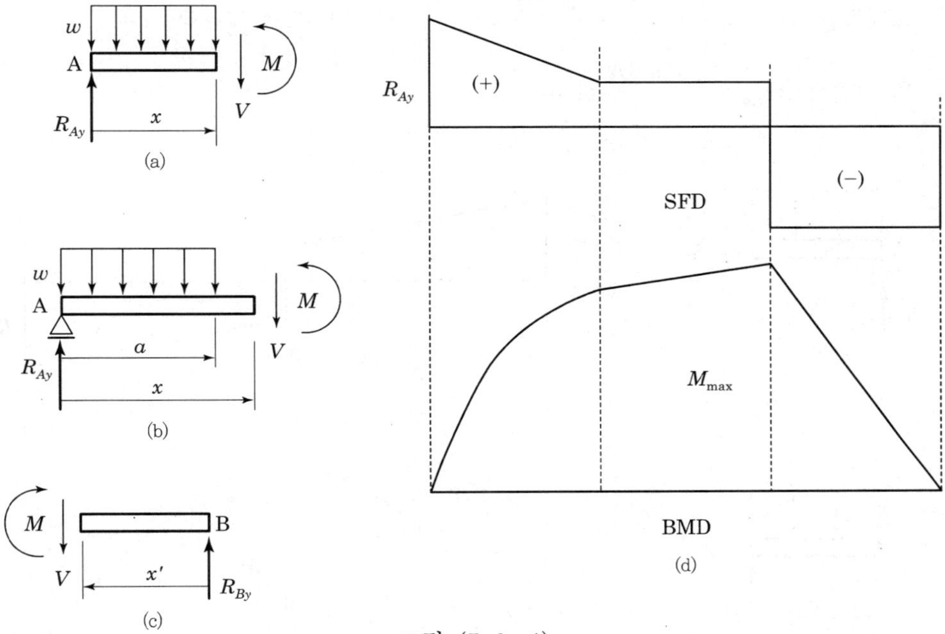

그림 (7-h-1)

예제 7-9 **길이 l인 단순보에 그림 (7-i)와 같이 등분포하중 w와 보의 중앙에 집중하중 P가 작용하고 있을 때 전단력과 굽힘 모멘트 선도를 그리시오.**

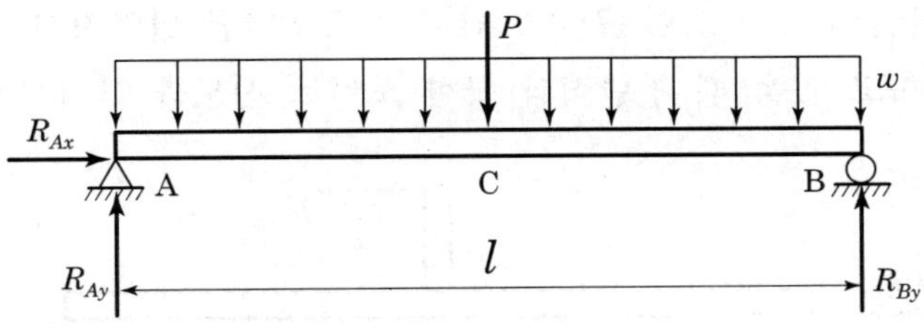

그림 (7-i)

| 해설 | 지점 A, B에 생기는 반력은 $R_{Ax} = 0$, $R_{Ay} = R_{By} = \frac{wl + P}{2}$ 로 된다. AC구간 $(0 \le x \le \frac{l}{2})$의 일부분인 그림 **(7-i-1)**의 (a)에서 전단력 V와 굽힘 모멘트 M은 $V = R_{Ay} - wx = \frac{wl + P}{2} - wx$와 $M = R_{Ay}x - \frac{wx^2}{2} = \frac{wl + P}{2}x - \frac{wx^2}{2}$로 얻어진다. 이 때 전단

력과 굽힘 모멘트는 모두 (+)의 부호를 갖는다. CB구간($0 \le x' \le \frac{l}{2}$)에서의 전단력과 굽힘 모멘트는 그림 (7-i-1)의 (b)로부터 $V = R_{By} - wx = \frac{wl+P}{2} - wx$로 (-)부호를 갖고, 굽힘 모멘트는 $M = R_{By}x' - \frac{wx'^2}{2} = \frac{wl+P}{2}x' - \frac{wx'^2}{2}$로 (+)부호를 갖는다. $x = \frac{l}{2}$일 때 최대 굽힘 모멘트 $M_{max} = \frac{wl^2 + 2Pl}{8}$로 된다.

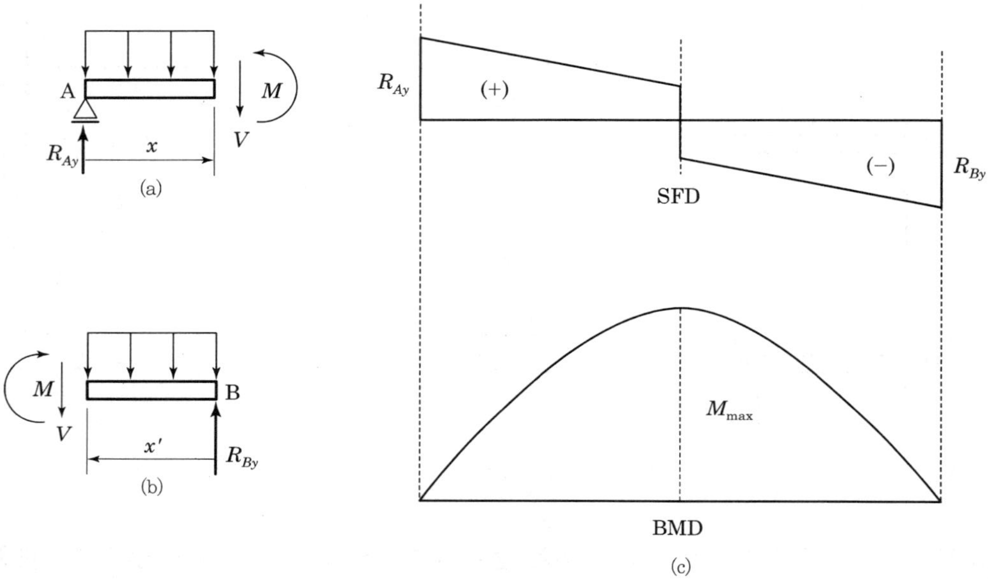

그림 (7-i-1)

예제 7-10 길이 l인 단순보에 그림 (7-j)와 같이 거리 e만큼 떨어져서 축방향으로 하중 P가 작용하고 있을 때 전단력과 굽힘 모멘트 선도를 그리시오.

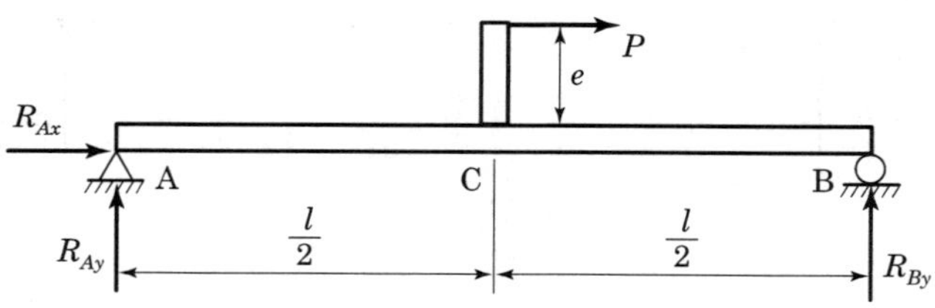

그림 (7-j)

▌해설▐ 평형조건에 의해서 지점에 생기는 반력은 $R_{Ax} = -P$, $-R_{Ay} = R_{By} = \frac{Pe}{l}$로 된다. AC 구간($0 \le x \le \frac{l}{2}$)에서의 전단력과 굽힘 모멘트는 그림 (7-j-1)의 (a)에서 $V = R_{Ay} = \frac{Pe}{l}$와

$M = R_{Ay}x = \dfrac{Pe}{l}x$로 주어지며, 모두 (-)의 부호를 갖는다. CB구간$(0 \le x' \le \dfrac{l}{2})$에서의 전단력은 그림 **(7-j-1)**의 (b)로부터 $V = R_{By} = \dfrac{Pe}{l}$로 되고 (-)부호를 갖고, 굽힘 모멘트는 $M = R_{Ay}x = \dfrac{Pe}{l}x$로 (+)의 부호를 갖는다.

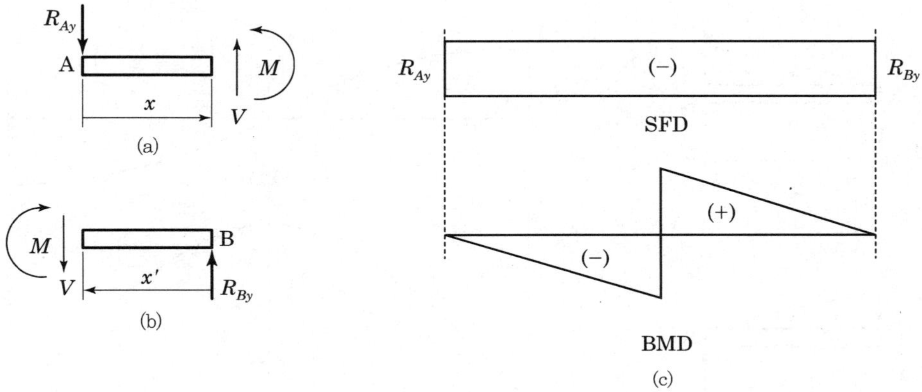

그림 (7-j-1)

예제 7-11 **길이 l인 단순보에 그림 (7-k)과 같이 분포하중이 작용하고 있을 때 전단력과 굽힘 모멘트 선도를 그리시오.**

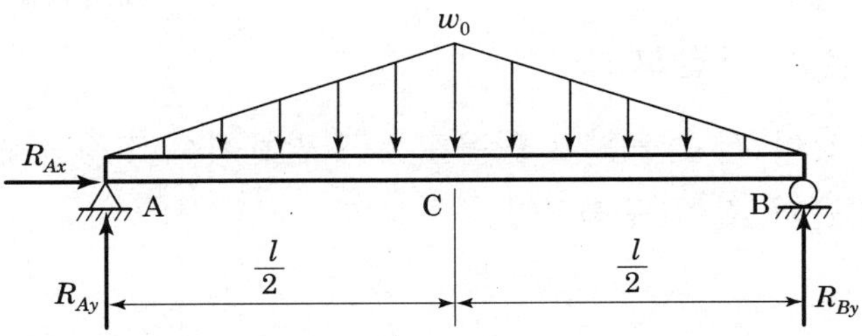

그림 (7-k)

| 해설 | 평형조건에 의해서 지점에 생기는 반력은 $R_{Ax} = 0$, $R_{Ay} = R_{By} = \dfrac{w_0 l}{4}$로 된다. AC구간 $(0 \le x \le \dfrac{l}{2})$을 나타내는 그림 **(7-k-1)**의 (a)에서 임의의 거리 x에서의 분포하중 크기는 $w = \dfrac{2w_0 x}{l}$로 되므로 전단력과 굽힘 모멘트는 $V = R_{Ay} - \dfrac{w_0 x^2}{l} = \dfrac{w_0 l}{4} - \dfrac{w_0 x^2}{l}$와 $M = R_{Ay}x - \dfrac{w_0 x^3}{3l} = \dfrac{w_0 l}{4}x - \dfrac{w_0 x^3}{3l}$로 주어지며, 모두 (+)부호를 갖는다. 또한, $x = \dfrac{l}{2}$일 때 $V = 0$,

$M_{max} = \frac{w_0 l^2}{12}$을 갖는다. CB구간$(0 \le x' \le \frac{l}{2})$에서의 전단력은 그림 **(7-k-1)**의 (b)로부터 $V = R_{By} - \frac{w_0 x^2}{l} = \frac{w_0 l}{4} - \frac{w_0 x^2}{l}$로 되고 (-)부호를 갖고, 굽힘 모멘트는 $M = R_{By}x - \frac{w_0 x^3}{3l}$ $= \frac{w_0 l}{4}x - \frac{w_0 x^3}{3l}$로 (+)의 부호를 갖는다.

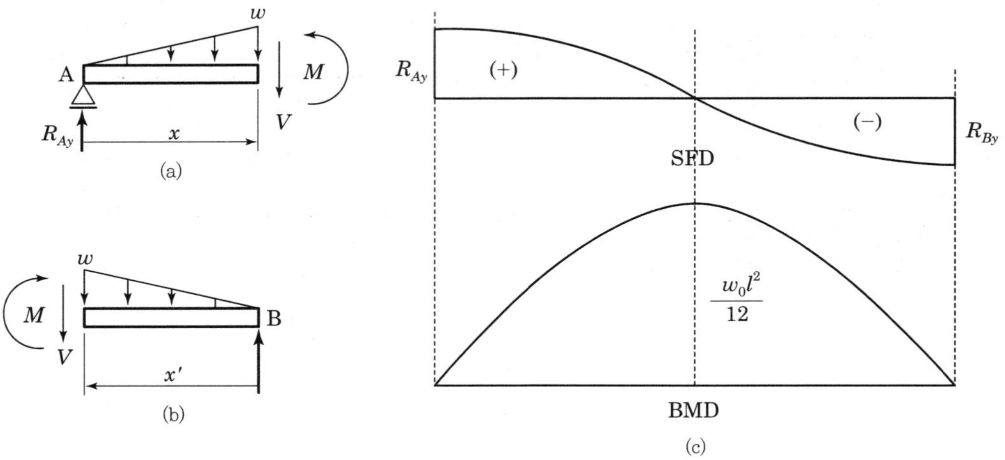

그림 (7-k-1)

7-3-2 외팔보(cantilever beam)

(1) 집중하중을 받는 외팔보

그림 **7-13** (a)와 같이 집중하중 가 작용하는 외팔보에서 고정단에서의 반력들은 평형조건으로부터 다음과 같이 구해진다.

$$R_{Bx} = 0$$
$$R_{By} = P \qquad (7-20)$$
$$M = Pl$$

자유단 A로부터 x만큼 떨어진 곳에서의 전단력과 굽힘 모멘트는 그림 **7-13** (b)의 자유물체도로부터 다음과 같이 구해진다.

$$\Sigma F_y = 0, \ -P + V = 0 \quad V = P$$
$$\Sigma M = 0, \ -Px + M = 0 \quad M = Px \qquad (7-21)$$

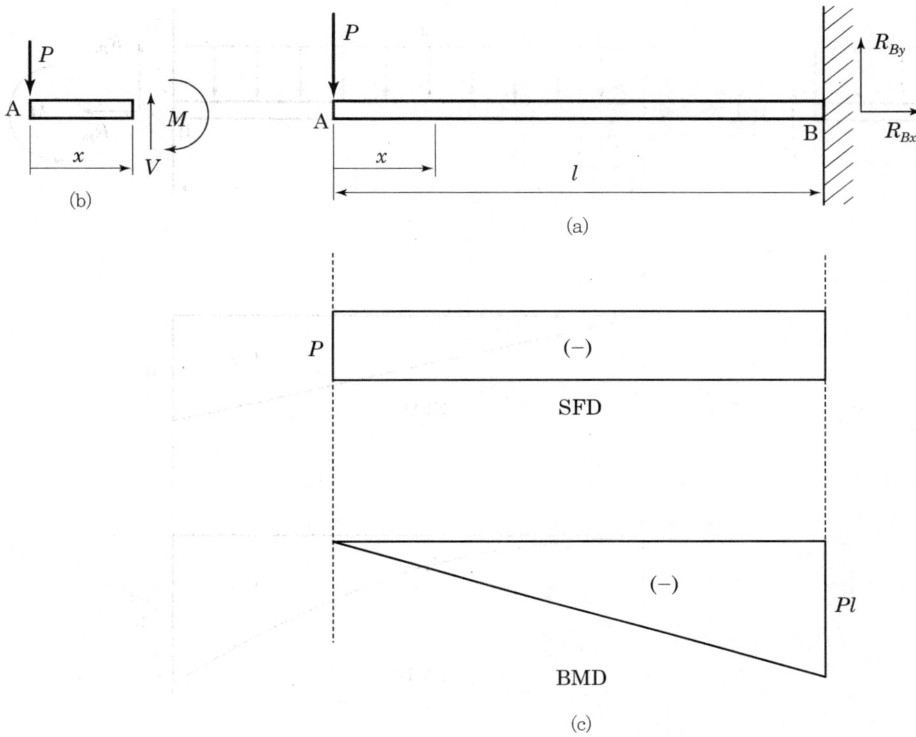

그림 7-13 집중하중을 받는 외팔보의 SFD와 BMD

그림 **7-13** (b)에서 전단력은 반시계방향으로 회전하고 x값에 따라 변하지 않으므로 일정한 값 $-P$를 갖는다. 식 (7-21)에서 굽힘 모멘트는 선형적으로 변하며 보를 위로 볼록하게 함으로 (−)이며, $x=l$일 때 가장 큰 값 Pl을 갖는다. 이와 같은 내용으로 선도를 그리면 그림 **7-13** (c)와 같이 된다.

(2) 균일분포하중을 받는 외팔보

그림 **7-14** (a)와 같이 균일분포하중 w가 작용하는 외팔보에서 고정단에서의 반력들은 평형조건으로부터 다음과 같이 구해진다.

$$
\begin{aligned}
&R_{Bx}=0 \\
&R_{By}=wl \\
&M=\frac{wl^2}{2}
\end{aligned}
\qquad (7\text{-}22)
$$

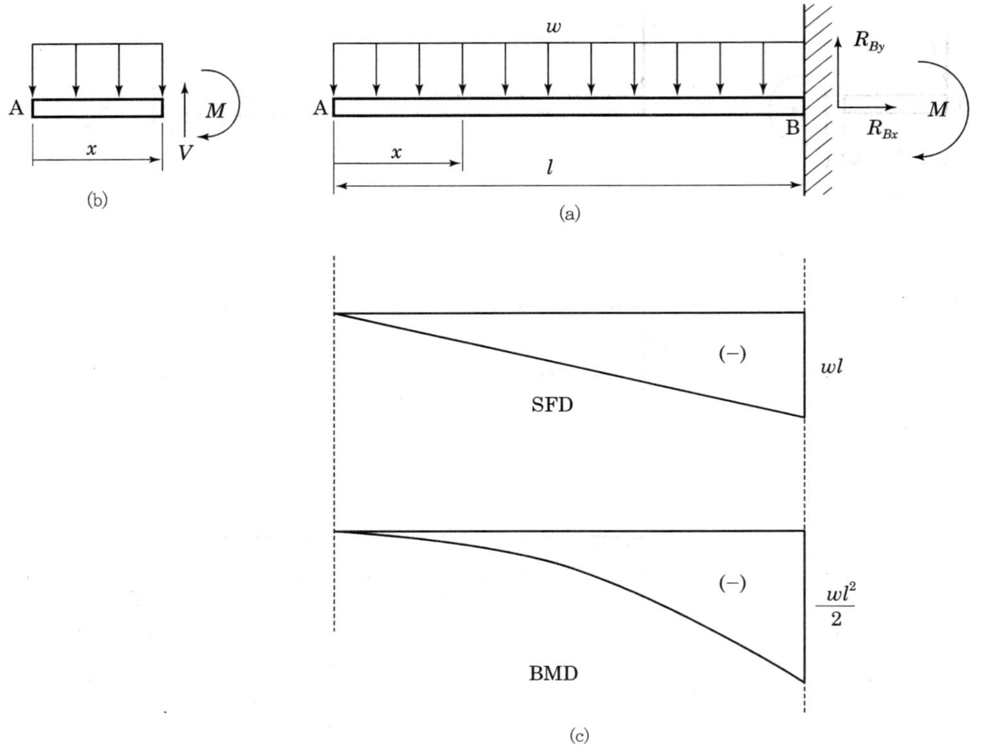

그림 7-14 균일분포하중을 받는 외팔보의 SFD와 BMD

자유단 A로부터 x만큼 떨어진 곳에서의 전단력과 굽힘모멘트는 그림 **7-14** (b)의 자유물체도로부터 다음과 같이 구해진다.

$$\Sigma F_y = 0,\ -wx + V = 0 \quad V = wx$$
$$\Sigma M = 0,\ -\frac{wx^2}{2} + M = 0 \quad M = \frac{wx^2}{2} \tag{7-23}$$

그림 **7-14** (b)와 같은 자유물체도에서 전단력은 반시계방향으로 회전하므로 (−)이고, 식 (7-23)에서 전단력은 x값에 따라 선형적으로 변하며 고정단에서 $-wl$ 값을 갖는다. 식 (7-23)에서 굽힘 모멘트는 이차원적으로 변하며 보를 위로 볼록하게 함으로 (−)이며, $x=l$일 때 가장 큰 값 $\frac{wl^2}{2}$을 갖는다. 이와 같은 내용으로 선도를 그리면 그림 **7-14** (c)와 같이 된다.

(3) 선형적으로 증가하는 분포하중을 받는 외팔보

그림 **7-15** (a)와 같이 선형적으로 증가하는 분포하중이 작용하는 외팔보에서 고정

단에 생기는 반력들은 다음과 같다.

$$R_{Bx} = 0$$
$$R_{By} = \frac{w_0 l}{2} \qquad (7\text{-}24)$$
$$M = \frac{w_0 l^2}{6}$$

그림 7-15 (b)에서 자유단 A로부터 x만큼 떨어진 곳에서의 분포하중 w의 크기와 전단력 그리고 굽힘 모멘트는 다음과 같다.

$$w_0 : w = l : x \quad w = \frac{w_0 x}{l}$$
$$\Sigma F_y = 0, \ -\frac{wx}{2} + V = 0 \ \ V = \frac{wx}{2} = \frac{w_0 x^2}{2l} \qquad (7\text{-}25)$$
$$\Sigma M = 0, \ -\frac{wx^2}{6} + M = 0 \ \ M = \frac{wx^2}{6} = \frac{w_0 x^3}{6l}$$

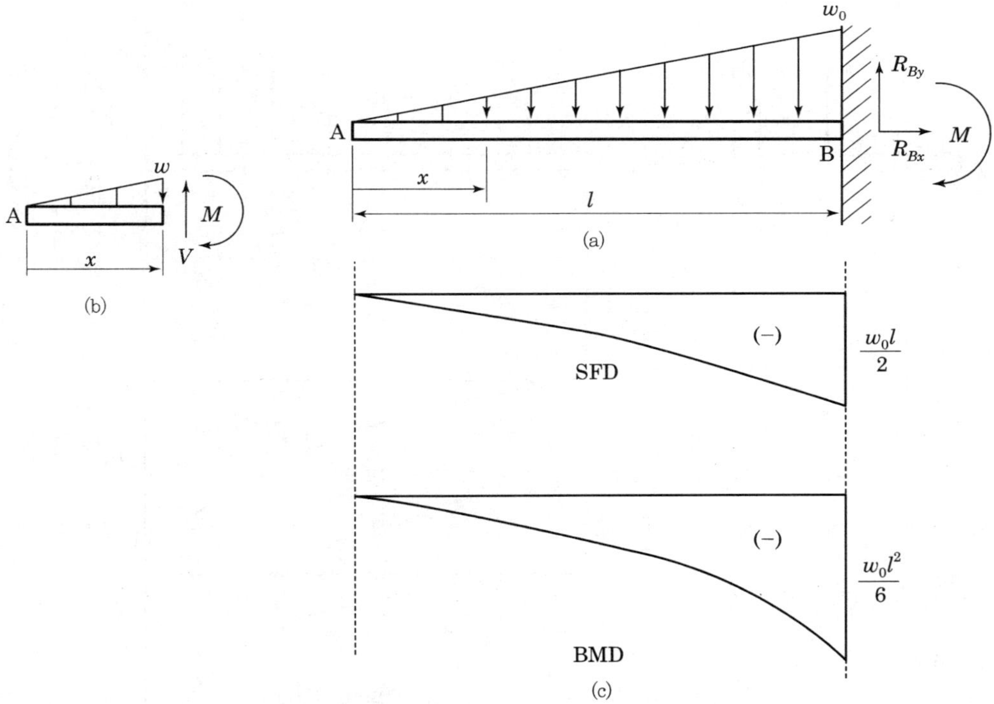

그림 7-15 선형적으로 증가하는 분포하중을 받는 외팔보의 SFD와 BMD

그림 **7-15** (b)와 같은 자유물체도에서 전단력은 반시계방향으로 회전하므로 (-)이고, 식 (7-25)에서 전단력은 x값에 따라 이차함수로 변하여 고정단에서는 $-\frac{w_0 l}{2}$ 값을 갖는다. 식 (7-25)에서 굽힘 모멘트는 삼차원 함수로 변하며 보를 위로 볼록하게 함으로 (-)이며, $x=l$일 때 가장 큰 값 $\frac{wl^2}{6}$을 갖는다. 이와 같은 내용으로 선도를 그리면 그림 **7-15** (c)와 같이 된다.

(4) 분포하중함수 $w=f(x)$인 분포하중을 받는 외팔보

길이 l인 외팔보에 그림 **7-16** (b)와 같이 분포하중이 함수 $w=f(x)$로 작용하고 있을 때 분포하중의 크기는 분포하중의 면적과 같고, 분포하중을 집중하중으로 생각하였을 경우에 작용점은 분포하중 면적의 도심이 된다. 따라서 하중의 크기 F와 자유단 A로부터 하중의 작용점 $\bar{a}$는 다음과 같이 주어진다.

$$F=\int_0^l w\,dx\ ,\quad \bar{a}=\frac{\int_0^l wx\,dx}{F} \tag{7-26}$$

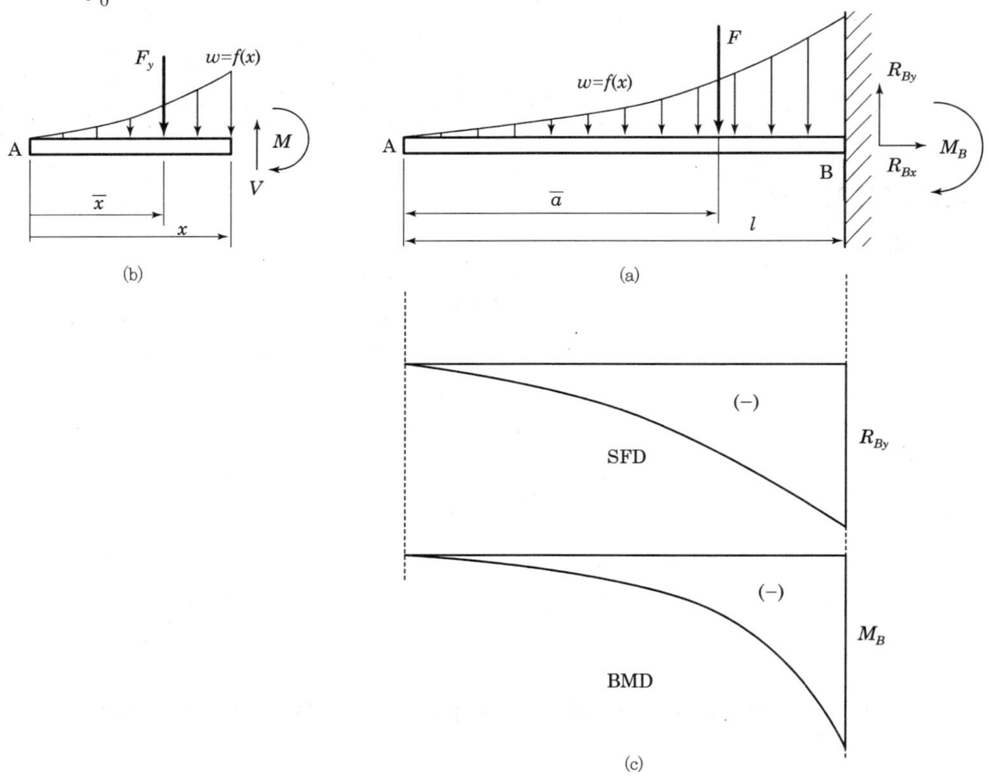

그림 7-16 분포하중함수 인 분포하중을 받는 외팔보의 SFD와 BMD

그림 **7-16** (b)에서 고정단 B에서의 반력은 평형조건에 의해서 다음과 같이 주어진다.

$$R_{Bx} = 0$$
$$R_{By} = F \qquad (7-27)$$
$$M_B = F(l - \bar{a})$$

자유단 A로부터 x만큼 떨어진 곳에서의 하중의 크기 F_y와 작용점 $\bar{x}$ 그리고 전단력 V와 굽힘 모멘트 M은 그림 **7-16** (b)로부터 다음과 같이 주어진다.

$$F_y = \int w dx\,,\ \bar{x} = \frac{\int wx\,dx}{F_y} \qquad (7-28)$$

$$V = \int w dx = F_y \qquad (7-29)$$
$$M = F_y(x - \bar{x})$$

전단력과 굽힘 모멘트는 모두 (-)의 부호를 갖는다. 또한 최대 전단력과 최대 굽힘 모멘트는 $V_{\max} = R_{By}$, $M_{\max} = M_B$로 주어진다.

예제 7-12 길이 l인 외팔보에 그림 **(7-1)**과 같이 두개의 집중하중 P가 작용하고 있을 때 전단력과 굽힘 모멘트 선도를 그리시오.

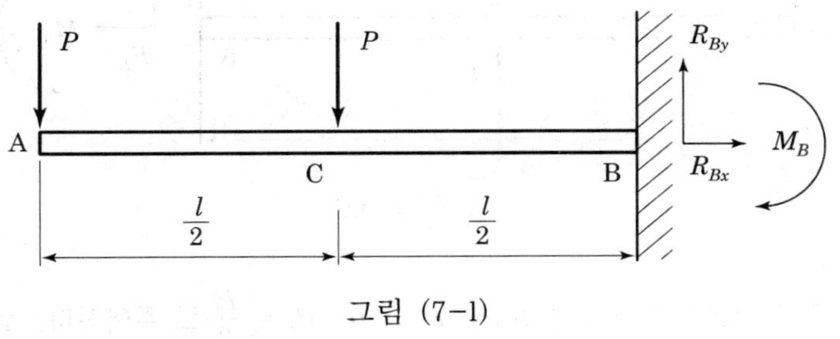

그림 (7-1)

| 해설 | 반력은 평형조건에 의해서 $R_{Bx} = 0$, $R_{By} = 2P$, $M_B = \frac{3Pl}{2}$로 주어진다. AC구간 ($0 \le x \le \frac{l}{2}$)에서의 전단력과 굽힘 모멘트는 그림 **(7-1-1)**의 (a)로부터 $V = P$, $M = Px$로 주어지고 모두 (-)의 부호를 갖는다. CB구간($\frac{1}{2} \le x \le l$)에서의 전단력과 굽힘 모멘트는 그림

(7-1-1)의 (b)로부터 $V=2P$, $M=Px+P\left(x-\frac{l}{2}\right)$로 주어지고 모두 (-)의 부호를 갖는다. 또한 최대 굽힘 모멘트는 $M_{\max}=M_B$로 주어진다.

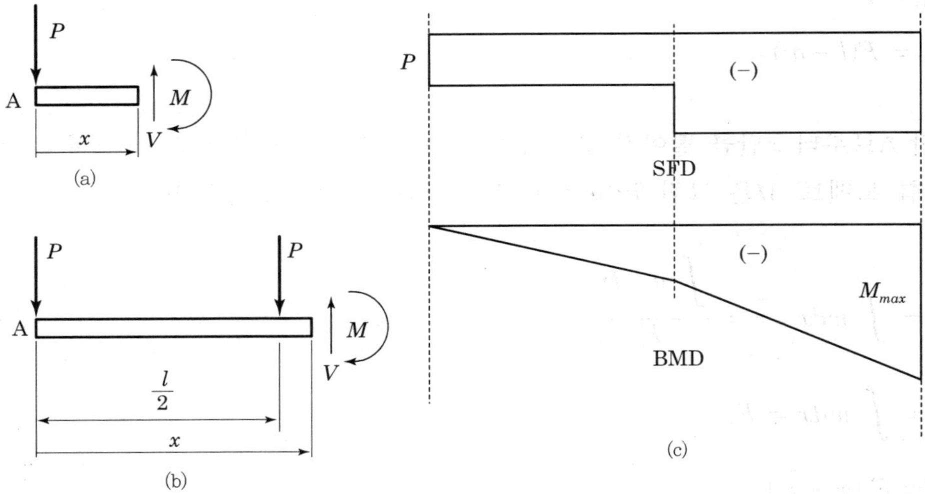

그림 (7-1-1)

예제 7-13 길이 l인 외팔보에 그림 (7-m)과 같이 두개의 집중하중 P가 아래 위로 작용하고 있을 때 전단력과 굽힘 모멘트 선도를 그리시오.

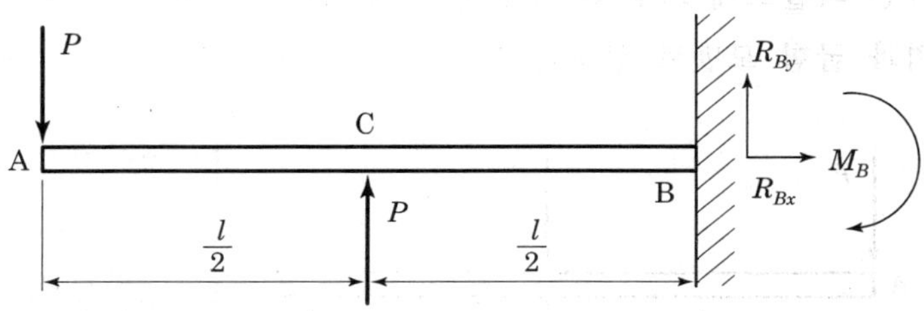

그림 (7-m)

| 해설 | 반력은 평형조건에 의해서 $R_{Bx}=R_{By}=0$, $M_B=\frac{Pl}{2}$로 주어진다. AC구간$(0\le x\le \frac{l}{2})$에서의 전단력과 굽힘 모멘트는 그림 (7-m-1)의 (a)로부터 $V=P$, $M=Px$, 로 주어지고 모두 (-)의 부호를 갖는다. CB구간$(\frac{1}{2}\le x\le l)$에서의 전단력과 굽힘 모멘트는 그림 (7-m-1)의 (b)로부터 $V=0$, $M=\frac{Pl}{2}$로 주어지고 모두 (-)의 부호를 갖는다. 또한 최대 굽힘 모멘트는 $M_{\max}=M_B$로 주어진다.

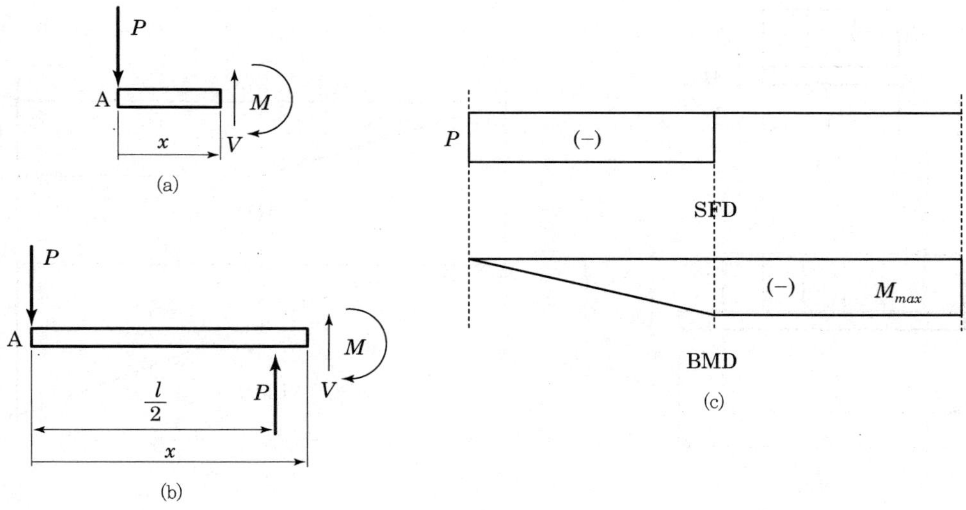

그림 (7−m−1)

예제 7-14 길이 l인 외팔보에 그림 **(7−n)**과 같이 부분적으로 분포하중 w가 작용하고 있을 때 전단력과 굽힘 모멘트 선도를 그리시오.

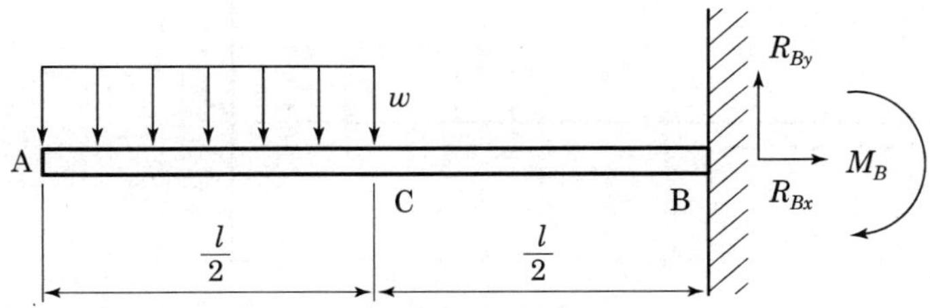

그림 (7−n)

해설 반력은 평형조건에 의해서 $R_{Bx}=0$, $R_{By}=\frac{wl}{2}$, $M_B=\frac{3wl^2}{8}$로 주어진다. AC구간 $(0\le x\le \frac{l}{2})$에서의 전단력과 굽힘 모멘트는 그림 **(7−n−1)**의 (a)로부터 $V=wx$, $M=\frac{wx^2}{2}$로 주어지고 모두 (−)의 부호를 갖는다. CB구간$(\frac{1}{2}\le x\le l)$에서의 전단력과 굽힘 모멘트는 그림 **(7−n−1)**의 (b)로부터 $V=\frac{wl}{2}$, $M=\frac{wl}{2}\left(x-\frac{l}{4}\right)$로 주어지고 모두 (−)의 부호를 갖는다. 또한 최대 굽힘 모멘트는 $M_{\max}=M_B$로 주어진다.

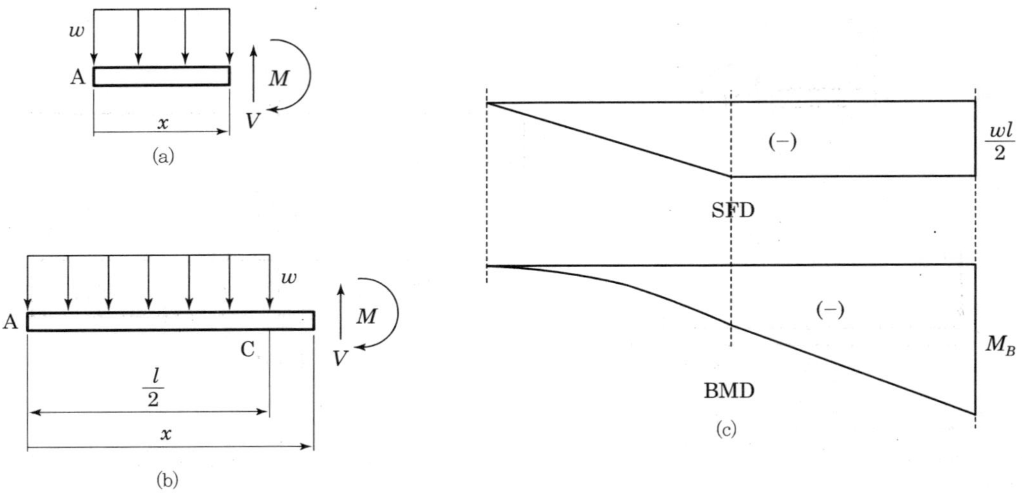

그림 (7−n−1)

예제 7-15 길이 l인 외팔보에 그림 **(7−o)**과 같이 부분적으로 분포하중 w가 작용하고 있을 때 전단력과 굽힘 모멘트 선도를 그리시오.

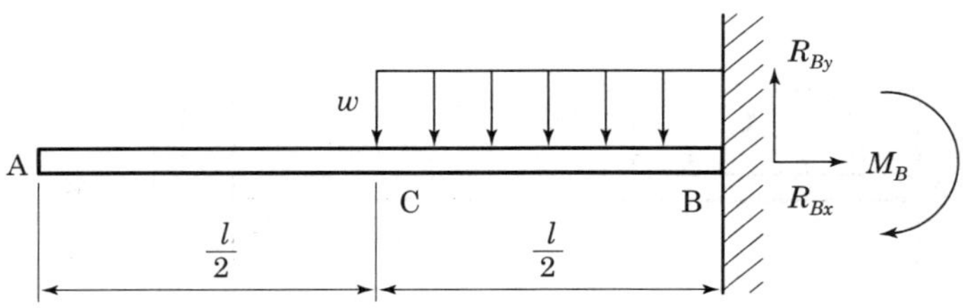

그림 (7−o)

▎해설▎ 반력은 평형조건에 의해서 $R_{Bx}=0$, $R_{By}=\dfrac{wl}{2}$, $M_B=\dfrac{wl^2}{8}$로 주어진다. AC구간 $(0\le x\le \dfrac{l}{2})$에서의 전단력과 굽힘 모멘트는 0으로 된다. CB구간$(\dfrac{1}{2}\le x\le l)$에서의 전단력과 굽힘 모멘트는 그림 **(7−o−1)**의 (a)로부터 $V=w\left(x-\dfrac{l}{2}\right)$, $M=\dfrac{w}{2}\left(x-\dfrac{l}{2}\right)^2$로 주어지고 모두 (−)의 부호를 갖는다. 또한 최대 굽힘 모멘트는 $M_{\max}=M_B$로 주어진다.

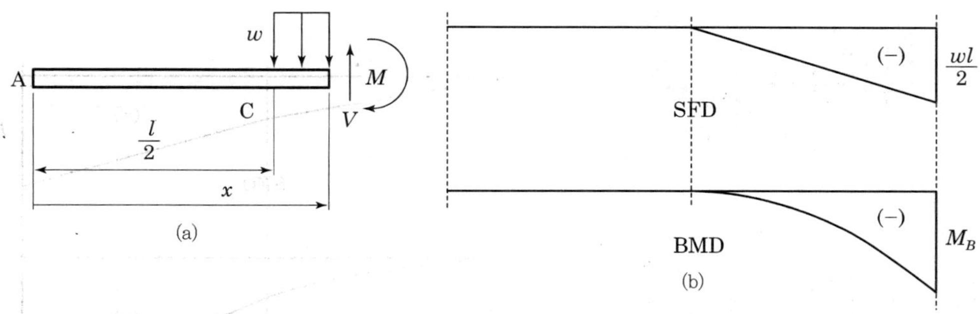

그림 (7-o-1)

예제 7-16 길이 l인 외팔보에 그림 **(7-p)**와 같이 분포하중 w_1, w_2가 작용하고 있을 때 전단력과 굽힘 모멘트 선도를 그리시오.

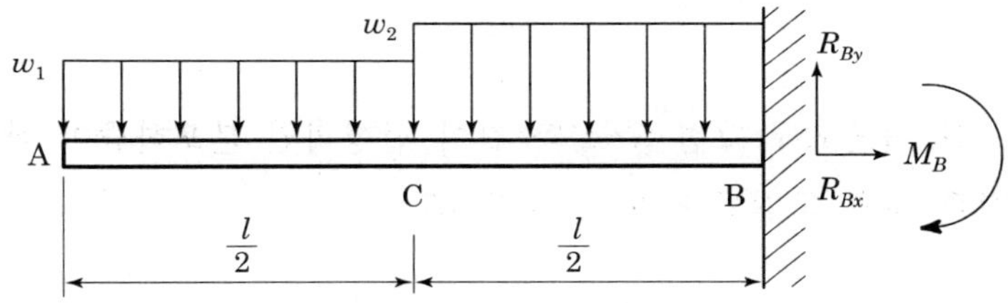

그림 (7-p)

해설 반력은 평형조건에 의해서 $R_{Bx}=0$, $R_{By}=\dfrac{w_1 l + w_2 l}{2}$, $M_B=\dfrac{3w_1 l^2 + w_2 l^2}{8}$로 주어진다.

AC구간($0 \le x \le \dfrac{l}{2}$)에서의 전단력과 굽힘 모멘트는 그림 **(7-p-1)**의 (a)로부터 $V=w_1 x$, $M=\dfrac{w_1 x^2}{2}$로 주어지고 모두 (−)의 부호를 갖는다. CB구간($\dfrac{1}{2} \le x \le l$)에서의 전단력과 굽힘 모멘트는 그림 **(7-p-1)**의 (b)로부터 $V=\dfrac{w_1 l}{2}+w_2\left(x-\dfrac{l}{2}\right)$, $M=\dfrac{w_1 l}{2}\left(x-\dfrac{l}{4}\right)+\dfrac{w_2}{2}\left(x-\dfrac{l}{2}\right)^2$로 주어지고 모두 (−)의 부호를 갖는다. 또한 최대 전단력과 최대 굽힘 모멘트는 $V_{\max}=R_{By}$, $M_{\max}=M_B$로 주어진다.

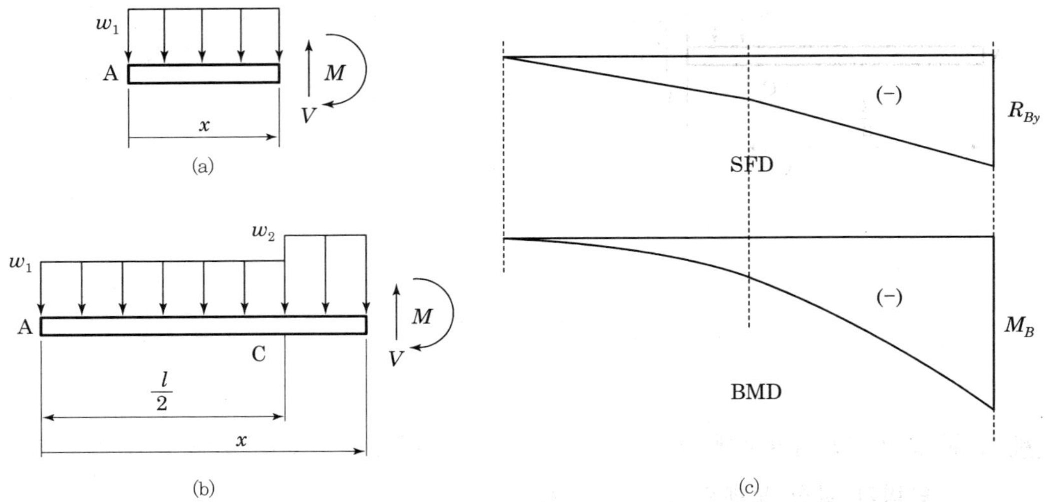

그림 (7-p-1)

예제 7-17 길이 l인 외팔보에 그림 **(7-q)**와 같이 선형적인 분포하중이 작용하고 있을 때 전단력과 굽힘 모멘트 선도를 그리시오.

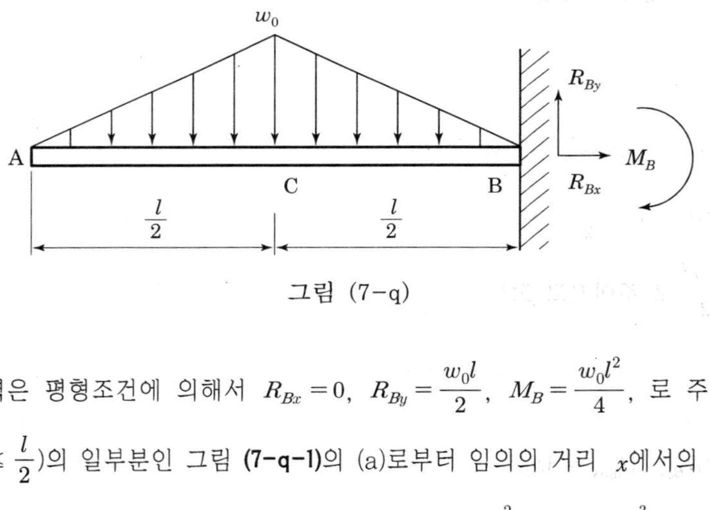

그림 (7-q)

▮ 해설 ▮ 반력은 평형조건에 의해서 $R_{Bx}=0$, $R_{By}=\frac{w_0 l}{2}$, $M_B=\frac{w_0 l^2}{4}$, 로 주어진다. AC구간 $(0 \le x \le \frac{l}{2})$의 일부분인 그림 **(7-q-1)**의 (a)로부터 임의의 거리 x에서의 분포하중 크기는 $w=\frac{2w_0 x}{l}$로 되므로 전단력과 굽힘 모멘트는 $V=\frac{w_0 x^2}{l}$, $M=\frac{w_0 x^3}{3l}$로 주어지고 모두 (-)의 부호를 갖는다. CB구간에서의 전단력과 굽힘 모멘트의 해석은 그림 **(7-q-1)**의 (b)와 같이 범위를$(\frac{1}{2} \le x \le l)$로 정하여 해석할 수도 있으나 분포하중의 형상이 복잡하여 해석하기가 번거롭다. 따라서 그림 **(7-q-1)**의 (c)와 같이 구간을$(0 \le x' \le \frac{l}{2})$ 정하고 해석하면 보다

쉽게 해석할 수 있다. 그림 **(7-q-1)**의 (c)로부터 전단력과 굽힘 모멘트는 $V=\frac{w_0 l}{2}-\frac{w_0 x'^2}{l}$, $M=\frac{w_0 l^2}{4}-\frac{w_0 l x'}{2}+\frac{w_0 x'^3}{3l}$로 주어지고 모두 (-)의 부호를 갖는다. 또한 최대 전단력과 최대 굽힘 모멘트는 $V_{\max}=R_{By}$, $M_{\max}=M_B$로 주어진다.

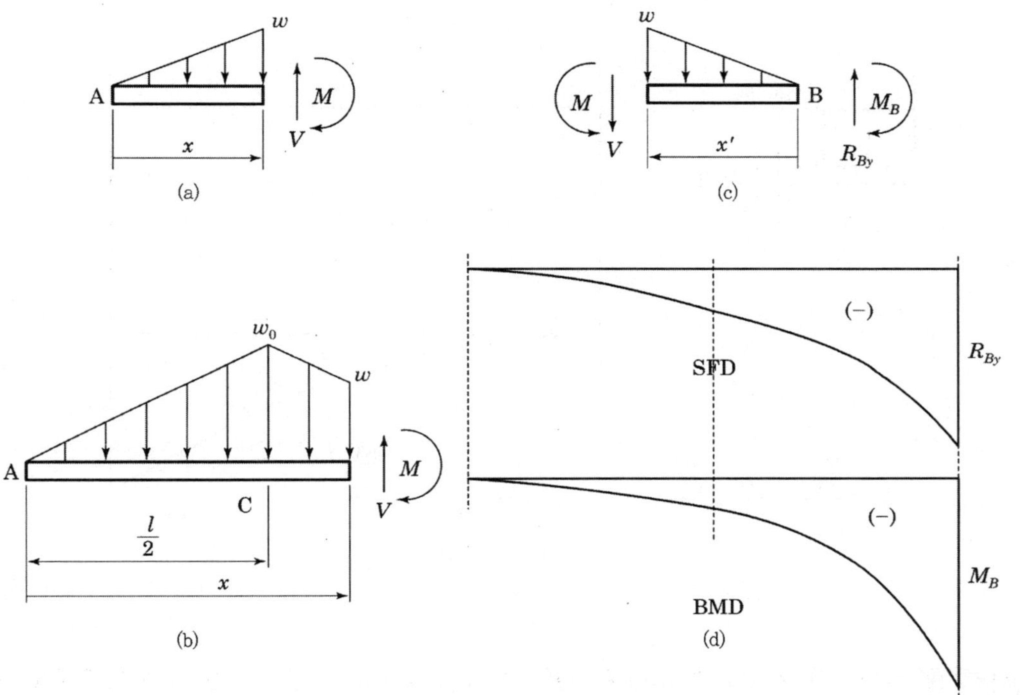

그림 (7-q-1)

예제 7-18 길이 l인 외팔보에 그림 **(7-r)**과 같이 집중하중 P와 균일 분포하중 w가 작용하고 있을 때 전단력과 굽힘 모멘트 선도를 그리시오.

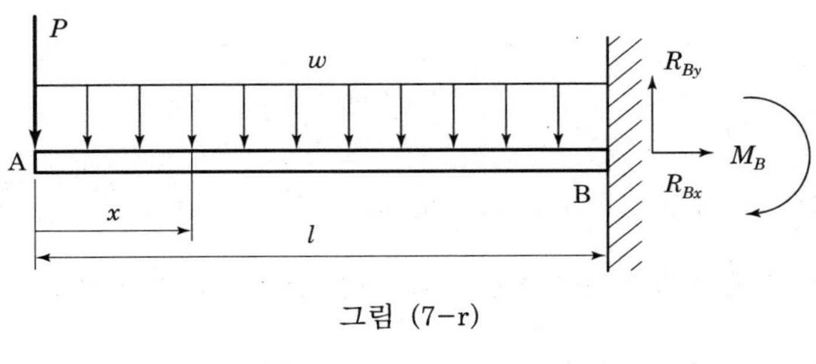

그림 (7-r)

| 해설 | 반력은 평형조건에 의해서 $R_{Bx}=0$, $R_{By}=wl+P$, $M_B=\dfrac{wl^2}{2}+Pl$로 주어진다. 자유단 A로부터 임의의 거리 x만큼 떨어진 곳에서의 전단력과 굽힘 모멘트는 그림 **(7-r-1)**의 (a)로부터 $V=wx+P$, $M=\dfrac{wx^2}{2}+Px$로 주어지고 모두 (-)의 부호를 갖는다. 최대 전단력과 최대 굽힘 모멘트는 $V_{\max}=R_{By}$, $M_{\max}=M_B$로 주어진다.

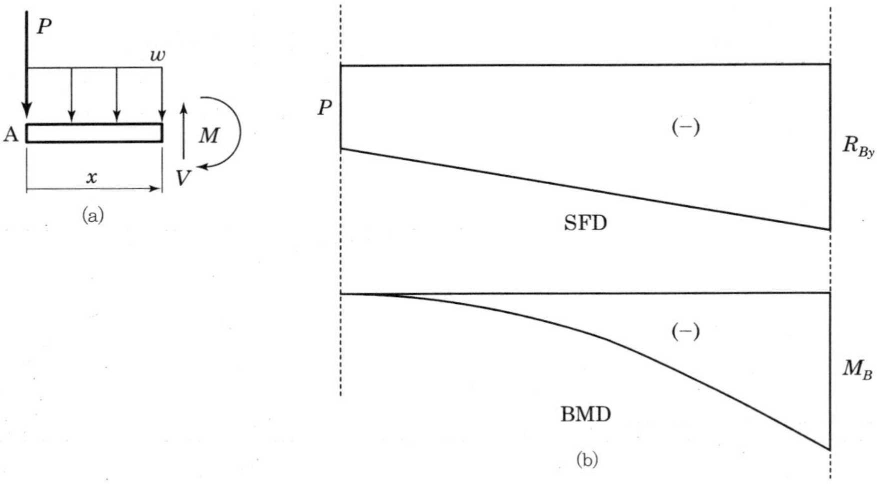

그림 (7-r-1)

예제 7-19 **길이 l인 외팔보에 그림 (7-s)와 같이 부분적으로 분포하중 w와 집중하중 P가 작용하고 있을 때 전단력과 굽힘 모멘트 선도를 그리시오.**

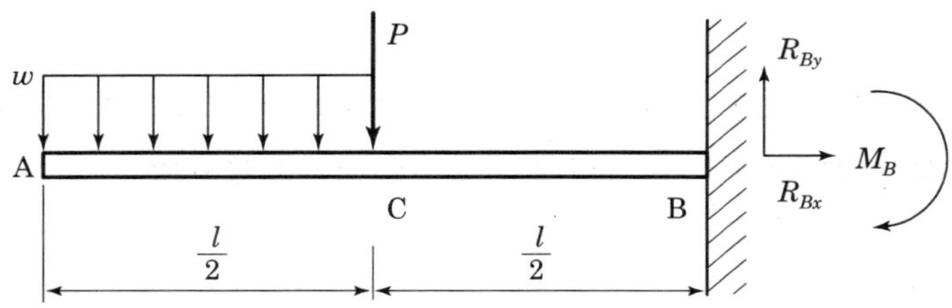

그림 (7-s)

| 해설 | 반력은 평형조건에 의해서 $R_{Bx}=0$, $R_{By}=\dfrac{wl}{2}+P$, $M_B=\dfrac{3wl^2}{8}+\dfrac{Pl}{2}$로 주어진다. AC구간($0\le x\le \dfrac{l}{2}$)에서의 전단력과 굽힘 모멘트는 그림 **(7-s-1)**의 (a)로부터 $V=wx$, $M=\dfrac{wx^2}{2}$로 주어지고 모두 (-)의 부호를 갖는다. CB구간($0\le x'\le \dfrac{l}{2}$)에서의 전단력과 굽

힘 모멘트는 그림 **(7-s-1)**의 (b)로부터 $V=\frac{wl}{2}+P$, $M=\frac{wl}{2}\left(x-\frac{l}{4}\right)+P\left(x-\frac{l}{2}\right)$로 주어지고 모두 (−)의 부호를 갖는다. 또한 최대 전단력과 최대 굽힘 모멘트는 $V_{\max}=R_{By}$, $M_{\max}=M_B$로 주어진다.

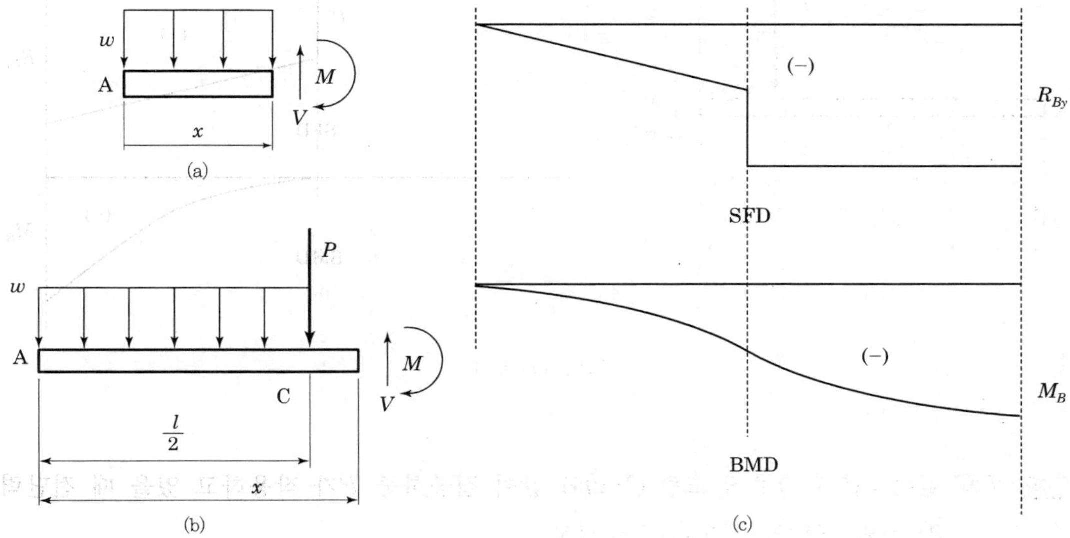

그림 (7-s-1)

예제 7-20 길이 l인 외팔보에 그림 **(7-t)**와 같이 부분적으로 분포하중 w와 집중하중 P가 작용하고 있을 때 전단력과 굽힘 모멘트 선도를 그리시오.

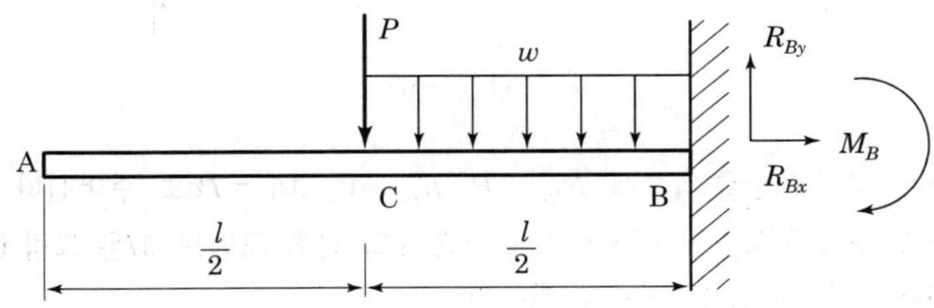

그림 (7-t)

| 해설 | 반력은 평형조건에 의해서 $R_{Bx}=0$, $R_{By}=\frac{wl}{2}+P$, $M_B=\frac{wl^2}{8}+\frac{Pl}{2}$로 주어진다. AC 구간$(0\le x\le \frac{l}{2})$에서의 전단력과 굽힘 모멘트는 모두 0이 된다. CB구간$(0\le x'\le \frac{l}{2})$에서의 전단력과 굽힘 모멘트는 그림 **(7-t-1)**의 (a)로부터 $V=w\left(x-\frac{l}{2}\right)+P$, $M=\frac{w}{2}\left(x-\frac{l}{2}\right)^2+$

$P\left(x-\dfrac{l}{2}\right)$로 주어지고 모두 (−)의 부호를 갖는다. 또한 최대 전단력과 최대 굽힘 모멘트는 $V_{\max}=R_{By}$, $M_{\max}=M_B$로 주어진다.

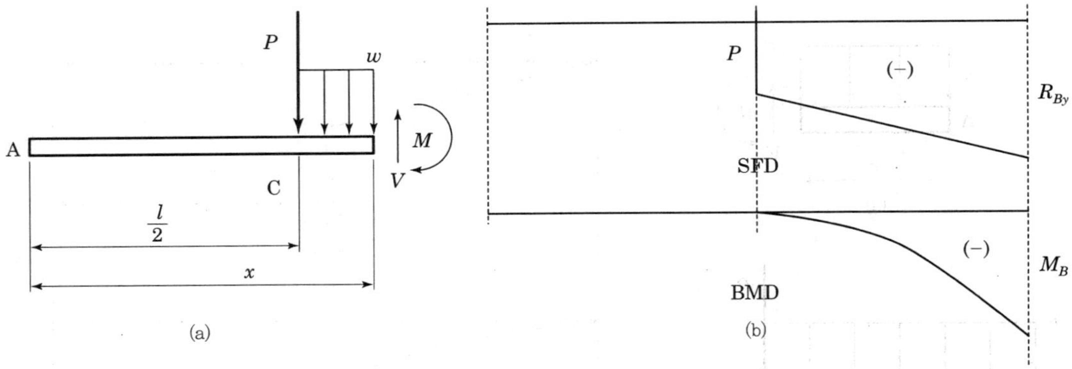

(a) (b)

그림 (7-t-1)

예제 7-21 길이 l인 외팔보에 그림 **(7-u)**와 같이 집중하중 P가 작용하고 있을 때 전단력과 굽힘 모멘트 선도를 그리시오.

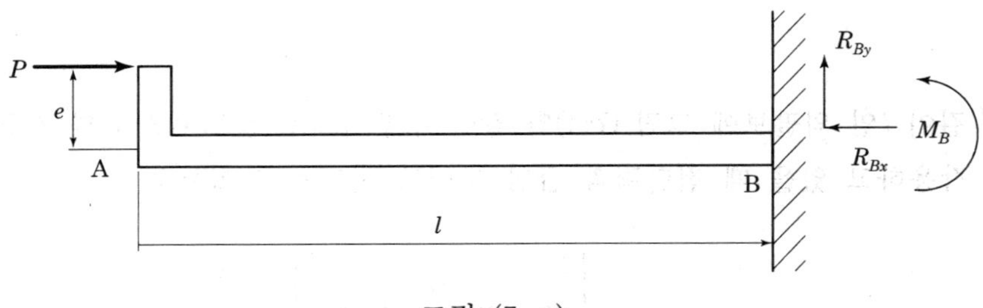

그림 (7-u)

❙ 해설 ❙ 반력은 평형조건에 의해서 $R_{Bx}=P$, $R_{By}=0$, $M_B=Pe$로 주어진다. 자유단 A로부터 임의의 거리 x만큼 떨어진 곳에서의 전단력 V와 굽힘 모멘트 M은 그림 **(7-u-1)**의 (a)에서 $V=0$, $M=Pe$로 되고 (+)부호를 갖는다.

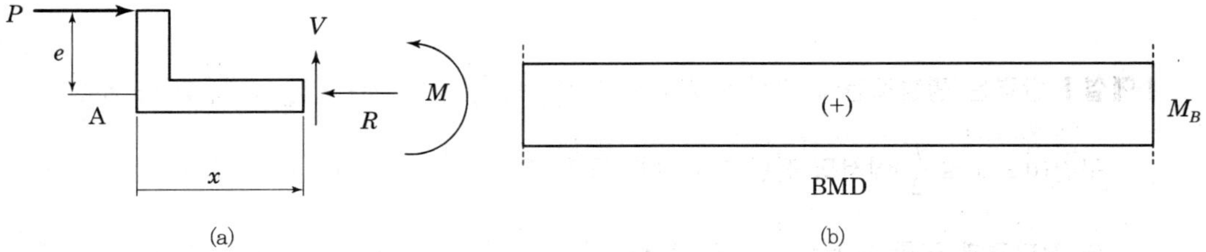

(a) (b)

그림 (7-u-1)

예제 7-22 길이 l인 외팔보에 그림 **(7-v)**와 같이 집중하중 P가 작용하고 있을 때 전단력과 굽힘 모멘트 선도를 그리시오.

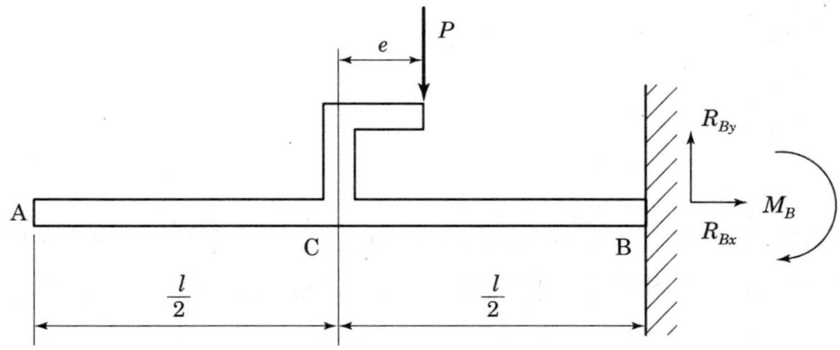

그림 (7-v)

| 해설 | 반력은 평형조건에 의해서 $R_{Bx}=0,\ R_{By}=P,\ M_B=\dfrac{Pl}{2}-Pe$로 주어진다. AC구간에서는 전단력과 굽힘 모멘트는 0이다. CB구간($\dfrac{1}{2}\le x' \le l$)에서의 전단력과 굽힘 모멘트는 그림 **(7-v-1)**의 (a)로부터 $V=P,\ M=Pe-P\left(x-\dfrac{l}{2}\right)$로 주어지고, $x=e+\dfrac{l}{2}$일 때 굽힘 모멘트는 0이 된다.

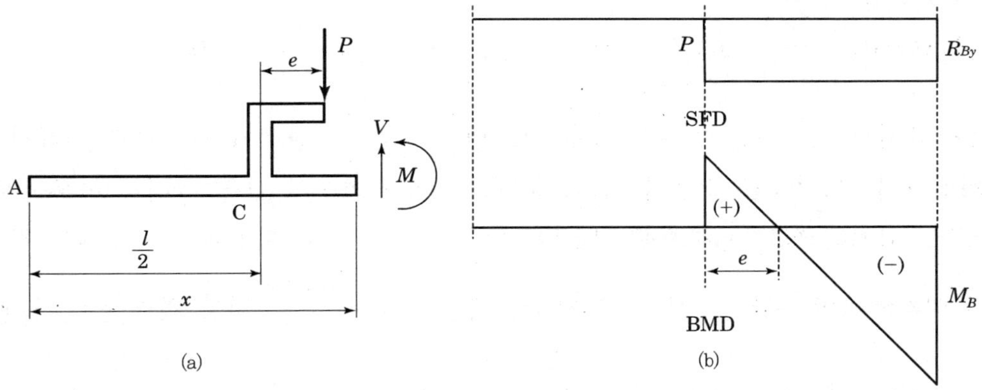

그림 (7-v-1)

7-3-3 돌출보(over hanging beam)

(1) 집중하중을 받는 돌출보

그림 **7-17** (a)와 같이 집중하중 P와 P_1이 작용하는 돌출보에서 지점 A, B에 생기는

반력들은 다음과 같다.

$$R_{Ax} = 0$$
$$R_{Ay} = P + \frac{P_1 b}{l} \qquad (7-30)$$
$$R_{By} = P + \frac{P_1 a}{l}$$

그림 **7-17** (b)에서 자유단 C로부터 지점 A까지의 CA구간($0 \leq x \leq c$)에서 자유단 C로부터 x만큼 떨어진 곳에서의 전단력과 굽힘 모멘트는 다음과 같다.

$$\Sigma F_y = 0, \ -P + V = 0 \quad V = P$$
$$\Sigma M = 0, \ -Px + M = 0 \quad M = Px \qquad (7-31)$$

CA구간에서의 전단력은 일정한 값을 갖고 반시계방향으로 회전함으로 (−)부호를 갖는다. 굽힘 모멘트는 일차함수로 보를 위로 볼록하게 함으로 (−)부호를 갖는다.

AD구간($c \leq x \leq c+a$)에서 자유단 C로부터 x만큼 떨어진 곳에서의 전단력과 굽힘 모멘트는 그림 **7-17** (c)로부터 다음과 같다.

$$\Sigma F_y = 0, \ -P + R_{Ay} - V = 0 \quad V = R_{Ay} - P$$
$$\Sigma M = 0, \ -Px + R_{Ay}(x-c) - M = 0 \quad M = R_{Ay}(x-c) - Px \qquad (7-32)$$

AD구간에서 전단력은 일정한 값을 갖으며 $P < R_{Ay}$인 관계가 있으므로 시계방향으로 회전하여 (+)부호를 갖는다. 굽힘 모멘트는 일차함수로 보를 아래로 볼록하게 작용함으로 점차적으로 (+)부호를 갖는다. 이 구간에서 굽힘 모멘트가 0이 되는 지점은 식 (7-32)의 굽힘 모멘트 식으로부터 C단에서 $x_a = \dfrac{R_{Ay}c}{R_{Ay} - P}$만큼 떨어진 곳이 된다.

또한, 최대 굽힘 모멘트는 $x = a + c$인 곳에서 $M_{\max} = \dfrac{P_1 ab}{l} - Pc$ 를 갖는다.

DB구간($c \leq x' \leq c+b$)의 해석은 돌출된 C단으로부터 해석을 하면 P, R_{Ay}, P_1 등의 힘들을 고려해야 함으로 계산이 번거롭다. 그러나 그림 **7-17** (d)에서와 같이 돌출된 E단으로부터 임의의 거리 x'에 대한 평형조건을 적용하면 조금 간편하게 다음과 같이 해석을 할 수 있다.

$$\Sigma F_y = 0,\ -P + R_{By} - V = 0 \quad V = R_{By} - P$$
$$\Sigma M = 0,\ Px' - R_{By}(x' - c) + M = 0 \quad M = R_{By}(x' - c) - Px' \tag{7-33}$$

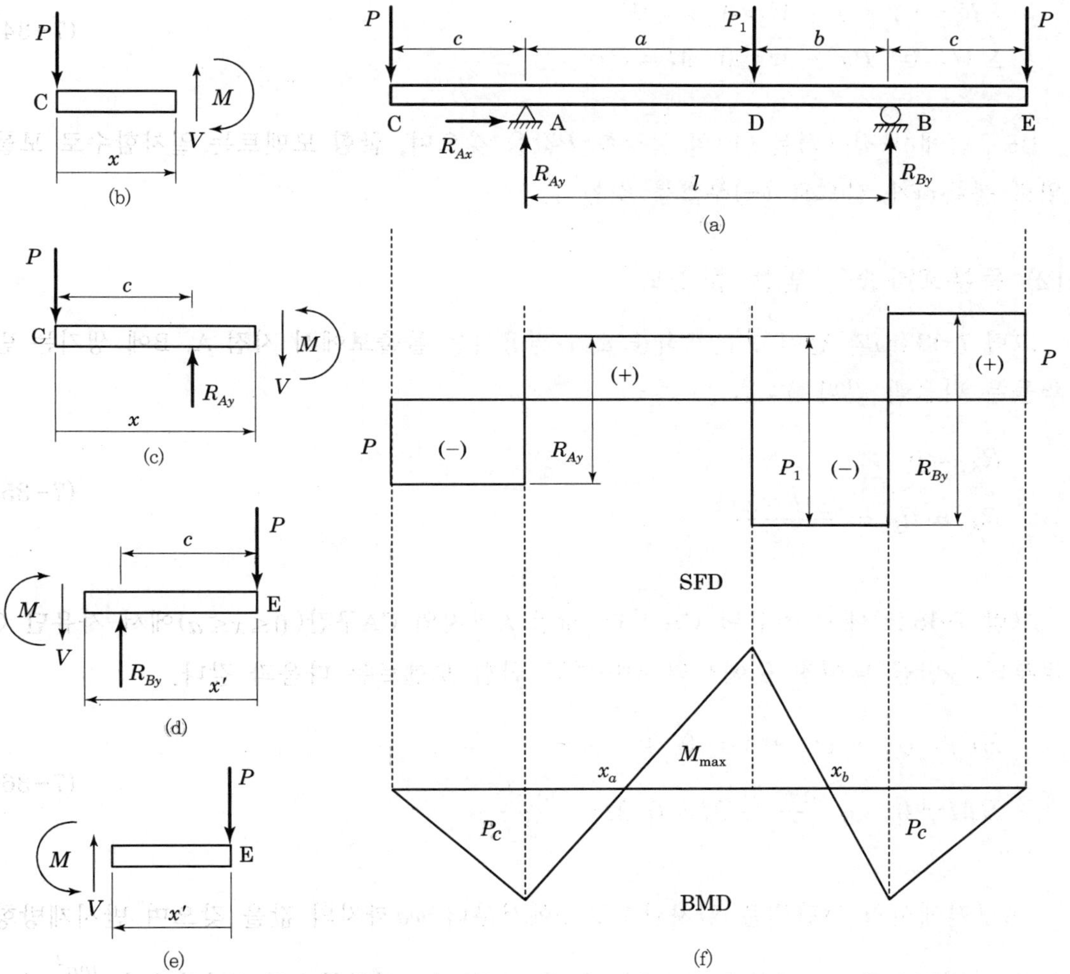

그림 7-17 집중하중을 받는 돌출보의 SFD와 BMD

DB구간에서 전단력은 일정한 값을 갖으며 $P < R_{By}$인 관계가 있으므로 그림 **7-17** (d)에서와 같이 반시계방향으로 회전하여 (−)부호를 갖는다. 굽힘 모멘트는 일차함수로 보를 아래로 볼록하게 함으로 점차적으로 (+)부호를 갖는다. 이 구간에서 굽힘 모멘트가 0이 되는 지점은 식 (7-33)의 굽힘 모멘트 식으로부터 E단에서 $x_b = \dfrac{R_{By}c}{R_{By} - P}$

만큼 떨어진 곳이 된다.

BE구간($0 \le x' \le c$)의 해석도 DB구간의 해석과 같이 E단으로부터 임의의 거리 x' 만큼 떨어진 곳 즉, 그림 **7-17** (e)에 대한 평형조건을 적용하여 해석하면 다음과 같다.

$$\Sigma F_y = 0, \ -P + V = 0 \quad V = P$$
$$\Sigma M = 0, \ Px' - M = 0 \quad M = Px' \qquad (7-34)$$

BE구간에서 전단력은 (+)의 일정한 P값을 갖으며, 굽힘 모멘트는 일차함수로 보를 위로 볼록하게 함으로 (-)부호를 갖는다.

(2) 등분포하중을 받는 돌출보

그림 **7-18** (a)와 같이 등분포하중 w가 작용하는 돌출보에서 지점 A, B에 생기는 반력들은 다음과 같다.

$$R_{Ax} = 0$$
$$R_{Ay} = R_{By} = \frac{w(l+2a)}{2} \qquad (7-35)$$

그림 **7-18** (b)에서 자유단 C로부터 지점 A까지의 CA구간($0 \le x \le a$)에서 자유단 C로부터 x만큼 떨어진 곳에서의 전단력과 굽힘 모멘트는 다음과 같다.

$$\Sigma F_y = 0, \ -wx + V = 0 \quad V = wx$$
$$\Sigma M = 0, \ -\frac{wx^2}{2} + M = 0 \ M = \frac{wx^2}{2} \qquad (7-36)$$

CA구간에서의 전단력은 일차함수로 0에서부터 wa까지의 값을 갖으며 반시계방향으로 회전함으로 (-)부호를 갖는다. 굽힘 모멘트는 이차함수로 0에서부터 $\frac{wa^2}{2}$까지의 값을 갖으며 보를 위로 볼록하게 함으로 (-)부호를 갖는다.

AB구간($a \le x \le l+a$)에서 자유단 C로부터 x만큼 떨어진 곳에서의 전단력과 굽힘 모멘트는 그림 **7-18** (c)로부터 다음과 같다.

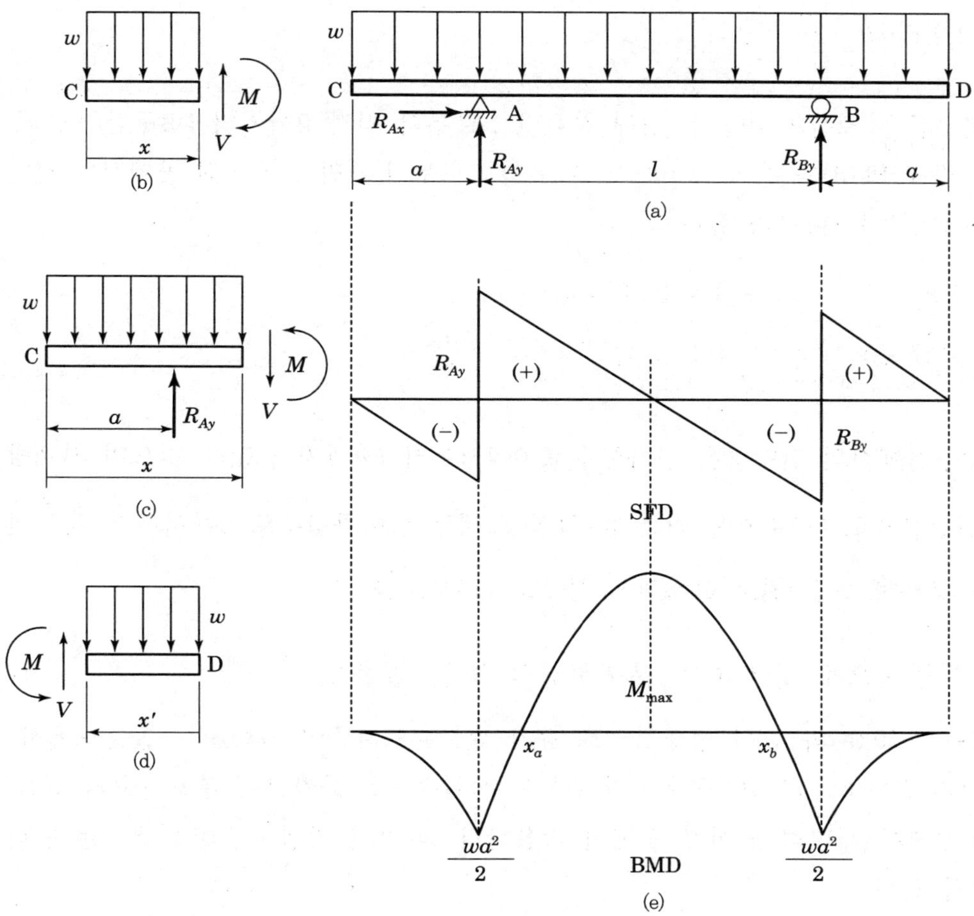

그림 7-18 등분포하중을 받는 돌출보의 SFD와 BMD

$$\Sigma F_y = 0,\ -wx + R_{Ay} - V = 0 \quad V = R_{Ay} - wx$$
$$\Sigma M = 0,\ -\frac{wx^2}{2} + R_{Ay}(x-a) - M = 0 \quad M = R_{Ay}(x-a) - \frac{wx^2}{2} \tag{7-37}$$

AB구간에서의 전단력은 일차함수로 $R_{Ay} = \frac{w(l+2a)}{2}$ 에서부터 $-R_{By} = -\frac{w(l+2a)}{2}$ 까지의 값을 갖으며 $x = a + \frac{l}{2}$ 일 때 전단력 $V=0$을 갖는다. 굽힘 모멘트는 이차함수로 $x=a$와 $x=l+a$일 때 최솟값 $\frac{wa^2}{2}$를 갖고, 전단력이 0이 되는 $x=a+\frac{l}{2}$에서 최대 굽힘 모멘트 $M_{max} = \frac{wl^2}{8} - \frac{wa^2}{2}$를 갖는다. 굽힘 모멘트가 0이 되는 x_a와 x_b는

$\frac{(l+2a) \pm \sqrt{l^2-4a^2}}{2}$ 로 주어진다.

BD구간은 계산의 편리를 위해 자유단 D로부터 지점 B까지의 DB구간$(0 \le x' \le a)$을 그림 **7-18** (d)와 같이 고려한다. 자유단 D로부터 x'만큼 떨어진 곳에서의 전단력과 굽힘 모멘트는 다음과 같다.

$$\Sigma F_y = 0, \ -wx' + V = 0 \quad V = wx'$$
$$\Sigma M = 0, \ \frac{wx'^2}{2} - M = 0 \quad M = \frac{wx'^2}{2} \tag{7-38}$$

BD구간에서의 전단력은 일차함수로 0에서부터 wa까지의 값을 갖으며 시계방향으로 회전함으로 (+)부호를 갖는다. 굽힘 모멘트는 이차함수로 0에서부터 $\frac{wa^2}{2}$까지의 값을 갖으며 보를 위로 볼록하게 함으로 (-)부호를 갖는다.

(3) 선형적으로 증가하는 분포하중을 받는 돌출보

그림 **7-19** (a)와 같이 선형적으로 증가하는 분포하중이 가해지는 돌출보에서 하중의 크기 P는 $3w_0a$이고, 작용점의 위치는 선형적으로 증가하는 분포하중의 도심인 자유단 D에서 $2a$만큼 떨어진 곳에서 작용한다. 따라서 지점 A, B에 생기는 반력들은 다음과 같다.

$$R_{Ax} = 0$$
$$R_{Ay} = \frac{3w_0a}{4} \tag{7-39}$$
$$R_{By} = \frac{9w_0a}{4}$$

CA구간$(0 \le x \le a)$에서 그림 **7-19** (b)와 같은 요소의 자유단 C로부터 임의의 거리 x만큼 떨어진 곳에서의 분포하중 w의 크기는 닮은꼴 삼각형의 변의 비로부터 $w = \frac{w_0x}{6a}$로 구해지고, 이 구간의 요소로부터 전단력과 굽힘 모멘트는 다음과 같이 구해진다.

$$\Sigma F_y = 0, \ -\frac{wx}{2} + V = 0 \quad V = \frac{wx}{2} = \frac{w_0 x^2}{12a}$$
$$\Sigma M = 0, \ -\frac{wx^2}{6} + M = 0 \quad M = \frac{wx^2}{6} = \frac{w_0 x^3}{36a} \tag{7-40}$$

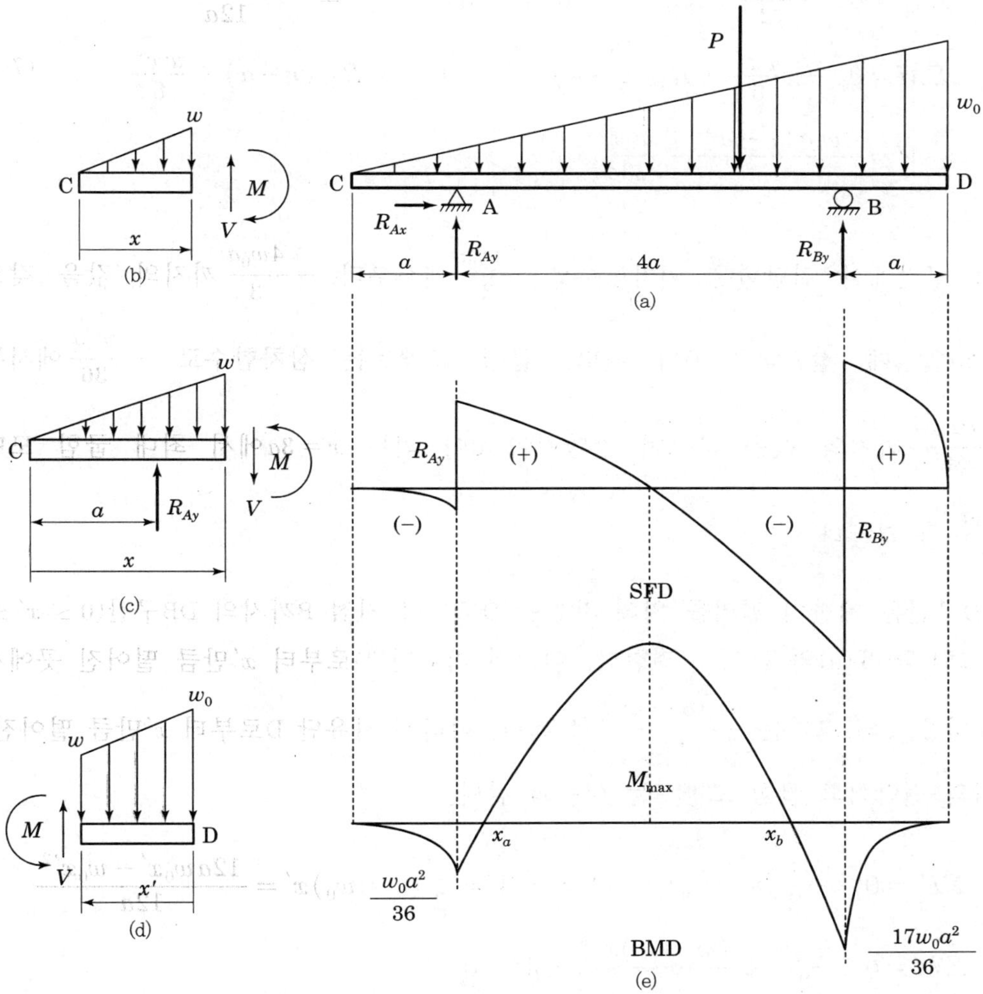

그림 7-19 선형적으로 증가하는 분포하중을 받는 돌출보의 SFD와 BMD

이 구간에서 전단력은 이차함수로 0에서부터 $\frac{w_0 a}{12}$까지의 값을 갖으며 반시계방향으로 회전함으로 (−)부호를 갖는다. 굽힘 모멘트는 삼차함수로 0에서부터 $\frac{w_0 a^2}{36}$까지의 값을 갖으며 보를 위로 볼록하게 함으로 (−)부호를 갖는다.

AB구간($a \le x \le 5a$)에서 자유단 C로부터 x만큼 떨어진 곳에서의 분포하중 w의 크기는 $w = \dfrac{w_0 x}{6a}$로 그림 **7-19** (c)로부터 전단력과 굽힘 모멘트는 다음과 같이 구해진다.

$$\Sigma F_y = 0, \ -\frac{wx}{2} + R_{Ay} - V = 0 \quad V = R_{Ay} - \frac{wx}{2} = \frac{9w_0a^2 - w_0x^2}{12a}$$

$$\Sigma M = 0, \ -\frac{wx^2}{6} + R_{Ay}(x-a) - M = 0 \quad M = R_{Ay}(x-a) - \frac{wx^2}{6} \tag{7-41}$$

$$M = \frac{3w_0a(x-a)}{4} - \frac{w_0x^3}{36a}$$

이 구간에서 전단력은 이차함수로 $\dfrac{2w_0a}{3}$에서부터 $-\dfrac{4w_0a}{3}$까지의 값을 갖으며 $x=3a$일 때 전단력은 0이 된다. 굽힘 모멘트는 삼차함수로 $-\dfrac{w_0a}{36}$에서부터 $-\dfrac{17w_0a^2}{36}$까지의 값을 갖으며 전단력이 0이 되는 $x=3a$에서 최대 굽힘 모멘트 $\dfrac{3w_0a^2}{4}$를 갖는다.

BD구간은 계산의 편리를 위해 자유단 D로부터 지점 B까지의 DB구간($0 \le x' \le a$)을 그림 **7-18** (d)와 같이 고려한다. 여기서 자유단 D로부터 x'만큼 떨어진 곳에서의 분포하중 w의 크기는 $\dfrac{w_0(6a-x')}{6a}$로 된다. 따라서 자유단 D로부터 x'만큼 떨어진 곳에서의 전단력과 굽힘 모멘트는 다음과 같다.

$$\Sigma F_y = 0, \ -\frac{1}{2}(w+w_0)x' + V = 0 \quad V = \frac{1}{2}(w+w_0)x' = \frac{12aw_0x' - w_0x'^2}{12a}$$

$$\Sigma M = 0, \ \frac{wx'^2}{2} + \frac{(w_0-w)x'^2}{3} - M = 0$$

$$M = \frac{wx'^2}{2} + \frac{(w_0-w)x'^2}{3} = \frac{w_0(6a-x')x'^2}{12a} + \frac{w_0x'^3}{18a} \tag{7-42}$$

BD구간에서의 전단력은 이차함수로 0에서부터 $\dfrac{11w_0a}{12}$까지의 값을 갖으며 시계방향으로 회전함으로 (+)부호를 갖는다. 굽힘 모멘트는 삼차함수로 0에서부터 $\frac{17w_0a^2}{36}$ 까지의 값을 갖으며 보를 위로 볼록하게 함으로 (-)부호를 갖는다.

(4) 분포하중함수 $w=f(x)$인 분포하중을 받는 돌출보

그림 **7-20** (a)와 같이 보의 길이가 $6a$인 돌출보에 분포하중함수가 $w=f(x)$인 분포하중이 가해지고 있다. 하중의 크기 P는 분포하중의 면적으로 $P=\int_0^{6a} wdx$이고 작용점의 위치는 분포하중면적의 도심으로 자유단 C에서 $\bar{a}=\frac{\int_0^{6a} wxdx}{P}$만큼 떨어진 곳에서 작용한다. 따라서 지점 A, B에 생기는 반력들은 다음과 같다.

$$R_{Ax}=0$$
$$R_{Ay}=\frac{5a-\bar{a}}{4a}P \tag{7-43}$$
$$R_{By}=\frac{\bar{a}-a}{4a}P$$

CA구간($0\le x\le a$)에서 자유단 C로 부터 임의의 거리 x만큼 떨어진 곳까지의 하중 크기 P_x는 그림 **7-20** (b)와 같은 요소로부터 $P_x=\int_0^x wdx$이고, 이 하중의 작용점 $\bar{x}$는 $\bar{x}=\frac{\int_0^x wxdx}{P_x}$로 된다. 이곳에서의 전단력과 굽힘 모멘트는 다음과 같이 구해진다.

$$\Sigma F_y=0,\ -P_x+V=0\quad V=P_x=\int wdx$$
$$\Sigma M=0,\ -P_x(x-\bar{x})+M=0\quad M=P_x(x-\bar{x}) \tag{7-44}$$

이 구간에서 전단력은 반시계방향으로 회전함으로 (-)부호를 갖고, 굽힘 모멘트는 보를 위로 볼록하게 함으로 역시 (-)부호를 갖는다.

AB구간($0\le x\le 5a$)에서 자유단 C로 부터 임의의 거리 x만큼 떨어진 곳까지의 하중 크기 P_x는 그림 **7-20** (c)와 같은 요소로부터 $P_x=\int_0^x wdx$이고, 이 하중의 작용점 $\bar{x}$

는 $\bar{x} = \dfrac{\int_0^x wx\,dx}{P_x}$ 로 된다. 이곳에서의 전단력과 굽힘 모멘트는 다음과 같이 구해진다.

$$\Sigma F_y = 0,\ -P_x + R_{Ay} - V = 0 \quad V = R_{Ay} - P_x$$
$$\Sigma M = 0,\ -P_x(x - \bar{x}) + R_{Ay}(x - a) - M = 0 \quad M = R_{Ay}(x - a) - P_x(x - \bar{x}) \tag{7-45}$$

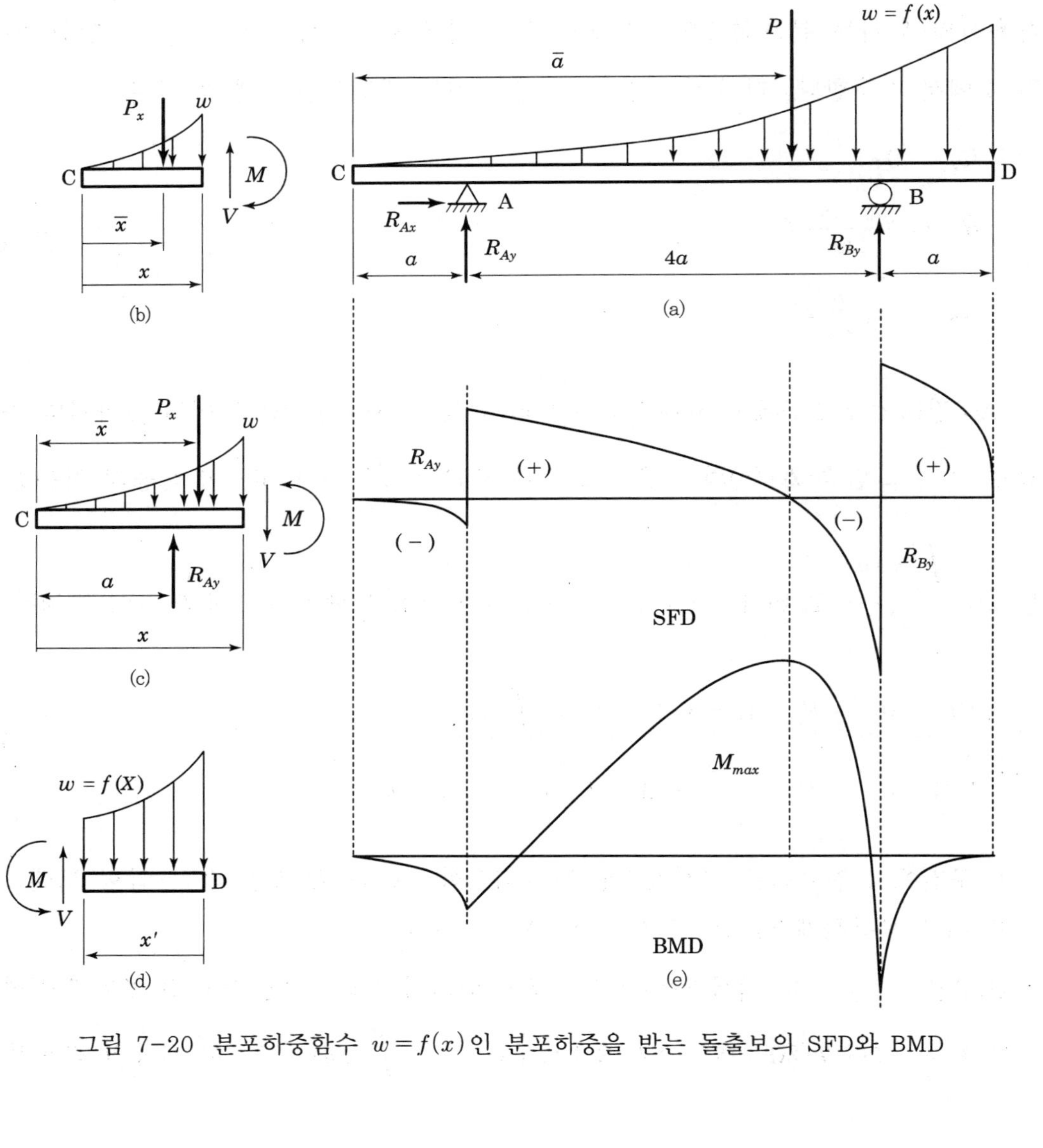

그림 7-20 분포하중함수 $w = f(x)$ 인 분포하중을 받는 돌출보의 SFD와 BMD

이 구간에서 전단력은 $R_{Ay} - \int_0^a w dx$에서부터 감소하여 $R_{Ay} - \int_0^{5a} w dx$까지의 값을 갖으며, 이 구간에서 전단력이 0이 되는 곳이 있다. 굽힘 모멘트는 지점 A, B부근에서는 (−)값을 가지므로 보가 위로 볼록하고, 나머지 부분에서는 (+)값을 가지므로 아래로 볼록하게 된다. 물론 전단력이 0이 되는 곳에서 최대 굽힘 모멘트를 갖는다.

BD구간은 계산의 편리를 위해 자유단 D로부터 지점 B까지의 DB구간($0 \le x' \le a$)을 그림 **7-20** (d)와 같이 고려한다. 여기서 자유단 D로부터 x'만큼 떨어진 곳에서의 분포하중 w의 크기는 분포하중함수의 변수 X가 $X = 6a - x'$인 $w = f(X)$의 함수형태로 나타낼 수 있으며, 임의의 거리 x'만큼 떨어진 곳까지의 하중크기 P_x'는 그림 **7-20** (d)와 같은 요소로부터 $P_x' = \int_0^{x'} w dx'$이고, 이 하중의 작용점 $\overline{x'}$는 $\overline{x'} = \dfrac{\int_0^{x'} w x' dx'}{P_x'}$로 된다. 따라서 자유단 D로부터 x'만큼 떨어진 곳에서의 전단력과 굽힘 모멘트는 다음과 같다.

$$\begin{aligned} &\Sigma F_y = 0, \ -P_x' + V = 0 \quad V = P_x' \\ &\Sigma M = 0, \ P_x'\overline{x'} - M = 0 \quad M = P_x'\overline{x'} \end{aligned} \tag{7-46}$$

예제 7-23 길이 $l + c$인 돌출보에 그림 (7-w)와 같이 집중하중 P_1과 P_2가 작용하고 있을 때 전단력과 굽힘 모멘트 선도를 그리시오.

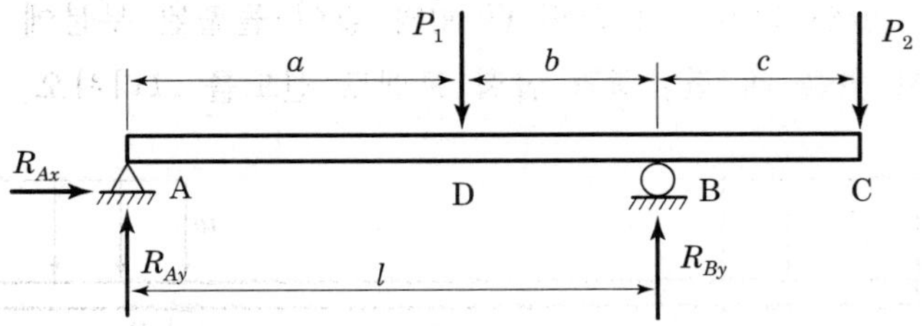

그림 (7-w)

▌해설▌ 반력은 평형조건에 의해서 $R_{Ax} = 0$, $R_{Ay} = \dfrac{P_1 b - P_2 c}{l}$, $R_{By} = \dfrac{P_1 a + P_2(l+c)}{l}$로 주어진다. AD구간($0 \le x \le a$)에서는 그림 **(7-w-1)**의 (a)로부터 전단력 V는 $V = R_{Ay}$로 되고, 굽힘 모멘트 M은 $M = R_{Ay}$로 되며, $x = a$일 때 최대 굽힘 모멘트 $M_{\max} = R_{Ay}a$를 갖는다. 이 구간에서 전단력과 굽힘 모멘트는 모두 (+)의 부호를 갖는다. DB구간($0 \le x \le l$)에서의

전단력과 굽힘 모멘트는 그림 **(7-w-1)**의 (b)로부터 $V=\dfrac{P_1a+P_2c}{l}$, $M=R_{Ay}x-P_1(x-a)$로 주어지고, $x_a=\dfrac{P_1la}{P_1a+P_2c}$일 때 굽힘 모멘트는 0이 된다. BC구간($0\le x'\le c$)에서의 전단력과 굽힘 모멘트는 그림 (7-w-1)의 (c)로부터 $V=P_2$, $M=P_2x'$로 주어지며, 전단력은 (+)부호를 갖고 굽힘 모멘트는 (-)부호를 갖는다.

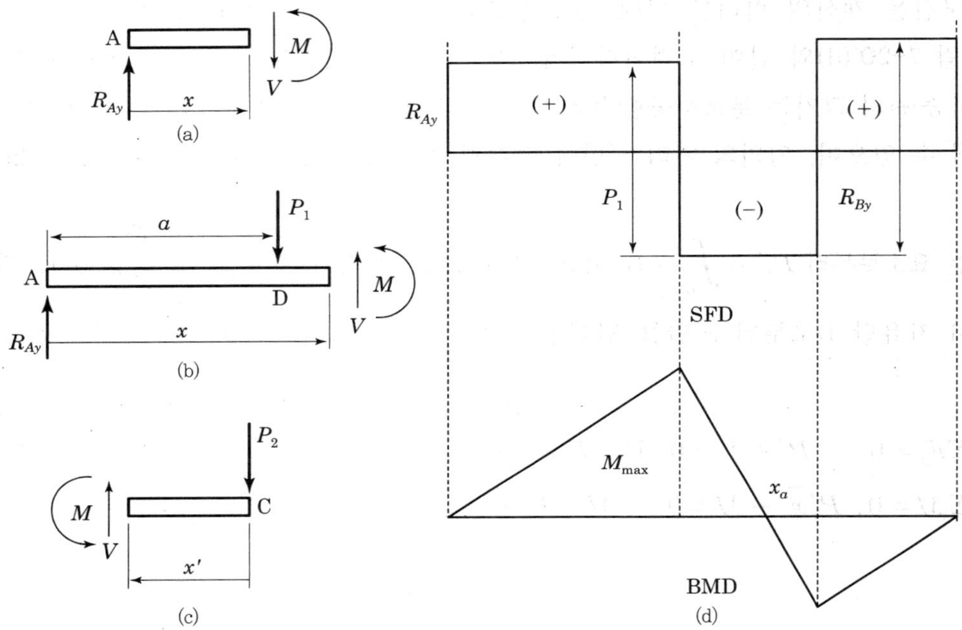

그림 (7-w-1)

예제 7-24 길이 $l+2a$인 돌출보에 그림 **(7-x)**와 같이 돌출된 부분에 균일분포하중 w가 작용하고 있을 때 전단력과 굽힘 모멘트 선도를 그리시오.

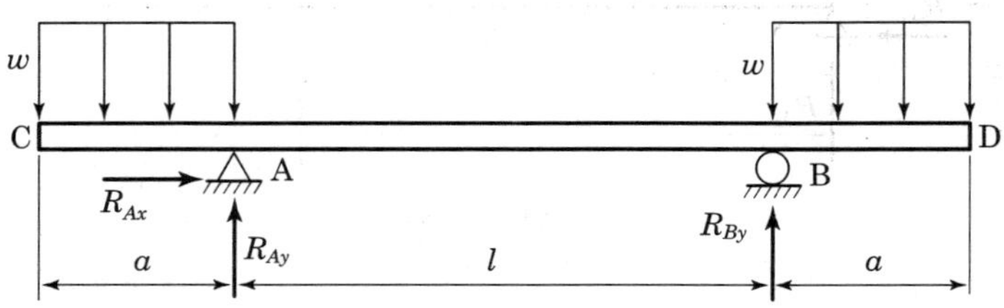

그림 (7-x)

| 해설 | 반력은 평형조건에 의해서 $R_{Ax}=0$, $R_{Ay}=R_{By}=wa$로 주어진다. CA구간($0\le x\le a$)에서는 그림 **(7-x-1)**의 (a)로부터 전단력 V는 $V=wx$로 되고, 굽힘 모멘트 M은 $M=\dfrac{wx^2}{2}$

로 되며, 전단력과 굽힘 모멘트는 (-)부호를 갖는다. AB구간($a \le x \le l+a$)에서의 전단력과 굽힘 모멘트는 그림 **(7-x-1)**의 (b)로부터 $V=0,\ M=wa\left(x-\frac{a}{2}\right)-R_{Ay}(x-a)=\frac{wa^2}{2}$로 주어지고, 굽힘 모멘트가 (-)부호를 가지므로 이 구간에서 굽힘 모멘트는 일정한 최솟값 $\frac{wa^2}{2}$을 갖는다. BD구간($0 \le x' \le a$)에서의 전단력과 굽힘 모멘트는 그림 **(7-x-1)**의 (c)로부터 $V=wx', M=\frac{wx^{2\prime}}{2}$로 주어지며, 전단력은 (+)부호를 갖고 굽힘 모멘트는 (-)부호를 갖는다.

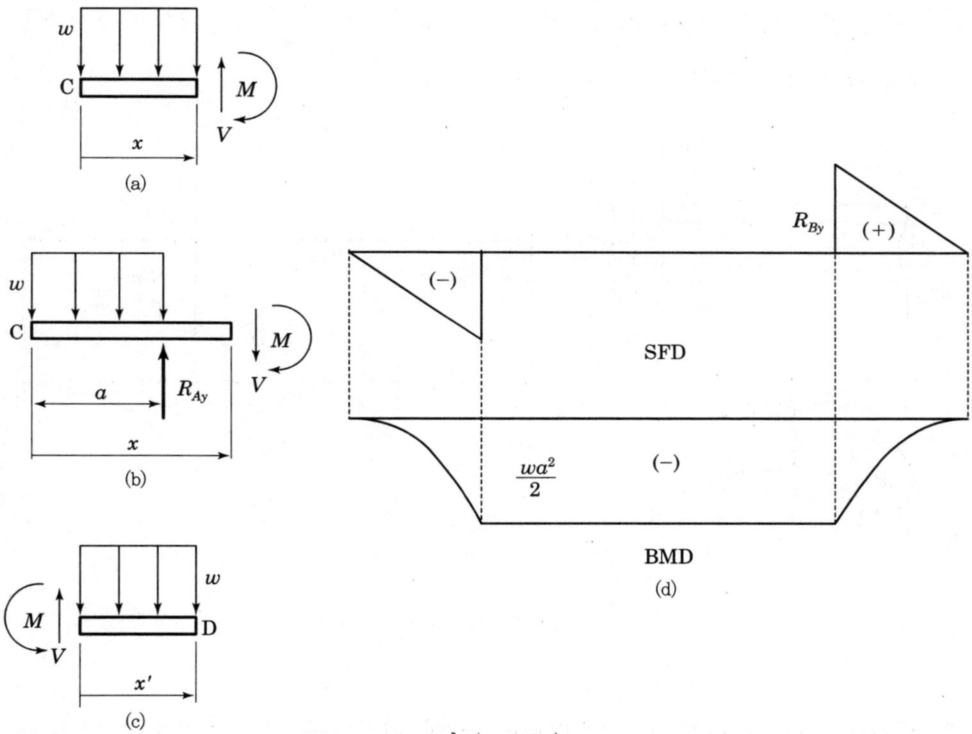

그림 (7-x-1)

예제 7-25 길이 $3a$인 돌출보에 그림 **(7-y)**와 같이 균일분포하중 w가 작용하고 있을 때 전단력과 굽힘 모멘트 선도를 그리시오.

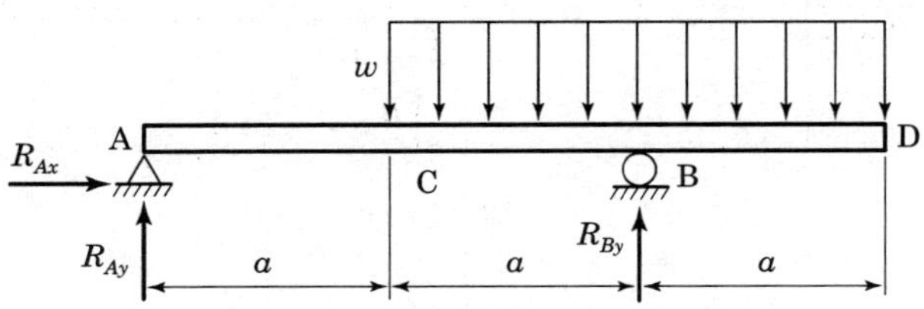

그림 (7-y)

▌해설▌ 반력은 평형조건에 의해서 $R_{Ax}=0$, $R_{Ay}=0$, $R_{By}=2wa$로 주어진다. AC구간 $(0 \le x \le a)$에서는 전단력 V와 굽힘 모멘트 M은 각 각 $V=0$, $M=0$로 된다. CB구간 $(0 \le x \le 2a)$에서의 전단력과 굽힘 모멘트는 그림 **(7-y-1)**의 (a)로부터 $V=w(x-a)$, $M=w(x-a)\dfrac{(x-a)}{2}=\dfrac{w(x-a)^2}{2}$로 주어지고, 전단력과 굽힘 모멘트가 (-)부호를 가지므로 이 구간에서의 최소 굽힘 모멘트는 $\dfrac{wa^2}{2}$을 갖는다. BD구간$(0 \le x' \le a)$에서의 전단력과 굽힘 모멘트는 그림 **(7-y-1)**의 (b)로부터 $V=wx'$, $M=\dfrac{wx'^2}{2}$로 주어지며, 전단력은 (+)부호를 갖고 굽힘 모멘트는 (-)부호를 갖는다.

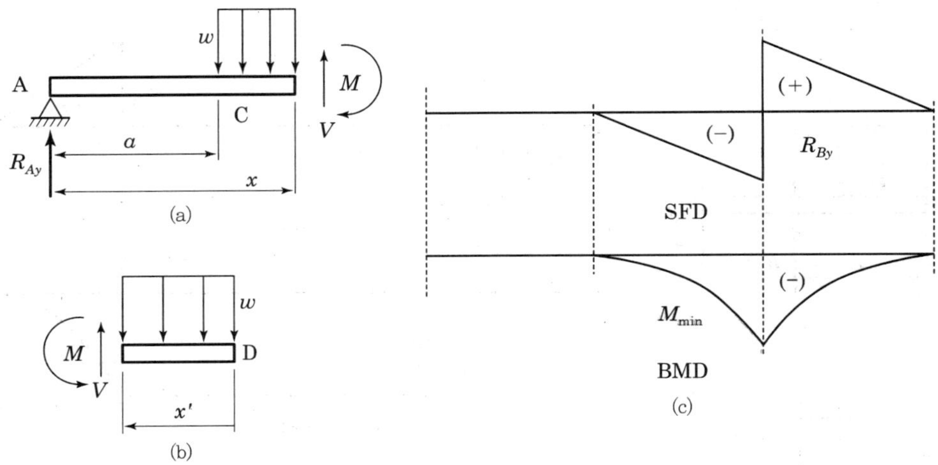

그림 (7-y-1)

예제 7-26 길이 $2a$인 돌출보에 그림 **(7-z)**와 같이 집중하중 P가 작용하고 있을 때 전단력과 굽힘 모멘트 선도를 그리시오.

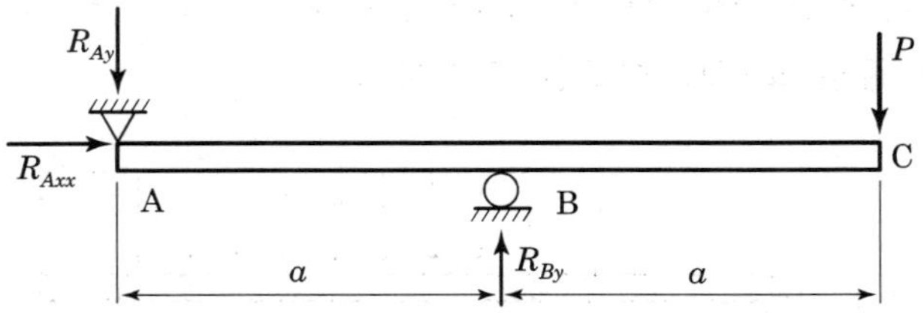

그림 (7-z)

▌해설▌ 반력은 평형조건에 의해서 $R_{Ax}=0$, $R_{Ay}=P$, $R_{By}=2P$로 주어진다. AB구간 $(0 \le x \le a)$에서는 그림 **(7-z-1)**의 (a)로부터 전단력 V는 $V=R_{Ay}$로 되고, 굽힘 모멘트 M

은 $M=R_{Ay}x$로 되며, 전단력과 굽힘 모멘트는 모두 (−)의 부호를 갖는다. $x=a$일 때 최소 굽힘 모멘트 $M_{\min}=R_{Ay}a$를 갖는다. BC구간($0 \le x' \le a$)에서의 전단력과 굽힘 모멘트는 그림 **(7-z-1)**의 (b)로부터 $V=P$, $M=Px'$로 주어지고, 전단력은 (+)부호를 갖고 굽힘 모멘트는 (−)부호를 갖는다.

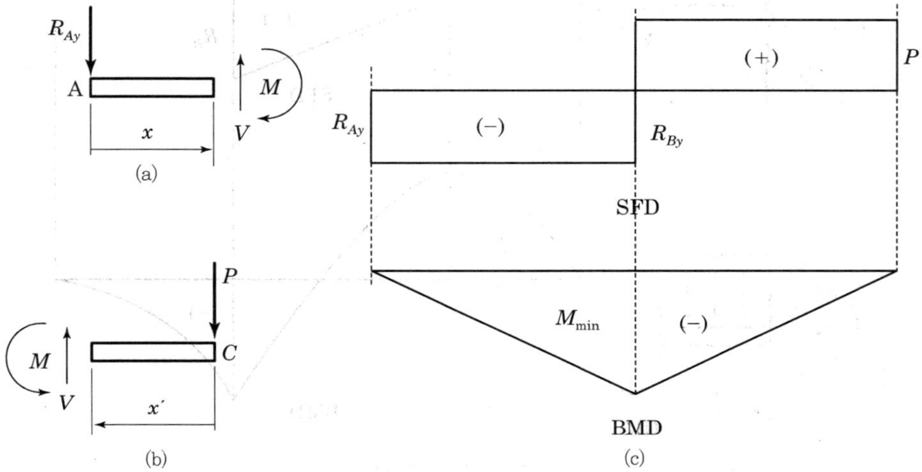

그림 (7-z-1)

예제 7-27 길이 $3a$인 돌출보에 그림 **(7-aa)**와 같이 균일분포하중 w가 작용하고 있을 때 전단력과 굽힘 모멘트 선도를 그리시오.

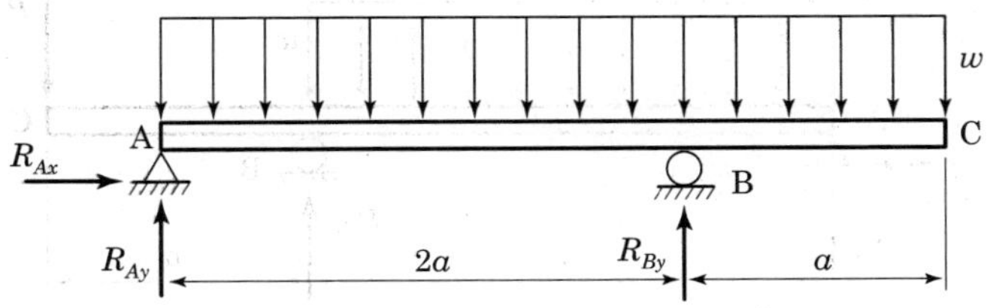

그림 (7-aa)

해설 반력은 평형조건에 의해서 $R_{Ax}=0$, $R_{Ay}=\dfrac{3wa}{4}$, $R_{By}=\dfrac{9wa}{4}$로 주어진다. AB구간 ($0 \le x \le 2a$)에서는 그림 **(7-aa-1)**의 (a)로부터 전단력 V와 굽힘 모멘트 M은 각 각 $V=R_{Ay}-wx$, $M=R_{Ay}x-\dfrac{wx^2}{2}$로 된다. $x=\dfrac{3a}{4}$일 때 전단력은 0이 되고, 굽힘 모멘트는 최댓값 $M_{\max}=\dfrac{9wa^2}{32}$을 갖는다. $x=\dfrac{3a}{2}$일 때 굽힘 모멘트는 0이 된다. BC구간 ($0 \le x' \le a$)에서는 그림 **(7-aa-1)**의 (b)로부터 전단력과 굽힘 모멘트는 $V=wx'$,

$M=\frac{wx'^2}{2}$로 주어지며, 전단력은 (+)부호를 갖고 굽힘 모멘트는 (-)부호를 갖는다.

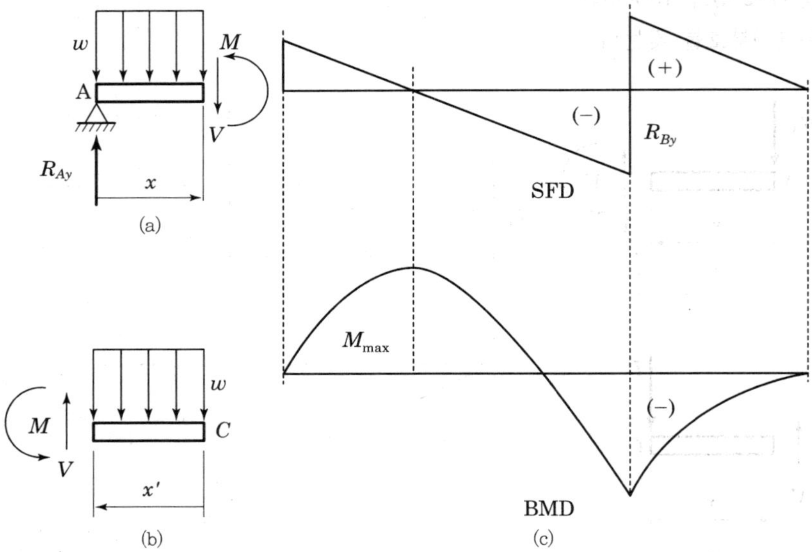

그림 (7-aa-1)

예제 7-28 길이 $3a$인 돌출보에 그림 **(7-ab)**와 같이 균일분포하중 w와 집중하중 P가 작용하고 있을 때 전단력과 굽힘 모멘트 선도를 그리시오.

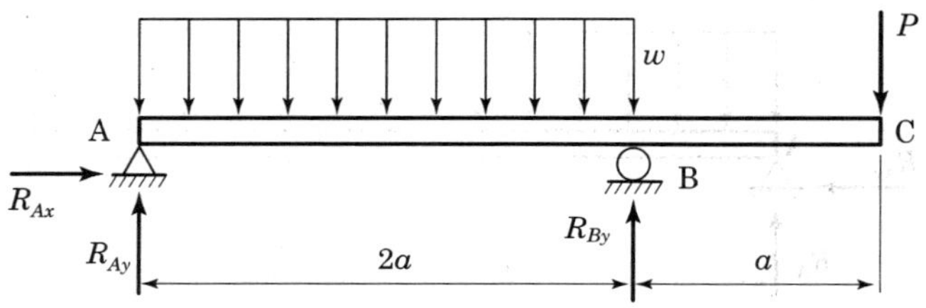

그림 (7-ab)

| 해설 | 반력은 평형조건에 의해서 $R_{Ax}=0$, $R_{Ay}=wa-\frac{P}{2}$, $R_{By}=wa+\frac{3P}{2}$로 주어진다. AB 구간($0 \le x \le 2a$)에서는 그림 **(7-ab-1)**의 (a)로부터 전단력 V와 굽힘 모멘트 M은 각 각 $V=R_{Ay}-wx$, $M=R_{Ay}x-\frac{wx^2}{2}$로 된다. $x=a-\frac{P}{2w}$일 때 전단력은 0이 되고, 굽힘 모멘트는 최댓값 $M_{max}=\frac{wa^2}{2}-\frac{Pa}{2}+\frac{P^2}{8w}$을 갖는다. $x=2a-\frac{P}{w}$일 때 굽힘 모멘트는 0이 된다. BC구간($0 \le x' \le a$)에서는 그림 **(7-ab-1)**의 (b)로부터 전단력과 굽힘 모멘트는 $V=P$, $M=Px'$로 주어지며, 전단력은 (+)부호를 갖고 굽힘 모멘트는 (-)부호를 갖는다.

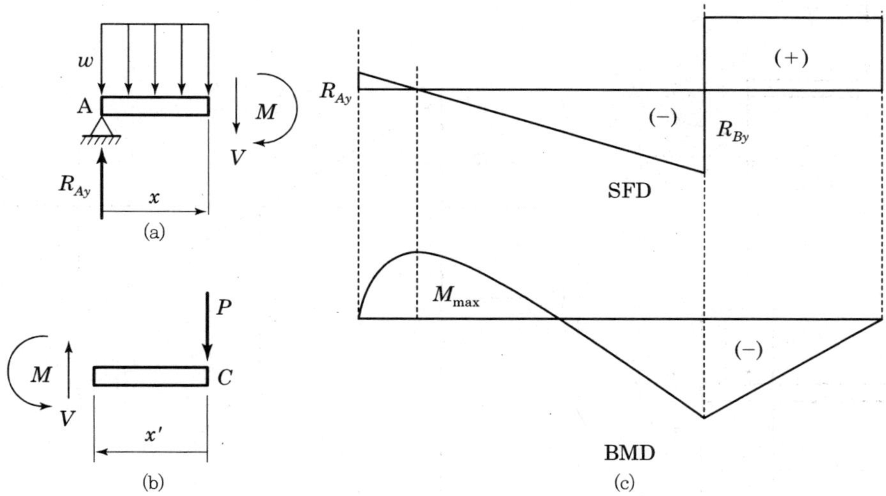

그림 (7-ab-1)

예제 7-29 길이 $l+2a$인 돌출보에 그림 **(7-ac)**와 같이 균일분포하중 w와 집중하중 P가 작용하고 있을 때 전단력과 굽힘 모멘트 선도를 그리시오.

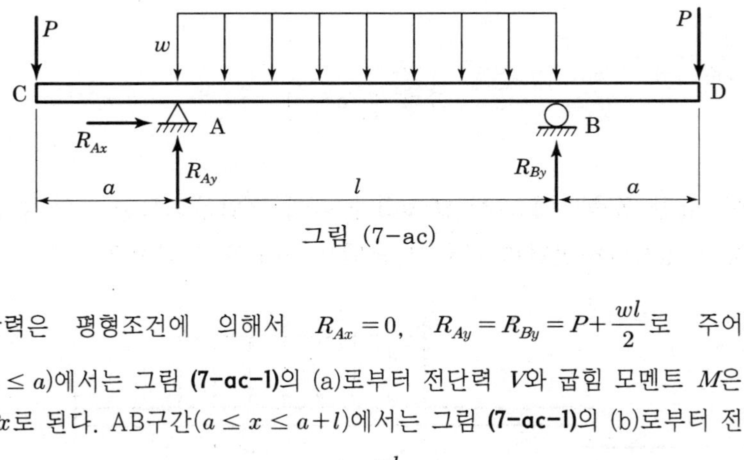

그림 (7-ac)

| 해설 | 반력은 평형조건에 의해서 $R_{Ax}=0$, $R_{Ay}=R_{By}=P+\frac{wl}{2}$로 주어진다. CA구간 $(0 \le x \le a)$에서는 그림 **(7-ac-1)**의 (a)로부터 전단력 V와 굽힘 모멘트 M은 각 각 $V=P$와 $M=Px$로 된다. AB구간$(a \le x \le a+l)$에서는 그림 **(7-ac-1)**의 (b)로부터 전단력 V와 굽힘 모멘트 M은 $V=R_{Ay}-P-w(x-a)=\frac{wl}{2}-w(x-a)$, $M=R_{Ay}(x-a)-Px-\frac{w(x-a)^2}{2}$ $=\frac{w}{2}(x-a)(l+a-x)-Pa$로 된다. $x=a+\frac{l}{2}$일 때 전단력은 0이 되고, 굽힘 모멘트는 최댓값 $M_{max}=\frac{wl^2}{8}-Pa$을 갖는다. BD구간$(0 \le x' \le a)$에서는 그림 **(7-ac-1)**의 (c)로부터 전단력과 굽힘 모멘트는 $V=P$, $M=Px'$로 주어지며, 전단력은 (+)부호를 갖고 굽힘 모멘트는 (−)부호를 갖는다.

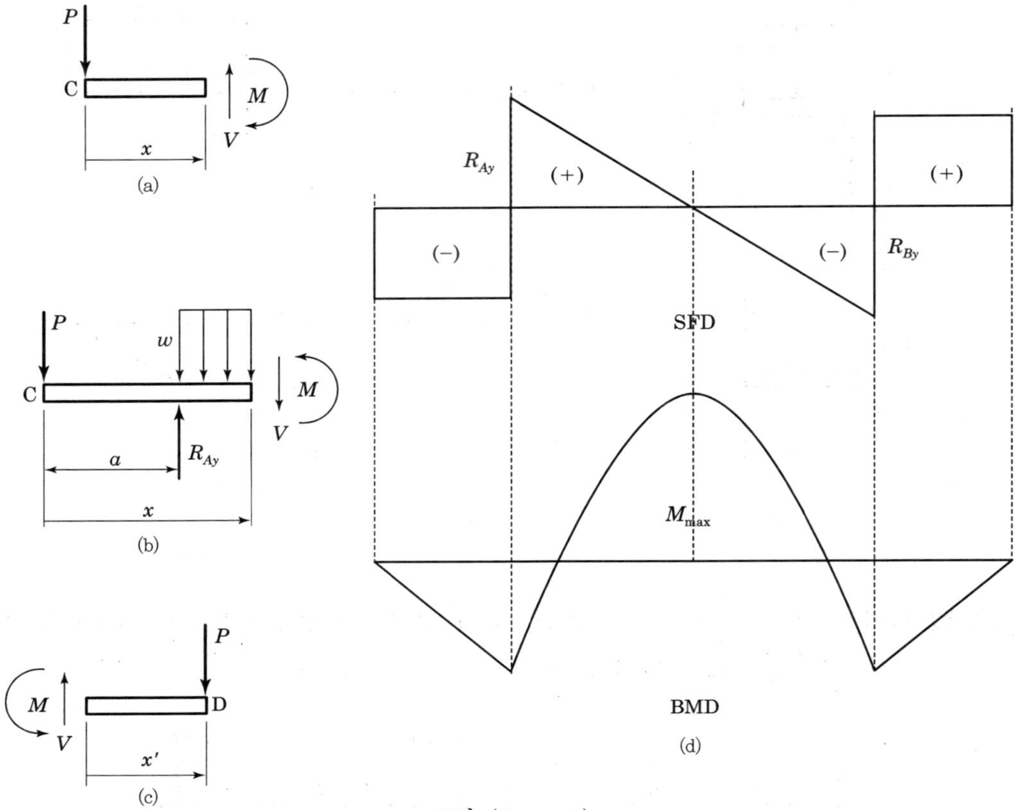

그림 (7-ac-1)

예제 7-30 길이 $3a$인 돌출보에 그림 **(7-ad)**와 같이 균일분포하중 w와 집중하중 P가 작용하고 있을 때 전단력과 굽힘 모멘트 선도를 그리시오.

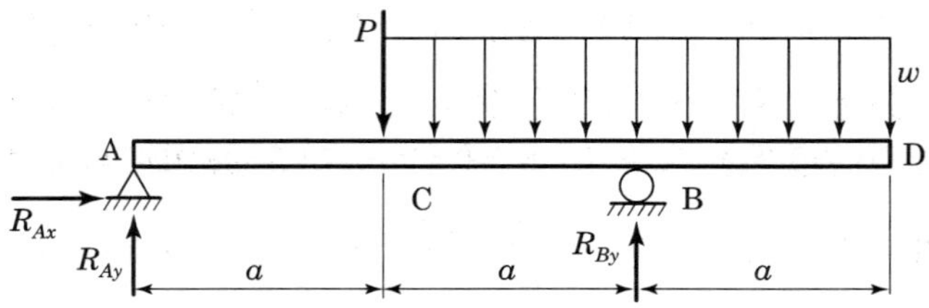

그림 (7-ad)

| 해설 | 반력은 평형조건에 의해서 $R_{Ax}=0$, $R_{Ay}=\dfrac{P}{2}$, $R_{By}=\dfrac{P}{2}+2wa$로 주어진다. AC구간 $(0 \le x \le a)$에서는 전단력 V와 굽힘 모멘트 M은 그림 **(7-ad-1)**의 (a)로부터 각 각 $V=R_{Ay}$, $M=R_{Ay}x$로 되고, 모두 (+)부호를 갖는다. CB구간$(a \le x \le 2a)$에서의 전단력과

굽힘 모멘트는 그림 **(7-ad-1)**의 (b)로부터 $V = \frac{P}{2} - w(x-a)$, $M = R_{Ay}x - P(x-a) - \frac{w(x-a)^2}{2} = Pa - \frac{Px}{2} - \frac{w(x-a)^2}{2}$로 주어진다. BD구간($0 \le x' \le a$)에서의 전단력과 굽힘 모멘트는 그림 **(7-ad-1)**의 (c)로부터 $V = wx'$, $M = \frac{wx'^2}{2}$로 주어지며, 전단력은 (+)부호를 갖고 굽힘 모멘트는 (-)부호를 갖는다.

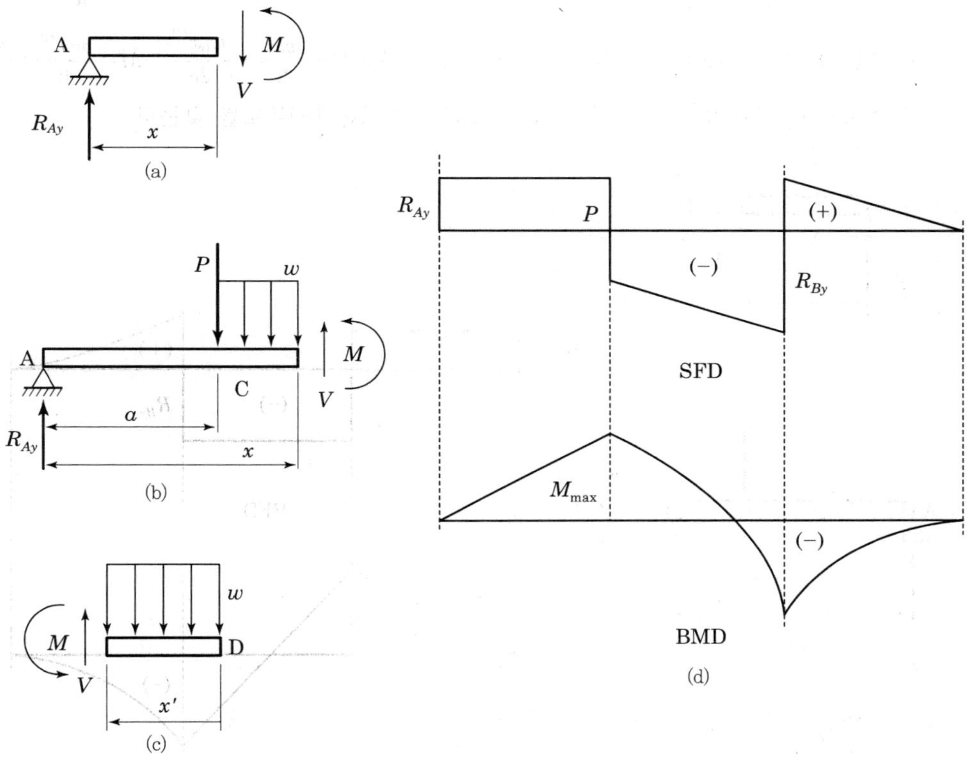

그림 (7-ad-1)

예제 7-31 길이 $3a$인 돌출보에 그림 **(7-ae)**와 같이 분포하중 w와 집중하중 P가 작용하고 있을 때 전단력과 굽힘 모멘트 선도를 그리시오.

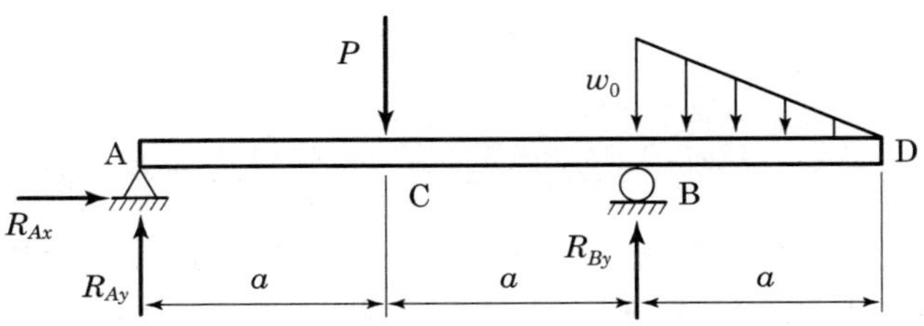

그림 (7-ae)

| 해설 | 반력은 평형조건에 의해서 $R_{Ax}=0$, $R_{Ay}=\dfrac{P}{2}-\dfrac{w_0 a}{12}$, $R_{By}=\dfrac{P}{2}+\dfrac{7w_0 a}{12}$로 주어진다.

AC구간($0 \le x \le a$)에서는 전단력 V와 굽힘 모멘트 M은 그림 **(7-ae-1)**의 (a)로부터 각 각 $V=R_{Ay}$, $M=R_{Ay}x$로 되고, 모두 (+)부호를 갖는다. CB구간($a \le x \le 2a$)에서의 전단력과 굽힘 모멘트는 그림 **(7-ae-1)**의 (b)로부터 $V=P-R_{Ay}=\dfrac{P}{2}+\dfrac{w_0 a}{12}$, $M=R_{Ay}x-P(x-a)=Pa-\dfrac{Px}{2}-\dfrac{w_0 ax}{12}$로 주어진다. 그림 **(7-ae-1)**의 (c)에서 분포하중 w는 $w=\dfrac{w_0 x'}{a}$로 되므로 BD구간($0 \le x' \le a$)에서의 전단력과 굽힘 모멘트는 $V=\dfrac{wx'}{2}=\dfrac{w_0 x'^2}{2a}$, $M=\dfrac{wx'^2}{6}=\dfrac{w_0 x'^2}{6a}$로 주어지며, 전단력은 (+)부호를 갖고 굽힘 모멘트는 (−)부호를 갖는다.

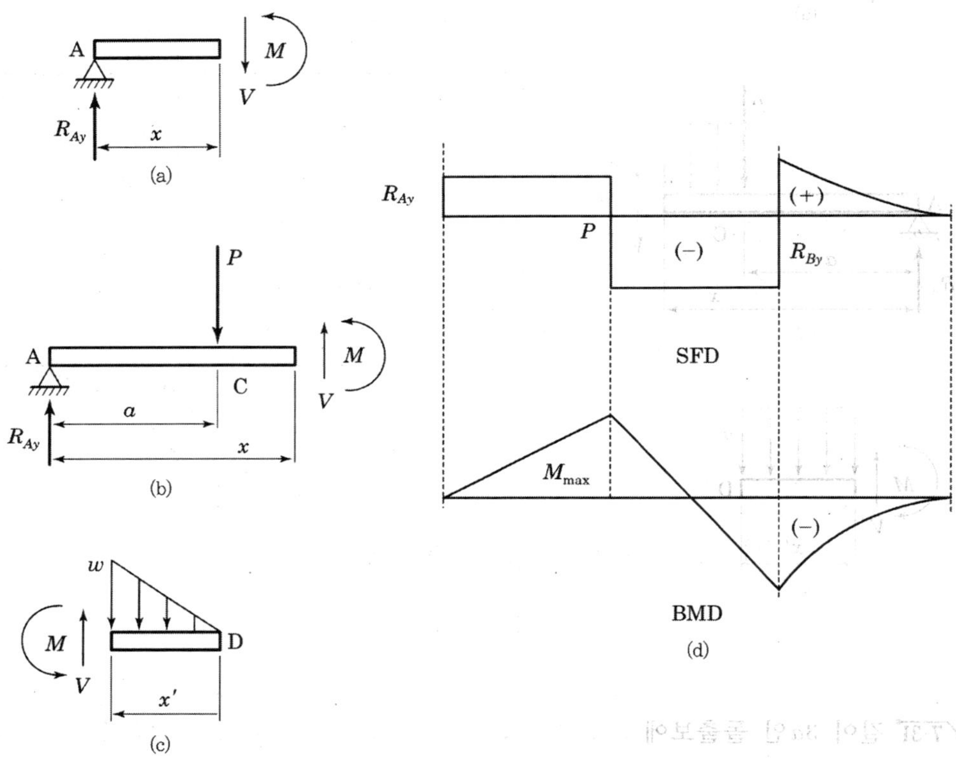

그림 (7-ae-1)

보의 응력

Chapter 8

7장에서는 보에 작용하는 하중에 의해 보의 축선에 따라 각 위치에 생기는 전단력과 굽힘 모멘트를 계산하여 그래프로 나타내었다. 여기에서는 이들 전단력과 굽힘 모멘트에 의해서 발생되는 응력을 고찰하고자 한다.

8-1 굽힘 모멘트에 의한 굽힘응력

단순보에 두개의 하중 P가 그림 **8-1** (a)과 같이 지점 A, B에서 거리가 같은 C, D 두 곳에서 작용하고 있으며, 이 때의 직교좌표축은 보단면의 도심을 지나고, x와 y의 (+)방향은 그림 **8-1** (a)과 같고 z축 의 (+)방향은 독자의 반대편을 향하고 지면에 수직한 방향을 갖는다. 이와 같은 경우, SFD와 BMD는 그림 **8-1** (b)와 같이 된다. 구간 CD에서는 그림 **8-1** (b)에서 보는 바와 같이 전단력이 0이고, 이 구간에서는 최대 굽힘 모멘트 Pa가 존재한다. 이와 같이 전단력이 0이고 굽힘 모멘트만이 있는 경우를 순수 굽힘(pure bending)이라고 한다.

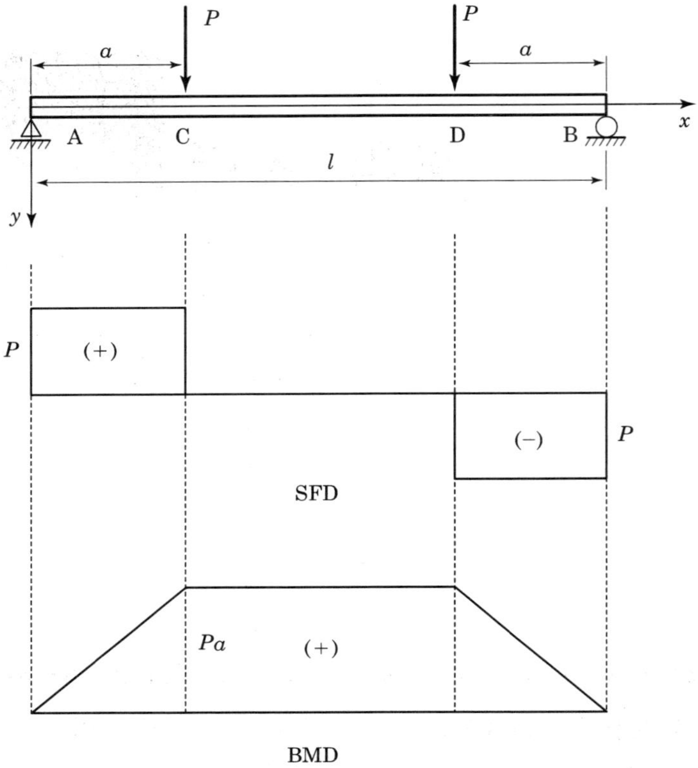

그림 8-1 보에서의 순수 굽힘 모멘트

순수 굽힘 모멘트 M을 받는 보는 그림 **8-2** (a)와 같이 곡률반경 ρ로 구부러지는 변형상태를 나타낸다. 이 때 그림 **8-2** (a)와 (b)에서 보는 바와 같이 x-z면인 $\widetilde{CD}$ 윗부분인 보의 상부에서는 압축이 생기고, 반면에 $\widetilde{CD}$ 아래 부분인 하부에서는 인장이 생긴다. 그리고 $\widetilde{CD}$ 부분에서는 인장과 압축 변형이 생기지 않으며, 이러한 면을 중립면(neutral surface)이라고 한다. 이면과 보 단면의 도심을 지나는 x-y면과의 교선을 중립축(neutral axis)이라고 한다.

그림 **8-2** (a)에서 보는 바와 같이 순수 굽힘 모멘트 M에 의해서 보의 최상단부인 길이 $\widetilde{mp}$가 $\widetilde{mp'}$로 수축되며, 반면에 보의 최하단부인 $\widetilde{nq}$는 $\widetilde{nq'}$로 인장된다. 중립면에서 임의의

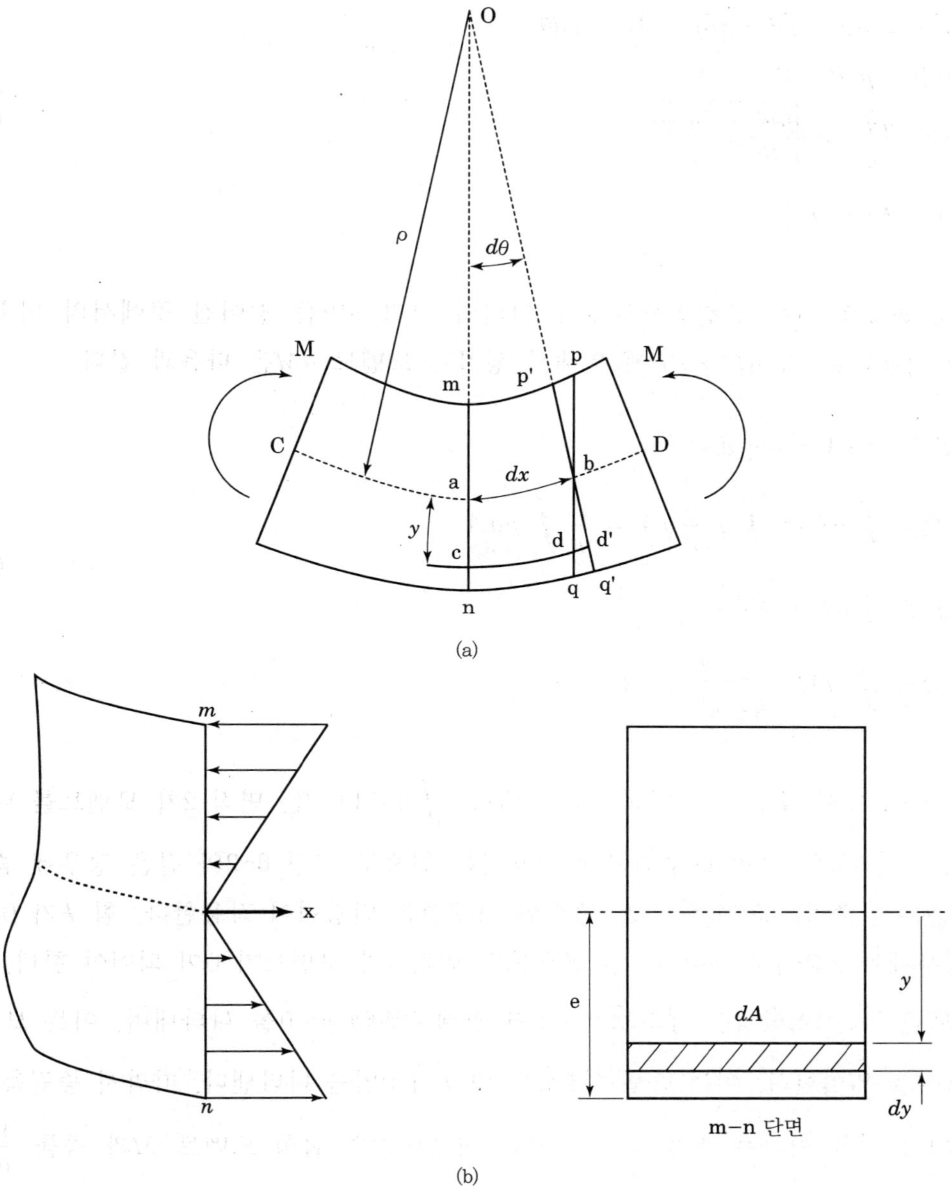

그림 8-2 순수 굽힘에서의 보의 변형과 응력분포

거리 y만큼 떨어진 곳에서는 $\overset{\frown}{cd}$ 에서 $\overset{\frown}{cd'}$ 로 인장이 생기므로 이 곳에서의 변형률 ε과 인장응력 σ는 다음과 같이 주어진다.

$$\widetilde{mp} = \widetilde{ab} = \widetilde{cd} = \widetilde{nq} = dx = \rho d\theta$$
$$\widetilde{dd'} = y\,d\theta$$
$$\epsilon = \frac{\widetilde{dd'}}{\widetilde{cd}} = \frac{y d\theta}{\rho d\theta} = \frac{y}{\rho} \qquad (8-1)$$
$$\sigma = E\epsilon = E\frac{y}{\rho}$$

그림 **8-2** (b)에서 중립면으로부터 임의의 거리 y만큼 떨어진 곳에서의 미소면적 dA에 작용하는 힘 dF와 dF에 의해서 생기는 모멘트 dM은 다음과 같다.

$$dF = \sigma dA = E\frac{y}{\rho}dA$$
$$F = \int dF = \int E\frac{y}{\rho}dA = \frac{E}{\rho}\int ydA \qquad (8-2)$$
$$dM = y\,dF = E\frac{y^2}{\rho}dA$$
$$M = \int dM = \frac{E}{\rho}\int y^2 dA$$

식 (8-2)에서 $\int ydA$는 면적 1차 모멘트, $\int y^2 dA = I$는 면적 2차 모멘트를 나타낸다. 힘 F는 보의 단면에 수직하게 작용하는 힘으로 그림 **8-2**와 같은 경우에 중립면 윗부분은 압축력으로 작용하고, 중립면 아랫면은 인장력이 작용한다. 힘 F가 0이 되는 경우에는 E와 ρ가 0이 될 수 없으므로 면적 1차 모멘트가 0이 되어야 한다. 면적 1차 모멘트가 0이라함은 $\int ydA = \bar{y}A$인 관계로부터 $\bar{y} = 0$을 나타내며, 이는 보 단면의 도심을 의미한다. 이는 중립면에서는 힘 F가 0임을 나타낸다. 따라서 중립축은 보 단면의 도심을 지나는 것을 알 수 있다. 식 (8-2)의 굽힘 모멘트 M과 곡률 $\frac{1}{\rho}$와의 관계는 다음과 같다.

$$\frac{1}{\rho} = \frac{M}{EI} \qquad (8-3)$$

여기서 EI를 굽힘강성계수(flexural rigidity)라 한다.

식 (8-1)과 식 (8-3)으로부터 굽힘응력(bending stress) σ는 다음과 같이 주어진다.

$$\sigma = \frac{My}{I} \tag{8-4}$$

따라서 굽힘응력은 중립면으로부터의 거리 y에 비례함으로 보의 임의의 각 단면에서는 바깥 외층 e에서 큰 값을 다음과 같이 갖는다.

$$\sigma = \frac{Me}{I} = \frac{M}{Z} \tag{8-5}$$

여기서 Z는 단면계수(section modulus)이며, 이 값이 클수록 즉, 면적 2차 모멘트 I값이 클수록 큰 굽힘 모멘트 M을 지탱할 수 있다. 물론 보에 있어서 굽힘응력의 최댓값 σ_{max}과 최솟값 σ_{min}은 굽힘응력 M의 값에 따라 다음과 같이 달라진다.

$$\sigma_{\max} = \frac{M_{\max}}{Z}, \quad \sigma_{\min} = \frac{M_{\min}}{Z} \tag{8-6}$$

8-2 보의 전단응력

하중을 받는 보는 구부러지면서 일반적으로 각 단면에 굽힘 모멘트 M과 전단력 V가 생긴다. 앞에서 언급했듯이 굽힘 모멘트가 일정한 구간에서는 전단력이 없으며, 순수한 굽힘 응력 σ만이 존재한다. 반면에 굽힘 모멘트가 일정하지 않으면, 보의 횡단면에 전단력이 생기고 이로 인하여 전단응력 τ가 발생된다. 그림 **8-3** (a)는 보의 굽힘 모멘트가 일정하지 않는 경우로서 m-n 단면에는 굽힘 모멘트 M이 작용하고, m-n 단면에서 미소구간 dx만큼 떨어진 m'-n' 단면에는 증가된 굽힘 모멘트 $M+dM$이 작용하고 있다. 그림 **8-3** (b)는 보의 m-n 단면 모양을 나타낸 것이고, 그림 **8-3** (c)는 굽힘에 의해 인장응력이 생기는 중립면 아래의 임의의 부분 p-n 면과 p'-n' 면의 인장응력분포를 나타내고 있으며, 그림 **8-3** (d)는 보의 m-n 단면에서의 전단응력 분포를 나타내고 있다.

그림 **8-3** (c)와 같은 중립면 아래의 임의의 부분 p-p'-n'-n은 힘의 평형을 이루고

있으므로 다음과 같이 나타낼 수 있다.

$$\Sigma F_x = 0,\ \int_{y_1}^{e_1} (\sigma + d\sigma) b dy - \int_{y_1}^{e_1} \sigma b dy - \tau b dx = 0$$

$$\int_{y_1}^{e_1} \frac{(M + dM) y}{I} b dy - \int_{y_1}^{e_1} \frac{My}{I} b dy - \tau b dx = 0 \qquad (8-7')$$

식 (8-7')의 bdy는 그림 **8-3** (b)의 dA이므로 이것을 대입하고 정리하여 전단응력 τ를 구하면 다음과 같다.

그림 8-3 굽힘 모멘트가 변하는 보에 있어서의 응력분포

$$\tau = \frac{dM}{dx} \frac{1}{bI} \int_{y_1}^{e_1} y\, dA \qquad (8-7'')$$

식 (8-7'')의 $\frac{dM}{dx}$은 식(7-5)로부터 전단력 V를 나타내고 있고, $\int_{y1}^{e1} ydA$는 면적 1차 모멘트를 나타내므로 $Q = A\bar{y}$를 의미한다. 면적 A는 그림 **8-3** (b)에서 빗금친 p-p"-n"-n의 면적을 나타내고, $\bar{y}$는 면적 A의 도심에서부터 중립면까지의 거리를 나타낸다. 따라서 식 (8-7'')는 다음과 같이 간략하게 쓸 수 있다.

$$\tau = \frac{VQ}{bI} \tag{8-7}$$

여기서 τ는 임의의 높이 y_1에서의 전단응력을 나타내며, 공액전단응력이 수평면상에 같은 크기로 나타난다.

보의 한 단면에서의 최대 전단응력은 Q값이 가장 큰 경우에 생긴다. Q값이 가장 큰 경우는 그림 **8-3** (b)의 $y_1 = 0$일 때 즉, 면적 A가 중립면에서부터 바깥 외층까지일 때이다. 물론 Q값이 가장 작은 경우는 $y_1 \approx e_1$일 때 즉, 면적 A가 바깥 외층 일부분에 있을 때 이다. 이와 같이 보 단면에서의 전단응력의 분포는 y_1에 따라 변화되고 굽힘응력이 0인 중립면에서 최대로 되고, 굽힘응력이 최대로 되는 바깥 외층에서 0이 됨을 알 수 있다. 따라서 최대전단응력 $\tau_{\max}$은 최대전단력 $V_{\max}$이 작용하는 단면의 중립면에서 발생한다.

(1) 직사각형 단면

그림 **8-3** (b)와 같은 직사각형 단면에 있어서 $dA = bdy$, $e_1 = \frac{h}{2}$이므로 단면 1차 모멘트 Q는 다음과 같이 주어진다.

$$Q = \int_{y_1}^{\frac{h}{2}} ydA = \int_{y_1}^{\frac{h}{2}} bydy = \frac{b}{2}\left(\frac{h^2}{4} - y_1^2\right) \tag{8-8'}$$

또한 빗금친 부분의 면적 A와 중립면에서 빗금친 부분의 면적 도심까지의 거리 $\bar{y}$의 곱으로 나타내는 $Q = A\bar{y}$를 이용한 면적 1차 모멘트는 다음과 같다.

$$Q = b\left(\frac{h}{2} - y_1\right) \cdot \frac{1}{2}\left(\frac{h}{2} + y_1\right) = \frac{b}{2}\left(\frac{h^2}{4} - y_1^2\right) \tag{8-8''}$$

$y_1 = 0$인 경우 즉, 중립면이하의 면적에 대한 면적 1차 모멘트 Q는 다음과 같다.

$$Q = b\frac{h}{2} \cdot \frac{h}{4} = \frac{bh^2}{8} \tag{8-9}$$

이것을 식 (8-7)에 대입하면 다음과 같다.

$$\tau_{\max} = \frac{V}{Ib}\frac{bh^2}{8} = \frac{3}{2}\frac{V}{bh} \tag{8-10}$$

식 (8-10)에서 최대전단응력은 전단력을 보의 단면적 bh로 나눈 평균전단응력보다 50% 더 크다는 것을 알 수 있다.

(2) I 형 단면

그림 **8-4** (a)와 같은 I 형 단면에서 중립면에서 y_1만큼 떨어진 면에 대한 전단응력을 구하기 위해서는 빗금친 단면에 대한 면적 1차 모멘트 Q를 구해야 한다. 이와 같은 경우는 웹(web)과 플랜지(flange) 부분으로 나누어 구하면 다음과 같다.

$$\begin{aligned} Q &= \int_{y_1}^{\frac{h}{2}} y dA = \int_{y_1}^{\frac{h_1}{2}} t y dy + \int_{\frac{h_1}{2}}^{\frac{h}{2}} b y dy \\ &= \frac{t}{2}\left(\frac{h_1^2}{4} - y_1^2\right) + \frac{b}{2}\left(\frac{h^2}{4} - \frac{h_1^2}{4}\right) \end{aligned} \tag{8-11'}$$

또한, 빗금친 부분의 면적과 중립면으로부터 빗금친 면적의 도심까지의 거리를 곱해서 구하는 방법에 의해서 계산하면 다음과 같다.

$$\begin{aligned} Q &= A\bar{y} = \left(\frac{h_1}{2} - y_1\right)t \cdot \frac{1}{2}\left(\frac{h_1}{2} + y_1\right) + \left(\frac{h}{2} - \frac{h_1}{2}\right)b \cdot \frac{1}{2}\left(\frac{h}{2} + \frac{h_1}{2}\right) \\ &= \frac{t}{2}\left(\frac{h_1^2}{4} - y_1^2\right) + \frac{b}{2}\left(\frac{h^2}{4} - \frac{h_1^2}{4}\right) \end{aligned} \tag{8-11''}$$

(3) 원형단면

그림 **8-4** (b)와 같은 원형 단면에서 중립면에서 y_1만큼 떨어진 면에 대한 전단응력을 구하기 위해서는 빗금친 단면에 대한 면적 1차 모멘트 Q를 구해야 한다. 이와 같은 경우는 θ에 관한 함수로 바꾸어 계산하면 좋으므로 선분 $\overline{cd}$, 임의의 거리 y, 미소

거리 dy를 반지름 r과 임의의 각도 θ로 나타내면 $\overline{cd} = 2r\cos\theta$ $y = r\sin\theta$ $dy = r\cos\theta\, d\theta$ $dA = \overline{cd}\, dy$로 된다.

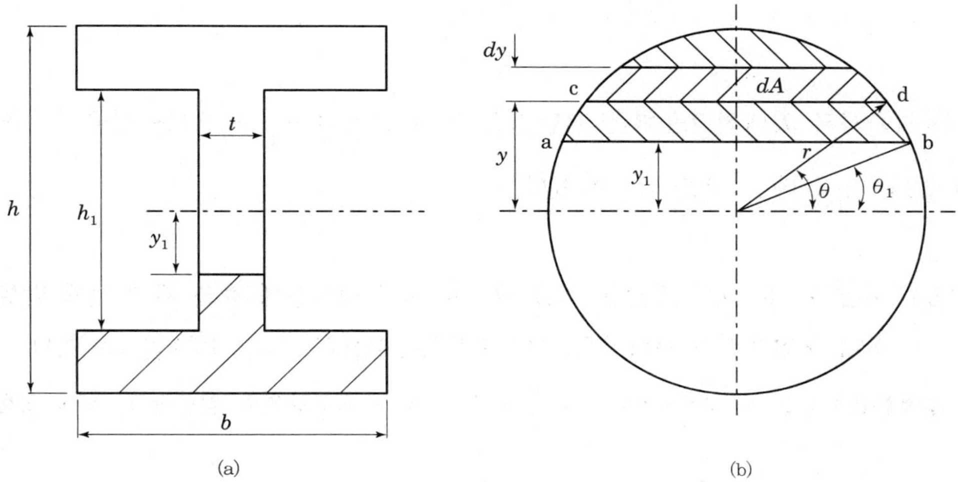

그림 8-4 I형 단면과 원형단면

따라서 빗금친 단면에 대한 면적 1차 모멘트 Q는 다음과 같다.

$$Q = \int_{y_1}^{r} y\,dA = \int_{\theta_1}^{\frac{\pi}{2}} r\sin\theta\, 2r\cos\theta\, r\cos\theta\, d\theta = 2r^3 \int_{\theta_1}^{\frac{\pi}{2}} \cos^2\theta \sin\theta\, d\theta$$
$$= \frac{2}{3}(r^2 - y_1^2)^{\frac{3}{2}} \tag{8-12}$$

만약에 y_1값이 0인 경우 즉, 중립면에 대한 전단응력을 구할 때, 반원에 대한 단면 1차 모멘트 Q는 식 (8-12)로부터 다음과 같이 주어진다.

$$Q = \int_{0}^{\frac{\pi}{2}} y\,dA = 2r^3 \int_{0}^{\frac{\pi}{2}} \cos^2\theta \sin\theta\, d\theta = \frac{2}{3} r^3 \tag{8-13'}$$

또한, 반원의 면적과 중립면에서 반원의 도심까지의 거리를 곱해서 구하면 다음과 같다.

$$Q = A\bar{y} = \frac{\pi r^2}{2} \cdot \frac{4r}{3\pi} = \frac{2}{3} r^3 \tag{8-13''}$$

이것을 식 (8-7)에 대입하면 다음과 같다.

$$\tau_{\max} = \frac{V}{I2r}\frac{2}{3}r^3 = \frac{4}{3}\frac{V}{\frac{\pi d^2}{4}} \tag{8-14}$$

식 (8-14)에서 최대전단응력은 전단력을 보의 단면적 $\frac{\pi d^2}{4}$로 나눈 평균전단응력보다 약 33% 더 크다는 것을 알 수 있다.

예제 8-1 **지름 $d=5\text{mm}$인 강선을 지름 $D=1.2\text{m}$인 원형통에 감을 때 강선에 발생하는 최대 굽힘응력을 구하시오. 단, 종탄성계수는 $E=2.1\times10^6\text{kgf/cm}^2$이다.**

| 해설 | 굽힘응력 $\sigma=E\frac{y}{\rho}$로부터 $y=\frac{d}{2}$인 곳에 최대 굽힘응력이 발생한다. 최대 굽힘응력 $\sigma_{\max}$은 $\sigma_{\max}=E\frac{\frac{d}{2}}{\frac{D+d}{2}}=2.1\times10^6\times\frac{0.5}{120.5}=8750\text{kgf/cm}^2$로 된다.

[답] $\sigma_{\max}=8750\text{kgf/cm}^2$

예제 8-2 **사각단면인 보의 크기가 $b\times h\times l=80\times120\times4000$인 단순보에 집중하중 $P=3500\text{kgf}$이 지점 A에서 $a=1.5m$ 떨어진 곳에 작용하고 있다. 이 때 최대 굽힘응력과 최대 전단응력을 구하시오.**

| 해설 | 보의 지점 A, B에 생기는 반력은 $R_{Ay}=\frac{Pb}{l}=\frac{2.5\times3500}{4}=2187.5\text{kgf}$, $R_{By}=\frac{Pa}{l}=\frac{1.5\times3500}{4}=1312.5\text{kgf}$이다. 최대 전단력은 $V_{\max}=R_{Ay}=2187.5\text{kgf}$이고, 최대 굽힘 모멘트는 $M_{\max}=\frac{Pab}{l}=R_{Ay}a=2187.5\times150=328125\text{kgf}\cdot\text{cm}$로 된다. 최대 굽힘응력 $\sigma_{\max}$은 $\sigma_{\max}=\frac{M_{\max}}{Z}=\frac{328125}{\frac{8\times12^2}{6}}=1708.984\text{kgf/cm}^2$이고, 최대 전단응력 $\tau_{\max}$은 $\tau_{\max}=\frac{VQ}{bI}=\frac{2187.5\times8\times\frac{12}{2}\times\frac{6}{2}}{8\times\frac{8\times12^3}{12}}=34.18\text{kgf/cm}^2$이다.

[답] $\sigma_{\max}=1708.984\text{kgf/cm}^2$, $\tau_{\max}=34.18\text{kgf/cm}^2$

예제 8-3 직경 $d=11\text{cm}$, 길이 $l=400\text{cm}$인 원형단면인 단순보에 집중하중 $P=3500$ kgf이 지점 A에서 $a=1.5\text{m}$떨어진 곳에 작용하고 있다. 이 때 최대 굽힘응력과 최대 전단응력을 구하시오.

해설 보의 지점 A, B에 생기는 반력은 $R_{Ay}=\dfrac{Pb}{l}=\dfrac{2.5\times3500}{4}=2187.5\text{kgf}$, $R_{By}=\dfrac{Pa}{l}=\dfrac{1.5\times3500}{4}=1312.5\text{kgf}$이다. 최대 전단력은 $V_{\max}=R_{Ay}=2187.5\text{kgf}$이고, 최대 굽힘 모멘트는 $M_{\max}=\dfrac{Pab}{l}=R_{Ay}a=2187.5\times150=328125\text{kgf}\cdot\text{cm}$로 된다. 최대 굽힘응력 $\sigma_{\max}$은 $\sigma_{\max}=\dfrac{M_{\max}}{Z}=\dfrac{328125}{\dfrac{\pi\times11^3}{32}}=2511.085\text{kgf/cm}^2$이고, 최대 전단응력 $\tau_{\max}$은 $\tau_{\max}=\dfrac{VQ}{bI}=$

$$\frac{2187.5\times\dfrac{1}{2}\times\dfrac{\pi\times11^2}{4}\times\dfrac{2\times11}{3\times\pi}}{11\times\dfrac{\pi\times11^4}{64}}=96.42\text{kgf/cm}^2\text{이다.}$$

[답] $\sigma_{\max}=2511.085\text{kgf/cm}^2$, $\tau_{\max}=96.42\text{kgf/cm}^2$

예제 8-4 사각단면인 보의 크기가 $b\times h\times l=80\times120\times4000$인 단순보에 등분포하중 $w=800\text{kgf/m}$이 작용하고 있다. 이 때 보에 생기는 최대 굽힘응력과 최대 전단응력을 구하시오.

해설 지점 A, B에 생기는 반력은 $R_{Ay}=R_{By}=\dfrac{wl}{2}=\dfrac{800\times4}{2}=1600\text{kgf}$이다. 최대 전단력은 $V_{\max}=R_{Ay}=1600\text{kgf}$이고, 최대 굽힘 모멘트는 $M_{\max}=\dfrac{wl^2}{8}=160000\text{kgf}\cdot\text{cm}$로 된다. 최대 굽힘응력 $\sigma_{\max}$은 $\sigma_{\max}=\dfrac{M_{\max}}{Z}=\dfrac{160000}{\dfrac{8\times12^2}{6}}=833.333\text{kgf/cm}^2$이고, 최대 전단응력 $\tau_{\max}$은

$$\tau_{\max}=\frac{VQ}{bI}=\frac{1600\times8\times\dfrac{12}{2}\times\dfrac{6}{2}}{8\times\dfrac{8\times12^3}{12}}=25\text{kgf/cm}^2\text{이다.}$$

[답] $\sigma_{\max}=833.333\text{kgf/cm}^2$, $\tau_{\max}=25\text{kgf/cm}^2$

예제 8-5 사각단면인 보의 크기가 $b\times h\times l=80\times120\times4000b\times h\times l=80\times120\times4000$인 단순보에 선형적으로 증가하는 분포하중 $w_0=800\text{kgf/m}$이 작용하고 있다. 이 때 보에 생기는 최대 굽힘응력과 최대 전단응력을 구하시오.

▌해설▌ 보의 지점 A, B에 생기는 반력은 $R_{Ay} = \frac{w_0 l}{6} = \frac{800 \times 4}{6} = 533.333\text{kgf}$, $R_{By} = \frac{w_0 l}{3} = \frac{800 \times 4}{3} = 1066.667\text{kgf}$이다. 최대 전단력은 $V_{\max} = R_{By} = 1066.667\text{kgf}$이고, 최대 굽힘 모멘트는 $M_{\max} = \frac{w_0 l^2}{9\sqrt{3}} = \frac{8 \times 400^2}{9\sqrt{3}} = 82112.038\text{kgf} \cdot \text{cm}$로 된다. 최대 굽힘응력 $\sigma_{\max}$은 $\sigma_{\max} = \frac{M_{\max}}{Z} = \frac{82112.038}{\frac{8 \times 12^2}{6}} = 427.667\text{kgf/cm}^2$이고, 최대 전단응력 $\tau_{\max}$은 $\tau_{\max} = \frac{VQ}{bI} = \frac{1066.667 \times 8 \times \frac{12}{2} \times \frac{6}{2}}{8 \times \frac{8 \times 12^3}{12}} = 16.667\text{kgf/cm}^2$이다.

[답] $\sigma_{\max} = 427.667\text{kgf/cm}^2$, $\tau_{\max} = 16.667\text{kgf/cm}^2$

예제 8-6 **사각단면인 보의 크기가 $b \times h \times l = 80 \times 120 \times 4000$인 외팔보에 집중하중 $P = 800$ kgf이 자유단 A에서 작용하고 있다. 이 때 최대 굽힘응력과 최대 전단응력을 구하시오.**

▌해설▌ 외팔보의 고정단 B에 생기는 반력 R_{By}과 모멘트 M_B는 $R_{By} = 800\text{kgf}$와 $M_B = Pl = 320000\text{kgf} \cdot \text{cm}$이다. 최대 전단력은 $V_{\max} = R_{By} = 800\text{kgf}$이고, 최대 굽힘 모멘트는 $M_{\max} = M_B = 320000\text{kgf} \cdot \text{cm}$로 된다. 최대 굽힘응력 $\sigma_{\max}$은 $\sigma_{\max} = \frac{M_{\max}}{Z} = \frac{320000}{\frac{8 \times 12^2}{6}} = 1666.667\text{kgf /cm}^2$이고, 최대 전단응력 $\tau_{\max}$은 $\tau_{\max} = \frac{VQ}{bI} = \frac{800 \times 8 \times \frac{12}{2} \times \frac{6}{2}}{8 \times \frac{8 \times 12^3}{12}} = 12.5$ kgf/cm^2이다.

[답] $\sigma_{\max} = 1666.667\text{kgf/cm}^2$, $\tau_{\max} = 12.5\text{kgf/cm}^2$

예제 8-7 **사각단면인 보의 크기가 $b \times h \times l = 80 \times 120 \times 4000$인 외팔보에 등분포하중 $w = 800\text{kgf/m}$이 작용하고 있다. 이 때 최대 굽힘응력과 최대 전단응력을 구하시오.**

▌해설▌ 외팔보의 고정단 B에 생기는 반력 R_{By}와 모멘트 M_B는 $R_{By} = 3200$와 $M_B = \frac{wl^2}{2} = 640000\text{kgf} \cdot \text{cm}$이므로 최대 전단력은 $V_{\max} = R_{By} = 3200\text{kgf}$이고, 최대 굽힘 모멘트는

$M_{max} = M_B = 640000\text{kgf}\cdot\text{cm}$로 된다. 최대 굽힘응력 σ_{max}은 $\sigma_{max} = \dfrac{M_{max}}{Z} = \dfrac{640000}{\dfrac{8\times12^2}{6}}$

$= 3333.333\text{kgf/cm}^2$이고, 최대 전단응력 τ_{max}은 $\tau_{max} = \dfrac{VQ}{bI} = \dfrac{3200\times8\times\dfrac{12}{2}\times\dfrac{6}{2}}{8\times\dfrac{8\times12^3}{12}} = 50\text{kgf}$

$/\text{cm}^2$이다.

[답] $\sigma_{max} = 3333.333\text{kgf/cm}^2$, $\tau_{max} = 50\text{kgf/cm}^2$

예제 8-8 **사각단면인 보의 크기가 $b\times h\times l = 80\times120\times4000$인 외팔보에 선형적으로 증가하는 분포하중 $w_0 = 800\text{kgf/m}$이 작용하고 있다. 이 때 최대 굽힘응력과 최대 전단응력을 구하시오.**

▮해설▮ 외팔보의 고정단 B에 생기는 반력 R_{By}와 모멘트 M_B는 $R_{By} = \dfrac{w_0 l}{2} = 1600\text{kgf}$와 $M_B = \dfrac{w_0 l^2}{6} = 213300.333\text{kgf}\cdot\text{cm}$이므로 최대 전단력은 $V_{max} = R_{By} = 1600\text{kgf}$이고, 최대 굽힘 모멘트는 $M_{max} = M_B = 213300.333\text{kgf}\cdot\text{cm}$로 된다. 최대 굽힘응력 σ_{max}은 $\sigma_{max} = \dfrac{M_{max}}{Z} = \dfrac{213300.333}{\dfrac{8\times12^2}{6}} = 1110.939\text{kgf/cm}^2$이고, 최대 전단응력 τ_{max}은 $\tau_{max} = \dfrac{VQ}{bI} =$

$\dfrac{1600\times8\times\dfrac{12}{2}\times\dfrac{6}{2}}{8\times\dfrac{8\times12^3}{12}} = 25\text{kgf/cm}^2$이다.

[답] $\sigma_{max} = 1110.939\text{kgf/cm}^2$, $\tau_{max} = 25\text{kgf/cm}^2$

예제 8-9 **그림 (8-a)와 같은 돌출보에 집중하중 $P = 300\text{kgf}$, $P_1 = 500\text{kgf}$이 작용하고 있다. 이 때 최대 굽힘응력과 최대 전단응력을 구하시오. 단, $a = 2500$, $b = c = 500$이고, 사각단면인 보의 크기는 $b\times h\times(l+2c) = 80\times120\times4000$이다.**

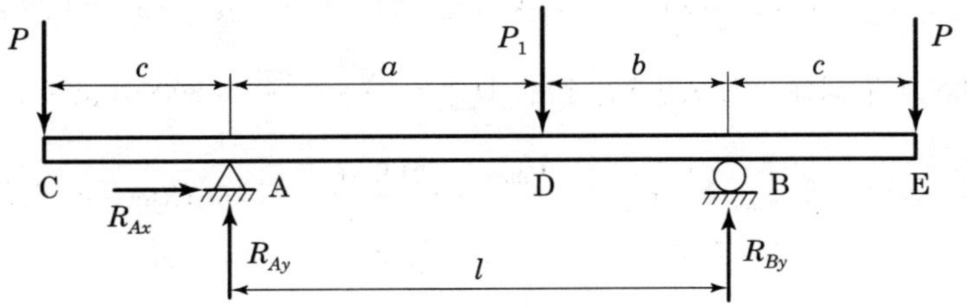

그림 (8-a)

| 해설 | 보의 지점 A, B에 생기는 반력 R_{Ay}와 R_{By}는 $R_{Ay}=P+\dfrac{P_1 b}{l}=383.333\text{kgf}$와 $R_{By}=P+\dfrac{P_1 a}{l}=716.667\text{kgf}$로 구해진다. 각 구간에서 전단력의 절대치는 $V_{CA}=V_{BE}=P=300\text{kgf}$, $V_{AD}=R_{Ay}-P=83.333\text{kgf}$, $V_{DB}=R_{By}-P=416.667\text{kgf}$로 된다. 또한, 전단력이 0이 되는 A, D, B점에서의 굽힘 모멘트 절대치는 $M_A=M_B=Pc=300\times 50=15000\text{kgf}\cdot\text{cm}$, $M_D=\dfrac{P_1 ab}{l}-Pc=5833.333\text{kgf}\cdot\text{cm}$로 된다. 따라서 보의최대 굽힘응력 σ_{max}은 $\sigma_{max}=\dfrac{M_A}{Z}=\dfrac{15000}{\dfrac{8\times 12^2}{6}}=78.125\text{kgf/cm}^2$이고, 최대 전단응력 τ_{max}은 $\tau_{max}=\dfrac{V_{DB}Q}{bI}=$

$$\frac{416.667\times 8\times\dfrac{12}{2}\times\dfrac{6}{2}}{8\times\dfrac{8\times 12^3}{12}}=6.51\text{kgf/cm}^2\text{이다.}$$

[답] $\sigma_{max}=78.125\text{kgf/cm}^2$, $\tau_{max}=6.51\text{kgf/cm}^2$

예제 8-10 **그림 (8-b)와 같은 돌출보에 등분포하중 $w=800\text{kgf/m}$이 작용하고 있다. 이때 보에 생기는 최대 굽힘응력과 최대 전단응력을 구하시오. 단, $a=2500$, $b=c=500$이고, 사각단면인 보의 크기는 $b\times h\times(l+2c)=80\times 120\times 4000$이다.**

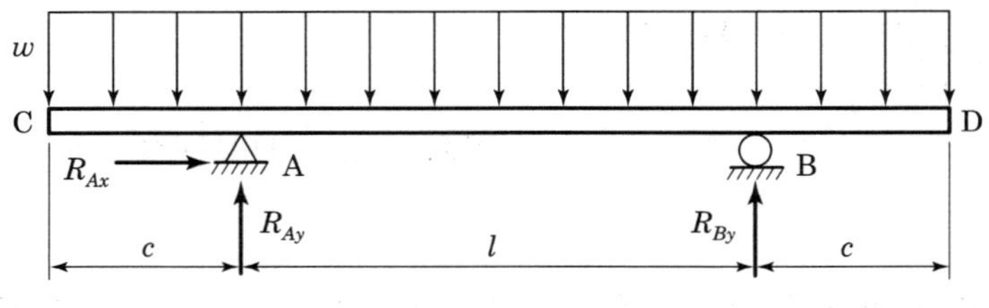

그림 (8-b)

| 해설 | 보의 지점 A, B에 생기는 반력 R_{Ay}와 R_{By}는 $R_{Ay}=R_{By}=\dfrac{w(l+2c)}{2}=1600\text{kgf}$로 구해진다. 그리고 전단력의 최대 절대치는 AB구간에서 $V=R_{Ay}-wc=1200\text{kgf}$로 되고, 굽힘 모멘트의 최대 절대치도 AB구간에서 $M_{max}=\dfrac{wl^2}{8}-\dfrac{wa^2}{2}=80000\text{kgf}\cdot\text{cm}$로 된다. 따라서 보의최대 굽힘응력 σ_{max}은 $\sigma_{max}=\dfrac{M_{max}}{Z}=\dfrac{80000}{\dfrac{8\times 12^2}{6}}=416.667\text{kgf/cm}^2$이고, 최대 전단응력

$\tau_{\max}$은 $\tau_{\max} = \dfrac{VQ}{bI} = \dfrac{1200 \times 8 \times \dfrac{12}{2} \times \dfrac{6}{2}}{8 \times \dfrac{8 \times 12^3}{12}} = 18.75\text{kgf/cm}^2$이다.

[답] $\sigma_{\max} = 416.667\text{kgf/cm}^2$, $\tau_{\max} = 18.75\text{kgf/cm}^2$

예제 8-11 그림 (8-c)와 같은 돌출보에 집중하중 $P_1 = 500\text{kgf}$, $P_2 = 300\text{kgf}$이 작용하고 있다. 이 때 최대 굽힘응력과 최대 전단응력을 구하시오. 단, $a = 2500$, $b = c = 500$이고, 사각단면인 보의 크기는 $b \times h \times (l + c) = 80 \times 120 \times 3500$이다.

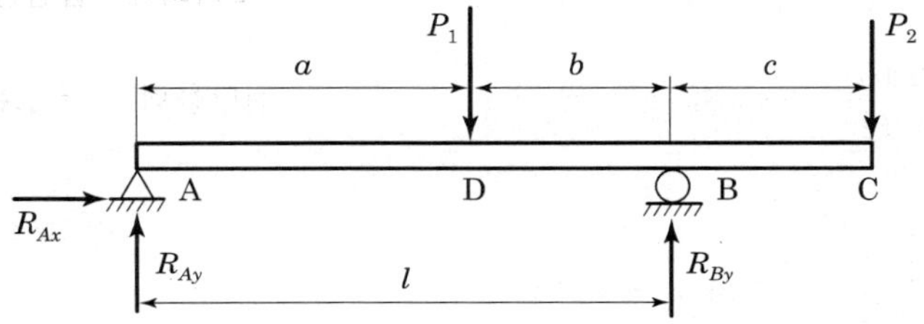

그림 (8-c)

▌해설▌ 보의 지점 A, B에 생기는 반력 R_{Ay}와 R_{By}는 $R_{Ay} = \dfrac{P_1 b - P_2 c}{l} = 33.333\text{kgf}$와 $R_{By} = \dfrac{P_1 a + P_2(l+c)}{l} = 766.667\text{kgf}$로 구해진다. 전단력의 최대 절대치는 DB구간에서 $V_{DB} = \dfrac{P_1 a + P_2 c}{l} = 466.667\text{kgf}$로 되고, 굽힘 모멘트의 최대 절대치는 BC구간에서 $M_{\max} = P_2 c = 300 \times 50 = 15000\text{kgf} \cdot \text{cm}$로 된다. 따라서 보의최대 굽힘응력 $\sigma_{\max}$은 $\sigma_{\max} = \dfrac{M_{\max}}{Z} = \dfrac{15000}{\dfrac{8 \times 12^2}{6}} = 78.125\text{kgf/cm}^2$이고, 최대 전단응력 $\tau_{\max}$은 $\tau_{\max} = \dfrac{V_{DB} Q}{bI} =$

$$\frac{466.667 \times 8 \times \dfrac{12}{2} \times \dfrac{6}{2}}{8 \times \dfrac{8 \times 12^3}{12}} = 7.292\text{kgf/cm}^2\text{이다.}$$

[답] $\sigma_{\max} = 78.125\text{kgf/cm}^2$, $\tau_{\max} = 7.292\text{kgf/cm}^2$

예제 8-12 그림 (8-d)와 같은 돌출보에 등분포하중 $w = 800\text{kgf/m}$이 작용하고 있다. 이 때 보에 생기는 최대 굽힘응력과 최대 전단응력을 구하시오. 단, $a = 1000$이고, 사각단면인 보의 크기는 $b \times h \times (3a) = 80 \times 120 \times 3000$이다.

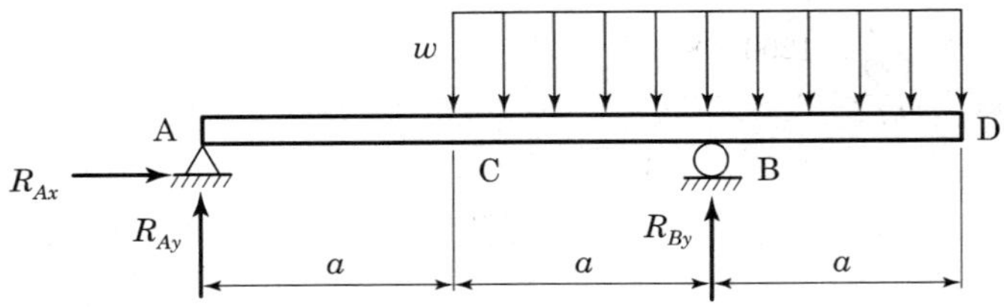

그림 (8-d)

▌해설▐ 보의 지점에 생기는 반력은 $R_{Ay}=0$, $R_{By}=2wa=1600$kgf로 주어진다. 전단력의 최대 절대치는 CB구간과 DB구간에서 $V_{\max}=wa=800$kgf로 되고, 굽힘 모멘트의 최대 절대치는 $M_{\max}=\dfrac{wa^2}{2}=40000$kgf · cm로 된다. 따라서 보의최대 굽힘응력 $\sigma_{\max}$은 $\sigma_{\max}=\dfrac{M_{\max}}{Z}=\dfrac{40000}{\dfrac{8\times 12^2}{6}}=208.333$kgf/cm^{2}이고, 최대 전단응력 $\tau_{\max}$은 $\tau_{\max}=\dfrac{V_{DB}Q}{bI}=$

$$\frac{800\times 8\times\dfrac{12}{2}\times\dfrac{6}{2}}{8\times\dfrac{8\times 12^3}{12}}=12.5\text{kgf/cm}^2\text{이다.}$$

[답] $\sigma_{\max}=208.333$kgf/cm^2, $\tau_{\max}=12.5$kgf/cm^2

예제 8-13 **그림 (8-e)와 같은 돌출보에 등분포하중 $w=800$kgf/m와 집중하중 $P=500$ kgf이 작용하고 있다. 이 때 보에 생기는 최대 굽힘응력과 최대 전단응력을 구하시오. 단, $a=1000$이고, 사각단면인 보의 크기는 $b\times h\times(3a)=80\times 120\times 3000$이다.**

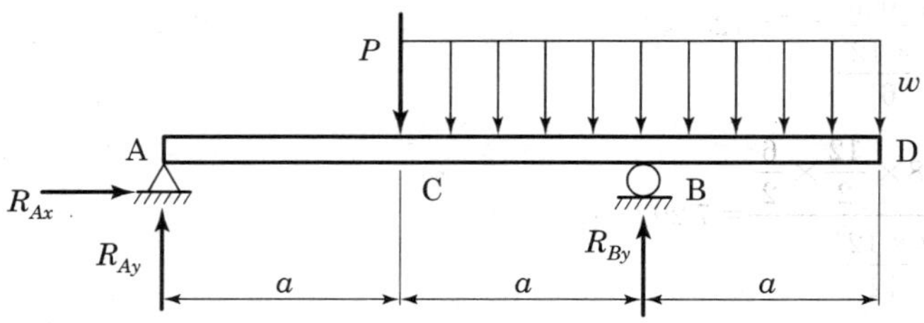

그림 (8-e)

▌해설▐ 보의 지점에 생기는 반력은 $R_{Ay}=\dfrac{P}{2}=250$kgf, $R_{By}=\dfrac{P}{2}+2wa=1850$kgf로 주어진다. 전단력의 최대 절대치는 CB구간에서 $V_{\max}=P$kgf로 되고, 굽힘 모멘트의 최대 절대치는 $M_{\max}=\dfrac{wa^2}{2}=40000$kgf · cm로 된다. 따라서 보의최대 굽힘응력 $\sigma_{\max}$은 $\sigma_{\max}=\dfrac{M_{\max}}{Z}$

$= \dfrac{40000}{\dfrac{8 \times 12^2}{6}} = 208.333\text{kgf/cm}^2$이고, 최대 전단응력 $\tau_{\max}$은 $\tau_{\max} = \dfrac{V_{DB}Q}{bI} =$

$\dfrac{1050 \times 8 \times \dfrac{12}{2} \times \dfrac{6}{2}}{8 \times \dfrac{8 \times 12^3}{12}} = 16.406\text{kgf/cm}^2$이다.

[답] $\sigma_{\max} = 208.333\text{kgf/cm}^2$, $\tau_{\max} = 16.406\text{kgf/cm}^2$

8-3 보 단면의 형상과 비대칭 보의 해석

보의 굽힘응력과 전단응력은 식 (8-4)와 식 (8-7)에서 보는 바와 같이 보 단면의 면적 2차 모멘트 I의 값이 클수록 작아진다는 것을 알 수 있다. 다시 말해서 보 단면의 면적 2차 모멘트 I의 값이 크면 보에 작용하는 큰 굽힘 모멘트와 큰 전단력에 잘 견디어 낼 수 있음을 의미하고 있다. 따라서 보의 설계에 있어서 재료의 강도(strength)에 따라 보 단면의 형상을 정하는 것은 중요한 문제이다.

만약에 인장과 압축강도가 같은 재료라면 중립축에 대하여 대칭인 단면으로 하는 것이 합리적이고, 보 단면의 면적 2차 모멘트 I의 값을 크게 하기 위하여 바깥 외층 부분의 면적을 크게 해야 한다. 따라서 사각형 단면을 갖는 보의 경우에는 폭 b보다는 높이 h를 크게 하는 것이 좋으며, 더 나아가서는 보의 단면형상을 I자 모양으로 하면 좋다. 또한, 같은 량의 재료로 길이가 같은 원형단면을 갖는 보를 만든다면 실축(solid shaft)보다는 중공축(hollow shaft)으로 하는 것이 좋다. 다만, 중공축이 실축보다 제작하는데 어려움이 있다.

그리고 인장과 압축강도가 같지 않은 재료라면 바깥 외층 부분의 면적을 크게 해야 한다는 것은 같으나 중립축에 대하여 비대칭 단면을 갖는다. 한 예로써 주철 그리고 석재, 콘크리트 등과 같은 건축재들은 인장강도보다 압축강도가 큰 압축재이며, 이와 같은 재료인 경우에는 인장응력이 생기는 부분의 면적을 압축응력이 생기는 부분의 면적보다 크게 해야 함으로 비대칭 단면을 갖게 된다.

보의 단면이 그림 **8-5** (a)와 같이 비대칭형상을 갖고 순수 굽힘 모멘트M가 x-y평면상에서 작용하고 있다. 이중화살표로 나타낸 순수 굽힘 모멘트 M의 방향은 오른손 법칙에 의하여 표현하였다. n−n은 중립축(neutral axis)으로 8−1절에서 언급했듯이 보 단면의 도심을 지나고 굽힘응력 σ_x는 0으로 된다. 또한, 중립축 n−n의 윗부분에서는 인장, 아랫부분에서는 압축이 생긴다. 순수 굽힘 모멘트 M에 의해서 미소요소 dA에 생기는 변형률 ε_x는 단면의 비대칭으로 인하여 x−y평면과 x−z평면 내에서 생기는 변형률의 합으로 나타낼 수 있고, 굽힘응력 σ_x는 Hooke의 법칙에 의해 다음과 같이 나타낼 수 있다.

$$\epsilon_x = \frac{y}{\rho_y} - \frac{z}{\rho_z} \qquad \sigma_x = \frac{Ey}{\rho_y} - \frac{Ez}{\rho_z} \tag{8-15}$$

여기서 ρ_y는 x−z평면 내에서의 곡률반경이고 ρ_z는 x−y평면 내에서의 곡률반경이다.

그림 **8−5** (a)에서와 같이 주어진 조건과 평형방정식으로부터 y축에 대한 모멘트 M_y와 z축에 대한 모멘트 M_z는 다음과 같다.

$$\begin{aligned} M_y &= \int_A \sigma_x z\,dA = \int_A \frac{Eyz}{\rho_y}dA - \int_A \frac{Ez^2}{\rho_z}dA = \frac{EI_{yz}}{\rho_y} - \frac{EI_y}{\rho_z} \\ M_z &= \int_A \sigma_x y\,dA = \int_A \frac{Ey^2}{\rho_y}dA - \int_A \frac{Eyz}{\rho_z}dA = \frac{EI_z}{\rho_y} - \frac{EI_{yz}}{\rho_z} \end{aligned} \tag{8-16}$$

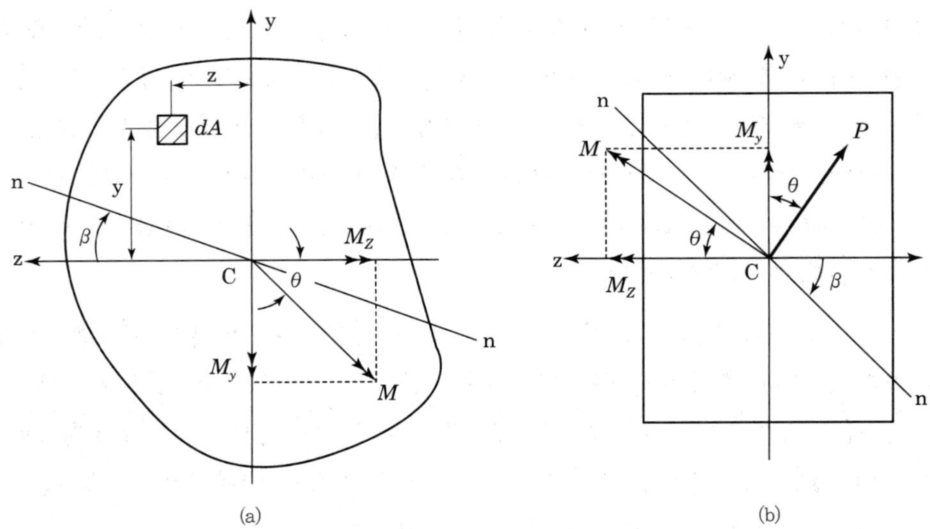

그림 8−5 굽힘모멘트 M이 작용하는 비대칭보와 대칭보

식 (8-16)으로부터 곡률반경 ρ_y, ρ_z를 구하여 식 (8-15)의 응력 식에 대입하면 다음과 같이 된다.

$$\begin{aligned}\sigma_x &= \frac{y(M_y I_{yz} - M_z I_y)}{I_{yz}^2 - I_y I_z} - \frac{z(M_y I_z - M_z I_{yz})}{I_{yz}^2 - I_y I_z} \\ &= \frac{y(M_y I_{yz} - M_z I_y) - z(M_y I_z - M_z I_{yz})}{I_{yz}^2 - I_y I_z}\end{aligned} \tag{8-17}$$

여기서 y축에 대한 모멘트 M_y는 $M_y = M\sin\theta$이고, z축에 대한 모멘트$\boldsymbol{M_z}$는 $M_z = M\cos\theta$이다.

또한, 중립축에서는 응력 σ_x가 0이므로 z축으로부터 중립축 n-n과의 사이 각 β는 식 (8-17)으로부터 다음과 같이 된다.

$$\tan\beta = \frac{y}{z} = \frac{M_y I_z - M_z I_{yz}}{M_y I_{yz} - M_z I_y} \tag{8-18}$$

여기서 $(y,\ z)$는 중립축 n-n 선상에 있는 임의의 미소요소 dA의 좌표 값을 나타낸다.

보의 단면이 사각형인 대칭보에 그림 **8-5** (b)에서보는 바와 같이 하중 P가 y축과 각 θ를 이루는 방향으로 작용하고, 이것에 의해서 생기는 굽힘모멘트 M의 방향은 z축과 각 θ를 이루고 있다. 이와 같은 경우에도 비대칭보의 해석결과를 이용하여 해석할 수 있다. 다만, 관성 모멘트적 I_{yz}는 대칭인 관계로 0이 되므로 식 (8-17)의 응력 σ_x와 z축으로부터 중립축 n-n과의 사이 각 β는 다음과 같이 된다.

$$\begin{aligned}\sigma_x &= \frac{M_z y I_y + M_y z I_z}{I_y I_z} \\ \tan\beta &= -\frac{M_y I_z}{M_z I_y} = -\frac{I_z}{I_y}\tan\theta\end{aligned} \tag{8-19}$$

예제 8-14 다음 그림 **(8-f)**와 같이 사각형단면을 갖는 단순보에 등분포하중 $w = 800\,\text{kgf /m}$이 경사각 $\alpha = 30°$로 작용하고 있을 때 보에 생기는 최대 굽힘응력 σ_{max}과 중립축을 구하시오. 단, 사각단면인 보의 크기는 $b \times h \times l = 80 \times 120 \times 3000$이다.

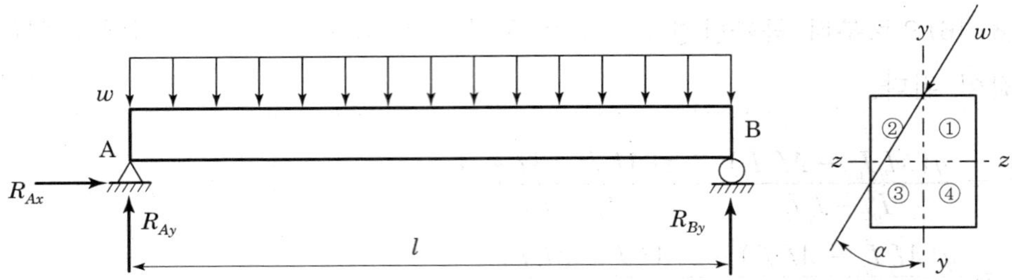

그림 (8-f)

| 해설 | 분포하중 w의 y방향성분은 $w_y = w\cos\alpha$이고, z방향성분은 $w_z = w\sin\alpha$이다. 등분포 하중 w에 의해서 생기는 최대 굽힘모멘트는 보의 중앙부분에 생기며 $\frac{wl^2}{8}$의 크기를 가지므로 w_y에 의해서 생기는 최대 굽힘모멘트는 $M_z = \frac{w_y l^2}{8} = \frac{wl^2\cos\alpha}{8}$이고, w_z에 의해서 생기는 최대 굽힘모멘트는 $M_y = \frac{w_z l^2}{8} = \frac{wl^2\sin\alpha}{8}$로 된다. 최대 굽힘 모멘트 M_z에 의해서 보 단면의 ① ②부분에서는 압축, ③ ④부분에서는 인장을 받고, 최대 굽힘 모멘트 M_y에 의해서 보 단면의 ① ④부분에서는 압축, ② ③ 부분에서는 인장을 받는다. 따라서 보 단면의 ①부분에서는 최대 압축응력이 생기고 보 단면의 ③부분에서는 최대 인장응력이 생긴다. 보 단면의 면적 2차 모멘트는 각각 $I_y = \frac{b^3h}{12}$와 $I_z = \frac{bh^3}{12}$로 주어지므로 최대 굽힘 인장 및 압축 응력 값은 $\sigma_{\max} = \frac{M_z\frac{h}{2}}{I_z} + \frac{M_y\frac{b}{2}}{I_y} = \frac{3wl^2}{4bh}\left(\frac{\cos\alpha}{h} + \frac{\sin\alpha}{b}\right)$로 주어진다. 각각의 변수값을 최대 굽힘응력 값에 대입하면 $\sigma_{\max} = \frac{3\times8\times300^2}{4\times8\times12}\left(\frac{\cos30}{12} + \frac{\sin30}{8}\right) = 757.512\text{kgf/cm}^2$로 된다. z축으로부터 중립축 n−n과의 사이 각 β는 $\tan\beta = -\frac{I_z}{I_y}\tan\alpha$ 로부터 $\beta = -\tan^{-1}\frac{12^2}{8^2}\tan30 = -52.41°$로 된다,

[답] $\sigma_{\max} = 757.512\text{kgf/cm}^2$, $\beta = -52.41°$

예제 8-15 다음 그림 (8-g)와 같이 사각형단면을 갖는 단순보의 중앙에 집중하중 $P = 1200\text{kgf}$이 경사각 $\theta = 30°$로 작용하고 있을 때, 보에 생기는 최대 굽힘응력 $\sigma_{\max}$과 중립축과 z축이 이루는 각 β를 구하시오. 단, 사각단면인 보의 크기는 $b\times h\times l = 80\times120\times3000$이다.

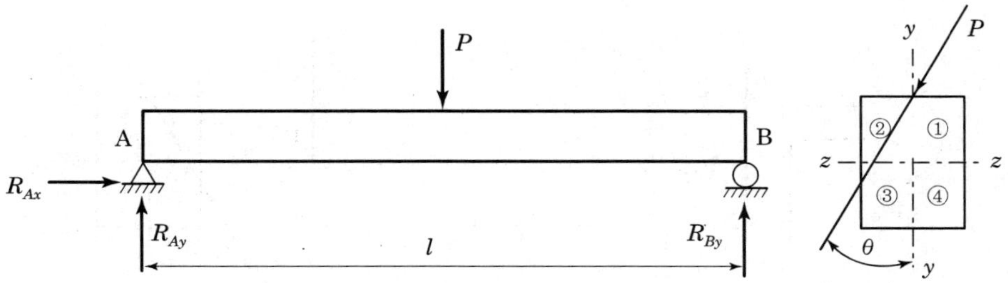

그림 (8-g)

| 해설 | 집중하중 P의 y방향성분은 $P_y = P\cos\theta$이고, z방향성분은 $P_z = Ps\theta$이다. 집중하중 P에 의해서 생기는 최대 굽힘모멘트는 보의 중앙부분에 생기며 $\frac{Pl}{4}$의 크기를 가지므로 P_y에 의해서 생기는 최대 굽힘모멘트는 $M_z = \frac{P_y l}{4} = \frac{Pl\cos\theta}{4}$이고, P_z에 의해서 생기는 최대 굽힘모멘트는 $M_y = \frac{P_z l}{4} = \frac{Pl\sin\theta}{4}$로 된다. 최대 굽힘 모멘트 M_z에 의해서 보 단면의 ① ②부분에서는 압축, ③ ④부분에서는 인장을 받고, 최대 굽힘 모멘트 M_y에 의해서 보 단면의 ① ④부분에서는 압축, ② ③ 부분에서는 인장을 받는다. 따라서 보 단면의 ①부분에서는 최대 압축응력이 생기고 보 단면의 ③부분에서는 최대 인장응력이 생긴다. 보 단면의 면적 2차 모멘트는 각각 $I_y = \frac{b^3h}{12}$와 $I_z = \frac{bh^3}{12}$로 주어지므로 최대 굽힘 인장 및 압축 응력 값은 $\sigma_{\max} = \frac{M_z\frac{h}{2}}{I_z} + \frac{M_y\frac{b}{2}}{I_y} = \frac{3Pl}{2bh}\left(\frac{\cos\theta}{h} + \frac{\sin\theta}{b}\right)$로 주어진다. 이식에 각각의 변수값을 대입하면 $\sigma_{\max} = \frac{3\times1200\times300}{2\times8\times12}\left(\frac{\cos30}{12} + \frac{\sin30}{8}\right) = 757.512\text{kgf/cm}^2$로 된다. z축으로부터 중립축 n-n과의 사이 각 β는 $\tan\beta = -\frac{I_z}{I_y}tan\theta$ 로부터 $\beta = -\tan^{-1}\frac{12^2}{8^2}tan30 = -52.41°$로 된다,

[답] $\sigma_{\max} = 757.512$, $\beta = -52.41°$

예제 8-16 다음 그림 (8-h)와 같이 외팔보의 자유단에 집중하중 $P = 800\text{kgf}$이 경사각 $\theta = 30°$로 작용하고 있을 때, 보에 생기는 최대 굽힘응력 $\sigma_{\max}$과 중립축과 z축이 이루는 각 β를 구하시오. 단, 사각단면인 보의 크기는 $b\times h\times l = 80\times120\times1500$이다.

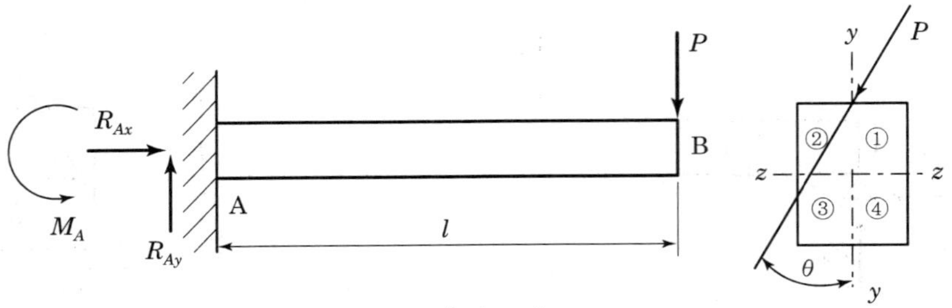

그림 (8-h)

| 해설 | 집중하중 P의 y방향성분은 $P_y = P\cos\theta$이고, z방향성분은 $P_z = P\sin\theta$이다. 집중하중 P에 의해서 생기는 최대 굽힘모멘트는 보의 고정단 A에 생기며 Pl의 크기를 가지므로 P_y에 의해서 생기는 최대 굽힘모멘트는 $M_z = P_y l = Pl\cos\theta$이고, P_z에 의해서 생기는 최대 굽힘모멘트는 $M_y = P_z l = Pl\sin\theta$로 된다. 최대 굽힘 모멘트 M_z에 의해서 보 단면의 ① ②부분에서는 인장, ③ ④부분에서는 압축을 받고, 최대 굽힘 모멘트 M_y에 의해서 보 단면의 ① ④부분에서는 인장, ② ③ 부분에서는 압축을 받는다. 따라서 보 단면의 ①부분에서는 최대 인장응력이 생기고 보 단면의 ③부분에서는 최대 압축응력이 생긴다. 보 단면의 면적 2차 모멘트는 각각 $I_y = \dfrac{b^3h}{12}$와 $I_z = \dfrac{bh^3}{12}$로 주어지므로 최대 굽힘 인장 및 압축 응력 값은

$\sigma_{\max} = \dfrac{M_z\dfrac{h}{2}}{I_z} + \dfrac{M_y\dfrac{b}{2}}{I_y} = \dfrac{6Pl}{bh}\left(\dfrac{\cos\theta}{h} + \dfrac{\sin\theta}{b}\right)$로 주어진다. 이식에 각각의 변수값을 대입하면

$\sigma_{\max} = \dfrac{6\times800\times150}{8\times12}\left(\dfrac{\cos 30}{12} + \dfrac{\sin 30}{8}\right) = 1010.016\text{kgf/cm}^2$로 된다. z축으로부터 중립축

n−n과의 사이 각 β는 $t\beta = -\dfrac{I_z}{I_y}t\theta$ 로부터 $\beta = -\tan^{-1}\dfrac{12^2}{8^2}tan30 = -52.41°$로 된다,

[답] $\sigma_{\max} = 1010.016\text{kgf/cm}^2$, $\beta = -52.41°$

예제 8-17 **다음 그림 (8-i)와 같은 외팔보에 분포하중 $w = 800\text{kgf/m}$이 경사각 $\theta = 30°$로 작용하고 있을 때, 보에 생기는 최대 굽힘응력 $\sigma_{\max}$을 구하시오. 단, 사각단면인 보의 크기는 $b\times h\times l = 80\times120\times1500$이다.**

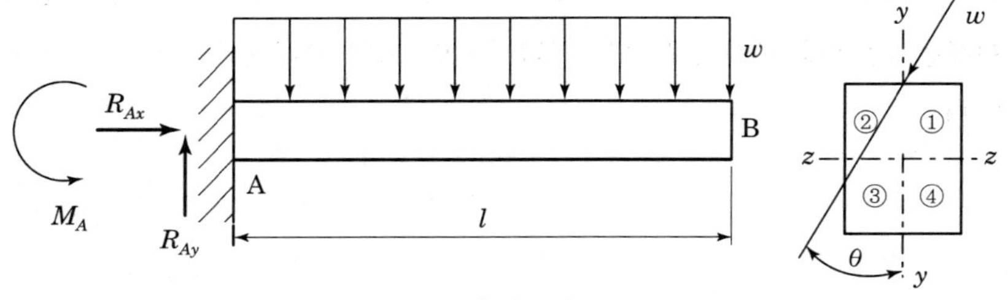

그림 (8-i)

▌해설▐ 분포하중 w의 y방향성분은 $w_y = w\cos\theta$이고, z방향성분은 $w_z = w\sin\theta$이다. 등분포하중 w에 의해서 생기는 최대 굽힘모멘트는 보의 중앙부분에 생기며 $\frac{wl^2}{8}$의 크기를 가지므로 w_y에 의해서 생기는 최대 굽힘모멘트는 $M_z = \frac{w_y l^2}{8} = \frac{wl^2\cos\theta}{8}$이고, w_z에 의해서 생기는 최대 굽힘모멘트는 $M_y = \frac{w_z l^2}{8} = \frac{wl^2\sin\theta}{8}$로 된다. 최대 굽힘 모멘트 M_z에 의해서 보 단면의 ① ②부분에서는 인장, ③ ④부분에서는 압축을 받고, 최대 굽힘 모멘트 M_y에 의해서 보 단면의 ① ④부분에서는 인장, ② ③ 부분에서는 압축을 받는다. 따라서 보 단면의 ①부분에서는 최대 인장응력이 생기고 보 단면의 ③부분에서는 최대 압축응력이 생긴다. 보 단면의 면적 2차 모멘트는 각각 $I_y = \frac{b^3h}{12}$와 $I_z = \frac{bh^3}{12}$로 주어지므로 최대 굽힘 인장 및 압축 응력 값은 $\sigma_{max} = \frac{M_z\frac{h}{2}}{I_z} + \frac{M_y\frac{b}{2}}{I_y} = \frac{3Pl}{4bh}\left(\frac{\cos\theta}{h} + \frac{\sin\theta}{b}\right)$로 주어진다. 각각의 변수값을 최대 굽힘응력 값에 대입하면 $\sigma_{max} = \frac{3\times800\times150^2}{4\times8\times12}\left(\frac{\cos 30}{12} + \frac{\sin 30}{8}\right) = 189.378\text{kgf/cm}^2$로 된다.

[답] $\sigma_{max} = 189.378\text{kgf/cm}^2$

예제 8-18 다음 그림 (8-j)와 같이 L형 단면을 갖는 단순보의 중앙에 집중하중 $P = 500\text{kgf}$이 작용하고 있을 때, 보에 생기는 최대 굽힘응력 σ_{max}과 중립축과 z축이 이루는 각 β를 구하시오. 단, 사각단면인 보의 크기는 $a\times b\times t\times l = 80\times80\times9\times1500$이고, 하중 P는 단면의 도심 C를 지난다.

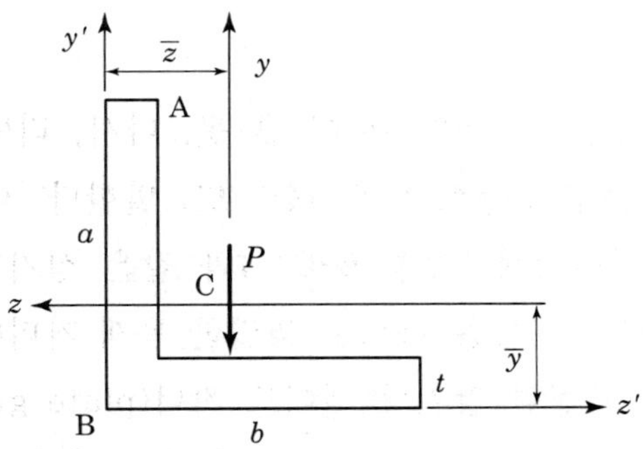

그림 (8-j)

▌해설▐ L형 단면의 도심 C를 지나는 y–z축의 위치는 y'–z'축으로부터 $\overline{y'} = \overline{z'} = \frac{80\times9\times40 + 71\times9\times4.5}{80\times9 + 71\times9} = 23.31\text{mm}$만큼 떨어진 곳에 있다. 집중하중 P에 의해서 생기는 최대 굽힘모멘트는 보의 중앙부분에

생기며 $M_z = \frac{Pl}{4} = \frac{500 \times 1500}{4} = 187500\text{kgf} \cdot \text{mm}$의 크기를 갖는다. y, z축에 대한 보 단면의 면적 2차 모멘트 I_y, I_z는 서로 같으며 평행축의 정리를 이용하여 구하면 $I_y = I_z = \frac{9 \times 80^3}{12} + 9 \times 80 \times (40 - 23.31)^2 + \frac{71 \times 9^3}{12} + 71 \times 9 \times (23.31 - 4.5)^2 = 814962.13\text{mm}4$로 된다. y'-z'축에 대한 면적모멘트적은 $I_{y'z'} = \int_0^{80} ydy \int_0^9 zdz + \int_0^9 ydy \int_0^{80}$로부터 $I_{y'z'} = \frac{80^2}{2} \times \frac{9^2}{2} + \frac{9^2}{2} \times \frac{(80^2 - 9^2)}{2} = 257559.75\text{mm}^4$로 된다. 따라서 평행축의 정리로부터 $I_{yz} = I_{y'z'} - A\overline{y'}\,\overline{z'} = 257559.75 - 1359 \times 23.31^2 = 257559.75 - 1359 \times 23.31^2 = -480861.19\text{mm}^4$로 된다. z축으로부터 중립축 n-n과의 사이 각 β는 $\tan\beta = \frac{I_{yz}}{I_y}$로부터 $\beta = t^{-1}\frac{-480861.19}{814962.13} = -30.54°$로 된다. 굽힘응력은 $\sigma_x = \frac{M_z(zI_{yz} - yI_y)}{I_{yz}^2 - I_y I_z}$로 되며, 그림 (8-j)의 A지점($y - 56.69$, $z = 14.31$에서 최대 인장응력, B지점($y = z = -23.31$)에서 최대 압축응력이 생기며, $\sigma_{\max} = \frac{187500(-14.31 \times 480861.19 - 56.69 \times 814962.13)}{480861.19^2 - 814962.13^2} = 22.99\text{kgf/mm}^2$ 및 $\sigma_{\min} = \frac{187500 \times 23.31(480861.19 + 814962.13)}{480861.19^2 - 814962.13^2} = -13.08\text{kgf/mm}^2$로 된다.

[답] $\sigma_{\max} = 22.99\text{kgf/cm}^2$, $\sigma_{\min} = -13.08\text{kgf/cm}^2$, $\beta = -30.54°$

8-4 조립보

조립보(built-up beam)는 몇 개의 부재들을 못, 나사, 리벳 등의 요소들을 이용하여, 그림 **8-6**과 같이 단일재 모양으로 체결한 것을 말한다. 이러한 보는 특별한 구조적인 필요성에 의해 만들어지며, 그림 **8-6** (a)와 같은 상자형 보(box beam), 그림 **8-6** (b)와 같이 두개의 사각 목재를 볼트로 조립한 목재 거더(girder), 그림 **8-6** (c)와 같이 형강판을 리벳으로 조립한 강철 플레이트 거더(plate girder) 등 다양한 재료로 다양한 모양의 보를 만들 수 있다. 따라서 조립보의 설계에 있어서 다음과 같은 사항들을 고려해야 한다.

① 우선 조립보를 단일재 보로 취급하여 강도 및 강성 계산을 한다. 이때에 리벳의 구멍이나 틈 등으로 인한 보의 강도 저하를 고려해야한다.

② ①항의 계산 결과를 바탕으로 못, 나사, 리벳 등의 체결요소들에 대한 강도 및 배열 등에 대하여 고려한다.

그림 **8-6**과 같은 경우의 체결요소에 대한 강도 및 배열은 우선 m-n 층에 작용하는 전단력 F를 식 (8-7)과 m-n 층의 면적 A의 곱으로 구하면, m-n 층에 있는 체결요소가 전단력 F를 지탱한다고 본다. 보의 m-n 층에 작용하는 전단력 F는 나타내면 다음과 같다.

$$F = \tau A = \frac{VQ}{Ib} A \tag{8-20}$$

m-n 층에 직경이 d인 체결요소가 e의 간격으로 n개 배열되었다면, 체결요소가 견디어 낼 수 있는 전단력 F_c는 다음과 같이 주어진다.

$$F_c = \tau_c \frac{\pi d^2}{4} n \tag{8-21}$$

여기서 τ_c는 체결요소의 허용전단응력이다. 체결요소의 갯수 n은 식 (8-20)과 식 (8-21)을 같게 놓음으로써 계산할 수 있고, 간격 e는 보의 길이 l을 체결요소의 갯수 n으로 나누면 된다.

$$n = \frac{VQA}{Ib\,\tau_c \frac{\pi d^2}{4}} \qquad e = \frac{l}{n} \tag{8-17}$$

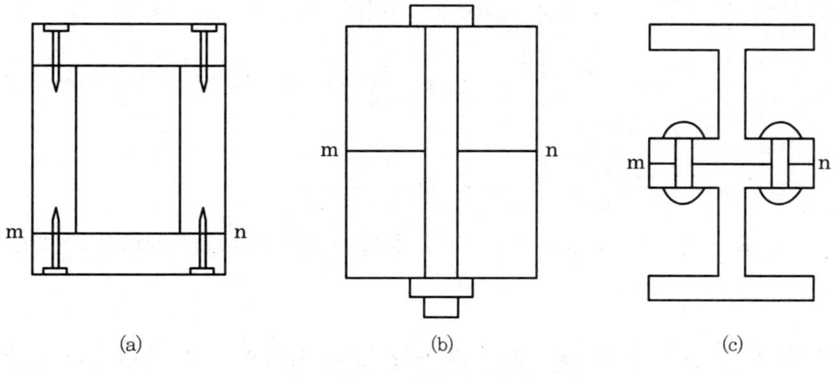

그림 8-6 조립보의 단면모양

예제 8-19 사각형 조립부재 4개를 그림 (8-k)와 같이 사각형으로 조립하여 단순보를 만들었고, 이 보의 중앙에 집중하중 $P=1200$kgf이 작용하고 있다. 보에 생기는 최대 굽힘응력 σ_{max}과 체결요소의 개수 n과 간격 e를 구하시오. 단, 하나의 조립부재 크기는 $b\times t=80\times 20$이고, 보의 길이는 $l=1500$이다. 체결요소의 직경 d는 5mm이고, 허용전단응력 τ_w는 15kgf/mm²이다.

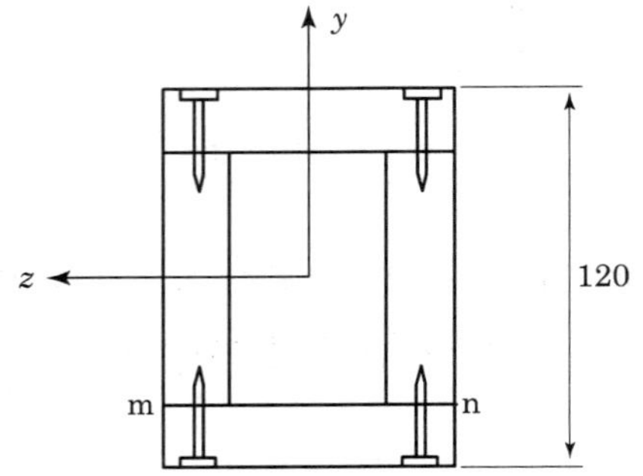

그림 (8-k)

| 해설 | 보에 생기는 최대 굽힘모멘트는 $M_{max}=\dfrac{Pl}{4}=\dfrac{1200\times 1500}{4}=450000\text{kgf}\cdot\text{mm}$ 이고, 전단력은 $V_{max}=\dfrac{P}{2}=\dfrac{1200}{2}=600$kgf이다. 조립보 단면의 z축에 대한 면적 2차 모멘트는 $I_z=\dfrac{b(b+2t)^3-(b-2t)b^3}{12}=\dfrac{80\times 120^3-40\times 80^3}{12}=9813333.33\text{mm}^4$이고, 단면계수는 $Z=\dfrac{I_z}{\frac{b+2t}{2}}=\dfrac{9813333.33}{60}=163555.56\text{mm}^3$이므로 최대 굽힘응력은 $\sigma_{max}=\dfrac{M_{max}}{Z}=\dfrac{450000}{163555.56}=2.751\text{kgf/mm}^2$로 된다. 굽힘에 의해서 생기는 m-n단면의 전단력은 $F=\dfrac{V_{max}Q}{I_z b}A=\dfrac{600\times 80\times 20\times 40}{9813333.33\times 40}\times 40\times 1500=5869.57$kgf이다. 따라서 m-n단면에 필요한 체결요소의 개수는 $n=\dfrac{F}{\tau_w\dfrac{\pi d^2}{4}}=\dfrac{5869.57}{15\times\dfrac{\pi\times 5^2}{4}}=19.93\simeq 20$이고 총 개수는 상하로 해서 40개가 필요하다. 간격은 $e=\dfrac{l}{n}=\dfrac{1500}{10}=150$mm로 된다.

[답] $\sigma_{max}=2.751\text{kgf/mm}^2$, $n=20$, $e=150\text{mm}$

예제 8-20 사각형 조립부재 2개를 그림 (8-l)와 같이 사각형으로 조립하여 단순보를 만들었고, 이 보의 중앙에 집중하중 $P=2000$kgf이 작용하고 있다. 보에 생기는 최대 굽힘응력 σ_{max}과 체결요소의 개수 n과 간격 e를 구하시오. 단, 하나의 조립부재 크기는 $b \times h = 80 \times 60$이고, 보의 길이는 $l = 1500$이다. 체결요소의 직경 d는 10mm이고, 허용전단응력 τ_w는 30kgf/mm^{2}이다.

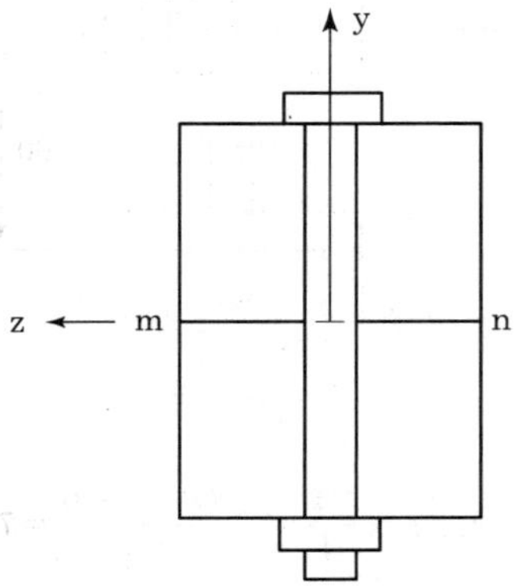

그림 (8-1)

| 해설 | 보에 생기는 최대 굽힘모멘트는 $M_{max} = \dfrac{Pl}{4} = \dfrac{2000 \times 1500}{4} = 750000\text{kgf} \cdot \text{mm}$ 이고, 전단력은 $V_{max} = \dfrac{P}{2} = \dfrac{2000}{2} = 1000\text{kgf}$이다. 보의 면적 2차 모멘트와 단면계수는 $I_z = \dfrac{b(2h)^3}{12} = \dfrac{80 \times 120^3}{12} = 11520000\text{mm}^4$, $Z = \dfrac{I_z}{h} = \dfrac{11520000}{60} = 192000\text{mm}^3$이므로 최대 굽힘응력은 $\sigma_{max} = Z\dfrac{M_{max}}{Z} = \dfrac{750000}{192000} = 3.91\text{kgf/mm}^2$로 된다. m-n단면의 전단력은 $F = \dfrac{V_{max}Q}{I_z b}A = \dfrac{1000 \times 80 \times 60 \times 30}{11520000 \times 80} \times 80 \times 1500 = 18750\text{kgf}$이다. 따라서 m-n단면에 필요한 체결요소의 개수는 $n = \dfrac{F}{\tau_w \dfrac{\pi d^2}{4}} = \dfrac{18750}{30 \times \dfrac{\pi \times 10^2}{4}} = 7.96 \simeq 8$이다. 간격은 $e = \dfrac{l}{n} = \dfrac{1500}{8} = 187.5\text{mm}$로 된다.

[답] $\sigma_{max} = 3.91\text{kgf/mm}^2$, $n = 8$, $e = 187.5\text{mm}$

예제 8-21 H형 조립부재 2개를 그림 **(8-m)**와 같이 조립하여 단순보를 만들었고, 이 보의 중앙에 집중하중 $P = 2000\text{kgf}$이 작용하고 있다. 보에 생기는 최대 굽힘응력 σ_{max}과 체결요소의 개수 n과 간격 e를 구하시오. 단, 보의 길이는 $l = 1500$이고, H형 조립부재의 면적은 $A = 1700\text{mm}^2$이고, 조립보의 z축에 대한 면적 2차 모멘트는 $I_z = 10^7\text{mm}^4$이다. 체결요소의 직경 d는 8mm이고, 허용전단응력 τ_w는 20kgf/mm^{2}이다.

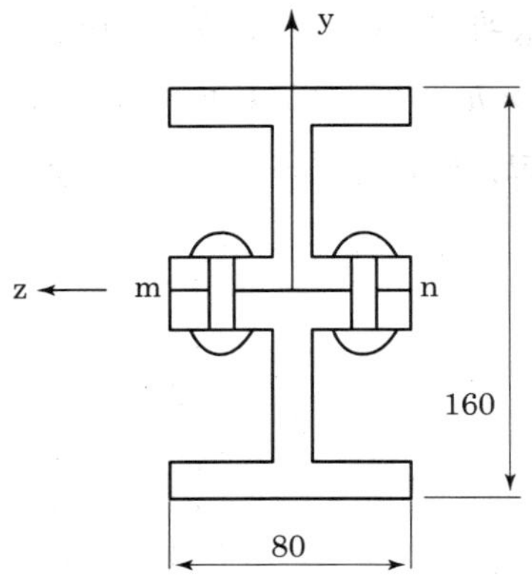

그림 (8-m)

| 해설 | 최대 굽힘모멘트는 $M_{\max}=\frac{Pl}{4}=\frac{2000\times 1500}{4}=750000\text{kgf}\cdot\text{mm}$ 이고, 전단력은 $V_{\max}=\frac{P}{2}=\frac{2000}{2}=1000\text{kgf}$이다. 단면계수는 $Z=\frac{I_z}{e_1}=\frac{10^7}{80}=125000\text{mm}^3$이므로 최대 굽힘 응력은 $\sigma_{\max}=\frac{M_{\max}}{Z}=\frac{750000}{125000}=6\text{kgf/mm}^2$로 된다. m-n단면의 전단력은 $F=\frac{V_{\max}Q}{I_z b}A$ $=\frac{1000\times 1700\times 40}{10^7\times 80}\times 80\times 1500=10200\text{kgf}$이다. 따라서 m-n단면에 필요한 체결요소의 개수는 $n=\frac{F}{\tau_w\frac{\pi d^2}{4}}=\frac{10200}{20\times\frac{\pi\times 8^2}{4}}=10.15$인데 양쪽에 나란하게 체결한다면 그 개수는 12로 해야 하고 한쪽 편에 6개가 체결된다. 따라서 간격은 $e=\frac{l}{n}=\frac{1500}{6}=250\text{mm}$로 된다.

[답] $\sigma_{\max}=6\text{kgf/mm}^2$, $n=12$, $e=250\text{mm}$

8-5 합성보

한 가지 이상의 재료로 만들어진 보를 합성보(composite beam)라 한다. 합성보를 만들어 사용하는 주요한 이유는 재료의 절감과 경량화이다. 따라서 건축자재, 항공 및 우주분야에 널리 사용되고 있다.

그림 **8-7**과 같이 두개의 재료 ①, ②로 된 합성보를 예로 하여 굽힘을 해석하고자

한다. 그림 **8-7** (a)에서 C부분은 재료 ①, ②의 접합부분을 나타내고, O를 지나는 x-z면은 중립면을 나타낸다. 그리고 그림 **8-7** (b)와 (c)는 변형률과 응력의 분포를 나타내는데, 중립면에서의 응력 σ_{C1}, σ_{C2}의 크기는 재료 ①의 탄성계수 E_1이 재료 ②의 탄성계수 E_2 보다 작다고 가정하였기 때문에 $|\sigma_{C2}|>|\sigma_{C1}|$인 관계를 갖는다.

굽힘 해석에 있어서 단일 재료인 경우와 마찬가지로 여기에서도 순수 굽힘 모멘트가 작용하여 굽힘이 생기더라도 단면의 형상은 변하지 않는다고 본다. 따라서 변형률 ε_x와 응력 σ_{x1}, σ_{x2}는 다음과 같이 구할 수 있다.

$$\epsilon_x = -\frac{y}{\rho}$$
$$\sigma_{x1} = -E_1\frac{y}{\rho} \quad \sigma_{x2} = -E_2\frac{y}{\rho} \tag{8-18}$$

여기서 y는 중립면으로부터의 거리이고, ρ는 굽힘으로 인한 보의 곡률반경이다. 중립축의 위치는 단면에 작용하는 축방향 힘의 합이 0이 되는 곳이므로 다음과 같이 나타낼 수 있다.

$$\int_{①}\sigma_{x1}dA + \int_{②}\sigma_{x2}dA = 0 \tag{8-19}$$

순수 굽힘 모멘트가 작용하고 굽힘에서는 어느 단면에서나 곡률이 일정하므로 식 (8-18)을 식 (8-19)에 대입하여 정리하면 다음과 같이 된다.

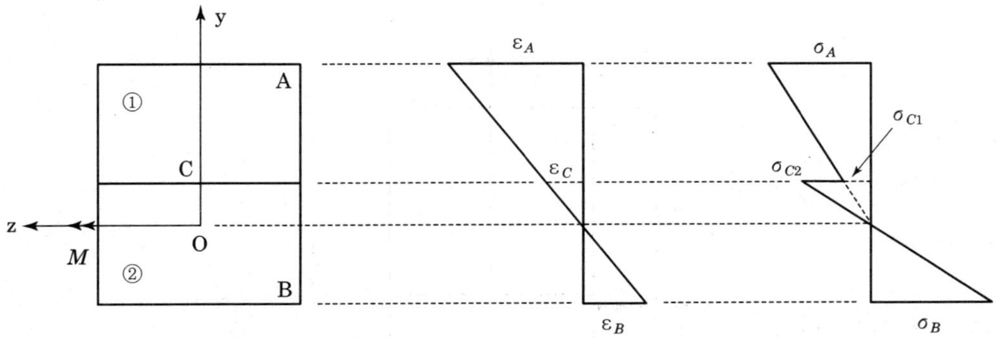

그림 8-7 2종 재료로 합성된 보의 변형률과 응력의 분포도

$$E_1 \int_{①} y\,dA + E_2 \int_{②} y\,dA = 0$$
$$E_1 \overline{y_1} A_1 + E_2 \overline{y_2} A_2 = 0 \qquad (8-20)$$

여기서 A_1, A_2는 재료 ①, ②의 면적을 나타내고, $\overline{y_1}$, $\overline{y_2}$는 중립축으로부터 각 재료의 도심까지의 거리를 나타낸다.

또한, 보에 작용하는 굽힘 모멘트 M은 단면에 작용하는 축방향의 힘에 의해서 생기는 모멘트의 크기와 같으므로 다음과 같이 나타낼 수 있다.

$$M = \int_{①} \sigma_{x1} y\,dA + \int_{②} \sigma_{x2} y\,dA$$
$$= \frac{1}{\rho}(E_1 I_1 + E_2 I_2) \qquad (8-21)$$

여기서 I_1, I_2는 재료 ①, ②의 중립축에 대한 면적 2차 모멘트를 나타낸다. 식 (8-21)을 식 (8-18)에 대입하여 응력 σ_{x1}, σ_{x2}를 구하면 다음과 같다.

$$\sigma_{x1} = -\frac{E_1 M y}{E_1 I_1 + E_2 I_2} \quad \sigma_{x2} = -\frac{E_2 M y}{E_1 I_1 + E_2 I_2} \qquad (8-22)$$

예제 8-22 다음 그림 (8-n)과 같은 합성보에 굽힘 모멘트 $M = 7500\text{kgf}\cdot\text{cm}$가 작용하고 있다. 중립축의 위치와 최대 굽힘 응력 σ_{max} 을 구하시오. 단, 재료 ①, ②의 종탄성계수는 $E_1 = 8\times10^4\text{kgf/cm}^2$, $E_2 = 2.1\times10^6\text{kgf/cm}^2$이다.

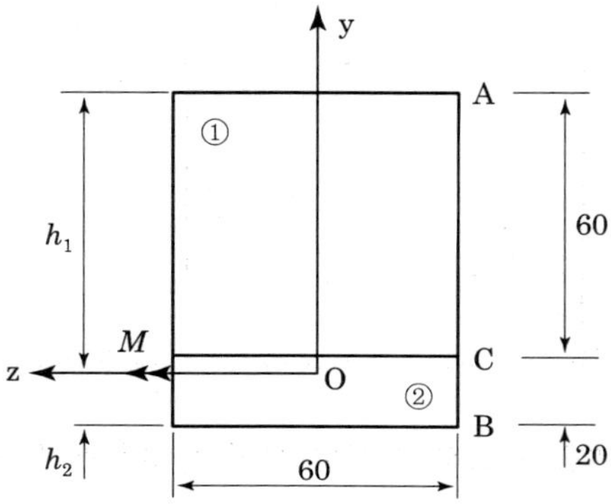

그림 (8-n)

▌해설▌ 중립축은 $E_1\overline{y_1}A_1 + E_2\overline{y_2}A_2 = E_1(h_1 - 30)\times3600 - E_2(h_2 - 10)\times1200 = 0$와 $h_1 + h_2 = 80$

로부터 $h_1 = \dfrac{90E_1 + 70E_2}{3E_1 + E_2} = \dfrac{90 \times 0.08 + 70 \times 2.1}{3 \times 0.08 + 2.1} = 65.9\text{mm} = 6.59\text{cm}$로 된다. 재료 ①, ②의 중립축 z에 대한 면적 2차 모멘트 I_1, I_2를 평행축의 정리를 이용하여 구하면, $I_1 = \dfrac{60^4}{12} + 60^2 \times (65.9 - 30)^2 = 5719716\text{mm} = 5719716 \times 10^{-4}\text{cm}^4$와 $I_2 = \dfrac{60 \times 20^3}{12} + 1200 \times (14.1 - 10)^2 = 60172\text{mm}^4 = 60172 \times 10^{-4}\text{cm}^4$로 된다. 최대 압축응력은 재료 ①에서 $y = h_1$일 때 생기며 $\sigma_{xc} = -\dfrac{8 \times 10^4 \times 7500 \times 6.59}{8 \times 10^4 \times 5719716 \times 10^{-4} + 2.1 \times 10^8 \times 60172 \times 10^{-4}} = -67.7126\text{kgf/cm}^2$을 갖는다. 최대 인장응력은 재료 ②에서 $y = h_2$일 때 생기며 $\sigma_{xt} = -\dfrac{2.1 \times 10^6 \times 7500 \times (-1.41)}{8 \times 10^4 \times 5719716 \times 10^{-4} + 2.1 \times 10^8 \times 60172 \times 10^{-4}} = 380.305\text{kgf/cm}^2$을 갖는다. 따라서 최대 굽힘응력은 $\sigma_{\max} = \sigma_{xt} = 380.305\ \text{kgf/cm}^2$이다.

[답] $h_1 = 6.59\text{cm}$, $\sigma_{\max} = 380.305\text{kgf/cm}^2$

예제 8-23 **다음 그림 (8-o)와 같은 합성보에 굽힘 모멘트 $M = 7500\text{kgf} \cdot \text{cm}$가 작용하고 있다. 중립축의 위치와 최대 굽힘 응력 $\sigma_{\max}$을 구하시오. 단, 재료 ①, ②의 종탄성계수는 $E_1 = 8 \times 10^4\text{kgf/cm}^2$, $E_2 = 2.1 \times 10^6\text{kgf/cm}^2$이다.**

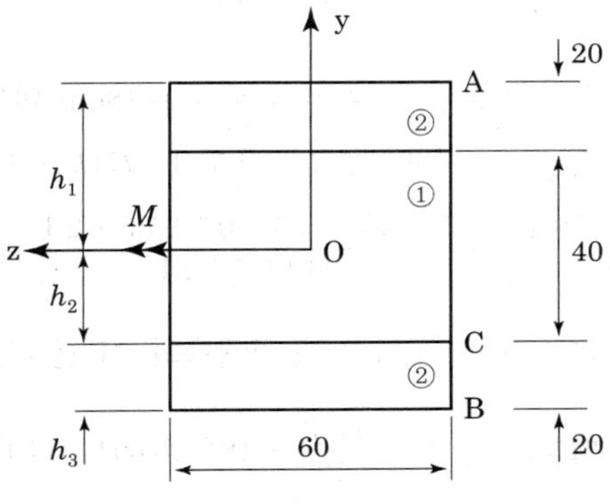

그림 (8-o)

| 해설 | 상하좌우대칭인 단면을 갖고 있으므로 중립축은 도심을 지난다. 재료 ①, ②의 중립축 z에 대한 면적 2차 모멘트 I_1, I_2를 구하면, $I_1 = \dfrac{6 \times 4^3}{12} = 32\text{cm}^4$와 $I_2 = \dfrac{6 \times 8^3}{12} - \dfrac{6 \times 4^3}{12} = 224\ \text{cm}^4$로 된다. 재료 ①에서의 최대 응력은 $y = h_2$일 때 생기며 $\sigma_{x1} = \mp \dfrac{8 \times 10^4 \times 7500 \times 2}{8 \times 10^4 \times 32 + 2.1 \times 10^8 \times 224} = \mp 2.54\text{kgf/cm}^2$을 갖는다. 재료 ②에서의 최대 응력은

$y=h_1$일 때 생기며 $\sigma_{x2}=\mp\dfrac{2.1\times10^6\times7500\times4}{8\times10^4\times32+2.1\times10^8\times224}=\mp133.2\text{kgf/cm}^2$을 갖는다.

[답] $h_1=4\text{cm}$, $\sigma_{\max}=133.2\text{kgf/cm}^2$

예제 8-24 다음 그림 (8-p)와 같은 합성보에 굽힘 모멘트 $M=7500\text{kgf}\cdot\text{cm}$가 작용하고 있다. 중립축의 위치와 최대 굽힘 응력 $\sigma_{\max}$을 구하시오. 단, 재료 ①, ②, ③의 종탄성계수는 $E_1=8\times10^4\text{kgf/cm}^2$, $E_2=0.7\times10^6\text{kgf/cm}^2$, $E_3=2.1\times10^6\text{kgf/cm}^2$이다.

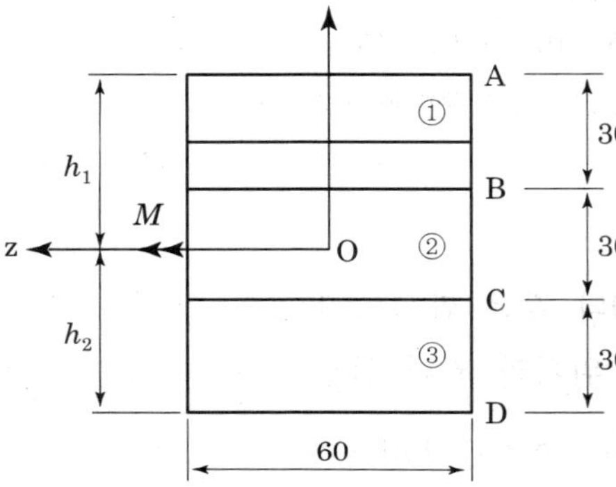

그림 (8-p)

▌해설▌ 재료 ①, ②, ③의 면적은 $A=A_1=A_2=A_3=18\text{cm}^2$이므로 중립축의 위치는 $E_1\overline{y_1}A_1+E_2\overline{y_2}A_2+E_3\overline{y}A_3=E_1(h_1-1.5)A+E_2(h_1-4.5)A-E_3(h_2-1.5)A=0$와 $h_1+h_2=9$로부터 $h_1=\dfrac{1.5E_1+4.5E_2+7.5E_3}{E_1+E_2+E_3}=\dfrac{1.5\times0.08+4.5\times0.7+7.5\times2.1}{0.08+0.7+2.1}=6.604\text{cm}$로 된다. 재료 ①, ②, ③의 중립축 z에 대한 면적 2차 모멘트 I_1, I_2, I_3를 평행축의 정리를 이용하여 구하면, $I_1=\dfrac{6\times3^3}{12}+18\times(6.604-1.5)^2=482.415\text{cm}^4$, $I_2=\dfrac{6\times3^3}{12}+18\times(6.604-4.5)^2=93.183\text{cm}^4$, $I_3=\dfrac{6\times3^3}{12}+18\times(2.396-1.5)^2=27.95\text{cm}^4$로 된다. 재료 ①에서의 최대 압축응력은 $y=h_1$일 때 생기며 $\sigma_{xc1}=-\dfrac{8\times10^4\times7500\times6.604}{8\times10^4\times482.415+0.7\times10^6\times93.183+2.1\times10^6\times27.95}=-24.382\text{kgf/cm}^2$을 갖고, 재료 ②에서의 최대 압축응력은 $y=3.604$일 때 $\sigma_{xc2}=-\dfrac{0.7\times10^6\times7500\times3.604}{8\times10^4\times482.415+0.7\times10^6\times93.183+2.1\times10^6\times27.95}=-116.43\text{kgf/cm}^2$을 갖는다. 최대 인장응력은 재료 ③에서 $y=h_2$일 때 생기며 $\sigma_{xt}=-\dfrac{2.1\times10^6\times7500\times(-2.396)}{8\times10^4\times482.415+0.7\times10^6\times93.183+2.1\times10^8\times27.95}=232.2\text{kgf/cm}^2$을 갖는다. 따라서 최대 굽힘응력은 $\sigma_{\max}=\sigma_{xt}=232.2\text{kgf/cm}^2$이다.

[답] $h_1 = 6.604\text{cm}$, $\sigma_{max} = 232.2\text{kgf/cm}^2$

8-6 보의 조합응력

하중을 받는 보의 한 단면에는 식 (8-4)로 주어지는 굽힘응력 σ_b와 식 (8-7)로 주어지는 전단응력 τ_b가 동시에 작용하며 그림 **8-8**과 같이 분포된다. 그림 **8-8**에서 보는 바와 같이 굽힘 응력 σ_b는 중립면에서는 0이고, 중립면에서 바깥 외층으로 갈수록 굽힘에 의한 인장과 압축응력이 선형적으로 증가하고 있다. 전단응력 τ_b은 굽힘 응력 σ_b와 반대로 중립면에서 최댓값을 갖고, 중립면에서 바깥 외층으로 갈수록 2차원적으로 감소하여 바깥 외층에서는 0이 된다. 따라서 보 단면에서의 임의의 층에 대한 응력상태는 4장에서 논의한 2축 응력상태로 된다. 그림 **8-8** (b)의 (2)와 (4)의 경우에 임의의 방향 θ에 있어서의 법선응력 σ_n과 법선전단응력 τ_n은 다음과 같이 주어진다.

$$\begin{aligned}\sigma_n &= \frac{1}{2}\sigma_b + \frac{1}{2}\sigma_b\cos 2\theta - \tau_b\sin 2\theta \\ \tau_n &= \frac{1}{2}\sigma_b\sin 2\theta + \tau_b\cos 2\theta\end{aligned} \qquad (8-23)$$

그리고 주응력 σ_1과 σ_2, 최대 최소 전단응력 τ_1, τ_2, 주응력의 방향 θ_1과 θ_2, 최대 최소 전단응력의 방향 θ_1'과 θ_2'를 나타내면 다음과 같다.

$$\begin{aligned}\sigma_{1,2} &= \frac{1}{2}\sigma_b \pm \frac{1}{2}\sqrt{\sigma_b^2 + 4\tau_b^2} \\ \tau_{1,2} &= \pm\frac{1}{2}\sqrt{\sigma_b^2 + 4\tau_b^2}\end{aligned} \qquad (8-24')$$

$$\begin{aligned}\theta_1 &= -\frac{1}{2}\tan^{-1}\frac{2\tau_b}{\sigma_b} \quad \theta_2 = \theta_1 + \frac{\pi}{2} \\ \theta_1' &= \frac{1}{2}\tan^{-1}\frac{\sigma_b}{2\tau_b} \quad \theta_2' = \theta_1' + \frac{\pi}{2}\end{aligned} \qquad (8-24'')$$

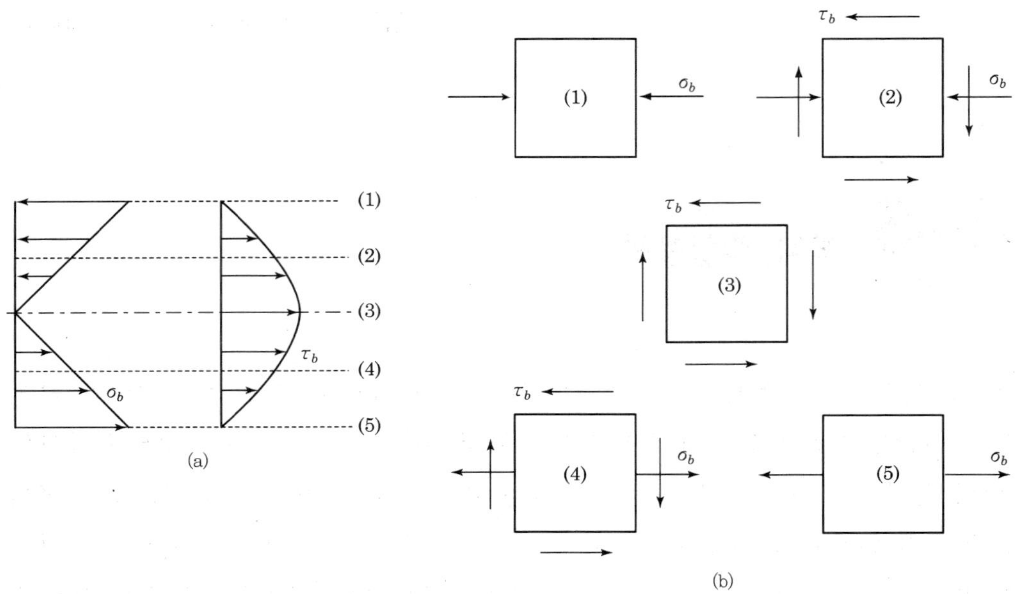

그림 8-8 보에서의 굽힘응력과 전단응력의 분포와 조합응력

반지름 방향의 하중과 축방향의 하중만을 지탱하는 보에 비해서 축(shaft)은 이들 하중 외에 회전에 의한 비틀림 모멘트를 더 받고 있다. 따라서 풀리(pulley), 기어(gear) 등이 끼워져 동력을 전달하는 축은 항상 비틀림 모멘트와 굽힘모멘트를 동시에 받으면서 동력 전달을 하고 있다. 이러한 축에 일어나는 응력들은 굽힘 모멘트에 의한 굽힘 응력 σ_b, 전단력에 의한 전단응력 τ_b, 비틀림 모멘트에 의한 전단응력 τ_t이다. 만약에 이러한 축에 축방향의 인장력 P가 추가로 작용한다면 인장응력 σ_t가 더 부가된다. 이와 같은 경우에 대한 각각의 응력분포와 축의 각 부분의 조합응력상태는 그림 **8-9**와 같으며, 임의의 방향 θ에 있어서의 법선응력 σ_n과 법선전단응력 τ_n은 다음과 같이 주어진다.

$$\begin{aligned} \sigma_n &= \frac{1}{2}(\sigma_b+\sigma_t)+\frac{1}{2}(\sigma_b+\sigma_t)\cos 2\theta-(\tau_b+\tau_t)\sin 2\theta \\ \tau_n &= \frac{1}{2}(\sigma_b+\sigma_t)\sin 2\theta+(\tau_b+\tau_t)\cos 2\theta \end{aligned} \qquad (8-25)$$

그리고 주응력 σ_1과 σ_2, 최대 최소 전단응력 τ_1, τ_2, 주응력의 방향 θ_1과 θ_2, 최대 최소 전단응력의 방향 θ_1'과 θ_2'를 나타내면 다음과 같다.

$$\begin{aligned} \sigma_{1,2} &= \frac{1}{2}(\sigma_b+\sigma_t)\pm\frac{1}{2}\sqrt{(\sigma_b+\sigma_t)^2+4(\tau_b+\tau_t)^2} \\ \tau_{1,2} &= \pm\frac{1}{2}\sqrt{(\sigma_b+\sigma_t)^2+4(\tau_b+\tau_t)^2} \end{aligned} \qquad (8-26')$$

$$\theta_1 = -\frac{1}{2}\tan^{-1}\frac{2(\tau_b+\tau_t)}{\sigma_b+\sigma_t} \quad \theta_2 = \theta_1 + \frac{\pi}{2}$$
$$\theta_1' = \frac{1}{2}\tan^{-1}\frac{\sigma_b+\sigma_t}{2(\tau_b+\tau_t)} \quad \theta_2' = \theta_1' + \frac{\pi}{2} \qquad (8-26'')$$

식 (8-25), 식 (8-26')와 식 (8-26'')에서 굽힘 응력 σ_b는 압축인 경우에는 (-), 인장인 경우에는 (+)부호를 갖는다.

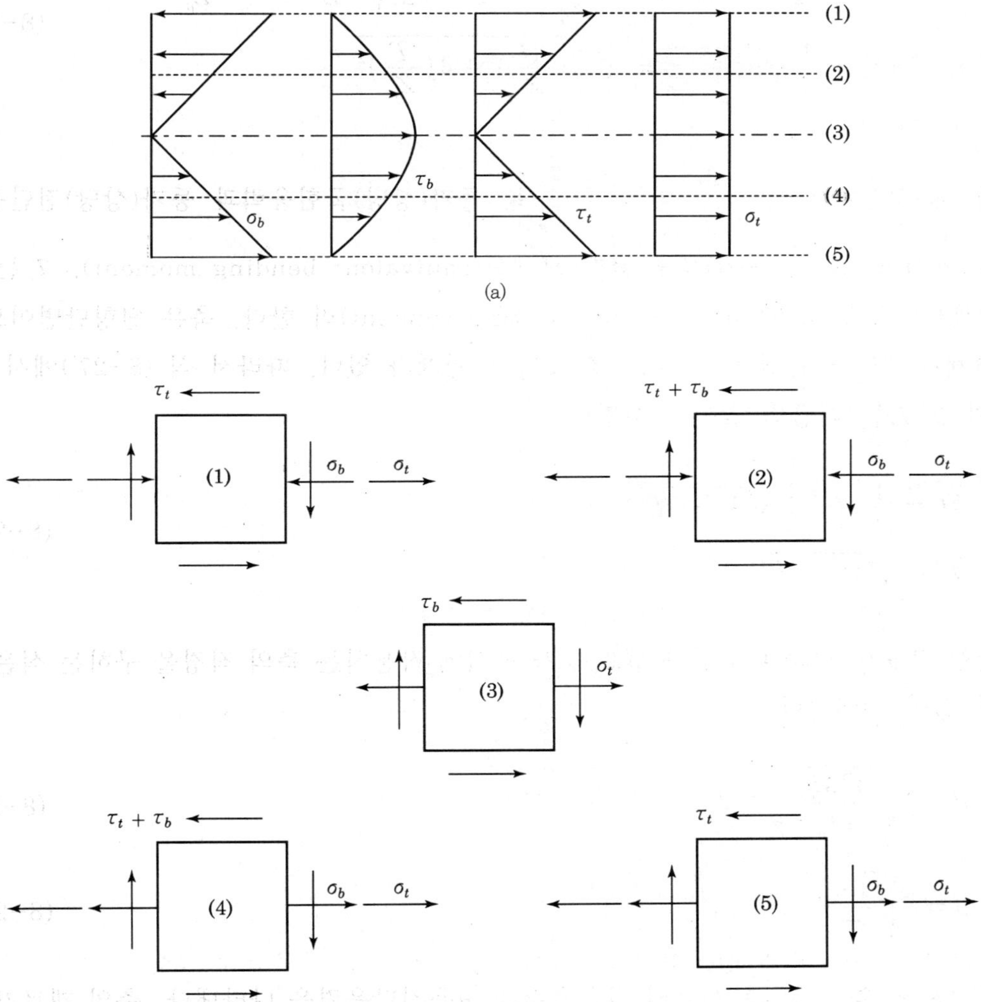

(b)

그림 8-9 축하중을 받는 보에서의 응력분포와 조합응력

만약에 굽힘 모멘트에 의한 굽힘 응력 σ_b, 전단력에 의한 전단응력 τ_b, 비틀림 모멘트에 의한 전단응력 τ_t가 작용하는 축을 설계할 경우에 최대응력 $\sigma_{\max}$은 축의 바깥 외층에 존재한다. 또한, 최대 전단응력 $\tau_{\max}$도 일반적으로 $\tau_b \ll \tau_t$인 관계가 있으므로 축의 바깥 외층에 존재한다. 따라서 축 설계에 필요한 최대응력 $\sigma_{\max}$과 최대 전단응력 $\tau_{\max}$은 다음과 같이 주어진다.

$$\begin{aligned} \sigma_{\max} &= \sigma_e = \frac{1}{2}\sigma_b + \frac{1}{2}\sqrt{\sigma_b^2 + 4\tau_t^2} = \frac{1}{2}\frac{M}{Z} + \frac{1}{2}\sqrt{(\frac{M}{Z})^2 + 4(\frac{T}{Z_p})^2} \\ \tau_{\max} &= \tau_e = \frac{1}{2}\sqrt{\sigma_b^2 + 4\tau_t^2} = \frac{1}{2}\sqrt{(\frac{M}{Z})^2 + 4(\frac{T}{Z_p})^2} \end{aligned} \quad (8-27')$$

식 (8-27')에서 $\sigma_e = \dfrac{M_e}{Z}$와 $\tau_e = \dfrac{T_e}{Z_p}$는 등가(상당)굽힘응력과 등가(상당)전단응력이라고 하고, M_e는 등가(상당)굽힘 모멘트(equivalent bending moment), T_e는 등가(상당)비틀림 모멘트(equivalent twisting moment)라 한다. 축은 원형단면이므로 단면계수 Z와 극단면계수 Z_P는 $Z = 2Z_P$의 관계가 있다. 따라서 식 (8-27')에서 M_e M_e와 T_e T_e는 다음과 같이 주어진다.

$$\begin{aligned} M_e &= \frac{1}{2}M + \frac{1}{2}\sqrt{M^2 + T^2} \\ T_e &= \sqrt{M^2 + T^2} \end{aligned} \quad (8-27'')$$

굽힘 모멘트 M과 비틀림 모멘트 T가 동시에 작용하는 축의 직경을 구하는 식은 다음과 같이 주어진다.

$$d = \sqrt[3]{\frac{32M_e}{\pi\sigma_w}} \quad (8-28')$$

$$d = \sqrt[3]{\frac{16T_e}{\pi\tau_w}} \quad (8-28'')$$

여기서 σ_w와 τ_w는 축 재료의 허용응력과 허용전단응력을 나타낸다. 축의 재료가 연성재료인 경우에는 최대전단응력으로 파손됨으로 식 (8-28'')에 의해 축경을 계산하고, 주철과 같은 취성재의 경우에는 최대주응력으로 파손된다고 하여 식 (8-28')을 사용하여 계산한다.

예제 8-25 **길이 l, 직경 d인 원형단면의 외팔보에 비틀림 모멘트 T와 자유단에서 하중 P가 작용하고 있을 때, 보에 생기는 최대 응력 σ_{max}을 구하시오.**

▌해설▐ 비틀림 모멘트 T에 의해서 생기는 최대 전단응력 τ_{tmax}은 보의 바깥층에서 $\tau_{tmax} = \frac{T}{Z_p} = \frac{16T}{\pi d^3}$을 갖으며, 고정단에서의 굽힘 모멘트 $M = Pl$에 의해서 생기는 최대 굽힘응력 σ_{bmax}은 보의 바깥층에서 $\sigma_{bmax} = \frac{M}{Z} = \frac{32Pl}{\pi d^3}$을 갖는다. 따라서 최대 응력 σ_{max}은 보의 바깥층에서 $\sigma_{max} = \frac{1}{2}\sigma_{bmax} + \frac{1}{2}\sqrt{\sigma_{bmax}^2 + 4\tau_{tmax}^2}$ 을 갖는다.

또 다른 해석방법은 등가 굽힘 모멘트 $M_e = \frac{1}{2}M + \frac{1}{2}\sqrt{M^2 + T^2}$를 구하여 $\sigma_{max} = \frac{M_e}{Z}$에 대입해도 된다.

[답] $\sigma_{max} = \frac{1}{2}\sigma_{bmax} + \frac{1}{2}\sqrt{\sigma_{bmax}^2 + 4\tau_{tmax}^2}$

예제 8-26 **지름 $d = 15\text{cm}$인 원형단면 축에 굽힘 모멘트 $M_b = 100\text{kgf}\cdot\text{m}$, 비틀림 모멘트 $T = 200\text{kgf}\cdot\text{m}$가 동시에 작용할 때, 축에 발생하는 최대 응력과 최대 전단응력을 구하시오.**

▌해설▐ 등가 비틀림 모멘트는 $T_e = \sqrt{M_b^2 + T^2} = 22360.68\text{kgf}\cdot\text{cm}$로 되고, 등가 굽힘 모멘트는 $M_e = \frac{1}{2}M_b + \frac{1}{2}\sqrt{M_b^2 + T^2} = 5000 + 11180.34 = 16180.34\text{kgf}\cdot\text{cm}$로 된다. 따라서 최대 응력은 $\sigma_{max} = \frac{M_e}{Z} = \frac{32 \times 16180.34}{\pi \times 15^3} = 48.83\text{kgf/cm}^2$이고, 최대 전단응력은 $\tau_{max} = \frac{T_e}{Z_p} = \frac{16 \times 22360.68}{\pi \times 15^3} = 33.74\text{kgf/cm}^2$이다.

[답] $\sigma_{max} = 48.83\text{kgf/cm}^2$, $\tau_{max} = 33.74\text{kgf/cm}^2$

예제 8-27 **다음 그림 (8-q)와 같은 belt 전동장치에서 m-n 단면의 축에 생기는 최대응력 σ_{max}과 최대 전단응력 τ_{max}을 구하시오. 단, 축의 직경 d는 6cm, pulley의 직경 D는 80cm이다.**

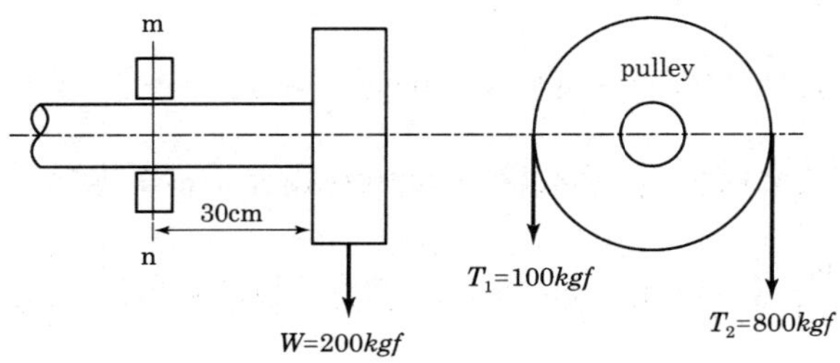

그림 (8-q)

| 해설 | m−n단면에 걸리는 굽힘 모멘트 M은 pulley의 무게와 belt의 장력에 의해서 생기므로 $M=(W+T_1+T_2)l=1100\times30=33000\text{kgf}\cdot\text{cm}$이고, 비틀림 모멘트 T는 pulley의 회전력 $P_e=T_2-T_1=700\text{kgf}$에 의해서 $T=P_e\dfrac{D}{2}=700\times40=28000\text{kgf}\cdot\text{cm}$로 된다. 따라서 등가 비틀림 모멘트는 $T_e=\sqrt{M^2+T^2}=43278.17\text{kgf}\cdot\text{cm}$로 되고, 등가 굽힘 모멘트는 $M_e=\dfrac{1}{2}M+\dfrac{1}{2}\sqrt{M^2+T^2}=16500+21639.085=38139.085\text{kgf}\cdot\text{cm}$로 된다. 최대 응력은 $\sigma_{\max}=\dfrac{M_e}{Z}=\dfrac{32\times38139.085}{\pi\times6^3}=1798.53\text{kgf/cm}^2$이고, 최대 전단응력은 $\tau_{\max}=\dfrac{T_e}{Z_p}=\dfrac{16\times43278.17}{\pi\times6^3}=1020.435\text{kgf/cm}^2$이다.

[답] $\sigma_{\max}=1798.53\text{kgf/cm}^2$, $\tau_{\max}=1020.435\text{kgf/cm}^2$

예제 8-28 다음 그림 (8−r)과 같은 belt 전동장치에서 m−n 단면의 축에 생기는 최대응력 $\sigma_{\max}$과 최대 전단응력 $\tau_{\max}$을 구하시오. 단, 축의 직경 d는 6 cm , pulley의 직경 D는 80cm 이다.

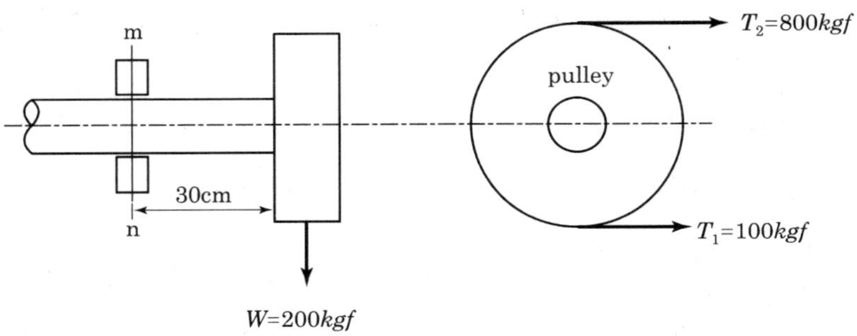

그림 (8−r)

| 해설 | Pulley의 무게 W와 belt의 장력 T_1+T_2는 서로 직교함으로 이들의 합력 F는 $F=\sqrt{W^2+(T_1+T_2)^2}=921.95\text{kgf}$로 된다. 따라서 m−n단면에 걸리는 굽힘 모멘트 M은 $M=Fl=921.95\times30=27658.63\text{kgf}\cdot\text{cm}$이고, 비틀림 모멘트 T는 pulley의 회전력 $P_e=T_2-T_1=700\text{kgf}$에 의해서 $T=P_e\dfrac{D}{2}=700\times40=28000\text{kgf}\cdot\text{cm}$로 된다. 등가 비틀림 모멘트는 $T_e=\sqrt{M^2+T^2}=39357.335\text{kgf}\cdot\text{cm}$로 되고, 등가 굽힘 모멘트는 $M_e=\dfrac{1}{2}M+\dfrac{1}{2}\sqrt{M^2+T^2}=13829.315+19678.67=33507.98\text{kgf}\cdot\text{cm}$로 된다. 최대 응력은 $\sigma_{\max}=\dfrac{M_e}{Z}=\dfrac{32\times33507.98}{\pi\times6^3}=1580.14\text{kgf/cm}^2$이고, 최대 전단응력은 $\tau_{\max}=\dfrac{T_e}{Z_p}=\dfrac{16\times39357.335}{\pi\times6^3}=927.99\text{kgf/cm}^2$이다.

[답] $\sigma_{max} = 1580.14\text{kgf/cm}^2$, $\tau_{max} = 927.99\text{kgf/cm}^2$

예제 8-29 다음 그림 (8-s)와 같은 belt 전동장치에서 축에 생기는 최대응력 σ_{max}과 최대 전단응력 τ_{max}을 구하시오. 단 축의 직경 d는 6cm, pulley의 직경 D는 80cm 이다.

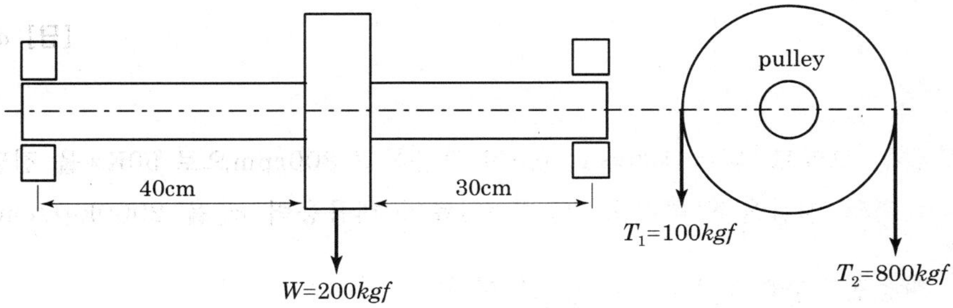

그림 (8-s)

▌해설▌ 축에 생기는 최대 굽힘 모멘트 M은 pulley의 무게와 belt의 장력에 의해서 생기므로 $M = \frac{(W+T_1+T_2)ab}{l} = \frac{1100\times40\times30}{70} = 18857.14\text{kgf}\cdot\text{cm}$이고, 비틀림 모멘트 T는 pulley의 회전력 $P_e = T_2 - T_1 = 700\text{kgf}$에 의해서 $T = P_e\frac{D}{2} = 700\times40 = 28000\text{kgf}\cdot\text{cm}$로 된다. 따라서 등가 비틀림 모멘트는 $T_e = \sqrt{M^2+T^2} = 33757.84\text{kgf}\cdot\text{cm}$로 되고, 등가 굽힘 모멘트는 $M_e = \frac{1}{2}M + \frac{1}{2}\sqrt{M^2+T^2} = 9428.57 + 16878.92 = 26307.49\text{kgf}\cdot\text{cm}$로 된다. 최대 응력은 $\sigma_{max} = \frac{M_e}{Z} = \frac{32\times26307.49}{\pi\times6^3} = 1240.58\text{kgf/cm}^2$이고, 최대 전단응력은 $\tau_{max} = \frac{T_e}{Z_p} = \frac{16\times33757.84}{\pi\times6^3} = 795.96\text{kgf/cm}^2$이다.

[답] $\sigma_{max} = 1240.58\text{kgf/cm}^2$, $\tau_{max} = 795.96\text{kgf/cm}^2$

예제 8-30 굽힘 모멘트 $M = 7500\text{kgf}\cdot\text{cm}$이 작용하고 150rpm으로 70Hp을 전달하는 동력축의 지름을 구하시오. 단, 축재료의 허용응력 σ_w을 2000kgf/cm^2로 하고 허용전단응력 τ_w는 $\tau_w = \frac{\sigma_w}{2}$로 한다.

▌해설▌ 비틀림 모멘트 T는 $T = 71620\frac{Hp}{n} = 71620\times\frac{70}{150} = 33422.67\text{kgf}\cdot\text{cm}$이다. 등가 비틀림

모멘트는 $T_e=\sqrt{M^2+T^2}=34253.83\text{kgf}\cdot\text{cm}$로 되고, 등가 굽힘 모멘트는 $M_e=\frac{1}{2}M+\frac{1}{2}\sqrt{M^2+T^2}=3750+17126.91=20876.91\text{kgf}\cdot\text{cm}$로 된다. 등가 굽힘 모멘트에 의한 직경 $d_1=\sqrt[3]{\frac{32M_e}{\pi\sigma_w}}=\sqrt[3]{\frac{32\times20876.91}{\pi\times2000}}=4.74\text{cm}$이고, 등가 비틀림 모멘트에 의한 직경 $d_2=\sqrt[3]{\frac{16T_e}{\pi\tau_w}}=\sqrt[3]{\frac{16\times34253.83}{\pi\times1000}}=5.59\text{cm}$이다. 따라서 축의 직경 d는 d_2로 해야 한다.

[답] $d=5.59\text{cm}$

예제 8-31 **굽힘 모멘트 $M=7500\text{kgf}\cdot\text{cm}$이 작용하고 800rpm으로 50Kw을 전달하는 동력축의 지름을 구하시오. 단, 축재료의 허용응력 σ_w을 2000kgf/cm^2로 하고 허용전단응력 τ_w는 $\tau_w=\frac{\sigma_w}{2}$로 한다.**

| 해설 | 비틀림 모멘트 T는 $T=97400\frac{Hp}{n}=97400\times\frac{50}{800}=6087.5\text{kgf}\cdot\text{cm}$이다. 등가 비틀림 모멘트는 $T_e=\sqrt{M^2+T^2}=9659.59\text{kgf}\cdot\text{cm}$로 되고, 등가 굽힘 모멘트는 $M_e=\frac{1}{2}M+\frac{1}{2}\sqrt{M^2+T^2}=3750+4829.79=8579.79\text{kgf}\cdot\text{cm}$로 된다. 등가 굽힘 모멘트에 의한 직경 $d_1=\sqrt[3]{\frac{32M_e}{\pi\sigma_w}}=\sqrt[3]{\frac{32\times8579.79}{\pi\times2000}}=3.52\text{cm}$이고, 등가 비틀림 모멘트에 의한 직경 $d_2=\sqrt[3]{\frac{16T_e}{\pi\tau_w}}=\sqrt[3]{\frac{16\times9659.59}{\pi\times1000}}=3.66\text{cm}$이다. 따라서 축의 직경 d는 d_2로 해야 한다.

[답] $d=3.66\text{cm}$

예제 8-32 **지름 $d=15\text{cm}$인 원형단면 외팔보에 굽힘 모멘트 $M_b=100\text{kgf}\cdot\text{m}$, 비틀림 모멘트 $T=200\text{kgf}\cdot\text{cm}$, 축방향의 하중 $P=100\text{kgf}$가 동시에 작용할 때, 축에 발생하는 최대 응력과 최대 전단응력을 구하시오.**

| 해설 | 굽힘 모멘트 M_b에 의해서 생기는 최대 응력 σ_b는 원형단면의 바깥층에서 $\sigma_b=\frac{M_b}{Z}=\frac{10000\times32}{\pi\times15^3}=30.18\text{kgf/cm}$이다. 축방향의 하중 P에 의해서 생기는 응력 σ_t는 $\sigma_t=\frac{4P}{\pi d^2}=\frac{4\times1000}{\pi\times15^2}=5.66\text{kgf/cm}^2$이다. 비틀림 모멘트 T에 의해서 생기는 최대 전단응력 τ_t는 원형단면의 바깥층에서 $\tau_t=\frac{T}{Z_p}=\frac{16\times20000}{\pi\times15^3}=30.18\text{kgf/cm}^2$이다. 따라서 최대응력은

$\sigma_{\max} = \frac{1}{2}(\sigma_b + \sigma_t) + \frac{1}{2}\sqrt{(\sigma_b + \sigma_t)^2 + 4\tau_t^2} = 17.92 + 35.1 = 53.02\text{kgf/cm}^2$이고, 최대 전단응력은 $\tau_{\max} = \frac{1}{2}\sqrt{(\sigma_b + \sigma_t)^2 + 4\tau_t^2} = 35.1\text{kgf/cm}^2$이다.

[답] $\sigma_{\max} = 53.02\text{kgf/cm}^2$, $\tau_{\max} = 35.1\text{kgf/cm}^2$

보의 처짐

일반적으로 구조물로 쓰이는 보를 설계할 경우에는 주로 강도(strength)를 기준으로 하지만 공작기계와 정밀도를 요하는 곳 등에는 강도뿐만 아니라 강성(stiffness)에 대해서도 충분히 고려해야 한다. 보에 하중이 작용하면 보가 구부러짐으로 보의 축선이 곡선으로 변형된다. 이 곡선을 보의 탄성곡선(elastic line) 또는 처짐곡선(deflection curve) 이라 한다. 구부러지기 전의 곧은 중심선으로부터 이 처짐곡선까지의 수직변위 즉, y 방향의 변위를 처짐(deflection)이라고 하고, 처짐곡선에서의 접선의 기울기를 처짐각(deflection angle)이라고 한다.

9-1 탄성곡선의 미분방정식

하중을 받는 보의 처짐과 처짐각을 구하기 위한 미분방정식을 유도하기 위하여 그림 **9-1**과 같이 구부러진 보의 일부분인 $\widehat{AB}$를 나타내었다. 이 부분 중에서 구부러진 미소구간 ds와 $\widehat{CD}$의 곡률반경 ρ와의 관계를 다음과 같이 나타낼 수 있다.

$$\rho d\theta = ds \tag{9-1}$$

곡률(curvature)은 곡률반경의 역수로 양의 x방향으로 이동함에 따라 회전각 또는 경사각(angle of inclination or angle of slope) θ가 증가하면 양(+)의 부호를 갖고, 그 반대로 회전각 Θ가 감소하면 음(−)의 부호를 가지므로 다음과 같이 쓸 수 있다.

$$\frac{1}{\rho} = \left| \frac{d\theta}{ds} \right| \tag{9-2}$$

그림 **9-1**에서 C점의 기울기 $\tan\theta = \dfrac{dy}{dx}$를 s에 관해서 미분하고 정리하면 다음과 같다.

$$\sec^2\theta \frac{d\theta}{ds} = \frac{d^2y}{dx^2}\frac{dx}{ds} \qquad \frac{d\theta}{ds} = \frac{1}{\sec^2\theta}\frac{d^2y}{dx^2}\frac{dx}{ds} \tag{9-3}$$

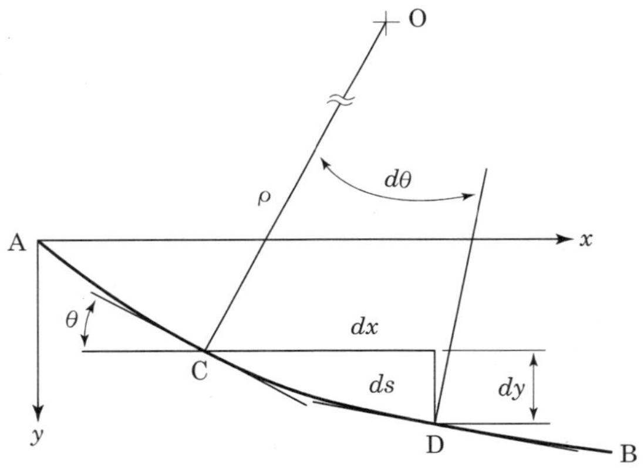

그림 9-1 보의 탄성곡선

삼각함수공식과 그림 **9-1**로부터 $\sec^2\theta$는 $\sec^2\theta = 1 + \tan^2\theta = 1 + \left(\dfrac{dy}{dx}\right)^2$로 되고 $\dfrac{dx}{ds}$는 $\dfrac{dx}{ds} = \dfrac{dx}{\sqrt{dx^2 + dy^2}} = \dfrac{1}{\sqrt{1 + \left(\dfrac{dy}{dx}\right)^2}}$로 나타낼 수 있다. 이들을 식 (9-3)에 대입하여 정리하면 다음과 같이 된다.

$$\frac{d\theta}{ds} = \frac{1}{1+\left(\frac{dy}{dx}\right)^2} \frac{d^2y}{dx^2} \frac{1}{\sqrt{1+\left(\frac{dy}{dx}\right)^2}} \simeq \frac{d^2y}{dx^2} \tag{9-4}$$

여기서 $\left(\frac{dy}{dx}\right)^2$은 매우 작은 값을 가지므로 $\left(\frac{dy}{dx}\right)^2 \approx 0$로 놓았다. 식 (9-2)과 식 (9-3) 그리고 식 (8-3)으로부터 다음과 같은 식을 얻을 수 있다.

$$\frac{1}{\rho} = \left| \frac{d^2y}{dx^2} \right| = \frac{M}{EI} \tag{9-5}$$

그림 **9-1**과 같이 좌표를 설정하면 굽힘 모멘트 M이 (+) 즉, 보가 아래로 볼록이고 x가 증가할 때 회전각 θ는 감소하므로 곡률은 (-)부호를 갖는다. 반대로 굽힘 모멘트 M이 (-)이고 x가 증가할 때 회전각 θ는 증가하므로 곡률은 (+)부호를 갖는다. 이와 같은 결과로 보면 곡률과 굽힘 모멘트는 서로 반대의 부호를 가짐을 알 수 있다. 따라서 식 (9-5)는 다음과 같이 쓸 수 있다.

$$\frac{d^2y}{dx^2} = -\frac{M}{EI} \tag{9-6}$$

여기서 EI는 보의 굽힘 강도(flexural rigidity)라 하고, 식 (9-6)을 보의 탄성곡선의 미분방정식이라고 한다. 식 (7-4)의 $\frac{dV}{dx} = -w$와 식 (7-5)의 $\frac{dM}{dx} = V$로부터 식 (9-6)은 다음과 같은 식들로 나타낼 수 있다.

$$\frac{d^3y}{dx^3} = -\frac{1}{EI}\frac{dM}{dx} = -\frac{V}{EI} \tag{9-7}$$

$$\frac{d^4y}{dx^4} = -\frac{1}{EI}\frac{dV}{dx} = \frac{w}{EI} \tag{9-8}$$

만약에 불균일 단면 보(nonprismatic beam)라면 면적 2차 모멘트가 x에 대해 변하므로 굽힘 강도도 변한다. 따라서 식 (9-6), (9-7), (9-8)은 다음과 같이 나타낸다.

$$EI_x \frac{d^2y}{dx^2} = -M$$

$$\frac{d}{dx}\left(EI_x \frac{d^2y}{dx^2}\right) = -\frac{dM}{dx} = -V \tag{9-9}$$

$$\frac{d^2}{dx^2}\left(EI_x \frac{d^2y}{dx^2}\right) = -\frac{dV}{dx} = w$$

여기서 I_x는 면적 2차 모멘트가 x에 관한 함수임을 나타내고 있다.

9-1-1 외팔보

(1) 집중하중을 받는 외팔보

그림 **9-2**와 같이 자유단에 집중하중 P가 작용할 때 자유단으로부터 x만큼 떨어진 곳에서의 굽힘 모멘트 M은 $M = -Px$으로 되고, 이를 식 (9-6)에 대입하여 적분하면 다음과 같이 된다.

$$EIy'' = Px \tag{a}$$

$$EIy' = \frac{1}{2}Px^2 + C_1 \tag{b}$$

$$EIy = \frac{1}{6}Px^3 + C_1 x + C_2 \tag{c}$$

$x = l$일 때 $y' = y = 0$인 경계조건(boundary conditions)으로부터 적분상수 C_1, C_2는 $C_1 = -\frac{Pl^2}{2}$와 $C_2 = \frac{Pl^3}{3}$로 된다. 따라서 처짐각(angle of slope) $\theta = y'$와 처짐량(deflection) y는 다음과 같이 된다.

$$\theta = y' = \frac{P}{2EI}(x^2 - l^2)$$
$$y = \frac{P}{6EI}(x^3 - 3l^2 x + 2l^3) \tag{9-10}$$

최대 처짐각 $\theta_{\max} = y'_{\max}$과 최대 처짐량 $y_{\max}$은 $x = 0$일 때 생기며 다음과 같이 주어진다.

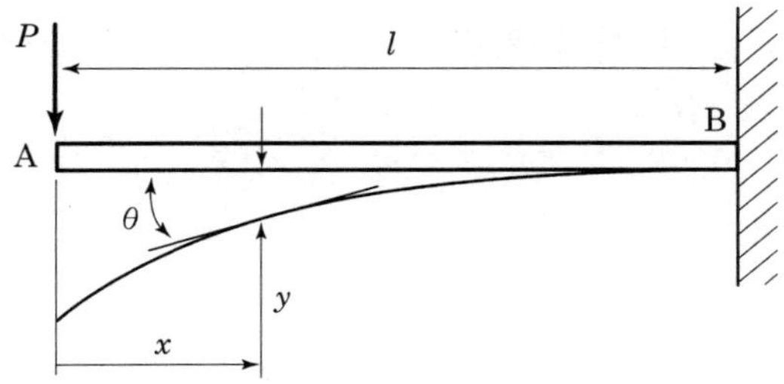

그림 9-2 집중하중을 받는 외팔보의 처짐각과 처짐량

$$\theta_{\max} = y'_{\max} = -\frac{Pl^2}{2EI}$$
$$y_{\max} = \frac{Pl^3}{3EI} \qquad (9-11)$$

(2) 분포하중을 받는 외팔보

그림 **9-3**과 같이 외팔보에 분포하중 w가 작용할 때 자유단으로부터 x만큼 떨어진 곳에서의 굽힘 모멘트 M은 $M=-\frac{wx^2}{2}$으로 되고, 이를 식 (9-6)에 대입하여 적분하면 다음과 같이 된다.

$$EIy'' = \frac{wx^2}{2} \qquad (a)$$

$$EIy' = \frac{wx^3}{6} + C_1 \qquad (b)$$

$$EIy = \frac{wx^4}{24} + C_1x + C_2 \qquad (c)$$

$x = l$일 때 $y' = y = 0$인 경계조건(boundary conditions)으로부터 적분상수 C_1, C_2는 $C_1 = -\frac{wl^3}{6}$와 $C_2 = \frac{wl^4}{8}$로 된다. 따라서 처짐각 $\theta = y'$와 처짐량 y는 다음과 같이 된다.

$$y' = \frac{w}{6EI}(x^3 - l^3)$$
$$y = \frac{w}{24EI}(x^4 - 4l^3x + 3l^4) \qquad (9-12)$$

최대 처짐각 $\theta_{\max} = y'_{\max}$과 최대 처짐량 $y_{\max}$은 $x = 0$일 때 생기며 다음과 같이 주어진다.

$$\theta_{max} = y'_{\max} = -\frac{wl^3}{6EI}$$
$$y_{\max} = \frac{wl^4}{8EI} \tag{9-13}$$

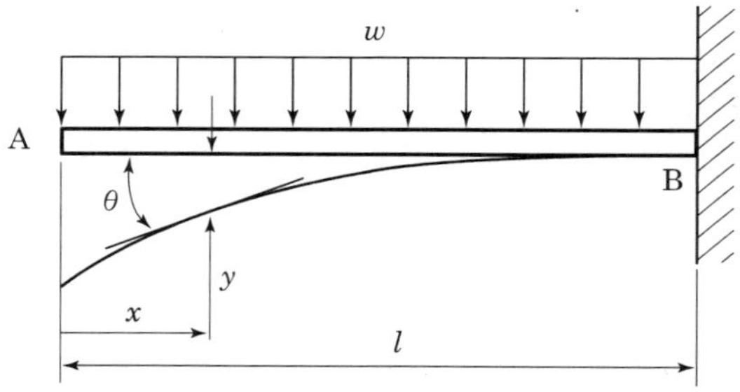

그림 9-3 분포하중을 받는 외팔보의 처짐각과 처짐량

9-1-2 단순보

(1) 등분포하중을 받는 단순보

그림 **9-4**와 같이 단순보에 분포하중 w가 작용할 때 지점 A로부터 x만큼 떨어진 곳에서의 굽힘 모멘트 M은 $M = R_A x - \frac{wx^2}{2} = \frac{wl}{2}x - \frac{wx^2}{2}$으로 되고, 이를 식 (9-6)에 대입하여 적분하면 다음과 같이 된다.

$$EIy'' = -\frac{wl}{2}x + \frac{wx^2}{2} \tag{a}$$

$$EIy' = -\frac{wl}{4}x^2 + \frac{wx^3}{6} + C_1 \tag{b}$$

$$EIy = -\frac{wl}{12}x^3 + \frac{wx^4}{24} + C_1 x + C_2 \tag{c}$$

$x = 0$와 $x = l$일 때 $y = 0$인 경계조건(boundary conditions)으로부터 적분상수 C_1, C_2는 $C_1 = \frac{wl^3}{24}$와 $C_2 = 0$로 된다. 따라서 처짐각 $\theta = y'$와 처짐량 y는 다음과 같이 된

다.

$$\theta = y' = \frac{w}{24EI}(4x^3 - 6lx^2 + l^3)$$
$$y = \frac{w}{24EI}(x^4 - 2lx^3 + l^3x) \tag{9-14}$$

식 (9-14)로부터 $x = \frac{l}{2}$ 되는 곳에서의 처짐각은 0으로 되고, $x = 0$와 $x = l$이 되는 지점 A, B에서의 처짐각 θ_A, θ_B는 다음과 같이 된다.

$$\theta_A = -\theta_B = \frac{wl^3}{24EI} \tag{9-15}$$

처짐량 y의 최대, 최소 값은 $y' = 0$일 때 생긴다는 수학적인 관계로부터도 알 수 있듯이 처짐각이 0인 곳에서 최대 처짐량이 생긴다. 따라서 최대 처짐량 $y_{\max}$은 $x = \frac{l}{2}$일 때 다음과 같이 주어진다.

$$y_{\max} = \frac{5wl^4}{384EI} \tag{9-16}$$

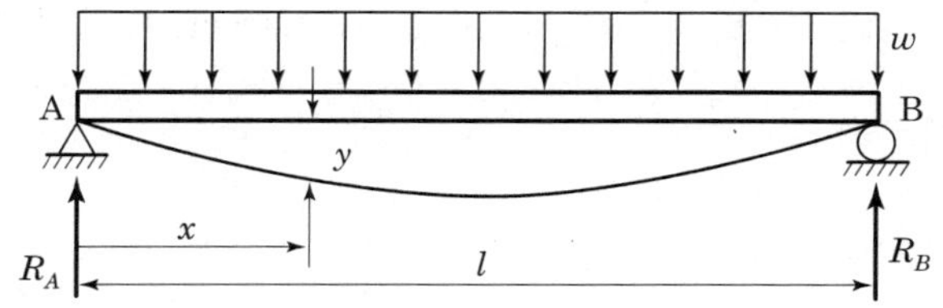

그림 9-4 분포하중을 받는 단순보의 처짐각과 처짐량

(2) 집중하중을 받는 단순보

그림 **9-5**와 같이 C점에 집중하중 P가 작용할 때, 구간 AC($0 \le x \le a$)에서의 굽힘 모멘트 M_{AC}는 $M_{AC} = R_{Ay}x = \frac{Pb}{l}x$로 되고, 구간 CB($a \le x \le l$)에서의 굽힘 모멘트 M_{CB}는 $M_{CB} = R_{Ay}x - P(x-a) = \frac{Pb}{l}x - P(x-a)$로 된다. 이들을 식 (9-6)에 각각 대입하여 적분하면 다음과 같이 된다.

i) AC구간$(0 \le x \le a)$

$$EIy'' = -\frac{Pb}{l}x \tag{a}$$

$$EIy' = -\frac{Pb}{2l}x^2 + C_1 \tag{b}$$

$$EIy = -\frac{Pb}{6l}x^3 + C_1x + C_2 \tag{c}$$

ii) CB구간$(a \le x \le l)$

$$EIy'' = -\frac{Pb}{l}x + P(x-a) \tag{d}$$

$$EIy' = -\frac{Pb}{2l}x^2 + \frac{P}{2}(x-a)^2 + C_3 \tag{e}$$

$$EIy = -\frac{Pb}{6l}x^3 + \frac{P}{6}(x-a)^3 + C_3x + C_4 \tag{f}$$

$x = a$에서는 식 (b), (e)의 처짐각, 식 (c), (f)의 처짐량이 각각 같아야 한다는 경계조건으로부터 $C_1 = C_3$와 $C_2 = C_4$인 관계를 얻을 수 있다. 그리고 $x = 0$일 때 $y = 0$이므로 식 (c)로부터 $C_2 = 0$이 되고, $x = l$일 때에도 $y = 0$이므로 식 (f)로부터 $C_3 = \frac{Pb}{6l}(l^2 - b^2)$이 된다. 따라서 AC구간과 CB구간에서의 처짐각 $\theta = y'$와 처짐량 y는 각각 다음과 같이 된다.

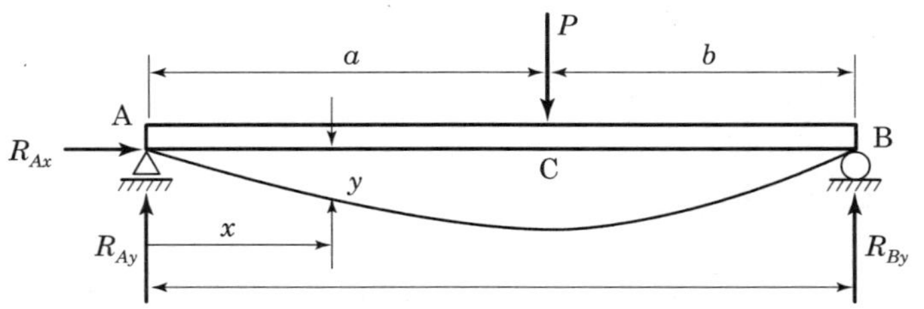

그림 9-5 집중하중을 받는 단순보의 처짐각과 처짐량

i) AC구간$(0 \le x \le a)$

$$\begin{aligned} \theta = y' &= \frac{Pb}{6EIl}(l^2 - b^2 - 3x^2) \\ y &= \frac{Pbx}{6EIl}(l^2 - b^2 - x^2) \end{aligned} \tag{9-17}$$

ii) CB구간$(a \le x \le l)$

$$\begin{aligned} \theta = y' &= \frac{Pb}{6EIl}[(l^2 - b^2) + \frac{3l}{b}(x-a)^2 - 3x^2] \\ y &= \frac{Pb}{6EIl}[\frac{l}{b}(x-a)^3 + (l^2 - b^2)x - x^3] \end{aligned} \tag{9-18}$$

지점 A에서의 처짐각 θ_A는 식 (9-17)에서 $x = 0$인 경우이고, 지점 B에서의 처짐각 θ_B는식 (9-18)에서 $x = l$인 경우로 다음과 같이 주어진다.

$$\begin{aligned} \theta_A &= \frac{Pb}{6EIl}(l^2 - b^2) = \frac{Pab}{6EIl}(l+b) \\ \theta_B &= \frac{Pb}{6EIl}[(l^2 - b^2) + 3lb - 3l^2] = -\frac{Pab}{6EIl}(l+a) \end{aligned} \tag{9-19}$$

만약에 집중하중 P가 보의 중앙에서 가해진다면 즉, $a = b = \frac{l}{2}$이라면, 지점 A, B 에서의 처짐각은 다음과 같이 주어진다.

$$\theta_A = -\theta_B = \frac{Pl^2}{16EI} \tag{9-20}$$

최대 처짐량 $y_{\max}$은 그림 9-5에서 $a > b$인 관계가 있으므로 AC구간에서 생기며, 이때 처짐각은 0이 된다. 따라서 식 (9-17)에서 처짐각 $\theta = \frac{Pb}{6EIl}(l^2 - b^2 - 3x^2) = 0$ 이 되는 위치 $x = \sqrt{\frac{l^2 - b^2}{3}}$에서 최대처짐량이 생기며 다음과 같은 크기를 갖는다.

$$y_{\max} = \frac{Pb}{9\sqrt{3}EIl}\sqrt{(l^2 - b^2)^3} \tag{9-21}$$

만약에 집중하중 P가 보의 중앙에서 가해진다면 즉, $a=b=\frac{l}{2}$이라면, 최대 처짐량은 중앙에 생기며 다음과 같이 주어진다.

$$y_{\max}=\frac{Pl^3}{48EI} \tag{9-22}$$

물론 이곳에서의 처짐각은 0이 된다.

9-1-3 돌출보

(1) 등분포하중을 받는 돌출보

그림 **9-6**과 같이 돌출보에 분포하중 w가 작용할 때, 구간 AB$(0 \le x \le 2a)$에서의 굽힘 모멘트 M_{AB}는 $M_{AB}=R_{Ay}x-\frac{wx^2}{2}=\frac{3wa}{4}x-\frac{wx^2}{2}$로 되고, 구간 BC $(2a \le x \le 3a)$에서의 굽힘 모멘트 M_{BC}는 $M_{BC}=-R_{Ay}x+2wa(x-a)-R_{By}(x-2a)+\frac{w(x-2a)^2}{2}=-\frac{3wa}{4}x+2wa(x-a)-\frac{9wa}{4}(x-2a)+\frac{w(x-2a)^2}{2}$로 된다. 이들을 식 (9-6)에 각각 대입하여 적분하면 다음과 같이 된다.

i) AB구간$(0 \le x \le 2a)$

$$EIy''=-R_{Ay}x+\frac{wx^2}{2} \tag{a}$$

$$EIy'=-\frac{R_{Ay}}{2}x^2+\frac{wx^3}{6}+C_1 \tag{b}$$

$$EIy=-\frac{R_{Ay}}{6}x^3+\frac{wx^4}{24}+C_1x+C_2 \tag{c}$$

ii) BC구간$(2a \le x \le 3a)$

$$EIy''=-R_{Ay}x+2wa(x-a)-R_{By}(x-2a)+\frac{w(x-2a)^2}{2} \tag{d}$$

$$EIy'=-\frac{R_{Ay}}{2}x^2+wa(x-a)^2-\frac{R_{By}}{2}(x-2a)^2+\frac{w(x-2a)^3}{6}+C_3 \tag{e}$$

$$EIy = -\frac{R_{Ay}}{6}x^3 + \frac{wa}{3}(x-a)^3 - \frac{R_{By}}{6}(x-2a)^3 + \frac{w(x-2a)^4}{24} + C_3(x-2a) + C_4 \quad \text{(f)}$$

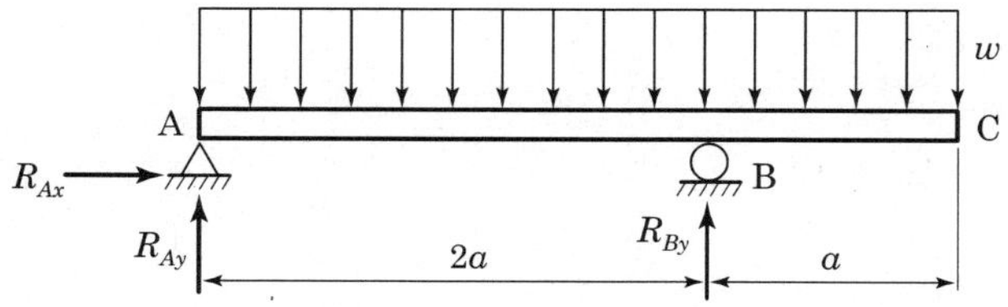

그림 9-6 등분포하중을 받는 돌출보

AB구간의 처짐량 식 (c)에서 $x=0$와 $x=2a$일 때 처짐량 $y=0$인 경계조건 (boundary conditions)으로부터 적분상수 C_1, C_2는 $C_1 = \frac{wa^3}{6}$와 $C_2 = 0$로 된다. 또한, 지점 B$(x=2a)$에서는 AB구간의 처짐각 식 (b)와 BC구간의 처짐각 식 (e)가 같아야 하고, BC구간의 처짐량 식 (f)에서 처짐량이 0이 되어야 한다. 이와 같은 경계조건으로부터 적분상수 C_3, C_4는 $C_3 = -\frac{wa^3}{2}$와 $C_4 = \frac{2wa^4}{3}$로 된다.

C점$(x=3a)$에서의 처짐각 y_C'와 처짐량 y_C은 각각 다음과 같이 주어진다.

$$\begin{aligned} \theta_C &= y_C' = \frac{wa^3}{6EI} \\ y_C &= \frac{wa^4}{8EI} \end{aligned} \quad (9\text{-}23)$$

(2) 집중하중을 받는 돌출보

그림 **9-7**과 같이 돌출보에 집중하중 P가 작용할 때, 구간 AB$(0 \le x \le 2a)$에서의 굽힘 모멘트 M_{AB}는 $M_{AB} = -R_{Ay}x = -\frac{P}{2}x$로 되고, 구간 BC$(2a \le x \le 3a)$에서의 굽힘 모멘트 M_{BC}는 $M_{BC} = Px - 3Pa$로 된다. 이들을 식 (9-6)에 각각 대입하여 적분하면 다음과 같이 된다.

i) AB구간($0 \le x \le 2a$)

$$EIy'' = \frac{P}{2}x \tag{a}$$

$$EIy' = \frac{P}{4}x^2 + C_1 \tag{b}$$

$$EIy = \frac{P}{12}x^3 + C_1x + C_2 \tag{c}$$

ii) BC구간($2a \le x \le 3a$)

$$EIy'' = -Px + 3Pa \tag{d}$$

$$EIy' = -\frac{P}{2}x^2 + 3Pax + C_3 \tag{e}$$

$$EIy = -\frac{P}{6}x^3 + \frac{3Pa}{2}x^2 + C_3x + C_4 \tag{f}$$

AB구간의 처짐량 식 (c)에서 $x = 0$와 $x = 2a$일 때 처짐량 $y = 0$인 경계조건(boundary conditions)으로부터 적분상수 C_1, C_2는 $C_1 = -\frac{Pa^2}{3}$와 $C_2 = 0$로 된다. 또한, 지점 B($x = 2a$)에서는 AB구간의 처짐각 식 (b)와 BC구간의 처짐각 식 (e)가 같아야 하고, BC구간의 처짐량 식 (f)에서 처짐량이 0이 되어야 한다. 이와 같은 경계조건으로부터 적분상수 C_3, C_4는 $C_3 = -\frac{10Pa^2}{3}$와 $C_4 = 2Pa^3$로 된다.

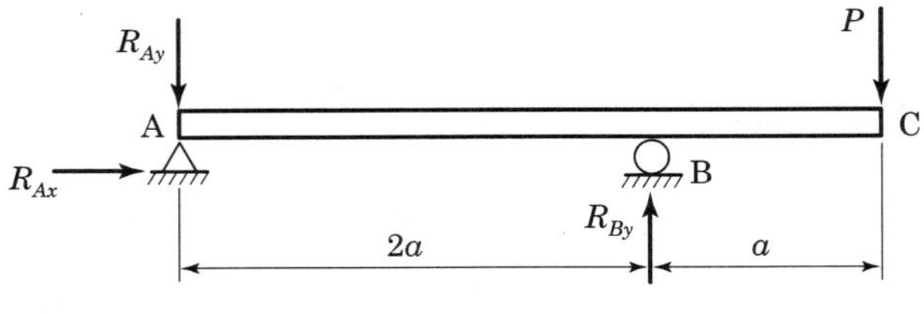

그림 9-7 집중하중을 받는 돌출보

C점($x = 3a$)에서의 처짐각 y_C'와 처짐량 y_C은 각각 다음과 같이 주어진다.

$$\theta_C = y_C{}' = \frac{7Pa^2}{6EI}$$
$$y_C = \frac{Pa^3}{EI} \qquad (9-24)$$

예제 9-1 지름 $d = 3\text{cm}$, 길이 $l = 1mm$인 외팔보의 자유단에 집중하중 P가 작용하여 최대 처짐량 $y_{max} = 2\text{cm}$가 생겼다. 이때 보에 생기는 최대 굽힘응력 σ를 구하시오. 단, 종탄성계수는 $E = 2.1\times10^6\text{kgf/cm}^2$이다.

| 해설 | 외팔보의 최대 처짐량은 $y_{max} = \dfrac{Pl^3}{3EI}$이고, 최대 굽힘모멘트와 최대 굽힘응력은 각각 $M_{max} = Pl$와 $\sigma_{max} = \dfrac{M_{max}}{Z}$이므로 이들 식으로부터 최대 굽힘응력은 $\sigma_{max} = \dfrac{3dy_{max}E}{2l^2}$로 된다. 따라서 $\sigma_{max} = \dfrac{3dy_{max}E}{2l^2} = \dfrac{3\times3\times2\times2.1\times10^6}{2\times100^2} = 1890\text{kgf/cm}^2$이다.

[답] $\sigma_{max} = 1890\text{kgf/cm}^2$

예제 9-2 그림 (9-a)와 같이 집중하중 P가 외팔보의 중앙에 작용할 때, 최대 처짐각과 최대 처짐량을 구하시오.

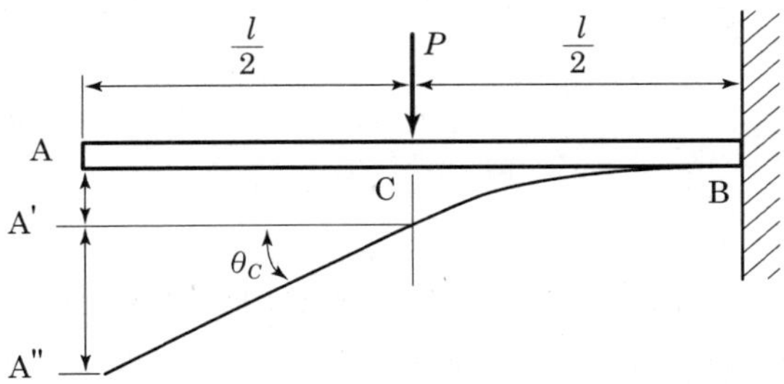

그림 (9-a)

| 해설 | 보의 CB구간에서만 굽힘 모멘트가 작용하므로 C점에서의 처짐각은 $\theta_C = -\dfrac{P\left(\frac{l}{2}\right)^2}{2EI} = -\dfrac{Pl^2}{8EI}$이고, 처짐량은 $y_C = \dfrac{P\left(\frac{l}{2}\right)^3}{3EI} = \dfrac{Pl^3}{24EI}$로 된다. 보의 AC구간은 굽힘 모멘트나 전단력이 작용하지 않으므로 직선상태를 유지하면서 처진다. 따라서 A점에서 최대 처짐량 $y_A = y_C + \dfrac{l}{2}\theta_C = \dfrac{Pl^3}{48EI}$이 생기며, 처짐각 θ_A는 C점에서의 처짐각 θ_C와 같다.

[답] $\theta_A = \theta_C = -\dfrac{Pl^2}{8EI}$, $y_A = \dfrac{Pl^3}{48EI}$

예제 9-3 림 (9-b)와 같이 분포하중 w가 외팔보의 고정단 부분에 작용할 때, 최대 처짐각과 최대 처짐량을 구하시오.

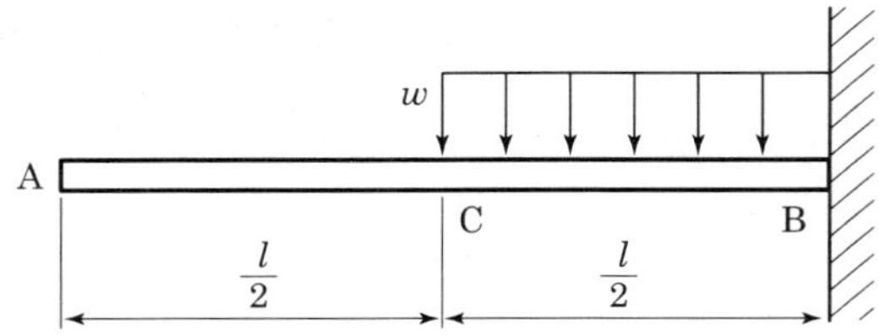

그림 (9-b)

❙ 해설 ❙ 보의 CB구간에서만 굽힘 모멘트가 작용하므로 C점에서의 처짐각은 $\theta_C = -\dfrac{w\left(\dfrac{l}{2}\right)^3}{6EI} = -\dfrac{wl^3}{48EI}$이고, 처짐량은 $y_C = \dfrac{w\left(\dfrac{l}{2}\right)^4}{8EI} = \dfrac{wl^4}{128EI}$로 된다. 보의 AC구간은 굽힘 모멘트나 전단력이 작용하지 않으므로 직선상태를 유지하면서 처진다. 따라서 A점에서 최대 처짐량 $y_A = y_C + \dfrac{l}{2}\theta_C = \dfrac{7wl^4}{384EI}$이 생기며, 처짐각 θ_A는 C점에서의 처짐각 θ_C와 같다.

[답] $\theta_A = \theta_C = -\dfrac{wl^3}{48EI}$, $y_A = \dfrac{7wl^4}{384EI}$

예제 9-4 그림 (9-c)와 같이 분포하중 w가 외팔보의 자유단 부분에 작용할 때, 최대 처짐각과 최대 처짐량을 구하시오.

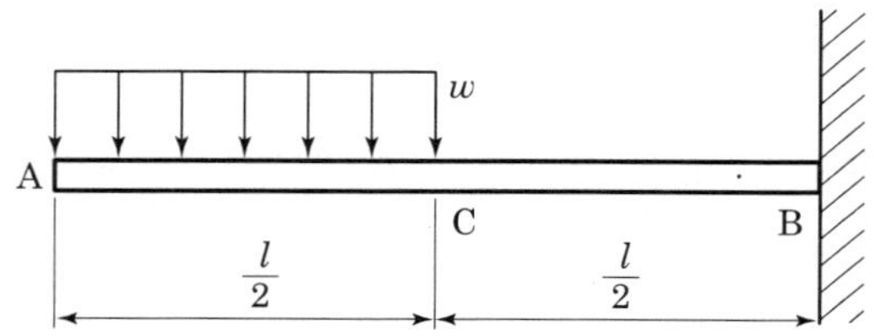

그림 (9-c)

❙ 해설 ❙ AC구간($0 \le x \le \dfrac{l}{2}$)에서의 굽힘 모멘트는 $M_{AC} = -\dfrac{wx^2}{2}$이고, CB구간($\dfrac{1}{2} \le x \le l$)에

서의 굽힘 모멘트는 $M_{CB}=-\frac{wl}{2}\left(x-\frac{l}{4}\right)$이다. 탄성곡선 미분방정식으로부터 AC구간은 $EIy''=-M_{AC}=\frac{wx^2}{2}$, $EIy'=\frac{wx^3}{6}+C_1$, $EIy=\frac{wx^4}{24}+C_1x+C_2$로 되고, CB구간은 $EIy''=-M_{CB}=\frac{wl}{2}\left(x-\frac{l}{4}\right)$, $EIy'=\frac{wl}{4}\left(x-\frac{l}{4}\right)^2+C_3$, $EIy=\frac{wl}{12}\left(x-\frac{l}{4}\right)^3+C_3\left(x-\frac{l}{4}\right)+C_4$로 된다. 경계조건은 C점($x=\frac{l}{2}$)에서 처짐각과 처짐량이 같아야 함으로 $y'_{AC}=y'_{CB}$, $y_{AC}=y_{CB}$이고, 또, $x=l$일 때 처짐각과 처짐량이 $y'_{CB}=y_{CB}=0$로 된다. 따라서 적분상수들은 $C_1=-\frac{7wl^3}{48}$, $C_2=\frac{41wl^4}{384}$, $C_3=-\frac{9wl^3}{64}$, $C_4=\frac{9wl^4}{128}$로 된다. 최대 처짐각과 최대 처짐량은 자유단 A($x=0$)에서 생기며, $y'_{\max}=-\frac{7wl^3}{48EI}$, $y_{\max}=\frac{41wl^4}{384EI}$의 값을 갖는다.

[답] $y'_{\max}=-\frac{7wl^3}{48EI}$, $y_{\max}=\frac{41wl^4}{384EI}$

예제 9-5 그림 (9-d)와 같이 굽힘 모멘트 M가 외팔보의 자유단 A부분에 작용할 때, 최대 처짐각과 최대 처짐량을 구하시오.

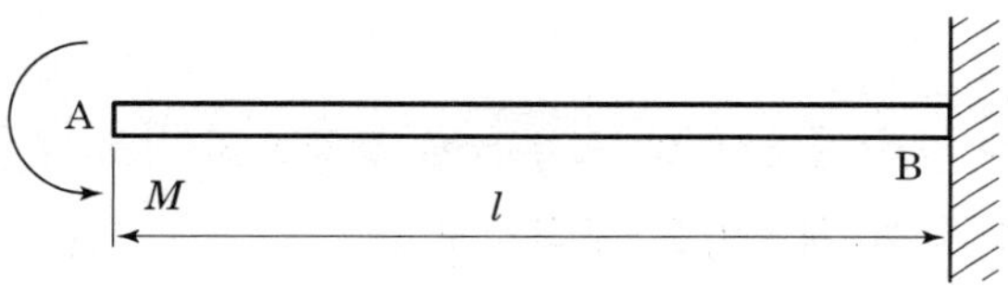

그림 (9-d)

해설 탄성곡선 미분방정식은 $EIy''=M$, $EIy'=Mx+C_1$, $EIy=\frac{Mx^2}{2}+C_1x+C_2$로 되고, 경계조건은 B점($x=l$)에서 처짐각과 처짐량이 $y'=y=0$로 된다. 따라서 적분상수들은 $C_1=-Ml$, $C_2=\frac{Ml^2}{2}$로 된다. 최대 처짐각과 최대 처짐량은 자유단 A($x=0$)에서 생기며, $y'_{\max}=-\frac{Ml}{EI}$, $y_{\max}=\frac{Ml^2}{2EI}$의 값을 갖는다.

[답] $y'_{\max}=-\frac{Ml}{EI}$, $y_{\max}=\frac{Ml^2}{2EI}$

예제 9-6 그림 (9-e)와 같이 선형적으로 증가하는 분포하중이 외팔보에 작용할 때, 최대 처짐각과 최대 처짐량을 구하시오.

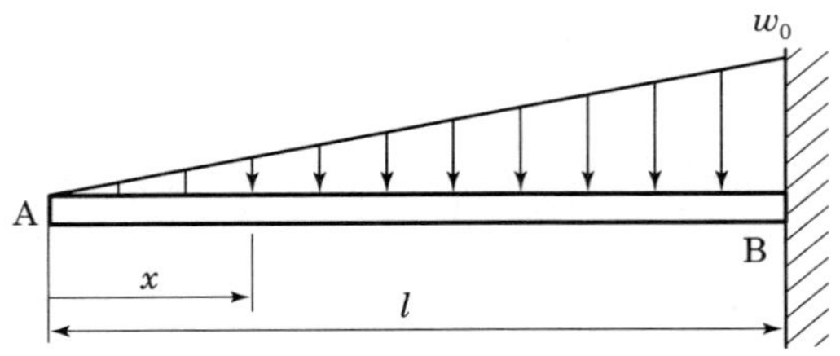

그림 (9-e)

| 해설 | 자유단 A에서 x만큼 떨어진 임의의 단면에서의 굽힘 모멘트는 $M=-\frac{w_0x^3}{6l}$이므로 탄성곡선 미분방정식은 $EIy''=\frac{w_0x^3}{6l}$, $EIy'=\frac{w_0x^4}{24l}+C_1$, $EIy=\frac{w_0x^5}{120l}+C_1x+C_2$로 되고, 경계조건은 B점($x=l$)에서 처짐각과 처짐량이 $y'=y=0$로 된다. 따라서 적분상수들은 $C_1=-\frac{w_0l^3}{24}$, $C_2=\frac{w_0l^4}{30}$로 된다. 최대 처짐각과 최대 처짐량은 자유단 A($x=0$)에서 생기며, $y'_{max}=-\frac{w_0l^3}{24EI}$, $y_{max}=\frac{w_0l^4}{30EI}$의 값을 갖는다.

[답] $y'_{max}=-\frac{w_0l^3}{24EI}$, $y_{max}=\frac{w_0l^4}{30EI}$

예제 9-7 **그림 (9-f)와 같이 단순보의 일부분에 등분포하중 w가 작용할 때, 지점 A, B의 처짐각과 최대 처짐량을 구하시오.**

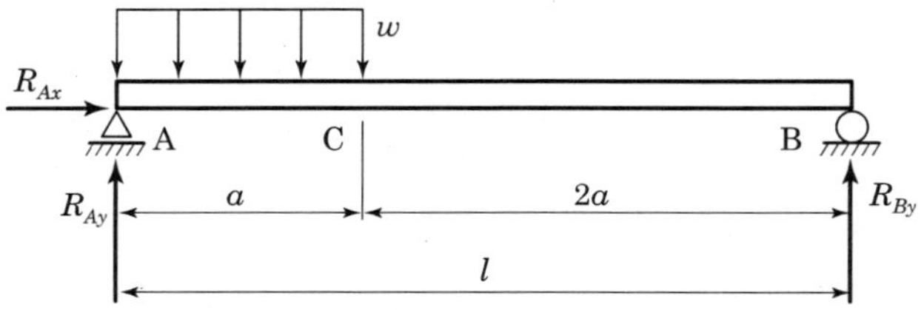

그림 (9-f)

| 해설 | 지점 A, B에 생기는 반력은 $R_{Ax}=0$, $R_{Ay}=\frac{5wa}{6}$, $R_{By}=\frac{wa}{6}$로 된다. AC구간($0\le x\le a$)에서의 굽힘 모멘트는 $M_{AC}=R_{Ay}x-\frac{wx^2}{2}=\frac{5wa}{6}x-\frac{wx^2}{2}$로 구해지고, CB구간($a\le x\le l$)에서는 $M_{CB}=R_{Ay}x-wa\left(x-\frac{a}{2}\right)=\frac{5wa}{6}x-wa\left(x-\frac{a}{2}\right)$로 주어진다. 탄성곡선 미분방정식으로부터 AC구간은 $EIy''=-M_{AC}=-\frac{5wa}{6}x+\frac{wx^2}{2}$, $EIy'=-\frac{5wa}{12}x^2+\frac{wx^3}{6}$

$+C_1$, $EIy=-\dfrac{5wa}{36}x^3+\dfrac{wx^4}{24}+C_1x+C_2$로 되고, CB구간은 $EIy''=-M_{CB}=-\dfrac{5wa}{6}x$ $+wa\left(x-\dfrac{a}{2}\right)$, $EIy'=-\dfrac{5wa}{12}x^2+\dfrac{wa}{2}\left(x-\dfrac{a}{2}\right)^2+C_3$, $EIy=-\dfrac{5wa}{36}x^3+\dfrac{wa}{6}\left(x-\dfrac{a}{2}\right)^3+C_3$ $\left(x-\dfrac{a}{2}\right)+C_4$로 된다. 경계조건은 C점$(x=a)$에서 처짐각과 처짐량이 같아야 함으로 $y'_{AC}=y'_{CB}$, $y_{AC}=y_{CB}$이고, 또, $x=0$와 $x=l$일 때 처짐량은 $y_A=y_B=0$로 된다. 따라서 적분상수들은 $C_1=\dfrac{25wa^3}{72}$, $C_2=0$, $C_3=\dfrac{7wa^3}{18}$, $C_4=\dfrac{25wa^4}{144}$로 된다. 지점 A, B의 처짐각은 각각 $y'_A=\dfrac{25wa^3}{72EI}$, $y'_B=-\dfrac{17wa^3}{72EI}$로 된다. C점$(x=a)$에서의 처짐각이 (+)이므로 처짐각이 0인 곳은 CB구간에서 생긴다. CB구간의 처짐각 식을 0으로 놓고 x값을 구하면 $x_1=4.683a$와 $x_2=1.317a$을 얻는다. $x_1=4.683a$는 보의 길이보다 크므로 존재하지 않는 값이므로 $x_2=1.317a$일 때 최대 처짐량 $y_{\max}=0.265\dfrac{wa^4}{EI}$이 생긴다.

[답] $y'_A=\dfrac{25wa^3}{72EI}$, $y'_B=-\dfrac{17wa^3}{72EI}$, $y_{\max}=0.265\dfrac{wa^4}{EI}$

예제 9-8 **그림 (9-g)와 같이 단순보의 일부분에 등분포하중 w가 작용할 때, 지점 A, B의 처짐각과 최대 처짐량을 구하시오.**

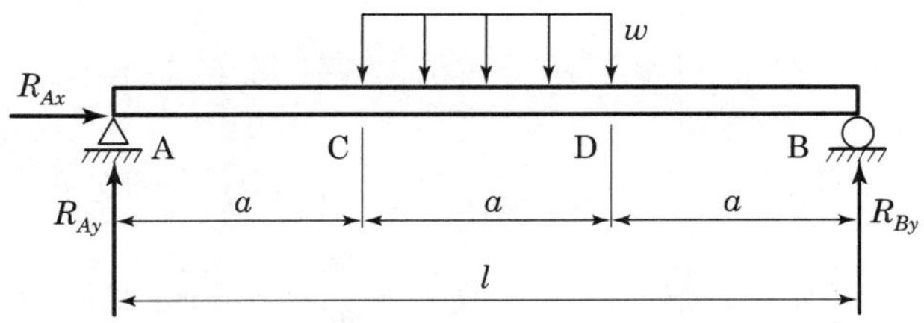

그림 (9-g)

▌해설▐ 지점 A, B에 생기는 반력은 $R_{Ay}=R_{By}=\dfrac{wa}{2}$로 된다. 좌우대칭이므로 AC, CD구간만을 고려한다. AC구간$(0\le x\le a)$에서의 굽힘 모멘트는 $M_{AC}=R_{Ay}x=\dfrac{wa}{2}x$로 구해지고, CD구간$(a\le x\le 2a)$에서는 $M_{CD}=R_{Ay}x-\dfrac{w(x-a)^2}{2}=\dfrac{wa}{2}x-\dfrac{w(x-a)^2}{2}$로 주어진다. 탄성곡선 미분방정식으로부터 AC구간은 $EIy''=-M_{AC}=-\dfrac{wa}{2}x$, $EIy'=-\dfrac{wa}{4}x^2+C_1$, $EIy=-\dfrac{wa}{12}x^3+C_1x+C_2$로 되고, CD구간은 $EIy''=-M_{CD}=-\dfrac{wa}{2}x+\dfrac{w(x-a)^2}{2}$,

$EIy' = -\dfrac{wa}{4}x^2 + \dfrac{w(x-a)^3}{6} + C_3$, $EIy = -\dfrac{wa}{12}x^3 + \dfrac{w(x-a)^4}{24} + C_3(x-a) + C_4$로 된다. 경계조건은 C점$(x=a)$ 에서 처짐각과 처짐량이 같아야 하고, $x=0$일 때 처짐량은 $y_A=0$, $x=\dfrac{3a}{2}$일 때 처짐각은 $y'_{CD}=0$로 된다. 따라서 적분상수들은 $C_1 = C_3 = \dfrac{13wa^3}{24}$, $C_2=0$, $C_4 = \dfrac{13wa^4}{24}$로 된다. 지점 A, B의 처짐각은 각각 $y'_A = -y'_B = \dfrac{13wa^3}{24EI}$로 되고, 보의 중앙 $\left(x=\dfrac{3a}{2}\right)$에서 최대 처짐량 $y_{\max} = \dfrac{205wa^4}{384EI}$이 생긴다.

[답] $y'_A = -y'_B = \dfrac{13wa^3}{24EI}$, $y_{\max} = \dfrac{205wa^4}{384EI}$

예제 9-9 그림 (9-h)와 같이 단순보에 굽힘 모멘트 M_B가 작용할 때, 지점 A, B의 처짐각과 최대 처짐량을 구하시오.

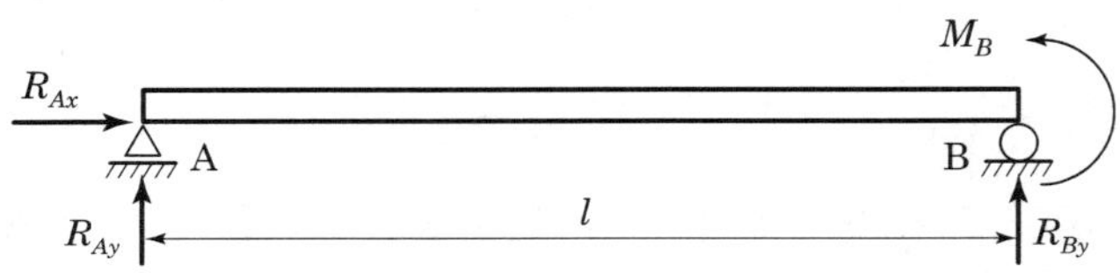

그림 (9-h)

| 해설 | 지점 A, B에 생기는 반력은 $R_{Ay} = -R_{By} = \dfrac{M_B}{l}$로 된다. 지점 A에서 임의의 거리 x에 생기는 굽힘 모멘트는 $M = R_{Ay}x = \dfrac{M_B}{l}x$로 주어진다. 탄성곡선 미분방정식으로부터 $EIy'' = -\dfrac{M_B}{l}x$, $EIy' = -\dfrac{M_B}{2l}x^2 + C_1$, $EIy = -\dfrac{M_B}{6l}x^3 + C_1x + C_2$로 된다. 경계조건은 지점 A, B에서 처짐량이 0이어야 하므로 적분상수들은 $C_1 = \dfrac{M_Bl}{6}$, $C_2=0$로 된다. 지점 A, B의 처짐각은 각각 $y'_A = \dfrac{M_Bl}{6EI}$, $y'_B = -\dfrac{M_Bl}{3EI}$로 되고, 최대 처짐량은 처짐각이 0이 되는 곳 $\left(x=\dfrac{l}{\sqrt{3}}\right)$에서 최대 처짐량 $y_{\max} = \dfrac{M_Bl^2}{9\sqrt{3}\,EI}$이 생긴다.

[답] $y'_A = \dfrac{M_Bl}{6EI}$, $y'_B = -\dfrac{M_Bl}{3EI}$, $y_{\max} = \dfrac{M_Bl^2}{9\sqrt{3}\,EI}$

예제 9-10 그림 (9-i)와 같이 단순보에 선형적으로 증가하는 분포하중 w_0가 작용할 때,

지점 A, B의 처짐각과 최대 처짐량을 구하시오.

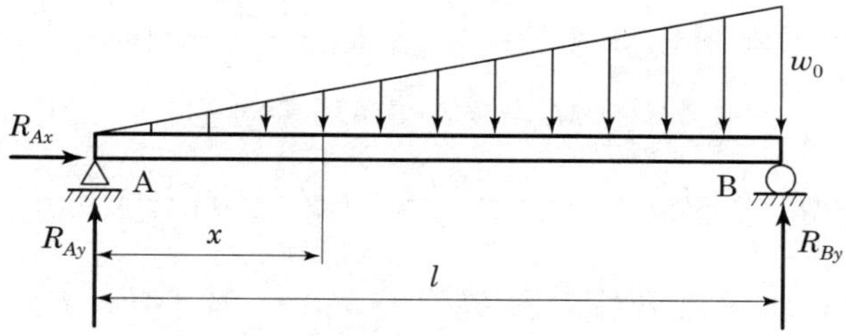

그림 (9-i)

| 해설 | 지점 A, B에 생기는 반력은 $R_{Ay}=\dfrac{w_0 l}{6}$, $R_{By}=\dfrac{w_0 l}{3}$로 된다. 지점 A에서 x만큼 떨어진 임의의 단면에서의 굽힘 모멘트는 $M=R_{Ay}x-\dfrac{w_0 x^3}{6l}=\dfrac{w_0 l}{6}x-\dfrac{w_0 x^3}{6l}$이므로 탄성곡선 미분방정식은 $EIy''=-\dfrac{w_0 l}{6}x+\dfrac{w_0 x^3}{6l}$, $EIy'=-\dfrac{w_0 l}{12}x^2+\dfrac{w_0 x^4}{24l}+C_1$, $EIy=-\dfrac{w_0 l}{36}x^3+\dfrac{w_0 x^5}{120l}+C_1 x+C_2$로 되고, 경계조건은 지점 A, B에서 처짐량이 0으로 된다. 따라서 적분상수들은 $C_1=\dfrac{7w_0 l^3}{360}$, $C_2=0$로 된다. 지점 A, B의 처짐각은 각각 $y'_A=\dfrac{7w_0 l^3}{360EI}$, $y'_B=-\dfrac{8w_0 l^3}{360EI}$로 되고, 최대 처짐량은 처짐각이 0이 되는 곳($x=0.52l$)에서 최대 처짐량 $y_{\max}=6.52\times10^{-3}\dfrac{w_0 l^4}{EI}$이 생긴다.

[답] $y'_A=\dfrac{7w_0 l^3}{360EI}$, $y'_B=-\dfrac{8w_0 l^3}{360EI}$, $y_{\max}=6.52\times10^{-3}\dfrac{w_0 l^4}{EI}$

예제 9-11 그림 (9-j)와 같은 돌출보에 등분포하중 w와 집중하중 P가 작용할 때, 지점 C의 처짐각과 처짐량을 구하시오.

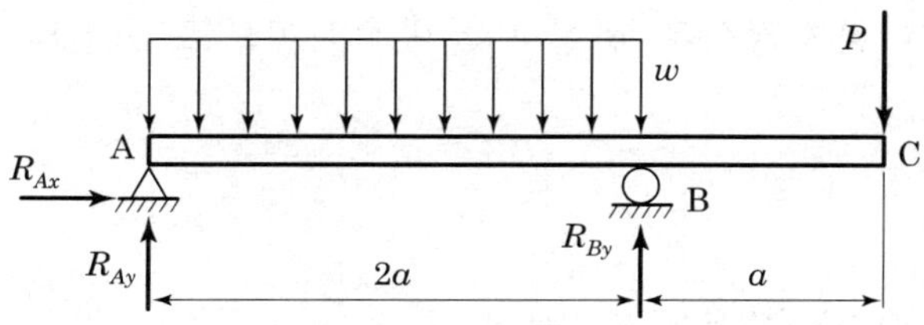

그림 (9-j)

▌해설▐ 지점 A, B에 생기는 반력은 $R_{Ax}=0$, $R_{Ay}=wa-\frac{P}{2}$, $R_{By}=wa+\frac{3P}{2}$로 된다. AB구간 $(0 \le x \le 2a)$에서의 굽힘 모멘트는 $M_{AB}=R_{Ay}x-\frac{wx^2}{2}=\left(wa-\frac{P}{2}\right)x-\frac{wx^2}{2}$로 구해지고, BC구간$(2a \le x \le 3a)$에서는 $M_{BC}=Px-3Pa$로 주어진다. 탄성곡선 미분방정식으로부터 AB구간은 $EIy''=-M_{AB}=-R_{Ay}x+\frac{wx^2}{2}$, $EIy'=-R_{Ay}\frac{x^2}{2}+\frac{wx^3}{6}+C_1$, $EIy=-R_{Ay}\frac{x^3}{6}+\frac{wx^4}{24}+C_1x+C_2$로 되고, BC구간은 $EIy''=-M_{BC}=-Px+3Pa$, $EIy'=-\frac{P}{2}x^2+3Pax+C_3$, $EIy=-\frac{P}{6}x^3+\frac{3Pa}{2}x^2+C_3x+C_4$로 된다. AB구간의 경계조건은 지점 A$(x=0)$, 지점 B$(x=2a)$에서 처짐량이 0이고, 지점 B$(x=2a)$에서는 AB구간의 처짐각식과 BC구간의 처짐각식이 같아야 하고 BC구간의 처짐량식에서 처짐량은 0이 된다. 따라서 적분상수들은 $C_1=\frac{wa^3-Pa^2}{3}$, $C_2=0$, $C_3=-\frac{10Pa^2+wa^3}{3}$, $C_4=2Pa^3+\frac{2wa^4}{3}$로 된다. 따라서 C점에서의 처짐각과 처짐량은 각각 $y'_C=\frac{7Pa^2-2wa^3}{6EI}$, $y_C=\frac{3Pa^3-wa^4}{3EI}$로 된다.

[답] $y'_C=\frac{7Pa^2-2wa^3}{6EI}$, $y_C=\frac{3Pa^3-wa^4}{3EI}$

9-2 중첩법

한 개의 보에 몇 개의 하중들이 동시에 작용하는 경우에 보의 임의의 단면에 생기는 처짐각과 처짐량들은 각각의 하중들이 하나씩 보에 작용할 때 생기는 처짐각과 처짐량들을 합하면 구할 수 있다. 이와 같은 방법을 중첩법(method of superposition)이라고 한다. 중첩법은 선형 함수인 관계를 유지하는 경우라면 모두 적용시킬 수 있다. 보의 탄성곡선 미분방정식은 선형 미분방정식이므로 중첩의 원리가 적용된다.

9-2-1 외팔보

(1) 집중하중 P_1, P_2가 작용하는 경우

그림 **9-8**과 같이 외팔보에 집중하중 P_1, P_2가 동시에 작용하는 경우의 처짐각 y'와

처짐량 y은 집중하중 P_1에 의해서 생기는 처짐각 y_1'과 처짐량 y_1에 집중하중 P_2에 의해서 생기는 처짐각 y_2'과 처짐량 y_2를 합하면 되고 이를 식으로 나타내면 다음과 같다.

$$y' = y_1' + y_2' \qquad (9-25)$$
$$y = y_1 + y_2$$

집중하중 P_1에 의해서만 생기는 처짐각 y_1'와 처짐량 y_1은 식 (9-10)과 같이 주어지므로 다음과 같이 나타낼 수 있다.

$$\theta_1 = y_1' = \frac{P_1}{2EI}(x^2 - l^2) \qquad (9-26)$$
$$y_1 = \frac{P_1}{6EI}(x^3 - 3l^2 x + 2l^3)$$

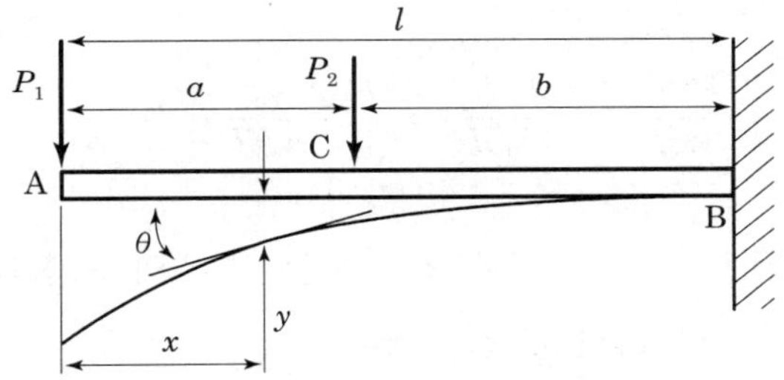

그림 9-8 집중하중 P_1, P_2가 작용하는 외팔보

이때 집중하중 P_1이 작용하는 A점 $(x=0)$에서의 처짐각 $\theta_{1A} = y'_{1A}$와 처짐량 y_{1A}은 다음과 같이 주어진다.

$$\theta_{1A} = y'_{1A} = -\frac{P_1 l^2}{2EI} \qquad (9-27)$$
$$y_{1A} = \frac{P_1 l^3}{3EI}$$

또 집중하중 P_2에 의해서만 생기는 CB구간 $(a \le x \le l)$에서의 처짐각 y_2'와 처짐량 y_2도 앞에서와 마찬가지로 식 (9-10)과 같이 주어지므로 다음과 같이 된다.

$$\theta_2 = y_2' = \frac{P_2}{2EI}[(x-a)^2 - b^2] \qquad (9-28)$$
$$y_2 = \frac{P_2}{6EI}[(x-a)^3 - 3b^2(x-a) + 2b^3]$$

이때 집중하중 P_2가 작용하는 C점 $(x=a)$에서의 처짐각 $\theta_{2C}=y'_{2C}$와 처짐량 y_{2C}은 다음과 같이 주어진다.

$$\begin{aligned}\theta_{2C} &= y'_{2C} = -\frac{P_2 b^2}{2EI} \\ y_{2C} &= \frac{P_2 b^3}{3EI}\end{aligned} \tag{9-29}$$

그리고 보의 AC구간 $(0 \le x \le a)$에서는 집중하중 P_2에 의한 굽힘 모멘트나 전단력이 없으므로 직선상태를 유지하면서 처진다. 따라서 집중하중 P_2만에 의한 A점에서의 처짐각 y'_{2A}와 처짐량 y_{2A} 는 다음과 같이 주어진다.

$$\begin{aligned}\theta_{2A} &= y'_{2A} = y'_{2C} = -\frac{P_2 b^2}{2EI} \\ y_{2A} &= y_{2C} + a\,\theta_{2C} = \frac{P_2 b^3}{3EI} + a\frac{P_2 b^2}{2EI} = \frac{P_2 b^2(2l+a)}{6EI}\end{aligned} \tag{9-30}$$

그러므로 집중하중 P_1, P_2가 동시에 작용하는 경우의 처짐각 y'와 처짐량 y은 식 (9-25) 로부터 다음과 같이 나타낼 수 있다.

i) AC구간 $(0 \le x \le a)$

$$\begin{aligned}y' &= y_1' + y_2' = \frac{P_1}{2EI}(x^2 - l^2) - \frac{P_2 b^2}{2EI} \\ y &= y_1 + y_2 = \frac{P_1}{6EI}(x^3 - 3l^2 x + 2l^3) + \frac{P_2 b^2(2l+a)}{6EI}\end{aligned} \tag{9-31}$$

ii) CB구간 $(a \le x \le l)$

$$\begin{aligned}y' &= y_1' + y_2' = \frac{P_1}{2EI}(x^2 - l^2) + \frac{P_2}{2EI}[(x-a)^2 - b^2] \\ y &= y_1 + y_2 = \frac{P_1}{6EI}(x^3 - 3l^2 x + 2l^3) + \frac{P_2}{6EI}[(x-a)^3 - 3b^2(x-a) + 2b^3]\end{aligned} \tag{9-32}$$

또한, 최대 처짐각 $y'_{\max}$과 처짐량 $y_{\max}$은 A점에서 생기며 다음과 같이 된다.

$$y'_{\max} = -\left(\frac{P_1 l^2}{2EI} + \frac{P_2 b^2}{2EI}\right)$$
$$y_{\max} = \frac{P_1 l^3}{3EI} + \frac{P_2 b^2 (2l + a)}{6EI} \tag{9-33}$$

(2) 집중하중 P와 등분포하중w가 작용하는 경우

그림 **9-9**와 같은 외팔보에 집중하중 P와 등분포하중 w가 동시에 작용하고 있을 때, 집중하중 P에 의해서만 생기는 처짐각 y_1'와 처짐량 y_1은 식 (9-10)과 같이 주어지므로 다음과 같이 나타낼 수 있다.

$$\theta_1 = y_1' = \frac{P}{2EI}(x^2 - l^2)$$
$$y_1 = \frac{P}{6EI}(x^3 - 3l^2 x + 2l^3) \tag{9-34}$$

또한, 등분포하중 w에 의해서만 생기는 처짐각 y_2'와 처짐량 y_2는 식 (9-12)와 같이 주어지므로 다음과 같이 나타낼 수 있다.

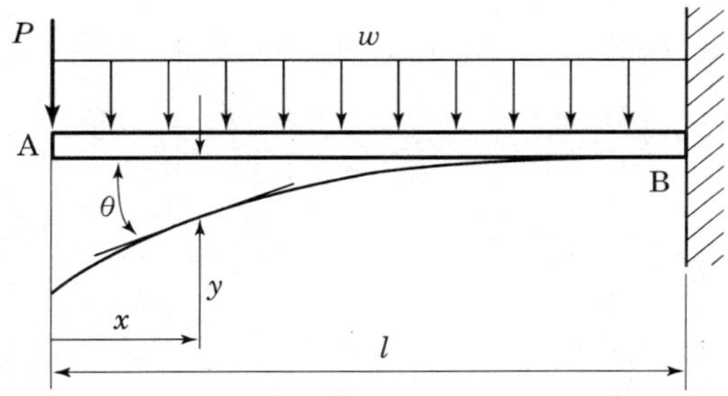

그림 9-9 집중하중 P와 등분포하중 w가 작용하는 외팔보

$$y_2' = \frac{w}{6EI}(x^3 - l^3)$$
$$y_2 = \frac{w}{24EI}(x^4 - 4l^3 x + 3l^4) \tag{9-35}$$

따라서 집중하중 P와 등분포하중 w가 동시에 작용하고 있을 때, 처짐각 y'와 처짐량 y은 집중하중 P에 의해서 생기는 처짐각 y_1'과 처짐량 y_1에 등분포하중 w에 의해서 생기는 처짐각 y_2'과 처짐량 y_2를 합하면 되고 이를 식으로 나타내면 다음과 같다.

$$y' = y_1' + y_2' = \frac{P}{2EI}(x^2 - l^2) + \frac{w}{6EI}(x^3 - l^3)$$
$$y = y_1 + y_2 = \frac{P}{6EI}(x^3 - 3l^2x + 2l^3) + \frac{w}{24EI}(x^4 - 4l^3x + 3l^4) \qquad (9-36)$$

최대 처짐각 $y'_{\max}$과 처짐량 $y_{\max}$은 외팔보의 자유단 A점 $(x=0)$에서 생기며 식 (9-36)으로부터 다음과 같이 된다.

$$y'_{\max} = -\left(\frac{Pl^2}{2EI} + \frac{wl^3}{6EI}\right)$$
$$y_{\max} = \frac{Pl^3}{3EI} + \frac{wl^4}{8EI} \qquad (9-37)$$

9-2-2 단순보

(1) 집중하중 P와 등분포하중 w가 작용하는 경우

그림 **9-10**과 같은 단순보에 집중하중 P와 등분포하중 w가 동시에 작용하고 있을 때, 집중하중 P에 의해서만 생기는 처짐각 y_1'와 처짐량 y_1은 식 (9-17)과 식 (9-18)에서와 같이 주어지므로 다음과 같이 나타낼 수 있다.

i) AC구간 $(0 \le x \le a)$

$$\theta_{1AC} = y_{1AC}' = \frac{Pb}{6EIl}(l^2 - b^2 - 3x^2)$$
$$y_{1AC} = \frac{Pbx}{6EIl}(l^2 - b^2 - x^2) \qquad (9-38)$$

ii) CB구간 $(a \le x \le l)$

$$\theta_{1CB} = y_{1CB}' = \frac{Pb}{6EIl}\left[(l^2 - b^2) + \frac{3l}{b}(x-a)^2 - 3x^2\right]$$
$$y_{1CB} = \frac{Pb}{6EIl}\left[\frac{l}{b}(x-a)^3 + (l^2 - b^2)x - x^3\right) \qquad (9-39)$$

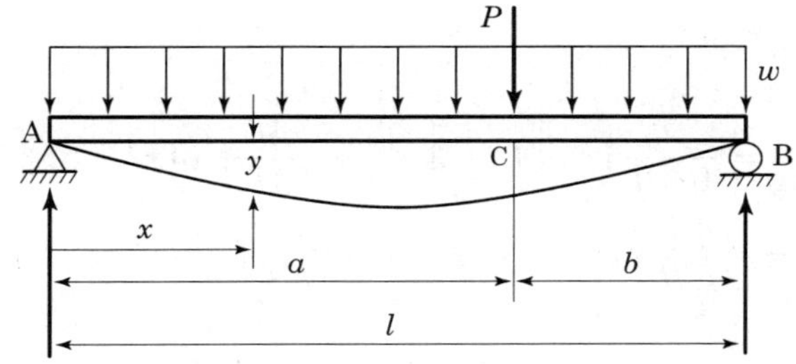

그림 9-10 집중하중 P와 등분포하중 w가 작용하는 단순보

지점 A에서의 처짐각 θ_{1A}는 식 (9-38)에서 $x=0$인 경우이고, 지점 B에서의 처짐각 θ_{1B}는 식 (9-39)에서 $x=l$인 경우로 다음과 같이 주어진다.

$$\begin{aligned} \theta_{1A} &= \frac{Pb}{6EIl}(l^2-b^2) = \frac{Pab}{6EIl}(l+b) \\ \theta_{1B} &= \frac{Pb}{6EIl}[(l^2-b^2)+3lb-3l^2] = -\frac{Pab}{6EIl}(l+a) \end{aligned} \qquad (9\text{-}40)$$

또한, 등분포하중 w에 의해서만 생기는 처짐각 y_2'와 처짐량 y_2는 식 (9-14)에서와 같이 주어지므로 다음과 같이 나타낼 수 있다.

$$\begin{aligned} \theta_2 &= y_2' = \frac{w}{24EI}(4x^3-6lx^2+l^3) \\ y_2 &= \frac{w}{24EI}(x^4-2lx^3+l^3x) \end{aligned} \qquad (9\text{-}41)$$

지점 A, B에서의 처짐각 θ_{2A}, θ_{2B}는 식 (9-41)에서 각각 $x=0$, $x=l$인 경우로 다음과 같이 된다.

$$\theta_{2A} = -\theta_{2B} = \frac{wl^3}{24EI} \qquad (9\text{-}42)$$

따라서 집중하중 P와 등분포하중 w가 동시에 단순보에 작용하고 있을 때, 처짐각 y'와 처짐량 y은 집중하중 P에 의해서 생기는 처짐각 y_1'과 처짐량 y_1에 등분포하중 w에 의해서 생기는 처짐각 y_2'과 처짐량 y_2를 합하면 되고 이를 식으로 나타내면 다음과 같다.

i) AC구간 $(0 \le x \le a)$

$$y_{AC}{}' = y_{1AC}{}' + y_2{}' = \frac{Pb}{6EIl}(l^2 - b^2 - 3x^2) + \frac{w}{24EI}(4x^3 - 6lx^2 + l^3)$$
$$y_{AC} = y_{1AC} + y_2 = \frac{Pbx}{6EIl}(l^2 - b^2 - x^2) + \frac{w}{24EI}(x^4 - 2lx^3 + l^3x) \qquad (9-43)$$

ii) CB구간 $(a \le x \le l)$

$$y_{CB}{}' = y_{1CB}{}' + y_2{}' = \frac{Pb}{6EIl}[(l^2 - b^2) + \frac{3l}{b}(x-a)^2 - 3x^2]$$
$$+ \frac{w}{24EI}(4x^3 - 6lx^2 + l^3) \qquad (9-44)$$
$$y_{1CB} = \frac{Pb}{6EIl}[\frac{l}{b}(x-a)^3 + (l^2 - b^2)x - x^3) + \frac{w}{24EI}(x^4 - 2lx^3 + l^3x)$$

만약에 집중하중 P가 보의 중앙에서 가해진다면 즉, $a = b = \frac{l}{2}$이라면, 지점 A, B 에서의 처짐각은 다음과 같이 주어진다.

$$\theta_A = -\theta_B = \frac{Pl^2}{16EI} + \frac{wl^3}{24EI} \qquad (9-45)$$

이때 최대 처짐량은 중앙에 생기며 다음과 같이 주어진다.

$$y_{\max} = \frac{Pl^3}{48EI} + \frac{5wl^4}{384EI} \qquad (9-46)$$

(2) 집중하중 P_1, P_2가 작용하는 경우

그림 **9-11**과 같은 단순보에 집중하중 P_1, P_2가 동시에 작용하고 있을 때, 집중하중 P_1에 의해서만 생기는 처짐각 $y_1{}'$와 처짐량 y_1은 식 (9-17)과 식 (9-18)에서와 같이 주어지므로 다음과 같이 나타낼 수 있다.

i) AC구간 $(0 \le x \le a_1)$

$$\theta_{1AC} = y_{1AC}' = \frac{Pb_1}{6EIl}(l^2 - b_1^2 - 3x^2)$$
$$y_{1AC} = \frac{Pb_1 x}{6EIl}(l^2 - b_1^2 - x^2) \qquad (9\text{-}47)$$

ii) CB구간 $(a_1 \le x \le l)$

$$\theta_{1CB} = y_{1CB}' = \frac{Pb_1}{6EIl}\left[(l^2 - b_1^2) + \frac{3l}{b_1}(x - a_1)^2 - 3x^2\right]$$
$$y_{1CB} = \frac{Pb_1}{6EIl}\left[\frac{l}{b_1}(x - a_1)^3 + (l^2 - b_1^2)x - x^3\right] \qquad (9\text{-}48)$$

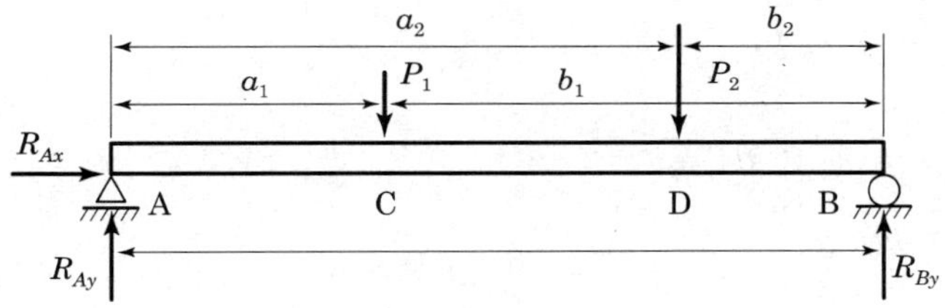

그림 9-11 집중하중 P_1, P_2가 작용하는 단순보

또한, 집중하중 P_2에 의해서만 생기는 처짐각 y_2'와 처짐량 y_2은 앞에서와 마찬가지로 식 (9-17)과 식 (9-18)에서와 같이 주어지므로 다음과 같이 나타낼 수 있다.

i) AD구간 $(0 \le x \le a_2)$

$$\theta_{2AD} = y_{2AD}' = \frac{Pb_2}{6EIl}(l^2 - b_2^2 - 3x^2)$$
$$y_{2AD} = \frac{Pb_2 x}{6EIl}(l^2 - b_2^2 - x^2) \qquad (9\text{-}49)$$

ii) DB구간 $(a_2 \le x \le l)$

$$\theta_{2DB} = y_{2DB}' = \frac{Pb_2}{6EIl}\left[(l^2 - b_2^2) + \frac{3l}{b_2}(x - a_2)^2 - 3x^2\right]$$
$$y_{2DB} = \frac{Pb_2}{6EIl}\left[\frac{l}{b_2}(x - a_2)^3 + (l^2 - b_2^2)x - x^3\right] \qquad (9\text{-}50)$$

따라서 집중하중 P_1, P_2가 동시에 작용하고 있을 때, 각 구간의 처짐각과 처짐량은 다음과 같이 주어진다.

i) AC구간 $(0 \leq x \leq a_1)$

$$\begin{aligned} \theta_{AC} &= y_{AC}' = y_{1AC}' + y_{2AD}' \\ y_{AC} &= y_{1AC} + y_{2AD} \end{aligned} \tag{9-51'}$$

ii) CD구간 $(a_1 \leq x \leq a_2)$

$$\begin{aligned} \theta_{CD} &= y_{CD}' = y_{1CB}' + y_{2AD}' \\ y_{CD} &= y_{1CB} + y_{2AD} \end{aligned} \tag{9-51''}$$

iii) DB구간 $(a_2 \leq x \leq l)$

$$\begin{aligned} \theta_{DB} &= y_{DB}' = y_{1CB}' + y_{2DB}' \\ y_{DB} &= y_{1CB} + y_{2DB} \end{aligned} \tag{9-51'''}$$

만약에 하중 $P_1 = P_2$이고 $a_1 = b_2 = \dfrac{l}{3}$, $a_2 = b_1 = \dfrac{2l}{3}$라면 지점 A, B의 처짐각 y_A'와 y_B' 그리고 보의 중앙 $(x = \dfrac{l}{2})$에서의 최대 처짐량 $y_{\max}$는 식 (9-51')와 식 (9-51'''), 식 (9-51'')로부터 다음과 같이 된다.

$$y_A' = -y_B' = \frac{Pl^2}{9EI} \tag{9-52}$$

$$y_{\max} = \frac{23Pl^3}{648EI} \tag{9-53}$$

9-2-3 돌출보

(1) 등분포하중이 작용하는 경우

그림 **9-12** (a)와 같이 등분포하중 w가 돌출보에 작용하는 경우에는 그림 **9-12**의 (b)와 (c)와 같이 나누어서 고려하고, 다시 그림 **9-12** (b)는 등분포하중 w가 작용하는 단

순보와 지점 B에 굽힘 모멘트 $M=\dfrac{wa^2}{2}$이 작용하는 단순보로 나누어 고려한 다음에 이들의 결과를 합한다.

i) 등분포하중 w가 길이 l인 단순보에 작용하는 경우의 처짐각 y_1'와 처짐량 y_1

$$\begin{aligned} \theta_1 = y_1' &= \frac{w}{24EI}(4x^3 - 6lx^2 + l^3) \\ y_1 &= \frac{w}{24EI}(x^4 - 2lx^3 + l^3x) \end{aligned} \tag{9-54}$$

ii) 굽힘 모멘트 M이 길이 l인 단순보에 그림 9-12 (b)와 같이 작용하는 경우의 처짐각 y_2'와 처짐량 y_2

$$\begin{aligned} \theta_2 = y_2' &= \frac{M}{EI}\left(\frac{x^2}{2l} - \frac{l}{6}\right) \\ y_2 &= \frac{M}{EI}\left(\frac{x^3}{6l} - \frac{lx}{6}\right) \end{aligned} \tag{9-55}$$

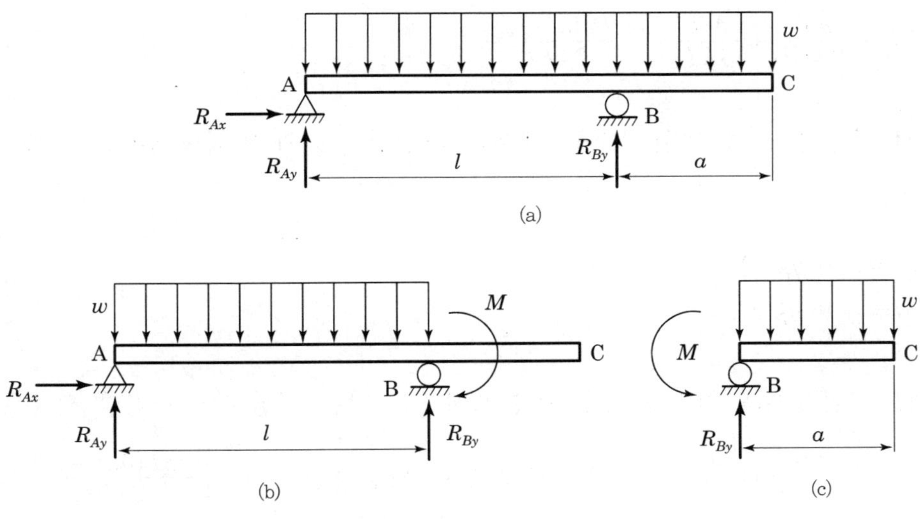

그림 9-12 등분포하중이 작용하는 돌출보

iii) 등분포하중 w가 길이 a인 외팔보에 그림 9-12 (c)와 같이 작용하는 경우의 처짐각 y_3'와 처짐량 y_3

$$\theta_3 = y_3{}' = \frac{w}{2EI}\left(\frac{x^3}{3} - ax^2 + a^2x\right)$$
$$y_3 = \frac{w}{2EI}\left(\frac{x^4}{12} - \frac{ax^3}{3} + \frac{a^2x^2}{2}\right) \qquad (9-56)$$

따라서 식 (9-54), (9-55), (9-56)을 고려하여 해석한 돌출보의 각 구간에서의 처짐각 과 처짐량은 다음과 같이 주어진다.

i) AB구간

$$\theta_{AB} = \theta_1 + \theta_2$$
$$y_{AB} = y_1 + y_2 \qquad (9-57)$$

ii) BC구간

이 구간에서의 처짐량은 그림 9-12 (b)에서 보는 바와 같이 돌출된 부분이 있으므로 지점 B부분의 처짐각 영향을 받는다. 지점 B에서의 처짐각은 식 (9-57)로 부터 다음과 같이 주어진다.

$$y_B{}' = -\frac{wl^3}{24EI} + \frac{Ml}{3EI} = \frac{wl(4a^2 - l^2)}{24EI} \qquad (9-58)$$

따라서 처짐각 $y_B{}'$에 의한 BC구간에서의 처짐각 $y_{BC}{}'$와 처짐량 y_{BC}는 다음과 같이 주어진다.

$$\theta_{BC} = \theta_3 + y_B{}'$$
$$y_{BC} = y_3 + y_B{}'x \qquad (9-59)$$

한 예로 C점에서의 처짐량 y_C는 등분포하중을 받는 외팔보의 처짐량 식 (9-56)으로부터 $y_{3C} = \frac{wa^4}{8EI}$와 돌출부의 영향으로 인한 처짐량 $y_B{}' \cdot a = \frac{wal(4a^2 - l^2)}{24EI}$의 합으로 다음과 같이 주어진다.

$$y_C = \frac{wal(4a^2 - l^2) + 3wa^4}{24EI} \qquad (9-60)$$

(2) 집중하중이 작용하는 경우

그림 **9-13** (a)와 같이 집중하중 P가 돌출보에 작용하는 경우에는 그림 **9-13** (b)의 지점 B에 굽힘 모멘트 $M = Pa$이 작용하는 단순보와 집중하중 P가 작용하는 외팔보로 나누어 고려한 다음에 이들의 결과를 합한다.

i) **굽힘 모멘트 M이 길이 l (AB구간)인 단순보에 그림 9-12 (b)와 같이 작용하는 경우의 처짐각 y_1'와 처짐량 y_1**

$$\theta_1 = y_1' = \frac{M}{EI}\left(\frac{x^2}{2l} - \frac{l}{6}\right)$$
$$y_1 = \frac{M}{EI}\left(\frac{x^3}{6l} - \frac{lx}{6}\right) \qquad (9-61)$$

그림 **9-12** (b)에서 보는 바와 같이 돌출된 부분이 있으므로 이 부분(BC구간)의 처짐량은 지점 B부분의 처짐각 영향을 받는다. 지점 B에서의 처짐각은 식 (9-61)로 부터 $y_{1B}' = \dfrac{Ml}{3EI}$로 주어지므로 지점 B로부터 임의의 거리 x만큼 떨어진 곳의 처짐량 y_{1BC}는 다음과 같이 주어진다.

$$y_{1BC} = y_{1B}' \cdot x = \frac{Ml}{3EI}x \qquad (9-62)$$

ii) **그림 9-12 (c)와 같이 집중하중 P가 작용하는 외팔보의 처짐각 y_2'와 처짐량 y_2**

$$\theta_2 = y_2' = \frac{Px}{EI}\left(a - \frac{x}{2}\right)$$
$$y_2 = \frac{Px^2}{2EI}\left(a - \frac{x}{3}\right) \qquad (9-63)$$

따라서 식 (9-61), (9-62), (9-63)을 고려하여 해석한 돌출보의 각 구간에서의 처짐각 과 처짐량은 다음과 같이 주어진다.

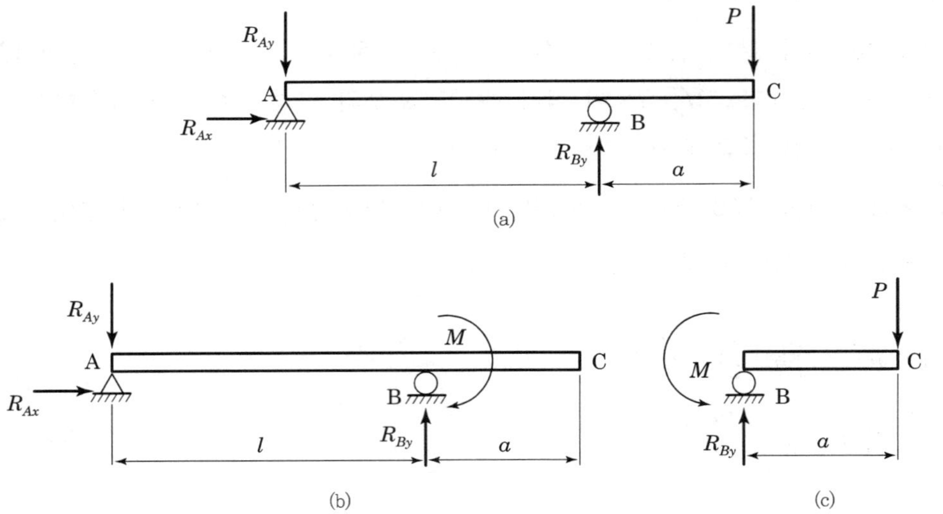

그림 9-13 집중하중이 작용하는 돌출보

i) AB구간

$$\theta_{AB} = \theta_1 \quad y_{AB} = y_1 \tag{9-64}$$

ii) BC구간

$$\begin{aligned} \theta_{BC} &= \theta_1 + \theta_2 \\ y_{BC} &= y_2 + y_{1B}{}' x \end{aligned} \tag{9-65}$$

C점에서의 처짐량 y_C는 집중하중을 받는 외팔보의 처짐량 식 (9-63)으로부터 $y_{2C} = \dfrac{Pa^3}{3EI}$와 돌출부의 영향으로 인한 처짐량 $y_{1B}{}' \cdot a = \dfrac{Ml}{3EI} \cdot a = \dfrac{Pa^2 l}{3EI}$의 합으로 다음과 같이 주어진다.

$$y_C = \frac{Pa^2(l+a)}{3EI} \tag{9-66}$$

예제 9-12 외팔보에 등분포하중 w와 자유단에 집중하중 P가 작용할 때, 최대 처짐각 $\theta_{\max}$과 최대 처짐량 $y_{\max}$을 구하시오.

▌해설▌ 등분포하중에 의해 생기는 최대 처짐각 $\theta_{1\max}$과 최대 처짐량 $y_{1\max}$은 $\theta_{1\max}=-\dfrac{wl^3}{6EI}$, $y_{1\max}=\dfrac{wl^4}{8EI}$로 주어지고, 집중하중에 의해 생기는 최대 처짐각 $\theta_{2\max}$과 최대 처짐량 $y_{2\max}$은 $\theta_{2\max}=-\dfrac{Pl^2}{2EI}$, $y_{2\max}=\dfrac{Pl^3}{3EI}$로 주어진다. 따라서 최대 처짐각 $\theta_{\max}$과 최대 처짐량 $y_{\max}$은 $\theta_{\max}=\theta_{1\max}+\theta_{2\max}=-\left(\dfrac{wl^3}{6EI}+\dfrac{Pl^2}{2EI}\right)$, $y_{\max}=y_{1\max}+y_{2\max}=\dfrac{wl^4}{8EI}+\dfrac{Pl^3}{3EI}$로 된다.

[답] $\theta_{\max}=-\left(\dfrac{wl^3}{6EI}+\dfrac{Pl^2}{2EI}\right)$, $y_{\max}=\dfrac{wl^4}{8EI}+\dfrac{Pl^3}{3EI}$

예제 9-13 그림 (9-k)와 같이 외팔보에 등분포하중 w와 집중하중 P가 작용할 때, 최대 처짐각 $\theta_{\max}$과 최대 처짐량 $y_{\max}$을 구하시오.

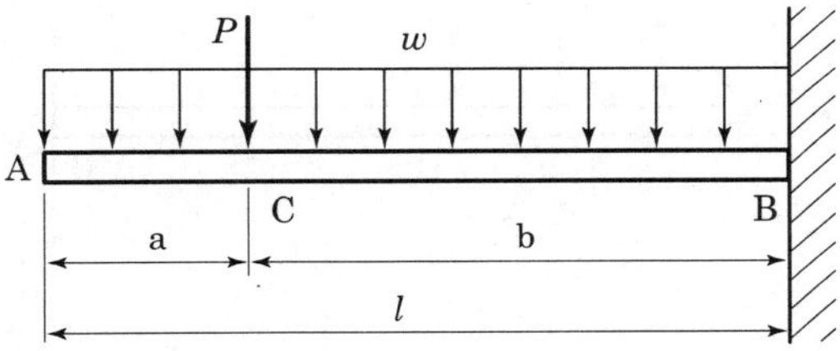

그림 (9-k)

▌해설▌ 등분포하중에 의해서만 생기는 최대 처짐각 $\theta_{1\max}$과 최대 처짐량 $y_{1\max}$은 $\theta_{1\max}=-\dfrac{wl^3}{6EI}$, $y_{1\max}=\dfrac{wl^4}{8EI}$로 주어진다. 집중하중에 의해서만 생기는 최대 처짐각 $\theta_{2\max}$과 최대 처짐량 $y_{2\max}$은 AC구간에서 직선을 유지하므로 $\theta_{2\max}=-\dfrac{Pl^2}{2EI}$, $y_{2\max}=\dfrac{Pb^3}{3EI}+\dfrac{Pb^2}{2EI}\cdot a$로 주어진다. 따라서 최대 처짐각 $\theta_{\max}$과 최대 · 처짐량 $y_{\max}$은 $\theta_{\max}=\theta_{1\max}+\theta_{2\max}=-\left(\dfrac{wl^3}{6EI}+\dfrac{Pb^2}{2EI}\right)$, $y_{\max}=y_{1\max}+y_{2\max}=\dfrac{wl^4}{8EI}+\dfrac{Pb^3}{3EI}+\dfrac{Pb^2a}{2EI}$로 된다.

[답] $\theta_{\max}=-\left(\dfrac{wl^3}{6EI}+\dfrac{Pb^2}{2EI}\right)$, $y_{\max}=\dfrac{wl^4}{8EI}+\dfrac{Pb^3}{3EI}+\dfrac{Pb^2a}{2EI}$

예제 9-14 단순보에 등분포하중 w와 중앙에 집중하중 P가 작용할 때, 지점 A, B에서의 처짐각 θ_A, θ_B와 최대 처짐량 $y_{\max}$을 구하시오.

▌해설▌ 등분포하중에 의해 생기는 지점 A, B에서의 처짐각 θ_{1A}, θ_{1B}와 최대 처짐량 $y_{1\max}$은

$\theta_{1A}=-\theta_{1B}=\dfrac{wl^3}{24EI}$, $y_{1\max}=\dfrac{5wl^4}{384EI}$로 주어지고, 집중하중에 의해 생기는 지점 A, B에서의 처짐각 θ_{2A}, θ_{2B}와 최대 처짐량 $y_{2\max}$은 $\theta_{2A}=-\theta_{2B}=\dfrac{Pl^2}{16EI}$, $y_{2\max}=\dfrac{Pl^3}{48EI}$로 주어진다. 따라서 지점 A, B에서의 처짐각 θ_A, θ_B와 최대 처짐량 $y_{\max}$은 $\theta_A=-\theta_B=\theta_{1A}+\theta_{1B}=\dfrac{wl^3}{24EI}+\dfrac{Pl^2}{16EI}$, $y_{\max}=y_{1\max}+y_{2\max}=\dfrac{5wl^4}{384EI}+\dfrac{Pl^3}{48EI}$로 된다.

[답] $\theta_A=\dfrac{wl^3}{24EI}+\dfrac{Pl^2}{16EI}$, $y_{\max}=\dfrac{5wl^4}{384EI}+\dfrac{Pl^3}{48EI}$

예제 9-15 그림 (9-l)과 같이 외팔보에 등분포하중 w가 작용할 때, 최대 처짐각 $\theta_{\max}$과 최대 처짐량 $y_{\max}$을 구하시오.

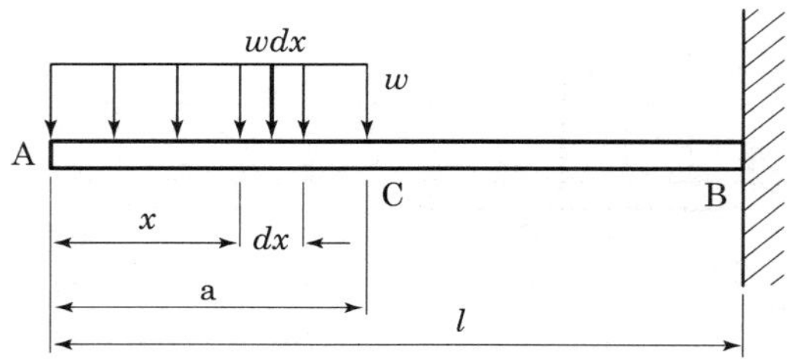

그림 (9-1)

| 해설 | 분포하중의 미소구간 dx에 작용하는 미소하중 wdx에 의해서 생기는 처짐각 $d\theta$와 처짐량 dy는 $d\theta=-\dfrac{w\,dx\,(l-x)^2}{2EI}$, $dy=\dfrac{w\,dx\,(l-x)^3}{3EI}$로 주어지고, 이때 자유단 A에 생기는 처짐량은 $dy_A=\dfrac{w\,dx\,(l-x)^3}{3EI}+\dfrac{w\,dx\,(l-x)^2}{2EI}\cdot x$로 된다. 따라서 최대 처짐각 $\theta_{\max}$과 최대 처짐량 $y_{\max}$은 $y_{\max}=\displaystyle\int_0^a dy_A=\frac{w}{6EI}\left(2l^3a-\frac{3l^2a^2}{2}+\frac{a^4}{4}\right)$, $\theta_{\max}=\displaystyle\int_0^a d\theta=\frac{w}{2EI}\left(l^2a-la^2+\frac{a^3}{3}\right)$로 된다.

[답] $\theta_{\max}=\dfrac{w}{2EI}\left(l^2a-la^2+\dfrac{a^3}{3}\right)$, $y_{\max}=\dfrac{w}{6EI}\left(2l^3a-\dfrac{3l^2a^2}{2}+\dfrac{a^4}{4}\right)$

예제 9-16 그림 (9-m)과 같은 돌출보에 등분포하중 w와 집중하중 P가 작용할 때, 지점 C의 처짐각과 처짐량을 구하시오.

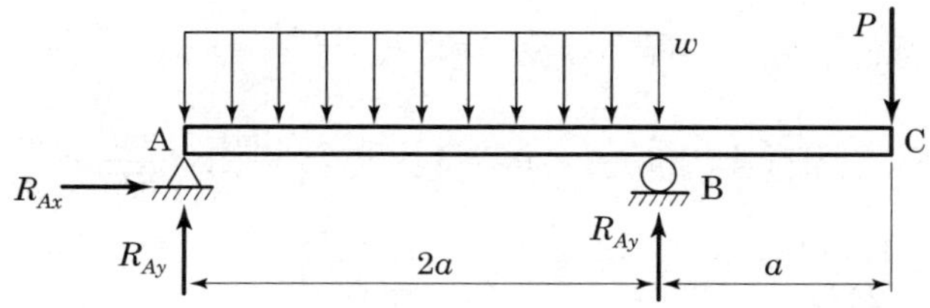

그림 (9-m)

| 해설 | 등분포하중 w와 굽힘 모멘트 $M=Pa$이 동시에 작용하는 단순보와 집중하중 P가 작용하는 외팔보로 나누어 생각한다. 단순보로 생각한 경우에 지점 B에서의 처짐각 θ_B는 $\theta_B=-\dfrac{wa^3}{3EI}+\dfrac{2Pa^2}{3EI}$ 로 되고, 처짐각 θ_B에 의해서 돌출된 C점의 처짐량 y_1은 $y_1=\theta_B\cdot a=-\dfrac{wa^4}{3EI}+\dfrac{2Pa^3}{3EI}$ 로 된다. 집중하중 P가 작용하는 외팔보의 처짐각 θ_{C2}와 처짐량 y_2는 각각 $\theta_{C2}=\dfrac{Pa^2}{2EI}$, $y_2=\dfrac{Pa^3}{3EI}$ 로 된다. 따라서 C점의 처짐각 θ_C와 처짐량 y_C는 $\theta_C=\theta_B+\theta_{C2}=-\dfrac{wa^3}{3EI}+\dfrac{2Pa^2}{3EI}+\dfrac{Pa^2}{2EI}=-\dfrac{wa^3}{3EI}+\dfrac{7Pa^2}{6EI}$와 $y_C=y_1+y_2=-\dfrac{wa^4}{3EI}+\dfrac{Pa^3}{EI}$로 된다.

[답] $\theta_C=-\dfrac{wa^3}{3EI}+\dfrac{7Pa^2}{6EI}$, $y_C=-\dfrac{wa^4}{3EI}+\dfrac{Pa^3}{EI}$

예제 9-17 **그림 (9-n)과 같은 돌출보에 등분포하중 w가 작용할 때, 지점 C의 처짐각과 처짐량을 구하시오.**

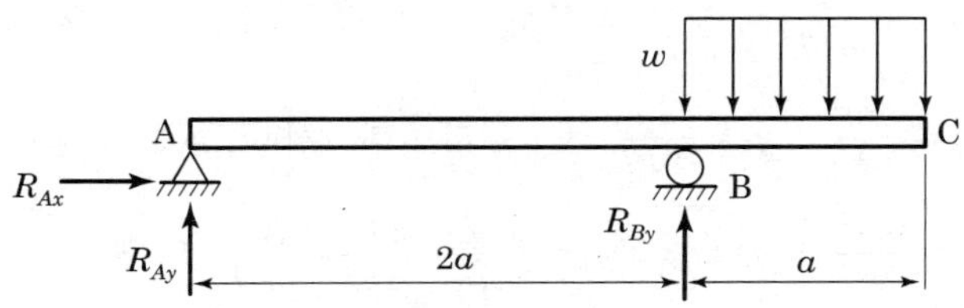

그림 (9-n)

| 해설 | 굽힘 모멘트 $M=\dfrac{wa^2}{2}$이 작용하는 단순보와 분포하중 w가 작용하는 외팔보로 나누어 생각한다. 단순보로 생각한 경우에 지점 B에서의 처짐각 θ_B는 $\theta_B=\dfrac{wa^3}{3EI}$ 로 되고, 처짐각 θ_B에 의해서 돌출된 C점의 처짐량 y_1은 $y_1=\theta_B\cdot a=\dfrac{wa^4}{3EI}$ 로 된다. 분포하중 w가 작용하

는 외팔보의 처짐각 θ_{C2}와 처짐량 y_2는 각각 $\theta_{C2}=\dfrac{wa^3}{6EI}$, $y_2=\dfrac{wa^4}{8EI}$ 로 된다. 따라서 C점의 처짐각 θ_C와 처짐량 y_C는 $\theta_C=\theta_B+\theta_{C2}=\dfrac{wa^3}{3EI}+\dfrac{wa^3}{6EI}=\dfrac{wa^3}{2EI}$와 $y_C=y_1+y_2=\dfrac{wa^4}{3EI}+\dfrac{wa^4}{8EI}=\dfrac{11wa^4}{24EI}$로 된다.

[답] $\theta_C=\dfrac{wa^3}{2EI}$, $y_C=\dfrac{11wa^4}{24EI}$

예제 9-18 그림 (9-o)과 같은 돌출보에 등분포하중 w가 작용할 때, 지점 D의 처짐각과 처짐량을 구하시오.

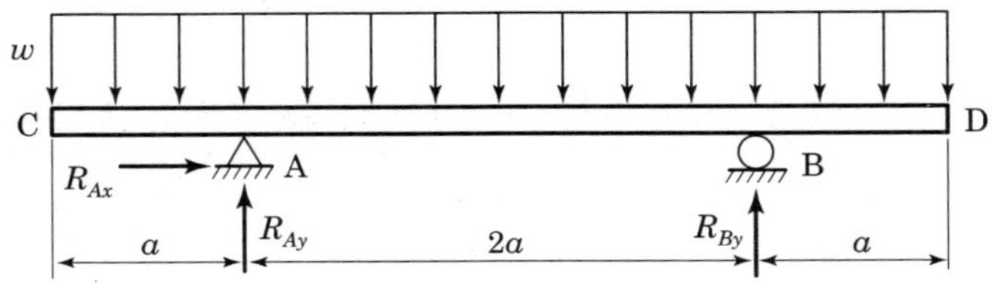

그림 (9-o)

| 해설 | 등분포하중 w와 지점 A, B에서 굽힘 모멘트 $M=\dfrac{wa^2}{2}$이 동시에 작용하는 단순보와 분포하중 w가 작용하는 외팔보로 나누어 생각한다. 단순보로 생각한 경우에 지점 B에서의 처짐각 θ_B는 $\theta_B=-\dfrac{wa^3}{3EI}+\dfrac{wa^3}{2EI}=\dfrac{wa^3}{6EI}$ 로 되고, 처짐각 θ_B에 의해서 돌출된 C점의 처짐량 y_1은 $y_1=\theta_B\cdot a=\dfrac{wa^4}{6EI}$ 로 된다. 분포하중 w가 작용하는 외팔보의 처짐각 θ_{C2}와 처짐량 y_2는 각각 $\theta_{C2}=\dfrac{wa^3}{6EI}$, $y_2=\dfrac{wa^4}{8EI}$ 로 된다. 따라서 C점의 처짐각 θ_C와 처짐량 y_C는 $\theta_C=\theta_B+\theta_{C2}=\dfrac{wa^3}{3EI}$와 $y_C=y_1+y_2=\dfrac{wa^4}{6EI}+\dfrac{wa^4}{8EI}=\dfrac{7wa^4}{24EI}$로 된다.

[답] $\theta_C=\dfrac{wa^3}{3EI}$, $y_C=\dfrac{7wa^4}{24EI}$

9-3 모멘트 면적법

보의 처짐각과 처짐량을 구하는 간편하고 편리한 하나의 방법으로써 모멘트 면적법(moment-area method)을 들 수 있다. 이 방법은 보의 굽힘 모멘트 선도의 면적을 이용한다.

그림 **9-14**는 보에 굽힘 모멘트가 작용할 때 탄성곡선 AB와 이에 관한 굽힘 모멘트 선도를 나타낸 것이다. 탄성곡선상의 임의의 한 요소 ds에서의 곡률 반경은 ρ이고, m과 n점에서의 반지름이 이루는 각을 $d\theta$ 라고 하면 m과 n점에 접하는 두 접선 사이의 각도 $d\theta$가 된다. 따라서 식 (9-5)로 부터 다음과 같은 관계를 얻을 수 있다.

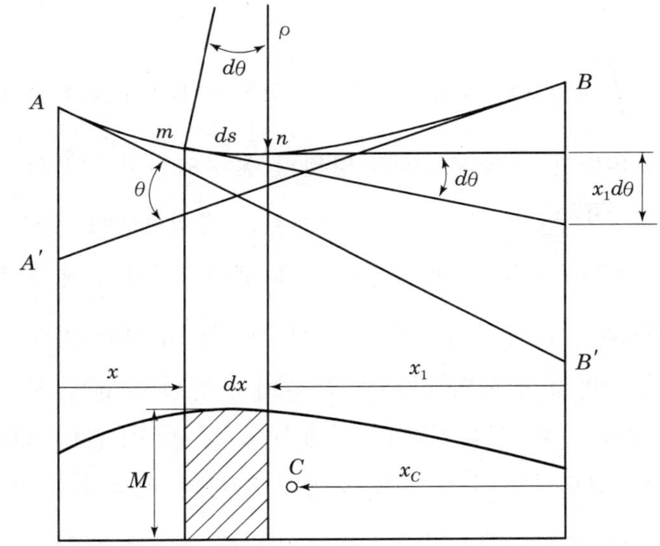

그림 9-14 탄성곡선과 굽힘 모멘트 선도

$$\frac{d\theta}{ds} = \frac{1}{\rho} = \frac{M}{EI} \tag{9-67}$$

여기서 $ds \approx dx$인 관계로 놓을 수 있으므로 다음과 같이 식을 나타낼 수 있다.

$$\theta = \int_A^B d\theta = \int_A^B \frac{M}{EI} dx = \frac{A_M}{EI} \tag{9-68}$$

여기서 $A_M = \int_A^B M dx$ 은 굽힘 모멘트 선도(BMD)의 면적을 나타낸다. 식 (9-68)의 의미는 탄성곡선상의 임의의 두 점 A, B에서의 접선과 접선 사이의 각 θ는 두 점 사이에 있는 굽힘 모멘트 선도의 면적을 굽힘강성계수 EI로 나눈 값과 같음을 나타낸다. 이것이 제 1 모멘트 면적법이다.

m과 n점에 접하는 두 접선 사이의 수직한 거리(y 방향)는 그림 **9-14**에서 $x_1 d\theta$ 로 주어지고, 식 (9-67)과 $ds \approx dx$ 인 관계로부터 $\overline{BB'}$ 는 다음과 같이 된다.

$$\overline{BB'} = \int_A^B x_1 d\theta = \int_A^B x_1 \frac{M}{EI} dx = \frac{A_M x_C}{EI} \tag{9-69}$$

여기서 $A_M x_C = \int_A^B x_1 M dx$ 은 굽힘 모멘트 선도(BMD)의 면적 1차 모멘트를 나타낸다. 식 (9-69)의 의미는 탄성곡선상의 임의의 점 A에서의 접선과 임의의 점 B접선 사이의 수직한 거리 $\overline{BB'}$ 는 두 점 A, B사이에 있는 굽힘 모멘트 선도의 면적1차 모멘트를 굽힘강성계수 EI로 나눈 값과 같음을 나타낸다. 이것이 제 2 모멘트 면적법이다. 만약에 그림 **9-14**에서 점 A와 B점의 접선 사이의 수직한 거리 $\overline{AA'}$ 는 두 점 A, B사이에 있는 굽힘 모멘트 선도의 면적에 점 A에서 굽힘 모멘트 선도 면적의 도심 C까지의 수평한 거리를 곱한 값을 굽힘강성계수 EI로 나눈 값이 된다. 참고로 그림 **9-15**는 굽힘 모멘트 선도가 n차 함수로 주어진 도형의 면적과 도심을 나타내었다.

또한 이 방법은 주로 보의 탄성곡선이 단순한 경우에 대하여 활용하고 있다. 따라서 여기에서는 탄성곡선을 보고 처짐각 및 처짐량의 부호를 결정하기로 한다.

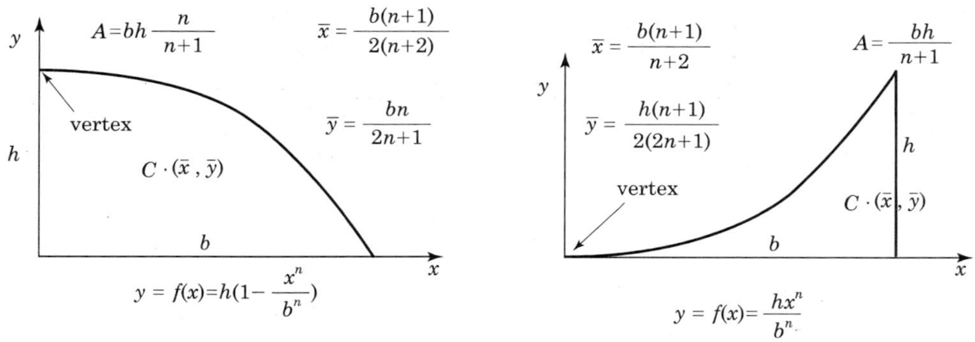

그림 9-15 n차 함수로 주어진 도형의 면적과 도심

9-3-1 외팔보

(1) 집중하중을 받는 외팔보

그림 **9-16** (a)와 같이 외팔보의 자유단 A에 집중하중 P가 작용할 때, 굽힘 모멘트 선도는 그림 **9-16** (b)와 같이 된다. 고정단 B에서의 접선이 수평한 선으로 주어짐으로 자유단 A의 (-) 접선 기울기가 바로 두 접선의 사이 각이 되고, 자유단 A와 자유단 A'의 접선과의 수직한 거리가 처짐량이 된다. 삼각형 모양을 갖는 굽힘 모멘트 선도의 면적과 자유단 A에서부터 도심까지의 거리는 $A_M = \frac{Pl^2}{2}$와 $x_C = \frac{2l}{3}$로 되므로 자유단 A에서의 처짐각 θ_A와 처짐량 y_A는 다음과 같이 나타낼 수 있다.

$$\theta_A = \frac{A_M}{EI} = \frac{-\frac{Pl^2}{2}}{EI} = -\frac{Pl^2}{2EI}$$
$$y_A = \frac{A_M x_C}{EI} = \frac{\frac{Pl^2}{2}\frac{2l}{3}}{EI} = \frac{Pl^3}{3EI} \tag{9-70}$$

자유단 A에서 임의의 거리 x만큼 떨어진 곳에서의 처짐각 θ_x는 면적 abcd(A_{Mx})를 굽힘강성계수 EI로 나눈 값이 되고, 처짐량 y_x는 면적 abcd와 자유단 A에서 거리 x만큼 떨어진 곳에서부터 면적 abcd의 도심까지의 거리 x_C를 곱한 값을 굽힘강성계수 EI로 나눈 값과 같으므로 다음과 같이 나타낼 수 있다.

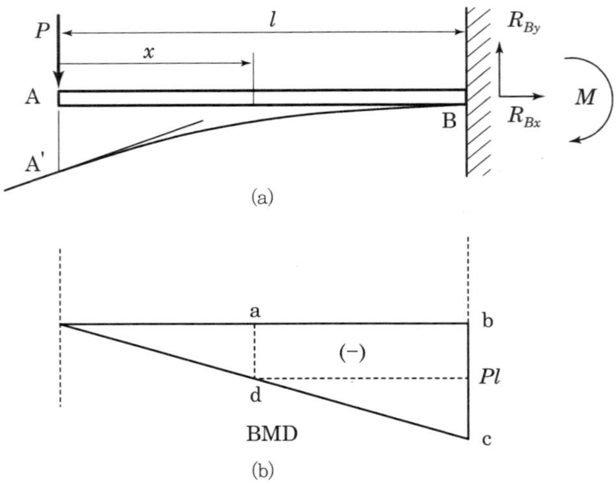

그림 9-16 집중하중을 받는 외팔보

$$\theta_x = \frac{A_{Mx}}{EI} = -\frac{(l-x)Px + \frac{1}{2}P(l-x)^2}{EI} = -\frac{P(l^2-x^2)}{2EI}$$

$$y_x = \frac{A_{Mx} \cdot x_C}{EI} = \frac{(l-x)Px \cdot \frac{(l-x)}{2} + \frac{P(l-x)^2}{2} \cdot \frac{2(l-x)}{3}}{EI} \tag{9-71}$$

$$= \frac{P(l-x)^2(2l+x)}{6EI}$$

(2) 등분포하중을 받는 외팔보

그림 **9-17** (a)와 같이 외팔보에 등분포하중 w가 작용할 때, 굽힘 모멘트 선도는 그림 **9-17** (b)와 같이 된다. 고정단 B에서의 접선이 수평한 선으로 주어짐으로 자유단 A의 (−) 접선 기울기가 바로 두 접선의 사이 각이 되고, 자유단 A와 자유단 A'의 접선과의 수직한 거리가 처짐량이 된다. 2차 곡선을 갖는 굽힘 모멘트 선도의 면적과 자유단 A에서부터 도심까지의 거리는 그림 **9-15**로부터 $A_M = \frac{\frac{wl^2}{2}l}{3} = \frac{wl^3}{6}$와 $x_C = \frac{3l}{4}$로 되므로 자유단 A에서의 처짐각 θ_A와 처짐량 y_A는 다음과 같이 나타낼 수 있다.

$$\theta_A = \frac{A_M}{EI} = \frac{-\frac{wl^3}{6}}{EI} = -\frac{wl^3}{6EI}$$
$$y_A = \frac{A_M x_C}{EI} = \frac{\frac{wl^3}{6}\frac{3l}{4}}{EI} = \frac{wl^4}{8EI} \tag{9-72}$$

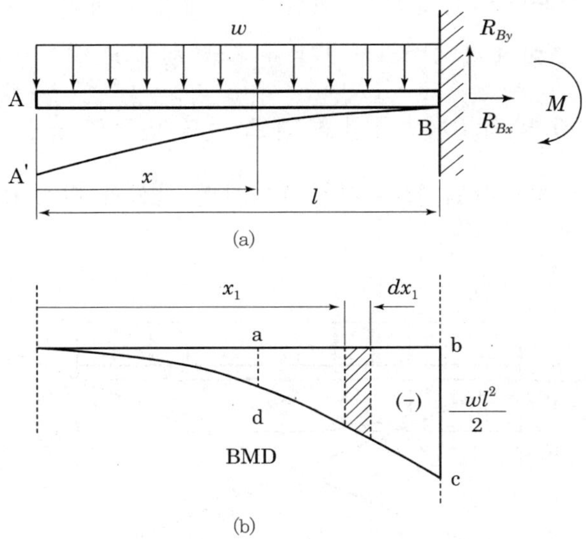

그림 9-17 등분포하중을 받는 외팔보

자유단 A에서 임의의 거리 x만큼 떨어진 곳에서의 처짐각 θ_x는 면적 abcd(A_{Mx})를 굽힘강성계수 EI로 나눈 값이 되고, 처짐량 y_x는 면적 abcd와 자유단 A에서 거리 x만큼 떨어진 곳에서부터 면적 abcd의 도심까지의 거리 x_C를 곱한 값을 굽힘강성계수 EI로 나눈 값과 같으므로 다음과 같이 나타낼 수 있다.

$$\theta_x = \frac{A_{Mx}}{EI} = -\frac{\int_x^l \frac{wx_1^2}{2} dx_1}{EI} = -\frac{w(l^3 - x^3)}{6EI}$$
$$y_x = \frac{A_M \cdot x_C}{EI} = \frac{\int_x^l \frac{wx_1^2}{2} \cdot (x_1 - x)\, dx_1}{EI} = \frac{w}{24EI}(3l^4 - 4l^3x + x^4) \tag{9-73}$$

9-3-2 단순보

(1) 등분포하중을 받는 단순보

그림 **9-18** (a)와 같이 단순보에 등분포하중 w가 작용할 때, 굽힘 모멘트 M은 $M=\frac{wl}{2}x-\frac{wx^2}{2}$로 되고, 굽힘 모멘트 선도는 그림 **9-18** (b)와 같이 된다. 좌우대칭으로 등분포하중이 작용하고 있으므로 지점 A, B에서의 처짐각 θ_A와 θ_B는 같은 크기를 갖고, 또한 보의 중앙에서 최대 처짐량 $y_{\max}$이 생기며 이곳에서는 수평한 접선을 갖는다. 따라서 처짐각 θ_A와 θ_B는 굽힘 모멘트 선도 면적의 $\frac{1}{2}$을 굽힘강성계수 EI로 나눈 것과 같으며, 두 처짐각의 합은 지점 A에서의 접선과 지점 B에서의 접선이 이루는 각 θ와 같다.

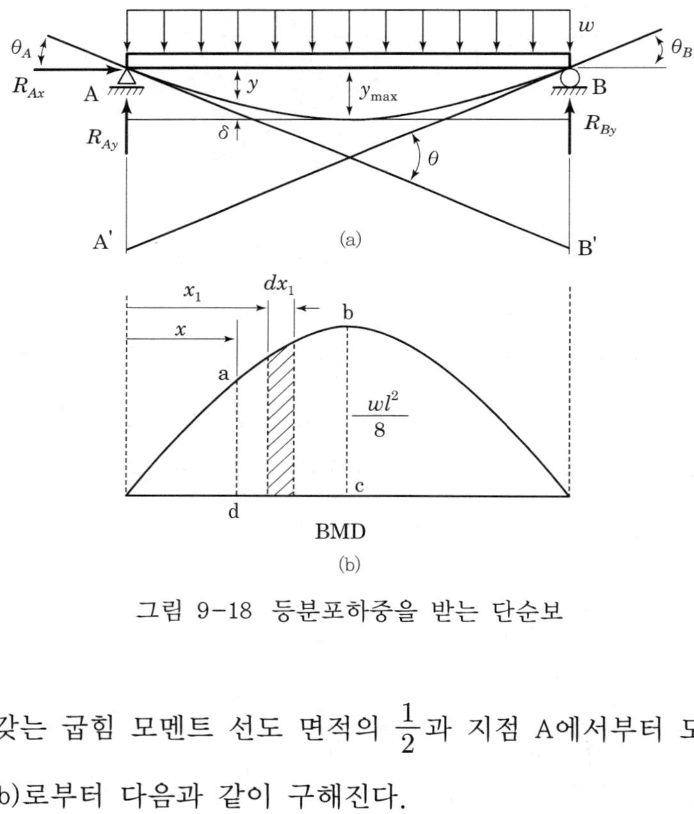

그림 9-18 등분포하중을 받는 단순보

2차 곡선을 갖는 굽힘 모멘트 선도 면적의 $\frac{1}{2}$과 지점 A에서부터 도심까지의 거리는 그림 **9-18** (b)로부터 다음과 같이 구해진다.

$$A_M = \int_0^{\frac{l}{2}} (\frac{wl}{2}x_1 - \frac{wx_1^2}{2})\,dx_1 = \frac{wl^3}{24}$$

$$x_C = \frac{\int_0^{\frac{l}{2}} (\frac{wl}{2}x_1 - \frac{wx_1^2}{2})x_1\,dx_1}{A_M} = \frac{5l}{16} \qquad (9-74)$$

식 (9-74)로부터 처짐각 θ_A, θ_B와 보의 중앙에서의 최대 처짐량 $y_{\max}$는 다음과 같이 나타낼 수 있다.

$$\theta_A = -\theta_B = \frac{A_M}{EI} = \frac{wl^3}{24EI}$$

$$y_{\max} = \frac{A_M \cdot x_C}{EI} = \frac{5wl^4}{384EI} \qquad (9-75)$$

지점 A에서 임의의 거리 x만큼 떨어진 곳에서의 처짐량 y와 처짐각 θ는 그림 **9-18** (b)의 면적 abcd로부터 다음과 같이 구한다.

$$y = y_{\max} - \delta = \frac{5wl^4}{384EI} - \frac{\int_x^{\frac{l}{2}} (\frac{wl}{2}x_1 - \frac{wx_1^2}{2})(x_1 - x)\,dx_1}{EI} = \frac{w}{24EI}(x^4 - 2lx^3 + l^3x)$$

$$\theta = \frac{\int_x^{\frac{l}{2}} (\frac{wl}{2}x_1 - \frac{wx_1^2}{2})\,dx_1}{EI} = \frac{w}{24EI}(l^3 - 6lx^2 + 4x^3)$$

(9-76)

(2) 집중하중을 받는 단순보

그림 **9-19** (a)와 같이 단순보에 집중하중 P가 작용할 때, AC구간과 CB구간에서의 굽힘 모멘트 M_{AC}, M_{CB}는 $M_{AC} = \frac{Pb}{l}x$와 $M_{CB} = \frac{Pb}{l}x - P(x-a)$로 되고, 굽힘 모멘트 선도는 그림 **9-19** (b)와 같이 된다. 그림 **9-19** (b)에서 선분 $\overline{BB'}$는 지점 A에서의 처짐각 θ_A와 단순보의 길이 l로부터 $\overline{BB'} = l\theta_A$인 관계가 있다. 또한, 선분 $\overline{BB'}$는 굽힘 모멘트 선도의 면적 A_M과 지점 B에서 굽힘 모멘트 선도 면적의 도심까지의 거리 x_C를 곱한 값과 같다. 이와 같은 사실로부터 지점 A에서의 처짐각 θ_A는 다음과 같이

된다.

$$\overline{BB'} = \frac{A_M \cdot x_C}{EI} = \frac{1}{EI}\left[\frac{1}{2}a\frac{Pab}{l} \cdot \left(\frac{a}{3}+b\right) + \frac{1}{2}b\frac{Pab}{l} \cdot \frac{2b}{3}\right] = \frac{Pab}{6EI}(a+2b)$$

$$\theta_A = \frac{\overline{BB'}}{l} = \frac{Pab}{6EIl}(a+2b) \qquad (9-77)$$

지점 B에서의 처짐각 θ_B는 지점 A에서의 접선과 지점 B에서의 접선이 이루는 각 θ에서 처짐각 θ_A를 뺀 값과 같다. 각 θ는 굽힘 모멘트 선도의 면적 A_M을 굽힘강성계수 EI로 나눈 값이다. 이와 같은 사실로부터 지점 B에서의 처짐각 θ_B는 다음과 같이 된다.

$$\theta = \frac{A_M}{EI} = \frac{1}{EI}\left(\frac{1}{2}l\frac{Pab}{l}\right) = \frac{Pab}{2EI}$$
$$\theta_B = -(\theta-\theta_A) = -\left[\frac{Pab}{2EI} - \frac{Pab}{6EIl}(a+2b)\right] = -\frac{Pab}{6EIl}(2l-b) \qquad (9-78)$$

물론 식 (9-77)에서와 같이 처짐각 θ_A를 구하는 방식으로도 해석할 수도 있다.

그림 **9-19** (a)에서 보는 바와 같이 $a > b$인 관계가 있으므로 최대 처짐량 $y_{\max}$은 AC 구간에 생기게 된다. 최대 처짐량 $y_{\max}$이 생기는 곳에서는 수평한 접선을 가지므로 지점 A부터 최대 처짐량 $y_{\max}$의 위치 r까지의 굽힘 모멘트 선도의 면적 acd를 굽힘강성계수 EI로 나눈 값이 처짐각 θ_A와 같게 된다. 이와 같은 사실로부터 최대 처짐량 $y_{\max}$이 생기는 위치 r은 다음과 같이 구해진다.

$$\theta_A = \frac{Pab}{6EIl}(a+2b) = \frac{1}{EI}\frac{1}{2}r\frac{Pb}{l}r$$
$$r = \sqrt{\frac{a(a+2b)}{3}} = \sqrt{\frac{l^2-b^2}{3}} \qquad (9-79)$$

최대 처짐량 $y_{\max}$은 그림 **9-19** (b)의 면적 acd와 지점 A로부터 면적 acd의 도심까지의 거리 x_C를 곱한 값을 굽힘강성계수 EI로 나눈 값이므로 다음과 같이 나타낼 수 있다.

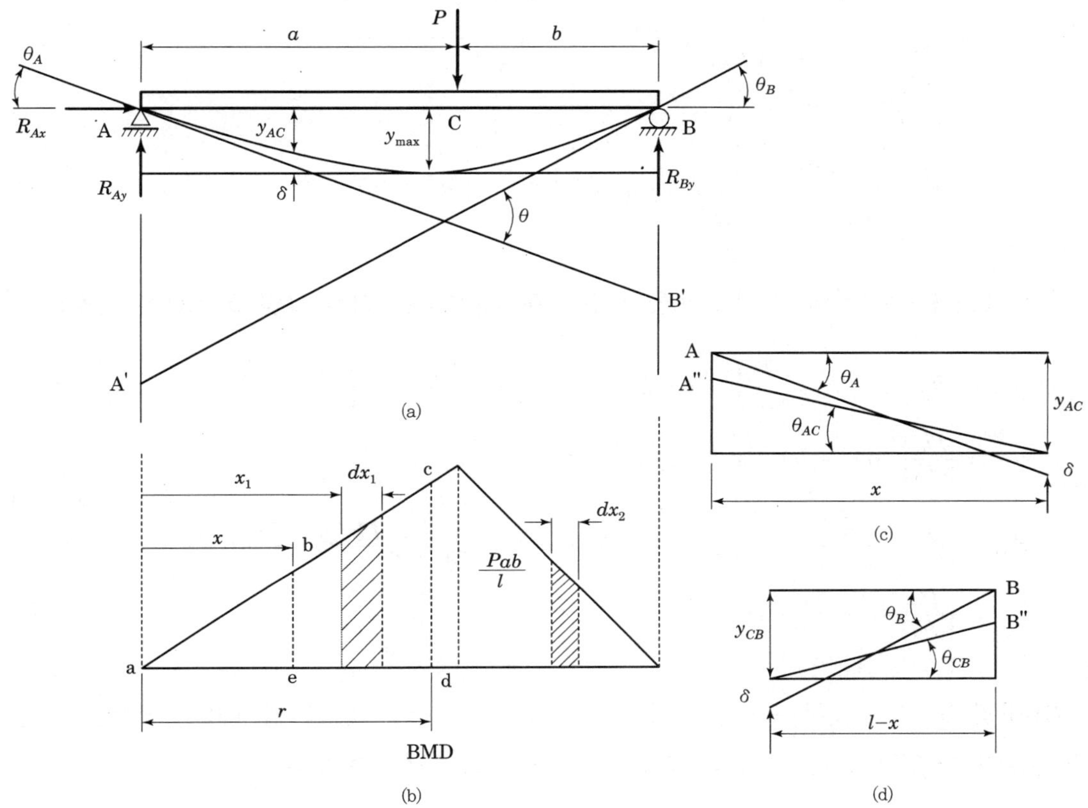

그림 9-19 집중하중을 받는 단순보

$$
\begin{aligned}
y_{\max} &= \frac{\Delta acd \cdot x_C}{EI} = \frac{1}{EI}\frac{1}{2}r\frac{Pb}{l}r \cdot \frac{2r}{3} \qquad (9-80)\\
&= \frac{Pb}{9\sqrt{3}\,EIl}[a(a+2b)]^{\frac{3}{2}}\\
&= \frac{Pb}{9\sqrt{3}\,EIl}[(l-b)(l+b)]^{\frac{3}{2}} = \frac{Pb}{9\sqrt{3}\,EI\,l}(l^2-b^2)^{\frac{3}{2}}
\end{aligned}
$$

AC구간 $(0 \le x \le a)$내에서 지점 A에서 임의의 거리 x만큼 떨어진 곳에서의 처짐량 y_{AC}와 처짐각 θ_{AC}는 다음과 같은 두 방법으로 구할 수 있다.

i) 수평한 접선을 갖는 $y_{\max}$을 기준으로 하는 그림 9-19 (b)의 면적 bcde으로 해석하는 경우

$$y_{AC}=y_{\max}-\delta=\frac{Pb}{9\sqrt{3}\,EIl}(l^2-b^2)^{\frac{3}{2}}-\frac{\int_x^r \frac{Pb}{l}x_1\cdot(x_1-x)\,dx_1}{EI} \tag{9-81}$$
$$=\frac{Pbx}{6EIl}(l^2-b^2-x^2)$$
$$\theta_{AC}=\frac{\int_x^r \frac{Pb}{l}x_1\,dx_1}{EI}=\frac{Pb}{6EIl}(l^2-b^2-3x^2)$$

ii) 그림 9–19 (b)의 면적 abe을 이용하여 해석하는 경우(그림 9–19 (c) 참조)

$$y_{AC}=\theta_A\cdot x-\delta=\frac{Pab}{6EIl}(a+2b)\cdot x-\frac{1}{EI}\left(\frac{Pb}{2l}x^2\cdot\frac{x}{3}\right)$$
$$=\frac{Pbx}{6EIl}[a(l+b)-x^2]=\frac{Pbx}{6EIl}(l^2-b^2-x^2)$$
$$\theta_{AC}=\frac{y_{AC}-\overline{AA''}}{x}=\left[\frac{Pbx}{6EIl}(l^2-b^2-x^2)-\frac{1}{EI}\left(\frac{1}{2}\frac{Pb}{l}x^2\cdot\frac{2x}{3}\right)\right]\frac{1}{x} \tag{9-82}$$
$$=\frac{Pb}{6EIl}(l^2-b^2-3x^2)$$

CB구간 $(a\le x\le l)$내에서 지점 A에서 임의의 거리 x만큼 떨어진 곳에서의 처짐량 y_{CB}와 처짐각 θ_{CB}는 다음과 같은 두 방법으로 구할 수 있다.

i) 수평한 접선을 갖는 $y_{\max}$을 기준으로 하여 해석하는 경우

$$y_{CB}=y_{\max}-\delta=\frac{Pb}{9\sqrt{3}EIl}(l^2-b^2)^{\frac{3}{2}}-\left\{\frac{1}{EI}\int_r^a\frac{Pb}{l}x_2\cdot(x-x_2)\,dx_2\right.$$
$$\left.+\frac{1}{EI}\int_a^x\left[\frac{Pb}{l}x_2-P(x_2-a)\right]\cdot(x-x_2)\,dx_2\right\}$$
$$=\frac{P}{6EIl}[ax^3-3alx^2-(-bl^2+b^3-3a^2l)x-a^3l] \tag{9-83}$$
$$\theta_{CB}=\frac{1}{EI}\left\{\int_r^a\frac{Pb}{l}x_2dx_2+\int_a^x\left[\frac{Pb}{l}x_2-P(x_2-a)\right]dx_2\right\}$$
$$=\frac{P}{6EIl}(-3ax^2+6alx-bl^2+b^3-3a^2l)$$

ii) 지점 B에서 $(l-x)$되는 곳의 처짐각과 처짐량(그림 9-19 (d) 참조)

$$y_{CB}=\theta_B\cdot(l-x)-\delta=\frac{Pab}{6EIl}(2l-b)\cdot(l-x)-\frac{1}{EI}\frac{Pa}{2l}(l-x)^2\cdot\frac{(l-x)}{3}$$
$$=\frac{Pa}{6EIl}[x^3-3lx^2+(3l^2-2bl+b^2)x-a^2l]$$

$$\theta_{CB}=\frac{y_{CB}-\overline{BB'}}{(l-x)}=\{\frac{Pa}{6EIl}[x^3-3lx^2+(3l^2-2bl+b^2)x-a^2l]$$
$$-\frac{1}{EI}\frac{Pa}{2l}(l-x)^2\cdot\frac{2(l-x)}{3}\}\frac{1}{(l-x)}$$
$$=\frac{Pa}{6EIl}[b(2l-b)-3(l-x)^2]$$

(9-84)

예제 9-19 그림 (9-p)와 같이 하중 P가 외팔보의 중앙에 가해지고 있다. 이때 최대 처짐각과 최대 처짐량을 모멘트 면적법으로 구하시오.

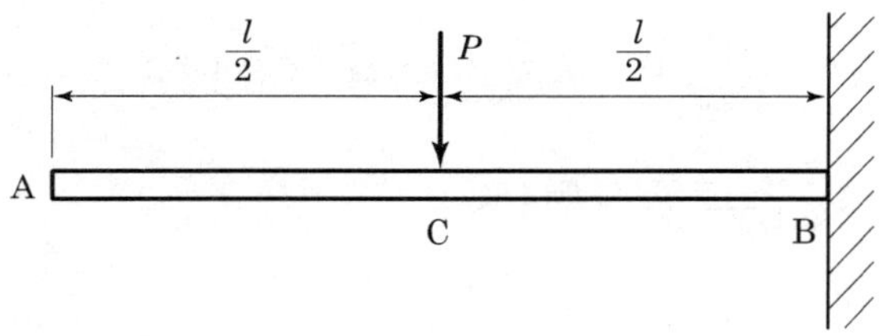

그림 (9-p)

| 해설 | 그림 (9-p)와 같은 외팔보의 최대 처짐각은 C점에서의 접선 기울기가 되고, 최대 처짐량은 자유단 A에서 생긴다. 그림 (9-p-1)의 굽힘 모멘트 선도로부터 최대 처짐각 θ_{max}은 $\theta_{max}=\frac{A_M}{EI}=-\frac{1}{EI}\frac{Pl}{2\times 2}\frac{l}{2}=-\frac{Pl^2}{8EI}$로 구해지고, 최대 처짐량 δ_{max}은 $\delta_{max}=\frac{A_M\cdot x_C}{EI}=\frac{1}{EI}\frac{Pl^2}{8}\cdot\frac{5l}{6}=\frac{5Pl^3}{48EI}$로 구해진다.

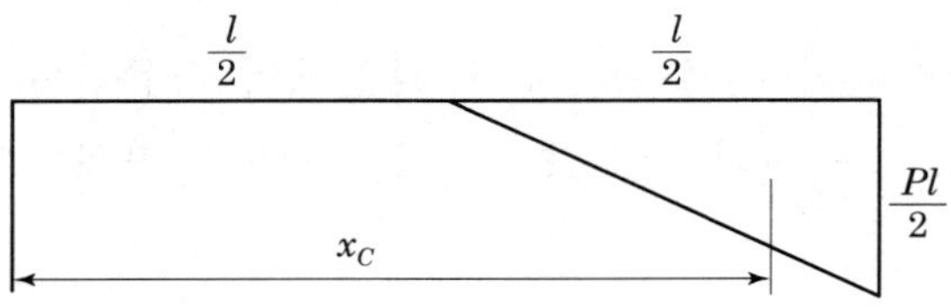

그림 (9-p-1)

[답] $\theta_{max} = -\frac{Pl^2}{8EI}$, $\delta_{max} = \frac{5Pl^3}{48EI}$

예제 9-20 그림 **(9-q)**와 같이 분포하중 w가 외팔보의 고정단에 가해지고 있다. 이때 최대 처짐각 θ_{max}과 최대 처짐량 δ_{max}을 모멘트 면적법으로 구하시오.

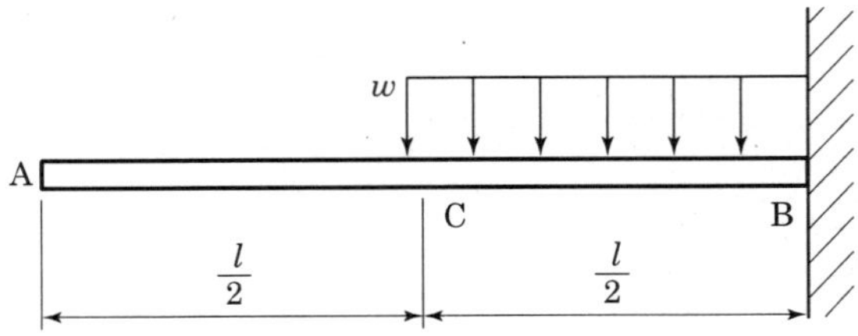

그림 (9-q)

해설 CB구간$(0 \le x \le \frac{l}{2})$ 에서의 굽힘 모멘트 M은 $M = \frac{wx^2}{2}$로 되고, 굽힘 모멘트 선도는 그림 **(9-q-1)**와 같이 된다. 굽힘 모멘트 선도로부터 최대 처짐각 θ_{max}은 $\theta_{max} = \frac{A_M}{EI} = -\frac{1}{EI}\int_0^{\frac{l}{2}} \frac{wx^2}{2}dx = -\frac{wl^3}{48EI}$로 구해지고, 최대 처짐량 δ_{max}은 $\delta_{max} = \frac{A_M \cdot x_C}{EI} = \frac{1}{EI}\int_0^{\frac{l}{2}} \frac{wx^2}{2}\left(x + \frac{l}{2}\right)dx = \frac{7wl^4}{384EI}$로 구해진다.

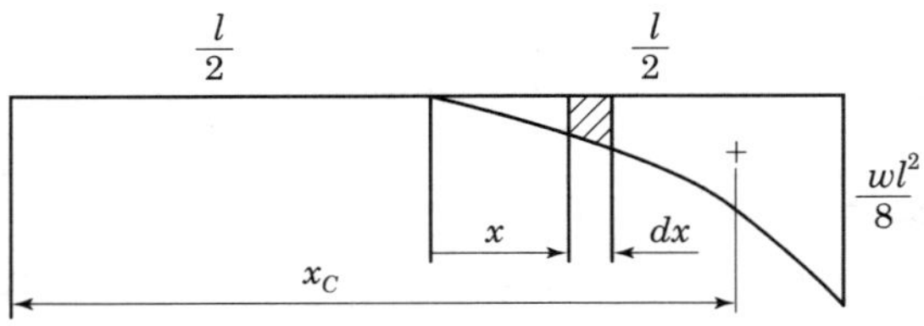

그림 (9-q-1)

[답] $\theta_{max} = -\frac{wl^3}{48EI}$, $\delta_{max} = \frac{7wl^4}{384EI}$

예제 9-21 그림 **(9-r)**과 같이 분포하중 w가 외팔보의 자유단에 가해지고 있다. 이때 최대 처짐각 θ_{max}과 최대 처짐량 δ_{max}을 모멘트 면적법으로 구하시오.

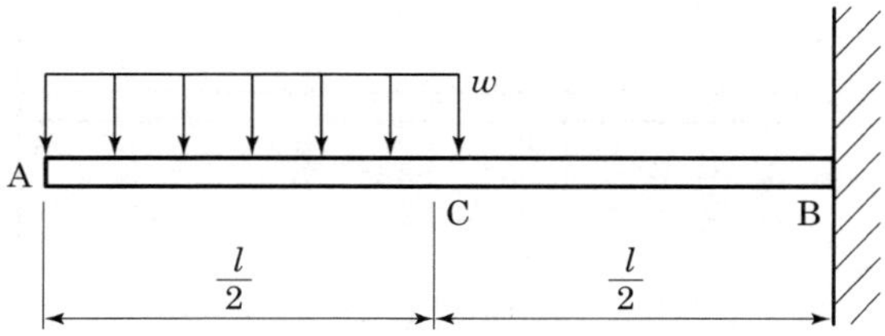

그림 (9-r)

❙해설❙ AC구간$(0 \le x \le \frac{l}{2})$에서의 굽힘 모멘트 M_{AC}은 $M_{AC} = \frac{wx^2}{2}$로 되고, CB구간 $(\frac{l}{2} \le x \le l)$에서의 굽힘 모멘트 M_{CB}는 $M_{CB} = \frac{wl}{2}\left(x - \frac{l}{4}\right)$로 되므로 굽힘 모멘트 선도는 그림 **(9-r-1)**과 같이 된다. 자유단 A에서 최대 처짐각과 최대 처짐량이 생기므로 굽힘 모멘트 선도로부터 최대 처짐각 $\theta_{\max}$과 최대 처짐량 $\delta_{\max}$은 $\theta_{\max} = \frac{A_M}{EI} = -\frac{1}{EI}\left[\int_0^{\frac{l}{2}} \frac{wx^2}{2}dx + \frac{wl^2}{8}\frac{l}{2} + \frac{1}{2}\frac{2wl^2}{8}\frac{l}{2}\right] = -\frac{7wl^3}{48EI}$와 $\delta_{\max} = \frac{A_M \cdot x_C}{EI} = \frac{1}{EI}\left[\int_0^{\frac{l}{2}} \frac{wx^2}{2} \cdot x dx + \frac{wl^2}{8}\frac{l}{2} \cdot \frac{3l}{4} + \frac{1}{2}\frac{2wl^2}{8}\frac{l}{2} \cdot \frac{5l}{6}\right] = \frac{41wl^4}{384EI}$로 구해진다.

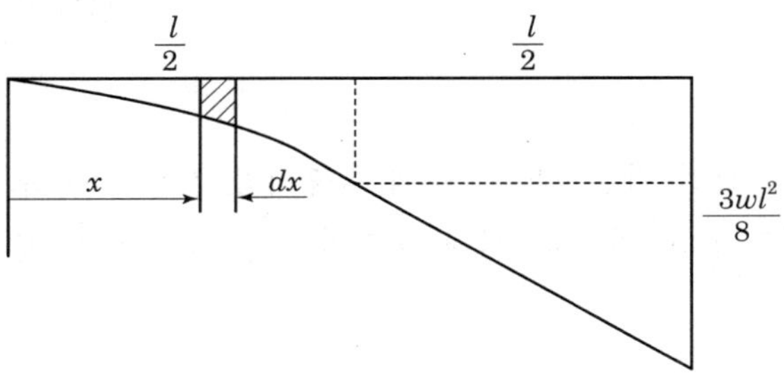

그림 (9-r-1)

[답] $\theta_{\max} = -\frac{7wl^3}{48EI}$, $\delta_{\max} = \frac{41wl^4}{384EI}$

예제 9-22 그림 **(9-s)**와 같이 자유단 A에 굽힘 모멘트 M이 외팔보에 가해지고 있다. 이때 최대 처짐각 $\theta_{\max}$과 최대 처짐량 $\delta_{\max}$을 모멘트 면적법으로 구하시오.

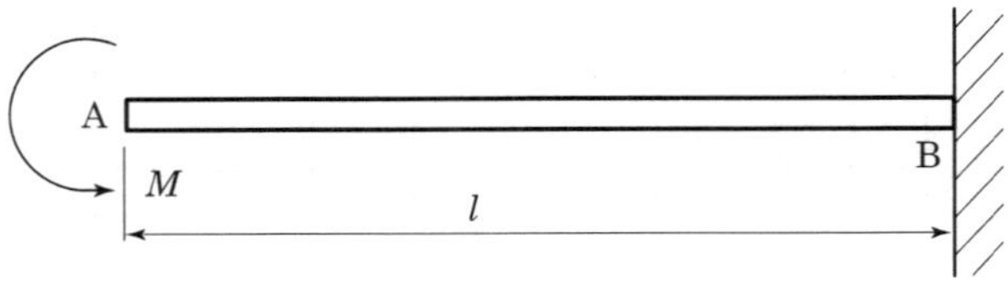

그림 (9-s)

| 해설 | 보의 AB구간$(0 \le x \le l)$ 에서의 굽힘 모멘트 $M_{AB}=M$는 로 되므로 굽힘 모멘트 선도는 그림 **(9-s-1)**과 같이 된다. 자유단 A에서 최대 처짐각과 최대 처짐량이 생기므로 굽힘 모멘트 선도로부터 최대 처짐각 $\theta_{\max}$과 최대 처짐량 $\delta_{\max}$은 $\theta_{\max}=\dfrac{A_M}{EI}=-\dfrac{Ml}{EI}$와 $\delta_{\max}=\dfrac{A_M \cdot x_C}{EI}=\dfrac{Ml}{EI}\cdot\dfrac{l}{2}=\dfrac{Ml^2}{2EI}$로 구해진다.

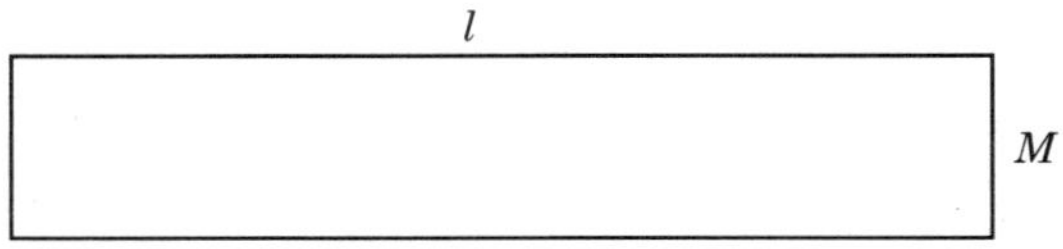

그림 (9-s-1)

[답] $\theta_{\max}=-\dfrac{Ml}{EI}$, $\delta_{\max}=\dfrac{Ml^2}{2EI}$

예제 9-23 그림 **(9-t)**와 같이 단순보의 중앙에 집중하중 P가 작용하고 있다. 이때 지점 A, B에서의 처짐각 θ_A와 θ_B, 최대 처짐량 $\delta_{\max}$을 모멘트 면적법으로 구하시오.

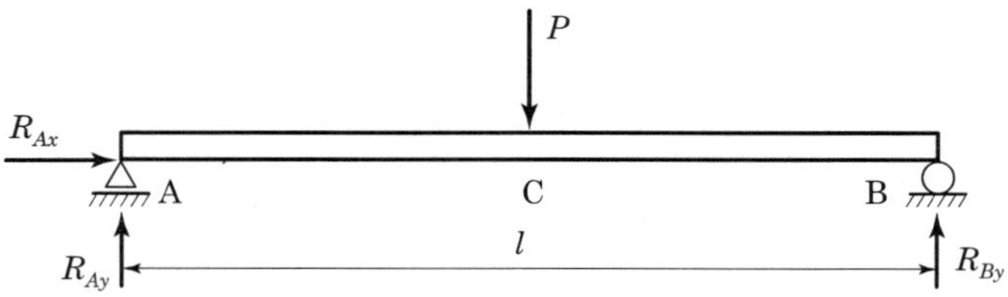

그림 (9-t)

| 해설 | 보의 중앙에 집중하중이 작용하고 있으므로 지점 A, B에서의 처짐각 θ_A와 θ_B는 서로 크기가 같고, 중앙에 최대 처짐량이 생긴다. AC구간$(0 \le x \le \frac{l}{2})$ 에서의 굽힘 모멘트 M_{AC}는 $M_{AC}=\dfrac{P}{2}x$로 되고, CB구간$(\frac{l}{2} \le x \le l)$ 에서의 굽힘 모멘트 M_{CB}는 $M_{CB}=\dfrac{P}{2}x-P$

$\left(x-\frac{l}{2}\right)=\frac{P}{2}(l-x)$로 되므로 굽힘 모멘트 선도는 그림 **(9-t-1)**과 같이 된다. 지점 A, B에서의 처짐각 θ_A와 θ_B는 $\theta_A=-\theta_B=\frac{A_M}{EI}=\frac{1}{EI}\frac{1}{2}\frac{Pl}{4}\frac{l}{2}=\frac{Pl^2}{16EI}$로 되고, 최대 처짐량 $\delta_{\max}$은 $\delta_{\max}=\frac{A_M\cdot x_C}{EI}=\frac{1}{EI}\frac{Pl^2}{16}\cdot\frac{l}{3}=\frac{Pl^3}{48EI}$로 구해진다.

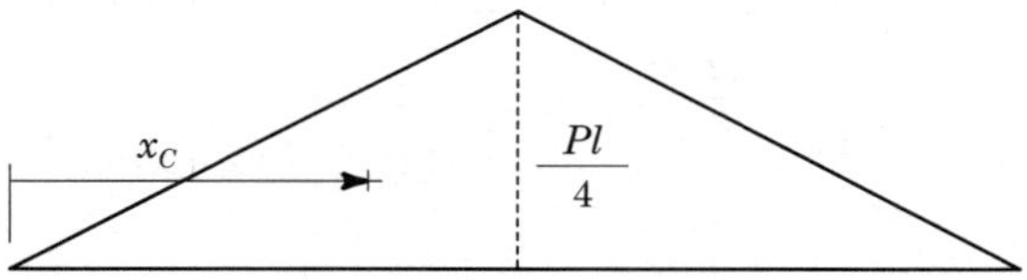

그림 (9-t-1)

[답] $\theta_A=\frac{Pl^2}{16EI},\ \delta_{\max}=\frac{Pl^3}{48EI}$

예제 9-24 **그림 (9-u)와 같이 단순보에 분포하중 w가 작용하고 있다. 이때 지점 A, B에서의 처짐각 θ_A와 θ_B, 최대 처짐량 $\delta_{\max}$을 모멘트 면적법으로 구하시오.**

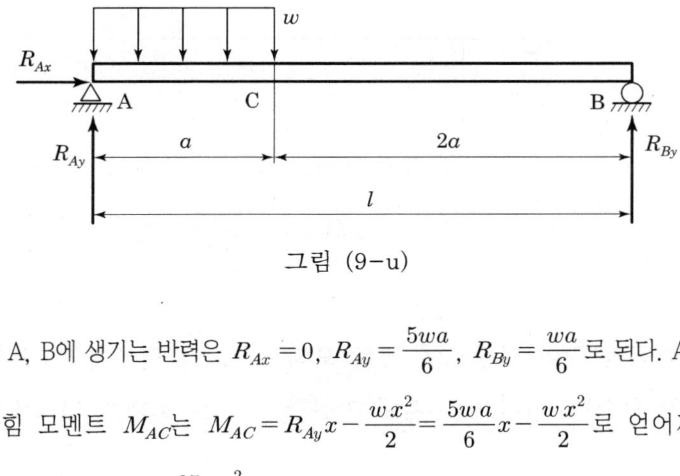

그림 (9-u)

| 해설 | 지점 A, B에 생기는 반력은 $R_{Ax}=0,\ R_{Ay}=\frac{5wa}{6},\ R_{By}=\frac{wa}{6}$로 된다. AC구간 $(0\le x\le a)$에서의굽힘 모멘트 M_{AC}는 $M_{AC}=R_{Ay}x-\frac{wx^2}{2}=\frac{5wa}{6}x-\frac{wx^2}{2}$로 얻어지고, $x=\frac{5a}{6}$일 때 최대 굽힘 모멘트 $M_{\max}=\frac{25wa^2}{72}$을 갖는다. BC구간$(0\le x'\le 2a)$에서의 굽힘 모멘트는 $M_{BC}=R_{By}x_1=\frac{wax_1}{6}$로 주어진다. 따라서 굽힘 모멘트 선도는 그림 **(9-u-1)**과 같이 그려진다.보의 탄성곡선에 있어서 지점 A에서의 접선사이의 거리 $\overline{AA'}$는 $\overline{AA'}=\frac{A_M\cdot x_C}{EI}=\frac{1}{EI}\left[\int_0^a\left(\frac{5wa}{6}x-\frac{wx^2}{2}\right)\cdot x\,dx+\frac{1}{2}\frac{wa^2}{3}2a\cdot\frac{5a}{3}\right]=\frac{51wa^4}{72EI}$로 되고, 접선사이의 각 θ는 $\theta=\frac{A_M}{EI}=\frac{1}{EI}\left[\int_0^a\left(\frac{5wa}{6}x-\frac{wx^2}{2}\right)\right.$

$dx+\frac{1}{2}\frac{wa^2}{3}2a\Big]=\frac{7wa^3}{12EI}$로 된다. 그러므로 처짐각 θ_A와 θ_B는 $\theta_B=-\frac{\overline{AA'}}{3a}=-\frac{17wa^3}{72EI}$, $\theta_A=\theta-\theta_B$ $=\frac{7wa^3}{12EI}-\frac{17wa^3}{72EI}=\frac{25wa^3}{72EI}$로 된다.

최대 처짐량이 생기는 위치를 찾기 위해서 우선적으로 굽힘 모멘트가 1차 함수로 주어진 CB구간에 대하여 고려한다. 최대 처짐량이 생기는 위치에서는 탄성곡선의 접선 기울기가 0이므로 지점 B의 접선과 이루는 두 접선사이의 각은 θ_B와 같다. 따라서 최대 처짐량이 생기는 위치는 $\theta_B=\frac{A_{Mx1}}{EI}=\frac{\int_0^{x_1}\frac{wa}{6}x_1dx_1}{EI}$로부터 $x_1=1.683a$로 구해졌다.

따라서 최대 처짐량은 CB구간에서 생기며 $y_{\max}=\theta_A\cdot 1.683a-\delta=\frac{17wa^3}{72EI}\cdot 1.683a-\frac{\frac{1}{2}\frac{wa}{6}(1.683a)^2\cdot\frac{1.683a}{3}}{EI}=0.265\frac{wa^4}{EI}$로 된다.

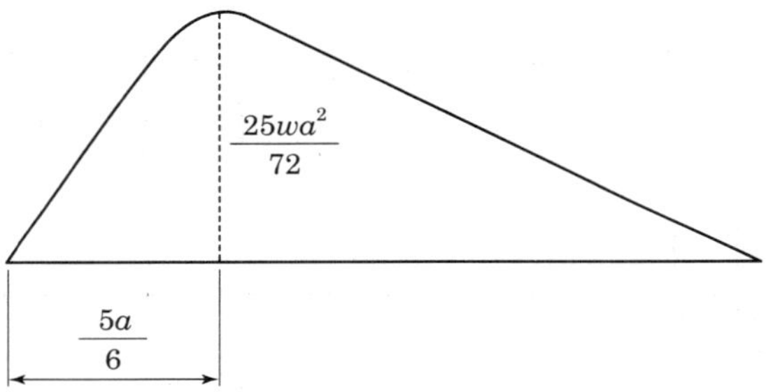

그림 (9-u-1)

[답] $\theta_A=\frac{25wa^3}{72EI}$, $\theta_B=-\frac{17wa^3}{72EI}$, $y_{\max}=0.265\frac{wa^4}{EI}$

예제 9-25 그림 (9-v)와 같이 단순보에 굽힘 모멘트 M_B가 작용하고 있다. 이때 지점 A, B에서의 처짐각 θ_A와 θ_B, 최대 처짐량 δ_{max}을 모멘트 면적법으로 구하시오.

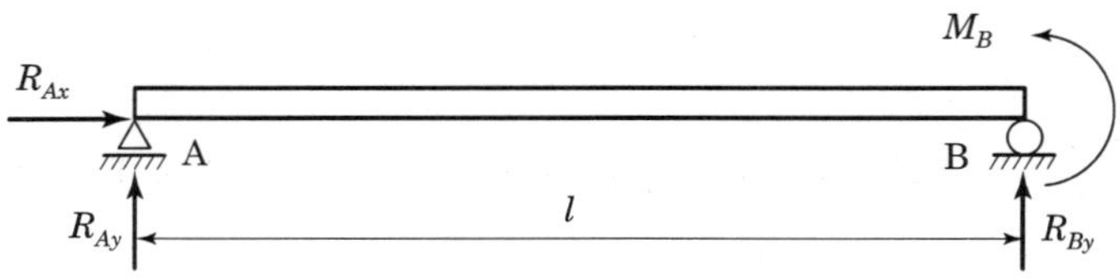

그림 (9-v)

| 해설 | 지점 A, B에 생기는 반력은 $R_{Ax}=0$, $R_{Ay}=\frac{M_B}{l}$, $R_{By}=-\frac{M_B}{l}$로 된다. R_{By}의 (-)부호

는 그림 (9-v)에서 가정한 방향의 반대 방향임을 의미한다. 지점 A에서 임의의 거리 x만큼 떨어진 곳에서의 굽힘 모멘트 M은 $M=R_{A_y}x=\frac{M_B}{l}x$로 얻어지고, 굽힘 모멘트 선도는 그림 (9-v-1)과 같이 그려진다. 보의 탄성곡선에 있어서 지점 A에서의 접선사이의 거리 $\overline{AA'}$는 $\overline{AA'}=\frac{A_M \cdot x_C}{EI}=\frac{1}{EI}\left[\frac{1}{2}M_B l\cdot\frac{2l}{3}\right]=\frac{M_B l^2}{3EI}$로 되고, 접선사이의 각 θ는 $\theta=\frac{A_M}{EI}=\frac{1}{EI}\left[\frac{1}{2}M_B l\right]=\frac{M_B l}{2EI}$로 된다. 그러므로 처짐각 θ_A와 $\theta_B\theta_B$는 $\theta_B=-\frac{\overline{AA'}}{l}=-\frac{M_B l}{3EI}$, $\theta_A=\theta-\theta_B=\frac{M_B l}{2EI}-\frac{M_B l}{3EI}=\frac{M_B l}{6EI}$로 된다.

최대 처짐량이 생기는 위치에서는 탄성곡선의 접선 기울기가 0이므로 지점 A의 접선과 이루는 두 접선사이의 각은 θ_A와 같다. 따라서 최대 처짐량이 생기는 위치는 $\theta_A=\frac{A_{Mx1}}{EI}=\frac{\frac{1}{2}\frac{M_B x_1}{l}x_1}{EI}$로부터 $x_1=\frac{l}{\sqrt{3}}$로 구해졌다. 따라서 최대 처짐량은 $y_{\max}=\frac{1}{EI}\left[\frac{1}{2}\cdot\frac{M_B}{\sqrt{3}}\cdot\frac{l}{\sqrt{3}}\cdot\frac{l}{\sqrt{3}}\cdot\frac{2}{3}\right]=\frac{M_B l^2}{9\sqrt{3}EI}$ 혹은 $y_{\max}=\theta_A\cdot\frac{l}{\sqrt{3}}-\delta=\frac{M_B l}{6EI}\cdot\frac{l}{\sqrt{3}}-\frac{1}{EI}\left[\frac{1}{2}\frac{M_B\frac{l}{\sqrt{3}}}{l}\frac{l}{\sqrt{3}}\cdot\frac{1}{3}\frac{l}{\sqrt{3}}\right]=\frac{M_B l^2}{9\sqrt{3}EI}$로 된다.

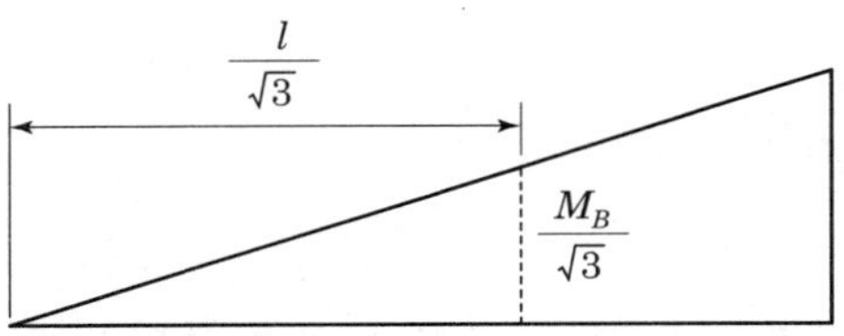

그림 (9-v-1)

[답] $\theta_A=\frac{M_B l}{6EI}$, $\theta_B=-\frac{M_B l}{3EI}$, $y_{\max}=\frac{M_B l^2}{9\sqrt{3}EI}$

9-4 보의 탄성변형에너지

순수 굽힘 모멘트 M을 받는 보에서 탄성곡선의 곡률반경 ρ는 식 (9-5)로부터 다음과 같이 주어진다.

$$\frac{1}{\rho} = \frac{M}{EI} = \frac{\theta}{l}$$
$$\theta = \frac{Ml}{EI} NM \tag{9-85}$$

여기서 θ는 탄성곡선의 원호에 대한 각이고, l은 단순보의 길이, EI는 보의 굽힘 강도(flexural rigidity)를 나타낸다. 식 (9-85)에서 보는 바와 같이 굽힘 모멘트 M과 이에 의해서 생기는 원호에 대한 각 θ는 선형적인 관계를 갖고 있으므로 굽힘 모멘트 M에 의해서 행해진 일량 W는 $\frac{1}{2}M\theta$로 주어진다. 이 일량은 보에 저장된 탄성변형에너지 U와 같으므로 식 (9-85)로부터 다음과 같이 된다.

$$U = W = \frac{1}{2}M\theta = \frac{M^2 l}{2EI} \tag{9-86}$$

이번에는 굽힘 모멘트가 보의 길이에 따라 변하는 경우 즉 불균일한 굽힘 모멘트를 받는 보의 탄성변형에너지 U는 보의 미소길이 dx에 가해지는 굽힘 모멘트 M에 의해 저장되는 미소 탄성변형에너지 dU의 적분으로 얻어지며 식 (9-86)으로부터 다음과 같이 나타낼 수 있다.

$$U = \int_0^l dU = \int_0^l \frac{M^2}{2EI} dx \tag{9-87}$$

만약에 보에 하나 만의 집중하중 P나 굽힘 모멘트 M_0가 가해진다면 집중하중 P나 굽힘 모멘트 M_0에 대응하는 처짐량 δ나 처짐각 θ로 보에 저장되는 탄성변형에너지 U를 다음과 같이 나타낼 수 있다.

$$U = \frac{1}{2}P\delta$$
$$U = \frac{1}{2}M_0\theta \tag{9-88}$$

여기서 대응하는 처짐량 δ와 처짐각 θ는 집중하중 P와 굽힘 모멘트 M_0가 작용하는 곳에서의 처짐량과 처짐각을 나타낸다. 역으로 보에 하나 만의 집중하중 P나 굽힘 모멘트 M_0가 가해지는 경우의 탄성변형에너지 U로부터 하중이 작용하는 곳에서의 처짐량과 처짐각은 식 (9-88)로부터 다음과 같이 구할 수 있다.

$$\delta = \frac{2U}{P}$$
$$\theta = \frac{2U}{M_0} \tag{9-89}$$

또한, 여러 하중이 작용하는 경우에는 3-7절에서 논한 『탄성변형에너지의 하중에 대한 편미분은 그 하중의 작용점에서 하중방향으로 일어나는 변위와 같다.』는 Castigliano의 이론을 이용하여 구할 수 있으며 식으로 나타내면 다음과 같다.

$$\frac{\partial U}{\partial P_i} = \delta_i \tag{9-90}$$

만약에 하중이 작용하지 않는 곳의 처짐량을 해석하려면 그 곳에 가상하중(fictitious load)이 추가로 작용하고 있는 경우의 탄성변형에너지를 구해야 한다. 다음에 구해진 탄성변형에너지를 가상하중으로 편미분하여 얻어진 값에서 가상하중을 0으로 놓으면 실제하중에 의한 처짐량을 구할 수 있다. 이와 유사한 방법으로 임의의 장소의 처짐각도 구할 수 있다. 처짐각을 구하고자하는 임의의 장소에 가상 굽힘 모멘트를 작용시켜서 탄성변형에너지를 구한 다음에 이를 가상 굽힘 모멘트로 편미분한다. 편미분하여 얻어진 값에서 가상 굽힘 모멘트를 0으로 놓으면 실제하중에 대한 처짐각을 구할 수 있다. 이를 식으로 나타내면 다음과 같이 주어진다.

$$\frac{\partial U}{\partial M_i} = \theta_i \tag{9-91}$$

그리고 보에 대한 Castigliano의 이론식인 식 (9-87)과 식 (9-90)을 보다 간편하게 계산하기 쉬운 식으로 다음과 같이 변화시킬 수 있다.

$$\delta_i = \frac{\partial U}{\partial P_i} = \frac{\partial}{\partial P_i}\int \frac{M^2}{2EI}dx = \int \frac{M}{EI}\frac{\partial M}{\partial P_i}dx \tag{9-92}$$

이것을 수정된 Castigliano의 이론(modified Castigliano's theorem)이라고 한다.

9-4-1 외팔보

(1) 집중하중을 받는 외팔보

그림 **9-20**과 같이 외팔보의 자유단에 집중하중 P가 작용할 때에 보의 탄성변형에

너지를 이용하여 자유단과 자유단에서 x만큼 떨어진 임의의 곳의 처짐각과 처짐량을 구하고자 한다. 그림 **9-20** (a), (b)에서 점선으로 표현한 집중하중 F와 굽힘 모멘트 M_A, M_C는 가상하중들을 의미한다.

i) 자유단에서의 처짐각과 처짐량

그림 **9-20** (a)에서 자유단에서 x만큼 떨어진 임의의 곳의 굽힘 모멘트 M은 $M = Px + M_A$이므로 식 (9-87)로부터 보에 저장되는 탄성변형에너지 U는 다음과 같이 된다.

$$\begin{aligned} U &= \int_0^l \frac{M^2}{2EI} dx = \int_0^l \frac{(P^2x^2 + 2PM_A x + M_A^2)}{2EI} dx \\ &= \frac{(P^2 l^3 + 3PM_A l^2 + 3M_A^2 l)}{6EI} \end{aligned} \tag{9-93}$$

자유단의 처짐량 δ_A와 처짐각 θ_A는 식 (9-93)를 집중하중 P와 가상 굽힘 모멘트 M_A로 각각 편미분하고 가상하중들을 0으로 놓으면 다음과 같이 된다.

$$\begin{aligned} \delta_A &= \frac{\partial U}{\partial P} = \frac{Pl^3}{3EI} \\ \theta_A &= \frac{\partial U}{\partial M_A} = -\frac{Pl^2}{2EI} \end{aligned} \tag{9-94}$$

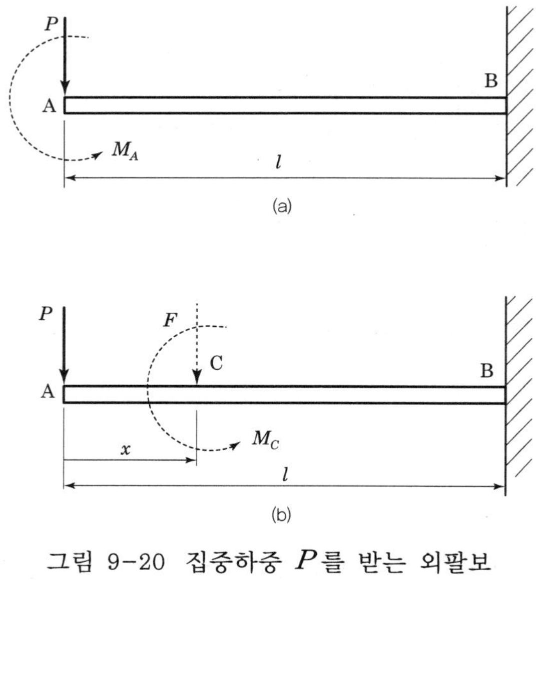

그림 9-20 집중하중 P를 받는 외팔보

처짐각에서 (−)부호는 음(−)의 가상 굽힘 모멘트에 대응하는 각이므로 붙여진다.

또한, 이와 같은 경우에는 하나의 집중하중만이 작용하고 있으므로 식 (9−89)를 이용해서도 처짐량을 다음과 같이 구할 수 있다.

$$\delta_A = \frac{2U}{P} = \frac{2 \times \dfrac{P^2 l^3}{6EI}}{P} = \frac{Pl^3}{3EI} \tag{9-95}$$

ii) **자유단에서 x만큼 떨어진 임의의 곳의 처짐각과 처짐량**

그림 **9-20** (b)와 같이 외팔보의 자유단 A에서 x만큼 떨어진 임의의 곳에 가상하중 F와 M_C가 작용하고 있다고 가정한다. 구간 AC와 구간 CB에서의 굽힘 모멘트는 각각 $M_{AC} = Px_1$와 $M_{CB} = Px_1 + F(x_1 - x) + M_C$로 주어짐으로 보에 저장되는 탄성변형에너지 U는 구간 AC와 구간 CB에서 생기는 탄성변형에너지 U_{AC}, U_{CB}의 합으로 나타낼 수 있으며 다음과 같다.

$$\begin{aligned}
U_{AC} &= \int_0^x \frac{M_{AC}^2}{2EI} dx_1 = \int_0^x \frac{P^2 x_1^2}{2EI} dx_1 = \frac{P^2 x^3}{6EI} \\
U_{CB} &= \int_x^l \frac{M_{CB}^2}{2EI} dx_1 = \int_x^l \frac{(Px_1 + F(x_1 - x) + M_C)^2}{2EI} dx_1 \\
&= \frac{1}{2EI}\left[\frac{P^2}{3}(l^3 - x^3) + \frac{F^2}{3}(l-x)^3 + M_C^2(l-x) + 2PF\left(\frac{2l^3 - 3xl^2 + x^3}{6}\right) \right. \\
&\quad \left. + PM_C(l^2 - x^2) + FM_C(l-x)^2 \right] \\
U &= U_{AC} + U_{CB}
\end{aligned} \tag{9-96}$$

자유단 A에서 x만큼 떨어진 곳의 처짐량 δ와 처짐각 θ는 식 (9−96)를 가상 집중하중 F와 가상 굽힘 모멘트 M_C로 각각 편미분하고 가상하중들을 0로 놓으면 다음과 같이 된다.

$$\begin{aligned}
\delta &= \frac{\partial U}{\partial F} = \frac{P}{3EI}(2l^3 - 3xl^2 + x^3) \\
\theta &= \frac{\partial U}{\partial M_C} = -\frac{P(l^2 - x^2)}{2EI}
\end{aligned} \tag{9-97}$$

식 (9−97)의 처짐각 θ에서 (−)부호는 음(−)의 가상 굽힘 모멘트에 대응하는 각이므로 붙여진 것이다.

(2) 분포하중을 받는 외팔보

그림 **9-21**과 같이 외팔보에 분포하중 w가 작용할 때에 보의 탄성변형에너지를 이용하여 자유단에서 x만큼 떨어진 임의의 곳의 처짐각과 처짐량을 구하고자 한다. 그림 **9-21**에서 점선으로 표현한 집중하중 F와 굽힘 모멘트 M_C는 가상하중들을 의미한다.

그림 **9-21**과 같이 외팔보의 자유단 A에서 x만큼 떨어진 임의의 곳에 가상하중 F와 M_C가 작용하고 있다고 가정한다. 구간 AC와 구간 CB에서의 굽힘 모멘트는 각각 $M_{AC}=\dfrac{wx_1^2}{2}$와 $M_{CB}=\dfrac{wx_1^2}{2}+F(x_1-x)+M_C$로 주어짐으로 보에 저장되는 탄성변형에너지 U는 구간 AC와 구간 CB에서 생기는 탄성변형에너지 U_{AC}, U_{CB}의 합으로 나타낼 수 있으며 다음과 같다.

$$
\begin{aligned}
U_{AC} &= \int_0^x \frac{M_{AC}^2}{2EI}dx_1 = \int_0^x \frac{w^2x_1^4}{8EI}dx_1 = \frac{w^2x^5}{40EI} \\
U_{CB} &= \int_x^l \frac{M_{CB}^2}{2EI}dx_1 = \int_x^l \frac{\left(\frac{wx_1^2}{2}+F(x_1-x)+M_C\right)^2}{2EI}dx_1 \\
U &= U_{AC}+U_{CB}
\end{aligned}
\tag{9-96}
$$

자유단 A에서 x만큼 떨어진 곳의 처짐량 δ와 처짐각 θ는 식 (9-96)를 가상 집중하중 F와 가상 굽힘 모멘트 M_C로 각각 편미분하고 가상하중들을 0로 놓으면 다음과 같이 된다.

$$
\begin{aligned}
\delta &= \frac{\partial U}{\partial F} = \frac{w}{24EI}(3l^4-4xl^3+x^4) \\
\theta &= \frac{\partial U}{\partial M_C} = -\frac{w(l^3-x^3)}{6EI}
\end{aligned}
\tag{9-97}
$$

처짐각에서 (−)부호는 음(−)의 가상 굽힘 모멘트에 대응하는 각이므로 붙여진다. 자유단 A$(x=0)$에서의 최대 처짐량과 최대 처짐각은 $\delta_{\max}=\dfrac{wl^4}{8EI}$, $\theta_{\max}=-\dfrac{wl^3}{6EI}$로 주어진다.

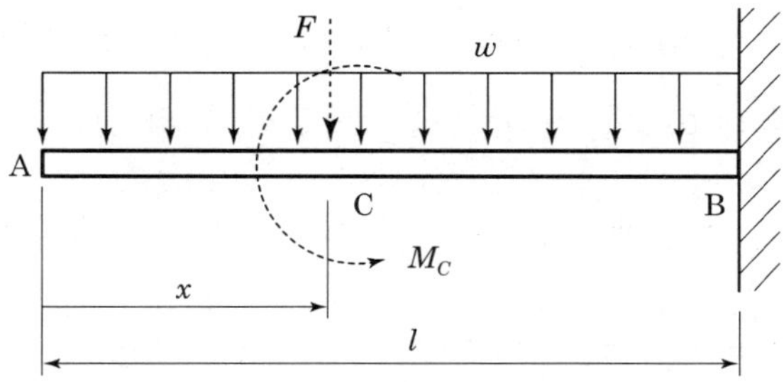

그림 9-21 분포하중을 받는 외팔보

9-4-2 단순보

(1) 집중하중을 받는 단순보

그림 **9-22**와 같이 단순보에 집중하중 P가 작용할 때에 보의 탄성변형에너지를 이용하여 처짐각과 처짐량을 구하고자 한다. 그림 **9-22** (a), (b)에서 점선으로 표현한 집중하중 F와 굽힘 모멘트 M_D, M_E는 가상하중들을 의미한다.

구간 AC에서의 처짐각 θ_{AC}와 처짐량 δ_{AC}을 구하기 위하여 가상하중을 그림 9-22 (a)와 같이 가해준다. 이 때 지점A, B에서의 반력은 $R_{Ay}=\dfrac{Pb}{l}+\dfrac{F(l-x)}{l}+\dfrac{M_D}{l}$와 $R_{By}=\dfrac{Pa}{l}+\dfrac{Fx}{l}-\dfrac{M_D}{l}$로 주어지고, 구간 AD, 구간 DC, 구간 CB에서의 굽힘 모멘트는 각각 $M_{AD}=R_{Ay}x_1$, $M_{DC}=R_{Ay}x_1-F(x_1-x)-M_D$, $M_{CB}=R_{By}x_1$로 주어진다. 수정된 Castigliano의 이론을 이용하여 처짐각 θ_{AC}과 처짐량 δ_{AC}을 다음과 같이 구한다.

$$
\begin{aligned}
\delta_{AC} &= \int_0^x \frac{M_{AD}}{EI}\frac{\partial M_{AD}}{\partial F}dx_1+\int_x^a \frac{M_{DC}}{EI}\frac{\partial M_{DC}}{\partial F}dx_1+\int_0^b \frac{M_{CB}}{EI}\frac{\partial M_{CB}}{\partial F}dx_1 \\
&= \frac{Pbx}{6EIl}(l^2-b^2-x^2) \\
\theta_{AC} &= \int_0^x \frac{M_{AD}}{EI}\frac{\partial M_{AD}}{\partial M_D}dx_1+\int_x^a \frac{M_{DC}}{EI}\frac{\partial M_{DC}}{\partial M_D}dx_1+\int_0^b \frac{M_{CB}}{EI}\frac{\partial M_{CB}}{\partial M_D}dx_1 \\
&= \frac{Pb}{6EIl}(l^2-b^2-3x^2)
\end{aligned}
\tag{9-98}
$$

처짐각이 음(−)의 가상 굽힘 모멘트에 대응하는 각이므로 (−)부호를 붙인다.

구간 CB에서의 처짐각 θ_{CB}와 처짐량 δ_{CB}를 구하기 위하여 가상하중을 그림 9-22 (b)와 같이 가해준다. 이 때 지점A, B에서의 반력은 $R_{Ay}=\dfrac{Pb}{l}+\dfrac{Fx}{l}-\dfrac{M_E}{l}$와 $R_{By}=\dfrac{Pa}{l}+\dfrac{F(l-x)}{l}+\dfrac{M_E}{l}$로 주어지고, 구간 AC, 구간 CE, 구간 EB에서의 굽힘 모멘트는 각각 $M_{AC}=R_{Ay}x_1$, $M_{CE}=R_{Ay}x_1-P(x_1-x)$, $M_{EB}=R_{By}x_1$로 주어진다. 수정된 Castigliano의 이론에 의한 처짐각 θ_{CB}과 처짐량 δ_{CB}를 다음과 같이 구한다.

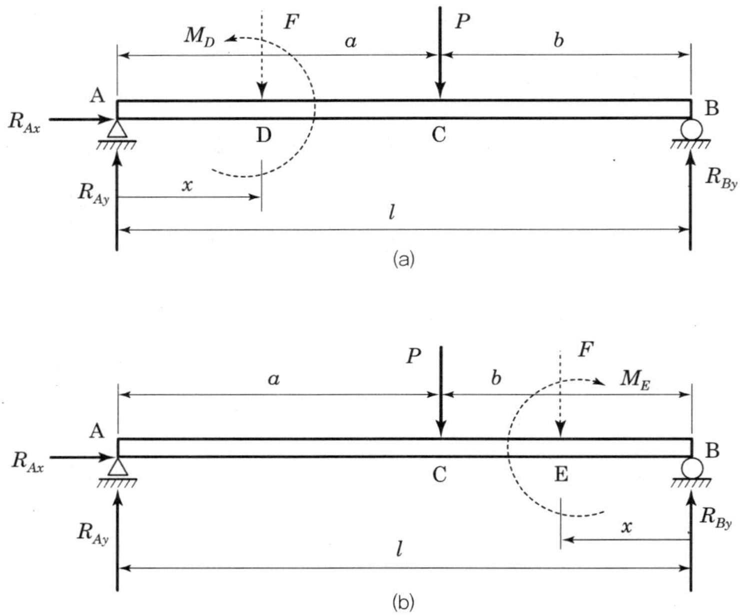

그림 9-22 집중하중을 받는 단순보

$$\delta_{CB}=\int_0^a \frac{M_{AC}}{EI}\frac{\partial M_{AC}}{\partial F}dx_1+\int_a^{l-x}\frac{M_{CE}}{EI}\frac{\partial M_{CE}}{\partial F}dx_1+\int_0^x \frac{M_{EB}}{EI}\frac{\partial M_{EB}}{\partial F}dx_1$$
$$=\frac{P}{EIl}\{\frac{a^3bx}{3l}+\frac{bx}{3l}[(l-x)^3-a^3]-\frac{x}{3}[(l-x)^3-a^3]+\frac{x^2}{2}[(l-x)^2-a^2]$$
$$+\frac{a(l-x)x^3}{3l}\}$$
$$\theta_{CB}=\int_0^a \frac{M_{AC}}{EI}\frac{\partial M_{AC}}{\partial M_E}dx_1+\int_a^{l-x}\frac{M_{CE}}{EI}\frac{\partial M_{CE}}{\partial M_E}dx_1+\int_0^x \frac{M_{EB}}{EI}\frac{\partial M_{EB}}{\partial M_E}dx_1$$
$$=\frac{P}{EIl}\{-\frac{a^3b}{3l}-\frac{b}{3l}[(l-x)^3-a^3]+\frac{1}{3}[(l-x)^3-a^3]-\frac{x}{2}[(l-x)^2-a^2]$$
$$+\frac{ax^3}{3l}\}$$

(9-99)

(2) 분포하중을 받는 단순보

그림 **9-23**과 같이 단순보에 분포하중 w가 작용할 때에 보의 탄성변형에너지를 이용하여 처짐각과 처짐량을 구하고자 한다. 그림 9-23에서 점선으로 표현한 집중하중 F와 굽힘 모멘트 M_C는 가상하중들을 의미한다.

지점 A, B에서의 반력은 $R_{Ay}=\frac{wl}{2}+\frac{F(l-x)}{l}+\frac{M_C}{l}$와 $R_{By}=\frac{wl}{2}+\frac{Fx}{l}-\frac{M_C}{l}$로 주어지고, 구간 AC와 구간 CB에서의 굽힘 모멘트는 각각 $M_{AC}=R_{Ay}x_1-\frac{wx_1^2}{2}$과 $M_{CB}=R_{By}x_1-\frac{wx_1^2}{2}$로 주어진다. 수정된 Castigliano의 이론에 의한 처짐각 θ와 처짐량 δ를 다음과 같이 구한다.

$$\delta=\int_0^x \frac{M_{AC}}{EI}\frac{\partial M_{AC}}{\partial F}dx_1+\int_0^{l-x}\frac{M_{CB}}{EI}\frac{\partial M_{CB}}{\partial F}dx_1=\frac{wx}{24EI}(x^3-2lx^2+l^3)$$
$$\theta=\int_0^x \frac{M_{AC}}{EI}\frac{\partial M_{AC}}{\partial M_C}dx_1+\int_0^{l-x}\frac{M_{CB}}{EI}\frac{\partial M_{CB}}{\partial M_C}dx_1=\frac{w}{24EI}(4x^3-6lx^2+l^3)$$

(9-100)

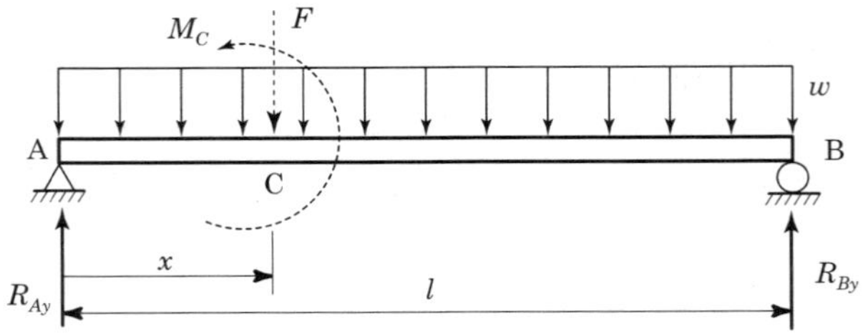

그림 9-23 분포하중을 받는 단순보

예제 9-26 길이가 l인 외팔보에 등분포하중 w와 집중하중 P가 그림 **(9-w)**와 같이 작용하고 있다. 보에 저장되는 탄성변형에너지와 자유단에서의 처짐량을 구하시오.

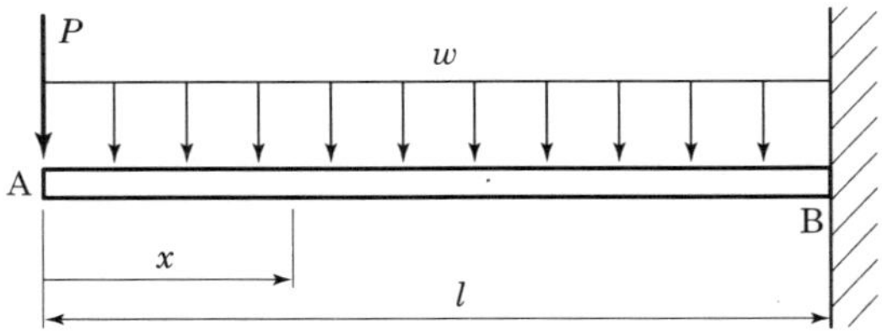

그림 (9-w)

| 해설 | 자유단 A에서부터 임의의 거리 x되는 곳의 굽힘 모멘트 M은 $M = Px + \frac{wx^2}{2}$로 주어진다. 탄성변형에너지 U는 $U = \int_0^l \frac{M^2}{2EI}dx = \frac{1}{2EI}\left(\frac{P^2l^3}{3} + \frac{Pwl^4}{4} + \frac{w^2l^5}{20}\right)$로 얻어지고, 자유단 A에서의 처짐량 δ는 $\delta = \frac{\partial U}{\partial P} = \frac{1}{2EI}\left(\frac{2Pl^3}{3} + \frac{wl^4}{4}\right)$로 된다.

[답] $U = \frac{1}{2EI}\left(\frac{P^2l^3}{3} + \frac{Pwl^4}{4} + \frac{w^2l^5}{20}\right)$, $\delta = \frac{1}{2EI}\left(\frac{2Pl^3}{3} + \frac{wl^4}{4}\right)$

예제 9-27 길이가 l인 외팔보에 굽힘 모멘트 M_A와 집중하중 P가 그림 **(9-x)**와 같이 작용하고 있다. 자유단에서의 처짐량과 처짐각을 구하시오.

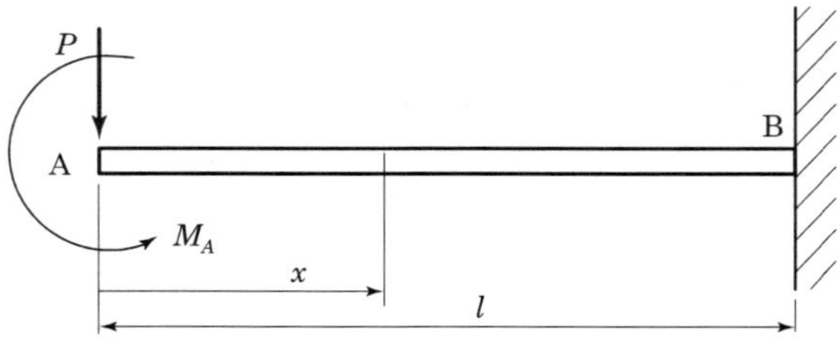

그림 (9-x)

▌해설▐ 자유단 A에서부터 임의의 거리 x되는 곳의 굽힘 모멘트 M은 $M=Px+M_A$로 주어진다. 수정된 Castigliano의 이론에 의한 자유단에서의 처짐량 δ와 처짐각 θ는

$$\delta=\int_0^l \frac{M}{EI}\frac{\partial M}{\partial P}dx=\frac{1}{EI}\left(\frac{Pl^3}{3}+\frac{M_Al^2}{2}\right),\ \theta=\int_0^l \frac{M}{EI}\frac{\partial M}{\partial M_A}dx=-\frac{1}{EI}\left(\frac{Pl^2}{2}+M_Al\right)$$ 로 된다.

[답] $\delta=\frac{1}{EI}\left(\frac{Pl^3}{3}+\frac{M_Al^2}{2}\right),\ \theta=-\frac{1}{EI}\left(\frac{Pl^2}{2}+M_Al\right)$

예제 9-28 길이가 l인 단순보에 등분포하중 w와 집중하중 P가 그림 (9-y)와 같이 작용하고 있다. 보에 저장되는 탄성변형에너지 U와 보의 중앙에서의 처짐량 δ을 구하시오.

▌해설▐ 지점 A, B의 반력 R_{Ay}와 R_{By}는 $R_{Ay}=R_{By}=\frac{P}{2}+\frac{wl}{2}$로 주어지고, AC구간에서의 굽힘 모멘트 M_{AC}는 $M_{AC}=R_{Ay}x-\frac{wx^2}{2}$로 되고, CB구간에서의 굽힘 모멘트 M_{CB}는 $M_{CB}=R_{By}x-\frac{wx^2}{2}$로 된다. 이들의 값은 서로 같음을 알 수 있다. 따라서 탄성변형에너지 U는 $U=2\int_0^{\frac{l}{2}}\frac{M^2}{2EI}dx=2\int_0^{\frac{l}{2}}\frac{1}{2EI}\left(\frac{Px}{2}+\frac{wlx}{2}-\frac{wx^2}{2}\right)^2dx=\frac{P^2l^3}{96EI}+\frac{5Pwl^4}{384EI}+\frac{w^2l^5}{240EI}$로 얻어지고, 보의 중앙에서의 처짐량 δ는 $\delta=\frac{\partial U}{\partial P}=\frac{Pl^3}{48EI}+\frac{5wl^4}{384EI}$로 된다.

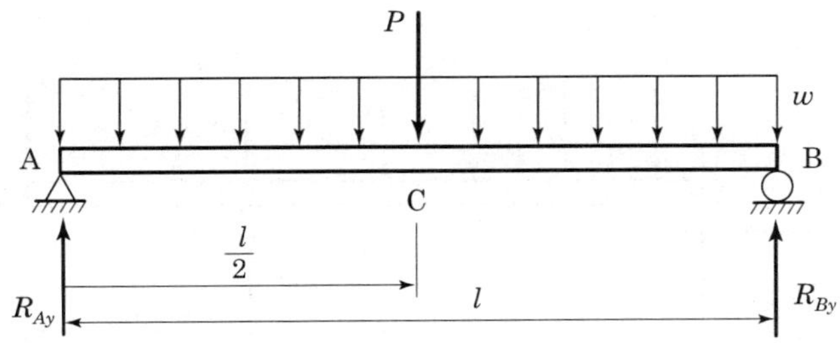

그림 (9-y)

[답] $U=\frac{P^2l^3}{96EI}+\frac{5Pwl^4}{384EI}+\frac{w^2l^5}{240EI},\ \delta=\frac{Pl^3}{48EI}+\frac{5wl^4}{384EI}$

예제 9-29 그림 (9-z)와 같은 돌출보에 집중하중 P와 굽힘 모멘트 M_C가 작용하고 있다. 자유단 C에서의 처짐량 δ_C와 처짐각 θ_C를 구하시오.

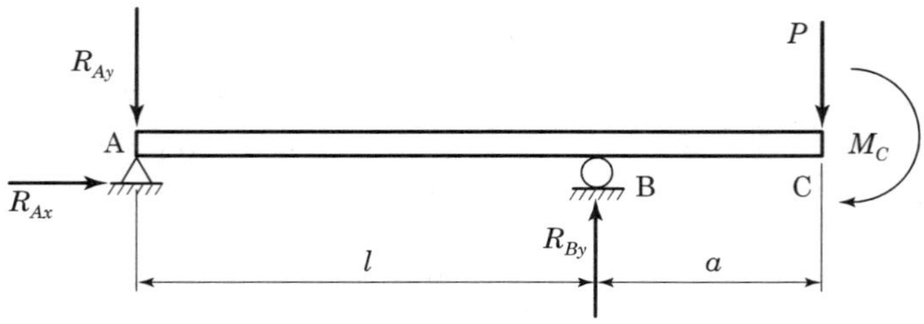

그림 (9-z)

▌해설▐ 지점 A, B의 반력 R_{Ay}와 R_{By}는 $R_{Ay}=\dfrac{Pa+M_C}{l}$, $R_{By}=\dfrac{P(l+a)+M_C}{l}$로 주어지고, AB구간에서의 굽힘 모멘트 M_{AB}는 $M_{AB}=R_{Ay}x$로 되고, CB구간에서의 굽힘 모멘트 M_{CB}는 $M_{CB}=Px+M_C$로 된다. 처짐량 δ_C와 처짐각 θ_C는 각각 $\delta_C=\int_0^l \dfrac{M_{AB}}{EI}\dfrac{\partial M_{AB}}{\partial P}dx+\int_0^a \dfrac{M_{CB}}{EI}\dfrac{\partial M_{CB}}{\partial P}dx=\dfrac{1}{EI}\left[\dfrac{(Pa+M_C)al}{3}+\dfrac{Pa^3}{3}+\dfrac{M_Ca^2}{2}\right]$, $\theta_C=\int_0^l \dfrac{M_{AB}}{EI}\dfrac{\partial M_{AB}}{\partial M_C}dx+\int_0^a \dfrac{M_{CB}}{EI}\dfrac{\partial M_{CB}}{\partial M_C}dx=\dfrac{1}{EI}\left[\dfrac{(Pa+M_C)l}{3}+\dfrac{Pa^2}{2}+M_Ca\right]$로 된다.

[답] $\delta_C\equiv\dfrac{1}{EI}\left[\dfrac{(Pa+M_C)al}{3}+\dfrac{Pa^3}{3}+\dfrac{M_Ca^2}{2}\right]$, $\theta_C=\dfrac{1}{EI}\left[\dfrac{(Pa+M_C)l}{3}+\dfrac{Pa^2}{2}+M_Ca\right]$

예제 9-30 그림 (9-aa)와 같은 돌출보에 등분포하중 w와 집중하중 P가 작용하고 있다. 자유단 C에서의 처짐량 δ_C를 구하시오.

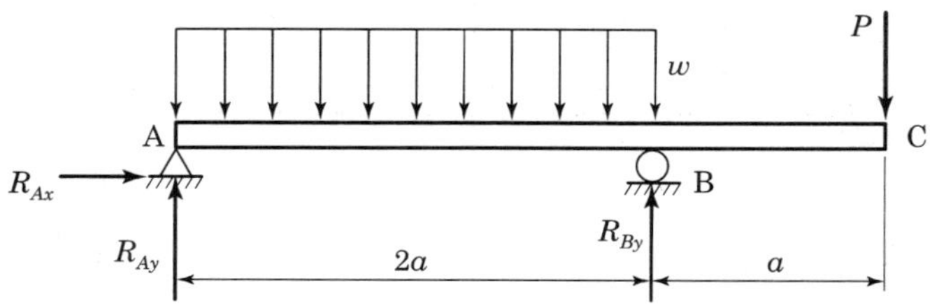

그림 (9-aa)

▌해설▐ 지점 A, B의 반력 R_{Ay}와 R_{By}는 $R_{Ay}=wa-\dfrac{P}{2}$, $R_{By}=wa+\dfrac{3P}{2}$로 주어지고, AB구간에서의 굽힘 모멘트 M_{AB}는 $M_{AB}=R_{Ay}x$로 되고, CB구간에서의 굽힘 모멘트 M_{CB}는 $M_{CB}=Px$로 된다. 처짐량 δ_C는 $\delta_C=\int_0^{2a} \dfrac{M_{AB}}{EI}\dfrac{\partial M_{AB}}{\partial P}dx+\int_0^a \dfrac{M_{CB}}{EI}\dfrac{\partial M_{CB}}{\partial P}dx=\dfrac{1}{EI}\left[Pa^3-\dfrac{wa^4}{3}\right]$로 된다.

[답] $\delta_C=\dfrac{1}{EI}\left[Pa^3-\dfrac{wa^4}{3}\right]$

Chapter 10 부정정보

부정정(statically indeterminate)이란 의미는 이미 앞에서 논한 **3-2**절의 부정정구조물(statically indeterminate structure)에서 표현하였으며, 보(beam)에 있어서도 마찬가지로 과잉구속으로 인하여 정역학의 평형방정식만으로는 미지의 모든 힘들을 구할 수 없어 변형량 혹은 변위, 주어진 조건 등을 고려한 식 즉, 적합방정식(equation of compatibility)을 필요로 하는 경우가 있다. 이와 같은 보를 부정정보(statically indeterminate beam)라 한다. 따라서 이러한 보를 해석하기 위해서는 정역학의 평형방정식 이외에 과잉구속의 수만큼 적합방정식이 필요하다.

부정정보의 종류는 **7-1**절의 보의 종류에서 나타냈듯이 한쪽은 고정되어 있고 다른 한쪽은 핀 지지점으로 되어 있는 고정지지보(one end fixed other end supported beam), 양단이 고정되어 있는 양단고정보(both ends fixed beam), 지지점이 2개 이상 있는 연속보(continuous beam) 등을 들 수 있다. 이와 같은 보들을 해석하는데 있어서 여기에서는 탄성곡선미분방정식, 중첩법, 모멘트면적법 등을 이용한다.

10-1 고정지지보

10-1-1 집중하중을 받는 고정지지보

그림 10-1과 같이 한쪽은 고정되어 있고 다른 한쪽은 핀으로 지지되어 있으면서 집중하중 P를 받고 있는 고정지지보를 해석하고자 한다. 이 보에서의 정력학적인 평형조건을 쓰면 다음과 같다.

$$\begin{aligned} &\Sigma F_x = 0,\ \ R_{Ax} = 0 \\ &\Sigma F_y = 0,\ \ R_{Ay} + R_{By} - P = 0 \\ &\Sigma M_A = 0,\ \ Pa - R_{By} l - M_A = 0 \end{aligned} \tag{10-1}$$

$\Sigma M_A = 0$는 지점 A를 지나는 z축에 대한 모멘트의 합을 나타낸다. 식(10-1)에서 미지수는 지점 A, B에 생기는 반력 R_{Ax}, R_{Ay}, R_{By}, M_A인 4개이고, 평형조건식은 3개로 주어졌으므로 다른 하나의 조건식 즉, 적합방정식이 필요하다. 적합방정식은 다음과 같은 3가지 경우에 의해서 구할 수 있다.

(1) 탄성곡선미분방정식을 이용하는 경우

CB구간과 AC구간에서의 굽힘모멘트는 각각 $M_{CB} = R_{By}x$, $M_{AC} = R_{By}x - P(x-b)$로 주어지므로 각 구간에서의 탄성곡선미분방정식은 다음과 같이 나타낼 수 있다.

$$\begin{aligned} &EIy_{CB}'' = -M_{CB} = -R_{By}x \\ &EIy_{CB}' = -\frac{R_{By}}{2}x^2 + C_1 \\ &EIy_{CB} = -\frac{R_{By}}{6}x^3 + C_1 x + C_2 \end{aligned} \tag{10-2}$$

$$\begin{aligned} &EIy_{AC}'' = -M_{AC} = -R_{By}x + P(x-b) \\ &EIy_{AC}' = -\frac{R_{By}}{2}x^2 + \frac{P}{2}(x-b)^2 + C_3 \\ &EIy_{AC} = -\frac{R_{By}}{6}x^3 + \frac{P}{6}(x-b)^3 + C_3 x + C_4 \end{aligned} \tag{10-3}$$

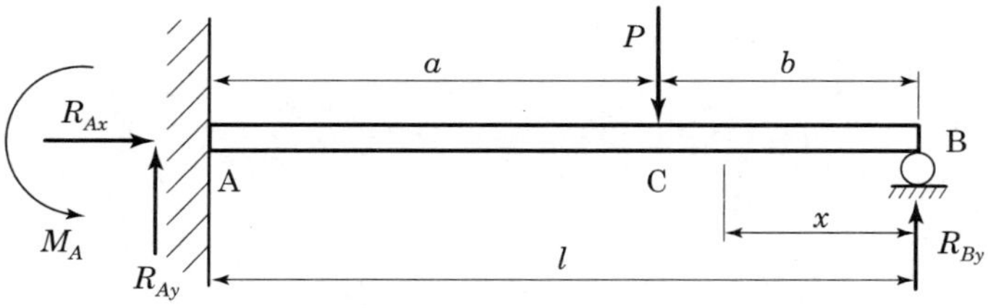

그림 10-1 집중하중을 받는 고정지지보

경계조건은 $x=0$일 때 $y=0$, $x=b$일 때 $y_{CB}'=y_{AC}'$와 $y_{CB}=y_{AC}$, $x=l$일 때 $y_{AC}=y_{AC}'=0$이므로 적분상수들은 $C_1=C_3=\dfrac{R_{By}l^2-Pa^2}{2}$, $C_2=C_4=0$로 된다. 또한, $x=l$일 때 $y_{AC}=0$로부터 반력 R_{By}는 다음과 같이 주어진다.

$$R_{By}=\frac{Pa^2}{2l^3}(3l-a) \tag{10-4}$$

식 (10-1)과 식 (10-4)로부터 반력 R_{Ax} R_{Ay}, M_A는 다음과 같이 된다.

$$R_{Ax}=0 \quad R_{Ay}=\frac{Pb}{2l^3}(3l^2-b^2) \quad M_A=\frac{Pab}{2l^2}(2l-a) \tag{10-5}$$

(2) 중첩법을 이용하는 경우

그림 **10-1**의 고정지지보를 그림 **10-2** (a), (b)와 같이 집중하중 P를 받는 단순보와 지점 A에서 모멘트 M_A가 작용하는 단순보의 조합으로 볼 수 있다. 그러므로 고정지지보의 처짐각과 처짐량은 이 두 단순보의 처짐각과 처짐량의 합과 같아야 한다.

그림 **10-2** (a)와 같이 집중하중 P를 받는 단순보와 그림 **10-2** (b)와 같이 모멘트 M_A를 받는 단순보의 지지점 A, B에 대한 처짐각은 각각 다음과 같다.

$$\begin{aligned}\theta_{aA}&=\frac{Pab}{6EIl}(l+b)\\ \theta_{aB}&=-\frac{Pab}{6EIl}(l+a)\end{aligned} \tag{10-6}$$

$$\theta_{bA} = -\frac{M_A l}{3EI}$$
$$\theta_{bB} = \frac{M_A l}{6EI} \qquad (10-7)$$

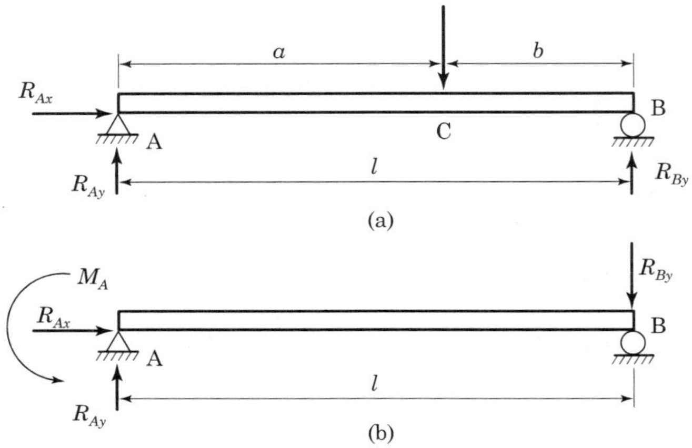

그림 10-2 고정지지보의 분해

고정지지보의 고정단에서는 처짐각이 0이므로 식 (10-6)의 θ_{aA}와 식 (10-7)의 θ_{bA}의 합은 0이 되어야 한다. 이와 같은 조건으로부터 모멘트 M_A는 다음과 같이 구해진다.

$$\theta_{aA} + \theta_{bA} = \frac{Pab}{6EIl}(l+b) - \frac{M_A l}{3EI} = 0$$
$$M_A = \frac{Pab}{2l^2}(l+b) \qquad (10-8)$$

식 (10-1)과 식 (10-8)로부터 나머지 미지의 반력 R_{Ax} R_{Ay}, R_{By}를 구할 수 있다.

(3) 모멘트 면적법을 이용하는 경우

앞에서도 언급했듯이 그림 **10-1**의 고정지지보는 그림 **10-2** (a), (b)와 같은 두 단순보의 조합으로 볼 수 있다. 따라서 고정지지보의 굽힘 모멘트 선도(BMD)는 두 단순보의 굽힘 모멘트 선도의 합으로 그림 **10-3**과 같이 얻을 수 있다.

고정지지보에 있어서 고정단 A와 핀 지지점 B에 대한 두 접선사이의 거리는 핀 지지점 B에서 0이므로 그림 **10-3**으로부터 다음과 같이 나타낼 수 있다.

$$\frac{1}{EI}\{[\frac{1}{2}\frac{Pab}{l}a \cdot (b+\frac{a}{3})+\frac{1}{2}\frac{Pab}{l}b \cdot \frac{2b}{3}]-\frac{1}{2}M_A l \cdot \frac{2l}{3}\}=0 \tag{10-9}$$

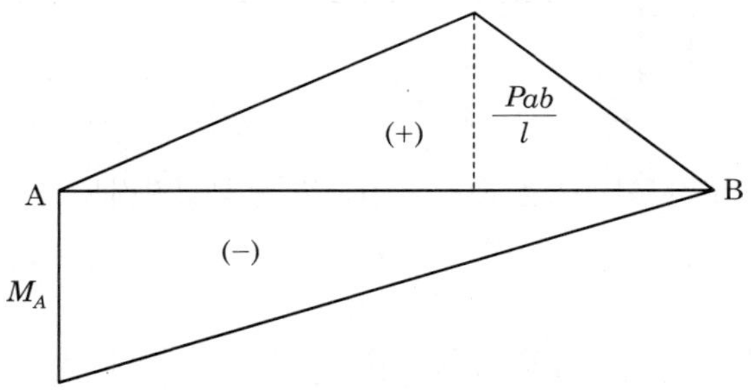

그림 10-3 고정지지보의 굽힘 모멘트 선도

따라서 식 (10-9)로부터 모멘트 M_A는 다음과 같이 구해지고, 식 (10-1)로부터 나머지 미지의 반력 R_{Ax} R_{Ay}, R_{By}를 구할 수 있다.

$$M_A=\frac{Pab}{2l^2}(l+b) \tag{10-10}$$

10-1-2 분포하중을 받는 고정지지보

그림 **10-4**와 같이 한쪽은 고정되어 있고 다른 한쪽은 핀으로 지지되어 있으면서 분포하중 w를 받고 있는 고정지지보를 해석하고자 한다. 이 보에서의 정력학적인 평형 조건을 쓰면 다음과 같다.

$$\begin{aligned} &\Sigma F_x=0, \;\; R_{Ax}=0 \\ &\Sigma F_y=0, \;\; R_{Ay}+R_{By}-wl=0 \\ &\Sigma M_A=0, \;\; \frac{wl^2}{2}-R_{By}l-M_A=0 \end{aligned} \tag{10-11}$$

식 (10-11)에서 미지수는 지점 A, B에 생기는 반력 R_{Ax}, R_{Ay}, R_{By}, M_A인 4개이고, 평형조건식은 3개로 주어졌으므로 다른 하나의 조건식 즉, 적합방정식이 필요하다. 적합방정식은 다음과 같은 3가지 경우에 의해서 구할 수 있다.

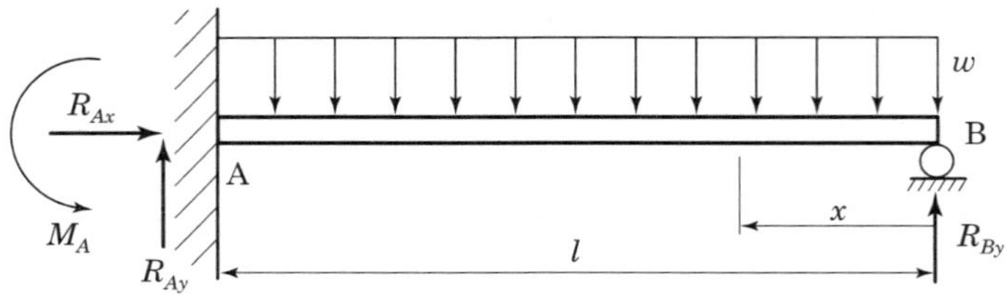

그림 10-4 분포하중을 받는 고정지지보

(1) 탄성곡선미분방정식을 이용하는 경우

핀 지지점 B에서부터 임의의 거리 x되는 곳의 굽힘모멘트는 $M = R_{By}x - \dfrac{wx^2}{2}$로 주어지므로 탄성곡선미분방정식은 다음과 같이 나타낼 수 있다.

$$
\begin{aligned}
EIy'' &= -M = -R_{By}x + \frac{wx^2}{2} \\
EIy' &= -\frac{R_{By}}{2}x^2 + \frac{wx^3}{6} + C_1 \\
EIy &= -\frac{R_{By}}{6}x^3 + \frac{wx^4}{24} + C_1x + C_2
\end{aligned}
\qquad (10\text{-}12)
$$

경계조건은 $x = 0$일 때 $y = 0$이므로 $C_2 = 0$이 되고, $x = l$일 때 $y = y' = 0$이므로 적분상수 C_1은 $C_1 = \dfrac{R_{By}}{2}l^2 - \dfrac{wl^3}{6} = \dfrac{R_{By}}{6}l^2 - \dfrac{wl^3}{24}$인 관계를 갖는다. 그러므로 반력 R_{By}는 다음과 같이 구해진다.

$$R_{By} = \frac{3wl}{8} \qquad (10\text{-}13)$$

식 (10-11)과 식 (10-13)으로부터 반력 R_{Ax} R_{Ay}, M_A는 다음과 같이 된다.

$$R_{Ax} = 0 \quad R_{Ay} = \frac{5wl}{8} \quad M_A = \frac{wl^2}{8} \qquad (10\text{-}14)$$

(2) 중첩법을 이용하는 경우

그림 **10-4**의 고정지지보를 그림 **10-5** (a), (b)와 같이 분포하중 w를 받는 단순보와

지점 A에서 모멘트 M_A가 작용하는 단순보의 조합으로 볼 수 있다. 그러므로 고정지지보의 처짐각과 처짐량은 이 두 단순보의 처짐각과 처짐량의 합과 같아야 한다.

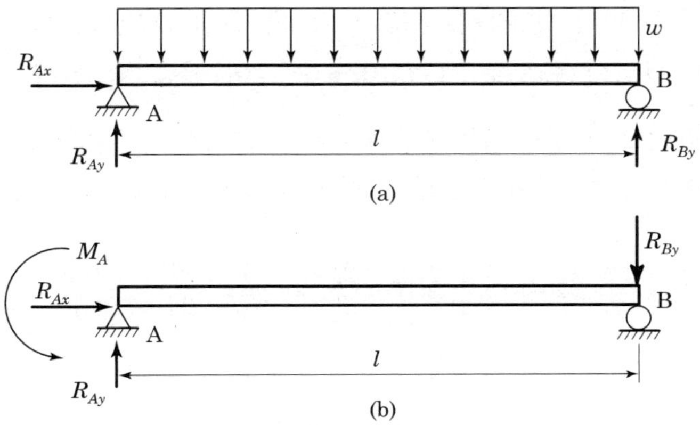

그림 10-5 고정지지보의 분해

그림 **10-5** (a)와 같이 분포하중 w를 받는 단순보와 그림 **10-5** (b)와 같이 모멘트 M_A를 받는 단순보의 지지점 A, B에 대한 처짐각은 각각 다음과 같다.

$$\theta_{aA} = -\theta_{aB} = \frac{wl^3}{24EI} \tag{10-15}$$

$$\theta_{bA} = -\frac{M_A l}{3EI}, \quad \theta_{bB} = \frac{M_A l}{6EI} \tag{10-16}$$

고정지지보의 고정단에서는 처짐각이 0이므로 식 (10-15)의 θ_{aA}와 식 (10-16)의 θ_{bA}의 합은 0이 되어야 한다. 이와 같은 조건으로부터 모멘트 M_A는 다음과 같이 구해진다.

$$\theta_{aA} + \theta_{bA} = \frac{wl^3}{24EI} - \frac{M_A l}{3EI} = 0, \quad M_A = \frac{wl^2}{8} \tag{10-17}$$

식 (10-11)과 식 (10-17)로부터 나머지 미지의 반력 R_{Ax} R_{Ay}, R_{By}를 구할 수 있다.

(3) 모멘트 면적법을 이용하는 경우

앞에서도 언급했듯이 그림 **10-4**의 고정지지보는 그림 **10-5** (a), (b)와 같은 두 단순보의 조합으로 볼 수 있다. 따라서 고정지지보의 굽힘 모멘트 선도(BMD)는 두 단순보의 굽힘 모멘트 선도의 합으로 그림 **10-6**과 같이 얻을 수 있다.

고정지지보에 있어서 고정단 A와 핀 지지점 B에 대한 두 접선사이의 거리는 핀 지지점 B에서 0이므로 그림 **10-6**으로부터 다음과 같이 나타낼 수 있다.

$$\frac{1}{EI}\left[\int_0^l\left(\frac{wl}{2}x-\frac{wx^2}{2}\right)x\,dx-\frac{1}{2}M_A l\cdot\frac{2l}{3}\right]=\frac{1}{EI}\left[\frac{wl^4}{24}-\frac{M_A l^2}{3}\right]=0 \qquad (10-18)$$

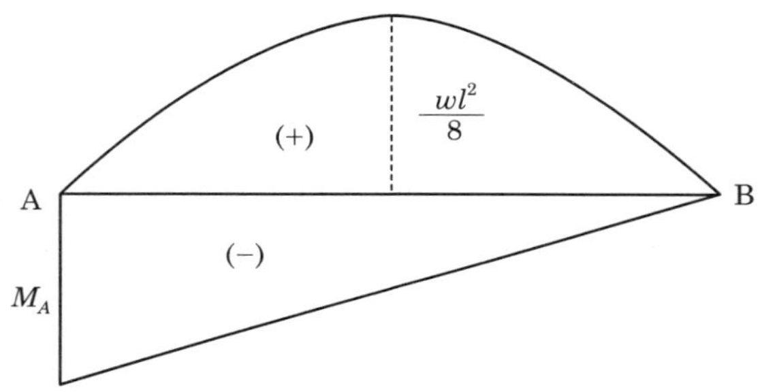

그림 10-6 고정지지보의 굽힘 모멘트 선도

따라서 식 (10-18)로부터 모멘트 M_A는 다음과 같이 구해지고, 식 (10-11)로부터 나머지 미지의 반력 R_{Ax} R_{Ay}, R_{By}를 구할 수 있다.

$$M_A=\frac{wl^2}{8} \qquad (10-19)$$

예제 10-1 고정지지보에 그림 (10-a)와 같이 선형적으로 증가하는 분포하중을 받고 있다. 지점 A, B에 생기는 반력 R_{Ay}, R_{By}, M_A를 탄성곡선미분방정식을 이용하여 구하시오.

| 해설 | 지점 B에서 x만큼 떨어진 곳에서의 굽힘 모멘트 M은 $M=R_{By}x-\frac{1}{2}\frac{w_0x^2}{l}\frac{x}{3}$로 되므로

탄성곡선미분방정식은 $EIy'' = -M = -R_{By}x + \frac{w_0 x^3}{6l}$로 나타낸다. 이것을 적분하면 $EIy' = -\frac{R_{By}}{2}x^2 + \frac{w_0 x^4}{24l} + C_1$, $EIy = -\frac{R_{By}}{6}x^3 + \frac{w_0 x^5}{120l} + C_1 x + C_2$로 되고, 경계조건은 $x=0$일 때 $y=0$이므로 $C_2 = 0$이 되고, $x=l$일 때 $y=y'=0$이므로 적분상수 C_1은 $C_1 = \frac{R_{By}}{2}l^2 - \frac{w_0 l^3}{24} = \frac{R_{By}}{6}l^2 - \frac{w_0 l^3}{120}$인 관계를 갖는다. 이관계로부터 반력 R_{By}는 $R_{By} = \frac{w_0 l}{10}$로 된다. 평형조건식 $R_{Ay} + R_{By} - \frac{w_0 l}{2} = 0$와 $-M_A + \frac{w_0 l}{2}\frac{l}{3} - R_{By}l = 0$로부터 $R_{Ay} = \frac{2w_0 l}{5}$, $M_A = \frac{7w_0 l^2}{30}$로 된다.

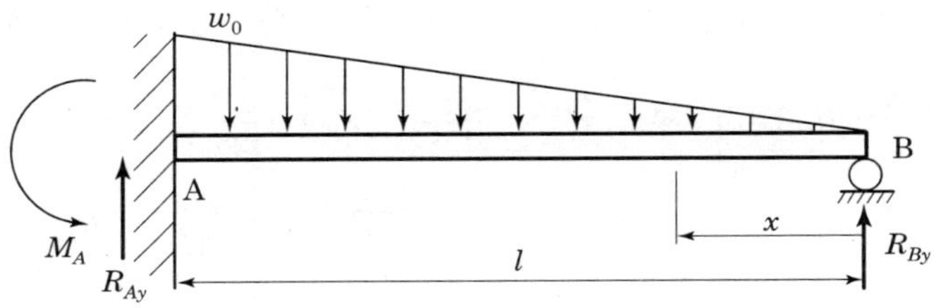

그림 (10-a)

[답] $R_{Ay} = \frac{2w_0 l}{5}$, $R_{By} = \frac{w_0 l}{10}$, $M_A = \frac{7w_0 l^2}{30}$

예제 10-2 고정지지보에 그림 (10-b)와 같이 핀 지지점 B부분으로 등분포하중이 작용하고 있다. 지점 A, B에 생기는 반력 R_{Ay}, R_{By}, M_A를 탄성곡선미분방정식을 이용하여 구하시오.

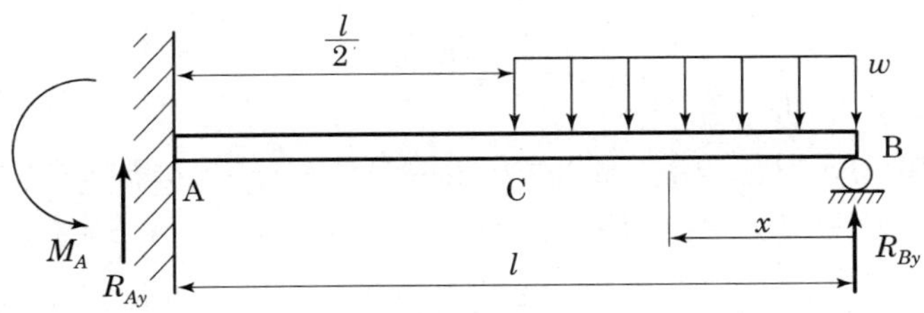

그림 (10-b)

| 해설 | BC구간에서의 탄성곡선미분방정식은 $EIy_{BC}'' = -M_{BC} = -R_{By}x + \frac{wx^2}{2}$로 되고, 이것을 적분하면 $EIy_{BC}' = -\frac{R_{By}}{2}x^2 + \frac{wx^3}{6} + C_1$, $EIy_{BC} = -\frac{R_{By}}{6}x^3 + \frac{wx^4}{24} + C_1 x + C_2$로 된다. AC구

간에서의 탄성곡선미분방정식은 $EIy_{AC}'' = -M_{AC} = -R_{By}x + \frac{wl}{2}\left(x - \frac{l}{4}\right)$로 되고, 이것을 적분하면 $EIy_{AC}' = -\frac{R_{By}}{2}x^2 + \frac{wl}{4}\left(x - \frac{l}{4}\right)^2 + C_3$, $EIy_{AC} = -\frac{R_{By}}{6}x^3 + \frac{wl}{12}\left(x - \frac{l}{4}\right)^3 + C_3\left(x - \frac{l}{4}\right) + C_4$로 된다. 경계조건은 $x = 0$일 때 $y_{BC} = 0$이므로 $C_2 = 0$이 되고, $x = l$일 때 $y_{AC} = y_{AC}' = 0$이므로 적분상수 C_3, C_4는 $C_3 = \frac{R_{By}}{2}l^2 - \frac{9wl^3}{64}$, $C_4 = -\frac{5R_{By}}{24}l^3 + \frac{18wl^4}{256}$로 된다. 그리고 C점인 $x = \frac{l}{2}$되는 곳에서는 $y_{AC}' = y_{BC}'$와 $y_{AC} = y_{BC}$이므로 $C_1 = C_3 - \frac{wl^3}{192} = \frac{R_{By}l^2}{2} - \frac{28wl^3}{192}$와 $C_1 = -\frac{wl^3}{384} + \frac{C_3}{2} + \frac{2C_4}{l} = -\frac{R_{By}l^2}{6} + \frac{26wl^3}{384}$인 관계를 갖는다. 이관계로부터 반력 R_{By}는 $R_{By} = \frac{41wl}{128}$로 된다. 평형조건식 $R_{Ay} + R_{By} - \frac{wl}{2} = 0$와 $-M_A + \frac{wl}{2}\frac{3l}{4} - R_{By}l = 0$로부터 $R_{Ay} = \frac{23wl}{128}$, $M_A = \frac{7wl^2}{128}$로 된다.

[답] $R_{Ay} = \frac{23wl}{128}$, $R_{By} = \frac{41wl}{128}$, $M_A = \frac{7wl^2}{128}$

예제 10-3 고정지지보에 그림 (10-c)와 같이 핀 지지점 B부분으로 등분포하중이 작용하고 있다. 지점 A, B에 생기는 반력 R_{Ay}, R_{By}, M_A를 중첩법으로 구하시오.

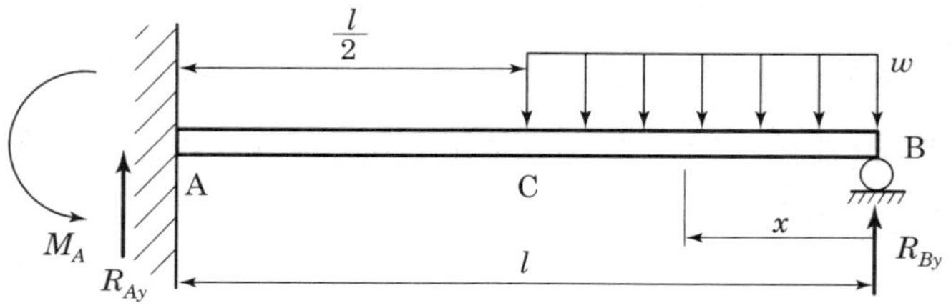

그림 (10-c)

| 해설 | 그림 (10-c)와 같은 경우의 보는 지점 B부분으로 등분포하중이 작용하는 단순보와 지점 A에 굽힘 모멘트 M_A가 작용하는 단순보로 나눌 수 있다. 지점 B부분으로 등분포하중이 작용하는 단순보의 처짐각 θ_{1A}, θ_{1B}는 $\theta_{1A} = \frac{7wl^3}{384EI}$, $\theta_{1B} = -\frac{9wl^3}{384EI}$로 주어지고, 지점 A에 굽힘 모멘트 M_A가 작용하는 단순보의 처짐각 θ_{2A}, θ_{2B}는 $\theta_{2A} = -\frac{M_Al}{3EI}$, $\theta_{2B} = \frac{M_Al}{6EI}$로 주어진다. 고정지지보에서 고정단 A의 처짐각은 0이므로 $\theta_{1A} + \theta_{2A} = \frac{7wl^3}{384EI} - \frac{M_Al}{3EI} = 0$인 관계가 성립되어야 한다. 따라서 이 관계로부터 굽힘 모멘트 M_A는 $M_A = \frac{7wl^2}{128}$로 된다. 나머지 반

력 R_{Ay}, R_{By}는 평형조건식 $R_{Ay}+R_{By}-\frac{wl}{2}=0$와 $-M_A+\frac{wl}{2}\frac{3l}{4}-R_{By}l=0$로부터 $R_{Ay}=\frac{23wl}{128}$, $R_{By}=\frac{41wl}{128}$로 된다.

[답] $R_{Ay}=\frac{23wl}{128}$, $R_{By}=\frac{41wl}{128}$, $M_A=\frac{7wl^2}{128}$

예제 10-4 고정지지보에 그림 (10-d)와 같이 고정단 A부분으로 등분포하중이 작용하고 있다. 지점 A, B에 생기는 반력 R_{Ay}, R_{By}, M_A를 중첩법으로 구하시오.

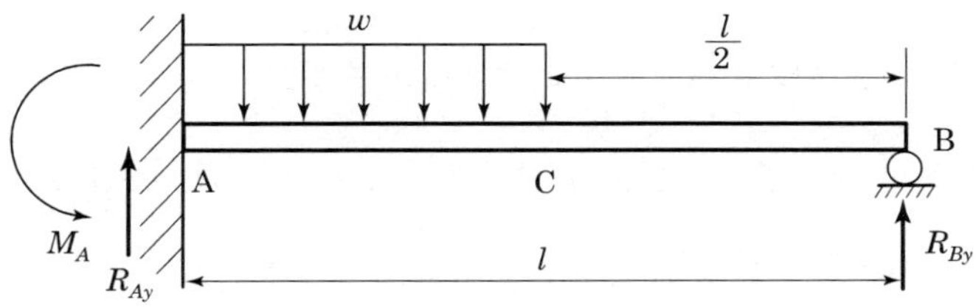

그림 (10-d)

| 해설 | 그림 (10-d)와 같은 경우의 보는 지점 A부분으로 등분포하중이 작용하는 단순보와 지점 A에 굽힘 모멘트 M_A가 작용하는 단순보로 나눌 수 있다. 지점 A부분으로 등분포하중이 작용하는 단순보의 처짐각 θ_{1A}, θ_{1B}는 $\theta_{1A}=\frac{9wl^3}{384EI}$, $\theta_{1B}=-\frac{7wl^3}{384EI}$로 주어지고, 지점 A에 굽힘 모멘트 M_A가 작용하는 단순보의 처짐각 θ_{2A}, θ_{2B}는 $\theta_{2A}=-\frac{M_A l}{3EI}$, $\theta_{2B}=\frac{M_A l}{6EI}$로 주어진다. 고정지지보에서 고정단 A의 처짐각은 0이므로 $\theta_{1A}+\theta_{2A}=\frac{9wl^3}{384EI}-\frac{M_A l}{3EI}=0$인 관계가 성립되어야 한다. 따라서 이 관계로부터 굽힘 모멘트 M_A는 $M_A=\frac{9wl^2}{128}$로 된다. 나머지 반력 R_{Ay}, R_{By}는 평형조건식 $R_{Ay}+R_{By}-\frac{wl}{2}=0$와 $-M_A+\frac{wl}{2}\frac{l}{4}-R_{By}l=0$로부터 $R_{Ay}=\frac{57wl}{128}$, $R_{By}=\frac{7wl}{128}$로 된다.

[답] $R_{Ay}=\frac{57wl}{128}$, $R_{By}=\frac{7wl}{128}$, $M_A=\frac{9wl^2}{128}$

예제 10-5 고정지지보에 그림 (10-e)와 같이 두개의 집중하중이 등간격으로 작용하고 있다. 지점 A, B에 생기는 반력 R_{Ay}, R_{By}, M_A를 중첩법으로 구하시오.

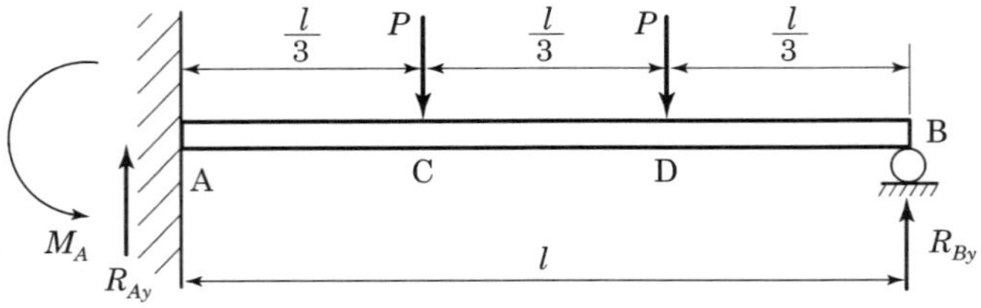

그림 (10-e)

| 해설 | 그림 (10-e)와 같은 경우의 보는 지점 A에서 $\frac{l}{3}$되는 곳에 집중하중 P가 작용하는 단순보와 지점 A에서 $\frac{2l}{3}$되는 곳에 집중하중 P가 작용하는 단순보 그리고 지점 A에 굽힘 모멘트 M_A가 작용하는 단순보 등 세가지 형태의 단순보로 나눌 수 있다. 지점 A에서 $\frac{l}{3}$되는 곳에 집중하중이 작용하는 단순보의 처짐각 θ_{1A}, θ_{1B}는 $\theta_{1A}=\frac{5Pl^2}{81EI}$, $\theta_{1B}=-\frac{4Pl^2}{81EI}$로 주어지고, 지점 A에서 $\frac{2l}{3}$되는 곳에 집중하중이 작용하는 단순보의 처짐각 θ_{2A}, θ_{2B}는 $\theta_{2A}=\frac{4Pl^2}{81EI}$, $\theta_{2B}=-\frac{5Pl^2}{81EI}$로 주어진다. 그리고 지점 A에 굽힘 모멘트 M_A가 작용하는 단순보의 처짐각 θ_{3A}, θ_{3B}는 $\theta_{3A}=-\frac{M_A l}{3EI}$, $\theta_{3B}=\frac{M_A l}{6EI}$로 주어진다. 따라서 고정지지보에서 고정단 A의 처짐각은 0이므로 $\theta_{1A}+\theta_{2A}+\theta_{3A}=\frac{5Pl^2}{81EI}+\frac{4Pl^2}{81EI}-\frac{M_A l}{3EI}=0$ 인 관계가 성립되어야 한다. 따라서 이 관계로부터 굽힘 모멘트 M_A는 $M_A=\frac{Pl}{3}$로 된다. 나머지 반력 R_{Ay}, R_{By}는 평형조건식 $R_{Ay}+R_{By}-2P=0$와 $-M_A+\frac{Pl}{3}+\frac{2Pl}{3}-R_{By}l=0$로부터 $R_{Ay}=\frac{4P}{3}$, $R_{By}=\frac{2P}{3}$로 된다.

[답] $R_{Ay}=\frac{4P}{3}$, $R_{By}=\frac{2P}{3}$, $M_A=\frac{Pl}{3}$

예제 10-6 고정지지보에 그림 (10-f)와 같이 지점 B에 모멘트 M_0가 작용하고 있다. 지점 A, B에 생기는 반력 R_{Ay}, R_{By}, M_A 모멘트 면적법으로 구하시오.

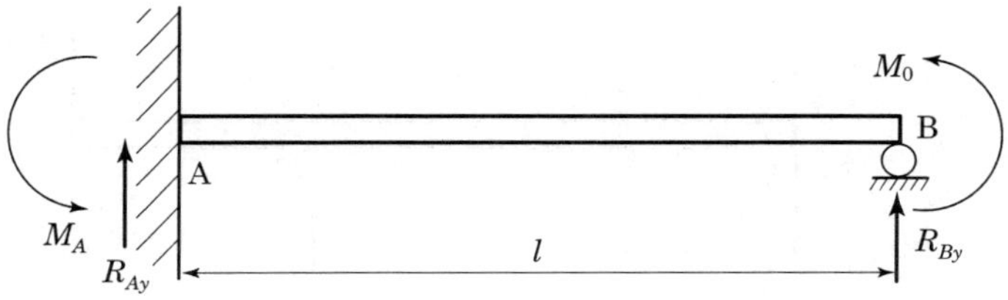

그림 (10-f)

| 해설 | 그림 (10-f)와 같은 경우의 보는 지점 B에서 모멘트 M_0가 작용하는 단순보와 지점 A에서 모멘트 M_A가 작용하는 단순보 나눌 수 있다. 이들 단순보의 굽힘 모멘트 선도는 그림 (10-f-1)로 그려진다. 고정지지보에 있어서 고정단 A와 핀 지지점 B에 대한 두 접선사이의 거리는 핀 지지점 B에서 0이므로 그림 (10-f-1)로부터 $\frac{1}{EI}\left[\frac{M_0 l}{2}\cdot\frac{l}{3}-\frac{M_A l}{2}\cdot\frac{2l}{3}\right]=0$로 나타낼 수 있다. 이 식으로부터 모멘트 M_A는 $M_A=\frac{M_0}{2}$로 된다. 나머지 반력 R_{Ay}, R_{By}는 평형조건식 $R_{Ay}+R_{By}=0$와 $-M_A+R_{Ay}l-M_0=0$로부터 $R_{Ay}=\frac{3M_0}{2l}$, $R_{By}=-\frac{3M_0}{2l}$로 된다. 반력 R_{By}에서 (−)부호는 그림 (10-f)에서 가정한 방향의 반대 방향으로 반력이 작용하고 있음을 의미한다.

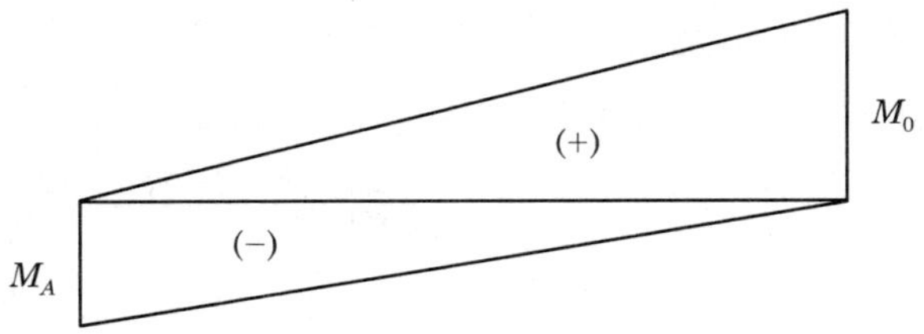

그림 (10-f-1)

[답] $R_{Ay}=\frac{3M_0}{2l}$, $R_{By}=-\frac{3M_0}{2l}$, $M_A=\frac{M_0}{2}$

예제 10-7 그림 (10-g)와 같은 고정지지보에서 돌출된 C부분에 집중하중 P가 작용하고 있다. 지점 A, B에 생기는 반력 R_{Ay}, R_{By}, M_A를 중첩법으로 구하시오.

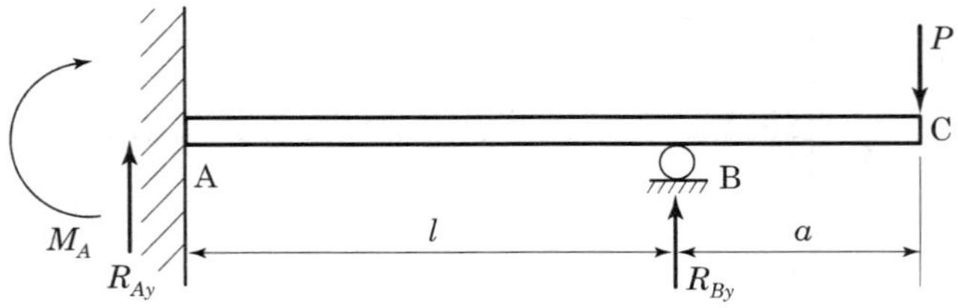

그림 (10-g)

| 해설 | 그림 **(10-g)**와 같은 경우의 보는 돌출된 C부분에 집중하중 P가 작용하는 돌출보와 지점 A에서 모멘트 M_A가 작용하는 돌출보로 나눌 수 있다. 돌출된 C부분에 집중하중 P가 작용하는 돌출보의 처짐각 θ_{1A}, θ_{1B}는 $\theta_{1A}=-\frac{Pal}{6EI}$, $\theta_{1B}=\frac{Pal}{3EI}$로 주어지고, 지점 A에서 모멘트 M_A가 작용하는 돌출보의 처짐각 θ_{2A}, θ_{2B}는 $\theta_{2A}=\frac{M_A l}{3EI}$, $\theta_{2B}=-\frac{M_A l}{6EI}$로 주어진다. 따라서 고정지지보에서 고정단 A의 처짐각은 0이므로 $\theta_{1A}+\theta_{2A}=-\frac{Pal}{6EI}+\frac{M_A l}{3EI}=0$인 관계가 성립되어야 한다. 따라서 이 관계로부터 굽힘 모멘트 M_A는 $M_A=\frac{Pa}{2}$로 된다. 나머지 반력 R_{Ay}, R_{By}는 평형조건식 $R_{Ay}+R_{By}-P=0$와 $M_A+P(l+a)-R_{By}l=0$로부터 $R_{Ay}=-\frac{3Pa}{2l}$, $R_{By}=P+\frac{3Pa}{2l}$로 된다. 반력 R_{Ay}에서 (-)부호는 그림 **(10-g)**에서 가정한 방향의 반대 방향으로 반력이 작용하고 있음을 의미한다.

[답] $R_{Ay}=-\frac{3Pa}{2l}$, $R_{By}=P+\frac{3Pa}{2l}$, $M_A=\frac{Pa}{2}$

예제 10-8 **그림 (10-h)와 같은 고정지지보에서 돌출된 C부분에 집중하중 P가 작용하고 있다. 지점 A, B에 생기는 반력 R_{Ay}, R_{By}, M_A를 탄성곡선미분방정식을 이용하여 구하시오.**

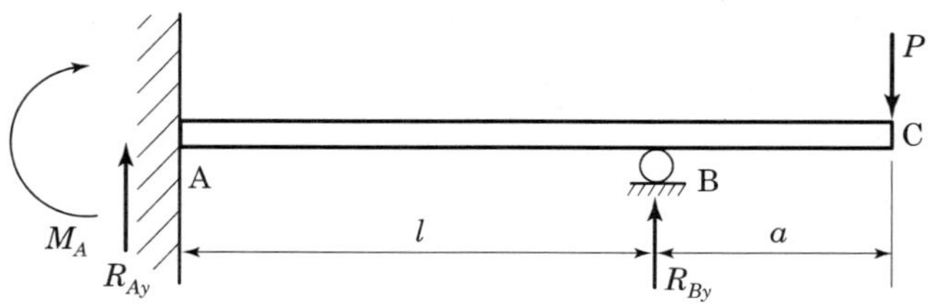

그림 (10-h)

| 해설 | BC구간에서의 탄성곡선미분방정식은 $EIy_{BC}''=-M_{BC}=Px$로 되고, 이것을 적분하면

$EIy_{BC}' = \frac{P}{2}x^2 + C_1$, $EIy_{BC} = \frac{P}{6}x^3 + C_1x + C_2$로 된다. AC구간에서의 탄성곡선미분방정식은 $EIy_{AC}'' = -M_{AC} = Px - R_{By}(x-a)$로 되고, 이것을 적분하면 $EIy_{AC}' = \frac{P}{2}x^2 - \frac{R_{By}}{2}(x-a)^2$, $+ C_3$, $EIy_{AC} = \frac{P}{6}x^3 - \frac{R_{By}}{6}(x-a)^3 + C_3x + C_4$로 된다. 경계조건은 B점인 $x=0$되는 곳에서는 $y_{AC}' = y_{BC}'$와 $y_{AC} = y_{BC}$이므로 $C_1 = C_3$와 $C_2 = C_4$인 관계를 갖는다. 또한, $x=a$일 때 $y_{BC}=0$이므로 $\frac{Pa^3}{6} + C_1a + C_2 = 0$인 식을 얻게 되고, $x = l+a$일 때 $y_{AC} = y_{AC}' = 0$이므로 $\frac{P}{2}(l+a)^2 - \frac{R_{By}l^2}{2} + C_3 = 0$와 $\frac{P}{6}(l+a)^3 - \frac{R_{By}l^3}{6} + C_3(l+a) + C_4 = 0$를 얻게 된다. 이들 관계로부터 적분상수 C_3에 관해 정리하면 $C_3 = \frac{R_{By}l^2}{2} - \frac{P}{2}(l+a)^2 = \frac{R_{By}l^2}{6} - \frac{P(l+a)^3 + Pa^3}{6l}$을 얻게 되므로 반력 R_{By}는 $R_{By} = P + \frac{3Pa}{2l}$로 된다. 나머지 반력 R_{Ay}, M_A는 평형조건식 $R_{Ay} + R_{By} - P = 0$와 $M_A + P(l+a) - R_{By}l = 0$로부터 $R_{Ay} = -\frac{3Pa}{2l}$, $M_A = \frac{Pa}{2}$로 된다. 반력 R_{Ay}에서 (−)부호는 그림 **(10-h)**에서 가정한 방향의 반대 방향으로 반력이 작용하고 있음을 의미한다.

[답] $R_{Ay} = -\frac{3Pa}{2l}$, $R_{By} = P + \frac{3Pa}{2l}$, $M_A = \frac{Pa}{2}$

예제 10-9 **그림 (10-i)와 같은 고정지지보에서 돌출된 C부분에 분포하중 w가 작용하고 있다. 지점 A, B에 생기는 반력 R_{Ay}, R_{By}, M_A를 탄성곡선미분방정식을 이용하여 구하시오.**

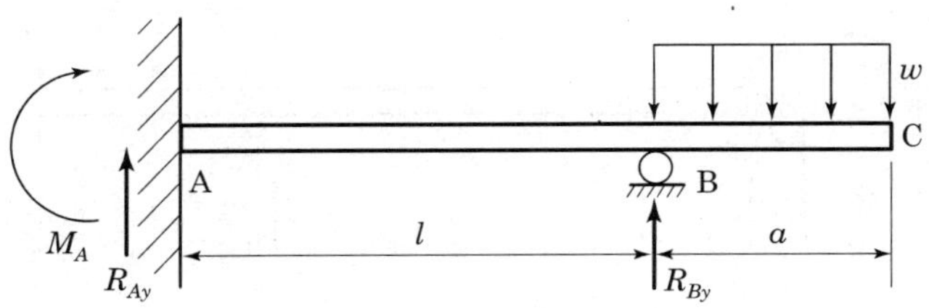

그림 (10-i)

| 해설 | BC구간에서의 탄성곡선미분방정식은 $EIy_{BC}'' = -M_{BC} = \frac{wx^2}{2}$로 되고, 이것을 적분하면 $EIy_{BC}' = \frac{wx^3}{6} + C_1$, $EIy_{BC} = \frac{wx^4}{24} + C_1x + C_2$로 된다. AC구간에서의 탄성곡선미분방정식은

$EIy_{AC}'' = -M_{AC} = wa\left(x-\frac{a}{2}\right) - R_{By}(x-a)$로 되고, 이것을 적분하면 $EIy_{AC}' = \frac{wa}{2}\left(x-\frac{a}{2}\right)^2 - \frac{R_{By}}{2}(x-a)^2 + C_3$, $EIy_{AC} = \frac{wa}{6}\left(x-\frac{a}{2}\right)^3 - \frac{R_{By}}{6}(x-a)^3 + C_3x + C_4$로 된다. 경계조건은 B점인 $x=a$되는 곳에서는 $y_{AC}' = y_{BC}'$와 $y_{AC} = y_{BC} = 0$이므로 $\frac{wa^3}{6} + C_1 = \frac{wa^3}{8} + C_3$와 $\frac{wa^4}{24} + C_1a + C_2 = \frac{wa^4}{48} + C_3a + C_4 = 0$인 관계를 갖는다. 또한, $x = l+a$일 때 $y_{AC} = y_{AC}' = 0$이므로 $\frac{wa}{2}\left(l+\frac{a}{2}\right)^2 - \frac{R_{By}l^2}{2} + C_3 = 0$와 $\frac{wa}{6}\left(l+\frac{a}{2}\right)^3 - \frac{R_{By}l^3}{6} + C_3(l+a) + C_4 = 0$를 얻게 된다. 이들 관계로부터 적분상수 C_3에 관해 정리하면 $C_3 = \frac{R_{By}l^2}{2} - \frac{wa}{2}\left(l+\frac{a}{2}\right)^2 = \frac{R_{By}l^2}{6} - \frac{8wa\left(l+\frac{a}{2}\right)^3 + wa^4}{48l}$을 얻게 되므로 반력 R_{By}는 $R_{By} = wa + \frac{3wa^2}{4l}$로 된다. 나머지 반력 R_{Ay}, M_A는 평형조건식 $R_{Ay} + R_{By} - wa = 0$와 $M_A + wa\left(l+\frac{a}{2}\right) - R_{By}l = 0$로부터 $R_{Ay} = -\frac{3wa^2}{4l}$, $M_A = \frac{wa^2}{4}$로 된다. 반력 R_{Ay}에서 (-)부호는 그림 (10-i)에서 가정한 방향의 반대 방향으로 반력이 작용하고 있음을 의미한다.

[답] $R_{Ay} = -\frac{3wa^2}{4l}$, $R_{By} = wa + \frac{3wa^2}{4l}$, $M_A = \frac{wa^2}{4}$

예제 10-10 그림 (10-j)와 같은 고정지지보에서 돌출된 C부분에 분포하중 w가 작용하고 있다. 지점 A, B에 생기는 반력 R_{Ay}, R_{By}, M_A를 중첩법으로 구하시오.

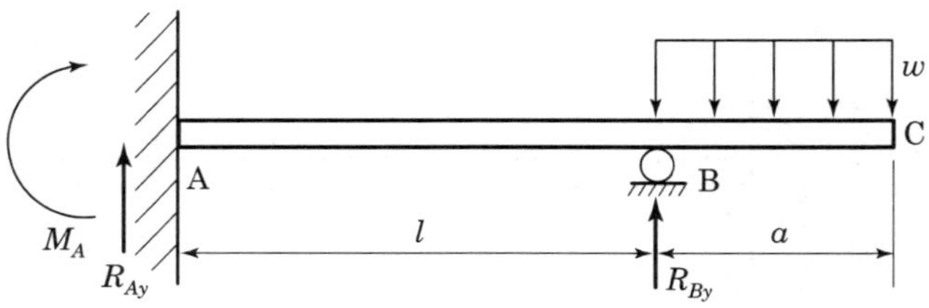

그림 (10-j)

| 해설 | 그림 (10-j)와 같은 경우의 보는 돌출된 C부분에 분포하중 w가 작용하는 돌출보와 지점 A에서 모멘트 M_A가 작용하는 돌출보로 나눌 수 있다. 돌출된 C부분에 분포하중 w가 작용하는 돌출보의 처짐각 θ_{1A}, θ_{1B}는 $\theta_{1A} = -\frac{wa^2l}{12EI}$, $\theta_{1B} = \frac{wa^2l}{6EI}$로 주어지고, 지점 A에서 모멘트 M_A가 작용하는 돌출보의 처짐각 θ_{2A}, θ_{2B}는 $\theta_{2A} = \frac{M_Al}{3EI}$, $\theta_{2B} = -\frac{M_Al}{6EI}$로 주어진다. 따라서

고정지지보에서 고정단 A의 처짐각은 0이므로 $\theta_{1A}+\theta_{2A}=-\frac{wa^2l}{12EI}+\frac{M_Al}{3EI}=0$인 관계가 성립되어야 한다. 따라서 이 관계로부터 굽힘 모멘트 M_A는 $M_A=\frac{wa^2}{4}$로 된다. 나머지 반력 R_{Ay}, R_{By}는 평형조건식 $R_{Ay}+R_{By}-P=0$와 $M_A+P(l+a)-R_{By}l=0$로부터 $R_{Ay}=-\frac{3wa^2}{4l}$, $R_{By}=wa+\frac{3wa^2}{4l}$로 된다. 반력 R_{Ay}에서 (-)부호는 그림 **(10-j)**에서 가정한 방향의 반대 방향으로 반력이 작용하고 있음을 의미한다.

[답] $R_{Ay}=-\frac{3wa^2}{4l}$, $R_{By}=wa+\frac{3wa^2}{4l}$, $M_A=\frac{wa^2}{4}$

10-2 양단고정보

10-2-1 집중하중을 받는 양단고정보

그림 **10-7**과 같이 양쪽이 모두 고정되어 있으면서 집중하중 P를 받고 있는 양단고정보를 해석하고자 한다. 이 보에서의 정력학적인 평형조건을 쓰면 다음과 같다.

$$\begin{aligned} &\Sigma F_x=0,\ \ R_{Ax}-R_{Bx}=0 \\ &\Sigma F_y=0,\ \ R_{Ay}+R_{By}-P=0 \\ &\Sigma M_A=0,\ \ Pa-R_{By}l-M_A+M_B=0 \end{aligned} \tag{10-20}$$

$\Sigma M_A=0$는 지점 A를 지나는 z축에 대한 모멘트의 합을 나타낸다. 식 (10-20)에서 미지수는 지점 A, B에 생기는 반력 R_{Ax}, R_{Ay}, M_A, R_{Bx}, R_{By}, M_B인 6개인데, x방향의 반력 R_{Ax}, R_{Bx}은 보의 처짐량이 매우 작으므로 무시할 수 있다. 따라서 평형조건식은 2개로 주어지고 4개의 미지수가 있으므로 다른 2개의 조건식 즉, 적합방정식이 필요하다. 적합방정식은 다음과 같은 3가지 경우에 의해서 구할 수 있다.

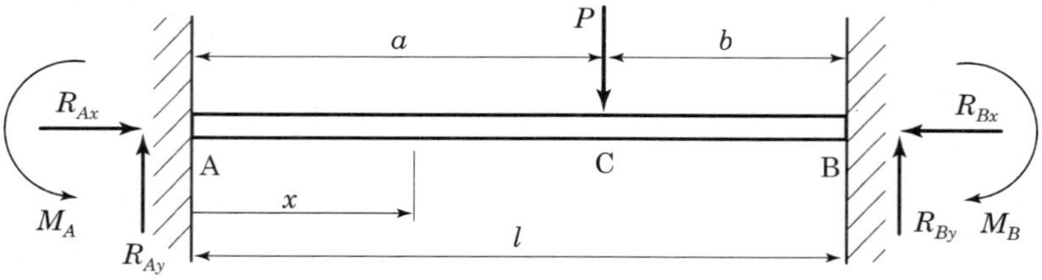

그림 10-7 집중하중을 받는 양단고정보

(1) 탄성곡선미분방정식을 이용하는 경우

AC구간과 CB구간에서의 굽힘모멘트는 각각 $M_{AC} = R_{Ay}x - M_A$, $M_{CB} = R_{Ay}x - M_A - P(x-a)$로 주어지므로 각 구간에서의 탄성곡선미분방정식은 다음과 같이 나타낼 수 있다.

$$\begin{aligned} EIy_{AC}'' &= -M_{AC} = -R_{Ay}x + M_A \\ EIy_{AC}' &= -\frac{R_{Ay}}{2}x^2 + M_A x + C_1 \\ EIy_{AC} &= -\frac{R_{Ay}}{6}x^3 + \frac{M_A}{2}x^2 + C_1 x + C_2 \end{aligned} \tag{10-21}$$

$$\begin{aligned} EIy_{CB}'' &= -M_{CB} = -R_{Ay}x + M_A + P(x-a) \\ EIy_{CB}' &= -\frac{R_{Ay}}{2}x^2 + M_A x + \frac{P}{2}(x-a)^2 + C_3 \\ EIy_{CB} &= -\frac{R_{Ay}}{6}x^3 + \frac{M_A}{2}x^2 + \frac{P}{6}(x-a)^3 + C_3 x + C_4 \end{aligned} \tag{10-22}$$

경계조건은 $x=0$와 $x=l$일 때 $y_{AC} = y_{CB} = y_{AC}' = y_{CB}' = 0$, $x=a$일 때 $y_{AC}' = y_{CB}'$와 $y_{AC} = y_{CB}$이므로 적분상수들은 $C_1 = C_2 = C_3 = C_4 = 0$로 되고, 다음과 같은 관계를 얻을 수 있다.

$$\begin{aligned} -\frac{R_{Ay}}{2}l^2 + M_A l + \frac{P}{2}(l-a)^2 = 0 \\ -\frac{R_{Ay}}{6}l^3 + \frac{M_A}{2}l^2 + \frac{P}{6}(l-a)^3 = 0 \end{aligned} \tag{10-23}$$

식 (10-23)의 연립방정식으로부터 R_{Ay}와 M_A는 다음과 같이 구해진다.

$$R_{Ay} = \frac{Pb^2(3a+b)}{l^3}$$
$$M_A = \frac{Pab^2}{l^2} \tag{10-24}$$

식 (10-20)과 식 (10-24)로부터 반력 R_{By}, M_B는 다음과 같이 된다.

$$R_{By} = \frac{Pa^2(a+3b)}{l^3}$$
$$M_B = \frac{Pa^2b}{l^2} \tag{10-25}$$

(2) 중첩법을 이용하는 경우

그림 **10-7**의 양단고정보를 그림 **10-8** (a), (b)와 같이 집중하중 P를 받는 단순보와 지점 A, B에서 모멘트 M_A, M_B가 작용하는 단순보의 조합으로 볼 수 있다. 그러므로 고정지지보의 처짐각과 처짐량은 이 두 단순보의 처짐각과 처짐량의 합과 같아야 한다.

그림 **10-8** (a)와 같이 집중하중 P를 받는 단순보와 그림 **10-8** (b)와 같이 모멘트 M_A, M_B를 받는 단순보의 지지점 A, B에 대한 처짐각은 각각 다음과 같다.

$$\theta_{aA} = \frac{Pab}{6EIl}(l+b)$$
$$\theta_{aB} = -\frac{Pab}{6EIl}(l+a) \tag{10-26}$$

$$\theta_{bA} = -\frac{M_A l}{3EI} - \frac{M_B l}{6EI}$$
$$\theta_{bB} = \frac{M_A l}{6EI} + \frac{M_B l}{3EI} \tag{10-27}$$

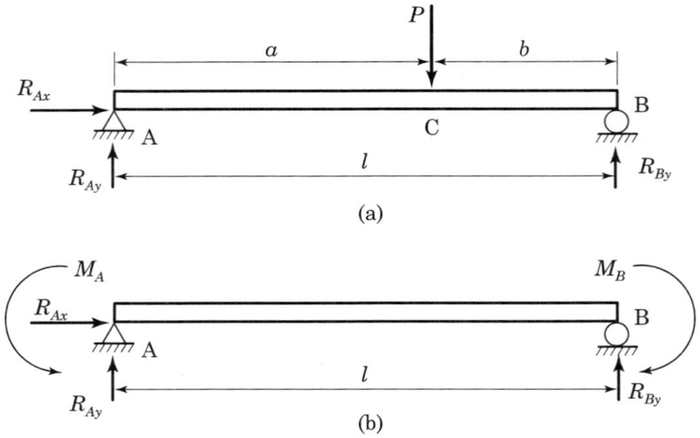

그림 10-8 집중하중을 받는 양단고정보의 분해

양단고정보의 고정단 A, B에서는 처짐각이 0이므로 식 (10-26)의 θ_{aA}와 식 (10-27)의 θ_{bA}의 합 그리고 식 (10-26)의 θ_{aB}와 식 (10-27)의 θ_{bB}의 합은 0이 되어야 한다. 이와 같은 조건으로부터 다음과 같은 연립방정식을 얻을 수 있다.

$$\begin{aligned} \theta_{aA}+\theta_{bA} &= \frac{Pab}{6EIl}(l+b)-\frac{M_A l}{3EI}-\frac{M_B l}{6EI}=0 \\ \theta_{aB}+\theta_{bB} &= -\frac{Pab}{6EIl}(l+a)+\frac{M_A l}{6EI}+\frac{M_B l}{3EI}=0 \end{aligned} \qquad (10-28)$$

식 (10-28)의 연립방정식으로부터 모멘트 M_A, M_B는 다음과 같이 구해진다.

$$\begin{aligned} M_A &= \frac{Pab^2}{l^2} \\ M_B &= \frac{Pa^2b}{l^2} \end{aligned} \qquad (10-29)$$

식 (10-20)과 식 (10-29)로부터 나머지 미지의 반력 R_{Ay}, R_{By}를 구하면 다음과 같다.

$$\begin{aligned} R_{Ay} &= \frac{Pb^2}{l^3}(3a+b) \\ R_{By} &= \frac{Pa^2}{l^3}(a+3b) \end{aligned} \qquad (10-30)$$

(3) 모멘트 면적법을 이용하는 경우

앞에서도 언급했듯이 그림 **10-7**의 양단고정보는 그림 **10-8** (a), (b)와 같은 두 단순보의 조합으로 볼 수 있다. 따라서 양단고정보의 굽힘 모멘트 선도(BMD)는 두 단순보의 굽힘 모멘트 선도의 합으로 그림 **10-9**와 같이 얻을 수 있다.

양단고정보에 있어서 고정단 A, B에 대한 두 접선사이의 각과 거리가 0이므로 그림 10-9로부터 다음과 같이 나타낼 수 있다.

$$\frac{1}{EI}\left[\frac{1}{2}\frac{Pab}{l}l-\frac{1}{2}(M_A+M_B)l\right]=0 \qquad (10-31)$$

$$\frac{1}{EI}\left\{\left[\frac{1}{2}\frac{Pab}{l}a\cdot\left(b+\frac{a}{3}\right)+\frac{1}{2}\frac{Pab}{l}b\cdot\frac{2b}{3}\right] -\left[M_A l\cdot\frac{l}{2}+\frac{1}{2}(M_B-M_A)l\cdot\frac{l}{3}\right]\right\}=0 \qquad (10-32)$$

식 (10-31)과 식 (10-32)로부터 모멘트 M_A, M_B는 식 (10-29)와 같이 구해지고, 나머지 미지의 반력 R_{Ay}, R_{By}는 평형조건식 식 (10-20)으로부터 식 (10-30)과 같이 구해진다.

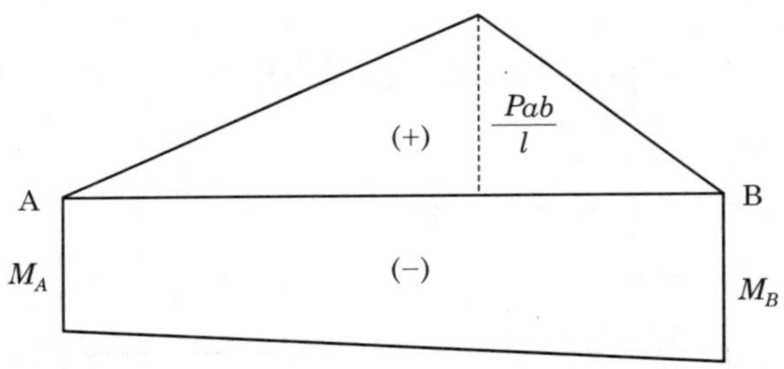

그림 10-9 집중하중을 받는 양단고정보의 굽힘 모멘트 선도

10-2-2 분포하중을 받는 양단고정보

그림 **10-10**과 같이 양쪽이 고정되어 있으면서 분포하중 w를 받고 있는 양단고정보를 해석하고자 한다. 이 보에서의 정력학적인 평형조건을 쓰면 다음과 같다.

$$\Sigma F_x = 0,\ \ R_{Ax} - R_{Bx} = 0$$
$$\Sigma F_y = 0,\ \ R_{Ay} + R_{By} - wl = 0 \qquad (10-33)$$
$$\Sigma M_A = 0,\ \ \frac{wl^2}{2} - R_{By}l - M_A + M_B = 0$$

식(10-33)에서 미지수는 지점 A, B에 생기는 반력 R_{Ax}, R_{Ay}, R_{Bx}, R_{By}, M_A, M_B 인 6개인데, x방향의 반력 R_{Ax}, R_{Bx}은 보의 처짐량이 매우 작으므로 무시할 수 있다. 따라서 평형조건식은 2개로 주어지고 4개의 미지수가 있으므로 다른 2개의 조건식 즉, 적합방정식이 필요하다. 참고로 그림 10-10과 같이 좌우 대칭인 관계를 갖고 있는 경우에는 쉽게 다음과 같은 관계가 있음을 알 수 있다.

$$R_{Ay} = R_{By} \quad M_A = M_B \qquad (10-34)$$

따라서 평형조건식 식 (10-33)과 식 (10-34)로부터 미지의 반력 R_{Ay}, R_{By}는 다음과 같이 구해진다.

$$R_{Ay} = R_{By} = \frac{wl}{2} \qquad (10-35)$$

나머지 미지의 반력을 구하기 위한 적합방정식은 다음과 같은 3가지 경우에 의해서 구할 수 있다.

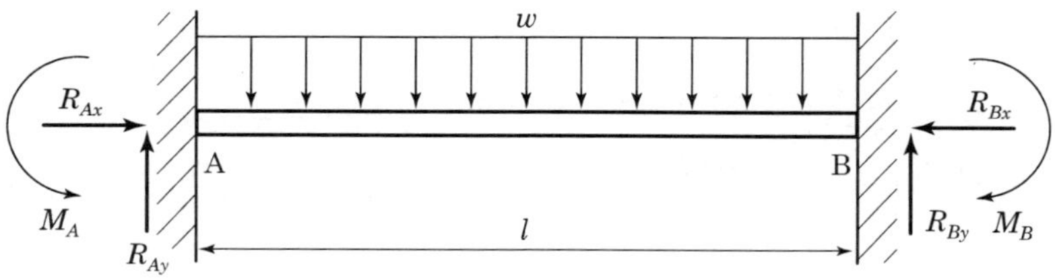

그림 10-10 분포하중을 받는 양단고정보

(1) 탄성곡선미분방정식을 이용하는 경우

고정단 A에서부터 임의의 거리 x되는 곳의 굽힘모멘트는 $M = R_{Ay}x - \frac{wx^2}{2} - M_A$로 주어지므로 탄성곡선미분방정식은 다음과 같이 나타낼 수 있다.

$$EIy'' = -M = -R_{Ay}x + \frac{wx^2}{2} + M_A$$

$$EIy' = -\frac{R_{Ay}}{2}x^2 + \frac{wx^3}{6} + M_Ax + C_1 \qquad (10-36)$$

$$EIy = -\frac{R_{Ay}}{6}x^3 + \frac{wx^4}{24} + \frac{M_A}{2}x^2 + C_1x + C_2$$

경계조건은 $x=0$일 때 $y'=y=0$이므로 $C_1 = C_2 = 0$으로 되고, $x=l$일 때 $y=y'=0$이므로 $EIy' = -\frac{R_{Ay}}{2}l^2 + \frac{wl^3}{6} + M_Al = 0$인 관계를 갖는다. 그러므로 이와 같은 관계식과 식 (10-34), (10-35)로부터 모멘트 M_A, M_B는 다음과 같이 구해진다.

$$M_A = M_B = \frac{wl^2}{12} \qquad (10-37)$$

(2) 중첩법을 이용하는 경우

그림 **10-10**의 양단고정보를 그림 **10-11** (a), (b)와 같이 분포하중 w를 받는 단순보와 지점 A, B에서 모멘트 M_A, M_B가 작용하는 단순보의 조합으로 볼 수 있다. 그러므로 양단고정보의 처짐각과 처짐량은 이 두 단순보의 처짐각과 처짐량의 합과 같아야 한다.

그림 **10-11** (a)와 같이 분포하중 w를 받는 단순보와 그림 **10-11** (b)와 같이 모멘트 M_A, M_B를 받는 단순보의 지지점 A, B에 대한 처짐각은 각각 다음과 같다.

$$\theta_{aA} = -\theta_{aB} = \frac{wl^3}{24EI} \qquad (10-38)$$

$$\theta_{bA} = -\left(\frac{M_Al}{3EI} + \frac{M_Bl}{6EI}\right)$$

$$\theta_{bB} = \frac{M_Al}{6EI} + \frac{M_Bl}{3EI} \qquad (10-39)$$

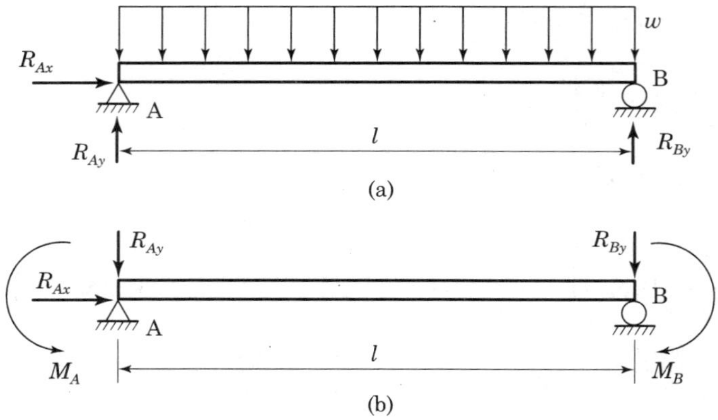

그림 10-11 분포하중을 받는 양단고정보의 분해

고정단에서는 처짐각이 0이므로 식 (10-38)과 식 (10-39)의 θ_{aA}와 θ_{bA}의 합 그리고 θ_{aB}와 θ_{bB}의 합은 각각 0이 되어야 한다. 이와 같은 조건으로부터 모멘트 M_A, M_B는 다음과 같이 구해진다.

$$\theta_{aA} + \theta_{bA} = \frac{wl^3}{24EI} - \left(\frac{M_A l}{3EI} + \frac{M_B l}{6EI}\right) = 0$$

$$\theta_{aB} + \theta_{bB} = -\frac{wl^3}{24EI} + \frac{M_A l}{6EI} + \frac{M_B l}{3EI} = 0 \qquad (10-40)$$

$$M_A = M_B = \frac{wl^2}{12}$$

평형조건식 식 (10-33)과 식 (10-40)으로부터 나머지 미지의 반력 R_{Ay}, R_{By}를 구할 수 있다.

(3) 모멘트 면적법을 이용하는 경우

앞에서도 언급했듯이 그림 **10-10**의 양단고정보는 그림 **10-11** (a), (b)와 같은 두 단순보의 조합으로 볼 수 있다. 따라서 고정지지보의 굽힘 모멘트 선도(BMD)는 두 단순보의 굽힘 모멘트 선도의 합으로 그림 **10-12**와 같이 얻을 수 있다.

양단고정보에 있어서 고정단 A, B에 대한 두 접선사이의 각과 거리는 0이므로 그림 10-12로부터 다음과 같이 나타낼 수 있다.

$$\frac{1}{EI}\left[\int_0^l \left(\frac{wl}{2}x - \frac{wx^2}{2}\right)dx - M_A l\right] = \frac{1}{EI}\left[\frac{wl^3}{12} - M_A l\right] = 0 \qquad (10-41)$$

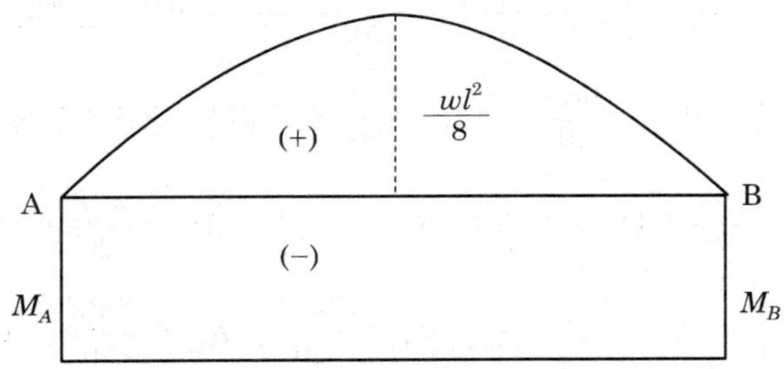

그림 10-12 분포하중을 받는 양단고정보의 굽힘 모멘트 선도

따라서 식 (10-41)로부터 모멘트 M_A는 다음과 같이 구해지고, 식 (10-33)과 식 (10-34)로부터 나머지 미지의 반력 R_{Ay}, R_{By}, M_B를 구할 수 있다.

$$M_A = \frac{wl^2}{12} \qquad (10-42)$$

예제 10-11 양단고정보에 그림 (10-k)와 같이 선형적으로 증가하는 분포하중을 받고 있다. 고정단 A, B에 생기는 반력 R_{Ay}, R_{By}, M_A, M_B를 탄성곡선미분방정식을 이용하여 구하시오.

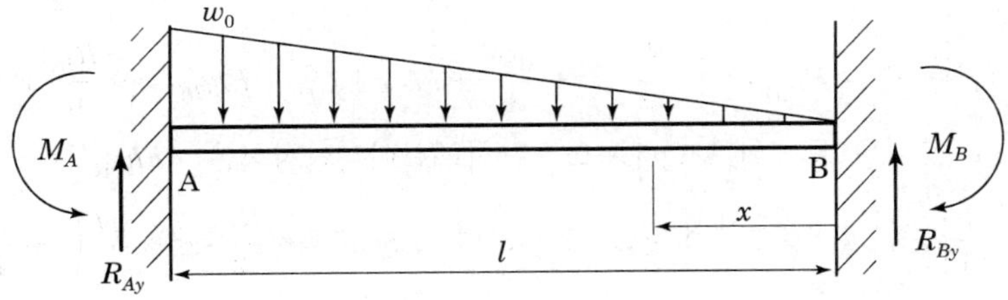

그림 (10-k)

| 해설 | 지점 B에서 x만큼 떨어진 곳에서의 굽힘 모멘트 M은 $M = R_{By}x - \frac{1}{2}\frac{w_0 x^2}{l}\frac{x}{3} - M_B$로 되므로 탄성곡선미분방정식은 $EIy'' = -M = -R_{By}x + \frac{w_0 x^3}{6l} + M_B$로 된다. 이를 적분하면

$EIy' = -\frac{R_{By}}{2}x^2 + \frac{w_0 x^4}{24l} + M_B x + C_1$, $EIy = -\frac{R_{By}}{6}x^3 + \frac{w_0 x^5}{120l} + \frac{M_B x^2}{2} + C_1 x + C_2$로 되고, 경계조건은 $x=0$일 때 $y' = y = 0$이므로 $C_1 = C_2 = 0$이 되고, $x = l$일 때 $y = y' = 0$이므로 $-\frac{R_{By}}{2}l^2 + \frac{w_0 l^4}{24l} + M_B l = 0$, $-\frac{R_{By}}{6}l^3 + \frac{w_0 l^5}{120l} + \frac{M_B l^2}{2} = 0$인 관계를 갖는다. 이관계로부터 반력 R_{By}, M_B는 $R_{By} = \frac{3w_0 l}{20}$, $M_B = \frac{w_0 l^2}{30}$로 된다. 평형조건식 $R_{Ay} + R_{By} - \frac{w_0 l}{2} = 0$와 $-M_A + \frac{w_0 l}{2}\frac{l}{3} - R_{By}l + M_B = 0$로부터 $R_{Ay} = \frac{7w_0 l}{20}$, $M_A = \frac{w_0 l^2}{20}$로 된다.

[답] $R_{Ay} = \frac{7w_0 l}{20}$, $R_{By} = \frac{3w_0 l}{20}$, $M_A = \frac{w_0 l^2}{20}$, $M_B = \frac{w_0 l^2}{30}$

예제 10-12 양단고정보에 그림 (10-1)와 같이 고정단 B부분으로 등분포하중이 작용하고 있다. 고정단 A, B에 생기는 반력 R_{Ay}, R_{By}, M_A, M_B를 탄성곡선미분방정식을 이용하여 구하시오.

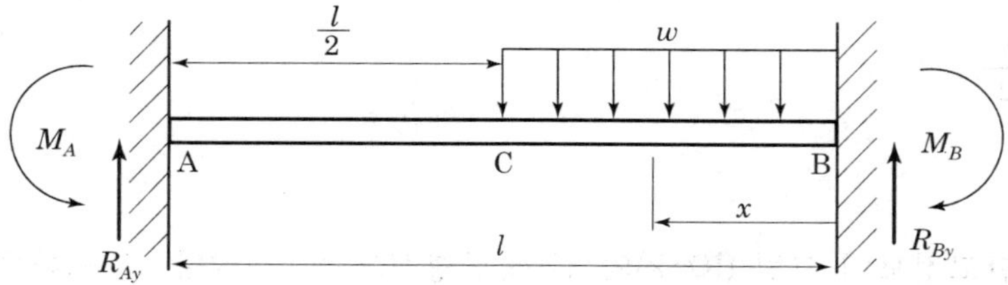

그림 (10-1)

| 해설 | BC구간에서의 탄성곡선미분방정식은 $EIy_{BC}'' = -M_{BC} = -R_{By}x + \frac{wx^2}{2} + M_B$로 되고, 이것을 적분하면 $EIy_{BC}' = -\frac{R_{By}}{2}x^2 + \frac{wx^3}{6} + M_B x + C_1$, $EIy_{BC} = -\frac{R_{By}}{6}x^3 + \frac{wx^4}{24} + \frac{M_B}{2}x^2 + C_1 x + C_2$로 된다. AC구간에서의 탄성곡선미분방정식은 $EIy_{AC}'' = -M_{AC} = -R_{By}x + \frac{wl}{2}\left(x - \frac{l}{4}\right) + M_B$로 되고, 이것을 적분하면 $EIy_{AC}' = -\frac{R_{By}}{2}x^2 + \frac{wl}{4}\left(x - \frac{l}{4}\right)^2 + M_B x + C_3$, $EIy_{AC} = -\frac{R_{By}}{6}x^3 + \frac{wl}{12}\left(x - \frac{l}{4}\right)^3 + \frac{M_B}{2}x^2 + C_3 x + C_4$로 된다. 경계조건은 $x=0$일 때 $y_{BC}' = y_{BC} = 0$이므로 $C_1 = C_2 = 0$이 되고, $x = l$일 때 $y_{AC} = y_{AC}' = 0$이므로 적분상수 C_3, C_4는 $C_3 = \frac{R_{By}}{2}l^2 - \frac{9wl^3}{64} - M_B l$, $C_4 = -\frac{R_{By}}{3}l^3 + \frac{27wl^4}{256} + \frac{M_B l^2}{2}$로 된다. 그리고 C점인 $x = \frac{l}{2}$되는 곳에서는 $y_{AC}' = y_{BC}'$와 $y_{AC} = y_{BC}$이므로 $C_3 = \frac{wl^3}{192}$와 $C_4 = \frac{wl^4}{384} - \frac{wl^4}{768} -$

$C_3\dfrac{l}{2}=-\dfrac{wl^4}{768}$인 관계를 갖는다. 이상과 같은 관계로부터 반력 R_{By}, M_B는 $R_{By}=\dfrac{13wl}{32}$, $M_B=\dfrac{11wl^2}{192}$으로 된다. 평형조건식 $R_{Ay}+R_{By}-\dfrac{wl}{2}=0$와 $-M_A+\dfrac{wl}{2}\dfrac{3l}{4}-R_{By}l+M_B=0$로부터 $R_{Ay}=\dfrac{3wl}{32}$, $M_A=\dfrac{5wl^2}{192}$로 된다.

[답] $R_{Ay}=\dfrac{3wl}{32}$, $R_{By}=\dfrac{13wl}{32}$, $M_A=\dfrac{5wl^2}{192}$, $M_B=\dfrac{11wl^2}{192}$

예제 10-13 **양단고정보에 그림 (10-m)와 같이 고정단 B부분으로부터 등분포하중이 작용하고 있다. 고정단 A, B에 생기는 반력 R_{Ay}, R_{By}, M_A, M_B를 중첩법으로 구하시오.**

| 해설 | 그림 (10-m)과 같은 경우의 보는 지점 B부분으로부터 등분포하중이 작용하는 단순보와 지점 A, B에 굽힘 모멘트 M_A, M_B가 작용하는 단순보로 나눌 수 있다. 지점 B부분으로 등분포하중이 작용하는 단순보의 처짐각 θ_{1A}, θ_{1B}는 $\theta_{1A}=\dfrac{7wl^3}{384EI}$, $\theta_{1B}=-\dfrac{9wl^3}{384EI}$로 주어지고, 지점 A에 굽힘 모멘트 M_A가 작용하는 단순보의 처짐각 θ_{2A}, θ_{2B}는, $\theta_{2A}=-\left(\dfrac{M_Al}{3EI}+\dfrac{M_Bl}{6EI}\right)$, $\theta_{2B}=\dfrac{M_Al}{6EI}+\dfrac{M_Bl}{3EI}$로 주어진다. 양단고정보에서 고정단 A, B의 처짐각은 0이므로 $\theta_{1A}+\theta_{2A}=\dfrac{7wl^3}{384EI}-\dfrac{M_Al}{3EI}-\dfrac{M_Bl}{6EI}=0$, $\theta_{1B}+\theta_{2B}=-\dfrac{9wl^3}{384EI}+\dfrac{M_Al}{6EI}+\dfrac{M_Bl}{3EI}=0$인 관계가 성립되어야 한다. 따라서 이 관계로부터 굽힘 모멘트 M_A, M_B는 $M_A=\dfrac{5wl^2}{192}$, $M_B=\dfrac{11wl^2}{192}$로 된다. 나머지 반력 R_{Ay}, R_{By}는 평형조건식 $R_{Ay}+R_{By}-\dfrac{wl}{2}=0$와 $-M_A+\dfrac{wl}{2}\dfrac{3l}{4}-R_{By}l+M_B=0$로부터 $R_{Ay}=\dfrac{3wl}{32}$, $R_{By}=\dfrac{13wl}{32}$로 된다.

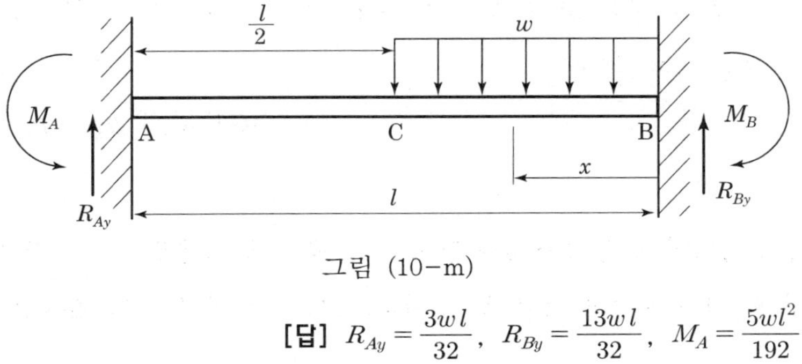

그림 (10-m)

[답] $R_{Ay}=\dfrac{3wl}{32}$, $R_{By}=\dfrac{13wl}{32}$, $M_A=\dfrac{5wl^2}{192}$, $M_B=\dfrac{11wl^2}{192}$

예제 10-14 양단고정보에 그림 (10-n)과 같이 두개의 집중하중이 등간격으로 작용하고 있다. 고정단 A, B에 생기는 반력 R_{Ay}, R_{By}, M_A, M_B를 중첩법으로 구하시오.

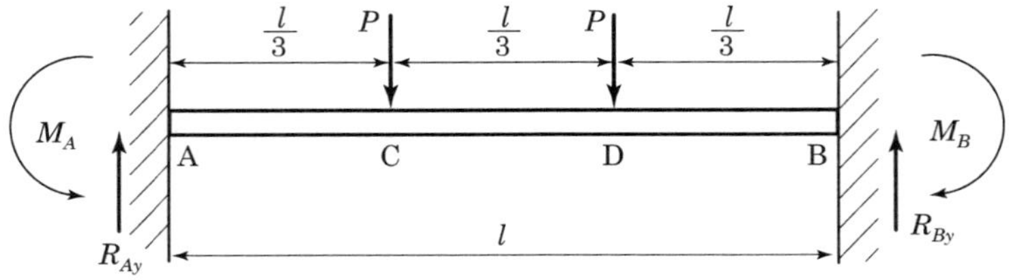

그림 (10-n)

해설 그림 (10-n)과 같은 경우의 보는 지점 A에서 $\frac{l}{3}$되는 곳에 집중하중 P가 작용하는 단순보와 지점 A에서 $\frac{2l}{3}$되는 곳에 집중하중 P가 작용하는 단순보 그리고 지점 A, B에 굽힘 모멘트 M_A, M_B가 작용하는 단순보 등 세 가지 형태의 단순보로 나눌 수 있다. 지점 A에서 $\frac{l}{3}$되는 곳에 집중하중이 작용하는 단순보의 처짐각 θ_{1A}, θ_{1B}는 $\theta_{1A}=\frac{5Pl^2}{81EI}$, $\theta_{1B}=-\frac{4Pl^2}{81EI}$로 주어지고, 지점 A에서 $\frac{2l}{3}$되는 곳에 집중하중이 작용하는 단순보의 처짐각 θ_{2A}, θ_{2B}는 $\theta_{2A}=\frac{4Pl^2}{81EI}$, $\theta_{2B}=-\frac{5Pl^2}{81EI}$로 주어진다. 그리고 지점 A, B에 굽힘 모멘트 M_A, M_B가 작용하는 단순보의 처짐각 θ_{3A}, θ_{3B}는 $\theta_{3A}=-\left(\frac{M_A l}{3EI}+\frac{M_B l}{6EI}\right)$, $\theta_{3B}=\frac{M_A l}{6EI}+\frac{M_B l}{3EI}$로 주어진다. 따라서 양단고정보에서 고정단 A, B의 처짐각은 0이므로 $\theta_{1A}+\theta_{2A}+\theta_{3A}=\frac{5Pl^2}{81EI}+\frac{4Pl^2}{81EI}-\left(\frac{M_A l}{3EI}+\frac{M_B l}{6EI}\right)=0$, $\theta_{1B}+\theta_{2B}+\theta_{3B}=-\frac{4Pl^2}{81EI}-\frac{5Pl^2}{81EI}+\frac{M_A l}{6EI}+\frac{M_B l}{3EI}=0$인 관계가 성립되어야 한다. 따라서 이들 관계로부터 굽힘 모멘트 M_A, M_B는 $M_A=M_B=\frac{2Pl}{9}$로 된다. 나머지 반력 R_{Ay}, R_{By}는 평형조건식 $R_{Ay}+R_{By}-2P=0$와 $-M_A+\frac{Pl}{3}+\frac{2Pl}{3}-R_{By}l+M_B=0$로부터 $R_{Ay}=R_{By}=P$로 된다.

[답] $R_{Ay}=R_{By}=P$, $M_A=M_B=\frac{2Pl}{9}$

예제 10-15 양단고정보에 그림 (10-o)와 같이 보의 중앙에 모멘트 M_0가 작용하고 있다. 고정단 A, B에 생기는 반력 R_{Ay}, R_{By}, M_A, M_B를 모멘트 면적법으로 구하시오.

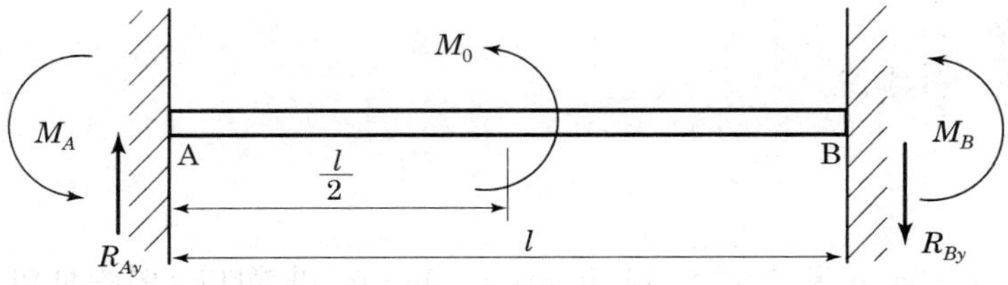

그림 (10-o)

| 해설 | 그림 (10-o)와 같은 경우의 보는 모멘트 M_0가 보의 중앙에 작용하는 단순보와 지점 A, B에서 모멘트 M_A, M_B가 작용하는 단순보 나눌 수 있다. 이들 단순보의 굽힘 모멘트 선도는 그림 (10-o-1)로 그려진다. 양단고정보에 있어서 고정단 A, B에 대한 두 접선사이의 각은 0이므로 그림 (10-o-1)로부터 $\frac{1}{EI}\left[\frac{1}{2}\frac{M_0}{2}\frac{l}{2}\frac{l}{2}-\frac{1}{2}M_A\frac{l}{2}\right]=0$, $\frac{1}{EI}\left[\frac{1}{2}M_B\frac{l}{2}-\frac{1}{2}\frac{M_0}{2}\frac{l}{2}\frac{l}{2}\right]=0$로 나타낼 수 있다. 이들 식으로부터 모멘트 M_A, M_B는 $M_A=M_B=\frac{M_0}{2}$로 된다. 나머지 반력 R_{Ay}, R_{By}는 평형조건식 $R_{Ay}-R_{By}=0$와 $-M_A-M_0-M_B+R_{By}l=0$로부터 $R_{Ay}=R_{By}=\frac{2M_0}{l}$로 된다.

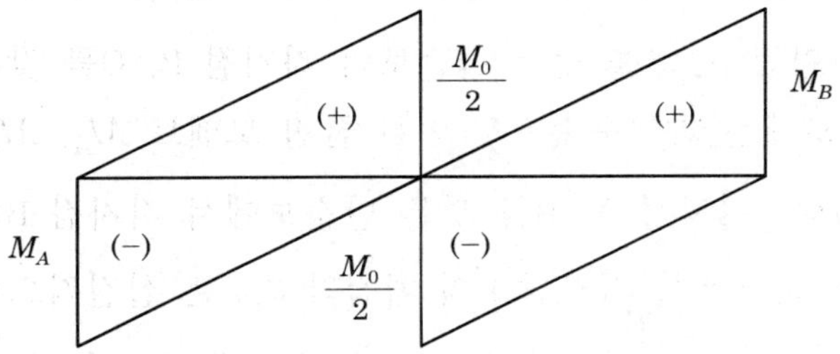

그림 (10-o-1)

[답] $R_{Ay}=R_{By}=\frac{2M_0}{l}$, $M_A=M_B=\frac{M_0}{2}$

10-3 연속보

지점이 3개 이상인 보를 연속보(continuous beam)라 한다. 연속보의 지지점에서는 회전에 대한 구속이 없는 것으로 가정하므로 지지점에서는 수직한 반력만이 존재한다. 따라서 일반적으로 중간 지지점이 n개이면 이와 같은 수의 과잉구속 n개를 갖는 부정정보가 된다. 과잉구속수가 많은 연속보를 탄성곡선미분방정식으로 해석하려면 대단히 복잡하므로 각 중간 지지점에서 각자 분리하여 정정보로 만들고, 그 정정보에 과잉구속인 반력이 작용하는 것으로 보고 중첩법으로 해석하는 것이 보다 간편하다. 또한, 연속보를 여러 개의 단순보로 분리하고, 이웃한 단순보를 두개씩 묶어서 중첩법으로 해석하면 더욱 간편하다. 이를 중첩법의 특수한 형태인 3모멘트의 정리(theorem of three moment)라 한다.

그림 **10-13** (a)에서 보는 바와 같이 롤러 지지점 A, B, C로 지지되고 각각의 스팬(span)이 l_1, l_2인 연속보의 임의의 구간을 해석하려 한다. 이 구간의 연속보는 그림 **10-13** (b)와 같이 지지점 A, B를 갖는 단순보와 지지점 B, C를 갖는 단순보로 분해할 수 있으며, 이 단순보에는 과잉구속으로 인한 굽힘 모멘트 M_A, M_B, M_C가 각각의 지지점에 작용하고 있다. 지지점 A, B를 갖는 단순보에서 지지점 B의 처짐각 θ_{BA}와 지점 B, C를 갖는 단순보에서 지지점 B의 처짐각 θ_{BC}는 실질적으로 지지점 B에서 연속상태에 있으므로 크기가 같고 방향이 반대인 관계를 갖으며 다음과 같이 나타낼 수 있다.

$$-\theta_{BA} = \theta_{BC} \tag{10-43}$$

또한 그림 **10-13** (b)와 같은 단순보들을 그림 **10-13** (c)와 같이 외력이 작용하는 단순보와 그림 **10-13** (d)와 같이 과잉구속으로 인한 굽힘 모멘트가 작용하는 단순보로 다시 분해 할 수 있으므로 처짐각 θ_{BA}와 θ_{BC}는 다음과 같이 구할 수 있다.

$$\begin{aligned} \theta_{BA} &= \theta_{BA1} + \theta_{BA2} = \theta_{BA1} + \frac{M_A l_1}{6EI} + \frac{M_B l_1}{3EI} \\ \theta_{BC} &= \theta_{BC1} + \theta_{BC2} = \theta_{BC1} + \frac{M_B l_2}{3EI} + \frac{M_C l_2}{6EI} \end{aligned} \tag{10-44}$$

식 (10-43)과 식 (10-44)로부터 다음과 같이 나타낼 수 있다.

$$M_A l_1 + 2M_B(l_1 + l_2) + M_C l_2 = -6EI(\theta_{BA1} + \theta_{BC1}) \qquad (10-45)$$

식 (10-45)는 세 개의 굽힘 모멘트를 연관시켜 나타내었기 때문에 3 모멘트 방정식 (three moment equation)이라고 한다.

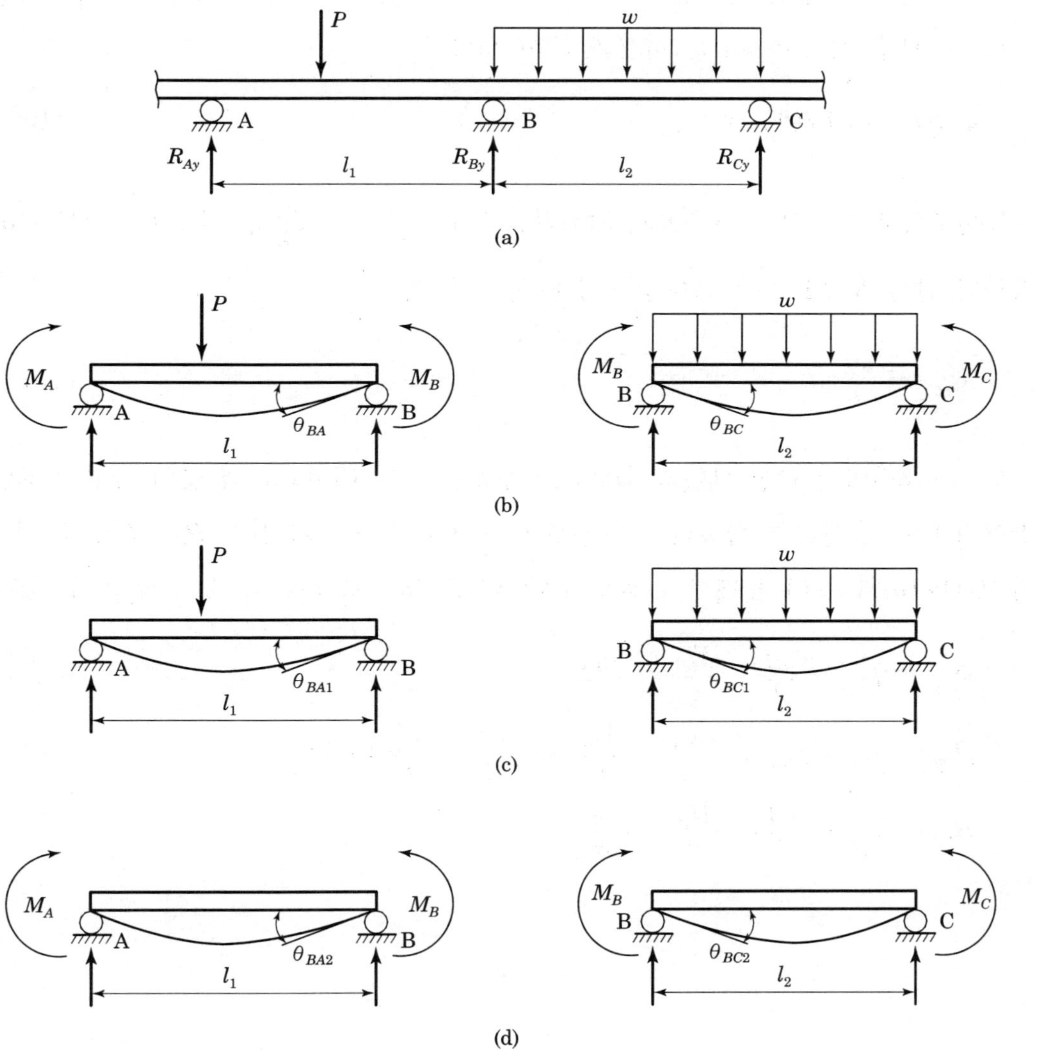

그림 10-13 연속보의 분해

10-3-1 등분포하중을 받는 연속보

그림 **10-14**와 같이 3개의 지지점을 갖는 연속보에 등분포하중이 작용하고 있다. 3모멘트 방정식과 중첩법을 이용하여 해석하고자 한다.

(1) 3모멘트 방정식

스팬의 길이가 같고 지지점 A, C에서 단순지지 되었기에 굽힘 모멘트 M_A와 M_C는 0으로 되므로 식 (10-45)는 다음과 같이 된다.

$$4M_B l = -6EI(\theta_{BA1} + \theta_{BC1}) \tag{10-46}$$

등분포하중만을 받는 단순보의 처짐각은 $\theta_{BA1} = \theta_{BC1} = \dfrac{wl^3}{24EI}$ 이므로 식 (10-46)으로부터 굽힘 모멘트 M_B는 다음과 같이 구해진다.

$$M_B = -\frac{wl^2}{8} \tag{10-47}$$

식 (10-47)에서 굽힘 모멘트 M_B의 (-)부호는 그림 **10-14** (b)와 같이 가정한 모멘트 방향의 반대 방향으로 작용하고 있음을 나타낸다. 나머지의 반력 R_{Ay}, R_{By}, R_{Cy}는 그림 **10-14** (b)와 같이 분해한 단순보의 반력들의 합으로 다음과 같이 구할 수 있다.

$$\begin{aligned}
R_{Ay} &= R_{Ay1} = \frac{wl}{2} - \frac{M_B}{l} = \frac{3wl}{8} \\
R_{By} &= R_{By1} + R_{By2} = \left(\frac{wl}{2} + \frac{M_B}{l}\right) + \left(\frac{wl}{2} + \frac{M_B}{l}\right) = \frac{5wl}{4} \\
R_{Cy} &= R_{Cy2} = \frac{wl}{2} - \frac{M_B}{l} = \frac{3wl}{8}
\end{aligned} \tag{10-48}$$

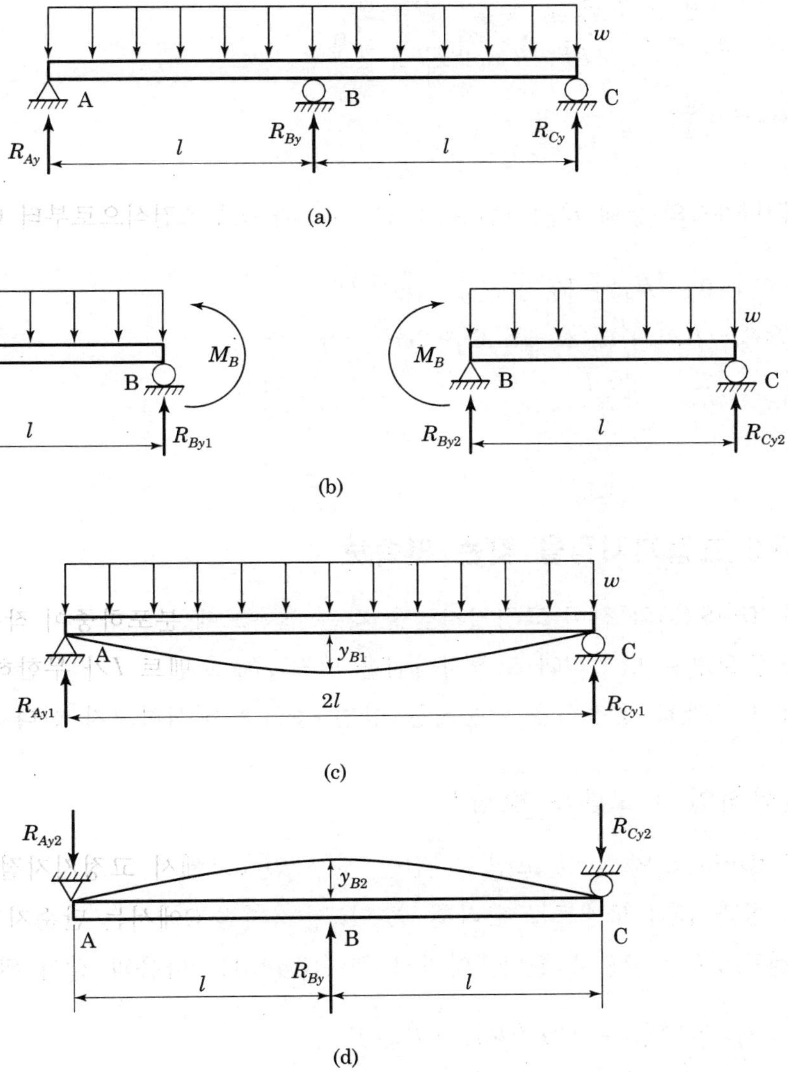

그림 10-14 등분포하중을 받는 연속보

(2) 중첩법

그림 **10-14** (a)와 같은 연속보를 그림 **10-14** (c), (d)와 같은 단순보의 조합으로 볼 수 있다. 연속보의 지지점 B에서 처짐량은 0이므로 그림 **10-14** (c), (d)와 같은 단순보의 중앙부분의 처짐량 y_{B1}, y_{B2}의 합은 다음과 같이 0이 되어야한다.

$$y_{B1} + y_{B2} = \frac{5w(2l)^4}{384EI} - \frac{R_{By}(2l)^3}{48EI} = 0$$
$$R_{By} = \frac{5wl}{4} \tag{10-49}$$

나머지 미지의 반력 R_{Ay}, R_{Cy}은 식 (10-49)와 평형조건식으로부터 다음과 같이 된다.

$$\Sigma F_y = 0\,,\quad R_{Ay} + R_{By} + R_{Cy} - 2wl = 0$$
$$\Sigma M_A = 0,\quad -R_{By}l - R_{Cy}2l + 2wl^2 = 0 \tag{10-50}$$
$$R_{Ay} = R_{Cy} = \frac{3wl}{8}$$

10-3-2 고정지지점을 갖는 연속보

그림 **10-15** (a)와 같이 고정지지점을 갖는 연속보에 분포하중이 작용하는 경우에 일반적인 3 모멘트 방정식과 고정지지점을 면적 2차 모멘트 I가 무한히 큰 스팬으로 대체하여 3 모멘트 방정식을 이용하는 방법 등으로 해석하고자 한다.

(1) 일반적인 3 모멘트 방정식

그림 **10-15** (a)와 같이 고정지지점을 갖는 연속보에서 고정지지점에서의 반력은 y 방향의 힘과 굽힘 모멘트로 나타낼 수 있고, 지지점 C에서는 단순지지 되었으므로 굽힘 모멘트 M_C는 0으로 된다. 따라서 식 (10-45)는 다음과 같이 된다.

$$-M_A l + 4M_B l = -6EI(\theta_{BA1} + \theta_{BC1}) \tag{10-51}$$

연속보의 고정지지점에서는 처짐각이 0이므로 연속보를 단순보로 나눈 그림 **10-15** (b)의 지점 A에서도 처짐각의 합은 0이 되어야 한다. 따라서 다음과 같이 나타낼 수 있다.

$$-\frac{M_A l}{3EI} + \frac{M_B l}{6EI} + \theta_{AB1} = 0 \tag{10-52}$$

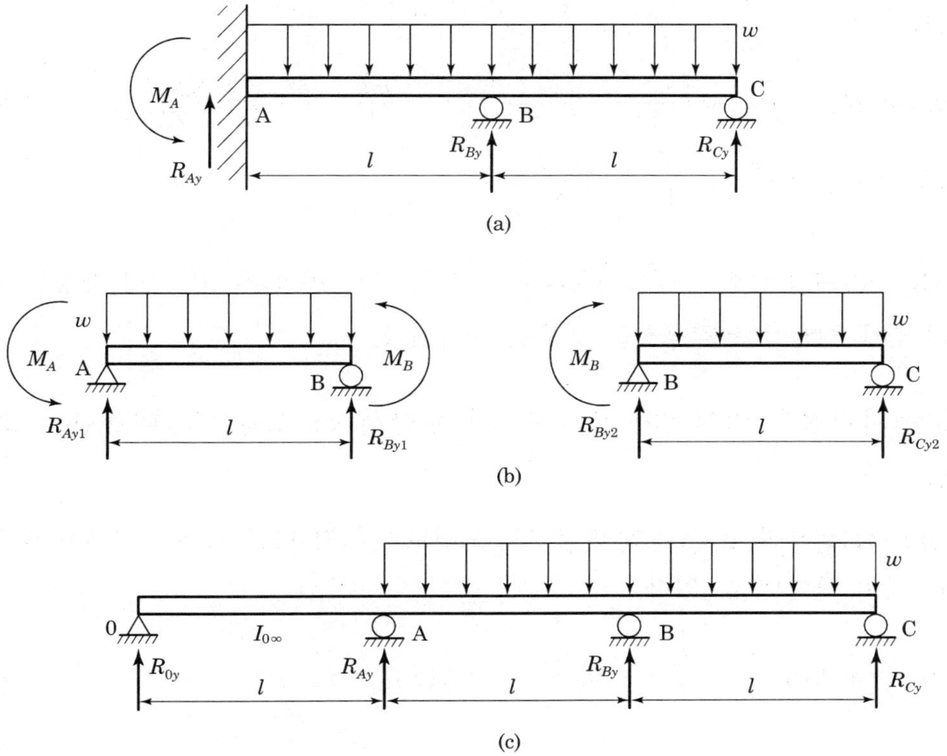

그림 10-15 고정지지점을 갖는 연속보

등분포하중만을 받는 단순보의 처짐각은 $\theta_{AB1} = \theta_{BA1} = \theta_{BC1} = \dfrac{wl^3}{24EI}$ 이므로 식 (10-51)과 식 (10-52)로부터 굽힘 모멘트 M_A, M_B는 다음과 같이 구해진다.

$$M_A = \frac{wl^2}{14}$$
$$M_B = -\frac{3wl^2}{28} \tag{10-53}$$

나머지의 반력 R_{Ay}, R_{By}, R_{Cy}는 그림 **10-15** (b)와 같이 분해한 단순보의 반력들의 합으로 다음과 같이 구할 수 있다.

$$R_{Ay} = R_{Ay1} + \frac{M_A}{l} + \frac{M_B}{l} = \frac{wl}{2} + \frac{wl}{14} - \frac{3wl}{28} = \frac{13wl}{28}$$

$$R_{By} = R_{By1} + R_{By2} = (\frac{wl}{2} - \frac{M_A}{l} - \frac{M_B}{l}) + (\frac{wl}{2} - \frac{M_B}{l}) = \frac{32wl}{28} \quad (10-54)$$

$$R_{Cy} = R_{Cy2} = \frac{wl}{2} + \frac{M_B}{l} = \frac{11wl}{28}$$

식 (10−53)에서 굽힘 모멘트 M_B의 (−)부호는 그림 **10−15** (b)와 같이 가정한 모멘트 방향의 반대 방향으로 작용하고 있음을 나타낸다.

(2) 고정지지점을 면적 2차 모멘트 I가 무한히 큰 스팬으로 대체한 3 모멘트 방정식

식 (10−44)로부터 각 스팬의 면적 2차 모멘트가 각각 다른 경우 3 모멘트 방정식은 다음과 같이 나타낼 수 있다.

$$M_A\frac{l_1}{I_1} + 2M_B(\frac{l_1}{I_1} + \frac{l_2}{I_2}) + M_C\frac{l_2}{I_2} = -6E(\theta_{BA1} + \theta_{BC1}) \quad (10-55)$$

그림 **10−15** (c)와 같이 고정지지점을 길이가 l이고 면적 2차 모멘트 I_0가 무한히 큰 스팬으로 가정하면 $\frac{l}{I_{0\infty}} \simeq 0$인 관계를 갖는다. 또한, 단순지지부분인 지점 0, C에서의 굽힘 모멘트 M_0, M_C는 $M_0 = M_C = 0$이므로 식 (10−55)의 3 모멘트 방정식은 다음과 같이 나타낼 수 있다.

$$\begin{aligned} 2M_A l + M_B l &= -6EI(\theta_{A01} + \theta_{AB1}) \\ M_A l + 4M_B l &= -6EI(\theta_{BA1} + \theta_{BC1}) \end{aligned} \quad (10-56)$$

그림 **10−15** (c)와 같이 지지점이 4개인 연속보에서 θ_{A01}, θ_{AB1}, θ_{BA1}, θ_{BC1}은 $\theta_{A01} = 0$, $\theta_{AB1} = \theta_{BA1} = \theta_{BC1} = \frac{wl^3}{24EI}$이므로 식 (10−56)으로부터 굽힘 모멘트 M_A, M_B는 다음과 같이 구해진다.

$$M_A = -\frac{wl^2}{14}$$
$$M_B = -\frac{3wl^2}{28} \qquad (10-57)$$

나머지의 반력 R_{Ay}, R_{By}, R_{Cy}는 그림 **10-15** (b)와 같이 분해한 단순보의 반력들의 합으로 다음과 같이 구할 수 있다.

$$R_{Ay} = R_{Ay1} - \frac{M_A}{l} + \frac{M_B}{l} = \frac{wl}{2} + \frac{wl}{14} - \frac{3wl}{28} = \frac{13wl}{28}$$
$$R_{By} = R_{By1} + R_{By2} = (\frac{wl}{2} + \frac{M_A}{l} - \frac{M_B}{l}) + (\frac{wl}{2} - \frac{M_B}{l}) = \frac{32wl}{28} \qquad (10-58)$$
$$R_{Cy} = R_{Cy2} = \frac{wl}{2} + \frac{M_B}{l} = \frac{11wl}{28}$$

예제 10-16 그림 (10-p)와 같이 3개의 지지점을 갖는 연속보에 집중하중 P가 작용하고 있다. 각 지점에 생기는 반력 R_{Ay}, R_{By}, R_{Cy}를 3 모멘트 방정식으로 구하시오.

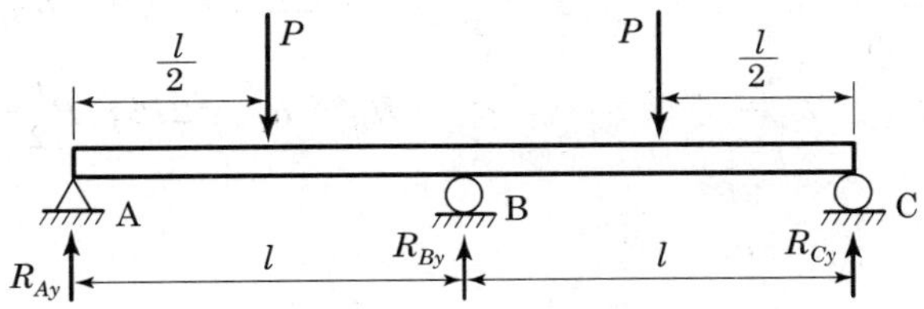

그림 (10-p)

| 해설 | 지지점 A, C에서의 굽힘 모멘트 M_A, M_C는 $M_A = M_C = 0$로 된다. 따라서 3 모멘트 방정식은 $4M_B l = -6EI(\theta_{BA1} + \theta_{BC1})$로 된다. 처짐각 θ_{BA1}, θ_{BC1}는 단순보의 중앙에 집중하중이 작용하는 경우의 처짐각으로 $\theta_{BA1} = \theta_{BC1} = \dfrac{Pl^2}{16EI}$을 갖는다. 따라서 B지점의 굽힘 모멘트 M_B는 $M_B = -\dfrac{3Pl}{16}$로 된다. 지지점 A, B, C의 반력 R_{Ay}, R_{By}, R_{Cy}는 $R_{Ay} = R_{Cy} = \dfrac{P}{2} + \dfrac{M_B}{l} = \dfrac{5P}{16}$, $R_{By} = \left(\dfrac{P}{2} - \dfrac{M_B}{l}\right) + \left(\dfrac{P}{2} - \dfrac{M_B}{l}\right) = \dfrac{22P}{16}$로 된다.

[답] $R_{Ay} = R_{Cy} = \dfrac{5P}{16}$, $R_{By} = \dfrac{22P}{16}$

예제 10-17 그림 (10-q)와 같이 3개의 지지점을 갖는 연속보에 집중하중 P가 작용하고 있다. 각 지점에 생기는 반력 R_{Ay}, R_{By}, R_{Cy}를 중첩법으로 구하시오.

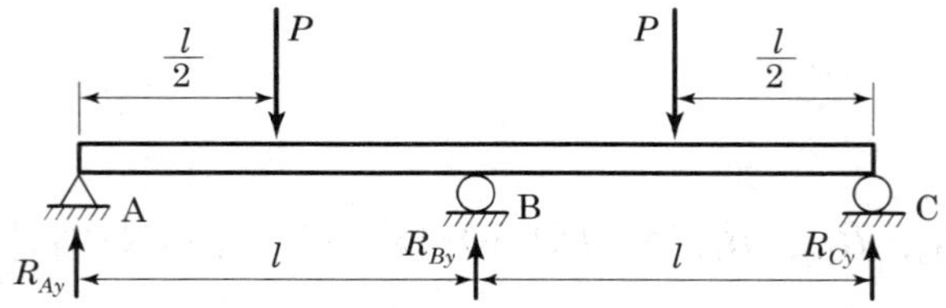

그림 (10-q)

| 해설 | 스팬의 길이가 $2l$인 단순보에서 지점 A에서 $\frac{l}{2}$만큼 떨어진 곳에 집중하중 P가 작용하는 경우에 단순보의 중앙에 생기는 처짐량은 $\frac{11Pl^3}{96EI}$로 주어진다. 따라서 지점 A, B에서 $\frac{l}{2}$만큼 떨어진 곳에 집중하중 P가 각각 작용하는 경우에 중앙에 생기는 처짐량 y_1은 $y_1 = 2 \times \frac{11Pl^3}{96EI}$로 주어진다. 또한, 스팬의 길이가 $2l$인 단순보에서 중앙에 집중하중 $-R_{By}$가 작용하는 경우에 중앙에 생기는 처짐량 y_2는 $y_2 = -\frac{R_{By}(2l)^3}{48EI}$로 주어진다. 연속보의 지점 B에서는 처짐량이 0이므로 두 단순보의 중앙 처짐량의 합 $y_1 + y_2$도 0이 되어야 한다. 이와 같은 조건 즉, $y_1 + y_2 = \frac{22P^3}{96EI} - \frac{8R_{By}l^3}{48EI} = 0$으로부터 반력 R_{By}는 $R_{By} = \frac{11P}{8}$로 된다. 나머지 반력 R_{Ay}, R_{Cy}는 평행조건인 $R_{Ay} + R_{By} + R_{Cy} = 2P$와 $P\frac{l}{2} - R_{By}l + P\frac{3l}{2} - R_{Cy}2l = 0$으로부터 $R_{Ay} = R_{Cy} = \frac{5P}{16}$로 된다.

[답] $R_{Ay} = R_{Cy} = \frac{5P}{16}$, $R_{By} = \frac{11P}{8}$

예제 10-18 그림 (10-r)와 같이 3개의 지지점을 갖는 연속보에 분포하중 w와 집중하중 P가 작용하고 있다. 각 지점에 생기는 반력 R_{Ay}, R_{By}, R_{Cy}를 구하시오.

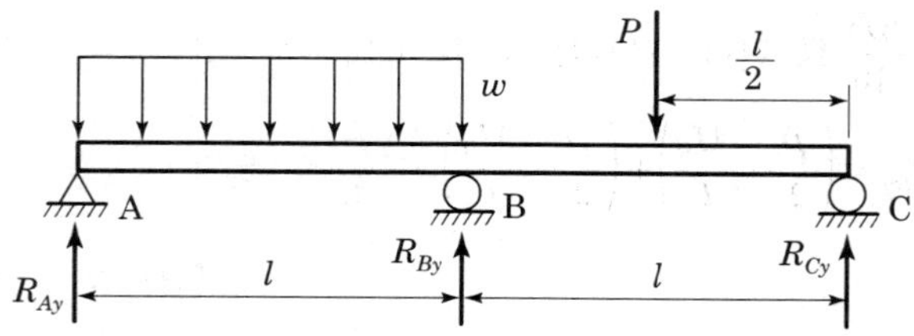

그림 (10-r)

| 해설 | 지지점 A, C에서의 굽힘 모멘트 M_A, M_C는 $M_A = M_C = 0$로 된다. 따라서 3 모멘트 방정식은 $4M_B l = -6EI(\theta_{BA1} + \theta_{BC1})$로 된다. 등분포하중을 받는 단순보의 처짐각 θ_{BA1}은 $\theta_{BA1} = \dfrac{wl^3}{24EI}$로 주어지고, 단순보의 중앙에 집중하중이 작용하는 경우의 처짐각θ_{BC1} 는 $\theta_{BC1} = \dfrac{Pl^2}{16EI}$로 주어진다. 따라서 B지점의 굽힘 모멘트 M_B는 $M_B = -\dfrac{wl^2}{16} - \dfrac{3Pl}{32}$로 된다. 지지점 A, B, C 의 반력 R_{Ay}, R_{By}, R_{Cy}는 $R_{Ay} = \dfrac{wl}{2} + \dfrac{M_B}{l} = \dfrac{7wl}{16} - \dfrac{3P}{32}$, $R_{By} = \left(\dfrac{wl}{2} - \dfrac{M_B}{l}\right) + \left(\dfrac{P}{2} - \dfrac{M_B}{l}\right) = \dfrac{5wl}{8} + \dfrac{11P}{16}$, $R_{Cy} = \dfrac{P}{2} + \dfrac{M_B}{l} = -\dfrac{wl}{16} + \dfrac{13P}{32}$로 된다.

[답] $R_{Ay} = \dfrac{7wl}{16} - \dfrac{3P}{32}$, $R_{By} = \dfrac{5wl}{8} + \dfrac{11P}{16}$, $R_{Cy} = -\dfrac{wl}{16} + \dfrac{13P}{32}$

예제 10-19 **그림 (10-s)와 같이 4개의 지지점을 갖는 연속보에 집중하중 P와 분포하중 w가 작용하고 있다. 각 지점에 생기는 반력 R_{Ay}, R_{By}, R_{Cy}, R_{Dy}를 구하시오.**

| 해설 | 지지점 A, D에서의 굽힘 모멘트 M_A, M_D는 $M_A = M_D = 0$로 된다. 지지점 A, B, C에 대한 3 모멘트 방정식은 $4M_B l + M_C l = -6EI(\theta_{BA1} + \theta_{BC1})$로 되고, 지지점 B, C, D에 대한 3 모멘트 방정식은 $M_B l + 4M_C l = -6EI(\theta_{CB1} + \theta_{CD1})$로 된다. 중앙에 집중하중이 작용하는 단순보의 처짐각 θ_{BA1}는 $\theta_{BA1} = \dfrac{Pl^2}{16EI}$로 주어지고, 등분포하중을 받는 단순보의 처짐각 θ_{BC1}, θ_{CB1}, θ_{CD1}은 $\theta_{BC1} = \theta_{CB1} = \theta_{CD1} = \dfrac{wl^3}{24EI}$로 주어진다. 따라서 굽힘 모멘트 M_B, M_C는 $M_B = -\dfrac{Pl}{10} - \dfrac{wl^2}{30}$, $M_C = \dfrac{Pl}{40} - \dfrac{7wl^2}{60}$로 된다. 지지점 A, B, C , D의 반력 R_{Ay}, R_{By}, R_{Cy}, R_{Dy}는 $R_{Ay} = \dfrac{P}{2} + \dfrac{M_B}{l} = \dfrac{2P}{5} - \dfrac{wl}{30}$, $R_{By} = \left(\dfrac{P}{2} - \dfrac{M_B}{l}\right) + \left(\dfrac{wl}{2} - \dfrac{M_B}{l} + \dfrac{M_C}{l}\right) = \dfrac{29P}{40} + \dfrac{9wl}{20}$, $R_{Cy} = \left(\dfrac{wl}{2} + \dfrac{M_B}{l} - \dfrac{M_C}{l}\right) + \left(\dfrac{wl}{2} - \dfrac{M_C}{l}\right) = -\dfrac{3P}{20} + \dfrac{6wl}{5}$, $R_{Dy} = \dfrac{wl}{2} + \dfrac{M_C}{l} = \dfrac{23wl}{60} + \dfrac{P}{40}$로 된다.

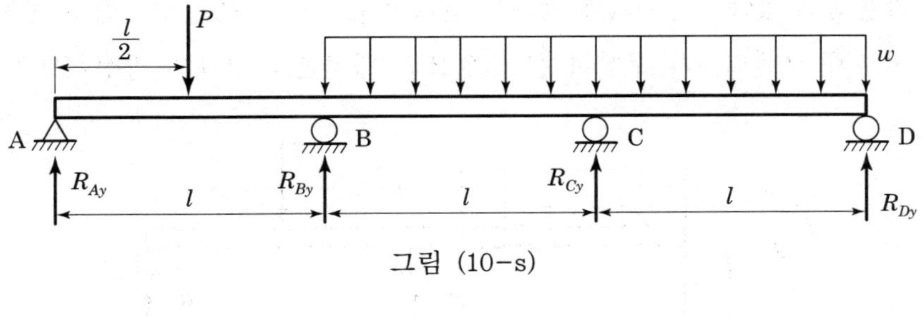

그림 (10-s)

[답] $R_{Ay} = \dfrac{2P}{5} - \dfrac{wl}{30}$, $R_{By} = \dfrac{29P}{40} + \dfrac{9wl}{20}$, $R_{Cy} = -\dfrac{3P}{20} + \dfrac{6wl}{5}$, $R_{Dy} = \dfrac{23wl}{60} + \dfrac{P}{40}$

예제 10-20 그림 (10-t)와 같이 고정지지점을 갖는 연속보에 분포하중 w와 집중하중 P가 작용하고 있다. 각 지점에 생기는 반력 R_{Ay}, R_{By}, R_{Cy}, M_A를 3모멘트 방정식으로 구하시오

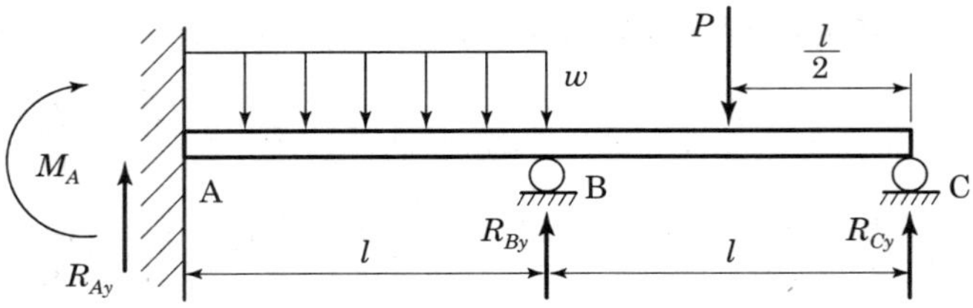

그림 (10-t)

해설 지지점 C에서의 굽힘 모멘트 M_C는 $M_C=0$로 되고, 3 모멘트 방정식은 $M_A l+4M_B l=-6EI(\theta_{BA1}+\theta_{BC1})$로 된다. 등분포하중을 받는 단순보의 처짐각 θ_{BA1}은 $\theta_{BA1}=\dfrac{wl^3}{24EI}$로 주어지고, 단순보의 중앙에 집중하중이 작용하는 경우의 처짐각 θ_{BC1}는 $\theta_{BC1}=\dfrac{Pl^2}{16EI}$로 주어진다. 또한, 고정단 A에서는 처짐각이 0이므로 $\dfrac{wl^3}{24EI}+\dfrac{M_A l}{3EI}+\dfrac{M_B l}{6EI}=0$인 관계를 얻을 수 있다. 이들 관계로부터 A, B지점의 굽힘 모멘트 M_A, M_B는 $M_A=-\dfrac{3wl^2}{28}+\dfrac{3Pl}{56}$, $M_B=-\dfrac{wl^2}{28}-\dfrac{6Pl}{56}$로 된다. 지지점 A, B, C 의 반력 R_{Ay}, R_{By}, R_{Cy}는 $R_{Ay}=\dfrac{wl}{2}-\dfrac{M_A}{l}+\dfrac{M_B}{l}=\dfrac{4wl}{7}-\dfrac{9P}{56}$, $R_{By}=\left(\dfrac{wl}{2}+\dfrac{M_A}{l}-\dfrac{M_B}{l}\right)+\left(\dfrac{P}{2}-\dfrac{M_B}{l}\right)=\dfrac{13wl}{28}+\dfrac{43P}{56}$, $R_{Cy}=\dfrac{P}{2}+\dfrac{M_B}{l}=-\dfrac{wl}{28}+\dfrac{22P}{56}$로 된다.

[답] $R_{Ay}\equiv\dfrac{4wl}{7}-\dfrac{9P}{56}$, $R_{By}=\dfrac{13wl}{28}+\dfrac{43P}{56}$, $R_{Cy}=-\dfrac{wl}{28}+\dfrac{22P}{56}$

예제 10-21 그림 (10-u)와 같이 고정지지점을 갖는 연속보에 분포하중 w와 집중하중 P가 작용하고 있다. 각 지점에 생기는 반력 R_{Ay}, R_{By}, R_{Cy}, M_A를 고정지지점을 면적 2차 모멘트 I가 무한히 큰 스팬으로 대체한 3 모멘트 방정식으로 구하시오

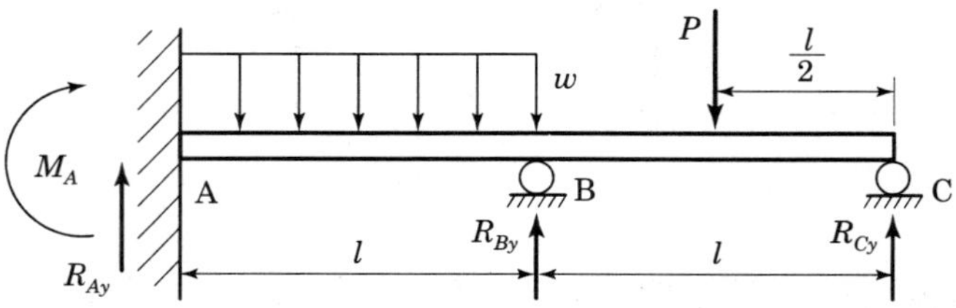

그림 (10-u)

| 해설 | 그림 (10-u)에서 지지점 0, C에서의 굽힘 모멘트 M_0, M_C는 $M_0 = M_C = 0$로 된다. 지지점 0, A, B에 대한 3 모멘트 방정식은 $2M_A l + M_B l = -6EI(\theta_{A01} + \theta_{AB1})$로 되고, 지지점 A, B, C에 대한 3 모멘트 방정식은 $M_A l + 4M_B l = -6EI(\theta_{BA1} + \theta_{BC1})$로 된다. 처짐각 θ_{A01}은 $\theta_{A01} = 0$이고, 등분포하중을 받는 단순보의 처짐각 θ_{AB1}, θ_{BA1}은 $\theta_{AB1} = \theta_{BA1} = \dfrac{wl^3}{24EI}$로 주어지고, 단순보의 중앙에 집중하중이 작용하는 경우의 처짐각 θ_{BC1}는 $\theta_{BC1} = \dfrac{Pl^2}{16EI}$로 주어진다. 이들 관계로부터 A, B지점의 굽힘 모멘트 M_A, M_B는 $M_A = -\dfrac{3wl^2}{28} + \dfrac{3Pl}{56}$, $M_B = -\dfrac{wl^2}{28} - \dfrac{6Pl}{56}$로 된다. 지지점 A, B, C 의 반력 R_{Ay}, R_{By}, R_{Cy}는 $R_{Ay} = \dfrac{wl}{2} - \dfrac{M_A}{l} + \dfrac{M_B}{l} = \dfrac{4wl}{7} - \dfrac{9P}{56}$, $R_{By} = \left(\dfrac{wl}{2} + \dfrac{M_A}{l} - \dfrac{M_B}{l}\right) + \left(\dfrac{P}{2} - \dfrac{M_B}{l}\right) = \dfrac{13wl}{28} + \dfrac{43P}{56}$, $R_{Cy} = \dfrac{P}{2} + \dfrac{M_B}{l} = -\dfrac{wl}{28} + \dfrac{22P}{56}$로 된다.

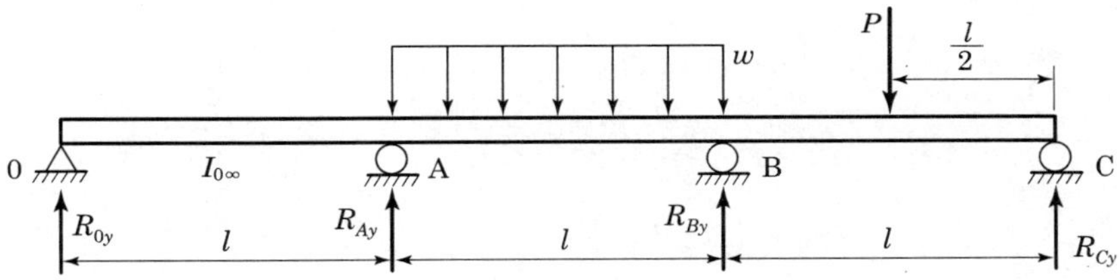

그림 (10-u-1)

[답] $R_{Ay} = \dfrac{4wl}{7} - \dfrac{9P}{56}$, $R_{By} = \dfrac{13wl}{28} + \dfrac{43P}{56}$, $R_{Cy} = -\dfrac{wl}{28} + \dfrac{22P}{56}$

Chapter 11

기 둥

여러 종류의 하중을 지지하는 구조물들을 설계할 때에 구조물에 생기는 최대응력이나 최대 변형량이 설계자가 정한 허용치 안에 있도록 설계를 한다. 다시 말해서 강도(strength)와 강성(stiffness) 측면 하에서 설계하여 안전한 구조물을 제작한다. 그러나 압축하중을 받는 가늘고 긴 기둥(long column)에 있어서는 좌굴(buckling)이라는 현상에 의해서 낮은 하중 하에서도 쉽게 파괴를 일으킬 수 있다.

좌굴은 주로 장주(long column)에서 생기며, 기둥에 편심 축하중(eccentric axial load)이 작용하는 경우, 기둥의 축 중심선이 직선이 아닌 경우, 기둥재료 및 단면의 불균일 등의 원인으로 생긴다.

기둥의 가늘고 긴 정도를 나타내는 세장비(slenderness ratio)는 기둥의 길이와 기둥 단면의 최소 회전반경과의 비를 말한다. 일반적으로 세장비가 30이하이면 단주, 30~150이면 중간주, 160이상이면 장주로 보고, 실제 기둥에 대한 세장비는 30~150 사이에 있다.

11-1 편심 축하중을 받는 단주

그림 11-1 (a)와 같이 단주의 중심축으로부터 a만큼 떨어진 곳에 집중하중(편심 축하중) P가 작용하고 있다. 이 편심 축하중은 그림 11-1 (b), (c)에서와 같이 중심축을 지나는 압축하중 P와 굽힘 모멘트 M을 발생시킨다. 따라서 편심 축하중을 받는 단주의 응력분포(stress distribution)는 중심축을 지나는 압축하중 P에 의한 응력분포와 굽힘 모멘트 M에 의한 응력분포의 합으로 주어지고 그림 11-1 (a)와 같은 분포를 갖는다. 단주의 응력 σ을 식으로 나타내면 다음과 같다.

$$\sigma = -\frac{P}{A} \pm \frac{My}{I} = -\frac{P}{A}\left(1 \mp \frac{a\,y}{k^2}\right) \tag{11-1}$$

여기서 A는 단주의 단면적, I는 단면 2차 모멘트, a는 편심거리(eccentricity), k는 단면의 회전반경으로써 $I = Ak^2$인 관계를 갖는다.

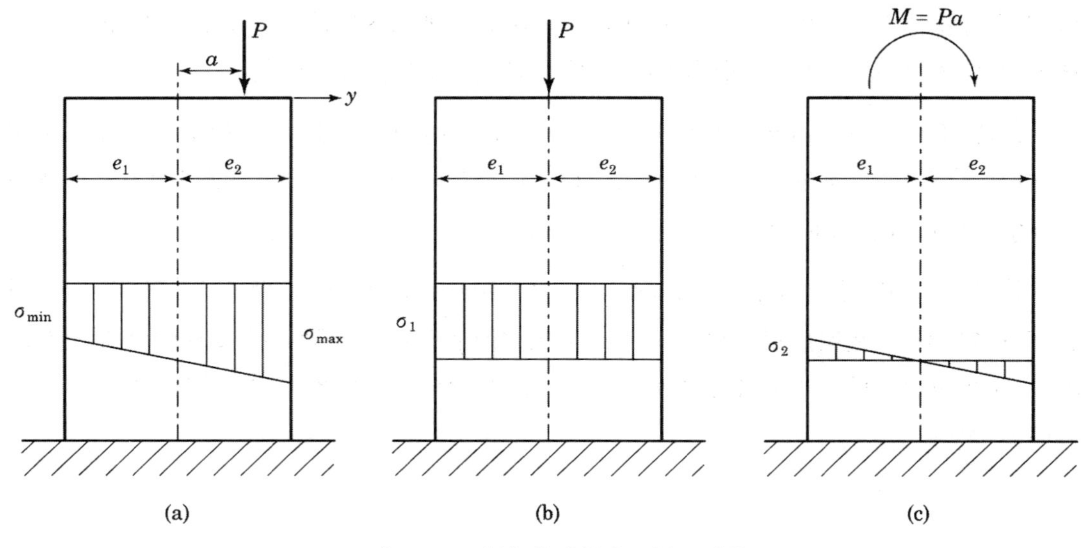

그림 11-1 편심 축하중을 받는 단주

단주의 최대 압축응력 σ_{max}은 외층 e_2에서 생기고, 최소 압축응력 σ_{min}은 외층 e_1에서 생기며 다음과 같이 된다.

$$\sigma_{\max} = -\left(\frac{P}{A} + \frac{M}{Z}\right) = -\frac{P}{A}\left(1 + \frac{a e_2}{k^2}\right)$$
$$\sigma_{\min} = -\left(\frac{P}{A} - \frac{M}{Z}\right) = -\frac{P}{A}\left(1 - \frac{a e_1}{k^2}\right) \qquad (11-2)$$

여기서 Z는 단면계수이다. 식 (11-2)에서 최소 압축응력 $\sigma_{\min}$이 $\sigma_{\min} \geq 0$로 되는 경우, 즉, 단주의 외층 e_1에 생기는 응력이 0 이거나 인장응력이 발생되는 경우는 다음과 같은 조건일 때에 생긴다.

$$1 - \frac{a e_1}{k^2} \leq 0, \quad a \geq \frac{k^2}{e_1} \qquad (11-3)$$

기둥은 압축력을 지지하는 구조물이므로 돌, 벽돌 등 압축강도가 높은 압축재로 만들어야 하므로 기둥에 인장응력이 생기는 것은 바람직하지 않다. 따라서 인장응력이 발생되는 않는 편심거리 a는 식 (11-3)의 반대 영역이 될 것이다. 이 영역을 단면의 핵심(core of section)이라 한다.

만약에 단주의 단면이 직경 d인 원형 단면이라면 단면의 핵심은 다음과 같이 주어진다.

$$a \leq \frac{k^2}{e_1}, \quad a \leq \frac{d}{8} \qquad (11-4)$$

또한, 폭 b, 높이 h인 직사각형 단면인 경우, 단면의 핵심은 다음과 같이 주어진다.

$$a \leq \frac{k^2}{e_1}, \quad a \leq \frac{\frac{h^2}{12}}{\frac{h}{2}}, \quad a \leq \frac{h}{6}$$
$$a \leq \frac{\frac{b^2}{12}}{\frac{b}{2}}, \quad a \leq \frac{b}{6} \qquad (11-5)$$

예제 11-1 한 변의 길이가 a인 정사각형 단면을 갖는 단주에 집중하중 P가 한 변의 중앙에서 가해지고 있다. 이때 최대 최소 응력을 구하시오.

❙해설❙ 집중하중 P가 편심 하중으로 작용하므로 단주에는 압축응력 σ_1과 굽힘 모멘트 $M=\frac{Pa}{2}$에 의한 굽힘응력 σ_2가 생긴다. 압축응력 σ_1은 $\sigma_1=\frac{P}{A}=\frac{P}{a^2}$로 되고, 굽힘응력 σ_2는 $\sigma_2=\frac{M}{Z}=\frac{\frac{Pa}{2}}{\frac{a^3}{6}}=\frac{3P}{a^2}$로 된다. 따라서 최대 응력은 $\sigma_{\max}=-(\sigma_1+\sigma_2)=-\frac{4P}{a^2}$로 되고, 최소응력은 $\sigma_{\min}=-\sigma_1+\sigma_2=\frac{2P}{a^2}$로 된다.

[답] $\sigma_{\max}=-\frac{4P}{a^2}$, $\sigma_{\min}=\frac{2P}{a^2}$

예제 11-2 한 변의 길이가 a인 정사각형 단면을 갖는 단주에 집중하중 P가 모서리에서 가해지고 있다. 이때 최대 최소 응력을 구하시오.

❙해설❙ 그림 (11-a-1)에서 x축에 대한 면적 2차 모멘트 I는 $I=\int y^2dA=2\int_0^{\frac{a}{\sqrt{2}}}y^2(a\sqrt{2}-2y)dy=\frac{a^4}{12}$로 된다. 모서리에 작용하는 하중 P에 의한 굽힘 모멘트는 $M=\frac{Pa}{\sqrt{2}}$이다. 단주에는 압축응력 σ_1과 굽힘 모멘트에 의한 굽힘응력 σ_2가 생긴다. 압축응력 σ_1은 $\sigma_1=\frac{P}{A}=\frac{P}{a^2}$로 되고, 굽힘응력 σ_2는 $\sigma_2=\frac{M}{Z}=\frac{\frac{Pa}{2}}{\frac{a^3\sqrt{2}}{12}}=\frac{6P}{a^2}$로 된다. 따라서 최대 응력은 $\sigma_{\max}=-(\sigma_1+\sigma_2)=-\frac{7P}{a^2}$로 되고, 최소응력은 $\sigma_{\min}=-\sigma_1+\sigma_2=\frac{5P}{a^2}$로 된다.

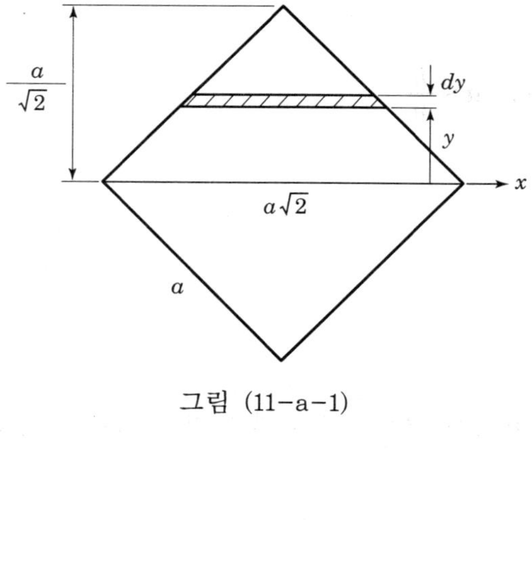

그림 (11-a-1)

[답] $\sigma_{max} = -\dfrac{7P}{a^2}$, $\sigma_{min} = \dfrac{5P}{a^2}$

예제 11-3 그림 (11-b)와 같이 한 변의 길이가 a인 정사각형 단면을 갖는 단주의 일부분에 홈이 있을 때, 집중하중 P에 의해 생기는 최대 응력을 구하시오.

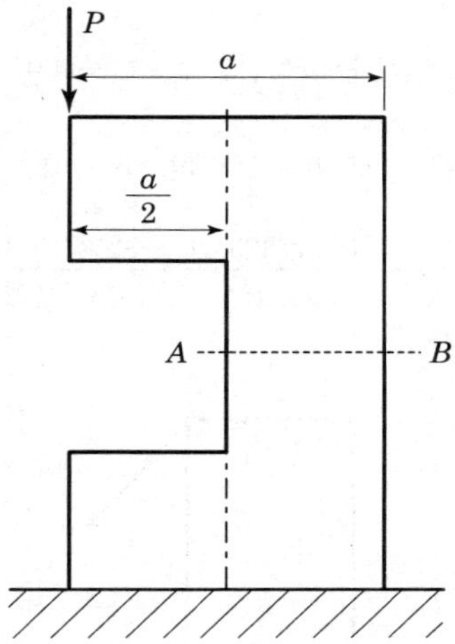

그림 (11-b)

▎해설▎ 최대 압축응력은 AB단면에서 A부분에 생기며, 이 곳에 작용하는 굽힘 모멘트 M은 $M = \dfrac{3Pa}{4}$이고, 이 단면의 단면계수 Z는 $Z = \dfrac{\frac{a}{12}\left(\frac{a}{2}\right)^3}{\frac{a}{4}} = \dfrac{a^3}{24}$로 된다. 따라서 최대 압축응력은 $\sigma_{max} = -\left(\dfrac{P}{a^2} + \dfrac{\frac{3Pa}{4}}{\frac{a^3}{24}}\right) = -\dfrac{19P}{a^2}$로 된다.

[답] $\sigma_{max} = -\dfrac{19P}{a^2}$

예제 11-4 직경이 $d = 10\text{cm}$인 단주에 압축하중 $P = 20\text{ton}$이 작용하고 있다. 단주에 생기는 최대압축응력이 $\sigma_C = 1500\text{kgf/cm}^2$을 초과하지 않도록 하기 위한 편심거리 e를 구하시오.

▎해설▎ 단면이 원형인 단주에 생기는 최대압축응력은 $\sigma_{max} = -\left(\dfrac{P}{\frac{\pi d^2}{4}} + \dfrac{Pe}{\frac{\pi d^3}{32}}\right) = \sigma_C$로 된다. 이

관계로부터 편심거리는 $e \le 6.113\text{cm}$로 되어야 한다.

[답] $e \le 6.113\text{cm}$

예제 11-5 **그림 (11-c)와 같이 길이 $l = 30\text{cm}$, 직경이 $d = 10\text{cm}$인 단주에 하중 $P = 20\text{ton}$이 각도 $\alpha = 30°$방향으로 비스듬히 작용하고 있다. 단주에 생기는 최대압축응력을 구하시오.**

| 해설 | 단주에 가해지는 압축력 P_C는 $P_C = P\cos\alpha = 20000 \times \frac{\sqrt{3}}{2} = 17320.51\text{kgf}$로 되고, 굽힘 모멘트 M은 $M = P\sin\alpha \times l = 20000 \times \frac{1}{2} \times 30 = 3 \times 10^5\text{kgf} \cdot \text{cm}$로 된다. 최대압축응력 $\sigma_{\max}$는 $\sigma_{\max} = -\left(\frac{P_C}{\frac{\pi d^2}{4}} + \frac{M}{\frac{\pi d^3}{32}}\right) = -\left(\frac{4 \times 17320.51}{\pi \times 10^2} + \frac{32 \times 3 \times 10^5}{\pi \times 10^3}\right) = -3276.31\text{kgf/cm}^2$로 된다.

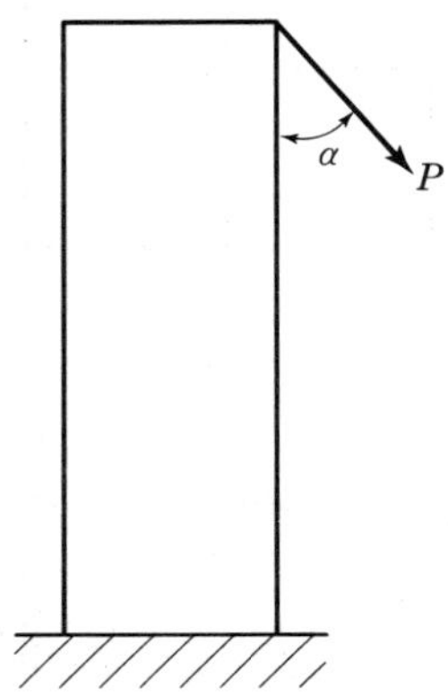

그림 (11-c)

[답] $\sigma_{\max} = -3276.31\text{kgf/cm}^2$

11-2 장 주

단면의 크기에 비하여 길이가 긴 봉에 압축하중이 작용할 때에 이봉을 장주(long column)로 보고 해석한다. 압축하중을 받는 장주는 압축응력 이외에 굽힘응력이 생긴다. 하중이 커질수록 굽힘응력도 증가하여 굽힘의 정도도 커진다. 어느 한계하중에 도달하면 압축응력에 의해서 파괴되는 것이 아니라 굽힘에 의한 구부러짐에 의해서 파괴가 일어난다. 이러한 불안정한 현상을 좌굴(buckling)이라 하고 이때의 하중을 좌굴하중(buckling load) 또는 임계하중(critical load)이라 한다. 또한, 좌굴현상을 일으키는 최대 응력을 좌굴응력(buckling stress) 또는 임계응력(critical stress)이라 한다.

기둥의 구부러지는 정도는 기둥의 길고 가는 정도를 나타내는 세장비(slenderness ratio)에 의해서만 달라지는 것은 아니고, 그림 11-2와 같은 양단의 지지상태에 따라서 구부러지는 정도와 모양, 좌굴하중의 크기 등이 달라진다. 세장비 λ는 기둥의 길이 l과 단면의 최소 회전 반경 k와의 비 $\frac{l}{k}$로 나타낸다. 기둥의 지지상태는 자유단, 핀으로 지지된 회전단, 고정단으로 나눌 수 있으며, 이들의 지지상태로 조합된 각각의 기둥들은 그림 **11-2** (a)의 고정단과 자유단을 갖는 기둥, 그림 **11-2** (b)의 양쪽 회전단을 갖는 기둥, 그림 **11-2** (c)의 고정단과 회전단을 갖는 기둥, 그림 **11-2** (d)의 양쪽 고정단을 갖는 기둥 등으로 나눌 수 있다. 다음은 이들에 대하여 각각 Euler의 기둥 공식을 유도하고자 한다.

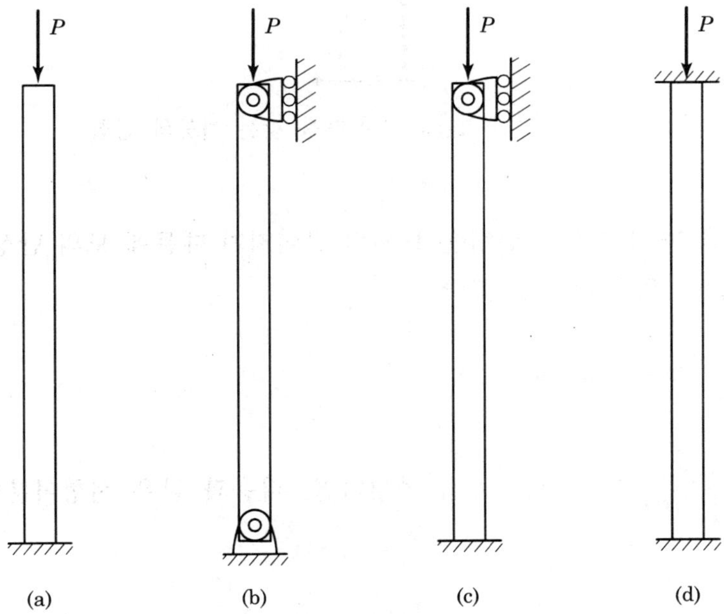

그림 11-2 기둥의 지지상태

11-2-1 고정단과 자유단을 갖는 기둥

그림 **11-2** (a)와 같이 길이가 l인 고정단과 자유단을 갖는 기둥에 축압축력 P가 작용하여 굽힘이 발생하였을 때에 기둥의 탄성곡선은 그림 11-3과 같이 된다. 이 때 자유단 B에서의 처짐량을 δ라 하고, 고정단 A로부터 임의의 거리 x만큼 떨어진 C점에서의 처짐량을 y라고 하면 C점에서의 굽힘 모멘트 M은 다음과 같이 된다.

$$M = P(\delta - y) \tag{11-6}$$

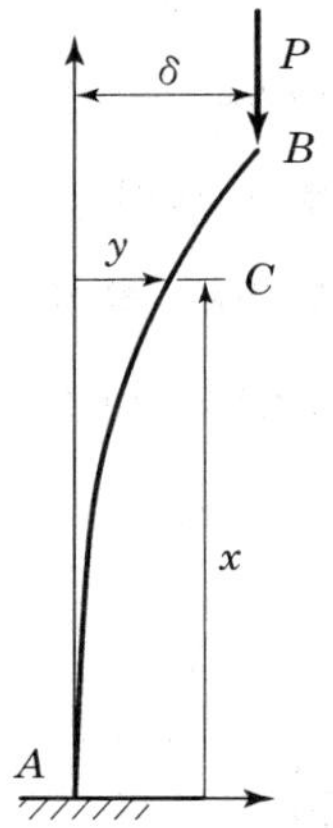

그림 11-3 고정단과 자유단을 갖는 기둥의 굽힘

처짐량이 작을 때에 기둥의 굽힘은 보처럼 굽어지기 때문에 보의 탄성곡선미분방정식을 다음과 같이 적용시킬 수 있다.

$$EI\frac{d^2y}{dx^2} = -M = P(\delta - y) \tag{11-7}$$

식 (11-7)에서 $\dfrac{P}{EI} = \alpha^2$으로 놓고 정리하면, 다음과 같은 선형미분방정식을 얻을 수 있다.

$$\frac{d^2y}{dx^2} + \alpha^2 y = \alpha^2 \delta \tag{11-8}$$

식 (11-8)의 해 y는 제차미분방정식의 해(homogeneous solution) y_h와 특이해

(particular solution) y_p의 합으로 다음과 같이 나타낸다.

$$y = y_h + y_p = C_1 \sin \alpha x + C_2 \cos \alpha x + \delta \tag{11-9}$$

경계조건으로부터 식 (11-9)의 적분상수 C_1, C_2은 다음과 같이 정해진다.

$$x = 0\text{일 때 } \frac{dy}{dx} = 0,\ y = 0\text{으로부터 } C_1 = 0,\ C_2 = -\delta \tag{11-10}$$

따라서 식 (11-8)의 완전해(exact solution)는 다음과 같이 된다.

$$y = \delta(1 - \cos \alpha x) \tag{11-11}$$

이식은 기둥의 탄성곡선이 cos형의 곡선임을 나타내고 있다. $x = l$일 때 $y = \delta$라는 경계조건과 식 (11-11)로부터 다음과 같은 좌굴방정식(buckling equation)을 얻는다.

$$\begin{aligned} &\cos \alpha l = 0 \\ &\alpha l = \frac{n\pi}{2}, \quad n = 1, 3, 5, \cdots \end{aligned} \tag{11-12}$$

식 (11-11), 식 (11-12)와 $\frac{P}{EI} = \alpha^2$인 관계로부터 좌굴의 형태와 임계하중 P_{cr}은 다음과 같이 얻는다.

$$\begin{aligned} &y = \delta\left(1 - \cos \frac{n\pi}{2l} x\right) \\ &P_{cr} = \frac{n^2 \pi^2 EI}{4l^2}, \quad n = 1, 3, 5, \cdots \end{aligned} \tag{11-13}$$

n의 값이 클수록 임계하중의 값이 커지고, 좌굴의 모양은 많은 파형을 갖게 된다. $n = 1$일때 최저 임계하중 P_{cr}을 다음과 같이 갖으며, 좌굴의 형태는 그림 **11-3**과 같이 된다.

$$P_{cr} = \frac{\pi^2 EI}{4l^2} \tag{11-14}$$

또한, 이때 기둥의 임계응력 σ_{cr}은 다음과 같이 된다.

$$\sigma_{cr} = \frac{P_{cr}}{A} = \frac{\pi^2 EI}{4Al^2} = \frac{\pi^2 Ek^2}{4l^2} = \frac{\pi^2 E}{4\lambda^2} \qquad (11-15)$$

여기서 k는 단면의 최소 회전 반경이고, λ는 세장비로 $\frac{l}{k}$를 나타낸다.

11-2-2 양쪽 회전단을 갖는 기둥

그림 **11-2** (b)와 같이 길이가 l이고 양쪽 회전단을 갖는 기둥에 축압축력 P가 작용하여 굽힘이 발생하였을 때에 기둥의 탄성곡선은 그림 **11-4**와 같이 된다. 이 때 회전단 A로부터 임의의 거리 x만큼 떨어진 C점에서의 처짐량을 y라고 하면 C점에서의 굽힘 모멘트 M은 다음과 같이 된다.

$$M = Py \qquad (11-16)$$

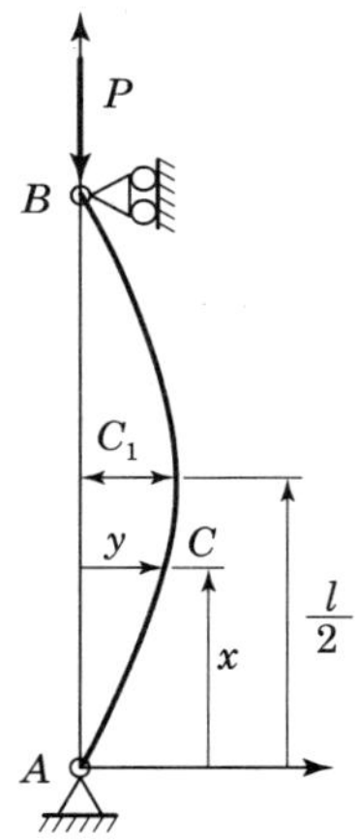

그림 11-4 양쪽 회전단을 갖는 기둥의 굽힘

처짐량이 작을 때에 기둥의 굽힘은 보처럼 굽어지기 때문에 보의 탄성곡선미분방정식을 다음과 같이 적용시킬 수 있다.

$$EI\frac{d^2y}{dx^2} = -M = -Py \qquad (11-17)$$

식 (11-17)에서 $\frac{P}{EI} = \alpha^2$으로 놓고 정리하면, 다음과 같은 제차선형미분방정식을 얻을 수 있다.

$$\frac{d^2y}{dx^2} + \alpha^2 y = 0 \tag{11-18}$$

식 (11-18)의 해 y는 다음과 같이 나타낸다.

$$y = C_1 \sin \alpha x + C_2 \cos \alpha x \tag{11-19}$$

경계조건으로부터 식 (11-19)의 적분상수 C_1, C_2은 다음과 같이 정해진다.

$$x = 0,\ x = l \text{일 때 } y = 0 \text{으로부터 } C_1 \sin \alpha l = 0,\ C_2 = 0 \tag{11-20}$$

식 (11-20)의 $C_1 \sin \alpha l = 0$에서 적분상수 C_1이 0이면 아무런 의미가 없는 해(trivial solution)가 되므로 다음과 같이 되며, 이를 좌굴방정식(buckling equation)이라 한다.

$$\begin{aligned} &\sin \alpha l = 0 \\ &\alpha l = n\pi, \quad n = 1, 2, 3, \cdots \end{aligned} \tag{11-21}$$

여기에서도 $n = 0$인 경우에는 $P = 0$이 되므로 아무런 의미가 없어진다. 그래서 $n = 0$를 제외하였다. 따라서 식 (11-21)과 $\frac{P}{EI} = \alpha^2$인 관계로부터 좌굴의 형태와 임계하중 P_{cr}은 다음과 같이 얻는다.

$$\begin{aligned} &y = C_1 \sin \frac{n\pi}{l} x \\ &P_{cr} = \frac{n^2 \pi^2 EI}{l^2}, \quad n = 1, 2, 3, \cdots \end{aligned} \tag{11-22}$$

여기서 C_1은 n값에 따른 각각의 좌굴에서 최대 처짐량을 나타낸다. 예를 들면, $n = 1$인 경우에 C_1은 $x = \frac{l}{2}$인 기둥의 중간지점에서의 처짐을 나타낸다. 여기에서도 n의 값이 클수록 임계하중의 값이 커지고, 좌굴의 모양은 많은 파형을 갖게 된다.

$n=1$일때 최저 임계하중 P_{cr}을 다음과 같이 갖으며, 좌굴의 형태는 그림 **11-4**와 같이 된다.

$$P_{cr}=\frac{\pi^2 EI}{l^2} \tag{11-23}$$

또한, 이때 기둥의 임계응력 σ_{cr}은 다음과 같이 된다.

$$\sigma_{cr}=\frac{P_{cr}}{A}=\frac{\pi^2 EI}{Al^2}=\frac{\pi^2 Ek^2}{l^2}=\frac{\pi^2 E}{\lambda^2} \tag{11-24}$$

기둥의 지지상태에 따른 기둥의 임계하중은 유효길이(effective length)라는 개념을 통해서 양쪽 회전단을 갖는 기둥의 임계하중과 쉽게 연관지을 수 있다. 이는 기둥의 좌굴의 형태가 삼각함수의 파형을 나타내고 있기 때문이다. 예를 들면, 그림 **11-3**에 나타낸 고정단과 자유단을 갖는 기둥의 좌굴의 모양은 그림 **11-4**에 나타낸 양쪽 회전단을 갖는 기둥의 좌굴 곡선의 $\frac{1}{2}$모양을 갖고 있다. 따라서 고정단과 자유단을 갖는 기둥의 좌굴 모양이 양쪽 회전단을 갖는 기둥의 좌굴 모양을 갖으려면 두개의 고정단과 자유단을 갖는 기둥이 필요하다. 이와 같은 이유로 인하여 고정단과 자유단을 갖는 기둥의 유효길이 l_e는 기둥 길이 l의 두 배로서 다음과 같이 된다.

$$l_e=2l \tag{11-25}$$

양쪽 회전단을 갖는 기둥의 임계하중 식 식 (11-23)에 고정단과 자유단을 갖는 기둥의 유효길이 l_e를 대입하면, 식 (11-14)와 같은 고정단과 자유단을 갖는 기둥의 임계하중을 다음과 같이 구할 수 있다.

$$P_{cr}=\frac{\pi^2 EI}{l_e^2}=\frac{\pi^2 EI}{(2l)^2}=\frac{\pi^2 EI}{4l^2} \tag{11-26}$$

11-2-3 고정단과 회전단을 갖는 기둥

그림 **11-2** (c)와 같이 길이가 l인 고정단과 회전단을 갖는 기둥에 축압축력 P가 작용하여 급힘이 발생하였을 때에 기둥의 탄성곡선은 그림 **11-5**와 같이 된다. 이 때 고

정단 A와 회전단 B에 생기는 반력들의 관계는 다음과 같이 된다.

$$\begin{aligned} &\Sigma F_x = 0,\ R_{Ax} - P = 0 \quad \rightarrow R_{Ax} = P \\ &\Sigma F_y = 0,\ -R_{Ay} + R_{By} = 0 \rightarrow R_{Ay} = R_{By} = R \\ &\Sigma M_A = 0,\ -M_A + R_{By} l = 0 \rightarrow R_{By} = \frac{M_A}{l} \end{aligned} \tag{11-27}$$

고정단 A로부터 임의의 거리 x만큼 떨어진 C점에서의 처짐량을 y라고 하면 C점에서의 굽힘 모멘트 M은 다음과 같이 된다.

$$M = -M_A + R_{Ax} y + R_{By} x = Py - R(l - x) \tag{11-28}$$

처짐량이 작을 때에 기둥의 굽힘은 보처럼 굽어지기 때문에 보의 탄성곡선미분방정식을 다음과 같이 적용시킬 수 있다.

$$EI\frac{d^2y}{dx^2} = -M = -Py + R(l - x) \tag{11-29}$$

식 (11-29)에서 $\frac{P}{EI} = \alpha^2$으로 놓고 정리하면, 다음과 같은 선형미분방정식을 얻는다.

$$\frac{d^2y}{dx^2} + \alpha^2 y = \frac{R}{EI}(l - x) \tag{11-30}$$

식 (11-30)의 해 y는 제차미분방정식의 해(homogeneous solution) y_h와 특이해(particular solution) y_p의 합으로 다음과 같이 나타낸다.

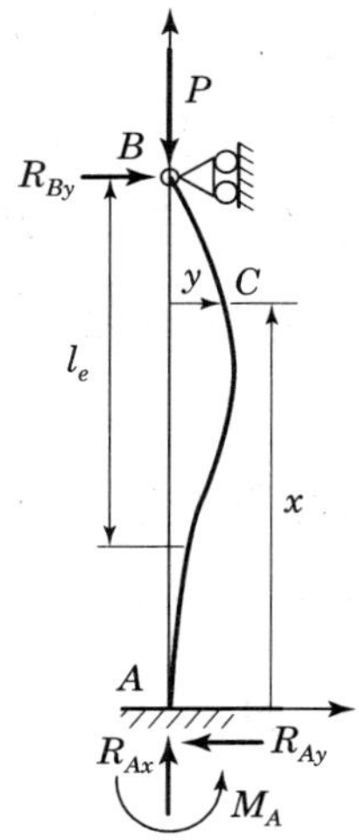

그림 11-5 고정단과 회전단을 갖는 기둥의 굽힘

$$y = y_h + y_p = C_1 \sin \alpha x + C_2 \cos \alpha x + \frac{R}{P}(l - x) \tag{11-31}$$

$x = 0$일 때 $\frac{dy}{dx} = 0$, $y = 0$ 그리고 $x = l$일 때 $y = 0$인 경계조건으로부터 식 (11-31)의 적분상수 C_1, C_2와 R은 다음과 같이 정해진다.

$$C_1 \alpha - \frac{R}{P} = 0, \ \ C_2 + \frac{Rl}{P} = 0, \ \ C_1 \tan \alpha l + C_2 = 0 \tag{11-32}$$

따라서 식 (11-32)로부터 식 (11-31)은 다음과 같이 된다.

$$y = C_1 [\sin \alpha x - \alpha l \cos \alpha x + \alpha (l - x)] \tag{11-33}$$

또한, 식 (11-32)로부터 다음과 같은 좌굴방정식(buckling equation)을 얻는다.

$$\alpha l = \tan \alpha l \tag{11-34}$$

식 (11-34)를 만족시키는 0이 아닌 최솟값은 다음과 같다.

$$\alpha l = 4.4934 \tag{11-35}$$

식 (11-35)와 $\frac{P}{EI} = \alpha^2$인 관계로부터 임계하중 P_{cr}은 다음과 같이 얻는다.

$$P_{cr} = \frac{4.4934^2 EI}{l^2} = \frac{2.046\pi^2 EI}{l^2} \tag{11-36}$$

이 기둥의 유효길이는 양쪽 회전단을 갖는 기둥의 임계하중 $P_{cr} = \frac{\pi^2 EI}{l^2}$와 비교하여 다음과 같이 구해진다.

$$l_e = \frac{l}{\sqrt{2.046}} = 0.699l \simeq 0.7l \tag{11-37}$$

또한, 이때 기둥의 임계응력 σ_{cr}은 다음과 같이 된다.

$$\sigma_{cr} = \frac{P_{cr}}{A} = \frac{2.046\pi^2 EI}{Al^2} = \frac{2.046\pi^2 Ek^2}{l^2} = \frac{2.046\pi^2 E}{\lambda^2} \tag{11-38}$$

여기서 k는 단면의 최소 회전 반경이고, λ는 세장비로 $\frac{l}{k}$를 나타낸다.

11-2-4 양쪽 고정단을 갖는 기둥

그림 **11-2** (d)와 같이 길이가 l인 양쪽 고정단을 갖는 기둥에 축압축력 P가 작용하여 굽힘이 발생하였을 때에 기둥의 탄성곡선은 그림 **11-6**과 같이 된다. 이 탄성곡선이 가운데 부분은 양쪽 회전단을 갖는 기둥이 탄성곡선과 같으므로 유효길이는 다음과 같이 구해진다.

$$l_e = \frac{l}{2} = 0.5l \tag{11-39}$$

따라서 임계하중은 다음과 같이 된다.

$$P_{cr} = \frac{\pi^2 EI}{l_e^2} = \frac{4\pi^2 EI}{l^2} \tag{11-40}$$

또한, 이때 기둥의 임계응력 σ_{cr}은 다음과 같이 된다.

$$\sigma_{cr} = \frac{P_{cr}}{A} = \frac{4\pi^2 EI}{Al^2} = \frac{4\pi^2 Ek^2}{l^2} = \frac{4\pi^2 E}{\lambda^2} \tag{11-41}$$

여기서 k는 단면의 최소 회전 반경이고, λ는 세장비로 $\frac{l}{k}$를 나타낸다.

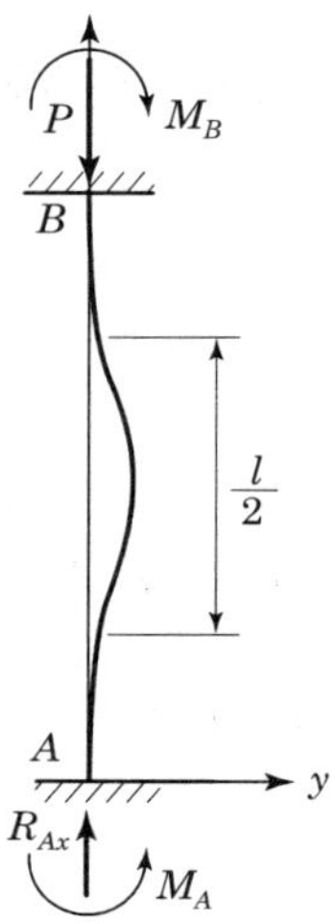

그림 11-6 양쪽 고정단을 갖는 기둥의 굽힘

11-3 편심 축하중을 받는 기둥

여기에서는 그림 11-7과 같이 양쪽 회전단을 갖는 기둥에 하중 P가 기둥의 중심 축선에서 거리 e만큼 벗어난 곳에 작용하여 기둥에 축압축력 P와 굽힘 모멘트 $M_0 = Pe$가 동시에 작용하는 경우를 해석하고자 한다.

회전단 A로부터 임의의 거리 x만큼 떨어진 C점에서의 처짐량을 y라고 하면 C점에서의 굽힘 모멘트 M은 다음과 같이 된다.

$$M = M_0 + Py \tag{11-42}$$

처짐량이 작을 때에 기둥의 굽힘은 보처럼 굽어지기 때문에 보의 탄성곡선미분방정식을 다음과 같이 적용시킬 수 있다.

$$EI\frac{d^2y}{dx^2} = -M = -M_0 - Py = -Pe - Py \qquad (11-43)$$

식 (11-43)에서 $\frac{P}{EI} = \alpha^2$으로 놓고 정리하면, 다음과 같은 비제차선형미분방정식을 얻을 수 있다.

$$\frac{d^2y}{dx^2} + \alpha^2 y = -\alpha^2 e \qquad (11-44)$$

식 (11-44)의 해 y는 다음과 같이 나타낸다.

$$y = C_1 \sin\alpha x + C_2 \cos\alpha x - e \qquad (11-45)$$

경계조건으로부터 식 (11-45)의 적분상수 C_1, C_2은 다음과 같이 정해진다.

$x=0$, $x=l$일 때 $y=0$으로부터 $C_1 = e\tan\frac{\alpha l}{2}$, $C_2 = e$ (11-46)

따라서 식 (11-45)는 다음과 같이 된다.

$$y = e\left(\tan\frac{\alpha l}{2}\sin\alpha x + \cos\alpha x - 1\right) \qquad (11-47)$$

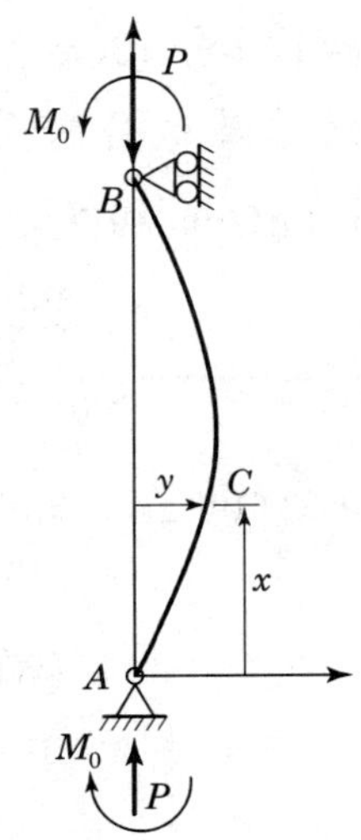

그림 11-7 편심 축하중을 받는 양쪽 회전단 기둥의 굽힘

최대 처짐은 기둥의 중앙부분인 $x=\frac{l}{2}$ 되는 곳에서 $y_{\max}=e(\sec\frac{\alpha l}{2}-1)$로 주어진다. 또한, 이 곳에서 최대 굽힘 모멘트 $M_{\max}$가 생기며 다음과 같이 된다.

$$M_{\max}=P(e+y_{\max})=Pe\sec\frac{\alpha l}{2} \tag{11-48}$$

기둥 중앙부분의 단면에 생기는 최대 응력 $\sigma_{\max}$은 다음과 같이 된다.

$$\begin{aligned}\sigma_m &= \frac{P}{A}+\frac{M_{\max}e_1}{I}=\frac{P}{A}+\frac{Pe\sec\dfrac{\sqrt{\dfrac{P}{EAk^2}}\,l}{2}e_1}{Ak^2} \\ &= \frac{P}{A}\left[1+\frac{ee_1}{k^2}\sec\left(\frac{l}{2k}\sqrt{\frac{P}{EA}}\right)\right]\end{aligned} \tag{11-49}$$

여기서 I는 단면 2차 모멘트, k는

단면의 회전 반경, e_1은 기둥 단면에서 중심축으로부터 압축이 생기는 외층까지의 거리를 나타내고, $\frac{ee_1}{k^2}$를 편심비(eccentricity ratio)라고 한다. 식 (11-49)를 편심하중을 받는 양쪽 회전단을 갖는 기둥에 대한 시컨트 공식(secant formula)이라 한다.

예제 11-6 길이 $l=3\text{m}$, 단면 $b\times h=12\text{cm}\times16\text{cm}$인 양쪽 회전단을 갖는 기둥이 있다. 기둥의 안전하중 P_s과 안전응력 σ_s을 구하시오. 단, 안전계수는 $S=10$이고, 종탄성계수는 $E=1.0\times10^5\text{kgf/cm}^2$이다.

| 해설 | 임계하중 P_{cr}은 $P_{cr}=\frac{\pi^2EI_{\min}}{l^2}=\frac{\pi^2\times10^5\times\frac{16\times12^3}{12}}{300^2}=25266.1873\text{kgf}$로 된다. 안전하중 P_s는 $P_s=\frac{P_{cr}}{S}=\frac{25266.1873}{10}=2526.619\text{kgf}$로 되고, 안전응력 σ_s는 $\sigma_s=\frac{P_s}{A}=\frac{2526.619}{12\times16}=13.16\text{kgf/cm}^2$로 된다.

[답] $P_s=2526.619\text{kgf}$, $\sigma_s=13.16\text{kgf/cm}^2$

예제 11-7 길이 $l=3\text{m}$, 단면 $b\times h=12\text{cm}\times16\text{cm}$인 고정단과 자유단을 갖는 기둥이 있다. 기둥의 안전하중 P_s과 안전응력 σ_s을 구하시오. 단, 안전계수는 $S=10$이

고, 종탄성계수는 $E=1.0\times10^5\text{kgf/cm}^2$이다.

| 해설 | 임계하중 P_{cr}은 $P_{cr}=\dfrac{\pi^2EI_{\min}}{4l^2}=\dfrac{\pi^2\times10^5\times\dfrac{16\times12^3}{12}}{4\times300^2}=6316.5468$로 된다. 안전하중 P_s는 $P_s=\dfrac{P_{cr}}{S}=\dfrac{6316.5468}{10}=631.655$로 되고, 안전응력 σ_s는 $\sigma_s=\dfrac{P_s}{A}=\dfrac{631.655}{12\times16}=3.29$로 된다.

[답] $P_s=631.655$, $P_S=631.655kg_f\text{kgf/cm}^2$, $\sigma_s=3.29\text{kgf/cm}^2$

예제 11-8 길이 $l=3\text{m}$, 직경 $d=10\text{cm}$인 양쪽 회전단을 갖는 기둥이 있다. 기둥의 세장비 λ과 임계응력 σ_{cr}을 구하시오. 단, 종탄성계수는 $E=2.1\times10^6\text{kgf/cm}^2$이다.

| 해설 | 세장비 λ는 $\lambda=\dfrac{l}{k}=\dfrac{l}{\sqrt{\dfrac{I}{A}}}=\dfrac{300}{2.5}=120$이고, 임계응력 σ_{cr}은 $\sigma_{cr}=\dfrac{P_{cr}}{A}=\dfrac{\pi^2EI}{Al^2}$

$$=\frac{\pi^2\times2.1\times10^6\times\dfrac{\pi\times10^4}{64}}{\dfrac{\pi\times10^2}{4}\times300^2}=1439.317\text{kgf/cm}^2$$로 된다.

[답] $\lambda=120\lambda=120$, $\sigma_{cr}=1439.317\text{kgf/cm}^2$

예제 11-9 길이 $l=3\text{m}$인 양쪽 회전단을 갖는 원형 기둥이 있다. 10ton의 압축하중을 견디어 낼 수 있는 기둥의 직경을 구하시오. 단, 안전계수는 $S=5$이고, 종탄성계수는 $E=2.1\times10^6\text{kgf/cm}^2$이다.

| 해설 | 임계하중 P_{cr}은 $P_{cr}=SP=\dfrac{\pi^2EI}{l^2}=\dfrac{\pi^3Ed^4}{64l^2}$로부터 기둥의 직경 d는 $d=\sqrt[4]{\dfrac{64SPl^2}{\pi^3E}}=$

$$\sqrt[4]{\frac{64\times5\times10000\times300^2}{\pi^3\times2.1\times10^6}}=8.155\text{cm}$$로 된다.

[답] $d=8.155\text{cm}$

부 록

I. The Greek Alphabet

Greek name	Greek letter		Greek name	Greek letter	
	Lower case	Capital		Lower case	Capital
Alpha	α	A	Nu	ν	N
Beta	β	B	Xi	ξ	Ξ
Gamma	γ	Γ	Omicron	o	O
Delta	δ	Δ	Pi	π	Π
Epsilon	ε	E	Rho	ρ	P
Zeta	ζ	Z	Sigma	σ	Σ
Eta	η	H	Tau	τ	T
Theta	θ	Θ	Upsilon	υ	Υ
Iota	ι	I	Phi	ϕ	Φ
Kappa	κ	K	Chi	χ	X
Lambda	λ	Λ	Psi	ψ	Ψ
Mu	μ	M	Omega	ω	Ω

II. SI에의 전환단위

구분	양의 명칭	종래 단위의 단위기호	SI단위 병용해도 되는 단위의 단위기호	환산치
공간 및 시간	길이	μ (미크론)	㎛(마이크로미터)	1μ = 1μm
	가속도	Gal(갈) G(지)	m/s^2 m/s^2	1 Gal=$10^{-2}m/s^2$
주기현상	주파수	c/s, C~	Hz(헤르츠)	1 c/s=1 Hz
	회전속도 · 회전수	rpm	min^{-1}, r/min 또는 rpm	1 rpm=$1min^{-1}$
역학	중량 · 하중(질량표시위한)	kgf(중량킬로그램)		수치는 동일
	질량		kg	
	중량유량	kgf/s		수치는 동일
	질량유량		kg/s	
	비중량	kgf/m^3		수치는 동일
	밀도		kg/m^3	
	비체적	m^3/mgf	m^3/kg	수치는 동일

구분	양의 명칭	종래 단위의 단위기호	SI단위 병용해도 되는 단위의 단위기호	환산치
역학	중량 · 하중(힘의 개념의)힘	kgf	N(뉴톤)	1kgf=9.806 65N
		kgf	N	1kgf=9.806 65N
		dyn(다인)	N	1dyn=10^{-5}N
	힘의 모멘트	kgf · m	N · m	1 kgf · m=9.806 65N · m
	압력	kgf/cm^2	Pa(파스칼)	1 kgf/cm^2=9.806 65×10^4Pa
			또는 bar(바) 또는 kgf/cm^2	1 kgf/cm^2=0.980 665bar
		at(공학기압)	Pa	1at=9.806 65×10^4Pa
		atm(기압)	Pa	1atm=101 325Pa
		mH^2, mAq	Pa	1 mH^2O=9.806 65×10^3Pa
		mmHg	Pa 또는 mmHg	1 mmHa=133.322Pa
		Torr(토르)	Pa	1 Torr=133.322Pa
	응력	kgf/mm^2	Pa 또는 N/m^2	1 kgf/mm^2=9.805 65×10^6Pa 1 kgf/mm^2=9.805 65×10^6N/m^2
		kgf/cm^2	Pa 또는 N/m^2	1 kgf/cm^2=9.805 65×10^4Pa 1 kgf/cm^2=9.805 65×10^4N/m^2
	탄성계수	kgf/m^2	Pa 또는 N/m^2	1 kgf/m^2=9.805 65Pa 1 kgf/m^2=9.805 65N/m^2
	에너지, 일	kgf · m	J(줄)	1 kgf · m=9.806 65J
		erg(에르그)	J	1erg=10^{-7}J
	일률 · 동력	kgf · m/s	W(와트)	1 kgf · m/s=9.806 65W
		PS	W	1 PS=0.735 5kW
열	열역학 온도 또는 온도간격	°K (켈빈도)	K(켈빈)	1°K=1K
	열량	cal(칼로리)	J	1 cal=4.186 05J
	열용량	cal/℃	J/K	1 cal/℃=4.186. 05JK
	비열 · 비열용량	cal(kgf · ℃)	J/(kg · K)	1 cal/(kgf · ℃) =4.186 05J/(kg · K)
	엔트리피	cal/°K	J/K	1 cal/°K=4.186. 05JK
	비 엔트리피	cal/kgf · °K	J/(kg · K)	1 cal/(kgf · °K) =4.186 05J/(kg · K)
	내부 에너지 (엔탈피)	cal	J	1 cal=4.186 05J
	비 내부 에너지 (비엔탈피)	cal/kgf	J/kg	1 cal/kgf=4.186 05J/kg

구분	양의 명칭	종래 단위의 단위기호	SI단위 병용해도 되는 단위의 단위기호	환산치
열	열류	cal/h	W	1 kcal/h=1.162 79W
	열류 밀도	cal/(h · m²)	W/m²	1 kcal/(h · m²)=1.162.79W/m²
	열전도율	cal/(h · m · ℃)	W(m · K)	1 kcal/(h · m · ℃) =1.162 79W/(m · K)
	열전달계수	cal/(h · m² · ℃)	W/(m² · K)	1 kcal/(h · m² · ℃) =1.162 79W/(m² · K)
전기 및 전자	자계의 강도	Oe(얼스데드)	A/m	1 Oe=10³/(4 π)A/m
	자속	Mx(맥스웰)	Wb(웨버)	1 Mx=10⁻⁸Wb
	자소밀도	Gs, G(가우스)	T(테슬라)	1 Gs=10⁻⁴T

III. 단위 환산표

(1) 길이

미터법			푸트 · 파운드법			
센티미터(cm)	미터(m)	킬로미터(km)	인치(in)	피트(ft)	야드(yd)	마일(mi)
1	0.01	0.00001	0.3937	0.03281	0.01094	0.000006
100	1	0.001	39.37	3.2808	1.0936	0.00062
100,000	1000	1	39,370.7	3280.8	1093.6	0.62137
2.54	0.0254	0.000025	1	0.08333	0.02777	0.000015
30.48	0.3048	0.000304	12	1	0.3333	0.000189
91.44	0.9144	0.000914	36	3	1	0.000568
160.930	1609.3	1.6093	63,360	5280	1760	1
30.303	0.30303	0.000303	11.93	0.99419	0.33139	0.000188
181.818	1.81818	0.001818	71.582	5.96516	1.98838	0.001129
10,909.08	109.091	0.10909	4294.94	357.912	119.304	0.06779
392.727	3927.27	3.92727	154.620	12,885	4295	2.4403

(2) 면적

미터법			푸트 · 파운드법			
평방미터(m²)	아르(a)	헥타르(ha)	평방킬로미터(km²)	평방피트(ft²)	평방야드(yd²)	에이커(ac)
1	0.01	0.00001	0.000001	10.764	1.1968	0.000247
100	1	0.001	0.0001	1076.4	119.68	0.024711
10,000	100	1	0.01	1.7,640	11,968	2.4711

미터법			푸트 · 파운드법			
평방미터(m^2)	아르(a)	헥타르(ha)	평방킬로미터(km^2)	평방피트(ft^2)	평방야드(yd^2)	에이커(ac)
1,000,000	10,000	100	1	10,764,000	1,196,800	247.11
0.092903	0.000929	0.000009	0.0000009	1	0.1111	0.000022
0.83613	0.008361	0.000084	0.0000084	9	1	0.000207
4046.8	40.468	0.40468	0.004047	43,560	4840	1
0.091827	0.000918	0.000009	0.0000009	0.98841	0.10982	0.000023
3.3058	0.033058	0.000331	0.000003	35.583	3.9537	0.000817
991.74	909174	0.099174	0.000992	10,674.9	1186.3	0.24506
9917.4	99.174	0.99174	0.00992	106,749	11,861	2.4506

(3) 체적

미터법			푸트 · 파운드법			
밀리리터(ml)(m^3)	리터(ℓ)	킬로리터(kℓ)	입방인치(in^3)	입방피트(ft^3)	입방야드(yd^3)	(美)液갈론(gal)
1	0.001	0.000001	0.061024	0.000035	0.000001	0.000264
1000	1	0.001	61.024	0.035315	0.001308	0.264177
1,000,000	1000	1	61,024	35.315	1.30796	264.177
16,386	0.01638	0.000016	1	0.000578	0.000021	0.004329
28,316.8	28.317	0.02831	1728	1	0.03704	7.48051
764,529.8	764.53	0.76453	46,656	27	1	201.97
35,238.32	35.2383	0.035238	2150.42	1.244	0.04608	9.3096
473.18	0.47318	0.000473	28.875	0.01671	0.000619	0.125
3785.4	3.7854	0.00378	231	0.13368	0.004951	1
180.39	0.18039	0.000180	11.08	0.00637	0.000235	0.01765
1803.9	1.8039	0.00180	110.08	0.0637	0.002359	0.4765
18,039	18.039	0.01803	1100.8	0.637037	0.023594	4.7654
180,390	180.39	0.18039	11,008	6.37037	0.23594	47.654

(4) 중량

미터법			푸트 · 파운드법			
그램(g)	킬로그램(kg)	톤(t)	온스(oz)	파운드(lb)	美(t)	英(t)
1	0.001	0.000001	0.035271	0.0022	0.000001	0.0000009
1000	1	0.001	35.273	2.20459	0.0011	0.00098
1,000,000	1000	1	35,273	2204.59	1.1023	0.98421
0.064798	0.000064	0.0000006	0.002285	0.000143	0.00000007	0.00000005
28.3495	0.02835	0.000028	1	0.0625	0.000031	0.000027
453.592	0.45359	0.000454	16	1	0.000504	0.00045
907,180	907.18	0.90718	32,000	2000	1	0.8929
1,016,050	1016.05	1.01605	35,840	2240	1.12	1
3.75	0.00375	0.000004	0.1323	0.00827	0.000004	0.0000037
600	0.6	0.0006	21.0647	1.32279	0.000661	0.00059
3750	3.75	0.00375	132.28	8.2672	0.00413	0.00669

IV. 각종 금속재료의 탄성계수(kg/cm^2과 psi)

재료	E (kg/cm^2 ×106)	G (kg/cm^2 ×106)	K (kg/cm^2 ×106)	E (psi)×10^6	G (psi)×10^6	K (psi)×10^6	1m=μ
철	2.15	0.83	1.75	30.58	11.81	24.89	0.28~0.3
연강 (C0.12~0.2%)	2.12	0.84	1.48	30.16	11.95	21.05	
연강 (C0.4~0.5%)	2.09	0.84	1.36	29.73	11.95	19.35	
주강	2.15	0.83	1.75	30.58	11.81	24.89	
주철	0.75~1.30	0.29~0.40	0.6~1.73	10.67~18.49	4.13~5.69	8.54~24.61	0.2~0.3
니켈강 (Ni 2~3%)	2.1	0.84	1.4	29.87	11.95	19.92	0.3
니켈	2.1	0.73	1.54	29.87	10.38	21.29	0.31
텅스텐	3.7	1.6	3.33	52.63	22.76	47.37	0.17
구리	1.25	0.47	1.22	17.79	6.69	17.35	0.34
청동	1.16			16.5			
인청동	1.34	0.43	3.84	19.6	6.12	54.62	0.187
포금	0.95	0.40	0.51	13.51	5.69	7.25	

재료	E (kg/cm² ×106)	G (kg/cm² ×106)	K (kg/cm² ×106)	E (psi)×10⁶	G (psi)×10⁶	K (psi)×10⁶	1m=μ
황동(7 · 3)	0.98	0.42	0.49	13.94	5.97	6.97	0.34
알루미늄	0.72	0.27	0.72	10.24	3.84	10.24	0.34
듀랄루민	0.70	0.27	0.57	9.96	3.84	8.11	0.33
주석	0.55	0.28	0.18	7.82	3.98	2.56	0.45
납	0.17	0.078	0.07	2.42	1.01	1.00	0.45
아연	1.00	0.30	1.0	14.23	4.27	14.23	0.2~0.3
금	0.81	0.28	2.52	11.52	3.98	35.85	0.42
은	0.81	0.29	1.31	11.52	4.13	18.63	0.48
백금	1.70	0.62	2.2	24.18	8.82	31.3	0.39

V. 각종 비금속재료의 기계적 성질(kg/cm²과 psi)

재료	파괴응력 (kg/cm²)			세로 탄성계수	파괴응력(psi)			세로 탄성계수
	인장	압축	전단	E(kg/cm²) ×105	인장	압축	전단	E(psi) ×105
미송, 소나무	1000	500	78	0.90	14,225	7112.5	1109.6	12.8
이깔나무	500	280	56	0.70	7112.5	3983	796.6	10.0
전나무	900	420	70	0.80	12,802.5	5974.5	995.75	11.4
밤나무	1000	560	78	0.70	14,225	7966	1109.6	10.0
떡갈나무	1000	700	16	1.2	14,225	9957.5	227.6	17.1
대	3500	650		1.2~3.1	49,787.5	1246.25		17.7~44.1
유리	250	1500		0.75	3556.3	21,337.5		106.69
화강암		600~850		1.4		8535~12,091.3		19.9
사암		200~300		1.0		2845~4267.5		14.2
석회암		300~500		1.2		4267.5~7112.5		17.1
시멘트		100~120		1.4		1422.5~1707		19.9
콘크리트		180~250		0.84		2560.5~3556.3		12.0
벽돌		60~120		0.84		853.5~1707		11.9
가죽벨트	380				5405.5			

Ⅵ. 곡선운동(curvilinear motion)

질점이 곡선에 따라 운동하면 일반적으로 속도 및 가속도의 크기와 방향이 변한다. 질점이 곡선을 따라 운동할 때 속도는 곡선의 접선방향을 향하며 그 크기와 방향은 변한다. 곡선운동에서 질점의 가속도의 방향은 곡선의 접선 방향이 아니다. 공간에서 고정점으로부터 어떤 점까지의 위치 벡터$\boldsymbol{r}$은 직각성분을 이용하여 다음과 같이 쓸 수 있다.

$$\boldsymbol{r} = x\boldsymbol{i} + y\boldsymbol{j} + z\boldsymbol{k} \quad \cdots\cdots(1)$$

여기서 질점의 직각좌표의 값 x, y, z는 시간에 따라 변할 수 있다. 질점의 속도$\boldsymbol{v}$는 질점변위의 시간 변화율이므로 다음과 같이 된다.

$$\boldsymbol{v} = \frac{d\boldsymbol{r}}{dt} = \dot{\boldsymbol{r}} = \dot{x}\boldsymbol{i} + \dot{y}\boldsymbol{j} + \dot{z}\boldsymbol{k} \quad \cdots\cdots(2)$$

$$\boldsymbol{v} = v_x\boldsymbol{i} + v_y\boldsymbol{j} + v_z\boldsymbol{k} \quad \cdots\cdots(3)$$

어느 순간에 있어서 질점의 가속도 $\boldsymbol{a}$는 질점속도의 시간 변화율이므로 다음과 같이 된다.

$$\boldsymbol{a} = \frac{d\boldsymbol{v}}{dt} = \dot{\boldsymbol{v}} = \ddot{x}\boldsymbol{i} + \ddot{y}\boldsymbol{j} + \ddot{z}\boldsymbol{k} \quad \cdots\cdots(4)$$

$$\boldsymbol{a} = a_x\boldsymbol{i} + a_y\boldsymbol{j} + a_z\boldsymbol{k} \quad \cdots\cdots(5)$$

위에서는 곡선운동의 해석에 직각성분을 이용하였는데, 질점의 원운동에 대해서는 속도와 가속도의 접선 및 법선성분을 사용하는 것이 직각성분보다 더욱 편리하다.

그림 1에서 단위 벡터 $\boldsymbol{e_n}$은 곡률반경을 따라 곡률중심 O를 향하는 방향을 +로 하는 단위 벡터이고, 단위 벡터 $\boldsymbol{e_t}$는 질점 경로의 접선으로 +방향은 s가 증가하는 방향이다. 이들 단위 벡터들은 방향이 시간에 따라 변하기 때문에 시간에 대한 미분은 영이 아닌 값을 갖는다.

그림 1에서 질점이 P점에서 P'점까지 이동할 때의 속도 $\boldsymbol{v}$와 가속도 $\boldsymbol{a}$는 다음과 같이 나타낸다.

$$\boldsymbol{v} = \dot{\boldsymbol{s}} = \dot{s}\ \boldsymbol{e_t} \quad \cdots\cdots(6)$$

$$\boldsymbol{a} = \dot{\boldsymbol{v}} = \ddot{s}\ \boldsymbol{e_t} + \dot{s}\ \dot{\boldsymbol{e_t}} \quad \cdots\cdots (7)$$

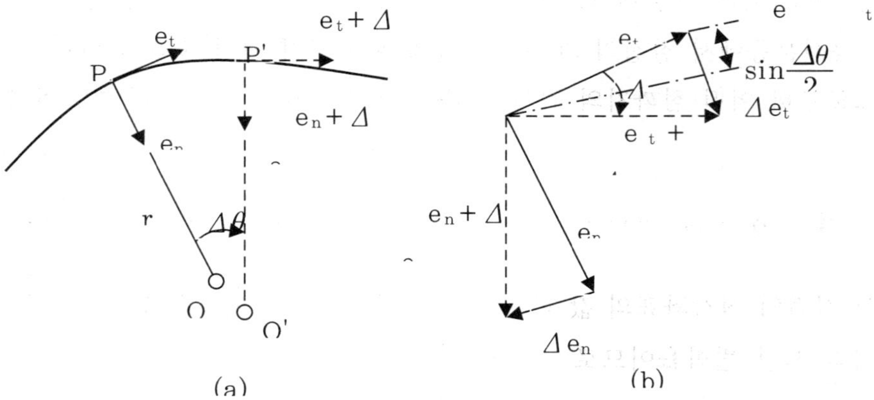

그림 1 평면위의 곡선을 따라 이동하는 질점 P의 위치

$$\Delta e_t = 2\left(e_t \sin\frac{\Delta\theta}{2}\right) = 2(1)\sin\frac{\Delta\theta}{2} \quad \cdots\cdots (8)$$

$\Delta\theta$가 작은 값일 때 $\sin\frac{\Delta\theta}{2}$는 $\frac{\Delta\theta}{2}$와 같으므로 식(82-11)은 다음과 같이 된다.

$$\Delta e_t = \Delta\theta \quad \cdots\cdots (9)$$

$\Delta\boldsymbol{e_t}$의 방향은 그림 1 (b)에서 보는바와 같이 $\boldsymbol{e_t}$의 수직한 방향, 즉 $\boldsymbol{e_n}$의 방향임을 알 수 있다. 따라서 $\dot{\boldsymbol{e_t}}$는 다음과 같이 나타낸다.

$$\dot{\boldsymbol{e_t}} = \lim_{\Delta t \to 0} \frac{\Delta \boldsymbol{e_t}}{\Delta t} = \lim_{\Delta t \to 0} \frac{\Delta\theta}{\Delta t}\boldsymbol{e_n} = \dot{\theta}\boldsymbol{e_n} \quad \cdots\cdots (10)$$

같은 방법으로 $\dot{\boldsymbol{e_n}}$를 나타내면, $\Delta\boldsymbol{e_n}$의 방향은 그림 1 (b)에서 보는바와 같이 $\boldsymbol{e_t}$방향의 반대이기 때문에 (−)부호가 붙는다.

$$\dot{\boldsymbol{e_n}} = -\dot{\theta}\boldsymbol{e_t} \quad \cdots\cdots (11)$$

따라서 질점의 가속도 식(7)은 다음과 같이 나타낸다.

$$\boldsymbol{a} = \dot{\boldsymbol{v}} = \ddot{s}\ \boldsymbol{e_t} + \dot{s}\ \dot{\theta}\boldsymbol{e_n} \quad \cdots\cdots (12)$$

만약에 그림 1 (a)에서 P와 P'의 곡률중심인 O와 O'가 같다면 이는 반지름이 r인 원 운동을 나타내고 있으며, 경로증가 ds는 $rd\theta$로 나타낼 수 있고, 선속도 $\boldsymbol{v}$는 다음과 같이 나타낼 수 있다.

$$\boldsymbol{v} = \frac{d\boldsymbol{s}}{dt} = r\frac{d\boldsymbol{\theta}}{dt} = r\dot{\boldsymbol{\theta}} = \dot{\boldsymbol{s}} \quad \cdots\cdots (13)$$

가속도 식(12)는 접선가속도 $\dot{\boldsymbol{a}}_t$와 법선가속도 $\dot{\boldsymbol{a}}_n$로 나타낼 수 있다.

$$\boldsymbol{a} = \dot{\boldsymbol{v}} = \ddot{s}\ \boldsymbol{e_t} + \frac{\dot{s}^2}{r}\boldsymbol{e_n} = \ddot{s}\ \boldsymbol{e_t} + r\dot{\theta}^2\boldsymbol{e_n} = \dot{\boldsymbol{a}}_t + \dot{\boldsymbol{a}}_n \quad \cdots\cdots (14)$$

여기서 $\ddot{\boldsymbol{s}}$는 반지름 r이 일정함으로 식(13)으로부터 $r\ddot{\boldsymbol{\theta}}$로 쓸 수 있다.

색인(Index)

ㅇ

ㅈ

ㅊ

ㅋ

ㅌ

ㅍ

ㅎ